AF293980

Versuchsplanung und Modellwahl

Helge Toutenburg

Versuchsplanung und Modellwahl

Statistische Planung und Auswertung
von Experimenten
mit stetigem oder kategorialem Response

Mit zahlreichen Beispielen

Mit 33 Abbildungen

Springer-Verlag Berlin Heidelberg GmbH

Professor Dr. Dr. Helge Toutenburg
Universität München
Institut für Statistik
Akademiestraße 1
D-80799 München

ISBN 978-3-642-63423-9   ISBN 978-3-642-57980-6 (eBook)
DOI 10.1007/978-3-642-57980-6

Vorwort

Das vorliegende Buch entstand parallel zu meiner Vorlesung „Versuchsplanung", die ich im Studiengang Diplom–Statistik an der Universität München gehalten habe.

Von Statistikern in der Pharmaindustrie sowie Medizinern und Zahnmedizinern bin ich wiederholt darauf aufmerksam gemacht worden, daß eine zusammenfassende und einheitliche Darstellung der Planung und Auswertung von Versuchen, die Aspekte der klassischen Theorie für stetigen Response und der modernen Verfahren für kategorialen, insbesondere auch korrelierten Response in sich vereint, wünschenswert wäre. Dabei sollten auch komplexere Designs wie Cross–over und Repeated Measures einbezogen werden, die in deutschen Texten kaum umfassend behandelt werden.

Die Auswahl der Versuchsanlagen und Verfahren erfolgte z.T. in Abstimmung mit Frau Dr. Victoria Cairns, Herrn Karlheinz Theobald und dem Leiter der Biometrieabteilung Herrn Oskar Vanderbeke (Hoechst AG, Frankfurt) und Herrn Dr. Kurt Löffler (Cassella AG, Frankfurt).

Für weitere Anregungen möchte ich mich bei meinen Kollegen Prof. Dr. Ludwig Fahrmeir, Frau Dipl.–Stat. Gisela Loos, Prof. Dr. Hans Schneeweiß (Universität München) und Frau Priv.–Doz. Iris Pigeot–Kübler, Herrn Prof. Dr. Joachim Kunert, Herrn Prof. Dr. Götz Trenkler (Universität Dortmund) sowie Herrn Prof. Dr. Gerhard Tutz (TU Berlin) bedanken.

An der Gestaltung des Manuskripts haben meine Mitarbeiter und Diplomanden einen wesentlichen Anteil. Sie haben den Text in bewährter Präzision geschrieben (Herr Andreas Fieger, Herr Dipl.–Stat. Meinert Jacobsen), Beispiele gerechnet (Herr Andreas Fieger, Herr Christian Kastner) und Texte zu einigen Passagen vorbereitet (Frau Dipl. Stat. Ulrike Feldmeier, Frau Dipl.–Stat. Andrea Schöpp, Frau Irmgard Strehler, Herr Christian Kastner, Herr Oliver Loch, Frau Elke Ortmann). Herr Dipl.–Stat. Christian Heumann hat durch gründliches Korrekturlesen zur Verbesserung des Textes beigetragen. Da zahlreiche Diplom– und Doktorarbeiten zu Schwerpunkten dieses Buches wie Cross–over Design, Repeated Measures Modell und korrelierter kategorialer Response unter meiner Anleitung durchgeführt werden, ist dieses Buch auch Ausdruck des Standes der Forschung meiner gesamten Arbeitsgruppe.

Sicherlich konnten nicht alle Aspekte berücksichtigt werden. Insbesondere die Entwicklung auf dem Gebiet der generalisierten Modelle verläuft so dynamisch, daß es schwerfällt, alle aktuellen Tendenzen zu erfassen. Mit der Einbeziehung neuerer Methoden zur Analyse von Clustern sollte der Anschluß an diese Entwicklung hergestellt werden.

Herrn Dr. Werner A. Müller vom Physica–Verlag danke ich für die Zusammenarbeit und das in dieses Buch gesetzte Vertrauen.

Alle Leser bitte ich, mich über Fehler zu informieren und mir überhaupt kritische Hinweise zukommen zu lassen.

vi

Helge Toutenburg   München, Januar 1994

Inhaltsverzeichnis

Einfaktorielle Experimente mit festen und zufälligen Effekten 101

Restriktivere Versuchspläne 151

Kapitel 1

Einleitung

1.1 Daten, Variablen und Prozeßverlauf

In vielen Prozessen in der Natur und in der Technik — speziell in den Biotechnologien und anderen Branchen der chemischen/pharmazeutischen Industrie — existieren keine theoretischen oder gar mathematischen Modelle, die zur Beschreibung oder Erklärung von Prozeßleistungen herangezogen werden könnten. Folglich ist man bei der Untersuchung der Ergebnisse und der Wirkungsweise dieser Prozesse — insbesondere bei der Quantifizierung von Ursache–Wirkungsbeziehungen — auf empirische Problemlösungen angewiesen, wobei Beschränkungen in der Zeit und in materiellen Ressourcen zu beachten sind. Damit ist die Effektivität oder Produktivität des Problemlösungsprozesses unter Beachtung der Ressourcen eine zentrale Frage. Durch Einsatz statistischer Methoden der Versuchsplanung gelingt es häufig, die Effektivität der empirischen Problemlösung zu steigern bzw. zu optimieren.

Mit dem Einsatz moderner Computer und statistischer Softwarepakete können heute große Datenmengen schnell verarbeitet werden, ohne daß sich jedoch die Information in den Daten zwangsläufig erhöht. Wegen der beschränkten Ressourcen — oder anders formuliert — wegen der Kosten, die mit jedem Datensatz verbunden sind, kommt es wesentlich darauf an, die *richtigen* Daten zu erheben, d.h. Daten mit wesentlicher Information (*information–rich–data*). Die Methoden der statistischen Versuchsplanung bieten eine Möglichkeit, den Anteil von Daten mit hohem Informationsgehalt zu steigern.

Daten dienen sowohl dem Verständnis von Prozessen als auch als Basis von aktiven Steuerungen bei beeinflußbaren Prozessen.

Ziele der empirischen Versuchsplanung sind u.a.

- Auffinden der wesentlichen Variablen aus einer Menge möglicher Variablen (selection of variables),

- Bestimmung der Wertebereiche der Einflußvariablen so, daß die Responsevariable optimale Werte annimmt,

- Bestimmung des optimalen Prozeßregimes unter Abwägung von Response (Output) und Einsatz (Input) von Ressourcen bei Beachtung prozeßspezifischer Randbedingungen (z.B. Druck, Temperatur, Toxizität).

Dabei ist im Zusammenwirken der Prozeßfachleute und der Statistiker zu klären, ob die vorgeschlagenen Variablen und die gesammelten Daten repräsentativ für den Prozeß in dem Sinne sind, daß die getroffenen Schlußfolgerungen korrekt sind und daß insbesondere keine Confounding–Effekte auftreten.

<u>Beispiele:</u>

(a) Zielvariable Y sei die Biegefestigkeit eines Kunststoffes, der in der Zahnmedizin bei der Fertigung von Prothesen zum Einsatz kommt. Einflußvariable X sei der Anteil an Silan (in %). In einem geplanten Experiment will man

  (i) nachweisen, daß die Biegefestigkeit mit dem Grad der Silanisierung wächst

  (ii) die wirtschaftlich vertretbare Dosierung an Silan herausfinden, die zu einem wünschenswerten Anstieg der Biegefestigkeit führt (vgl. Tabelle 1.1).

PMMA 2.2 Vol% Quarz ohne Silan	PMMA 2.2 Vol% Quarz mit Silan
98.47	106.75
106.20	111.75
100.47	96.67
98.72	98.70
91.42	118.61
108.17	111.03
98.36	90.92
92.36	104.62
80.00	94.63
114.43	110.91
104.99	104.62
101.11	108.77
102.94	98.97
103.95	98.78
99.00	102.65
106.05	
$\bar{x} = 100.42$	$\bar{y} = 103.91$
$s_x^2 = 7.9^2$	$s_y^2 = 7.6^2$
n = 16	m = 15

Tabelle 1.1: Biegefestigkeit von PMMA mit bzw. ohne Silanisierung des Quarzes

(b) In der Metallurgie soll der Effekt zweier Härtungsmethoden (Öl– bzw. Salzwasserbad) bei einer bestimmten Legierung untersucht werden. Eine Anzahl Metallteile wird entweder nach Methode A (Ölbad) oder Methode B (Salzwasserbad) gehärtet. In beiden Stichproben wird die mittlere Härte der Teile, also $\bar{x}_A$ und $\bar{y}_B$, ermittelt und als Maß für die Wirkung des jeweiligen Härtungsverfahrens herangezogen (vgl. Montgomery, 1976, p.1).

In beiden Beispielen ergeben sich folgende Fragen:

- sind die Stufen der Einflußgrößen (Härtungsmethode A bzw. B, Silanisierung / keine Silanisierung) die einzigen Faktoren, die den Response (Härte, Biegefestigkeit) erhöhen?

- wie viele Werkstücke sind in den jeweiligen Behandlungen zu prüfen (Stichprobenumfang), damit mögliche Unterschiede nicht mehr zufällig sondern statistisch signifikant sind?

- wie groß muß die mittlere Differenz des Response in beiden Behandlungen sein, um als wesentlich angesehen zu werden?

- welche Methoden der Datenanalyse sind anzuwenden?

1.2 Grundprinzipien der statistischen Versuchsplanung

In der *Theorie der Versuchsplanung* werden allgemeine Grundprinzipien für die Planung und Durchführung von Experimenten entwickelt. Wir wollen die *vier Grundsätze zur Versuchsplanung* an folgendem Beispiel demonstrieren. Nehmen wir an, wir hätten im Rahmen des Kindergartenprophylaxeprogramms eine Studie zu planen, die auf folgende Fragen eine Antwort geben soll:

- Unterscheiden sich drei Intensitätsstufen zahnmedizinischer Unterweisung von Vorschulkindern in ihrer Wirkung?

- Sind sie überhaupt von Einfluß, verglichen mit fehlender Unterweisung?

Bevor wir an die Beantwortung der Fragen gehen, sind einige Probleme zu lösen:

a) Genaue Definition der Intensitätsstufen zahnmedizinischer Unterweisung

Stufe I: Unterweisung der Kinder durch den Zahnarzt plus Beratung der Eltern plus Beratung der Kindergärtnerinnen durch den Zahnarzt.

Stufe II: wie I, jedoch ohne Beratung der Eltern.

Stufe III: nur Unterweisung der Kinder durch den Zahnarzt.

Hinzu kommt als

Stufe IV: keine Unterweisung der Kinder (Kontrollgruppe).

b) Festlegung, wie die Wirkung der zahnmedizinischen Unterweisung gemessen werden soll.

Als Parameter gilt der Karieszuwachs innerhalb des Versuchszeitraumes, dargestellt als Differenz zwischen dem Endkariesbefall und dem Anfangskariesbefall (ausgedrückt in der Differenz defekter Zähne).

Der einfachste Versuchsplan besteht darin, ein Kind ohne Gesundheitserziehung zu belassen (Verfahren A) und ein anderes Kind gesundheitserzieherisch zu beeinflussen (Verfahren B). Nach einer festgelegten Versuchsdauer mißt man den Zuwachs durch Karies neu geschädigter Zähne.

Verfahren	Versuchseinheit	Zuwachs an kariösen Zähnen
A (ohne Unterweisung)	1 Kind	Anzahl a
B (mit Unterweisung)	1 Kind	Anzahl b

Wenn nun b kleiner ist als a, kann man daraus schon auf den positiven Einfluß der Unterweisung im Sinne einer von ihr bewirkten *Karieszuwachshemmung* schließen? Dieser Schluß wäre verfrüht, da bekannt ist, daß auch Unterschiede im Karieszuwachs bestehen, wenn zwei Kinder unter gleichen Bedingungen (d.h. gleiche Intensität der Beeinflussung des oralen Gesundheitsverhaltens) aufwachsen. Erst wenn die Differenz (a – b) so groß ist, daß sie *nicht mehr als zufällig angesehen* werden kann, wird man einen Einfluß der Unterweisung vermuten.

Die — trotz gleicher (homogener) Versuchsbedingungen — möglichen Unterschiede von Versuchsergebnissen bezeichnet man als den *Versuchsfehler* oder besser als *Versuchsstreuung (natürliche Variation)*.

Grundsatz 1:
Um die Versuchsstreuung bestimmen zu können, müssen die Verfahren über mehrere Versuchseinheiten (hier: Kinder) wiederholt werden.

Grundsatz 2:
Die *Zuordnung* der Versuchseinheiten zu den verschiedenen Verfahren muß *zufällig* erfolgen.

In unserem Fall heißt das, die zur Untersuchung heranzuziehenden Kindergruppen und die vier Stufen der zahnmedizinischen Unterweisung müßten — etwa durch *Auslosen* — einander zufällig zugeordnet werden.

Diese beiden Grundsätze sind Voraussetzung für die richtige Ermittlung der Versuchsstreuung. Um diese noch möglichst klein zu halten, müssen die Versuchsbedingungen gleichartig sein. Ferner sollten die Versuchseinheiten einander ähnlich sein (gleiche Altersstruktur, vergleichbare Wohngegend, soziologische Faktoren). Richtig durchgeführt, müßte der Versuch also z.B. so aussehen: Wir bilden jeweils Gruppen von vier Kindern, die nach den genannten Kriterien einander ähnlich sind (gleicher Wohnort, gleiches Alter). Zwischen diesen Gruppen ordnen wir je ein Kind einer der vier Stufen der zahnmedizinischen Unterweisung zufällig zu.

Grundsatz 3:
Um die Empfindlichkeit des Versuchs zu erhöhen und um gleichzeitig eine breitere induktive Basis zu gewährleisten, werden *Gruppen* (Blöcke) von *möglichst ähnlichen Versuchseinheiten* gebildet.
Die Bildung von Blöcken wird häufig auch als *Schichtung (Stratifizierung)* bezeichnet. Die Schichtung von Beobachtungsmaterial erfolgt nach dem Wert wichtiger Kovariablen wie Altersgruppen, Geschlecht, soziologische Faktoren, Begleiterkrankungen oder Risikogruppen.
Damit wird gewährleistet, daß die Vergleiche zwischen den vier Stufen der Unterweisung innerhalb jeder Gruppe mit relativ kleinen Versuchsfehlern behaftet sind, da zwischen den vier Kindern einer Gruppe verhältnismäßig geringe Unterschiede im Karieszuwachs zu erwarten wären, wenn sie alle vier eine gleich intensive zahnmedizinische Unterweisung erhalten hätten.

Grundsatz 4:
Die Versuche sind symmetrisch (*balanziert*) aufzubauen.
Beim Vergleich von Verfahren (wie hier Stufen von zahnmedizinischer Unterweisung) ist nach diesem Grundsatz zu sichern, daß für jedes Verfahren gleichviele Beobachtungen durchgeführt werden. Geringe Abweichungen von dieser Norm fallen nicht ins Gewicht, sofern der Stichprobenumfang insgesamt groß ist.

1.3   Skalierung der Variablen

Im Rahmen der Versuchsplanung ist festzulegen, wie die Merkmale (Zufallsvariablen) zu quantifizieren sind, d.h. auf welcher *Skala* gemessen werden soll.
Die Festlegung der Meßskala ist von entscheidender Bedeutung für die anzuwendenden statistischen Verfahren (parametrisch oder nichtparametrisch) und die Schärfe geplanter Aussagen.

Nominalskalierung (qualitative Klassifizierung)
Die einfachste Form der Messung beruht auf der Klassifizierung von Objekten gemäß der an ihnen beobachteten Merkmalsausprägung. Für die Zufallsvariable werden qualitativ verschiedene Klassen festgelegt. Dann wird die Häufigkeit ermittelt, mit der jede Klasse besetzt ist. *Bei nominalskalierten Variablen ist das Zählen die einzig zulässige Operation.* Die Verwendung einer Nominalskala setzt voraus, daß *eindeutig* entschieden werden kann, wann Versuchsobjekte als gleich anzusehen sind. Die Klassen müssen eindeutig definiert sein.

Beispiele:

- Klassifizierung nach Blutgruppen

- Einteilung von Patienten nach dem Geschlecht: zwei Klassen *männlich* und *weiblich* sind möglich

- Einteilung von Patienten in die Klassen *saniert* bzw. *nicht saniert*

- auf dem Weg zur Arbeit benutztes Verkehrsmittel (zu Fuß, S–Bahn, Fahrrad, Pkw)

- Familienstand (ledig, verheiratet, geschieden, verwitwet).

Die Nominalskala enthält die geringste Information über den Sachverhalt, verglichen mit den beiden folgenden Skalen.

Ordinal– oder Rangskala

Nehmen wir an, daß sich die Anordnung einer Variablen X sinnvoll interpretieren läßt in dem Sinne, daß Rang- oder Gradunterschiede in der Intensität feststellbar sind. Die Werte werden dahingehend miteinander verglichen, ob die Ausprägung des Merkmals *größer, kleiner* oder *gleich* ist. Dieser paarweise Vergleich gestattet es, die Elemente entsprechend der *Stärke der Merkmalsausprägung* zu ordnen. Wir bezeichnen die so entstehende Ordnungsrelation als *Ordinal– oder Rangskalierung.* Die in einer Rangskala angeordneten Elemente gleichen einander also bezüglich des betrachteten Merkmals; sie unterscheiden sich aber hinsichtlich des Grades der Merkmalsausprägung.

Mit der *Rangskalierung* ist ein *Informationsgewinn* gegenüber der *Nominalskalierung* verbunden. Allerdings steigt auch der Aufwand bei der Datenerfassung. Dies gilt für jede hochwertigere Meßskala.

Beispiel

Der *Oral–Hygiene–Index* (OHI) kann Werte zwischen 0 und 3 annehmen, vorausgesetzt, es werden nur die weichen Zahnbeläge berücksichtigt. Dabei bedeutet der Wert 0, daß die Zähne eines Gebisses absolut belagfrei sind und der Wert 3 bezeichnet den stärksten Verschmutzungsgrad (die Belagausdehnung erstreckt sich auf mehr als 2/3 der Zahnflächen). Die folgende Klasseneinteilung

Klasse 1	0–1	sehr gute Mundhygiene
Klasse 2	2	mittlere Mundhygiene
Klasse 3	3	schlechte Mundhygiene

gestattet in Verbindung mit den konkreten, in der Stichprobe an Patienten gemessenen OHI-Werten eine Einordnung der gesamten Stichprobe im Sinne einer Rangordnung.

Weitere Beispiele für ordinal skalierte Merkmale:

- Altersgruppen (< 40, < 50, < 60, ≥ 60 Jahre)

- Intensität einer Behandlung (niedrige, mittlere, hohe Dosis)

- Zensuren

- Präferenz für ein Objekt (niedrig, mittel, hoch)

- Blutdruckprofile (0–mal, 1–mal, ..., 24–mal über dem medianen Blutdruck einer Kontrollgruppe).

Metrische Skalierung

Die Rangskalierung gestattet festzustellen, ob ein Versuchsergebnis größer (oder kleiner oder gleich) verglichen mit einem anderen Ergebnis ist. Über die Größe der Differenz wird keine Aussage getroffen. Um diese Differenz messen zu können, benötigt man eine metrische Skala mit Skaleneinheiten gleichen Abstandes (z.B. Temperaturskala). Eine solche Skala heißt Intervallskala. Eine metrische Skala mit einem natürlichen Nullpunkt heißt Verhältnisskala (Ratioskala).

Beispiele für metrisch skalierte Merkmale

- Druckfestigkeit eines Materials

- p_H–Wert in der Dental plaque

- Wasserlöslichkeit des Silikatzements (in %)

- Arbeitszeitwerte für die Fertigung eines Werkstücks

- Verweildauer eines Patienten in einer Studie

- Zeit bis zur Aushärtung eines Werkstoffs.

Man kann Daten, die metrisch skaliert sind, auch in einer Rang– und Nominalskala darstellen. Ebenso sind rangskalierte Daten in einer Nominalskala darstellbar. In beiden Fällen werden die Beziehungen zwischen Elementen vergröbert. Der umgekehrte Weg, d.h. der Übergang zu einer hochwertigeren Skala, ist nicht möglich.
Deshalb ist vor dem Versuch die Art der Skalierung festzulegen, insbesondere auch unter dem Aspekt der weiteren Auswertung der Daten mittels statistischer Verfahren. Je hochwertiger die Skalierung, desto mehr und effektivere statistische Methoden stehen zur Verfügung (vgl. Tabelle 1.2).
In der Praxis werden häufig an einem Objekt / Subjekt mehrere Zufallsmerkmale gleichzeitig beobachtet (multivariates Datenmaterial). Dabei können die drei Skalierungen gleichzeitig auftreten.

Beispiel : Bei der Untersuchung an N Patienten werden folgende Daten erfaßt:

- Geschlecht (nominalskaliert)

- Fehlbildungen: angeboren/vererbt/erworben (nominalskaliert)

- Sanierungszustand: saniert/nicht saniert (nominalskaliert)

- Alter (metrisch skaliert)

- Reihenfolge der einzuleitenden Therapiemaßnahmen (Reihenfolge = Rangfolge, also rangskaliert)

	Zulässige Maßzahlen	Zulässige Prüfverfahren	Zulässige Korrelationsmaße
Nominal-skala	absolute und relative Häufig-keiten, Modalwert	χ^2–Verfahren	Kontingenz-koeffizient
Rang-skala	Häufigkeiten, Modalwert, Ränge, Median, Quantile Rangvarianz	χ^2–Verfahren, nichtparametrische Verfahren auf der Basis von Rängen	Rangkorrelations-koeffizient
Intervall-skala	Häufigkeiten, Modalwert, Ränge, Quantile, Median, Schiefe, $\bar{x}, s, s^2$	χ^2–Verfahren, nichtparametrische Verfahren, parametrische Verfahren z.B. (bei Normalverteilung) χ^2–, t–, F–Test, Varianz– und Regressionsanalyse	Maßkorrelation

Tabelle 1.2: Skalentypen und zugehörige Statistiken

- OHI–Index (rangskaliert)

- Zeitpunkt einer Operation (metrisch skaliert)

- Kassenzugehörigkeit (nominalskaliert).

1.4 Meßprinzip und Skalenniveau in der Medizin

Wir wollen hier kurz einige allgemeine Probleme des Messens in der Medizin ansprechen, und insbesondere andeuten, wie kompliziert es ist, in der klinischen Medizin die Forderung nach metrischen Skalen zu realisieren. Neben der *direkten Messung* von Zufallsvariablen wie Körpergröße, Alter, Gewicht, Blutdruck etc. können speziell in der Medizin häufig nur Ersatzgrößen gemessen werden. Deren Meßergebnis wird durch einen logischen Schluß auf die interessierende Variable transformiert. In diesem Fall liegt eine *indirekte Messung* vor.

Beispiele:

- Messung der Wirkung eines Medikaments und danach Rückschluß auf die Gesundung des Patienten.

- Messung der Transaminasenkonzentration und Rückschluß auf die Ausdehnung des Herzinfarkts.

Die indirekte Messung ist die Summe aus tatsächlicher Wirkung und einem zusätzlichen zufälligen Effekt. Damit entsteht das Problem, die tatsächliche Wirkung abzuschätzen. Eine indirekte Messung führt zu einer metrischen Skala, falls

- die indirekte Messung metrisch ist,

- die tatsächliche Wirkung eine metrische Variable ist und

- ein eindeutiger Zusammenhang zwischen beiden Meßskalen existiert.

Dieser Fall tritt in der Medizin selten auf.

Ein anderes Problem entsteht durch die Einführung von abgeleiteten Skalen, die als Funktion von metrischen Funktionsskalen definiert sind. Ihre statistische Behandlung kann zu erheblichen methodischen Schwierigkeiten führen. Bei Nichtbeachtung der tatsächlichen Entstehung der Skala kann irrtümlicherweise eine stetige Standardverteilung vermutet werden.

Beispiel : In der Herzdiagnostik wird das Verhältnis

$$\frac{\text{Anspannungszeit}}{\text{Austreibungszeit}} = \frac{\text{PEP}}{\text{LVET}}$$

angewandt. Selbst wenn beide Größen unabhängig normalverteilt sind, ist keines der üblichen statistischen Verfahren zur Einschätzung des Verhältnisses anwendbar (für $X \sim N(\mu, \sigma^2)$ und $Y \sim N(0, 1)$ ist X/Y Cauchy–verteilt, so daß weder Erwartungswert noch Varianz existieren).

Die Einteilung metrischer Skalen ist ebenfalls von Einfluß auf die Anwendbarkeit statistischer Verfahren für stetige Zufallsvariablen. Bei zu grober Meßskala ist nicht auszuschließen, daß zwei Patienten exakt die gleichen Meßwerte zeigen (man spricht von *Bindung* in der Stichprobe).
Die Inhomogenität des Patientenklientels führt zwangsläufig dazu, daß die Verteilungen breiter werden und so z.B. die angenommene Normalverteilung in die t–Verteilung übergeht. Dieser Effekt führt zu einem Effizienzverlust der parametrischen Verfahren.
Als Schlußfolgerung können wir festhalten, daß für *klinisch–medizinische Daten die Voraussetzung für metrische Skalen häufig nicht gegeben ist* bzw. daß durch Transformationen zwar metrische aber häufig keinesfalls normalverteilte Daten erhoben werden.
Damit ist eine Beschränkung auf nominal– oder rangskalierte Daten und die zugehörigen nichtparametrischen Verfahren in der Medizin und Zahnmedizin ein den Realitäten häufig angemessenes Vorgehen.

1.5 Aspekte der Versuchsplanung in der Biotechnologie

Daten repräsentieren eine Kombination aus Signalen und Rauschen *(signals and noise)*. Ein Signal ist ein Hinweis auf einen Effekt, den eine Prozeßvariable auf den Prozeßverlauf besitzt. Man wird erwarten, daß einflußreiche Variablen auch Signale senden, die das Rauschen deutlich übertönen, während unwesentliche Variablen im Rauschpegel untergehen.

Das Rauschen — oder der Versuchsfehler — beinhaltet die natürliche Variabilität in den Daten bzw. in den Variablen.

Falls man einen Versuch (biologisches Experiment, chemische Produktphase) wiederholt, kann man nicht erwarten, exakt das gleiche Ergebnis wie im ersten Versuch zu erzielen, selbst wenn man den Versuch unter kontrollierten Bedingungen durchführt. Die unterschiedlichen Ergebnisse der Zufallsvariablen (Response) bedingen eine gewisse Unsicherheit, die mit statistischen Methoden analysiert werden muß.

Diese Unsicherheit ist Ausdruck der Variabilität der Beobachtungen, die sich aus dem reinen Versuchsfehler und dem Meßfehler (und möglichen Wechselwirkungen) zusammensetzt. Meßfehler beschreiben die Variabilität bei wiederholten Messungen desselben Responseereignisses. Der Versuchsfehler ist die Variabilität der Zufallsvariablen (Response) unter exakt gleichen Versuchsbedingungen. Im allgemeinen ist der Versuchsfehler um ein Vielfaches größer als der Meßfehler. Außerdem sind beide Größen häufig überhaupt nicht zu separieren, so daß wir als Rauschen die Summe aus Versuchs– und Meßfehler verstehen, wobei wegen der Größenverhältnisse in etwa

$$\text{Rauschen} \quad \approx \quad \text{Versuchsfehler}$$

gilt.

Die Versuchsplanung hat damit die Aufgabe, die Signale deutlich vom Rauschen zu trennen. Dabei sind die Beschränkungen in den Ressourcen als Randbedingungen zu beachten.

Beispiel : Falls ein Response von zwei Variablen A und B beeinflußt werden kann, ist die separate Wirkung jeder einzelnen Variablen (Haupteffekte) auf den Response von Interesse. Falls der Response nur für jeweils niedrige und jeweils hohe Konzentrationen beider Einflußfaktoren beobachtet wird, wären die Haupteffekte nicht separierbar. Falls man jedoch nach dem folgenden Plan vorgeht:

- A niedrig, B niedrig

- A niedrig, B hoch

- A hoch, B niedrig

- A hoch, B hoch,

so sind die Haupteffekte sehr wohl separierbar.

1.6 Relative Bedeutung von Effekten — das Pareto–Prinzip

Bei der Analyse von Modellen der Gestallt

$$\text{Response} = f(X_1, \ldots, X_k)$$

mit X_i: (exogene) Einflußvariablen oder X_i: prognostische Faktoren treten folgende Probleme auf:

- Wahl der Linkfunktion $f(.)$

- Modellwahl (Auswahl der X_i)

- Beachtung von Wechselwirkungen, Modellwahl nach dem hierarchischen Prinzip

- Wertung der Effekte und Schlußfolgerung für die Versuchsplanung.

Aus der Theorie und Praxis der loglinearen Regression (Fahrmeir und Hamerle, 1984, Toutenburg, 1992) ist bekannt, daß die spezielle Kodierung (Effekt-oder Dummykodierung) die Parameterschätzwerte nach Standardisierung in einer maßstabsfreien relativen Skala erzeugt. Dieses Prinzip setzte Ishihawa (1976) mittels der Pareto–Grafik um. Abbildung 1.1 zeigt eine solche Grafik, bei der die Einflußvariablen und ihre Wechselwirkungseffekte nach ihrer relativen Bedeutung für den Response der Größe nach geordnet werden, beginnend mit der wichtigsten.

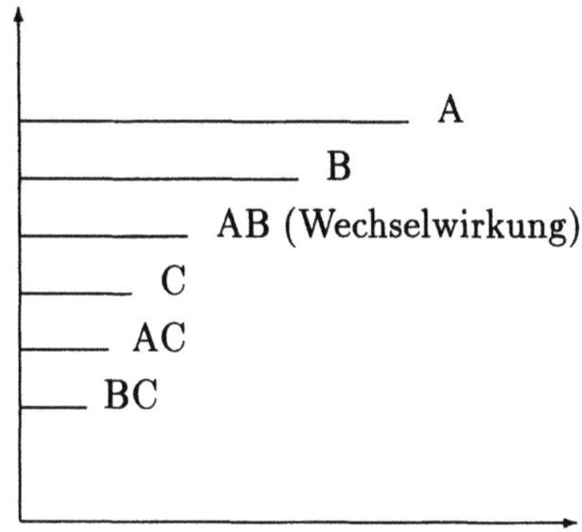

Abbildung 1.1: Typische Pareto–Grafik eines Zusammenhangs Response $=$ $f(A, B, C)$

1.7 Eine Alternative zum Pareto–Prinzip bei bivariaten ordinalen Ursache–Wirkungs-beziehungen

Der Erfolg statistischer Versuchsplanung muß einerseits durch statistische Kenngrößen wie p–values von Teststatistiken meßbar, andererseits auch grafisch darstellbar sein. Gute Grafiken — wie die Pareto-Tabelle — erleichtern bei komplexen und komplizierten Zusammenhängen das Auffinden der wesentlichen Einflußgrößen (Haupt- oder Wechselwirkungseffekte). Für bivariate ordinale Ursache-Wirkungsbeziehungen — erfaßt nach loglinearen Modellen —

haben Heumann et al. (1993) eine rechnergestützte grafische Methode entwickelt, die wir am folgenden Beispiel vorstellen wollen.
Sei

$$Y = \begin{cases} 1 & \text{falls der Output erfolgreich war} \\ 0 & \text{sonst} \end{cases}$$

die Responsevariable, A und B seien Einflußgrößen mit jeweils drei (ordinalen) Intensitätsstufen (niedrig, mittel, hoch).
Das loglineare Modell (ohne Interaktionseffekte A × B, A × B × Erfolg) lautet

$$\ln(n_{1jk}) = \mu + \lambda_1^{\text{Erfolg}} + \lambda_j^A + \lambda_k^B + \lambda_{1j}^{\text{Erfolg}/A} + \lambda_{1k}^{\text{Erfolg}/B} \quad . \tag{1.1}$$

Die Daten sind aus der Tabelle 1.3 entnommen.

Y	Faktor A	Faktor B		
		niedrig	mittel	hoch
0	niedrig	40	10	20
	mittel	60	70	30
	hoch	80	90	70
1	niedrig	20	30	5
	mittel	60	150	20
	hoch	100	210	50

Tabelle 1.3: Dreidimensionale Kontingenztafel

Es ergaben sich für das loglineare Modell (1.1) mit den Wechselwirkungen
$$Y \,/\, \text{Faktor A}, \qquad Y \,/\, \text{Faktor B}$$
die folgenden Parameterschätzungen für die Haupteffekte (Tabelle 1.4).

Parameter	standardisierte Schätzung
$Y = 0$	0.257
$Y = 1$	-0.257
Faktor A niedrig	-13.982
Faktor A mittel	4.908
Faktor A hoch	14.894
Faktor B niedrig	2.069
Faktor B mittel	10.515
Faktor B hoch	-10.057

Tabelle 1.4: Haupteffekte zum Modell (1.1)

Parameter	standardisierte Schätzung
$Y = 0$/Faktor A niedrig	3.258
$Y = 0$/Faktor A mittel	-1.963
$Y = 0$/Faktor A hoch	-2.589
$Y = 1$/Faktor A niedrig	-3.258
$Y = 1$/Faktor A mittel	1.963
$Y = 1$/Faktor A hoch	2.589
$Y = 0$/Faktor B niedrig	1.319
$Y = 0$/Faktor B mittel	-8.258
$Y = 0$/Faktor B hoch	5.432
$Y = 1$/Faktor B niedrig	-1.319
$Y = 1$/Faktor B mittel	8.258
$Y = 1$/Faktor B hoch	-5.432

Tabelle 1.5: Wechselwirkungseffekte

Für die Wechselwirkungseffekte erhält man die Schätzungen gemäß Tabelle 1.5.

Die grafische Darstellung der Wechselwirkungseffekte findet sich in den Abbildungen 1.2 und 1.3. Hierbei sind die Effekte jeweils größenproportional aufgetragen, wobei nach dem größten Effekt normiert wurde. Die Einzeleffekte sind hierbei untereinander normiert, so daß ein Vergleich von Haupteffekten, die am Rand abgetragen werden, mit den Wechselwirkungseffekten nicht möglich ist.

Ausgefüllte Kreise entsprechen in den Abbildungen dabei einem positiven, nicht ausgefüllte Kreise einem negativen Wechselwirkungseffekt.

Die Normierung erfolgte durch

$$\text{Fläche Effekt}_i = \pi r_i^2 \tag{1.2}$$

mit

$$r_i = \sqrt{\frac{\text{Schätzung Effekt}_i}{\max_i\{\text{Schätzung Effekt}_i\}}} \cdot r,$$

wobei r der Radius des maximalen Effektes ist.[1]

Interpretation : Aus Abbildung 1.2 entnimmt man, daß (A niedrig)/Mißerfolg und (A hoch)/Erfolg positiv korreliert sind, so daß die Empfehlung für die Steuerung „A hoch" lautet. Analog liefert die Abbildung 1.3 die Empfehlung „B mittel".

---

[1] Da die Grafik mit LaTeX realisiert wurde, ist der maximale Durchmesser eines Kreises 5 mm, damit ist $r=2.5$ mm

Bemerkung: Die Wechselwirkungseffekte sind nur innerhalb einer Grafik entsprechend ihrer relativen Größe einzuschätzen, weil innerhalb einer Grafik standardisiert wird. Optische Vergleiche zwischen zwei Grafiken sind deshalb nicht möglich.

Die Pareto–Grafik für die Effekte bei positivem Response würde folgendes Bild (Abbildung 1.6) ergeben, wobei wir negativ wirkende Effekte als dünn und positiv wirkende Effekte als dick gezogene Linie darstellen.

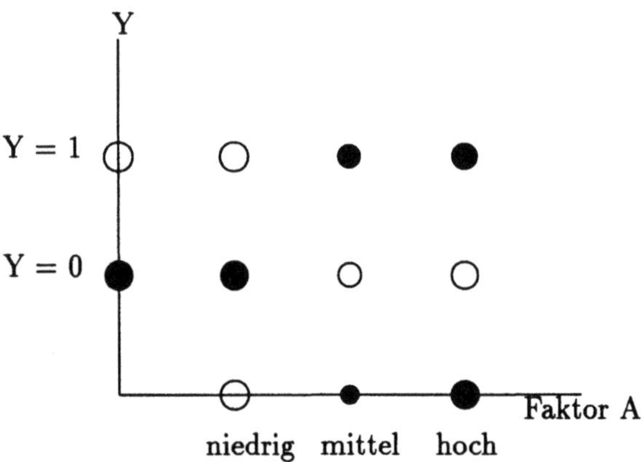

Abbildung 1.2: Darstellung der Haupt- und Wechselwirkungseffekte für den Faktor A

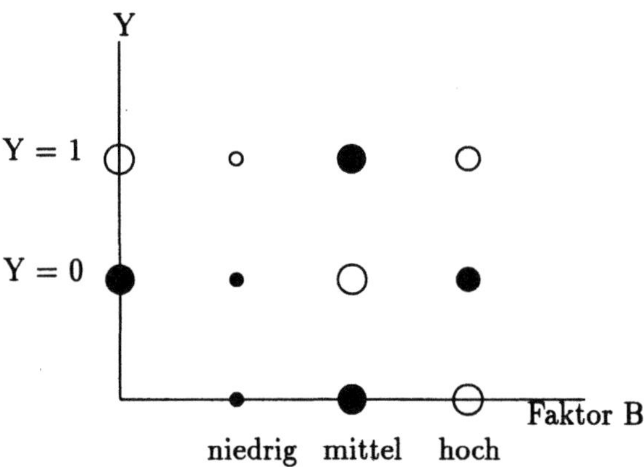

Abbildung 1.3: Darstellung der Einzel- und Wechselwirkungseffekte für den Faktor B

Die Abbildungen 1.4 bzw. 1.5 zeigen eine alternative Darstellungsform der Wechselwirkungseffekte erstellt mit Harvard Graphics.

14

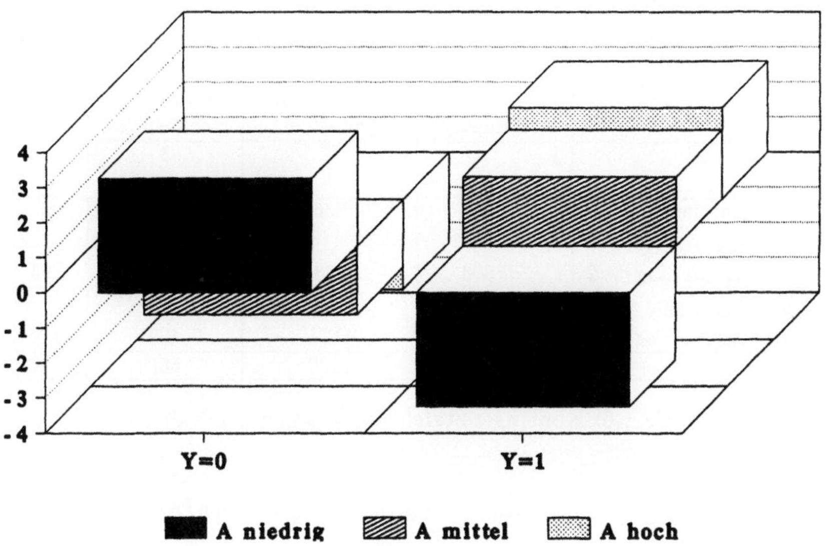

Abbildung 1.4: Wechselwirkungseffekte A × Response

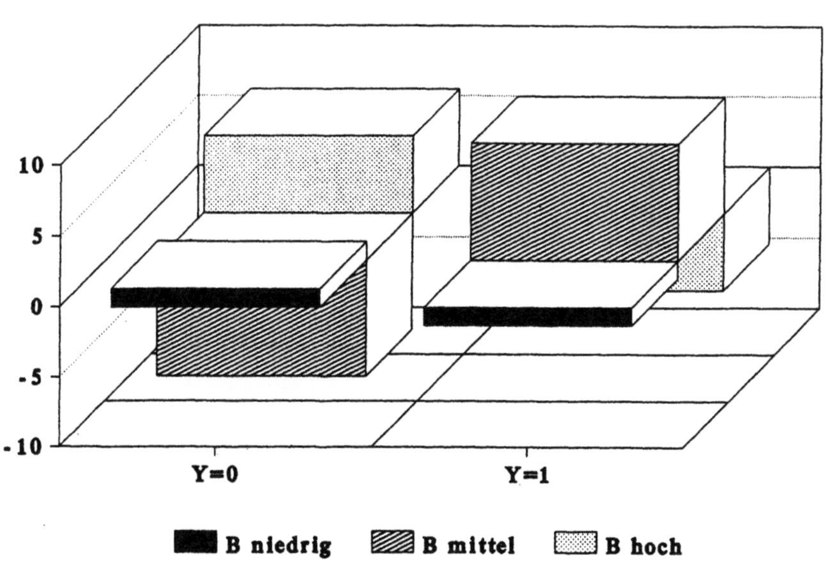

Abbildung 1.5: Wechselwirkungseffekte B × Response

Beispiel: Zur weiteren Veranschaulichung dieses Prinzips betrachten wir eine Ursache–Wirkungsbeziehung mit einer Einflußgröße, und zwar den Zusammenhang Tabakkonsum/Zahnsteinbildung. Das zu Tabelle 1.6 gehörende loglineare Modell

		kein Zahnstein	supragingivaler Zahnstein	subgingivaler Zahnstein	
i	j	1	2	3	$n_{i.}$
Nichtraucher	1	284	236	48	568
Raucher, weniger als 6.5g pro Tag	2	606	983	209	1798
Raucher, mehr als 6.5g pro Tag	3	1028	1871	425	3324
$n_{.j}$		1918	3090	682	5690

Tabelle 1.6: Kontingenztafel Tabakkonsum / Zahnstein

lautet

$$\ln(n_{ij}) = \mu + \lambda_i^{\text{Rauchen}} + \lambda_j^{\text{Zahnstein}} + \lambda_{ij}^{\text{Rauchen/Zahnstein}} \qquad (1.3)$$

wobei die Parameter bedeuten:

$\lambda_i^{\text{Rauchen}}$: Haupteffekt der drei Stufen Nichtraucher, schwacher Raucher bzw. starker Raucher

$\lambda_j^{\text{Zahnstein}}$: Haupteffekte der drei Stufen (kein/mittel/stark) des Zahnsteins

$\lambda_{ij}^{\text{R/Z}}$: Wechselwirkungseffekte Rauchen/Zahnstein

Die Parameterschätzungen sind in Tabelle 1.7 enthalten.

standardisierte Parameterschätzung	Effekt
-25.93277	Rauchen(nicht)
7.10944	Rauchen(schwach)
32.69931	Rauchen(stark)
11.70939	Zahnstein(kein)
23.06797	Zahnstein(mittel)
-23.72608	Zahnstein(viel)
7.29951	Rauchen(nicht)/Zahnstein(kein)
-3.04948	Rauchen(nicht)/Zahnstein(mittel)
-2.79705	Rauchen(nicht)/Zahnstein(viel)
-3.51245	Rauchen(schwach)/Zahnstein(kein)
1.93151	Rauchen(schwach)/Zahnstein(mittel)
1.17280	Rauchen(schwach)/Zahnstein(viel)
-7.04098	Rauchen(stark)/Zahnstein(kein)
2.66206	Rauchen(stark)/Zahnstein(mittel)
3.16503	Rauchen(stark)/Zahnstein(viel)

Tabelle 1.7: Schätzungen zum Modell (1.3)

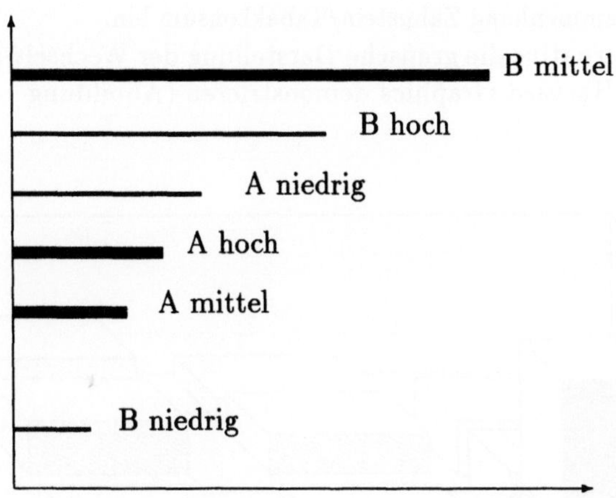

Abbildung 1.6: Einfache Pareto–Grafik für das loglineare Modell zu Tabelle 1.3

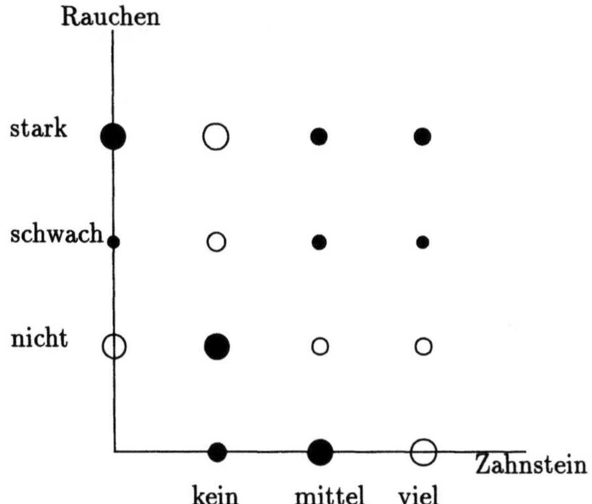

Abbildung 1.7: Größenproportionale Darstellung der Effekte des loglinearen Modells (1.3)

Die Grafik (Abbildung 1.7) zeigt de facto eine Diagonalstruktur der Wechselwirkungen, wobei die positiven Werte auf der Hauptdiagonalen liegen. Dies deutet auf einen positiven Zusammenhang Zahnstein/Tabakkonsum hin.

Wir wollen als Alternative die grafische Darstellung der Wechselwirkungseffekte mit dem Paket Harvard Graphics demonstrieren (Abbildung 1.8)

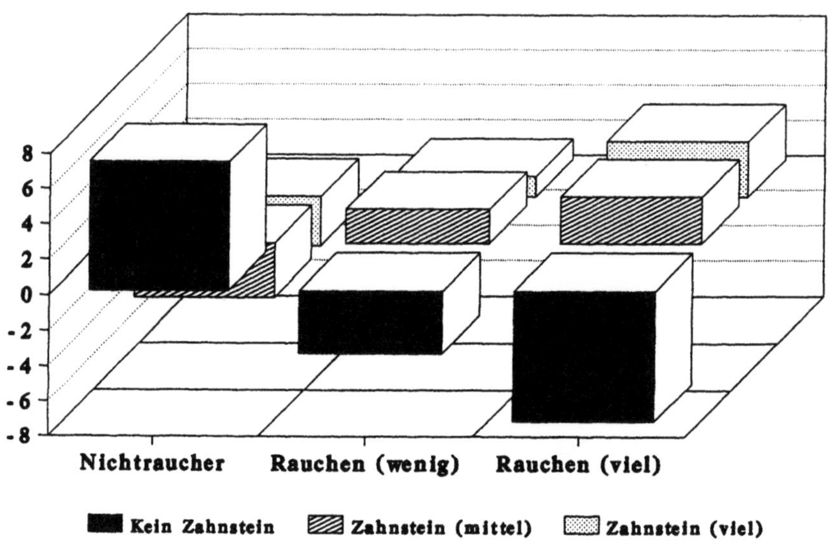

Abbildung 1.8: Wechselwirkungseffekte

1.8 Ein Beispiel für einen einfaktoriellen Versuchsplan

Zur Illustration der vorhergehenden Ausführungen betrachten wir das folgende Experiment aus der landwirtschaftlichen Versuchsplanung. Wir nehmen an, uns stehen n de facto homogene Pflanzen zur Verfügung, aus denen wir zufällig $n_1=10$ und $n_2=10$ auswählen. Die erste Gruppe wird mit Düngung A und die zweite Gruppe mit Düngung B behandelt. Der Faktor ist also die Düngung. Nach Ablauf der Vegetationsperiode messen wir bei allen Pflanzen den Response y, z.B. das Gewicht der Frucht.

Wir nehmen an, daß in der Grundgesamtheit $Y \sim N(\mu, \sigma^2)$ gilt. Damit gilt in den beiden Subpopulationen (Düngung A bzw. B)

$$Y_A \sim N(\mu_A, \sigma^2)$$

bzw.

$$Y_B \sim N(\mu_B, \sigma^2),$$

wobei wir bei unserem Versuch, der sich nur in der Düngung unterscheidet, Varianzhomogenität voraussetzen wollen.

Diese Annahmen können wir im folgenden Ein–Faktor–Modell zusammenfassen, wobei der Faktor zwei Stufen besitzt. Für die Responsewerte gelte

$$y_{ij} = \mu_i + \epsilon_{ij} \qquad (i = 1, 2 \quad j = 1, \ldots, n_i) \tag{1.4}$$

mit

$$\epsilon_{ij} \sim N(0, \sigma^2)$$

und ϵ_{ij} unabhängig über i und j.

Die Hypothesen lauten dann

$$H_0 : \mu_1 = \mu_2 \qquad (\text{d.h. } H_0: \mu_A = \mu_B)$$

gegen die Alternative

$$H_1 : \mu_1 \neq \mu_2.$$

Die einfaktorielle Varianzanalyse ist äquivalent zum t–Test auf Gleichheit der Erwartungswerte zweier normalverteilter Grundgesamtheiten. Die Teststatistik lautet allgemein für zwei unabhängige Stichproben vom Umfang n_1 bzw. n_2

$$t_{n_1+n_2-2} = \frac{\bar{x} - \bar{y}}{s} \sqrt{\frac{n_1 \cdot n_2}{n_1 + n_2}}, \tag{1.5}$$

wobei

$$s^2 = \frac{\sum_{i=1}^{n_1}(x_i - \bar{x})^2 + \sum_{j=1}^{n_2}(y_j - \bar{y})^2}{n_1 + n_2 - 2} \tag{1.6}$$

die gepoolte Schätzung der Varianz (des Versuchsfehlers) ist. H_0 wird abgelehnt, falls

$$|t| > t_{n_1+n_2-2;1-\frac{\alpha}{2}} \tag{1.7}$$

ist, wobei $t_{n_1+n_2-2;1-\frac{\alpha}{2}}$ das $(1 - \frac{\alpha}{2})$-Quantil der $t_{n_1+n_2-2}$-Verteilung ist.

Nehmen wir folgendes Zahlenbeispiel an (Tabelle 1.8).

Wir berechnen $\bar{x} = 5$, $\bar{y} = 6$ und

$$s^2 = \frac{26 + 18}{10 + 10 - 2} = \frac{44}{18} = 1.56^2,$$

$$t_{18} = \frac{5 - 6}{1.56} \sqrt{\frac{100}{20}} = -1.43,$$

$$t_{18;0.975} = 2.10,$$

so daß $H_0 : \mu_A = \mu_B$ nicht abgelehnt wird.

Dieser Test basiert auf dem Versuchsplan mit zwei — bis auf den Faktor Düngung — homogenen Verteilungen. In der Praxis wird es häufig schwierig sein, diese Annahme zu rechtfertigen, so daß Responseunterschiede — wie hier $\bar{x} = 5$ und $\bar{y} = 6$ — auch auf Inhomogenitäten in den beiden Populationen zurückgehen können. Dem ist durch Randomisieren zu begegnen.

i	Düngung A		Düngung B	
	x_i	$(x_i - \bar{x})^2$	y_i	$(y_i - \bar{y})^2$
1	4	1	5	1
2	3	4	4	4
3	5	0	6	0
4	6	1	7	1
5	7	4	8	4
6	6	1	7	1
7	4	1	5	1
8	7	4	8	4
9	6	1	5	1
10	2	9	5	1
$\sum$	50	26	60	18

Tabelle 1.8: Einfaktorieller Versuch mit zwei unabhängigen Verteilungen

Diese Inhomogenität fließt in den Versuchsfehler ein und macht es schwer, Unterschiede (Effekte des Faktors) zu erkennen.

Paarweiser einfaktorieller Versuch (paired t–Test)

Diese Komplikation läßt sich vermeiden, wenn man beide Stufen des Faktors an ein- und demselben Versuchsobjekt beobachtet und dieses Paar–Design wiederholt.

Nehmen wir an, wir würden zwei alternative Mittel A und B zur Schädlingsbekämpfung testen. Dazu wird jede Pflanze gleichzeitig mit A und B behandelt, der Response sei der Rückgang der Konzentration einer bestimmten Schädlingsart (Blattläuse) an dem jeweiligen Blatt.

Dieser Versuchsplan wird durch folgendes Modell beschrieben

$$y_{ij} = \mu_i + \beta_j + \epsilon_{ij} \qquad \begin{cases} i = 1,2 \\ j = 1,\ldots,n, \end{cases} \qquad (1.8)$$

wobei

y_{ij} : die j-te Beobachtung bei Behandlung i
μ_i : der i-te Mittelwert
β_j : der Effekt der j-ten Wiederholung

und

ϵ_{ij} : der Versuchsfehler ist.

Der Effekt der Behandlung wird durch die Differenzen

$$d_j = y_{1j} - y_{2j} \qquad j = 1,\ldots,n \qquad (1.9)$$

der Responsevariablen an ein- und demselben Versuchsobjekt gemessen. Wir erhalten

$$\mu_d = \mathrm{E}(d_j) \;\; = \;\; \mathrm{E}(y_{1j} - y_{2j})$$
$$= \;\; \mu_1 + \beta_j - \mu_2 - \beta_j$$
$$= \;\; \mu_1 - \mu_2.$$

Das Prüfen von $H_0 : \mu_1 = \mu_2$ ist also äquivalent zum Test auf $H_0 : \mu_d = 0$. Die Teststatistik (Ein–Stichproben–t–Test) lautet unter der Annahme

$$d_j \sim \mathrm{N}(0, \sigma_d^2)$$
$$t_{n-1} = \frac{\bar{d}}{s_d}\sqrt{n} \tag{1.10}$$

mit

$$s_d^2 = \frac{\sum (d_j - \bar{d})^2}{n-1} \quad .$$

H_0 wird abgelehnt für

$$|t_{n-1}| > t_{n-1;1-\frac{\alpha}{2}}.$$

Nehmen wir an, unser Experiment hätte die Zahlen in Tabelle 1.9 (also die gleichen Zahlen wie in Tabelle 1.8) ergeben:

j	y_{1j}	y_{2j}	d_j	$(d_j - \bar{d})^2$
1	4	5	-1	0
2	3	4	-1	0
3	5	6	-1	0
4	6	7	-1	0
5	7	8	-1	0
6	6	7	-1	0
7	4	5	-1	0
8	7	8	-1	0
9	6	5	1	4
10	2	5	-3	4
$\sum$			-10	8

Tabelle 1.9: Paarweiser Versuchsplan

Wir erhalten

$$\bar{d} = -1,$$
$$s_d^2 = \frac{8}{9} = 0.94^2,$$
$$t_9 = \frac{-1}{0.94}\sqrt{10} = -3.36,$$
$$t_{9;0.975} = 2.26, \cdot$$

so daß $H_0 : \mu_1 = \mu_2$ (also $\mu_A = \mu_B$) abgelehnt, ein Effekt des Faktors mit den Stufen A und B also nachgewiesen wird.

Im Vergleich der beiden Designs — vollständig randomisierter Versuch bzw. randomisierter Blockversuch — fällt der Verlust an Freiheitsgraden im zweiten Versuch auf. Andererseits sieht man beim Vergleich der beiden Konfidenzintervalle

$$(\bar{x} - \bar{y}) \pm t_{18;0.975}\, s\sqrt{\frac{n_1 n_2}{n_1 + n_2}},$$

$$-1 \pm 2.10 \cdot 1.56\sqrt{\frac{100}{20}},$$

$$-1 \pm 7.33,$$

$$[-8.33; +6.33]$$

und

$$\bar{d} \pm t_{9;0.975}\frac{s_d}{\sqrt{n}},$$

$$-1 \pm 2.26\frac{0.94}{\sqrt{10}},$$

$$-1 \pm 0.67,$$

$$[-1.67; -0.33],$$

die höhere Konzentration im zweiten Versuch. Der Vergleich der Restvarianzen $s^2 = 1.56^2$ und $s_d^2 = 0.94^2$ zeigt, daß durch Blockbildung eine Reduzierung der Standardabweichung auf $\frac{0.94}{1.56} \cdot 100 = 60\%$ erzielt wurde. Die Strategie der Blockbildung zeigt diese günstigen Effekte jedoch nur unter der Annahme einer geringen Variabilität innerhalb des Blocks und starker Variabilität zwischen den Blöcken. Wir werden diese Probleme ausführlich in Kapitel 4 diskutieren.

1.9 Kontrollfragen und Aufgaben

1.9.1 Wie lauten die vier Grundprinzipien der Versuchsplanung?

1.9.2 Warum benötigt man eine Kontrollgruppe?

1.9.3 Zu welcher Skalierung gehören folgende Merkmale:

männlich/weiblich

katholisch, protestantisch

Druck

Temperatur

Steuerklasse (Finanzamt)

Kleinwagen, Mittelklassewagen, Luxuslimousine

Lebensalter

C2, C3, C4 – Professur

Verweildauer

Ereignis, Zensierung?

1.9.4 Worin liegt der Unterschied zwischen direkter und indirekter Messung?

1.9.5 Was versteht man unter Bindung? Welche Auswirkungen haben viele Bindungen in einer Stichprobe?

1.9.6 Wie kann man Haupteffekte aus dem Rauschen separieren?

1.9.7 Was erkennt man mit einer Pareto–Grafik?

1.9.8 Wie lauten die linearen Modelle im paarweisen Versuch bzw. beim Vergleich zweier unabhängiger Gruppen?

Kapitel 2

Vergleich von zwei Gruppen

2.1   Einleitung

In der Medizin, Soziologie, Landwirtschaft, Technik oder im Marketing steht man häufig vor dem Problem, zwei Gruppen von Individuen zu vergleichen. Diese Gruppen können durch reine Beobachtung (z.B. retrospektiv) oder durch ein kontrolliertes Experiment (z.B. prospektiv) gebildet werden. Die Zuordnung ist im ersten Fall nicht randomisiert, im zweiten Fall sollte sie randomisiert sein. Zeigen zwei Beobachtungsgruppen einen Unterschied in einem Response, so kann dieser Unterschied systematisch sein – also auf einen Faktor bezogen –, er kann aber genausogut zufällig durch andere, im allgemeinen nicht bekannte Einflüsse hervorgerufen sein.

Im Experiment dagegen ist der interessierende Faktor unter der Kontrolle des Experimentators, der durch Randomisierung sichert, daß jedes Individuum die gleiche Chance hat, eine der beiden Behandlungen (Stufen des Faktors) zu erhalten. Mit doppelt–blind oder einfach–blind Behandlungen läßt sich häufig der Gefahr entgegentreten, daß Unterschiede durch die Art der Behandlung (mögliche psychologische Beeinflussung) hervorgehoben oder verdeckt werden. Diese Art von möglichem Bias ist vor Studienbeginn mit den Beteiligten sorgfältig zu diskutieren. Da nicht auszuschließen ist, daß beide Gruppen vor Beginn der Studie sogenannte Anfangsunterschiede aufweisen, versucht man mit verschiedenen Techniken wie *Stratifikation* (frequency matching) eine Unterteilung in jeweils untereinander homogene Subgruppen zu erreichen, wobei die Subgruppen zueinander heterogen sein sollen. Stratifikation wird sowohl bei Experimenten als auch bei Beobachtungsstudien angewandt.

Falls man Subgruppen mit jeweils einem Individuum bildet und diese zwischen den beiden Behandlungen vergleicht, spricht man von pair–matched oder *matched–pair Design*. Dabei werden die jeweiligen Paare als homogen bezüglich aller prognostischen oder confounding Variablen vorausgesetzt, die die Behandlung und den Response beeinflussen können. Durch Randomisierung jedes Paares (z.B. durch Münzwurf und danach Zuweisung der Behandlung) hofft man, alle nicht bei der Stratifizierung erfaßten prognostischen Faktoren balanziert auf beide Behandlungen aufzuteilen. Dieses Verfahren funktioniert aber nur bei experimentellen Studien.

2.2 Paired t–Test im matched–pair Design

Wir setzen das matched–pair Design in einer experimentellen Studie voraus, das den Response gemäß Tabelle 2.1 strukturiert.

	Behandlung		
Paar	1	2	Differenz
1	y_{11}	y_{21}	$y_{11} - y_{21} = d_1$
2	y_{12}	y_{22}	$y_{12} - y_{22} = d_2$
$\vdots$	$\vdots$	$\vdots$	$\vdots$
n	y_{1n}	y_{2n}	$y_{1n} - y_{2n} = d_n$
			$\bar{d} = \dfrac{\sum d_i}{n}$

Tabelle 2.1: Response im matched–pair Design

Das zugehörige lineare Modell war bereits in (1.8) angegeben worden. Unter der Annahme

$$d_i \overset{\text{i.i.d.}}{\sim} N(\mu_d, \sigma_d^2) \tag{2.1}$$

gilt für die beste lineare erwartungstreue Schätzung von μ_d

$$\bar{d} \sim N(\mu_d, \frac{\sigma_d^2}{n}) \quad . \tag{2.2}$$

Die erwartungstreue Schätzung der Varianz σ_d^2 ist durch

$$s_d^2 = \frac{\sum_{i=1}^{n}(d_i - \bar{d})^2}{n-1} \sim \sigma_d^2 \, \chi_{n-1}^2 \tag{2.3}$$

gegeben, so daß unter H_0: $\mu_d = 0$ die Statistik

$$t = \frac{\bar{d}}{s_d}\sqrt{n} \tag{2.4}$$

eine zentrale t–Verteilung besitzt.

Zweiseitiger Test H_0: $\mu_d = 0$ gegen H_1: $\mu_d \neq 0$

H_0 ablehnen, falls

$$|t| > t_{n-1;1-\alpha}(\text{zweiseitig}) = t_{n-1;1-\frac{\alpha}{2}} \quad . \tag{2.5}$$

Einseitiger Test H_0: $\mu_d = 0$ gegen H_1: $\mu_d > 0$ ($\mu_d < 0$)

H_0 zugunsten von H_1: $\mu_d > 0$ ablehnen, falls

$$t > t_{n-1;1-\alpha} \quad . \tag{2.6}$$

H_0 ablehnen zugunsten von H_1: $\mu_d < 0$, falls

$$t < -t_{n-1;1-\alpha} \quad . \tag{2.7}$$

Stichprobenumfang und Güte des Tests

Wir betrachten allgemein einen Test für H_0 gegen H_1 in einer Verteilung mit einem unbekannten Parameter θ.

Entscheidung	Tatsächliche Situation	
	H_0 wahr	H_0 falsch
H_0 nicht ablehnen	richtige Entscheidung	falsche Entscheidung
H_0 ablehnen	falsche Entscheidung	richtige Entscheidung

Tabelle 2.2: Entscheidungen im Signifikanztest

Bei einem Signifikanztest sind zwei korrekte und zwei fehlerhafte Entscheidungen möglich. Die Wahrscheinlichkeit

$$P_\theta(H_0 \text{ ablehnen} \mid H_0 \text{ wahr}) = P_\theta(H_1|H_0) \leq \alpha \quad \text{für alle} \quad \theta \in H_0 \qquad (2.8)$$

ist die Wahrscheinlichkeit für einen *Fehler 1.Art.* α wird vor dem Test vom Statistiker vorgegeben. Wir legen im allgemeinen $\alpha = 0.05$ fest.
Die Wahrscheinlichkeit

$$P_\theta(H_0 \text{ nicht ablehnen} \mid H_0 \text{ falsch}) = P_\theta(H_0|H_1) \geq \beta \quad \text{für alle} \quad \theta \in H_1 \quad (2.9)$$

heißt Wahrscheinlichkeit für einen *Fehler 2. Art.* Die damit gebildete Funktion

$$G(\theta) = P_\theta(H_0 \text{ ablehnen}) \qquad (2.10)$$

ist die *Gütefunktion des Tests.* Ziel eines Tests ist es, bei vorgegebenem α den Fehler 2.Art auf einem festgelegten Niveau zu sichern bzw. zu unterschreiten und, damit äquivalent, einen festgelegten Wert der Gütefunktion zu erreichen bzw. zu überschreiten (zur Konstruktion gleichmäßig bester Tests vgl. Rüger, 1988). Dabei gelten folgende Regeln:

(i) seien α und der Parameter unter H_1 fest, so liefert wachsendes n eine wachsende Güte,

(ii) sind n und der Parameter unter H_1 fest, so liefert wachsendes α ein fallendes β und damit wachsende Güte,

(iii) mit wachsendem Abstand δ der Parameter unter H_0 und unter H_1 wächst die Güte.

Die Gütefunktion eines gewählten Tests hängt also insgesamt vom Grad des Unterschieds δ, von der Wahrscheinlichkeit für einen Fehler 1.Art , vom Stichprobenumfang n und von der Ein- bzw. Zweiseitigkeit des Tests ab. Beim Übergang vom einseitigen auf den zweiseitigen Test vermindert sich die Güte. Für den Mittelwertsvergleich im matched–pair Design ergibt sich folgender Zusammenhang. Sei α vorgegeben und ein einseitiger Test (H_0: $\mu_d = \mu_0$ gegen

H_1: $\mu_d = \mu_0 + \delta$, $\delta > 0$) gewählt. Sei σ_d^2 zunächst als bekannt vorausgesetzt. Wir wollen den Stichprobenumfang n bestimmen, der bei vorgegebenem α und bekanntem σ_d^2 eine vorgegebene Güte von $1 - \beta$ sichert. D.h. es ist n so zu bestimmen, daß H_0: $\mu_d = \mu_0$ bei vorgegebenem α mit der Wahrscheinlichkeit β angenommen wird, obwohl $\mu_d = \mu_0 + \delta$ ist.

Sei

$$u = \frac{\bar{d} - \mu_0}{\sigma_d/\sqrt{n}} \quad .$$

Dann ist unter H_1: $\mu_d = \mu_0 + \delta$

$$\tilde{u} = \frac{\bar{d} - (\mu_0 + \delta)}{\sigma_d/\sqrt{n}} \sim N(0,1) \tag{2.11}$$

verteilt. Zwischen $\tilde{u}$ und u besteht folgende Relation

$$u = \tilde{u} + \frac{\delta}{\sigma_d}\sqrt{n} \sim N(\frac{\delta}{\sigma_d}\sqrt{n}, 1) \quad . \tag{2.12}$$

Die Nullhypothese H_0: $\mu_d = \mu_0$ wird fälschlicherweise angenommen, falls für die verwendete Teststatistik u gilt: $u \le u_{1-\alpha}$.

Die Wahrscheinlichkeit dafür soll β betragen: $\beta = P(H_0|H_1)$.

Also erhalten wir

$$\begin{aligned}
\beta &= P(u \le u_{1-\alpha}) \\
&= P(\tilde{u} \le u_{1-\alpha} - \frac{\delta}{\sigma_d}\sqrt{n})
\end{aligned}$$

und daraus

$$u_\beta = u_{1-\alpha} - \frac{\delta}{\sigma_d}\sqrt{n} \quad ,$$

d.h.

$$n \ge \frac{(u_{1-\alpha} - u_\beta)^2 \sigma_d^2}{\delta^2} \tag{2.13}$$

$$= \frac{(u_{1-\alpha} + u_{1-\beta})^2 \sigma_d^2}{\delta^2} \quad . \tag{2.14}$$

Für die praktische Anwendung von (2.13) ersetzt man σ_d^2 durch eine Schätzung. Wird σ_d^2 durch die Stichprobenvarianz geschätzt, so ersetzt man $u_{1-\alpha}$ und $u_{1-\beta}$ durch $t_{n-1;1-\alpha}$ und $t_{n-1;1-\beta}$. δ ist die Differenz der Erwartungswerte beider Parameterräume, die man entweder kennt oder aus der Stichprobe schätzt.

2.3 Mittelwertsvergleiche für unabhängige Gruppen

2.3.1 Zweistichproben–t–Test

Wir haben in Abschnitt 1.8 bereits das Zweistichprobenproblem für unabhängige Gruppen (Beobachtungsstudie) behandelt. Es liegen die unabhängigen

Stichproben

$$A \quad : \quad x_1, \ldots, x_{n_1} \quad , \quad x_i \sim N(\mu_A, \sigma_A^2)$$
$$B \quad : \quad y_1, \ldots, y_{n_2} \quad , \quad y_i \sim N(\mu_B, \sigma_B^2)$$

vor. Unter Voraussetzung von $\sigma_A^2 = \sigma_B^2 = \sigma^2$ gilt das lineare Modell (1.4). Die Prüfung der Hypothese H_0: $\mu_A = \mu_B$ für den Vergleich der beiden Gruppen A und B erfolgt mit der Statistik (1.5), d.h. mit $t_{n_1+n_2-2} = \frac{\bar{x}-\bar{y}}{s}\sqrt{\frac{n_1 n_2}{n_1+n_2}}$. In der Praxis muß die Voraussetzung $\sigma_A^2 = \sigma_B^2$ geprüft werden.

2.3.2 Prüfen von H_0: $\sigma_A^2 = \sigma_B^2 = \sigma^2$

Unter H_0 sind die beiden unabhängigen Stichprobenvarianzen

$$s_x^2 = \frac{1}{n_1-1}\sum_{i=1}^{n_1}(x_i - \bar{x})^2$$

und

$$s_y^2 = \frac{1}{n_2-1}\sum_{i=1}^{n_2}(y_i - \bar{y})^2$$

jeweils $\sigma^2 \chi_{n_i-1}^2$–verteilt, so daß ihr Quotient F–verteilt ist:

$$F = \frac{s_x^2}{s_y^2} \sim F_{n_1-1,n_2-1} \quad . \tag{2.15}$$

Testentscheidung

Zweiseitig: H_0: $\sigma_A^2 = \sigma_B^2$ gegen H_1: $\sigma_A^2 \neq \sigma_B^2$
H_0 wird abgelehnt, falls

$$\left.\begin{array}{l} F > F_{n_1-1,n_2-1;1-\frac{\alpha}{2}} \\ \text{oder} \\ F < F_{n_1-1,n_2-1;\alpha/2} \end{array}\right\} \tag{2.16}$$

gilt, wobei

$$F_{n_1-1,n_2-1;\alpha/2} = \frac{1}{F_{n_1-1,n_2-1;1-\frac{\alpha}{2}}} \tag{2.17}$$

ist.

Einseitig: H_0: $\sigma_A^2 = \sigma_B^2$ gegen H_1: $\sigma_A^2 > \sigma_B^2$
Falls

$$F > F_{n_1-1,n_2-1;1-\alpha} \tag{2.18}$$

gilt, wird H_0 abgelehnt.
Hinweis: Man testet einseitig nur in dieser Richtung, d.h. die größere Stichprobenvarianz kommt stets in den Zähler von F.

Beispiel 2.1: Wir wollen für den Datensatz aus Tabelle 1.8 H_0: $\sigma_A^2 = \sigma_B^2$ prüfen. Wir entnehmen Tabelle 1.8 die Werte $n_1 = n_2 = 10$, $s_A^2 = \frac{26}{9}$ und $s_B^2 = \frac{18}{9}$, so daß wir wegen

$$F = \frac{26}{18} = 1.44 < 3.18 = F_{9,9;0.95}$$

nach (2.18) bei der Prüfung von H_0: $\sigma_A^2 = \sigma_B^2$ gegen H_1: $\sigma_A^2 > \sigma_B^2$ die Nullhypothese nicht ablehnen. Die weitere Analyse im Abschnitt 1.8 war also korrekt.

2.3.3 Mittelwertsvergleich bei ungleichen Varianzen

Falls H_0: $\sigma_A^2 = \sigma_B^2$ nicht gilt, liegt das sogenannte Behrens–Fisher–Problem vor, für das es keine exakte Lösung gibt. Für praktische Zwecke reicht häufig folgende Korrektur der Teststatistik gemäß *Welch*

$$t = \frac{|\bar{x} - \bar{y}|}{\sqrt{\dfrac{s_x^2}{n_1} + \dfrac{s_y^2}{n_2}}} \sim t_v \tag{2.19}$$

(vgl. Sachs, 1974, S. 212), wobei die Freiheitsgradzahl näherungsweise gleich

$$v = \frac{\left(\dfrac{s_x^2}{n_1} + \dfrac{s_y^2}{n_2}\right)^2}{\dfrac{\left(s_x^2/n_1\right)^2}{n_1+1} + \dfrac{\left(s_y^2/n_2\right)^2}{n_2+1}} - 2 \tag{2.20}$$

ist (v wird ganzzahlig gerundet).
Es gilt $\min(n_1 - 1, n_2 - 1) < v < n_1 + n_2 - 2$.

Beispiel 2.2: Im Rahmen der Werkstoff-Forschung seien zwei stetige normalverteilte Merkmale A und B mit folgenden Stichprobenparametern untersucht worden:

$$\bar{x} = \;\;27.99 \quad , \quad s_x^2 = \;\;5.98^2 \quad , \quad n_1 = \;\;9$$
$$\bar{y} = \;\;1.92 \quad\;\; , \quad s_y^2 = \;\;1.07^2 \quad , \quad n_2 = \;\;10$$

Die Varianzen sind verschieden:

$$F = \frac{5.98^2}{1.07^2} = 31.23 > 3.23 = F_{8,9;0.95} \quad .$$

Zum Mittelwertsvergleich wenden wir also den *Welch-Test* an.

$$t_v = \frac{|27.99 - 1.92|}{\sqrt{\frac{5.98^2}{9} + \frac{1.07^2}{10}}} = 12.89$$

mit $v \approx 9$ Freiheitsgraden. Da der kritische Wert $t_{9;0.975} = 2.26$ überschritten wird, lehnen wir H_0: $\mu_A = \mu_B$ ab.

2.3.4 Datentransformation zur Sicherung der Varianzhomogenität

Erfahrungsgemäß ist der Zweistichproben–t–Test empfindlicher gegenüber einer Verletzung der Voraussetzung der Varianzhomogenität als gegenüber einer Verletzung der Normalverteilungsannahme. Bei Abweichung von der Normalverteilung und Stichprobenumfängen $n_1, n_2 > 20$ liefert der Zweistichproben–t–Test einen Test, der das Testniveau weitgehend einhält, sofern Varianzhomogenität gilt. Dieses Resultat basiert auf dem zentralen Grenzwertsatz. Analog folgt aus diesen Überlegungen, daß bei Varianzinhomogenität eine Verzerrung des Testniveaus vorliegen kann.

Mögliche Transformationen zur Abschwächung der Varianzinhomogenität sind

- logarithmische Transformation $\ln(x_i)$, $\ln(y_i)$

- logarithmische Transformation $\ln(x_i + 1)$, $\ln(y_i + 1)$, insbesondere, wenn Nullen in den x_i und y_i auftreten oder wenn $0 \leq x_i, y_i \leq 10$ gilt (Woolson, 1987, p. 171).

2.3.5 Stichprobenumfang und Güte des Tests

Für den Zweistichproben–t–Test berechnet man den für eine gewünschte Trennschärfe notwendigen Stichprobenumfang analog zum paired–t–Test. Sei $\delta = \mu_A - \mu_B > 0$ die einseitige Alternative zu H_0: $\mu_A = \mu_B$ und sei $\sigma_A^2 = \sigma_B^2 = \sigma^2$. Sei $n_2 = a \cdot n_1$ (für $a = 1$ ist $n_1 = n_2$), so gilt analog zu (2.13) für den Mindeststichprobenumfang zur Sicherung einer Güte von $1 - \beta$

$$n_1 = \sigma^2 (1 + \frac{1}{a})(u_{1-\alpha} + u_{1-\beta})^2 / \delta^2 \tag{2.21}$$

und

$$n_2 = a \cdot n_1 \quad \text{mit } n_1 \text{ aus (2.21).}$$

2.3.6 Mittelwertsvergleich ohne vorherige Prüfung von H_0: $\sigma_A^2 = \sigma_B^2$; Cochran–Cox Test für unabhängige Gruppen

Es gibt eine Reihe von Alternativen zum Zweistichproben–t–Test im Fall ungleicher Varianzen. Der Test von Cochran und Cox (1957) nutzt eine Teststatistik, deren Verteilung durch eine exakte t–Verteilung approximiert werden kann. Der Cochran–Cox Test ist konservativ gegenüber dem üblichen t–Test. Dies ist wesentlich auf die verwendeten Freiheitsgrade zurückzuführen. Die Freiheitsgrade dieses Tests sind ein gewichtetes Mittel der Freiheitsgrade $n_1 - 1$ und $n_2 - 1$. Im balanzierten Fall ($n_1 = n_2 = n$) hat der Cochran–Cox Test $n - 1$ Freiheitsgrade gegenüber $2(n - 1)$des Zweistichproben–t–Tests. Die Teststatistik hat die Gestalt

$$t_{c-c} = \frac{\bar{x} - \bar{y}}{s_{(\bar{x}-\bar{y})}} \tag{2.22}$$

mit

$$s^2_{(\bar{x}-\bar{y})} = \frac{s^2_x}{n_1} + \frac{s^2_y}{n_2}$$

und den kritischen Werten

zweiseitig:
$$t_{c-c(1-\alpha/2)} = \frac{\dfrac{s^2_x}{n_1}t_{n_1-1;1-\alpha/2} + \dfrac{s^2_y}{n_2}t_{n_2-1;1-\alpha/2}}{s^2_{(\bar{x}-\bar{y})}} \qquad (2.23)$$

einseitig:
$$t_{c-c(1-\alpha)} = \frac{\dfrac{s^2_x}{n_1}t_{n_1-1;1-\alpha} + \dfrac{s^2_y}{n_2}t_{n_2-1;1-\alpha}}{s^2_{(\bar{x}-\bar{y})}} \quad . \qquad (2.24)$$

$$(2.25)$$

Für $|t_{c-c}| > t_{c-c}(1 - \alpha/2)$ (zweiseitig) bzw. für $t_{c-c} > t_{c-c}(1 - \alpha)$ (einseitig, H_1: $\mu_A > \mu_B$) wird H_0: $\mu_A = \mu_B$ abgelehnt.

Beispiel 2.2: (Fortsetzung)
Wir prüfen H_0: $\mu_A = \mu_B$ mit dem Cochran–Cox–Test (einseitig). Es ist

$$s^2_{(\bar{x}-\bar{y})} = \frac{5.98^2}{9} + \frac{1.07^2}{10}$$
$$= 3.97 + 0.11 = 4.08 = 2.02^2$$

und (einseitig)

$$t_{c-c(1-\alpha)} = \frac{3.97 \cdot 1.86 + 0.11 \cdot 1.83}{4.08}$$
$$= 1.86 \quad ,$$

also $t_{c-c} = \frac{27.99 - 1.92}{2.02} = 12.91 > 1.86$, so daß H_0 abgelehnt wird.

2.4 Vorzeichen–Rangtest von Wilcoxon im matched–pair Design

Der Wilcoxon–Test für Paardifferenzen ist das nichtparametrische Pendant zum t–Test für Paardifferenzen. Dieser Test kann für stetigen (nicht notwendig normalverteilten) Response angewandt werden. Der Test gestattet die Prüfung, ob die Differenzen $y_{1i} - y_{2i}$ paarig angeordneter Beobachtungen (y_{1i}, y_{2i}) symmetrisch mit dem Median M = 0 verteilt sind.
Die damit zu prüfende Hypothese lautet im zweiseitigen Testproblem

$$H_0: \quad M = 0 \quad \text{oder, äquivalent,} \quad H_0: \quad P(Y_1 < Y_2) = 0.5$$
gegen
$$H_1: \quad M \neq 0 \qquad (2.26)$$

und im einseitigen Testproblem

$$H_0: \quad M \leq 0 \quad \text{gegen} \quad H_1: \quad M > 0 \quad . \tag{2.27}$$

Unter der Annahme einer symmetrischen Verteilung von $Y_1 - Y_2$ gilt für einen beliebigen Wert der Differenz $D = Y_1 - Y_2$ also $f(-d) = f(d)$, wobei $f(\cdot)$ die Dichtefunktion der Differenzvariablen ist. Damit kann man unter H_0 erwarten, daß die Ränge der absoluten Differenzen $|d|$ bezüglich der negativen und positiven Differenzen gleichverteilt sind. Man bringt also die absoluten Differenzen in aufsteigende Rangordnung und notiert für jede Differenz $d_i = y_{1i} - y_{2i}$ das Vorzeichen der Differenz. Dann bildet man die Summe der Ränge der absoluten Differenzen über die Menge mit positivem Vorzeichen (oder analog mit negativem Vorzeichen) und erhält die Statistik (vgl. Büning und Trenkler, 1978, S. 187)

$$W^+ = \sum_{i=1}^{n} Z_i R(|d_i|) \tag{2.28}$$

mit

$$\begin{aligned}
d_i &= y_{1i} - y_{2i} \quad , \\
R(|d_i|) &: \quad \text{Rang von } |d_i|, \\
Z_i &= \begin{cases} 1 & : \quad d_i > 0 \\ 0 & : \quad d_i < 0 \end{cases} \quad .
\end{aligned} \tag{2.29}$$

Zur Kontrolle kann man auch die Ränge der negativen Differenzen aufsummieren (W^-). Dann muß $W^+ + W^- = n(n+1)/2$ sein.

Exakte Verteilung von W^+ unter H_0

Man kann W^+ auch in der Gestalt

$$W^+ = \sum_{i=1}^{n} i Z_{(i)} \quad \text{mit} \quad Z_{(i)} = \begin{cases} 1 & : \quad D_j > 0 \\ 0 & : \quad D_j < 0 \end{cases} \tag{2.30}$$

schreiben, wobei D_j bei vorgegebenem i diejenige Differenz ist, für die $r(|D_j|) = i$ wird. Unter $H_0: M = 0$ ist W^+ symmetrisch um

$$E(W^+) = E(\sum_{i=1}^{n} i\, Z_{(i)}) = \frac{n(n+1)}{4}.$$

verteilt.

Der Stichprobenraum kann als Menge L aller n–Tupel betrachtet werden, die aus 1 oder 0 bestehen. L enthält 2^n Elemente, so daß jedes Element die Wahrscheinlichkeit $1/2^n$ unter H_0 besitzt. Dann gilt

$$P(W^+ = w) = \frac{a(w)}{2^n} \tag{2.31}$$

mit $a(w)$: Anzahl der Möglichkeiten, den natürlichen Zahlen 1 bis $n +$ Zeichen so zuzuordnen, daß die Summe w ergibt.
Beispiel: Sei $n = 4$. Die exakte Verteilung von W^+ unter H_0 ist in der letzten Spalte der Tabelle abzulesen.

33

w	Rangtupel	$a(w)$	$P(W^+ = w)$
10	(1 2 3 4)	1	1/16
9	(2 3 4)	1	1/16
8	(1 3 4)	1	1/16
7	(1 2 4) , (3 4)	2	2/16
6	(1 2 3) , (2 4)	2	2/16
5	(1 4) , (2 3)	2	2/16
4	(1 3) , (4)	2	2/16
3	(1 2) , (3)	2	2/16
2	(2)	1	1/16
1	(1)	1	1/16
0		1	1/16

Summe: 16/16 = 1

Zum Beispiel ist $P(W^+ \geq 8) = 3/16$.

Testprozeduren

Test A: H_0: $M = 0$ wird gegen H_1: $M \neq 0$ abgelehnt, wenn $W^+ \leq w_{\alpha/2}$ oder $W^+ \geq w_{1-\alpha/2}$ ist.

Test B: H_0: $M \leq 0$ wird gegen H_1: $M > 0$ abgelehnt, wenn $W^+ \geq w_{1-\alpha}$ ist.

Die exakten kritischen Werte sind vertafelt (z.B. Tabelle H, S. 373 in Büning und Trenkler, 1978). Für große Stichproben ($n > 20$) kann man die Näherung

$$Z = \frac{W^+ - \mathrm{E}(W^+)}{\sqrt{Var(W^+)}} \overset{H_0}{\approx} N(0,1) \quad ,$$

d.h.

$$Z = \frac{W^+ - \dfrac{n(n+1)}{4}}{\sqrt{\dfrac{n(n+1)(2n+1)}{24}}} \tag{2.32}$$

verwenden. Die Ablehnungsbereiche für die beiden Tests lauten $|Z| > u_{1-\alpha/2}$ bzw. $Z > u_{1-\alpha}$.

Auftreten von Bindungen

Bindungen können als *Nulldifferenzen* ($d_i = y_{1i} - y_{2i} = 0$) und/oder als *Verbunddifferenzen* ($d_i = d_j$ für $i \neq j$) auftreten.

Je nachdem, welche Art von Bindungen auftreten, unterscheidet man folgende Tests

- Nulldifferenzen–Test

- Verbunddifferenzen–Test

- Null– plus Verbunddifferenzen–Test.

34

Die folgenden Verfahren sind ausführlich in Lienert (1986, S. 327–332) dargestellt.

1. Nulldifferenzen-Test

a. Stichprobenreduzierungsverfahren von Wilcoxon und Hemelrijk

Dieses Verfahren wird bei großem Stichprobenumfang ($n \geq 10$) angewandt,
wenn der Anteil der Nulldifferenzen höchstens 10% beträgt ($t_0/n \leq 1/10$),
wobei t_0 die Anzahl der Nulldifferenzen bedeutet.
Die Nulldifferenzen werden aus der Stichprobe ausgeschlossen und der Test
mit den restlichen $n_0 = n - t_0$ Paaren durchgeführt.

b. Pratts Teilrang-Randomisierungsverfahren

Man verwendet diesen Test, wenn bei kleiner Stichprobengröße mehr als 10%
Nulldifferenzen auftreten.
Die Nulldifferenzen werden mit in die Rangvergabe eingeschlossen, aber bei
der Prüfgrößenberechnung außer acht gelassen. Für die verbleibenden n_0 Vor-
zeichenränge wird die exakte Verteilung von W_0^+ unter H_0 berechnet. Die Ablehnwahrscheinlichkeiten ergeben sich zu

- Test A (zweiseitig)

$$P_0' = \frac{2A_0' + a_0'}{2^{n_0}}$$

- Test B (einseitig)

$$P_0' = \frac{A_0' + a_0'}{2^{n_0}}$$

In diesen Formeln bedeutet A_0' die Anzahl der Anordnungen, die ein
$W_0^+ > w_0$ liefern und a_0' die Zahl der Anordnungen, die zu $W_0^+ = w_0$
führen.

c. Asymptotische Version des Teilrang-Randomisierungstests von Cureton

Dieser Test findet Anwendung bei großem Stichprobenumfang und vielen Nulldifferenzen ($t_0/n > 0.1$).
Die Teststatistik lautet

$$Z_{W_0} = \frac{W_0^+ - E(W_0^+)}{\sqrt{Var(W_0^+)}}$$

mit $\quad E(W_0^+) = \frac{n(n+1)-t_0(t_0+1)}{4}$

$\qquad Var(W_0^+) = \frac{n(n+1)(2n+1)-t_0(t_0+1)(2t_0+1)}{24}$.

Z_{W_0} ist unter H_0 asymptotisch standardnormalverteilt.

2. Verbunddifferenzen-Test

a. Rangaufteilungs-Randomisierungsverfahren

Für kleine Stichproben mit beliebigem Anteil an Verbundwerten bestimmt man die exakte Prüfverteilung unter H_0, wobei man den Verbunddifferenzen Rangmittelwerte zuweist und die ein- und zweiseitigen Ablehnwahrscheinlichkeiten wie unter 1.b berechnet.

b. Approximierter Verbunddifferenzentest

Liegt eine große Stichprobe ($n > 10$) mit geringem Anteil von Verbunddifferenzen ($t/n \leq 1/5$ mit t = Anzahl der Verbunddifferenzen) vor, so vergibt man für die Verbundwerte Rangmittelwerte. Die Prüfgröße wird in üblicher Weise berechnet und getestet.

c. Asymptotischer und bindungskorrigierter Vorzeichenrangtest

Dieses Verfahren ist geeignet für große Stichproben mit $t/n > 1/5$.
Man ersetzt in Formel (2.32) $\mathrm{Var}(W^+)$ durch eine durch die Rangaufteilungen korrigierte Varianz $Var(W^+_{korr.})$, nämlich

$$Var(W^+_{korr.}) = \frac{n(n+1)(2n+1)}{24} - \sum_{j=1}^{r} \frac{t_j^3 - t_j}{48} \quad ,$$

wobei r die Anzahl der Gruppen mit Bindungen darstellt und t_j die Anzahl der Bindungen in der j-ten Gruppe ($1 \leq j \leq r$). 'Ungebundene' Beobachtungen werden als Bindungsgruppen vom Umfang 1 aufgefaßt. Wenn keine Bindungen vorliegen, ist r = n und $t_j = 1$ für alle j, d.h. der Korrekturterm wird Null.

3. Null- plus Verbunddifferenzen-Tests

Diese Tests werden angewendet, wenn in einer Stichprobe sowohl Null- als auch Verbunddifferenzen auftreten.

a. Prattsches Randomisierungsverfahren

Für kleine nullenbereinigte Stichproben ($n_0 \leq 10$) wird wie in 1.b. vorgegangen, nur werden zusätzlich den Verbunddifferenzen Rangmittelwerte zugeordnet.

b. Curetonsches Approximierungsverfahren

Bei größeren nullenbereinigten Stichproben wird die Prüfgröße wie unter a.

bestimmt. Der Erwartungswert $E(W_0^+)$ ist wie in 1.c., nämlich

$$E(W_0^+) = \frac{n(n+1) - t_0(t_0+1)}{4} \quad .$$

Die Varianz von 1.c. wird bindungskorrigiert, so daß man

$$Var_{korr.}(W_0^+) = \frac{n(n+1)(2n+1) - t_0(t_0+1)(2t_0+1)}{24} - \sum_{j=1}^{r} \frac{t_j^3 - t_j}{48}$$

erhält.

Die Teststatistik lautet folglich

$$Z_{W_0-korr.} = \frac{W_0^+ - E(W_0^+)}{\sqrt{Var_{korr.}(W_0^+)}} \quad . \tag{2.33}$$

2.5 Der Homogenitäts–Rangtest von Wilcoxon, Mann und Whitney

Gegeben seien zwei unabhängige stetige Zufallsvariablen X und Y, deren Verteilung nicht bekannt ist oder nicht zur Klasse der Normalverteilungen gehört. Geprüft werden soll die Hypothese, daß die Stichproben beider Variablen aus der gleichen Grundgesamtheit stammen (Homogenitätstest). Der sogenannte U–Test von Wilcoxon, Mann und Whitney ist ein Rangtest. Er ist ein nichtparametrisches Gegenstück zum t–Test und wird bei Fehlen der Voraussetzungen des t–Tests (bzw. bei begründeten Zweifeln) angewandt. (Die asymptotische Effizienz des U–Tests beträgt rund 95%, verglichen mit dem t–Test bei Vorliegen normalverteilter Merkmale). Der U–Test wird häufig als Schnelltest oder bei Prüfwerten des t–Tests in der Nähe des Signifikanzpunktes als Kontrolle angewendet.

Die zu prüfende Nullhypothese lautet H_0: Die Wahrscheinlichkeit P, daß eine Beobachtung der ersten Grundgesamtheit X größer ist als ein beliebiger Wert der zweiten Grundgesamtheit Y, ist gleich 0.5. Die zweiseitige Alternative lautet H_1: $P \neq 0.5$. Die einseitige Alternative H_1: $P > 0.5$ bedeutet X *ist stochastisch größer als Y* (vgl. Sachs, 1974, S. 230).

Man ordnet die Stichproben $(x_1, \ldots, x_m)$ und $(y_1, \ldots, y_n)$ in eine gemeinsame aufsteigende Rangordnung und notiert dabei, aus welcher der beiden Stichproben der Wert stammt. Die Summe der Rangzahlen der X–Stichprobe sei R_1, die Summe der Rangzahlen der Y–Stichprobe sei R_2. Als Prüfgröße wählt man U, den kleineren der beiden Werte U_1, U_2:

$$U_1 = m \cdot n + \frac{m(m+1)}{2} - R_1 \tag{2.34}$$

$$U_2 = m \cdot n + \frac{n(n+1)}{2} - R_2 \quad , \tag{2.35}$$

	n								
m	2	3	4	5	6	7	8	9	10
4	–	0	1						
5	0	1	2	4					
6	0	2	3	5	7				
7	0	2	4	6	8	11			
8	1	3	5	8	10	13	15		
9	1	4	6	9	12	15	18	21	
10	1	4	7	11	14	17	20	24	27

Tabelle 2.3: Kritische Werte für den Test ($\alpha = 0.05$ einseitige Fragestellung, $\alpha = 0.10$ zweiseitige Fragestellung)

wobei $U_1 + U_2 = m \cdot n$ (Rechenkontrolle) gilt.

H_0 wird abgelehnt, wenn $U \leq U(m, n; \alpha)$ (Tabelle 2.3 enthält einige Werte für $\alpha = 0.05$ (einseitige Fragestellung) bzw. $\alpha = 0.10$ (zweiseitige Fragestellung)). Für m und $n \geq 8$ kann die ausgezeichnete Näherung

$$u = \frac{U - \frac{m \cdot n}{2}}{\sqrt{\dfrac{m \cdot n(m + n + 1)}{12}}} \sim N(0, 1) \tag{2.36}$$

benutzt werden. Für $|u| > u_{1-\alpha/2}$ wird H_0 abgelehnt (Irrtumswahrscheinlichkeit α beim zweiseitigen bzw. $\alpha/2$ beim einseitigen Test).

Beispiel 2.3: Wir prüfen die Gleichheit der Mittelwerte der beiden Meßreihen aus Tabelle 2.4 mit dem U–Test. Es sei Merkmal X: Biegefestigkeit von Prothesenkunststoff PMMA ohne Silan und Merkmal Y: Biegefestigkeit von PMMA mit Silan. Wir ordnen die $(16 + 15)$ Werte beider Meßreihen der Größe nach und bestimmen die Rangzahlen und daraus die Rangsummen $R_1 = 231$ und $R_2 = 265$ (Tabelle 2.5). Dann wird

$$
\begin{aligned}
U_1 &= 16 \cdot 15 + \frac{16(16 + 1)}{2} - 231 = 145 \\
U_2 &= 16 \cdot 15 + \frac{15(15 + 1)}{2} - 265 = 95 \\
U_1 + U_2 &= 240 = 16 \cdot 15 \quad .
\end{aligned}
$$

Da $m = 16$ und $n = 15$ (also beide Stichprobenumfänge ≥ 8), wird die Prüfgröße (2.36) berechnet und zwar mit $U = U_2$ als kleinerem der beiden U–Werte:

$$u = \frac{95 - 120}{\sqrt{\frac{240(16+15+1)}{12}}} = -\frac{25}{\sqrt{640}} = -0.99 \quad ,$$

also ist $|u| = 0.99 < 1.96 = u_{1-0.05/2} = u_{0.975}$.

Die Nullhypothese wird also nicht abgelehnt (Irrtumswahrscheinlichkeit 5 bzw. 2.5% bei zwei- bzw. einseitiger Alternative). Der exakte kritische Wert für U beträgt $U(16, 15, 0.05_{\text{zweiseitig}}) = 70$ (Tabellen in Sachs, 1974, S. 232), also haben wir die gleiche Entscheidung (H_0 nicht ablehnen).

PMMA 2.2 Vol% Quarz ohne Silan	PMMA 2.2 Vol% Quarz mit Silan
98.47	106.75
106.20	111.75
100.74	96.67
98.72	98.70
91.42	118.61
108.17	111.03
98.36	90.92
92.36	104.62
80.00	94.63
114.43	110.91
104.99	104.62
101.11	108.77
102.94	98.97
103.95	98.78
99.00	102.65
106.05	
$\bar{x} = 100.42$	$\bar{y} = 103.91$
$s_x^2 = 7.9^2$	$s_y^2 = 7.6^2$
$n = 16$	$m = 15$

Tabelle 2.4: Biegefestigkeit PMMA mit bzw. ohne Silanisierung des Quarzes (vgl. Toutenburg et al. 1991, S.100)

Korrektur der U–Statistik bei gleichen Rangzahlen

Treten in den zusammengefaßten und der Größe nach geordneten Stichproben $(x_1, \ldots, x_m)$ und $(y_1, \ldots, y_n)$ Meßwerte mehrfach auf, so ist jedem von ihnen der Mittelwert der Rangplätze zuzuordnen. Die korrigierte Formel für den U–Test lautet dann ($m + n = S$ gesetzt)

$$u = \frac{U - \dfrac{m \cdot n}{2}}{\sqrt{[\dfrac{m \cdot n}{S(S-1)}][\dfrac{S^3 - S}{12} - \sum_{i=1}^{r} \dfrac{t_i^3 - t_i}{12}]}} \ . \tag{2.37}$$

Dabei bezeichnet r die Anzahl der Gruppen gleicher Meßwerte (Zahl der sogenannten Bindungen) und t_i die Anzahl der (gleichen) Meßwerte in einer Gruppe.

Beispiel 2.4: Wir vergleichen die Arbeitszeiten für die Fertigung eines Inlays (Tabelle 4.1) und zwar bezüglich Zahnarzt B und Zahnarzt C. Beide Stichproben werden zunächst in einer aufsteigenden Rangfolge zusammengefaßt (Tabelle 2.6). Wir haben $r = 2$ Gruppen gleicher Mittelwerte

Gruppe 1 : zweimal den Wert 31.5; $t_1 = 2$

Gruppe 2 : zweimal den Wert 62.5; $t_2 = 2$.

Rangzahl	1	2	3	4	5	6	7	8	9
Meßwert	80.00	90.92	91.42	92.36	94.63	96.67	98.36	98.47	98.70
Merkmal	X	Y	X	X	Y	Y	X	X	Y
Rangsumme X	1		+3	+4			+7	+8	
Rangsumme Y		2			+5	+6			+9

Rangzahl	10	11	12	13	14	15	16	17
Meßwert	98.72	98.78	98.97	99.00	100.47	101.11	102.65	102.94
Merkmal	X	Y	Y	X	X	X	Y	X
Rangsumme X	+10	+11		+13	+14	+15		+17
Rangsumme Y			+12				+16	

Rangzahl	18	19	20	21	22	23	24
Meßwert	103.95	104.62	104.75	104.99	106.05	106.20	106.75
Merkmal	X	Y	Y	X	X	X	Y
Rangsumme X	+18			+21	+22	+23	
Rangsumme Y		+19	+20				+24

Rangzahl	25	26	27	28	29	30	31
Meßwert	108.17	108.77	110.91	111.03	111.75	114.43	118.61
Merkmal	X	Y	Y	Y	Y	X	Y
Rangsumme X	+25					+30	
Rangsumme Y		+26	+27	+28	+29		+31

Tabelle 2.5: Berechnung der Rangsummen (Beispiel 2.3, vgl. Tabelle 2.4)

Meßwert	19.5	31.5	31.5	33.5	37.0	40.0	43.5	50.5	53.0	54.0
Zahnarzt	C	C	C	B	B	C	B	C	C	B
Rangzahl	1	2.5	2.5	4	5	6	7	8	9	10

Meßwert	56.0	57.0	59.5	60.0	62.5	62.5	65.5	67.0	75.0
Zahnarzt	B	B	B	B	C	C	B	B	B
Rangzahl	11	12	13	14	15.5	15.5	17	18	19

Tabelle 2.6: Berechnung der Rangordnung (vgl. Tabelle 4.1)

Der Term im Korrekturglied wird also

$$\sum_{i=1}^{2} \frac{t_i^3 - t_i}{12} = \frac{2^3 - 2}{12} + \frac{2^3 - 2}{12} = 1 \quad .$$

Die Rangsummen sind

$$\begin{aligned}
R_1 \quad (\text{Zahnarzt B}) &= 4 + 5 + \cdots + 19 = 130 \\
R_2 \quad (\text{Zahnarzt C}) &= 1 + 2.5 + \cdots + 15.5 = 60 \quad ,
\end{aligned}$$

also erhalten wir nach (2.34)

$$U_1 = 11 \cdot 8 + \frac{11(11 + 1)}{2} - 130 = 24$$

und nach (2.35)

$$\begin{aligned}
U_2 &= 11 \cdot 8 + \frac{8(8 + 1)}{2} - 60 = 64 \quad , \\
U_1 + U_2 &= 88 = 11 \cdot 8 \quad (\text{Rechenkontrolle}).
\end{aligned}$$

Mit $S = m + n = 11 + 8 = 19$ und für $U = U_1$ wird die Prüfgröße (2.37)

$$u = \frac{24 - 44}{\sqrt{[\frac{88}{19 \cdot 18}][\frac{19^3 - 19}{12} - 1]}} = -1.65 \quad ,$$

also ist $|u| = 1.65 < 1.96 = u_{1-0.05/2}$.
Die Nullhypothese H_0: *Beide Zahnärzte benötigen im Mittel die gleiche Arbeitszeit für ein Inlay* wird also nicht abgelehnt. Beide Stichproben können als homogen angesehen und zu einer gemeinsamen Stichprobe zusammengefaßt werden.
Wir wollen feststellen, zu welchem Ergebnis wir bei der Annahme von Normalverteilung mit dem t–Test gekommen wären:

$$\text{Zahnarzt B} : \quad \bar{x} = 55.27 \quad s_x^2 = 12.74^2 \quad n_1 = 11$$
$$\text{Zahnarzt C} : \quad \bar{y} = 43.88 \quad s_y^2 = 15.75^2 \quad n_2 = 8$$

(siehe Tabelle 4.1).
Die Prüfgröße (2.15) ergibt

$$F_{10,7} = \frac{15.75^2}{12.74^2} = 1.53 < 3.15 = F_{10,7;0.95} \quad .$$

Also wird die Hypothese gleicher Varianzen nicht abgelehnt. Zum Prüfen der Hypothese H_0: $\mu_x = \mu_y$ wird also die Prüfgröße (1.5) verwendet, wobei die gemeinsame Varianz beider Stichproben nach (1.6) als $s^2 = (10 \cdot 12.74^2 + 7 \cdot 15.75^2)/17 = 14.06^2$ berechnet wird. Dann nimmt die Prüfgröße (1.5) folgenden Wert an:

$$t_{17} = \frac{55.27 - 43.88}{14.06} \sqrt{\frac{11 \cdot 8}{11 + 8}} = 1.74 < 2.11 = t_{17;0.95} \quad .$$

Die Nullhypothese wird auch hier nicht abgelehnt (zweiseitig).

2.6 Vergleich von zwei Gruppen mit kategorialem Response

Die bisherigen Vergleiche im matched–pair Design und von zwei unabhängigen Gruppen haben stetigen Response vorausgesetzt. Wir wollen nun — ohne Kapitel 10 vorzugreifen — den Vergleich von zwei Gruppen durchführen und zwar für den Fall, daß der Response kategorial ist. Die Verteilungen (Binomial–, Multinomial– und Poissonverteilung) und die Maximum–Likelihood–Schätzungen werden wir ausführlich im Kapitel 10 diskutieren.
Wir beginnen mit dem einfachsten Fall — dem *binären Response*. Beispiele sind Verlust/Nichtverlust einer prothetischen Restauration, Besserung/keine Besserung einer Krankheit (z.B. Fieber ja/nein) oder Punktwerte bei einem Test ober–/unterhalb eines Levels.

2.6.1 Mc Nemar–Test im matched–pair Design

Bei binärem Response verwendet man die Kodierung 0 und 1, so daß die Paare im matched–pair Design die Responsetupel $(0,0)$, $(0,1)$, $(1,0)$ oder $(1,1)$ aufweisen können.

Die Ergebnisse werden in einer 2×2 Tafel zusammengefaßt.

		Gruppe 1		
		0	1	Summe
Gruppe 2	0	a	c	$a + c$
	1	b	d	$b + d$
Summe		$a + b$	$c + d$	$a + b + c + d = n$

Die Nullhypothese lautet H_0: $p_1 = p_2$, wobei p_i die Wahrscheinlichkeit $P(1|\text{Gruppe } i)$ $(i = 1,2)$ ist. Der Test basiert auf den relativen Häufigkeiten $h_1 = (c+d)/n$ und $h_2 = (b+d)/n$ für Response 1, die sich in b und c (den Häufigkeiten für die diskonkordanten Ergebnisse $(0,1)$ bzw. $(1,0)$) unterscheiden.

Unter H_0 müßten b und c gleich groß sein bzw. analog müßte $b - (b + c)/2$ gleich null sein. Unter fest vorgegebener Summe b+c folgen die diskonkordanten Paare damit einer Binomialverteilung, die mit $p = 1/2$ zum Ergebnis $(0,1)$ oder $(1,0)$ führt. Also gilt $E[(0,1)\text{-Response}] = (b + c)/2$ und $\text{Var}[(0,1)\text{-Response}] = (b + c) \cdot \frac{1}{2} \cdot \frac{1}{2}$ (analog gilt dies symmetrisch für den $[(1,0)\text{-Response}]$).

Damit ist der folgende Quotient standardisiert:

$$\frac{b - (b + c)/2}{\sqrt{(b + c) \cdot 1/2 \cdot 1/2}} = \frac{b - c}{\sqrt{b + c}} \overset{H_0}{\sim} (0,1)$$

und für $(b+c)$ hinreichend groß folgt nach dem zentralen Grenzwertsatz $\frac{b-c}{\sqrt{b+c}} \sim N(0,1)$. Diese Näherung gilt ab $(b+c) \geq 20$. Als Stetigkeitskorrektur wird der absolute Wert von $|b - c|$ um 1 verringert. Damit hat die Teststatistik folgende Gestalt:

$$Z = \frac{(b - c) - 1}{\sqrt{b + c}} \quad \text{falls } b \geq c \tag{2.38}$$

$$Z = \frac{(b - c) + 1}{\sqrt{b + c}} \quad \text{falls } b < c \tag{2.39}$$

Für kleine Stichproben wählt man als kritische Werte die Quantile der kumulierten Binomialverteilung $B(b + c, \frac{1}{2})$, für $b + c \geq 20$ die Quantile der Standardnormalverteilung. Die Teststatistik von Mc Nemar ist das Quadrat dieser beiden Z-Statistiken. Sie wird für $b+c \geq 20$ und bei zweiseitiger Fragestellung verwendet und folgt einer χ^2-Verteilung:

$$Z^2 = \frac{(|b - c| - 1)^2}{b + c} \sim \chi_1^2 \quad . \tag{2.40}$$

Beispiel 2.5: In einem klinischen Versuch soll die Wirkung zweier Zahnputztechniken auf die Mundhygiene untersucht werden. Der Response ist binär: Plaquereduktion ja/nein $(1,0)$. Die Patienten werden nach Geschlecht, bisheriger Mundhygiene und Altersgruppe als matched–pairs zugeordnet. Es sei folgendes Ergebnis erzielt worden:

		Gruppe 1		
		0	1	Summe
Gruppe 2	0	10	50	60
	1	70	80	150
Summe		80	130	210

Wir prüfen H_0: $p_1 = p_2$ gegen H_1: $p_1 \neq p_2$. Wegen $b + c = 70 + 50 > 20$ wählen wir die Mc Nemar–Statistik

$$Z^2 = \frac{(|70 - 50| - 1)^2}{70 + 50} = \frac{19^2}{120} = 3.01 < 3.84 = \chi^2_{1;0.95}$$

und lehnen H_0 nicht ab.

Hinweis: Varianten des Mc Nemar Tests lassen sich als Vorzeichentests konstruieren. Sei n die Anzahl der Nicht–Null–Differenzen der Responsewerte der Paare und bezeichne T_+ bzw. T_- die Anzahl der positiven bzw. negativen Differenzen ($T_- = n - T_+$). Dann lautet die Teststatistik analog zu den Z–Statistiken (2.38) und (2.39)

$$Z = \frac{(T_+/n - 1/2) \pm n/2}{1/\sqrt{4n}} \quad , \tag{2.41}$$

wobei $+n/2$ benutzt wird für $T_+/n < 1/2$ und $-n/2$ für $T_+/n \geq 1/2$. Die Nullhypothese lautet H_0: $\mu_d = 0$. Je nach Stichprobenumfang ($n \geq 20$ bzw. $n < 20$) benutzt man die Quantile der Normal– bzw. der Binomialverteilung.

2.6.2 Fisher's exakter Test für zwei unabhängige Gruppen

Falls zwei unabhängige Gruppen (Umfang n_1 bzw. n_2) mit binärem Response beobachtet werden, ergibt sich folgende 2×2–Tafel

	Gruppe 1	Gruppe 2	
1	a	c	$a+c$
0	b	d	$b+d$
	n_1	n_2	n

Die Anteile für Response 1 sind $\hat{p}_1 = a/n_1$ und $\hat{p}_2 = c/n_2$. Die Nullhypothese lautet H_0: $p_1 = p_2 = p$. Für schwach besetzte Vierfeldertafeln berechnet man, ausgehend vom Feld mit der geringsten Häufigkeit, die Wahrscheinlichkeit für die gegebene Tafel und alle anderen Tafeln mit einem noch geringeren Ergebnis im schwächsten Feld unter Konstanthalten der Randsummen.

Sei $(1,1)$ das am schwächsten besetzte Feld. Es gilt für beide Gruppen für den Response 1 unter H_0 (bei gegebenen n, n_1, n_2 und p):

$$P((a+c)|n,p) = \binom{n}{a+c} p^{a+c}(1-p)^{n-(a+c)} \quad ,$$

für Gruppe 1 und Response 1:

$$P(a|(a+b),p) = \binom{a+b}{a} p^a(1-p)^b \quad ,$$

für Gruppe 2 und Response 1:

$$P(c|(c+d),p) = \binom{c+d}{c} p^c(1-p)^d \quad .$$

Damit ist wegen der Unabhängigkeit beider Gruppen die gemeinsame Wahrscheinlichkeit

$$P(\text{Gruppe } 1 = a \quad \wedge \quad \text{Gruppe } 2 = c) = \binom{a+b}{a} p^a(1-p)^b \binom{c+d}{c} p^c(1-p)^d$$

und die bedingte Wahrscheinlichkeit für a und c (gegeben die Randsumme $a+c$)

$$\begin{aligned}
P(a,c|a+c) &= \binom{a+b}{a}\binom{c+d}{c} \Big/ \binom{n}{a+c} \\
&= \frac{(a+b)!(c+d)!(a+c)!(b+d)!}{n!} \cdot \frac{1}{a!b!c!d!} \quad .
\end{aligned}$$

Die Wahrscheinlichkeit für die gegebene Tafel und alle im schwächsten Feld noch schwächer besetzten Tafeln ist dann

$$P = \frac{(a+b)!(c+d)!(a+c)!(b+d)!}{n!} \cdot \sum_i \frac{1}{a_i!b_i!c_i!d_i!} \quad ,$$

wobei über alle Fälle i mit $a_i \leq a$ zu summieren ist.

Für $P < 0.05$ (einseitig) bzw. $2P < 0.05$ (zweiseitig) wird H_0: $p_1 = p_2$ abgelehnt.

Beispiel 2.6: Wir vergleichen zwei unabhängige Behandlungsgruppen Typ A und Typ B eines Implantats und beobachten den Verlust innerhalb der Einheilungsphase (acht Wochen nach Implantation). Die Daten sind

		A	B	
Verlust	ja	2	8	10
	nein	10	4	14
		12	12	24

Die beiden in $(ja|A)$ noch schwächer besetzten Tafeln lauten

$$\boxed{\begin{array}{cc} 1 & 9 \\ 11 & 3 \end{array}} \quad \text{und} \quad \boxed{\begin{array}{cc} 0 & 10 \\ 12 & 2 \end{array}} \quad .$$

Damit wird

$$P = \frac{10!\,14!\,12!\,12!}{24!}\left(\frac{1}{2!\,8!\,10!\,4!} + \frac{1}{1!\,9!\,11!\,3!} + \frac{1}{0!\,10!\,12!\,2!}\right) = 0.018$$

$$\left.\begin{array}{ll} \text{Einseitiger Test:} & P = 0.018 \\ \text{Zweiseitiger Test:} & 2P = 0.036 \end{array}\right\} < 0.05$$

Entscheidung: H_0: $p_1 = p_2$ wird in beiden Fällen abgelehnt. Das Verlustrisiko ist bei B signifikant höher als bei A.

Rekursionsformel

Falls keine Tabellen zur Hand sind, kann man folgende Rekursionsformel (zitiert in Sachs, 1974, S. 289) verwenden:

$$P_{i+1} = \frac{a_i d_i}{b_{i+1} c_{i+1}}\, P_i \quad .$$

Für unser Beispiel hat sie die Gestalt

$$\begin{aligned} P &= P_1 + P_2 + P_3 \\ P_1 &= \frac{10!\,14!\,12!\,12!}{24!}\,\frac{1}{2!\,8!\,10!\,4!} \\ &= 0.0166 \\ P_2 &= \frac{2\cdot 4}{11\cdot 9}P_1 = 0.0013 \\ P_3 &= \frac{1\cdot 3}{12\cdot 10}P_2 = 0.0000 \quad , \end{aligned}$$

also $P = 0.0179 \approx 0.018$.

2.7 Kontrollfragen und Aufgaben

2.7.1 Worin unterscheiden sich der paired–t–Test und der Zweistichproben–t–Test? (Freiheitsgrade, Güte)

2.7.2 Sei $n_1 = n_2$ im Zweistichprobenfall und seien $\alpha = 0.05$ und $\beta = 0.05$ für ein matched–pair Design und einen Vergleich von zwei Gruppen gewählt. Welcher Stichprobenumfang ist in beiden Designs für $\sigma^2 = 1$ und $\delta^2 = 4$ nötig, um die Güte von 0.95 zu sichern?

2.7.3 Führen Sie den Vorzeichen–Rangtest von Wilcoxon für das matched–pair Design in folgender Tabelle durch.

Student	vorher	nachher
1	17	25
2	18	45
3	25	37
4	12	10
5	19	21
6	34	27
7	29	29

Tabelle: Punktwerte von Studenten, die einmal vor bzw. direkt nach der Vorlesung einen starken Kaffee tranken, und deren Leistungen jeweils nach der Vorlesung geprüft wurden.

Hat die Behandlung B (Kaffee nachher) einen signifikanten Einfluß auf die Leistung?

2.7.4 Im Vergleich zweier unabhängiger Stichproben X : Blattlänge von Erdbeeren mit Düngung A und Y : Düngung B seien Zweifel an der Normalverteilung angebracht. Prüfen sie H_0: $\mu_X = \mu_Y$ mit dem Homogenitätstest von Wilcoxon, Mann und Whitney.

A	B
37	45
49	51
51	62
62	73
74	87
89	45
44	33
53	
17	

Beachten Sie, daß Bindungen vorliegen.

2.7.5 Kodieren Sie den Response in Tabelle 2.4 binär mit
Biegefestigkeit < 100 : 0
Biegefestigkeit ≥ 100 : 1
und führen Sie Fisher's exakten Test auf H_0: $p_1 = p_2$ ($p_i = P(1|\text{Gruppe } i)$) durch.

2.7.6 Im Beispiel 2.7.3 nehmen wir an, daß der Response binär kodiert wurde gemäß Leistungen über/unter dem Durchschnitt: 1/0 . Es sei folgendes Ergebnis bei $n = 100$ Studenten erzielt worden:

		vorher		
		0	1	
nachher	0	20	25	45
	1	15	40	55
		35	65	100

Prüfen Sie H_0: $p_1 = p_2$ mit dem Mc Nemar Test.

Kapitel 3

Das klassische lineare Regressionsmodell

3.1 Deskriptive lineare Regression

Bevor wir zur Behandlung der verschiedenen Modelle der Varianzanalyse übergehen, soll zunächst das empirische Regressionsproblem in Verbindung mit dem fundamentalen *Prinzip der kleinsten Quadrate* erörtert werden. Dieses Vorgehen gestattet gleichzeitig einen Zugang zu den algebraischen Eigenschaften der Methode der kleinsten Quadrate und eine geometrische Interpretation der damit gewonnenen Schätzungen.

Bei der Untersuchung von ökonomischen oder naturwissenschaftlichen Zusammenhängen entsteht häufig die Aufgabe, die statistische Abhängigkeit zwischen gewissen $K + 1$ quantitativen Variablen $Y, X_1, \ldots, X_K$ durch eine geeignet gewählte Funktion $Y = f(X_1, \ldots, X_K)$ zu erfassen. Wir setzen voraus, daß alle Variablen T-mal beobachtet bzw. vorgegeben wurden und fassen die Realisierungen in der Matrix

$$(\mathbf{y}, \mathbf{X}) = \begin{pmatrix} y_1 & x_{11} & \cdots & x_{K1} \\ \vdots & \vdots & & \vdots \\ y_T & x_{1T} & \cdots & x_{KT} \end{pmatrix} = (\mathbf{y}\, \mathbf{x}_1 \ldots \mathbf{x}_K) = \begin{pmatrix} y_1\, \mathbf{x}_1' \\ \vdots \\ y_T\, \mathbf{x}_T' \end{pmatrix} \tag{3.1}$$

zusammen. Bei der Wahl des Funktionstyps $f(.)$ läßt man sich davon leiten, daß sowohl eine gute Annäherung an den tatsächlichen Verlauf des Punkteschwarms $(y_t, x_{1t}, \ldots, x_{Kt}), t = 1, \ldots, T$, erreicht, als auch eine vertretbare mathematische Handlichkeit garantiert wird. Da wir im allgemeinen annehmen müssen, daß einerseits die Variablen mit einem Beobachtungsfehler behaftet gemessen werden und daß andererseits durch Vernachlässigung wesentlicher Variablen oder durch echte Zufallseinflüsse (z.B. Naturerscheinungen) jede funktionale Relation zwischen den Variablen $Y, X_1, \ldots, X_K$ gestört wird, entspricht die Approximation des tatsächlichen Zusammenhangs den realen Möglichkeiten des Statistikers. Wir setzen voraus, daß auf Grund sachlogischer Überlegungen die Variable Y (Response) als von den $X_1, \ldots, X_K$ abhängig ausgezeichnet ist und wählen die Funktion $f(.)$ linear:

$$Y = X_1\beta_1 + \ldots + X_K\beta_K + e. \tag{3.2}$$

Eine lineare Anpassung liefert einen einfach zu handhabenden mathematischen Ansatz und ist auch insofern gerechtfertigt, als sich viele Funktionstypen gut durch lineare Funktionen approximieren lassen. Die Koeffizienten β_k widerspiegeln die Stärke und die Richtung des Einflusses der unabhängigen Variablen X_k auf Y.

Die empirische Regressionsanalyse strebt eine Wahl der Koeffizienten $\beta' = (\beta_1, \ldots, \beta_K)$ in der Weise an, daß die Differenzen (Residuen) $e_t = y_t - x_t'\beta$ ($t = 1, \ldots, T$), oder in Matrizenschreibweise $\mathbf{e} = \mathbf{y} - \mathbf{X}\beta$ mit $\mathbf{e}' = (e_1, \ldots, e_T)$, in ihrer Gesamtheit klein sind. Die Anzahl T der Beobachtungen ist im allgemeinen wesentlich größer als die Anzahl K der Koeffizienten. Aus diesem und den oben angeführten Gründen kann nicht erwartet werden, daß für alle T Beobachtungen exakt die lineare Beziehung $y_t = x_t'\beta$, d.h. $e_t = 0$ erfüllt ist, wie auch immer die β_k gewählt werden. Aus diesem Grunde nehmen wir in unseren linearen Ansatz die Residuen e_t mit auf:

$$y_t = x_t'\beta + e_t \qquad (t = 1, \ldots, T) \tag{3.3}$$

oder in Matrizenschreibweise zusammengefaßt als

$$\mathbf{y} = \mathbf{X}\beta + \mathbf{e}. \tag{3.4}$$

Je weniger die e_t in ihrer Gesamtheit von null abweichen, desto besser ist für das in $(\mathbf{y}, \mathbf{X})$ gegebene Beobachtungsmaterial die durch die konkrete Wahl von β mit dem linearen Ansatz erzielte Anpassung. Als Maße für die Güte der Anpassung sind z.B. denkbar

$$\sum_{t=1}^{T} |e_t|, \quad \max_t |e_t|, \quad \sum_{t=1}^{T} e_t^2 = \mathbf{e}'\mathbf{e}. \tag{3.5}$$

Auf der Minimierung des dritten Maßes basiert das Prinzip der kleinsten Quadrate.

3.2 Prinzip der kleinsten Quadrate

Es sei B die Menge àller möglichen Koeffizientenvektoren β . Liegen keine Restriktionen vor, so ist $B = \mathbf{E}^K$ (K-dimensionaler Euklidischer Raum). Wir bestimmen aus B einen Vektor $\mathbf{b}' = (b_1, \ldots, b_K)$ so, daß die Quadratsumme der Residuen

$$S(\beta) = \sum_{t=1}^{T} e_t^2 = \mathbf{e}'\mathbf{e} = (\mathbf{y} - \mathbf{X}\beta)'(\mathbf{y} - \mathbf{X}\beta) \tag{3.6}$$

bei fester Beobachtungsmatrix $(\mathbf{y}, \mathbf{X})$ ein Minimum wird. Die Existenz eines endlichen absoluten Minimums ist gesichert, da $S(\beta)$ eine reellwertige konvexe differenzierbare Funktion ist. Wir formen $S(\beta)$ um:

$$S(\beta) = y'y + \beta'X'X\beta - 2\beta'X'y' \tag{3.7}$$

und differenzieren nach β (Sätze A 91 bis A 95)

$$\frac{\partial S(\beta)}{\partial \beta} = 2X'X\beta - 2X'y, \tag{3.8}$$

$$\frac{\partial^2 S(\beta)}{\partial \beta^2} = 2X'X \quad \text{(nichtnegativ definit)}. \tag{3.9}$$

Aus der notwendigen Bedingung für ein Minimum (Verschwinden der ersten Ableitung) erhalten wir die sogenannten *Normalgleichungen* , denen der gesuchte Koeffizientenvektor $\beta = b$ genügen muß:

$$X'Xb = X'y. \tag{3.10}$$

Die Bestimmung des Vektors b aus (3.10) ist einzuordnen in das generelle Problem der Lösbarkeit und Lösung von linearen Gleichungen der Gestalt

$$Ax = a, \tag{3.11}$$

wobei A eine $(n \times m)$-Matrix, a ein $(n \times 1)$-Vektor und x der $(m \times 1)$-Lösungsvektor sind. Sei A^- eine g-Inverse von A (vgl. A 62). Dann gilt folgender

Satz 3.1 *Das Gleichungssystem* $Ax = a$ *ist genau dann lösbar, wenn*

$$AA^-a = a \tag{3.12}$$

gilt. Falls (3.12) gilt, lauten sämtliche Lösungen

$$x = A^-a + (I - A^-A)w, \tag{3.13}$$

wobei w *ein beliebiger* $(m \times 1)$-*Vektor ist.*

Vereinbarung: $x = A^-a$ (also (3.13) mit $w = 0$) heißt *partikuläre Lösung* von $Ax = a$.

Beweis: Sei $Ax = a$ lösbar. Dann existiert mindestens ein Vektor x_0 mit $Ax_0 = a$. Mit der Definitionsgleichung $AA^-A = A$ einer g-Inversen erhalten wir

$$a = Ax_0 = AA^-Ax_0 = AA^-(Ax_0) = AA^-a,$$

also die Beziehung (3.12).

Setzen wir umgekehrt (3.12) voraus: $AA^-a = a$, so ist mit A^-a eine Lösung von (3.11) gefunden, die Lösbarkeit also gezeigt. Damit ist aber der erste Teil des Satzes bewiesen.

Wir setzen die Lösbarkeit voraus. Zum Beweis von (3.13) müssen wir dann zeigen, daß

(i) $A^-a + (I - A^-A)w$ stets eine Lösung von (3.11) ist (w beliebig), und daß

(ii) jede Lösung $\mathbf{x}$ von $\mathbf{Ax} = \mathbf{a}$ in der Gestalt (3.13) darstellbar ist.

Der erste Teil folgt durch Einsetzen unter Beachtung von $\mathbf{A}(\mathbf{I} - \mathbf{A}^-\mathbf{A}) = \mathbf{0}$:

$$\mathbf{A}[\mathbf{A}^-\mathbf{a} + (\mathbf{I} - \mathbf{A}^-\mathbf{A})\mathbf{w}] = \mathbf{A}\mathbf{A}^-\mathbf{a} = \mathbf{a}$$

(wegen der vorausgesetzten Lösbarkeit).

Zum Nachweis von (ii) wählen wir $\mathbf{w} = \mathbf{x}_0$, wobei $\mathbf{x}_0$ eine Lösung des Gleichungssystems ist, d.h. $\mathbf{A}\mathbf{x}_0 = \mathbf{a}$. Dann gilt

$$\begin{aligned}
\mathbf{A}^-\mathbf{a} + (\mathbf{I} - \mathbf{A}^-\mathbf{A})\mathbf{x}_0 &= \mathbf{A}^-\mathbf{a} + \mathbf{x}_0 - \mathbf{A}^-\mathbf{A}\mathbf{x}_0 \\
&= \mathbf{A}^-\mathbf{a} + \mathbf{x}_0 - \mathbf{A}^-\mathbf{a} \\
&= \mathbf{x}_0.
\end{aligned}$$

Damit ist Satz 3.1 bewiesen.

Wir wenden diesen Satz auf unser Problem, d.h. auf Gleichung (3.10) an und prüfen zunächst die Lösbarkeit dieser linearen Gleichung.

$\mathbf{X}$ ist eine $(T \times K)$-Matrix, also ist $\mathbf{X}'\mathbf{X}$ eine symmetrische $(K \times K)$-Matrix mit Rang $(\mathbf{X}'\mathbf{X}) = p \leq K$. Die Lösbarkeit von (3.10) ist äquivalent mit dem Bestehen der Gleichung (vgl. (3.12))

$$(\mathbf{X}'\mathbf{X})(\mathbf{X}'\mathbf{X})^-\mathbf{X}'\mathbf{y} = \mathbf{X}'\mathbf{y}. \tag{3.14}$$

Aus der Definitionsgleichung der g-Inversen

$$(\mathbf{X}'\mathbf{X})(\mathbf{X}'\mathbf{X})^-(\mathbf{X}'\mathbf{X}) = (\mathbf{X}'\mathbf{X})$$

folgt nach Satz A 73 (Kürzungsregel)

$$\mathbf{X}'\mathbf{X}(\mathbf{X}'\mathbf{X})^-\mathbf{X}' = \mathbf{X}',$$

so daß (3.14) erfüllt und die Normalgleichung (3.10) stets lösbar ist.

Sämtliche Lösungen von (3.10) haben nach (3.13) die Gestalt

$$\mathbf{b} = (\mathbf{X}'\mathbf{X})^-\mathbf{X}'\mathbf{y} + (\mathbf{I} - (\mathbf{X}'\mathbf{X})^-\mathbf{X}'\mathbf{X})\mathbf{w} \tag{3.15}$$

mit $\mathbf{w}$ einem beliebigen $(K \times 1)$-Vektor.

Für die Wahl $\mathbf{w} = \mathbf{0}$ erhalten wir mit

$$\mathbf{b} = (\mathbf{X}'\mathbf{X})^-\mathbf{X}'\mathbf{y} \tag{3.16}$$

eine sogenannte partikuläre Lösung, die wegen der Nichteindeutigkeit der g–Inversen $(\mathbf{X}'\mathbf{X})^-$ ebenfalls nicht eindeutig ist.

Ziel der Analyse von linearen Modellen, insbesondere auch der speziellen linearen Modelle der Varianzanalyse, ist jedoch die eindeutige Bestimmung von Effekten der Variablen in $\mathbf{X}$ (Versuchsplan) auf den Response $\mathbf{y}$. Deshalb wird man zur eindeutigen Schätzung sogenannte Reparametrisierungsbedingungen heranziehen, die die Parameter unter diesen Bedingungen identifizierbar werden lassen.

Korollar zu Satz 3.1. *Das Gleichungssystem*

$$AXB = C \tag{3.17}$$

mit $A : m \times n$, $B : p \times q$, $C : m \times q$ *und* $X : n \times p$ *ist nach* X *lösbar genau dann, wenn*

$$AA^-CB^-B = C \tag{3.18}$$

gilt, wobei A^- *bzw.* B^- *beliebige g-Inversen von* A *bzw.* B *sind.*

Hat die Matrix X vollen Rang, d.h. gilt Rang $(X) = p = K$, so ist $(X'X)^- = (X'X)^{-1}$ und wir erhalten eine eindeutige Lösung der Normalgleichungen:

$$b = (X'X)^{-1}X'y. \tag{3.19}$$

Für den allgemeineren Fall Rang $(X) = p < K$ spannen die Lösungen der Normalgleichungen dieselbe Hyperebene Xb auf, d.h. für je zwei Lösungen b und b^* der Normalgleichungen gilt

$$Xb = Xb^*. \tag{3.20}$$

Der Beweis ist einfach: Sind b und b^* Lösungen der Normalgleichungen, so gilt

$$X'Xb = X'y \quad \text{und} \quad X'Xb^* = X'y.$$

Wir bilden die Differenz der Gleichungen

$$X'X(b - b^*) = 0,$$

woraus nach Satz A 72

$$X(b - b^*) = 0 \quad \text{oder} \quad Xb = Xb^*$$

folgt.

Mit (3.20) erhalten wir für die beiden Fehlerquadratsummen

$$S(b) = (y - Xb)'(y - Xb) = (y - Xb^*)'(y - Xb^*) = S(b^*).$$

Damit haben wir folgenden Satz bewiesen.

Satz 3.2 *Der Koeffizientenvektor* $\beta = b$ *minimiert die Fehlerquadratsumme genau dann, wenn er Lösung der Normalgleichungen* $X'Xb = X'y$ *ist. Alle Lösungen der Normalgleichung liegen auf derselben Hyperebene* Xb.

Die Lösungen b der Normalgleichungen werden als *empirische Regressionskoeffizienten* oder als empirische Kleinste-Quadrat-Schätzung von β und $\hat{y} = Xb$ wird als die *empirische Regressionshyperebene* bezeichnet. Folgende Zerlegung der Fehlerquadratsumme $S(b)$ ist von Interesse. Die Residuen $y - Xb$ bezeichnen wir mit $\hat{e}$. Dann gilt

$$\mathbf{y'y} = \mathbf{\hat{y}'\hat{y}} + \mathbf{\hat{e}'\hat{e}}. \tag{3.21}$$

Die Quadratsumme der Beobachtungswerte $\mathbf{y'y}$ der abhängigen Variablen setzt sich also additiv zusammen aus der durch die empirische Regression erklärten Quadratsumme $\mathbf{\hat{y}'\hat{y}}$ und der durch die Regression nicht erklärten Quadratsumme $\mathbf{\hat{e}'\hat{e}}$ der Residuen.

Die Beziehung (3.21) folgt aus

$$\mathbf{b'X'Xb} = \mathbf{b'X'y} \quad \text{(Linksmultiplikation von (3.10) mit } \mathbf{b'})$$

und

$$\mathbf{\hat{y}'\hat{y}} = (\mathbf{Xb})'(\mathbf{Xb}) = \mathbf{b'X'Xb} = \mathbf{b'X'y} \tag{3.22}$$

gemäß

$$S(\mathbf{b}) = \mathbf{\hat{e}'\hat{e}} = (\mathbf{y} - \mathbf{Xb})'(\mathbf{y} - \mathbf{Xb}) \begin{aligned} &= \mathbf{y'y} - 2\mathbf{b'X'y} + \mathbf{b'X'Xb} \\ &= \mathbf{y'y} - \mathbf{b'X'y} = \mathbf{y'y} - \mathbf{\hat{y}'\hat{y}}. \end{aligned} \tag{3.23}$$

Hinweis: Bei den Modellen der Varianzanalyse werden wir die Quadratsummen $\mathbf{\hat{y}'\hat{y}}$ weiter in orthogonale Komponenten zerlegen, die den Haupt– und Wechselwirkungseffekten der Behandlungen zuzuordnen sind.

3.3 Geometrische Eigenschaften der Kleinste-Quadrat-Schätzung (KQ-Schätzung)

Ist $\mathbf{X}$ eine $n \times p$-Matrix, so lassen sich zwei fundamentale, zu $\mathbf{X}$ gehörende Vektorräume definieren: der *Spaltenraum* $\mathcal{R}(\mathbf{X})$ und der *Nullraum* $\mathcal{N}(\mathbf{X})$.
$\mathcal{R}(\mathbf{X})$ ist die Menge aller Vektoren $\mathbf{\Theta}$ derart, daß $\mathbf{\Theta} = \mathbf{X}\beta$ für Vektoren β aus dem Raum $\mathbf{E}^p$ gilt. $\mathcal{R}(\mathbf{X}) = \{\mathbf{\Theta} : \mathbf{\Theta} = \mathbf{X}\beta\}$ ist ein Vektorraum.
Ebenso ist $\mathcal{N}(\mathbf{X}) = \{\mathbf{\Phi} : \mathbf{X}\mathbf{\Phi} = \mathbf{0}\}$ ein Vektorraum. Es gilt

$$\mathcal{N}(\mathbf{X}) = \{\mathcal{R}(\mathbf{X}')\}^{\perp}. \tag{3.24}$$

Wir gehen wieder aus von dem linearen Ansatz (3.4)

$$\mathbf{y} = \mathbf{X}\beta + \mathbf{e},$$

wobei $\mathbf{X}\beta \in \mathcal{R}(\mathbf{X}) = \{\mathbf{\Theta} : \mathbf{\Theta} = \mathbf{X}\tilde{\beta}\}$ ist. Wenn wir Rang $(\mathbf{X}) = p$ voraussetzen, so ist $\mathcal{R}(\mathbf{X})$ ein p-dimensionaler Vektorraum. Mit $\mathcal{R}(\mathbf{X})^{\perp}$ bezeichnen wir das orthogonale Komplement von $\mathcal{R}(\mathbf{X})$. Den Vektor $\mathbf{Xb}$ bezeichnen wir mit $\mathbf{\Theta}_0$ ($\mathbf{b}$ die *KQ*-Schätzung). Dann gilt (vgl. z.B. Toutenburg 1992, S. 29)

Satz 3.3 *Die KQ-Schätzung* $\mathbf{\Theta}_0$ *von* $\mathbf{X}\beta$, *die*

$$S(\beta) = (\mathbf{y} - \mathbf{X}\beta)'(\mathbf{y} - \mathbf{X}\beta) = (\mathbf{y} - \mathbf{\Theta})'(\mathbf{y} - \mathbf{\Theta}) = \tilde{S}(\mathbf{\Theta}) \tag{3.25}$$

für $\mathbf{\Theta} \in \mathcal{R}(\mathbf{X})$ *minimiert, ist die orthogonale Projektion von* $\mathbf{y}$ *auf den Raum* $\mathcal{R}(\mathbf{X})$.

Beweis. Da $\mathcal{R}(\mathbf{X})$ ein p-dimensionaler Vektorraum ist, existiert eine Orthonormalbasis $\mathbf{v}_1, \ldots, \mathbf{v}_p$. Der $T \times 1$-Vektor $\mathbf{y}$ hat dann die Darstellung

$$\mathbf{y} = \sum_{i=1}^{p} a_i \mathbf{v}_i + (\mathbf{y} - \sum_{i=1}^{p} a_i \mathbf{v}_i) = \mathbf{c} + \mathbf{d} \tag{3.26}$$

mit $a_i = \mathbf{y}'\mathbf{v}_i$.
Wegen

$$\mathbf{v}_j'\mathbf{d} = \mathbf{v}_j'\mathbf{y} - \sum_i a_i \mathbf{v}_j'\mathbf{v}_i = a_j - \sum_i a_i \delta_{ij} = 0 \tag{3.27}$$

(δ_{ij} das KRONECKER-Symbol) ist $\mathbf{c} \perp \mathbf{d}$. D.h. es gilt $\mathbf{c} \in \mathcal{R}(\mathbf{X})$ und $\mathbf{d} \in \mathcal{R}(\mathbf{X})^{\perp}$, so daß wir $\mathbf{y}$ in zwei orthogonale Komponenten zerlegt haben.
Die Zerlegung ist eindeutig, wie man leicht zeigt.
Wir müssen nun zeigen, daß $\mathbf{c} = \mathbf{Xb} = \mathbf{\Theta}_0$ gilt.
Aus $\mathbf{c} - \mathbf{\Theta} \in \mathcal{R}(\mathbf{X})$ folgt

$$(\mathbf{y} - \mathbf{c})'(\mathbf{c} - \mathbf{\Theta}) = \mathbf{d}'(\mathbf{c} - \mathbf{\Theta}) = 0. \tag{3.28}$$

Mit $\mathbf{y} - \mathbf{\Theta} = (\mathbf{y} - \mathbf{c}) + (\mathbf{c} - \mathbf{\Theta})$ erhalten wir

$$\begin{aligned}
\tilde{S}(\mathbf{\Theta}) = (\mathbf{y} - \mathbf{\Theta})'(\mathbf{y} - \mathbf{\Theta}) &= (\mathbf{y} - \mathbf{c})'(\mathbf{y} - \mathbf{c}) + (\mathbf{c} - \mathbf{\Theta})'(\mathbf{c} - \mathbf{\Theta}) \\
&\quad + 2(\mathbf{y} - \mathbf{c})'(\mathbf{c} - \mathbf{\Theta}) \\
&= (\mathbf{y} - \mathbf{c})'(\mathbf{y} - \mathbf{c}) + (\mathbf{c} - \mathbf{\Theta})'(\mathbf{c} - \mathbf{\Theta}).
\end{aligned} \tag{3.29}$$

$\tilde{S}(\mathbf{\Theta})$ wird also über $\mathcal{R}(\mathbf{X})$ minimal für $\mathbf{\Theta} = \mathbf{c}$. Wegen $\tilde{S}(\mathbf{\Theta}) = S(\beta)$ und der Minimumeigenschaft von $\mathbf{b}$ ist das optimale $\mathbf{c} = \mathbf{\Theta}_0 = \mathbf{X}\beta$.
Wir wollen nun zeigen, daß sich die KQ-Schätzung $\mathbf{Xb}$ von $\mathbf{X}\beta$ direkt mit Hilfe von idempotenten Projektionsmatrizen gewinnen läßt.

Satz 3.4 *Es sei $\mathbf{P}$ eine symmetrische idempotente Matrix vom Rang p, die die orthogonale Projektion des $\mathbf{E}^T$ auf $\mathcal{R}(\mathbf{X})$ repräsentiert.*
Dann gilt $\mathbf{Xb} = \mathbf{\Theta}_0 = \mathbf{Py}$.

Beweis. Nach Satz 3.3. ist

$$\begin{aligned}
\mathbf{\Theta}_0 = \mathbf{c} \ &= \sum a_i \mathbf{v}_i = \sum \mathbf{v}_i(\mathbf{y}'\mathbf{v}_i) \\
&= \sum \mathbf{v}_i(\mathbf{v}_i'\mathbf{y}) \\
&= (\mathbf{v}_1, \cdots, \mathbf{v}_p)(\mathbf{v}_1, \cdots, \mathbf{v}_p)'\mathbf{y} \\
&= \mathbf{BB}'\mathbf{y} \qquad [\mathbf{B} = (\mathbf{v}_1, \cdots, \mathbf{v}_p)] \\
&= \mathbf{Py}.
\end{aligned} \tag{3.30}$$

$\mathbf{P}$ ist offenbar symmetrisch und idempotent.
Wir geben ohne Beweis folgenden Hilfssatz an.

Hilfssatz: *Eine symmetrische $T \times T$-Matrix $\mathbf{P}$, sofern sie idempotent vom Rang $p \leq T$ ist, stellt die orthogonale Projektionsmatrix des $\mathbf{E}^T$ auf einen p-dimensionalen Vektorraum $\mathbf{V} = \mathcal{R}(\mathbf{P})$ dar.*

(i) Der Fall Rang (X) = K:

Wir bestimmen $\mathbf{P}$ für unseren linearen Ansatz zunächst unter der Voraussetzung Rang $(\mathbf{X}) = K$. Die Spalten von $\mathbf{B}$ bilden eine Orthonormalbasis für $\mathcal{R}(\mathbf{X}) = \{\Theta : \Theta = \mathbf{X}\beta\}$. Da die Spalten von $\mathbf{X}$ ebenfalls eine Basis für $\mathcal{R}(\mathbf{X})$ bilden, gilt $\mathbf{X} = \mathbf{BC}$ ($\mathbf{C}$ eine reguläre Matrix). Damit wird

$$
\begin{aligned}
\mathbf{P} = \mathbf{BB}' &= \mathbf{XC}^{-1}\mathbf{C}'^{-1}\mathbf{X}' = \mathbf{X}(\mathbf{C}'\mathbf{C})^{-1}\mathbf{X} \\
&= \mathbf{X}(\mathbf{C}'\mathbf{B}'\mathbf{BC})^{-1}\mathbf{X}' \quad [\text{da } \mathbf{B}'\mathbf{B} = \mathbf{I}] \\
&= \mathbf{X}(\mathbf{X}'\mathbf{X})^{-1}\mathbf{X}',
\end{aligned}
\tag{3.31}
$$

und wir erhalten die bereits abgeleitete KQ-Schätzung von $\mathbf{X}\beta$ als

$$
\Theta_0 = \mathbf{P}\mathbf{y} = \mathbf{X}(\mathbf{X}'\mathbf{X})^{-1}\mathbf{X}'\mathbf{y} = \mathbf{X}\mathbf{b}.
\tag{3.32}
$$

(ii) Der Fall Rang (X) = $p < K$:

Wie wir im Abschnitt 3.2 gesehen haben, sind die Normalgleichungen nur eindeutig lösbar, wenn $\mathbf{X}$ von vollem Rang K ist. Eine Methode zur Ableitung eindeutiger Lösungen für den Fall Rang $(\mathbf{X}) = p < K$ basiert auf der Verwendung von linearen Restriktionen , die eine Identifizierung des Parameters β ermöglichen. Ohne auf die allgemeine Problematik näher einzugehen (vgl. hierzu Abschnitt 3.5), geben wir unter Verwendung von Satz 3.4 eine algebraische Lösung des Problems.

Es sei $\mathbf{R}$ eine $(K - p) \times K$-Matrix mit Rang $(\mathbf{R}) = K - p$. Wir definieren die Matrix $\mathbf{D} = \begin{pmatrix} \mathbf{X} \\ \mathbf{R} \end{pmatrix}$.

$\mathbf{r}$ sei ein bekannter $(K - p) \times 1$-Vektor. Gilt Rang $(\mathbf{D}) = K$, so heißen $\mathbf{X}$ und $\mathbf{R}$ *komplementäre Matrizen* . Wir führen über $\mathbf{R}$ zusätzlich $(K - p)$ lineare Restriktionen an β (sogenannte Reparametrisierungsbedingungen) in den linearen Ansatz ein, d.h. wir fordern

$$
\mathbf{R}\beta = \mathbf{r}.
\tag{3.33}
$$

Die Minimierung von $S(\beta)$ unter den exakten linearen Restriktionen $\mathbf{R}\beta = \mathbf{r}$ erfordert die Minimierung der Zielfunktion

$$
Q(\beta, \lambda) = S(\beta) + 2\lambda'(\mathbf{R}\beta - \mathbf{r})
\tag{3.34}
$$

(λ ein $(K - p) \times 1$-Vektor aus LAGRANGE-Multiplikatoren) , also die Lösung der Normalgleichungen (A 91 - A 95)

$$
\left.
\begin{aligned}
\frac{1}{2}\frac{\partial Q(\beta,\lambda)}{\partial \beta} &= \mathbf{X}'\mathbf{X}\beta - \mathbf{X}'\mathbf{y} + \mathbf{R}'\lambda = 0, \\
\frac{1}{2}\frac{\partial Q(\beta,\lambda)}{\partial \lambda} &= \mathbf{R}\beta - \mathbf{r} = 0.
\end{aligned}
\right\}
\tag{3.35}
$$

Wir beweisen dazu den folgenden Satz:

Satz 3.5 *Unter den exakten linearen Restriktionen $\mathbf{R}\beta = \mathbf{r}$ mit Rang $(\mathbf{R}) = K - p$ und Rang $(\mathbf{D}) = K$ gilt:*

56

(i) Die orthogonale Projektionsmatrix des $\mathbf{E}^T$ auf $\mathcal{R}(\mathbf{X})$ hat die Gestalt

$$\mathbf{P} = \mathbf{X}(\mathbf{X}'\mathbf{X} + \mathbf{R}'\mathbf{R})^{-1}\mathbf{X}'. \tag{3.36}$$

(ii) Die bedingte KQ-Schätzung von β ist

$$\mathbf{b}(\mathbf{R},\mathbf{r}) = (\mathbf{X}'\mathbf{X} + \mathbf{R}'\mathbf{R})^{-1}(\mathbf{X}'\mathbf{y} + \mathbf{R}'\mathbf{r}). \tag{3.37}$$

Beweis. Wir beweisen zunächst Teil (i).
Aus den Voraussetzungen folgt, daß für jedes $\Theta \in \mathcal{R}(\mathbf{X})$ ein β so existiert, daß $\Theta = \mathbf{X}\beta$ und $\mathbf{R}\beta = \mathbf{r}$ erfüllt sind. Wegen Rang $(\mathbf{D}) = K$ ist β eindeutig. D.h. für jedes $\Theta \in \mathcal{R}(\mathbf{X})$ ist der $(T + K - p) \times 1$-Vektor

$$\begin{pmatrix} \Theta \\ \mathbf{r} \end{pmatrix} \in \mathcal{R}(\mathbf{D}), \text{ es gilt also} \quad \begin{pmatrix} \Theta \\ \mathbf{r} \end{pmatrix} = \mathbf{D}\beta \quad (\beta \text{ eindeutig bestimmt}).$$

Übertragen wir Satz 3.4. auf unser restriktives Modell, so erhalten wir die Projektionsmatrix des $\mathbf{E}^{T+K-p}$ auf $\mathcal{R}(\mathbf{D})$ als

$$\mathbf{P}^* = \mathbf{D}(\mathbf{D}'\mathbf{D})^{-1}\mathbf{D}'. \tag{3.38}$$

Da die Projektion $\mathbf{P}^*$ jedes Element von $\mathcal{R}(\mathbf{D})$ auf sich selbst abbildet, gilt für jedes $\Theta \in \mathcal{R}(\mathbf{X})$

$$\begin{aligned} \begin{pmatrix} \Theta \\ \mathbf{r} \end{pmatrix} &= \mathbf{D}(\mathbf{D}'\mathbf{D})^{-1}\mathbf{D}' \begin{pmatrix} \Theta \\ \mathbf{r} \end{pmatrix} \\ &= \begin{pmatrix} \mathbf{X}(\mathbf{D}'\mathbf{D})^{-1}\mathbf{X}' & \mathbf{X}(\mathbf{D}'\mathbf{D})^{-1}\mathbf{R}' \\ \mathbf{R}(\mathbf{D}'\mathbf{D})^{-1}\mathbf{X}' & \mathbf{R}(\mathbf{D}'\mathbf{D})^{-1}\mathbf{R}' \end{pmatrix} \begin{pmatrix} \Theta \\ \mathbf{r} \end{pmatrix}, \end{aligned} \tag{3.39}$$

also komponentenweise

$$\Theta = \mathbf{X}(\mathbf{D}'\mathbf{D})^{-1}\mathbf{X}'\Theta + \mathbf{X}(\mathbf{D}'\mathbf{D})^{-1}\mathbf{R}'\mathbf{r}, \tag{3.40}$$

$$\mathbf{r} = \mathbf{R}(\mathbf{D}'\mathbf{D})^{-1}\mathbf{X}'\Theta + \mathbf{R}(\mathbf{D}'\mathbf{D})^{-1}\mathbf{R}'\mathbf{r}. \tag{3.41}$$

Die Gleichungen (3.40) und (3.41) gelten für jedes $\Theta \in \mathcal{R}(\mathbf{X})$ und für alle $\mathbf{r} = \mathbf{R}\beta \in \mathcal{R}(\mathbf{R})$. Wählen wir in der Restriktion (3.33) speziell $\mathbf{r} = \mathbf{0}$, so werden (3.40) und (3.41) zu

$$\Theta = \mathbf{X}(\mathbf{D}'\mathbf{D})^{-1}\mathbf{X}'\Theta, \tag{3.42}$$

$$\mathbf{0} = \mathbf{R}(\mathbf{D}'\mathbf{D})^{-1}\mathbf{X}'\Theta. \tag{3.43}$$

Aus (3.43) folgt

$$\mathcal{R}(\mathbf{X}(\mathbf{D}'\mathbf{D})^{-1}\mathbf{R}') \perp \mathcal{R}(\mathbf{X}) \tag{3.44}$$

und wegen $\mathcal{R}(\mathbf{X}(\mathbf{D}'\mathbf{D})^{-1}\mathbf{R}') = \{\Theta : \Theta = \mathbf{X}\tilde{\beta} \text{ mit } \tilde{\beta} = (\mathbf{D}'\mathbf{D})^{-1}\mathbf{R}'\beta\}$ gilt

$$\mathcal{R}(\mathbf{X}(\mathbf{D'D})^{-1}\mathbf{R'}) \subset \mathcal{R}(\mathbf{X}), \tag{3.45}$$

so daß wir insgesamt

$$\mathbf{X}(\mathbf{D'D})^{-1}\mathbf{R'} = \mathbf{0} \tag{3.46}$$

erhalten (vgl. auch Tan, 1971).

Die Matrizen $\mathbf{X}(\mathbf{D'D})^{-1}\mathbf{X'}$ und $\mathbf{R}(\mathbf{D'D})^{-1}\mathbf{R'}$ sind idempotent (die Symmetrie ist evident):

$$\begin{aligned}
&\ \mathbf{X}(\mathbf{D'D})^{-1}\mathbf{X'X}(\mathbf{D'D})^{-1}\mathbf{X'}\\
=&\ \mathbf{X}(\mathbf{D'D})^{-1}(\mathbf{X'X} + \mathbf{R'R} - \mathbf{R'R})(\mathbf{D'D})^{-1}\mathbf{X'}\\
=&\ \mathbf{X}(\mathbf{D'D})^{-1}(\mathbf{X'X} + \mathbf{R'R})(\mathbf{D'D})^{-1}\mathbf{X'} - \mathbf{X}(\mathbf{D'D})^{-1}\mathbf{R'R}(\mathbf{D'D})^{-1}\mathbf{X'}\\
=&\ \mathbf{X}(\mathbf{D'D})^{-1}\mathbf{X'},
\end{aligned}$$

da $\mathbf{D'D} = \mathbf{X'X} + \mathbf{R'R}$ und (3.46) gelten.

Der Beweis der Idempotenz von $\mathbf{R}(\mathbf{D'D})^{-1}\mathbf{R'}$ verläuft entsprechend.

Nach Satz A 40 ist $\mathbf{D'D}$ positiv definit, nach Satz A 39 ist $(\mathbf{D'D})^{-1}$ ebenfalls positiv definit. Wegen Rang $(\mathbf{R}) = K - p$ ist dann auch $\mathbf{R}(\mathbf{D'D})^{-1}\mathbf{R'}$ positiv definit (Satz A 39 (vi)) und damit regulär. Eine idempotente reguläre Matrix ist aber gleich der Einheitsmatrix (Satz A 61 (iii)):

$$\mathbf{R}(\mathbf{D'D})^{-1}\mathbf{R'} = \mathbf{I}, \tag{3.47}$$

so daß (3.41) die Identität $\mathbf{r} = \mathbf{r}$ beschreibt. Wegen ihrer Idempotenz ist die Matrix $\mathbf{P} = \mathbf{X}(\mathbf{D'D})^{-1}\mathbf{X'}$ die orthogonale Projektionsmatrix des $\mathbf{E}^T$ auf einen gewissen Vektorraum $\mathbf{V} \subset \mathbf{E}^T$ (siehe Hilfssatz zu Satz 3.4).

Nach (3.42) gilt zunächst $\mathcal{R}(\mathbf{X}) \subset \mathbf{V}$. Aus Satz A 25 (iv),(v) folgt jedoch auch die Umkehrung

$$\mathbf{V} = \mathcal{R}(\mathbf{X}(\mathbf{D'D})^{-1}\mathbf{X'}) \subset \mathcal{R}(\mathbf{X}), \tag{3.48}$$

so daß $\mathbf{V} = \mathcal{R}(\mathbf{X})$ ist, womit wir (i) bewiesen haben.

Beweis von (ii)

Wir lösen nun die Normalgleichungen (3.35). Mit $R\beta = \mathbf{r}$ gilt auch $\mathbf{R'R}\beta = \mathbf{R'r}$. Eingesetzt in die erste Gleichung von (3.35) ergibt sich

$$(\mathbf{X'X} + \mathbf{R'R})\beta = \mathbf{X'y} + \mathbf{R'r} - \mathbf{R'\lambda}.$$

Wir multiplizieren von links zunächst mit $(\mathbf{D'D})^{-1}$:

$$\beta = (\mathbf{D'D})^{-1}(\mathbf{X'y} + \mathbf{R'r}) - (\mathbf{D'D})^{-1}\mathbf{R'\lambda}$$

und jetzt mit $\mathbf{R}$ (unter Beachtung der zweiten Gleichung von (3.35) und von (3.46) und (3.47)):

$$\begin{aligned}
\mathbf{R}\beta\ &= \mathbf{R}(\mathbf{D'D})^{-1}(\mathbf{X'y} + \mathbf{R'r}) - \mathbf{R}(\mathbf{D'D})^{-1}\mathbf{R'\lambda}\\
&= \mathbf{r} - \mathbf{\lambda},
\end{aligned} \tag{3.49}$$

woraus $\hat{\boldsymbol{\lambda}} = \mathbf{0}$ folgt.

Damit hat die Lösung der Normalgleichungen die Gestalt

$$\hat{\boldsymbol{\beta}} = \mathbf{b}(\mathbf{R}, \mathbf{r}) = (\mathbf{X}'\mathbf{X} + \mathbf{R}'\mathbf{R})^{-1}(\mathbf{X}'\mathbf{y} + \mathbf{R}'\mathbf{r}) \tag{3.50}$$

und (ii) ist bewiesen.

Wir werden die bedingte KQ-Schätzung $\mathbf{b}(\mathbf{R}, \mathbf{r})$ (bedingt: unter der Bedingung $\mathbf{R}\boldsymbol{\beta} = \mathbf{r}$ abgeleitet) von $\boldsymbol{\beta}$ in Abschnitt 3.5 zur statistischen Behandlung der Multikollinearität einsetzen und damit einen Zugang zu den Modellen der Varianzanalyse herstellen, die in der Regel multikollineare Designmatrizen aufweisen.

3.4 Beste lineare erwartungstreue Schätzung

Im Unterschied zur deskriptiven Regression, bei der die Regressionskoeffizienten $\boldsymbol{\beta}$ als frei wählbar interpretiert und nach dem Prinzip der kleinsten Quadrate algebraisch bzw. unter Einsatz von Projektionsmatrizen geometrisch bestimmt wurden, setzt das klassische lineare Regressionsmodell die Koeffizienten $\boldsymbol{\beta}$ als feste (unbekannte) Modellparameter voraus. Ihre Schätzung wird über die Minimierung von Risikofunktionen durchgeführt. Die Annahmen über die Parameter und die Modellvariablen lauten:

$$\left. \begin{array}{l} \mathbf{y} = \mathbf{X}\boldsymbol{\beta} + \boldsymbol{\epsilon}, \\ E(\boldsymbol{\epsilon}) = 0, \quad E(\boldsymbol{\epsilon}\boldsymbol{\epsilon}') = \sigma^2\mathbf{I}, \\ \mathbf{X} \text{ nichtstochastisch, Rang}\,(\mathbf{X}) = K. \end{array} \right\} \tag{3.51}$$

Da $\mathbf{X}$ als eine nichtstochastische Matrix vorausgesetzt wird, sind insbesondere $\mathbf{X}$ und $\boldsymbol{\epsilon}$ unabhängig, d.h. es gilt

$$E(\boldsymbol{\epsilon}|\mathbf{X}) = E(\boldsymbol{\epsilon}) = \mathbf{0}, \tag{3.52}$$

$$E(\mathbf{X}'\boldsymbol{\epsilon}|\mathbf{X}) = \mathbf{X}'E(\boldsymbol{\epsilon}) = \mathbf{0} \tag{3.53}$$

und

$$E(\boldsymbol{\epsilon}\boldsymbol{\epsilon}'|\mathbf{X}) = E(\boldsymbol{\epsilon}\boldsymbol{\epsilon}') = \sigma^2\mathbf{I}\,. \tag{3.54}$$

Die Rangbedingung an $\mathbf{X}$ besagt, daß zwischen den K Regressoren $\mathbf{X}_1, \ldots, \mathbf{X}_K$ keine exakten linearen Beziehungen auftreten; insbesondere existiert die Inverse $(\mathbf{X}'\mathbf{X})^{-1}$ (eine $K \times K$-Matrix).

Mit (3.51) und (3.52) erhalten wir den bedingten Erwartungswert

$$E(\mathbf{y}|\mathbf{X}) = \mathbf{X}\boldsymbol{\beta} + E(\boldsymbol{\epsilon}|\mathbf{X}) = \mathbf{X}\boldsymbol{\beta}, \tag{3.55}$$

und mit (3.54) gilt für die Kovarianzmatrix von $\mathbf{y}$

$$E[(\mathbf{y} - E(\mathbf{y}))(\mathbf{y} - E(\mathbf{y}))'|\mathbf{X}] = E(\boldsymbol{\epsilon}\boldsymbol{\epsilon}'|\mathbf{X}) = \sigma^2\mathbf{I}. \tag{3.56}$$

Bei der weiteren Behandlung verzichten wir auf die gesonderte Betonung der Bedingung „$\mathbf{X}$ fest"; die auftretenden Erwartungswerte sind sämtlich bedingte Erwartungswerte.

3.4.1 Lineare Schätzer

Die Aufgabe des Statistikers ist es, den wahren aber unbekannten Wert des Vektors $\boldsymbol{\beta}$ der Regressionsparameter auf Grund der vorliegenden, im Modell (3.51) zusammengefaßten Beobachtungen und Modellannahmen durch eine *Stichprobenfunktion* $\hat{\boldsymbol{\beta}}$ geeignet zu schätzen. Daraus erhält man eine Schätzung des bedingten Erwartungswertes $E(\mathbf{y}|\mathbf{X}) = \mathbf{X}\boldsymbol{\beta}$ und eine Schätzung für die Fehlervarianz σ^2. Wir wählen eine in $\mathbf{y}$ lineare Schätzfunktion $\hat{\boldsymbol{\beta}}$, verwenden also den Ansatz

$$\hat{\boldsymbol{\beta}} = \underset{K \times T}{\mathbf{C}} \ \mathbf{y} + \underset{K \times 1}{\mathbf{d}} \ . \tag{3.57}$$

$\mathbf{C}$ und $\mathbf{d}$ sind nichtstochastische Matrizen, die durch Minimierung geeignet gewählter Risikofunktionen optimal zu bestimmen sind.

Definition 3.1 $\hat{\boldsymbol{\beta}}$ *heißt ein homogener Schätzer von* $\boldsymbol{\beta}$, *falls* $\mathbf{d} = \mathbf{0}$; *anderenfalls heißt* $\hat{\boldsymbol{\beta}}$ *inhomogen.*

In der deskriptiven Regressionsanalyse haben wir die Güte der Anpassung des Modells an die Datenmatrix $(\mathbf{y}, \mathbf{X})$ durch die Fehlerquadratsumme $S(\boldsymbol{\beta})$ gemessen. In Analogie dazu definieren wir für die Zufallsvariable $\hat{\boldsymbol{\beta}}$ die quadratische Verlustfunktion

$$L(\hat{\boldsymbol{\beta}}, \boldsymbol{\beta}, \mathbf{A}) = (\hat{\boldsymbol{\beta}} - \boldsymbol{\beta})'\mathbf{A}(\hat{\boldsymbol{\beta}} - \boldsymbol{\beta}), \tag{3.58}$$

wobei $\mathbf{A}$ eine symmetrische $K \times K$-Matrix ist, die wir als (mindestens) nichtnegativ definit voraussetzen.

Vereinbarung: Wir benutzen gemäß A 36 - A 38 die Schreibweise $\mathbf{A} \geq 0$ ($\mathbf{A}$ nichtnegativ definit) bzw. $\mathbf{A} > 0$ ($\mathbf{A}$ positiv definit).

Der Verlust (3.58) ist stichprobenabhängig. Für Optimalitätsaussagen von Schätzern ist es deshalb sinnvoll, den erwarteten Verlust zu betrachten, den wir als Risiko bezeichnen.

Definition 3.2 *Die quadratische Risikofunktion einer Schätzung* $\hat{\boldsymbol{\beta}}$ *von* $\boldsymbol{\beta}$ *ist definiert als*

$$R(\hat{\boldsymbol{\beta}}, \boldsymbol{\beta}, \mathbf{A}) = E(\hat{\boldsymbol{\beta}} - \boldsymbol{\beta})'\mathbf{A}(\hat{\boldsymbol{\beta}} - \boldsymbol{\beta}). \tag{3.59}$$

Unser Ziel ist die Ableitung von Schätzungen $\hat{\boldsymbol{\beta}}$, die die quadratische Risikofunktion über einer Klasse zugelassener Schätzfunktionen minimieren. Dazu benötigen wir folgendes Vergleichskriterium:

Definition 3.3 : $R(\mathbf{A})$**-Superiorität**

Ein Schätzer $\hat{\boldsymbol{\beta}}_2$ *von* $\boldsymbol{\beta}$ *heißt* $R(\mathbf{A})$-*superior oder* $R(\mathbf{A})$-*besser als ein anderer Schätzer* $\hat{\boldsymbol{\beta}}_1$ *von* $\boldsymbol{\beta}$, *falls*

$$R(\hat{\boldsymbol{\beta}}_1, \boldsymbol{\beta}, \mathbf{A}) - R(\hat{\boldsymbol{\beta}}_2, \boldsymbol{\beta}, \mathbf{A}) \geq 0. \tag{3.60}$$

3.4.2 Mean-Square-Error

Das quadratische Risiko steht in einem engen Zusammenhang zu einem matrixwertigen Gütemaß, dem mittleren quadratischen Fehler (Mean-Square-Error,
abgekürzt MSE) einer Schätzung. Der MSE ist definiert als

$$\mathbf{M}(\hat{\beta}, \beta) = E(\hat{\beta} - \beta)(\hat{\beta} - \beta)'. \tag{3.61}$$

Wir bezeichnen die Kovarianzmatrix einer Schätzung $\hat{\beta}$ mit $\mathbf{V}(\hat{\beta})$:

$$V(\hat{\beta}) = E(\hat{\beta} - E(\hat{\beta}))(\hat{\beta} - E(\hat{\beta}))'. \tag{3.62}$$

Falls $E(\hat{\beta}) = \beta$ gilt, heißt die Schätzung $\hat{\beta}$ erwartungstreu (für β). Im Fall
$E(\hat{\beta}) \neq \beta$ heißt $\hat{\beta}$ nichterwartungstreu oder verzerrt (biased). Die Differenz
aus $E(\hat{\beta})$ und dem zu schätzenden Parameter bezeichnen wir mit

$$\text{Bias}(\hat{\beta}, \beta) = E(\hat{\beta}) - \beta. \tag{3.63}$$

Für erwartungstreue Schätzungen gilt also $\text{Bias}(\hat{\beta}, \beta) = \mathbf{0}$.
Damit gilt die bekannte Zerlegung

$$\mathbf{M}(\hat{\beta}, \beta) \;\; = E[(\hat{\beta} - E(\hat{\beta})) + (E(\hat{\beta}) - \beta)][(\hat{\beta} - E(\hat{\beta})) + (E(\hat{\beta}) - \beta)]'$$

$$= \mathbf{V}(\hat{\beta}) + (\text{Bias}(\hat{\beta}, \beta))(\text{Bias}(\hat{\beta}, \beta))',$$

$$\tag{3.64}$$

d.h. der Mean-Square-Error einer Schätzung ist die Summe aus Varianz und
(Bias)^2 (hier in Matrixform).

MSE-Superiorität

Analog zu (3.60) können wir den Gütevergleich zweier Schätzungen über ihre
MSE-Matrizen definieren.

Definition 3.4 : MSE-I-Kriterium

*Seien zwei Schätzungen $\hat{\beta}_1$ und $\hat{\beta}_2$ von β gegeben. Dann heißt $\hat{\beta}_2$ MSE-superior
gegenüber $\hat{\beta}_1$ (oder $\hat{\beta}_2$ heißt MSE-besser als $\hat{\beta}_1$), falls die Differenz der MSE-
Matrizen nichtnegativ definit ist, d.h. falls*

$$\mathbf{\Delta}(\hat{\beta}_1, \hat{\beta}_2) = \mathbf{M}(\hat{\beta}_1, \beta) - \mathbf{M}(\hat{\beta}_2, \beta) \geq 0 \tag{3.65}$$

gilt.

Die MSE-Superiorität ist eine lokale Eigenschaft in dem Sinne, daß sie von
lokalen Parametern – wie von β selbst – abhängen kann.
Unter Verwendung der Mean-Square-Error-Matrix (3.64) läßt sich die skalare
Risikofunktion (3.59) wie folgt darstellen:

$$R(\hat{\beta}, \beta, \mathbf{A}) = \text{sp}\{\mathbf{A}\mathbf{M}(\hat{\beta}, \beta)\}. \tag{3.66}$$

Damit können wir folgende Verknüpfung zwischen $R(\mathbf{A})$- und MSE–
Superiorität herstellen.

Satz 3.6 *(Theobald, 1974)*

Es seien zwei Schätzungen $\hat{\beta}_1$ und $\hat{\beta}_2$ von β gegeben.
Dann sind die beiden folgenden Relationen zwischen $\hat{\beta}_1$ und $\hat{\beta}_2$ äquivalent:

$$\Delta(\hat{\beta}_1,\hat{\beta}_2) \geq 0, \qquad (3.67)$$

$$R(\hat{\beta}_1,\beta,\mathbf{A}) - R(\hat{\beta}_2,\beta,\mathbf{A}) = sp\{\mathbf{A}\Delta(\hat{\beta}_1,\hat{\beta}_2)\} \geq 0 \qquad (3.68)$$

für alle symmetrischen Matrizen $\mathbf{A}$ vom Rang 1 .

Beweis. Mit (3.65) und (3.66) erhalten wir

$$R(\hat{\beta}_1,\beta,\mathbf{A}) - R(\hat{\beta}_2,\beta,\mathbf{A}) = sp\{\mathbf{A}\Delta(\hat{\beta}_1,\hat{\beta}_2)\}. \qquad (3.69)$$

Nach Satz A 43 gilt $sp\{\mathbf{A}\Delta(\hat{\beta}_1,\hat{\beta}_2)\} \geq 0$ für alle Matrizen $\mathbf{A} \geq 0$ genau dann, wenn $\Delta(\hat{\beta}_1,\hat{\beta}_2) \geq 0$.

3.4.3 Beste lineare erwartungstreue Schätzung

Wir wollen nun gemäß unserem linearen Ansatz (3.57) des Schätzers $\hat{\beta} = \mathbf{C}\mathbf{y} + \mathbf{d}$ die Matrix $\mathbf{C}$ und den Vektor $\mathbf{d}$ durch Minimierung des Erwartungswertes der Fehlerquadratsumme $S(\hat{\beta})$, also der Risikofunktion

$$r(\hat{\beta},\beta) = E(\mathbf{y} - \mathbf{X}\hat{\beta})'(\mathbf{y} - \mathbf{X}\hat{\beta}) \qquad (3.70)$$

optimal bestimmen.

Direkte Berechnung führt zu folgendem Ergebnis:

$$\begin{aligned}
\mathbf{y} - \mathbf{X}\hat{\beta} &= \mathbf{X}\beta + \epsilon - \mathbf{X}\hat{\beta} \\
&= \epsilon - \mathbf{X}(\hat{\beta} - \beta),
\end{aligned} \qquad (3.71)$$

$$\begin{aligned}
r(\hat{\beta},\beta) &= spE(\epsilon - \mathbf{X}(\hat{\beta} - \beta))(\epsilon - \mathbf{X}(\hat{\beta} - \beta))' \\
&= sp\{\sigma^2\mathbf{I}_T + \mathbf{X}M(\hat{\beta},\beta)\mathbf{X}' - 2\mathbf{X}E[(\hat{\beta} - \beta)\epsilon']\} \\
&= \sigma^2\mathbf{T} + sp\{\mathbf{X}'\mathbf{X}M(\hat{\beta},\beta)\} - 2sp\{\mathbf{X}E[\hat{\beta} - \beta)\epsilon']\}. \quad (3.72)
\end{aligned}$$

Wir werden die Risikofunktion $r(\hat{\beta},\beta)$ nun für lineare Schätzer spezifizieren. Dabei beschränken wir uns auf lineare *erwartungstreue* Schätzer.

Wir fordern die Erwartungstreue von $\hat{\beta}$, d.h. $E(\hat{\beta}|\beta) = \beta$ soll immer erfüllt sein, wie auch das wahre β im Modell (3.51) sein möge. Da β unbekannt ist, muß $\hat{\beta}$ dieser Forderung für alle im Modell möglichen β (im allgemeinen gilt $-\infty < \beta_k < \infty$ für $k = 1,\ldots,K$) genügen. Die Erwartungstreue fordert also

$$\begin{aligned}
E(\hat{\beta}|\beta) &= \mathbf{C}E(\mathbf{y}) + \mathbf{d} \\
&= \mathbf{C}\mathbf{X}\beta + \mathbf{d} = \beta \quad \text{für alle } \beta.
\end{aligned} \qquad (3.73)$$

Wählt man speziell $\beta = \mathbf{0}$, so folgt sofort

$$\mathbf{d} = \mathbf{0} \tag{3.74}$$

und die zu (3.73) äquivalente Bedingung lautet

$$\mathbf{CX} = \mathbf{I}. \tag{3.75}$$

Eingesetzt in (3.71) ergibt sich

$$\begin{aligned} \mathbf{y} - \mathbf{X}\widehat{\beta} &= \mathbf{X}\beta + \epsilon - \mathbf{XCX}\beta - \mathbf{XC}\epsilon \\ &= \epsilon - \mathbf{XC}\epsilon, \end{aligned} \tag{3.76}$$

und (vgl. (3.72))

$$\begin{aligned} \mathrm{sp}\{\mathbf{X}E[(\widehat{\beta} - \beta)\epsilon']\} &= \mathrm{sp}\{\mathbf{X}E(\mathbf{C}\epsilon\epsilon')\} \\ &= \sigma^2 \mathrm{sp}\{\mathbf{XC}\} \\ &= \sigma^2 \mathrm{sp}\{\mathbf{CX}\} = \sigma^2 \mathrm{sp}\{\mathbf{I}_K\} = \sigma^2 K. \end{aligned} \tag{3.77}$$

Daraus folgt sofort

Satz 3.7 *Für lineare erwartungstreue Schätzungen* $\widehat{\beta} = \mathbf{Cy}$ *gilt* $\mathbf{M}(\widehat{\beta}, \beta) = \mathbf{V}(\widehat{\beta}) = \sigma^2 \mathbf{CC}'$ *und*

$$r(\widehat{\beta}, \beta) = sp\{(\mathbf{X}'\mathbf{X})\mathbf{V}(\widehat{\beta})\} + \sigma^2(T - 2K). \tag{3.78}$$

Für die Risikofunktionen $r(\widehat{\beta}, \beta)$ und $R(\widehat{\beta}, \beta, \mathbf{X}'\mathbf{X})$ gilt folgende Beziehung.

Satz 3.8 *Es seien zwei lineare erwartungstreue Schätzer* $\widehat{\beta}_1$ *und* $\widehat{\beta}_2$ *gegeben. Dann gilt*

$$\begin{aligned} r(\widehat{\beta}_1, \beta) - r(\widehat{\beta}_2, \beta) &= sp\{(\mathbf{X}'\mathbf{X})\Delta(\widehat{\beta}_1, \widehat{\beta}_2)\} \\ &= R(\widehat{\beta}_1, \beta, \mathbf{X}'\mathbf{X}) - R(\widehat{\beta}_2, \beta, \mathbf{X}'\mathbf{X}), \end{aligned} \tag{3.79}$$

wobei sich $\Delta(\widehat{\beta}_1, \widehat{\beta}_2) = \mathbf{V}(\widehat{\beta}_1) - \mathbf{V}(\widehat{\beta}_2)$ *auf die Differenz der Kovarianzmatrizen reduziert.*

Unter Verwendung von Satz 3.7 erhalten wir also mit $\mathbf{CX} = \mathbf{I}$

$$\begin{aligned} r(\widehat{\beta}, \beta) &= \sigma^2(T - 2K) + \mathrm{sp}\{\mathbf{X}'\mathbf{X}\mathbf{V}(\widehat{\beta})\} \\ &= \sigma^2(T - 2K) + \sigma^2 \mathrm{sp}\{\mathbf{X}'\mathbf{XCC}'\}. \end{aligned}$$

Diese Funktion ist unter der Nebenbedingung ($\mathbf{e}_i$: Einheitsvektor; vgl. A 8)

$$\mathbf{CX} = \begin{pmatrix} \mathbf{c}'_1 \\ \vdots \\ \mathbf{c}'_K \end{pmatrix} \mathbf{X} = \begin{pmatrix} \mathbf{e}'_1 \\ \vdots \\ \mathbf{e}'_K \end{pmatrix} = \mathbf{I}_K$$

bezüglich der Matrix $\mathbf{C}$ zu minimieren:

$$\min_{\mathbf{C}}[\{\mathrm{sp}\{\mathbf{XCC}'\mathbf{X}'\} \mid \mathbf{CX} - \mathbf{I} = \mathbf{0}].$$

Unter Verwendung von Lagrange-Multiplikatoren läßt sich dieses Problem
äquivalent darstellen als

$$\min_{\mathbf{C};\boldsymbol{\lambda}_i}[\mathrm{sp}\{\mathbf{XCC'X'}\} - 2\sum_{i=1}^{K}\boldsymbol{\lambda}_i'(\mathbf{c}_i'\mathbf{X} - \mathbf{e}_i')'].\tag{3.80}$$

Dabei sind die $\boldsymbol{\lambda}_i$ $K \times 1$-Vektoren aus Lagrange-Multiplikatoren, die man zu
einer Matrix zusammenfassen kann:

$$\underset{K \times K}{\boldsymbol{\Lambda}} = \begin{pmatrix} \boldsymbol{\lambda}_1' \\ \vdots \\ \boldsymbol{\lambda}_K' \end{pmatrix}.\tag{3.81}$$

Differentiation von (3.80) nach $\mathbf{C}$ und $\boldsymbol{\Lambda}$ ergibt (Sätze A 91 bis A 95) die
Normalgleichungen

$$\mathbf{X'XC} - \boldsymbol{\Lambda}\mathbf{X'} = \mathbf{0},\tag{3.82}$$

$$\mathbf{CX} - \mathbf{I} = \mathbf{0}.\tag{3.83}$$

Die Matrix $\mathbf{X'X}$ ist wegen Rang $(\mathbf{X}) = K$ regulär. Linksmultiplikation von
(3.82) mit $(\mathbf{X'X})^{-1}$ führt zu

$$\mathbf{C} = (\mathbf{X'X})^{-1}\boldsymbol{\Lambda}\mathbf{X'},$$

woraus mit (3.83)

$$\mathbf{CX} = (\mathbf{X'X})^{-1}\boldsymbol{\Lambda}(\mathbf{X'X}) = \mathbf{I},$$

also

$$\hat{\boldsymbol{\Lambda}} = \mathbf{I}$$

und damit die optimale Matrix

$$\hat{\mathbf{C}} = (\mathbf{X'X})^{-1}\mathbf{X'}$$

folgt.

Daraus erhalten wir entsprechend unserem Ansatz die Schätzung

$$\widehat{\boldsymbol{\beta}_{opt}} = \hat{\mathbf{C}}\mathbf{y} = (\mathbf{X'X})^{-1}\mathbf{X'y},\tag{3.84}$$

die mit der empirischen KQ-Schätzung $\mathbf{b}$ übereinstimmt. Die Schätzung $\mathbf{b}$ ist
erwartungstreu (Bedingung (3.75)):

$$\hat{\mathbf{C}}\mathbf{X} = (\mathbf{X'X})^{-1}\mathbf{X'X} = \mathbf{I}\tag{3.85}$$

und besitzt die $K \times K$-Kovarianzmatrix

$$\begin{aligned}
\mathbf{V}(b) = \mathbf{V}_b &= E(\mathbf{b} - \boldsymbol{\beta})(\mathbf{b} - \boldsymbol{\beta})' \\
&= E\{(\mathbf{X'X})^{-1}\mathbf{X'}\boldsymbol{\epsilon}\boldsymbol{\epsilon}'\mathbf{X}(\mathbf{X'X})^{-1}\} \\
&= \sigma^2(\mathbf{X'X})^{-1}.
\end{aligned}\tag{3.86}$$

Der wesentliche Grund für die Bevorzugung der KQ-Schätzung **b** gegenüber allen anderen linearen erwartungstreuen Schätzungen liegt in einer Minimumeigenschaft der Kovarianzmatrix $\mathbf{V_b}$, nach der **b** unter allen linearen erwartungstreuen Schätzungen $\tilde{\beta}$ die kleinste Varianz in folgendem Sinne besitzt.

Satz 3.9 *Es sei $\tilde{\beta}$ eine beliebige lineare erwartungstreue Schätzung von β mit der Kovarianzmatrix $\mathbf{V}_{\tilde{\beta}}$ und **a** ein beliebiger $K \times 1$-Vektor.*
Dann gelten folgende äquivalente Beziehungen:

a) *Die Differenz $\mathbf{V}_{\tilde{\beta}} - \mathbf{V_b}$ ist stets eine nichtnegativ definite Matrix.*

b) *Die Varianz der Linearform $\mathbf{a'b}$ ist niemals größer als die Varianz der Linearform $\mathbf{a'}\tilde{\beta}$:*

$$\mathbf{a'V_b a} \le \mathbf{a'V}_{\tilde{\beta}}\mathbf{a} \quad oder \quad \mathbf{a'(V}_{\tilde{\beta}} - \mathbf{V_b)a} \ge 0. \tag{3.87}$$

Beweis. Die Äquivalenz der beiden Formulierungen folgt aus der Definition der Definitheit. Wir beweisen hier a).
Es sei $\tilde{\beta} = \tilde{\mathbf{C}}\mathbf{y}$ eine beliebige erwartungstreue Schätzung. O.B.d.A. setzen wir

$$\tilde{\mathbf{C}} = \hat{\mathbf{C}} + \mathbf{D} = (\mathbf{X'X})^{-1}\mathbf{X'} + \mathbf{D}.$$

Die Erwartungstreue von $\tilde{\beta}$ erfordert die Erfüllung von (3.75):

$$\tilde{\mathbf{C}}\mathbf{X} = \hat{\mathbf{C}}\mathbf{X} + \mathbf{DX} = \mathbf{I},$$

woraus wegen (3.85) notwendig

$$\mathbf{DX} = 0$$

folgt. Damit wird die Kovarianzmatrix von $\tilde{\beta}$

$$\begin{aligned}
\mathbf{V}_{\tilde{\beta}} &= E(\tilde{\mathbf{C}}\mathbf{y} - \beta)(\tilde{\mathbf{C}}\mathbf{y} - \beta)' \\
&= E(\tilde{\mathbf{C}}\epsilon)(\epsilon'\tilde{\mathbf{C}}') \\
&= \sigma^2[(\mathbf{X'X})^{-1}\mathbf{X'} + \mathbf{D}][\mathbf{X}(\mathbf{X'X})^{-1} + \mathbf{D}'] \\
&= \sigma^2[(\mathbf{X'X})^{-1} + \mathbf{DD}'] \\
&= \mathbf{V_b} + \sigma^2\mathbf{DD}'.
\end{aligned}$$

Die Matrix $\sigma^2\mathbf{DD}'$ ist nach Satz A 41 (v) nichtnegativ definit, also ist a) bewiesen.

Korollar zu Satz 3.9. *Sei $\mathbf{V}_{\tilde{\beta}} - \mathbf{V_b} \ge 0$. Mit $Var(b_k)$ bzw. $Var(\tilde{\beta}_k)$ bezeichnen wir die Hauptdiagonalelemente von $\mathbf{V_b}$ bzw. $\mathbf{V}_{\tilde{\beta}}$. Dann gilt für die Komponenten der beiden Vektoren $\tilde{\beta}$ und **b***

$$Var(\tilde{\beta}_i) - Var(b_i) \ge 0 \quad (i = 1, \ldots K). \tag{3.88}$$

Beweis: Aus $\mathbf{V}_{\tilde{\beta}} - \mathbf{V}_\mathbf{b} \geq 0$ folgt $\mathbf{a}'(\mathbf{V}_{\tilde{\beta}} - \mathbf{V}_\mathbf{b})\mathbf{a} \geq 0$ für beliebige Vektoren $\mathbf{a}$, also speziell für die Vektoren $\mathbf{e}_i' = (0 \dots 010 \dots)$ mit 1 an der i-ten Stelle. Sei $\mathbf{A}$ eine beliebige symmetrische Matrix, so ist $\mathbf{e}_i'\mathbf{A}\mathbf{e}_i = a_{ii}$. Das i-te Diagonalelement von $\mathbf{V}_{\tilde{\beta}} - \mathbf{V}_\mathbf{b}$ ist aber gerade der Ausdruck (3.88).

Diese Minimumeigenschaft von $\mathbf{b}$ wird in der Literatur auch häufig in Gestalt des fundamentalen GAUSS-MARKOV-Theorems formuliert.

Satz 3.10 GAUSS-MARKOV-Theorem. *Im klassischen linearen Regressionsmodell (3.51) ist die KQ-Schätzung*

$$\mathbf{b}_0 = (\mathbf{X}'\mathbf{X})^{-1}\mathbf{X}'\mathbf{y} \tag{3.89}$$

mit der Kovarianzmatrix

$$\mathbf{V}_{b_0} = \sigma^2(\mathbf{X}'\mathbf{X})^{-1} \tag{3.90}$$

die im Sinne von Satz 3.9 beste (homogene) lineare erwartungstreue Schätzung von β. (Man bezeichnet $\mathbf{b}_0$ auch mit GAUSS-MARKOV-(GM)-Schätzung.)

Schätzung einer linearen Funktion von β

Als Ausgangspunkt für spätere Untersuchungen zur Schätzung linearer Kontraste betrachten wir zunächst die Schätzung einer linearen Funktion

$$d = \mathbf{a}'\beta, \tag{3.91}$$

wobei $\mathbf{a}$ ein fester $K \times 1$-Vektor sei. Beschränken wir uns auf lineare homogene Schätzungen $\tilde{d} = \mathbf{c}'\mathbf{y}$, so gilt

Satz 3.11 *Im klassischen linearen Regressionsmodell (3.51) ist*

$$\widehat{d} = \mathbf{a}'\mathbf{b}_0 \tag{3.92}$$

mit der Varianz

$$Var(\widehat{d}) = \sigma^2\mathbf{a}'(\mathbf{X}'\mathbf{X})^{-1}\mathbf{a} = \mathbf{a}'\mathbf{V}_{b_0}\mathbf{a} \tag{3.93}$$

die beste lineare erwartungstreue Schätzung der Linearform $d = \mathbf{a}'\beta$.

Beweis. Es sei $\tilde{d} = \mathbf{c}'\mathbf{y}$ eine beliebige erwartungstreue Schätzung von d, wobei $\mathbf{c}$ ein $T \times 1$-Vektor ist. O.B.d.A. setzen wir

$$\mathbf{c}' = \mathbf{a}'(\mathbf{X}'\mathbf{X})^{-1}\mathbf{X}' + \tilde{\mathbf{c}}'.$$

Die Erwartungstreue von $\tilde{d}$ erfordert

$$\mathbf{c}'\mathbf{X} = \mathbf{a}',$$

also

$$\mathbf{a}'(\mathbf{X}'\mathbf{X})^{-1}\mathbf{X}'\mathbf{X} + \tilde{\mathbf{c}}'\mathbf{X} = \mathbf{a}'$$

und damit

$$\tilde{\mathbf{c}}'\mathbf{X} = \mathbf{0}. \tag{3.94}$$

Wir erhalten dann unter Beachtung von (3.94)

$$\begin{aligned}
\tilde{d} - d &= \mathbf{a}'\boldsymbol{\beta} + \mathbf{a}'(\mathbf{X}'\mathbf{X})^{-1}\mathbf{X}'\boldsymbol{\epsilon} + \tilde{\mathbf{c}}'\boldsymbol{\epsilon} - \mathbf{a}'\boldsymbol{\beta} \\
&= \mathbf{a}'(\mathbf{X}'\mathbf{X})^{-1}\mathbf{X}'\boldsymbol{\epsilon} + \tilde{\mathbf{c}}'\boldsymbol{\epsilon} = \mathbf{c}'\boldsymbol{\epsilon}
\end{aligned}$$

und damit die Varianz von $\tilde{d}$ als

$$\begin{aligned}
Var(\tilde{d}) &= E(\tilde{d} - d)^2 = \mathbf{c}'E(\boldsymbol{\epsilon}\boldsymbol{\epsilon})'\mathbf{c} = \sigma^2\mathbf{c}'\mathbf{c} \\
&= \sigma^2[\mathbf{a}'(\mathbf{X}'\mathbf{X})^{-1}\mathbf{X}' + \tilde{\mathbf{c}}'][\mathbf{X}(\mathbf{X}'\mathbf{X})^{-1}\mathbf{a} + \tilde{\mathbf{c}}] \\
&= \mathbf{a}'\mathbf{V}_{b_0}\mathbf{a} + \sigma^2\tilde{\mathbf{c}}'\tilde{\mathbf{c}}.
\end{aligned}$$

Da $\tilde{\mathbf{c}}'\tilde{\mathbf{c}} \geq 0$ ist, wird die Varianz von $\tilde{d}$ für $\tilde{\mathbf{c}} = 0$ minimiert. Die Schätzung $\mathbf{c}'\mathbf{y} = \mathbf{a}'(\mathbf{X}'\mathbf{X})^{-1}\mathbf{X}'\mathbf{y} = \mathbf{a}'\mathbf{b}_0$ ist also die beste Schätzung unter allen linearen erwartungstreuen Schätzungen im Sinne einer minimalen Varianz.

3.4.4 Schätzung von σ^2

Die Quadratsumme $\hat{\boldsymbol{\epsilon}}'\hat{\boldsymbol{\epsilon}}$ der geschätzten Fehler $\hat{\boldsymbol{\epsilon}} = \mathbf{y} - \hat{\mathbf{y}}$ bietet sich als Grundlage für eine Schätzung von σ^2 in natürlicher Weise an. Ausführlich geschrieben erhalten wir

$$\begin{aligned}
\hat{\boldsymbol{\epsilon}} &= \mathbf{y} - \hat{\mathbf{y}} = \mathbf{X}\boldsymbol{\beta} + \boldsymbol{\epsilon} - \mathbf{X}\mathbf{b}_0 \\
&= \boldsymbol{\epsilon} - \mathbf{X}(\mathbf{X}'\mathbf{X})^{-1}\mathbf{X}'\boldsymbol{\epsilon} \\
&= (\mathbf{I} - \mathbf{X}(\mathbf{X}'\mathbf{X})^{-1}\mathbf{X}')\boldsymbol{\epsilon} \\
&= \mathbf{M}\boldsymbol{\epsilon}. \tag{3.95}
\end{aligned}$$

Die Matrix $\mathbf{M}$ ist nach Satz A 61 idempotent. Damit besitzt die Fehlerquadratsumme

$$\hat{\boldsymbol{\epsilon}}'\hat{\boldsymbol{\epsilon}} = \boldsymbol{\epsilon}'\mathbf{M}\mathbf{M}\boldsymbol{\epsilon} = \boldsymbol{\epsilon}'\mathbf{M}\boldsymbol{\epsilon}$$

den Erwartungswert

$$\begin{aligned}
E(\hat{\boldsymbol{\epsilon}}'\hat{\boldsymbol{\epsilon}}) &= E(\boldsymbol{\epsilon}'\mathbf{M}\boldsymbol{\epsilon}) \\
&= E(\mathrm{sp}\{\boldsymbol{\epsilon}'\mathbf{M}\boldsymbol{\epsilon}\}) \quad [\text{Satz A 13 (vi)}] \\
&= E\mathrm{sp}\{\mathbf{M}\boldsymbol{\epsilon}\boldsymbol{\epsilon}'\} \\
&= \mathrm{sp}\{\mathbf{M}E(\boldsymbol{\epsilon}\boldsymbol{\epsilon}')\} \\
&= \sigma^2\mathrm{sp}\{\mathbf{M}\} \\
&= \sigma^2\mathrm{sp}\{\mathbf{I}\} - \sigma^2\mathrm{sp}\{\mathbf{X}(\mathbf{X}'\mathbf{X})^{-1}\mathbf{X}'\} \quad [\text{Satz A 13 (i)}]
\end{aligned}$$

$$\begin{aligned}
&= \sigma^2 \mathrm{sp}\{\mathbf{I}\} - \sigma^2 \mathrm{sp}\{(\mathbf{X}'\mathbf{X})^{-1}\mathbf{X}'\mathbf{X}\} \\
&= \sigma^2 \mathrm{sp}\{\mathbf{I}_T\} - \sigma^2 \mathrm{sp}\{\mathbf{I}_K\} \\
&= \sigma^2 (T - K).
\end{aligned} \tag{3.96}$$

Hieraus erhalten wir die erwartungstreue Schätzung für σ^2

$$s^2 = \hat{\boldsymbol{\epsilon}}'\hat{\boldsymbol{\epsilon}}(T-K)^{-1} = (\mathbf{y} - \mathbf{X}\mathbf{b}_0)'(\mathbf{y} - \mathbf{X}\mathbf{b}_0)(T-K)^{-1} \tag{3.97}$$

und damit als erwartungstreue Schätzung für $\mathbf{V}_{b_0}$

$$\widehat{\mathbf{V}_{b_0}} = s^2(\mathbf{X}'\mathbf{X})^{-1}. \tag{3.98}$$

Der Fall K = 2 (univariate Regression)

Wir haben bisher im multiplen Modell ganz allgemein von K Regressoren $\mathbf{X}_1, \ldots, \mathbf{X}_K$ gesprochen, ohne gesondert zu erwähnen, daß in den meisten Modellen der Praxis ein Regressor, etwa $\mathbf{X}_1$, eine konstante Scheinvariable $X_{t1} \equiv 1$ $(t = 1, \ldots, T)$ sein wird, die ein Absolutglied β_1 in das Modell einführt. Die bisherigen Ausführungen schließen diesen Fall mit ein; wir wollen ihn hier nicht gesondert abhandeln.

Wird Y nur von einem echten Regressor X beeinflußt, so hat das Modell die Gestalt

$$y_t = \alpha + \beta x_t + \epsilon_t \quad (t = 1, \ldots, T). \tag{3.99}$$

Wir transformieren die Beobachtungswerte (x_t, y_t) so, daß die transformierten Werte $(\tilde{x}_t, \tilde{y}_t)$ die Abweichungen von den Beobachtungsmittelwerten $(\bar{y}_t, \bar{x}_t)$ darstellen:

$$\tilde{y}_t = y_t - \bar{y}, \qquad \tilde{x}_t = x_t - \bar{x}. \tag{3.100}$$

Wegen

$$E(\tilde{y}_t | x_1, \ldots, x_T) = \alpha + \beta x_t - (\alpha + \beta\bar{x}) = \beta\tilde{x}_t$$

ergibt sich dann für die transformierten Variablen $(\tilde{y}, \tilde{x})$ das homogene Regressionsmodell mit demselben Parameter β wie im inhomogenen Modell (3.99)

$$\tilde{y}_t = \beta\tilde{x}_t + \tilde{\epsilon}_t \quad (t = 1, \ldots, T). \tag{3.101}$$

Unter der Annahme $\bar{\epsilon} = 1/T \sum \epsilon_t = 0$ gilt $\tilde{\epsilon}_t = \epsilon_t$ für alle t. Die KQ-Schätzung von β bzw. die erwartungstreue Schätzung von σ^2 erhält man aus (3.84) bzw. (3.97) als

$$b = \frac{\sum \tilde{x}_t \tilde{y}_t}{\sum \tilde{x}_t^2} \quad \text{mit } \mathrm{var}(b) = \frac{\sigma^2}{\sum \tilde{x}_t^2}, \tag{3.102}$$

$$s^2 = (T-2)^{-1} \sum (\tilde{y}_t - \tilde{x}_t b)^2. \tag{3.103}$$

Durch Rücktransformation erhält man die KQ-Schätzung für α als

$$\hat{\alpha} = \bar{y} - b\bar{x}. \tag{3.104}$$

3.5 Multikollinearität

3.5.1 Extreme Multikollinearität und Schätzbarkeit

In der Praxis steht man häufig vor dem Problem einer hohen Korrelation zwischen den exogenen Variablen X_k, die zu einer Degenerierung der Regressorenmatrix $\mathbf{X}$ führen kann. Die Skala der Komplikationen reicht von der exakten linearen Abhängigkeit zwischen zwei oder mehr Spalten x_k von $\mathbf{X}$ (extreme Multikollinearität) bis zur stochastischen Abhängigkeit eines Regressors von den anderen Regressoren. Im ersten Fall ist wegen Rang $(\mathbf{X}) < K$ der Modellansatz (3.51) verletzt. Dies hat zur Folge, daß keine erwartungstreuen linearen Schätzungen $\hat{\beta} = \mathbf{C}y + \mathbf{d}$ für den Parameter β existieren.

Die Bedingung der Erwartungstreue war äquivalent mit $\mathbf{d} = \mathbf{0}$ und $\mathbf{CX} = \mathbf{I}$ [vgl. (3.75)]. Wenn die Matrix $\mathbf{X}$ einen Rang $p < K$ besitzt, kann das Produkt $\mathbf{CX}$ nach Satz A 23 (iv) höchstens vom Rang p sein, während die Einheitsmatrix $\mathbf{I}_K$ vom Rang K ist. Somit ist die Bedingung (3.75) nicht erfüllbar.

Diesen Sachverhalt können wir auch alternativ unter Verwendung des Korollars zu Satz 3.1 beweisen.

Die Bedingung der Erwartungstreue ist eine Bedingung an die Matrix C. Nach dem Korollar zu Satz 3.1 ist

$$\mathbf{CX} = \mathbf{I}$$

nach C lösbar genau dann, wenn (3.17) gilt, also $\mathbf{X}^-\mathbf{X} = \mathbf{I}_K$. Nun gilt (Satz A 65 (ii)) Rang $(\mathbf{X}^-\mathbf{X}) = $ Rang $(\mathbf{X}) = p < K$. Andererseits ist Rang $(\mathbf{I}_K) = K$. Damit ist $\mathbf{X}^-\mathbf{X} = \mathbf{I}_K$ nicht erfüllbar, die Gleichung $\mathbf{CX} = \mathbf{I}$ also nicht lösbar. Wegen der aus Rang $(\mathbf{X}) < K$ folgenden Singularität von $(\mathbf{X}'\mathbf{X})$ sind die Lösungen der Normalgleichung (3.10) nicht mehr eindeutig bestimmt. Die KQ-Schätzungen $\mathbf{b}$ sind zwar nach wie vor lineare Funktionen von $\mathbf{y}$, jedoch aus den oben dargelegten Gründen nicht erwartungstreu. Man sagt, der *Parametervektor β sei nicht schätzbar in dem Sinne, daß für ihn keine lineare erwartungstreue Schätzung existiert.*

Die extreme Multikollinearität hat noch einen zweiten Aspekt. Es sei o.B.d.A. x_1 eine Linearkombination aller übrigen Spalten:

$$\mathbf{x}_1 = \sum_{k=2}^{K} \alpha_k \mathbf{x}_k.$$

Dann gilt für einen beliebigen Skalar $\lambda \neq 0$ die Zerlegung

$$
\begin{aligned}
\mathbf{X}\beta &= \sum_{k=1}^{K} \mathbf{x}_k \beta_k = (1 - \lambda)\beta_1 \mathbf{x}_1 + \sum_{k=2}^{K}(\beta_k + \lambda\alpha_k\beta_1)\mathbf{x}_k \\
&= \tilde{\beta}_1 \mathbf{x}_1 + \sum_{k=2}^{K} \tilde{\beta}_k \mathbf{x}_k = \mathbf{X}\tilde{\beta}
\end{aligned}
\tag{3.105}
$$

mit $\tilde{\beta}_1 = (1 - \lambda)\beta_1, \tilde{\beta}_k = (\beta_k + \lambda\alpha_k\beta_1)(k = 2, \ldots, K)$. Dies bedeutet, daß die Parametervektoren β und $\tilde{\beta}$ mit $\beta \neq \tilde{\beta}$ dieselbe systematische Komponente

$\mathbf{X}\beta = \mathbf{X}\tilde{\beta}$ liefern. Da die Beobachtungen $\mathbf{y}$ nicht direkt, sondern über $\mathbf{X}\beta$ von β abhängen, läßt sich durch die in den Beobachtungen $\mathbf{y}$ enthaltene Information allein nicht zwischen den Parametern β und $\tilde{\beta}$ unterscheiden. Die Regressionskoeffizienten heißen in diesem Fall *nicht identifizierbar*, die Modelle heißen *beobachtungsäquivalent*.

Beispiel 3.1: Wir betrachten das Modell

$$y_t = \alpha + \beta x_t + \epsilon_t \quad (t = 1, \ldots, T). \tag{3.106}$$

Exakte lineare Abhängigkeit der beiden Regressoren $X_1 \equiv 1$ und $X_2 \equiv X$ bedeutet hier, daß $x_1 = \ldots = x_t = a$ (eine reelle Konstante) gilt, so daß wegen $\bar{x} = a$ und $\sum(x_t - \bar{x})^2 = 0$ die Schätzung von b (3.102) nicht gebildet werden kann.

Es sei $\begin{pmatrix} \widehat{\alpha} \\ \widehat{\beta} \end{pmatrix} = \mathbf{C}\mathbf{y}$ eine lineare homogene Schätzung von $(\alpha, \beta)'$. Die Erwartungstreue fordert die Erfüllung von (3.75), also

$$\begin{pmatrix} \sum c_{1t} & a \sum c_{1t} \\ \sum c_{2t} & a \sum c_{2t} \end{pmatrix} = \begin{pmatrix} 1 & 0 \\ 0 & 1 \end{pmatrix}. \tag{3.107}$$

Diese Bedingung ist durch keine Matrix $\mathbf{C}$ und kein reellwertiges $a \neq 0$ zu realisieren; $(\alpha, \beta)'$ ist nicht schätzbar. Wegen $x_t = a \quad \forall t$ wird $\underline{y_t = (\alpha + \beta a) + \epsilon_t}$, so daß α und β nicht separat, sondern nur gemeinsam als $\widehat{(\alpha + \beta a)} = \bar{y}$ zu schätzen und damit nicht separat identifizierbar sind.

3.5.2 Schätzung bei extremer Multikollinearität

Für unser Anliegen ist vorrangig die Verwendung von a-priori-Restriktionen von Interesse. Durch Berücksichtigung von exakten linearen Restriktionen der Form (3.33) mit $\mathbf{r} = \mathbf{0}$, d.h.

$$\mathbf{0} = \mathbf{R}\beta, \tag{3.108}$$

werden dem Parametervektor β a-priori-Beschränkungen im Wertevorrat seiner Komponenten derart auferlegt, daß ein Auftreten verschiedener beobachtungsäquivalenter Parameterwerte $\beta \neq \tilde{\beta}$ ausgeschlossen wird. Erfüllt $\mathbf{R}$ die Voraussetzung des Satzes 3.5, so garantieren die Restriktionen $\mathbf{0} = \mathbf{R}\beta$ die Identifizierbarkeit von β.

Nach Satz 3.5 hat die KQ-Schätzung von β im Fall $\mathbf{r} = \mathbf{0}$ die Gestalt

$$\mathbf{b}(\mathbf{R}, \mathbf{0}) = \mathbf{b}(\mathbf{R}) = (\mathbf{X}'\mathbf{X} + \mathbf{R}'\mathbf{R})^{-1}\mathbf{X}'\mathbf{y}. \tag{3.109}$$

Im klassischen linearen restriktiven Regressionsmodell

$$y = X\beta + \epsilon,$$

$$E(\epsilon) = 0, \quad E(\epsilon\epsilon') = \sigma^2 I,$$

$$X \text{ nichtstochastisch, Rang } (X) = p < K,$$

$$0 = R\beta, \text{Rang } (R) = K - p, \text{Rang } (D) = K$$

$$\tag{3.110}$$

mit $D' = (X', R')$ gilt der folgende zentrale

Satz 3.12 *Im Modell (3.110) ist die bedingte KQ-Schätzung*

$$b(R) = (X'X + R'R)^{-1}X'y = (D'D)^{-1}X'y \tag{3.111}$$

mit der Kovarianzmatrix

$$V_{b(R)} = \sigma^2 (D'D)^{-1}X'X(D'D)^{-1} \tag{3.112}$$

die beste lineare erwartungstreue Schätzung von β .

Definition 3.5 *Eine lineare Schätzung $\hat{\beta}$ heißt erwartungstreu unter der Bedingung $A\beta - a = 0$ (oder bedingt erwartungstreu), wenn*

$$E(\hat{\beta} - \beta | A\beta - a = 0) = 0 \tag{3.113}$$

gilt.

Beweis von Satz 3.12:
a) $b(R)$ ist erwartungstreu:
Mit $R\beta = 0$ gilt auch $R'R\beta = 0$ [Sätze A 72, A73], so daß

$$\begin{aligned}
E(b(R)) &= (X'X + R'R)^{-1}X'X\beta \\
&= (X'X + R'R)^{-1}(X'X + R'R)\beta = \beta
\end{aligned}$$

wird.
$b(R)$ erfüllt die Restriktion:

$$Rb(R) = R(X'X + R'R)^{-1}X'y = 0 \qquad [\text{vgl. } (3.46)].$$

b) Wir erhalten sofort

$$b(R) - \beta = (D'D)^{-1}X'\epsilon$$

und daraus

$$\begin{aligned}
V_{b(R)} &= E\{(D'D)^{-1}X'\epsilon\epsilon'X(D'D)^{-1}\} \\
&= \sigma^2 (D'D)^{-1}X'X(D'D)^{-1}.
\end{aligned}$$

c) Wir beweisen jetzt, daß $b(R)$ die beste lineare bedingt erwartungstreue Schätzung von β unter der Bedingung $0 = R\beta$, d.h. die beste lineare erwartungstreue Schätzung im Modell (3.110) ist. (Einen anderen Weg des Beweises liefert Tan (1971) für multivariate Modelle durch Einbeziehung verallgemeinerter Inversen.) Dazu schreiben wir das Modell (3.110) in der Gestalt

$$\begin{pmatrix} \mathbf{y} \\ \mathbf{0} \end{pmatrix} = \begin{pmatrix} \mathbf{X} \\ \mathbf{R} \end{pmatrix} \beta + \begin{pmatrix} \epsilon \\ \mathbf{0} \end{pmatrix} \tag{3.114}$$

oder in neuen Symbolen $(\tilde{T} = T + K - p)$ als

$$\underset{\tilde{T}\times 1}{\tilde{\mathbf{y}}} = \underset{\tilde{T}\times K}{\mathbf{D}} \quad \underset{K\times 1}{\beta} + \underset{\tilde{T}\times 1}{\tilde{\epsilon}} \ . \tag{3.115}$$

Hierbei ist $E(\tilde{\epsilon}) = \mathbf{0}, \quad E(\tilde{\epsilon}\tilde{\epsilon}') = \mathbf{V} = \begin{pmatrix} \sigma^2\mathbf{I} & \mathbf{0} \\ \mathbf{0} & \mathbf{0} \end{pmatrix}$ und Rang $(\mathbf{D}) = K$, so daß wir ein singuläres Regressionsmodell vorliegen haben. Die Schätzung $\mathbf{b}(\mathbf{R})$ ist linear in $\tilde{\mathbf{y}}$:

$$\begin{aligned} \mathbf{b}(\mathbf{R}) \ &= (\mathbf{D}'\mathbf{D})^{-1}\mathbf{X}'\mathbf{y} = (\mathbf{D}'\mathbf{D})^{-1}(\mathbf{X}'\mathbf{y} + \mathbf{R}'\mathbf{0}) \\ &= (\mathbf{D}'\mathbf{D})^{-1}\mathbf{D}'\tilde{\mathbf{y}} = \mathbf{C}\tilde{\mathbf{y}} \quad (\mathbf{C} \text{ eine } K \times \tilde{T}\text{-Matrix}). \end{aligned} \tag{3.116}$$

Da $\mathbf{b}(\mathbf{R})$ bedingt erwartungstreu ist, gilt

$$\mathbf{CD} = \mathbf{I}. \tag{3.117}$$

Es sei $\tilde{\beta} = \tilde{\mathbf{C}}\tilde{\mathbf{y}} + \mathbf{d}$ eine beliebige erwartungstreue Schätzung von β im Modell (3.114). O.B.d.A. schreiben wir

$$\tilde{\mathbf{C}} = \mathbf{C} + \mathbf{F} \quad \text{mit} \quad \mathbf{F} = (\mathbf{F}_1, \mathbf{F}_2), \tag{3.118}$$

wobei $\mathbf{C} = (\mathbf{D}'\mathbf{D})^{-1}\mathbf{D}'$ die Matrix aus (3.116), $\mathbf{F}_1$ eine $K \times T$- und $\mathbf{F}_2$ eine $K \times (K - p)$-Matrix sind. Die Erwartungstreue von $\tilde{\beta}$ im Modell (3.114) erfordert

$$E\tilde{\beta} = \tilde{\mathbf{C}}\mathbf{D}\beta + \mathbf{d} = \beta \quad \text{für alle } \beta,$$

woraus sofort durch die Wahl $\beta = \mathbf{0}$ ($\mathbf{R}\beta = \mathbf{0}$ durch $\beta = \mathbf{0}$ erfüllt) $\mathbf{d} = \mathbf{0}$ folgt. Damit erhalten wir die notwendige Bedingung für die Erwartungstreue

$$\begin{aligned} \tilde{\mathbf{C}}\mathbf{D}\beta \ &= \mathbf{CD}\beta + \mathbf{FD}\beta \\ &= \mathbf{CD}\beta + \mathbf{F}_1\mathbf{X}\beta + \mathbf{F}_2 R\beta \\ &= \beta + \mathbf{F}_1\mathbf{X}\beta = \beta, \qquad [\mathbf{R}\beta = \mathbf{0} \text{ und } (3.117)] \end{aligned}$$

also

$$\mathbf{F}_1\mathbf{X} = \mathbf{0}. \tag{3.119}$$

Folglich wird

$$\begin{aligned} \tilde{\beta} - \beta \ &= (\mathbf{C} + \mathbf{F})\mathbf{D}\beta + (\mathbf{C} + \mathbf{F})\tilde{\epsilon} - \beta \\ &= (\mathbf{C} + \mathbf{F})\tilde{\epsilon} = \tilde{\mathbf{C}}\tilde{\epsilon} \end{aligned}$$

und wir können die Kovarianzmatrix von $\tilde{\beta}$ wie folgt darstellen:

$$\mathbf{V}_{\tilde{\beta}} = E(\tilde{\boldsymbol{\beta}} - \boldsymbol{\beta})(\tilde{\boldsymbol{\beta}} - \boldsymbol{\beta})' \;\; = \tilde{\mathbf{C}}\mathbf{V}\tilde{\mathbf{C}}'$$
$$= (\mathbf{C} + \mathbf{F})\mathbf{V}(\mathbf{C}' + \mathbf{F}')$$
$$= \mathbf{C}V\mathbf{C}' + \mathbf{FVF}' + \mathbf{FVC}' + \mathbf{CVF}'.$$

Es gilt (mit $E(\tilde{\boldsymbol{\epsilon}}\tilde{\boldsymbol{\epsilon}}') = \mathbf{V}$, vgl. (3.115))

$$\mathbf{CVC}' = \mathbf{V}_{b(R)},$$
$$\mathbf{FVF}' = (\mathbf{F}_1, \mathbf{F}_2) \begin{pmatrix} \sigma^2\mathbf{I} & \mathbf{0} \\ \mathbf{0} & \mathbf{0} \end{pmatrix} \begin{pmatrix} \mathbf{F}_1' \\ \mathbf{F}_2' \end{pmatrix} = \sigma^2\mathbf{F}_1\mathbf{F}_1'$$

und $\sigma^2\mathbf{F}_1\mathbf{F}_1'$ nichtnegativ definit [Satz A 41 (v)].
Für die gemischten Produkte gilt

$$\mathbf{FVC}' \;\; = (\mathbf{F}_1, \mathbf{F}_2) \begin{pmatrix} \sigma^2\mathbf{I} & \mathbf{0} \\ \mathbf{0} & \mathbf{0} \end{pmatrix} \begin{pmatrix} \mathbf{X} \\ \mathbf{R} \end{pmatrix} (\mathbf{D}'\mathbf{D})^{-1} \tag{3.120}$$

$$= \mathbf{F}_1\mathbf{X}(\mathbf{D}'\mathbf{D})^{-1} = \mathbf{0} \quad [\text{nach}(3.119)].$$

Damit erhalten wir

$$\mathbf{V}_{\tilde{\beta}} - \mathbf{V}_{b(R)} = \sigma^2\mathbf{F}_1\mathbf{F}_1' \geq 0, \tag{3.121}$$

womit die behauptete Optimalität von $\mathbf{b(R)}$ bewiesen ist. $\mathbf{b(R)}$ ist also eine GM-Schätzung von $\boldsymbol{\beta}$ im Modell (3.114).

3.6 Klassische Normalregression

Die bisher abgeleiteten Ergebnisse im klassischen linearen Regressionsmodell haben Gültigkeit für alle Wahrscheinlichkeitsverteilungen der Fehlervariablen $\boldsymbol{\epsilon}$, für die $E(\boldsymbol{\epsilon}) = \mathbf{0}$ und $E(\boldsymbol{\epsilon}\boldsymbol{\epsilon}') = \sigma^2\mathbf{I}$ gilt. Wir spezifizieren nun den Typ der Verteilung von $\boldsymbol{\epsilon}$, indem wir zusätzlich zu den Modellannahmen (3.51) folgende Annahme treffen:

Der Vektor $\boldsymbol{\epsilon}$ der zufälligen Fehler ϵ_t besitzt eine T-dimensionale Normalverteilung $N(\mathbf{0}, \sigma^2\mathbf{I})$, d.h. es ist $\boldsymbol{\epsilon} \sim N(\mathbf{0}, \sigma^2\mathbf{I})$.
Damit besitzt $\boldsymbol{\epsilon}$ die Dichtefunktion

$$f(\boldsymbol{\epsilon}; \mathbf{0}, \sigma^2\mathbf{I}) \;\; = \prod_{t=1}^{T}(2\pi\sigma^2)^{-1/2}\exp\left(-\frac{1}{2\sigma^2}\epsilon_t^2\right)$$

$$= (2\pi\sigma^2)^{-T/2}\exp\left\{-\frac{1}{2\sigma^2}\sum_{t=1}^{T}\epsilon_t^2\right\}, \tag{3.122}$$

so daß die Komponenten $\epsilon_t \quad (t = 1, \ldots, T)$ unabhängig und identisch $N(0, \sigma^2)$-verteilt sind. (3.122) ist ein Spezialfall der allgemeinen T-dimensionalen Normalverteilung $N(\boldsymbol{\mu}, \boldsymbol{\Sigma})$. Es sei $\boldsymbol{\xi} \sim N_T(\boldsymbol{\mu}, \boldsymbol{\Sigma})$, d.h. $E(\boldsymbol{\xi}) = \boldsymbol{\mu}$, $E(\boldsymbol{\xi} - \boldsymbol{\mu})(\boldsymbol{\xi} - \boldsymbol{\mu})' = \boldsymbol{\Sigma}$. Dann besitzt $\boldsymbol{\xi}$ die Dichtefunktion (vgl. A 81)

$$f(\boldsymbol{\xi}; \boldsymbol{\mu}, \boldsymbol{\Sigma}) = \{(2\pi)^T |\boldsymbol{\Sigma}|\}^{-1/2} \exp\left\{-\frac{1}{2}(\boldsymbol{\xi} - \boldsymbol{\mu})'\boldsymbol{\Sigma}^{-1}(\boldsymbol{\xi} - \boldsymbol{\mu})\right\}. \tag{3.123}$$

Das klassische lineare Regressionsmodell mit normalverteilten Fehlern – kurz das klassische Modell der Normalregression – hat dann die Gestalt

$$\left.\begin{array}{l} \mathbf{y} = \mathbf{X}\boldsymbol{\beta} + \boldsymbol{\epsilon}, \\[2mm] \boldsymbol{\epsilon} \sim N(\mathbf{0}, \sigma^2\mathbf{I}), \\[2mm] \mathbf{X} \quad \text{nichtstochastisch, Rang } (\mathbf{X}) = K. \end{array}\right\} \tag{3.124}$$

Maximum-Likelihood-(ML)-Prinzip

Definition 3.6 *Es sei* $\boldsymbol{\xi} = (\xi_1, \ldots, \xi_n)'$ *eine zufällige Variable mit der Dichtefunktion* $f(\boldsymbol{\xi}; \boldsymbol{\Theta})$, *wobei der Parametervektor* $\boldsymbol{\Theta} = (\Theta_1, \ldots, \Theta_m)'$ *in dem Parameterraum* Ω *der a-priori zulässigen Parameterwerte* $\boldsymbol{\Theta}$ *liegt. Dann definiert die Dichtefunktion* $f(\boldsymbol{\xi}; \boldsymbol{\Theta})$ *für jede Realisation (Stichprobe)* $\boldsymbol{\xi}_0$ *von* $\boldsymbol{\xi}$ *eine Funktion von* $\boldsymbol{\Theta}$:

$$L(\boldsymbol{\Theta}) = L(\Theta_1, \ldots, \Theta_m) = f(\boldsymbol{\xi}_0; \boldsymbol{\Theta}),$$

die wir als Likelihood-Funktion von $\boldsymbol{\xi}_0$ *bezeichnen.*

Das ML-Prinzip wählt als Schätzung von $\boldsymbol{\Theta}$ in Abhängigkeit von $\boldsymbol{\xi}_0$ denjenigen Wert $\widehat{\boldsymbol{\Theta}} \in \Omega$ (falls er existiert), für den

$$L(\widehat{\boldsymbol{\Theta}}) \geq L(\boldsymbol{\Theta}) \quad \text{für alle } \boldsymbol{\Theta} \in \Omega$$

gilt.

Dabei braucht $\widehat{\boldsymbol{\Theta}}$ nicht eindeutig bestimmt zu sein. Der Schätzwert $\widehat{\boldsymbol{\Theta}}$ ist dann also so gewählt, daß die Realisierung $\boldsymbol{\xi}_0$ den dichtesten oder (bei einer diskreten Verteilung) den wahrscheinlichsten Wert der Verteilung von $\boldsymbol{\xi}$ darstellt. Führt man die Maximierung von $L(\boldsymbol{\Theta})$ für alle Realisierungen $\boldsymbol{\xi}_0$ durch, so ist $\widehat{\boldsymbol{\Theta}}$ eine Funktion von $\boldsymbol{\xi}$ und damit selbst eine Zufallsvariable, die wir als ML-Schätzung von $\boldsymbol{\Theta}$ bezeichnen wollen.

ML-Schätzung im Modell der klassischen Normalregression
Nach Satz A 82 gilt für $\mathbf{y}$ aus (3.51)

$$\mathbf{y} = \mathbf{X}\boldsymbol{\beta} + \boldsymbol{\epsilon} \sim N(\mathbf{X}\boldsymbol{\beta}, \sigma^2\mathbf{I}), \tag{3.125}$$

so daß die Likelihood-Funktion von $\mathbf{y}$ die folgende Gestalt hat

$$L(\boldsymbol{\beta}, \sigma^2) = (2\pi\sigma^2)^{-T/2} \exp\left\{-\frac{1}{2\sigma^2}(\mathbf{y} - \mathbf{X}\boldsymbol{\beta})'(\mathbf{y} - \mathbf{X}\boldsymbol{\beta})\right\}. \tag{3.126}$$

Wegen der Monotonie der logarithmischen Transformation kann man statt $L(\boldsymbol{\beta}, \sigma^2)$ auch $\ln L(\boldsymbol{\beta}, \sigma^2)$ maximieren, ohne daß sich die Maximalstelle ändert:

$$\ln L(\boldsymbol{\beta}, \sigma^2) = -\frac{T}{2}\ln(2\pi\sigma^2) - \frac{1}{2\sigma^2}(\mathbf{y} - \mathbf{X}\boldsymbol{\beta})'(\mathbf{y} - \mathbf{X}\boldsymbol{\beta}). \tag{3.127}$$

Liegen keine a-priori-Restriktionen an die Parameter vor, so ist der Parameterraum $\boldsymbol{\Omega} = \{\boldsymbol{\beta}; \sigma^2 : \boldsymbol{\beta} \in \mathbf{E}^K; \sigma^2 > 0\}$. Wir erhalten die ML-Schätzungen von $\boldsymbol{\beta}, \sigma^2$ durch Nullsetzen der ersten Ableitungen (Sätze A 91 bis A 95)

$$(I) \qquad \frac{\partial \ln L}{\partial \boldsymbol{\beta}} = \frac{1}{2\sigma^2} 2\mathbf{X}'(\mathbf{y} - \mathbf{X}\boldsymbol{\beta}) = \mathbf{0} \qquad , \tag{3.128}$$

$$(II) \quad \frac{\partial \ln L}{\partial \sigma^2} = -\frac{T}{2\sigma^2} + \frac{1}{2(\sigma^2)^2}(\mathbf{y} - \mathbf{X}\boldsymbol{\beta})'(\mathbf{y} - \mathbf{X}\boldsymbol{\beta}) = 0 \tag{3.129}$$

aus den sogenannten *Likelihood-Gleichungen*

$$\left.\begin{array}{ll} (I) & \mathbf{X}'\mathbf{X}\widehat{\boldsymbol{\beta}} = \mathbf{X}'\mathbf{y}, \\[2ex] (II) & \widehat{\sigma}^2 = \frac{1}{T}(\mathbf{y} - \mathbf{X}\widehat{\boldsymbol{\beta}})'(\mathbf{y} - \mathbf{X}\widehat{\boldsymbol{\beta}}). \end{array}\right\} \tag{3.130}$$

Die Gleichung (I) ist die bekannte Normalgleichung (3.10), aus der wir auf Grund der Voraussetzung Rang $(\mathbf{X}) = K$ die eindeutig bestimmte Lösung (ML-Schätzung)

$$\widehat{\boldsymbol{\beta}} = \mathbf{b}_0 = (\mathbf{X}'\mathbf{X})^{-1}\mathbf{X}'\mathbf{y} \tag{3.131}$$

erhalten. Ein Vergleich von (II) mit der erwartungstreuen Schätzung s^2 (3.97) ergibt die Relation

$$\widehat{\sigma}^2 = \frac{T - K}{T} s^2, \tag{3.132}$$

so daß $\widehat{\sigma}^2$ nicht erwartungstreu ist. Für den asymptotischen Erwartungswert erhalten wir (A 99 (i))

$$\lim_{T \to \infty} E(\widehat{\sigma}^2) = \bar{E}(\widehat{\sigma}^2) = E(s^2) = \sigma^2. \tag{3.133}$$

Damit gilt

Satz 3.13 *Im Modell (3.125) der klassischen Normalregression stimmen die ML- und die KQ-Schätzung von β überein. Die ML-Schätzung $\widehat{\sigma}^2$ (3.132) von σ^2 ist asymptotisch erwartungstreu.*

Hinweis: Die Rao–Cramér-Schranke definiert eine untere Grenze (im Sinne der Definitheit von Differenzen von Matrizen) für die Kovarianzmatrix erwartungstreuer Schätzungen. Im Modell der Normalregression hat die Rao–Cramér-Schranke die Gestalt (Amemiya, 1985, p. 19)

$$V(\tilde{\boldsymbol{\beta}}) \geq \sigma^2(\mathbf{X}'\mathbf{X})^{-1},$$

wobei $\tilde{\boldsymbol{\beta}}$ ein beliebiger Schätzer ist. Damit erreicht der ML–Schätzer $\mathbf{b}_0$ die Rao–Cramér-Schranke, so daß $\mathbf{b}_0$ bester erwartungstreuer Schätzer im Modell der Normalregression ist.

3.7 Prüfen von linearen Hypothesen

Wir entwickeln in diesem Abschnitt Testverfahren zum Prüfen von linear homogenen und inhomogenen – kurz linearen – Hypothesen im Modell (3.124) der klassischen Normalregression.

Die allgemeine lineare Hypothese

$$H_0 : \mathbf{R}\boldsymbol{\beta} = \mathbf{r}; \quad \sigma^2 > 0 \quad \text{beliebig} \tag{3.134}$$

wird gegen die Alternativhypothese

$$H_1 : \mathbf{R}\boldsymbol{\beta} \neq \mathbf{r}; \quad \sigma^2 > 0 \quad \text{beliebig} \tag{3.135}$$

getestet, wobei wir voraussetzen:

$$\left.\begin{array}{l} \mathbf{R} \text{ eine } (K - k) \times K\text{-Matrix,} \\[1.2em] \mathbf{r} \text{ ein } (K - k) \times 1\text{-Vektor,} \\[1.2em] \text{Rang}\,(\mathbf{R}) = K - k, \\[1.2em] k \in \{0, 1, \ldots, K - 1\}, \\[1.2em] \mathbf{R}, \mathbf{r} \text{ nichtstochastisch und bekannt.} \end{array}\right\} \tag{3.136}$$

Die Hypothese H_0 besagt, daß der Parametervektor $\boldsymbol{\beta}$ zusätzlich zu den Modellannahmen $(K - k)$ exakten linearen Restriktionen genügt, die wegen $\text{Rang}(\mathbf{R}) = K - k$ linear unabhängig sind. (Die Rangbedingung an $\mathbf{R}$ sichert, daß keine Scheinrestriktionen geprüft werden.)

Die allgemeine lineare Hypothese (3.134) läßt sich auf zwei wesentliche Spezialfälle ausrichten.

Fall 1: $k = 0$

Nach Voraussetzung (3.136) ist dann die $K \times K$-Matrix $\mathbf{R}$ regulär, und wir können H_0 und H_1 wie folgt darstellen:

$$H_0 : \boldsymbol{\beta} = \mathbf{R}^{-1}\mathbf{r} = \boldsymbol{\beta}^*; \quad \sigma^2 > 0 \quad \text{beliebig,} \tag{3.137}$$

$$H_1 : \boldsymbol{\beta} \neq \boldsymbol{\beta}^*; \qquad \sigma^2 > 0 \quad \text{beliebig.} \tag{3.138}$$

Fall 2: $k > 0$

Wir wählen eine zu $\mathbf{R}$ komplementäre $k \times K$-Matrix $\mathbf{G}$ derart, daß die zusammengesetzte $K \times K$-Matrix $\begin{pmatrix} \mathbf{G} \\ \mathbf{R} \end{pmatrix}$ den vollen Rang K besitzt. Es sei

$$\mathbf{X}\begin{pmatrix} \mathbf{G} \\ \mathbf{R} \end{pmatrix}^{-1} = \underset{T\times K}{\tilde{\mathbf{X}}} = \begin{pmatrix} \underset{T\times k}{\tilde{\mathbf{X}}_1} , & \underset{T\times (K-k)}{\tilde{\mathbf{X}}_2} \end{pmatrix} \quad \text{und}$$

$$\underset{k\times 1}{\tilde{\beta}_1} = \mathbf{G}\beta, \qquad \underset{(K-k)\times 1}{\tilde{\beta}_2} = \mathbf{R}\beta.$$

Dann läßt sich folgende Umformung durchführen:

$$\mathbf{y} = \mathbf{X}\beta + \epsilon = \mathbf{X}\begin{pmatrix} \mathbf{G} \\ \mathbf{R} \end{pmatrix}^{-1}\begin{pmatrix} \mathbf{G} \\ \mathbf{R} \end{pmatrix}\beta + \epsilon$$

$$= \tilde{\mathbf{X}}\begin{pmatrix} \tilde{\beta}_1 \\ \tilde{\beta}_2 \end{pmatrix} + \epsilon$$

$$= \tilde{\mathbf{X}}_1\tilde{\beta}_1 + \tilde{\mathbf{X}}_2\tilde{\beta}_2 + \epsilon.$$

Dieses Modell genügt allen Voraussetzungen (3.51). Die Hypothesen H_0 und H_1 sind dann gleichwertig mit

$$H_0 : \tilde{\beta}_2 = \mathbf{r}; \; \tilde{\beta}_1 \text{ und } \sigma^2 > 0 \quad \text{beliebig} , \qquad (3.139)$$

$$H_1 : \tilde{\beta}_2 \neq \mathbf{r}; \; \tilde{\beta}_1 \text{ und } \sigma^2 > 0 \quad \text{beliebig} . \qquad (3.140)$$

Bezeichnen wir den vollen Parameterraum, d.h. den Raum, in dem entweder H_0 oder H_1 gilt, mit Ω und den durch H_0 eingeschränkten Parameterraum mit ω, so gilt $\omega \subset \Omega$ mit

$$\Omega = \{\beta; \sigma^2 : \beta \in \mathbf{E}^K, \sigma^2 > 0\},$$
$$\omega = \{\beta; \sigma^2 : \beta \in \mathbf{E}^K \text{ und } \mathbf{R}\beta = \mathbf{r}; \sigma^2 > 0\}. \qquad (3.141)$$

Als Teststatistik verwenden wir den Likelihood-Quotienten

$$\lambda(\mathbf{y}) = \frac{\max_\omega L(\Theta)}{\max_\Omega L(\Theta)}, \qquad (3.142)$$

der für das Modell (3.125) der klassischen Normalregression folgende Gestalt hat.

$L(\Theta)$ nimmt sein Maximum für die ML-Schätzung $\widehat{\Theta}$ an, es gilt also mit $\Theta = (\beta, \sigma^2)$

$$\max_{\beta,\sigma^2} L(\beta,\sigma^2) = L(\hat{\beta},\hat{\sigma}^2)$$

$$= (2\pi\hat{\sigma}^2)^{-T/2}\exp\left\{-\tfrac{1}{2\sigma^2}(\mathbf{y}-\mathbf{X}\hat{\beta})'(\mathbf{y}-\mathbf{X}\hat{\beta})\right\} \qquad (3.143)$$

$$= (2\pi\hat{\sigma}^2)^{-T/2}\exp\left\{-\tfrac{T}{2}\right\}$$

und damit

$$\lambda(\mathbf{y}) = \left(\frac{\widehat{\sigma_\omega^2}}{\widehat{\sigma_\Omega^2}}\right)^{-T/2}, \tag{3.144}$$

wobei $\widehat{\sigma_\omega^2}$ bzw. $\widehat{\sigma_\Omega^2}$ die ML-Schätzungen von σ^2 unter H_0 bzw. im vollen Parameterraum Ω sind.

Wie aus dem Aufbau (3.142) ersichtlich, liegt $\lambda(\mathbf{y})$ zwischen 0 und 1. $\lambda(\mathbf{y})$ ist selbst eine Zufallsvariable. Ist H_0 richtig, so müßte der Zähler von $\lambda(\mathbf{y})$ bei wiederholter Stichprobennahme in der Mehrzahl der Fälle einen im Vergleich zum Nenner hinreichend großen Wert ergeben, so daß $\lambda(\mathbf{y})$ unter H_0 einen Wert nahe 1 annehmen müßte. Umgekehrt müßte $\lambda(\mathbf{y})$ bei Gültigkeit von H_1 vorwiegend Werte nahe 0 annehmen.

Wir führen folgende monotone Transformation durch:

$$\begin{aligned}
F &= \{(\lambda(\mathbf{y}))^{-2/T} - 1\}(T - K)(K - k)^{-1} \\[2mm]
&= \frac{\widehat{\sigma_\omega^2} - \widehat{\sigma_\Omega^2}}{\widehat{\sigma_\Omega^2}} \cdot \frac{T - K}{K - k}.
\end{aligned} \tag{3.145}$$

Für $\lambda \to 0$ gilt $F \to \infty$ und für $\lambda \to 1$ gilt $F \to 0$, so daß eine Stichprobe im Bereich „F nahe 0" für die Gültigkeit von H_0 und im Bereich „F hinreichend groß" für die Gültigkeit von H_1 spricht. Wir bestimmen nun F und seine Verteilung für die beiden Spezialfälle der allgemeinen linearen Hypothese.

Fall 1: $k = 0$

Die ML-Schätzungen unter H_0 (3.137) sind

$$\hat{\beta} = \beta^* \quad \text{und} \quad \widehat{\sigma_\omega^2} = \frac{1}{T}(\mathbf{y} - \mathbf{X}\beta^*)'(\mathbf{y} - \mathbf{X}\beta^*). \tag{3.146}$$

Die ML-Schätzungen über dem vollen Parameterraum Ω sind nach Satz 3.13

$$\hat{\beta} = \mathbf{b}_0 \quad \text{und} \quad \widehat{\sigma_\Omega^2} = \frac{1}{T}(\mathbf{y} - \mathbf{X}\mathbf{b}_0)'(\mathbf{y} - \mathbf{X}\mathbf{b}_0). \tag{3.147}$$

Wir führen nacheinander folgende Umformungen durch:

$$\left.\begin{aligned}
\mathbf{b}_0 - \boldsymbol{\beta}^* &= (\mathbf{X'X})^{-1}\mathbf{X'}(\mathbf{y} - \mathbf{X}\boldsymbol{\beta}^*), \\[2mm]
(\mathbf{b}_0 - \boldsymbol{\beta}^*)'\mathbf{X'X} &= (\mathbf{y} - \mathbf{X}\boldsymbol{\beta}^*)'\mathbf{X}, \\[2mm]
\mathbf{y} - \mathbf{X}\mathbf{b}_0 &= (\mathbf{y} - \mathbf{X}\boldsymbol{\beta}^*) - \mathbf{X}(\mathbf{b}_0 - \boldsymbol{\beta}^*), \\[2mm]
(\mathbf{y} - \mathbf{X}\mathbf{b}_0)'(\mathbf{y} - \mathbf{X}\mathbf{b}_0) &= (\mathbf{y} - \mathbf{X}\boldsymbol{\beta}^*)'(\mathbf{y} - \mathbf{X}\boldsymbol{\beta}^*) \\[2mm]
&\quad + (\mathbf{b}_0 - \boldsymbol{\beta}^*)'\mathbf{X'X}(\mathbf{b}_0 - \boldsymbol{\beta}^*) \\[2mm]
&\quad - 2(\mathbf{y} - \mathbf{X}\boldsymbol{\beta}^*)'\mathbf{X}(\mathbf{b}_0 - \boldsymbol{\beta}^*) \\[2mm]
&= (\mathbf{y} - \mathbf{X}\boldsymbol{\beta}^*)'(\mathbf{y} - \mathbf{X}\boldsymbol{\beta}^*) \\[2mm]
&\quad - (\mathbf{b}_0 - \boldsymbol{\beta}^*)'\mathbf{X'X}(\mathbf{b}_0 - \boldsymbol{\beta}^*).
\end{aligned}\right\} \tag{3.148}$$

Hieraus folgt

$$T(\widehat{\sigma_\omega^2} - \widehat{\sigma_\Omega^2}) = (\mathbf{b}_0 - \boldsymbol{\beta}^*)'\mathbf{X'X}(\mathbf{b}_0 - \boldsymbol{\beta}^*). \tag{3.149}$$

Somit erhalten wir als Teststatistik

$$F = \frac{(\mathbf{b}_0 - \boldsymbol{\beta}^*)'\mathbf{X'X}(\mathbf{b}_0 - \boldsymbol{\beta}^*)}{(\mathbf{y} - \mathbf{X}\mathbf{b}_0)'(\mathbf{y} - \mathbf{X}\mathbf{b}_0)} \cdot \frac{T - K}{K}. \tag{3.150}$$

Verteilung von F

a) Zähler

Es gelten folgende Relationen:

$$\mathbf{b}_0 - \boldsymbol{\beta}^* = (\mathbf{X'X})^{-1}\mathbf{X'}[\boldsymbol{\epsilon} + \mathbf{X}(\boldsymbol{\beta} - \boldsymbol{\beta}^*)] \qquad [\text{nach}(3.148)],$$

$$\tilde{\boldsymbol{\epsilon}} = \boldsymbol{\epsilon} + \mathbf{X}(\boldsymbol{\beta} - \boldsymbol{\beta}^*) \sim N(\mathbf{X}(\boldsymbol{\beta} - \boldsymbol{\beta}^*), \sigma^2\mathbf{I}) \qquad [\text{Satz A 82}],$$

$$\mathbf{X}(\mathbf{X'X})^{-1}\mathbf{X'} \quad \text{idempotent vom Rang } K \qquad [\text{Satz 3.5}],$$

$$(\mathbf{b}_0 - \boldsymbol{\beta}^*)'\mathbf{X'X}(\mathbf{b}_0 - \boldsymbol{\beta}^*) = \tilde{\boldsymbol{\epsilon}}'\mathbf{X}(\mathbf{X'X})^{-1}\mathbf{X'}\tilde{\boldsymbol{\epsilon}}$$

$$\sim \sigma^2\chi_K^2(\sigma^{-2}(\boldsymbol{\beta} - \boldsymbol{\beta}^*)'\mathbf{X'X}(\boldsymbol{\beta} - \boldsymbol{\beta}^*)) \qquad [\text{Satz A 84}]$$

$$\text{bzw.} \quad \sim \sigma^2\chi_K^2 \text{ unter } H_0.$$

b) Nenner

$$\left.\begin{aligned}
(\mathbf{y} - \mathbf{X}\mathbf{b}_0)'(\mathbf{y} - \mathbf{X}\mathbf{b}_0) = (T - K)s^2 = \boldsymbol{\epsilon}'\mathbf{M}\boldsymbol{\epsilon} \qquad [\text{nach (3.97)}], \\[3mm]
\mathbf{M} = \mathbf{I} - \mathbf{X}(\mathbf{X'X})^{-1}\mathbf{X'} \quad \text{idempotent vom Rang } \; T - K \qquad [\text{A 61 (vi)}], \\[3mm]
\boldsymbol{\epsilon}'\mathbf{M}\boldsymbol{\epsilon} \sim \sigma^2\chi_{T-K}^2 \qquad [\text{Satz A 87}].
\end{aligned}\right\}$$

$$\tag{3.151}$$

Es gilt

$$\mathbf{MX(X'X)^{-1}X'} = \mathbf{0} \qquad \text{[Satz A 61 (vi)]}, \qquad (3.152)$$

so daß Zähler und Nenner unabhängig verteilt sind [Satz A 89].
Damit [Satz A 86] besitzt der Quotient F (3.150)

- unter H_1 eine $F_{K,T-K}(\sigma^{-2}(\beta - \beta^*)'\mathbf{X'X}(\beta - \beta^*))$-Verteilung,

- unter $H_0 : \beta = \beta^*$ eine zentrale $F_{K,T-K}$-Verteilung.

Bezeichnen wir mit $F_{m,n,1-q}$ das $(1-q)$-Quantil der $F_{m,n}$-Verteilung (d.h.
$P(F \leq F_{m,n,1-q}) = 1 - q$), so erhalten wir auf Grund unserer eingangs geführten Überlegungen bei einer vorgegebenen Irrtumswahrscheinlichkeit erster Art
α einen gleichmäßig besten Test (vgl. Lehmann, 1986, p. 372) gemäß

$$\left. \begin{array}{ll} \text{Annahmebereich für } H_0: & 0 \leq F \leq F_{K,T-K,1-\alpha}, \\ \text{kritischer Bereich von } H_0: & F > F_{K,T-K,1-\alpha}. \end{array} \right\} \qquad (3.153)$$

Eine Auswahl kritischer Werte der F-Verteilung ist im Anhang B enthalten.

Fall 2: $k > 0$
Um die ML-Schätzungen unter H_0 (3.139) bestimmen und mit den ML-Schätzungen über dem vollen Parameterraum Ω vergleichen zu können, führen wir folgende Aufspaltung des Modells durch. Es sei

$$\beta' = \left(\underset{1 \times k}{\beta_1'} , \underset{1 \times (K-k)}{\beta_2'} \right) \qquad (3.154)$$

und entsprechend

$$\mathbf{y} = \mathbf{X}\beta + \epsilon = \mathbf{X}_1\beta_1 + \mathbf{X}_2\beta_2 + \epsilon. \qquad (3.155)$$

Wir setzen

$$\tilde{\mathbf{y}} = \mathbf{y} - \mathbf{X}_2\mathbf{r}. \qquad (3.156)$$

Wegen Rang $(\mathbf{X}) = K$ gilt

$$\underset{T \times k}{\text{Rang } (\mathbf{X}_1)} = k \quad , \quad \underset{T \times (K-k)}{\text{Rang } (\mathbf{X}_2)} = K - k, \qquad (3.157)$$

so daß insbesondere die Inversen $(\mathbf{X}_1'\mathbf{X}_1)^{-1}$ und $(\mathbf{X}_2'\mathbf{X}_2)^{-1}$ existieren.
Die ML-Schätzungen unter H_0 sind

$$\widehat{\beta}_2 = \mathbf{r}, \quad \widehat{\beta}_1 = (\mathbf{X}_1'\mathbf{X}_1)^{-1}\mathbf{X}_1'\tilde{\mathbf{y}} \qquad (3.158)$$

und

$$\widehat{\sigma_\omega^2} = \frac{1}{T}(\tilde{\mathbf{y}} - \mathbf{X}_1\widehat{\beta}_1)'(\tilde{\mathbf{y}} - \mathbf{X}_1\widehat{\beta}_1). \qquad (3.159)$$

Aufspaltung von $\mathbf{b}_0$

Wir erhalten zunächst entsprechend der Modellaufspaltung

$$
\begin{aligned}
\mathbf{b}_0 &= (\mathbf{X}'\mathbf{X})^{-1}\mathbf{X}'\mathbf{y} \\[2mm]
&= \begin{pmatrix} \mathbf{X}_1'\mathbf{X}_1 & \mathbf{X}_1'\mathbf{X}_2 \\ \mathbf{X}_2'\mathbf{X}_1 & \mathbf{X}_2'\mathbf{X}_2 \end{pmatrix}^{-1} \begin{pmatrix} \mathbf{X}_1'\mathbf{y} \\ \mathbf{X}_2'\mathbf{y} \end{pmatrix}.
\end{aligned}
\tag{3.160}
$$

Nach der Formel der partiellen Inversion (Satz A 19) ergibt sich für die Inverse der Ausdruck

$$
\begin{pmatrix} (\mathbf{X}_1'\mathbf{X}_1)^{-1}[\mathbf{I} + \mathbf{X}_1'\mathbf{X}_2\mathbf{D}^{-1}\mathbf{X}_2'\mathbf{X}_1(\mathbf{X}_1'\mathbf{X}_1)^{-1}] & -(\mathbf{X}_1'\mathbf{X}_1)^{-1}\mathbf{X}_1'\mathbf{X}_2\mathbf{D}^{-1} \\ -\mathbf{D}^{-1}\mathbf{X}_2'\mathbf{X}_1(\mathbf{X}_1'\mathbf{X}_1)^{-1} & \mathbf{D}^{-1} \end{pmatrix},
\tag{3.161}
$$

wobei

$$
\mathbf{D} = \mathbf{X}_2'\mathbf{M}_1\mathbf{X}_2
\tag{3.162}
$$

und

$$
\mathbf{M}_1 = \mathbf{I} - \mathbf{X}_1(\mathbf{X}_1'\mathbf{X}_1)^{-1}\mathbf{X}_1'
\tag{3.163}
$$

gesetzt sind.

$\mathbf{M}_1$ ist (analog zu $\mathbf{M}$) idempotent vom Rang $T - k$, es gilt ferner $\mathbf{M}_1\mathbf{X}_1 = \mathbf{0}$. Die $(K - k) \times (K - k)$-Matrix

$$
\mathbf{D} = \mathbf{X}_2'\mathbf{X}_2 - \mathbf{X}_2'\mathbf{X}_1(\mathbf{X}_1'\mathbf{X}_1)^{-1}\mathbf{X}_1'\mathbf{X}_2
\tag{3.164}
$$

ist symmetrisch und – auf Grund der eindeutigen Lösbarkeit der Normalgleichungen für $\mathbf{b}_0$, woraus die eindeutige Lösung der partiellen Normalgleichungen für die Teilkomponente $\mathbf{b}_2$ folgt – notwendig auch regulär.

Somit erhalten wir für die Teilschätzungen $\mathbf{b}_1$ und $\mathbf{b}_2$ von $\mathbf{b}_0$

$$
\mathbf{b}_0 = \begin{pmatrix} \mathbf{b}_1 \\ \mathbf{b}_2 \end{pmatrix} = \begin{pmatrix} (\mathbf{X}_1'\mathbf{X}_1)^{-1}\mathbf{X}_1'\mathbf{y} - (\mathbf{X}_1'\mathbf{X}_1)^{-1}\mathbf{X}_1'\mathbf{X}_2\mathbf{D}^{-1}\mathbf{X}_2'\mathbf{M}_1\mathbf{y} \\ \mathbf{D}^{-1}\mathbf{X}_2'\mathbf{M}_1\mathbf{y} \end{pmatrix}.
\tag{3.165}
$$

Daraus leiten wir die folgenden Relationen ab:

$$
\left.
\begin{aligned}
\mathbf{b}_2 \quad &= \mathbf{D}^{-1}\mathbf{X}_2'\mathbf{M}_1\mathbf{y}, \\[2mm]
\mathbf{b}_1 \quad &= (\mathbf{X}_1'\mathbf{X}_1)^{-1}\mathbf{X}_1'(\mathbf{y} - \mathbf{X}_2\mathbf{b}_2), \\[2mm]
\mathbf{b}_2 - \mathbf{r} &= \mathbf{D}^{-1}\mathbf{X}_2'\mathbf{M}_1(\mathbf{y} - \mathbf{X}_2\mathbf{r}) \\
&= \mathbf{D}^{-1}\mathbf{X}_2'\mathbf{M}_1\tilde{\mathbf{y}} \\
&= \mathbf{D}^{-1}\mathbf{X}_2'\mathbf{M}_1(\boldsymbol{\epsilon} + \mathbf{X}_2(\boldsymbol{\beta}_2 - \mathbf{r})),
\end{aligned}
\right\}
\tag{3.166}
$$

$$
\left.
\begin{aligned}
\mathbf{b}_1 - \widehat{\boldsymbol{\beta}}_1 &= (\mathbf{X}_1'\mathbf{X}_1)^{-1}\mathbf{X}_1'(\mathbf{y} - \mathbf{X}_2\mathbf{b}_2 - \tilde{\mathbf{y}}) \\
&= -(\mathbf{X}_1'\mathbf{X}_1)^{-1}\mathbf{X}_1'\mathbf{X}_2(\mathbf{b}_2 - \mathbf{r}) \\
&= -(\mathbf{X}_1'\mathbf{X}_1)^{-1}\mathbf{X}_1'\mathbf{X}_2\mathbf{D}^{-1}\mathbf{X}_2'\mathbf{M}_1\tilde{\mathbf{y}}.
\end{aligned}
\right\}
\tag{3.167}
$$

Zerlegung von $\widehat{\sigma_\Omega^2}$

Wir schreiben (mit den Symbolen $\mathbf{u}$ bzw. $\mathbf{v}$ für die folgenden Vektoren)

$$(\mathbf{y} - \mathbf{Xb}_0) \;=\; (\mathbf{y} - \mathbf{X}_2\mathbf{r} - \mathbf{X}_1\widehat{\beta_1}) \;-\; \Big(\mathbf{X}_1(\mathbf{b}_1 - \widehat{\beta_1}) + \mathbf{X}_2(\mathbf{b}_2 - \mathbf{r})\Big)$$
$$=\qquad\quad \mathbf{u} \qquad\qquad - \qquad\qquad \mathbf{v}$$
$$\tag{3.168}$$

und können mit diesem Ansatz die ML-Schätzung $T\widehat{\sigma_\Omega^2} = (\mathbf{y} - \mathbf{Xb}_0)'(\mathbf{y} - \mathbf{Xb}_0)$ wie folgt zerlegen:

$$(\mathbf{y} - \mathbf{Xb}_0)'(\mathbf{y} - \mathbf{Xb}_0) = \mathbf{u}'\mathbf{u} + \mathbf{v}'\mathbf{v} - 2\mathbf{u}'\mathbf{v}. \tag{3.169}$$

Es gilt

$$\mathbf{u} = \mathbf{y} - \mathbf{X}_2\mathbf{r} - \mathbf{X}_1\widehat{\beta_1} = \tilde{\mathbf{y}} - \mathbf{X}_1(\mathbf{X}_1'\mathbf{X}_1)^{-1}\mathbf{X}_1'\tilde{\mathbf{y}} = \mathbf{M}_1\tilde{\mathbf{y}}, \tag{3.170}$$

$$\mathbf{u}'\mathbf{u} = \tilde{\mathbf{y}}'\mathbf{M}_1\tilde{\mathbf{y}}, \tag{3.171}$$

$$
\begin{aligned}
\mathbf{v} \;&=\; \mathbf{X}_1(\mathbf{b}_1 - \widehat{\beta_1}) + \mathbf{X}_2(\mathbf{b}_2 - \mathbf{r}) \\
&=\; -\mathbf{X}_1(\mathbf{X}_1'\mathbf{X}_1)^{-1}\mathbf{X}_1'\mathbf{X}_2\mathbf{D}^{-1}\mathbf{X}_2'\mathbf{M}_1\tilde{\mathbf{y}} \qquad \text{[nach (3.166)]} \\
&\quad\; +\mathbf{X}_2\mathbf{D}^{-1}\mathbf{X}_2'\mathbf{M}_1\tilde{\mathbf{y}} \qquad\qquad\qquad \text{[nach (3.167)]} \\
&=\; \mathbf{M}_1\mathbf{X}_2\mathbf{D}^{-1}\mathbf{X}_2'\mathbf{M}_1\tilde{\mathbf{y}}, \qquad\qquad\qquad\qquad\qquad\qquad (3.172)
\end{aligned}
$$

$$
\begin{aligned}
\mathbf{v}'\mathbf{v} \;&=\; \tilde{\mathbf{y}}'\mathbf{M}_1\mathbf{X}_2\mathbf{D}^{-1}\mathbf{X}_2'\mathbf{M}_1\tilde{\mathbf{y}} \\
&=\; (\mathbf{b}_2 - \mathbf{r})'\mathbf{D}(\mathbf{b}_2 - \mathbf{r}), \qquad\qquad (3.173)
\end{aligned}
$$

$$\mathbf{u}'\mathbf{v} \;=\; \mathbf{v}'\mathbf{v}. \tag{3.174}$$

Damit gilt insgesamt

$$(\mathbf{y} - \mathbf{Xb}_0)'(\mathbf{y} - \mathbf{Xb}_0) \;=\; \mathbf{u}'\mathbf{u} - \mathbf{v}'\mathbf{v} \tag{3.175}$$
$$=\; (\tilde{\mathbf{y}} - \mathbf{X}_1\widehat{\beta_1})'(\tilde{\mathbf{y}} - \mathbf{X}_1\widehat{\beta_1}) - (\mathbf{b}_2 - \mathbf{r})'\mathbf{D}(\mathbf{b}_2 - \mathbf{r})$$

oder, anders geschrieben,

$$T(\widehat{\sigma_\omega^2} - \widehat{\sigma_\Omega^2}) = (\mathbf{b}_2 - \mathbf{r})'\mathbf{D}(\mathbf{b}_2 - \mathbf{r}). \tag{3.176}$$

Im Fall 2: $k > 0$ erhalten wir also als Teststatistik

$$F = \frac{(\mathbf{b}_2 - \mathbf{r})'\mathbf{D}(\mathbf{b}_2 - \mathbf{r})}{(\mathbf{y} - \mathbf{Xb}_0)'(\mathbf{y} - \mathbf{Xb}_0)} \frac{T - K}{K - k} \;. \tag{3.177}$$

Verteilung von F

a) Zähler

Es gelten folgende Relationen:

$$\mathbf{A} = \mathbf{M}_1 \mathbf{X}_2 \mathbf{D}^{-1} \mathbf{X}_2' \mathbf{M}_1 \quad \text{ist idempotent,}$$

$$\text{Rang}(\mathbf{A}) = \text{sp}(\mathbf{A}) = \text{sp}\{(\mathbf{M}_1 \mathbf{X}_2 \mathbf{D}^{-1})(\mathbf{X}_2' \mathbf{M}_1)\}$$

$$= \text{sp}\{(\mathbf{X}_2' \mathbf{M}_1)(\mathbf{M}_1 \mathbf{X}_2 \mathbf{D}^{-1})\} \qquad [\text{Satz A 13 (iv)}]$$

$$= \text{sp}(\mathbf{I}_{K-k}) = K - k,$$

$$\mathbf{b}_2 - \mathbf{r} = \mathbf{D}^{-1} \mathbf{X}_2' \mathbf{M}_1 \tilde{\epsilon} \qquad [\text{nach (3.166)}],$$

$$\tilde{\epsilon} = \epsilon + \mathbf{X}_2(\boldsymbol{\beta}_2 - \mathbf{r}) \sim N(\mathbf{X}_2(\boldsymbol{\beta}_2 - \mathbf{r}), \sigma^2 \mathbf{I}), \qquad [\text{Satz A 82}],$$

$$(\mathbf{b}_2 - \mathbf{r})' \mathbf{D}(\mathbf{b}_2 - \mathbf{r}) = \tilde{\epsilon}' \mathbf{A} \tilde{\epsilon} \sim \sigma^2 \chi^2_{K-k}(\sigma^{-2}(\boldsymbol{\beta}_2 - \mathbf{r})' \mathbf{D}(\boldsymbol{\beta}_2 - \mathbf{r})) \qquad (3.178)$$

[Satz A 84] bzw.

$$\sim \sigma^2 \chi^2_{K-k} \quad \text{unter } H_0. \qquad (3.179)$$

b) Nenner

Der Nenner ist für beide Fälle gleich, es gilt

$$(\mathbf{y} - \mathbf{X}\mathbf{b}_0)'(\mathbf{y} - \mathbf{X}\mathbf{b}_0) = \epsilon' \mathbf{M} \epsilon \quad \sim \quad \sigma^2 \chi^2_{T-K}. \qquad (3.180)$$

Wegen

$$\mathbf{M}\mathbf{X} = \mathbf{M}(\mathbf{X}_1, \mathbf{X}_2) = (\mathbf{M}\mathbf{X}_1, \mathbf{M}\mathbf{X}_2) = (\mathbf{0}, \mathbf{0}) \qquad (3.181)$$

wird

$$\mathbf{M}\mathbf{M}_1 = \mathbf{M} \qquad (3.182)$$

und

$$\mathbf{M}\mathbf{A} = \mathbf{M}\mathbf{M}_1 \mathbf{X}_2 \mathbf{D}^{-1} \mathbf{X}_2' \mathbf{M}_1 = \mathbf{0}, \qquad (3.183)$$

so daß Zähler und Nenner von F (3.177) unabhängig verteilt sind [Satz A 89]. Damit [Satz A 86] besitzt die Teststatistik F unter H_1 eine $F_{K-k,T-K}(\sigma^{-2}(\boldsymbol{\beta}_2 - \mathbf{r})' \mathbf{D}(\boldsymbol{\beta}_2 - \mathbf{r}))$-Verteilung, unter H_0 eine zentrale $F_{K-k,T-K}$-Verteilung. Der Annahmebereich für H_0 bei einer Irrtumswahrscheinlichkeit erster Art α ist dann durch

$$0 \leq F \leq F_{K-k,T-K,1-\alpha} \qquad (3.184)$$

und entsprechend der kritische Bereich von H_0 durch

$$F > F_{K-k,T-K,1-\alpha} \qquad (3.185)$$

gegeben.

3.8 Varianzanalyse und Güte der Anpassung

3.8.1 Univariate Regression

Wir betrachten das Modell (3.99) mit einer Scheinvariablen **1** und einem echten Regressor **x** :

$$y_t = \beta_0 + \beta_1 x_t + \epsilon_t \quad (t = 1,\ldots,T). \qquad (3.186)$$

Die gewöhnlichen KQ-Schätzungen von $\boldsymbol{\beta}' = (\beta_0, \beta_1)$ lauten nach (3.102) und (3.104):

$$b_1 = \frac{\sum (x_t - \bar{x})(y_t - \bar{y})}{\sum (x_t - \bar{x})^2}, \qquad (3.187)$$

$$b_0 = \bar{y} - b_1 \bar{x}. \qquad (3.188)$$

Der zu einem festen x vorhergesagte Wert von y ist dann

$$\hat{y} = b_0 + b_1 x, \qquad (3.189)$$

speziell ist für $x = x_t$

$$\begin{aligned}
\hat{y}_t &= b_0 + b_1 x_t \\
&= \bar{y} + b_1 (x_t - \bar{x})
\end{aligned} \qquad (3.190)$$

(vgl. (3.187)).
Wir betrachten folgende Identität:

$$y_t - \hat{y}_t = (y_t - \bar{y}) - (\hat{y}_t - \bar{y}). \qquad (3.191)$$

Dann gilt (vgl. (3.23))

$$\begin{aligned}
S(b) = \sum (y_t - \hat{y}_t)^2 &= \sum (y_t - \bar{y})^2 + \sum (\hat{y}_t - \bar{y})^2 \\
&\quad - 2 \sum (y_t - \bar{y})(\hat{y}_t - \bar{y}).
\end{aligned}$$

Für das gemischte Glied erhalten wir

$$\begin{aligned}
\sum(y_t - \bar{y})(\hat{y}_t - \bar{y}) &= \sum(y_t - \bar{y})b_1(x_t - \bar{x}) && [\text{vgl.}(3.190)]\\
&= b_1^2 \sum(x_t - \bar{x})^2 && [\text{vgl.}(3.187)]\\
&= \sum(\hat{y}_t - \bar{y})^2. && [\text{vgl.}(3.190)]
\end{aligned}$$

Damit gilt

$$\sum(y_t - \bar{y})^2 = \sum(y_t - \hat{y}_t)^2 + \sum(\hat{y}_t - \bar{y})^2. \tag{3.192}$$

Dies ist die Relation (3.21), wobei statt der Originalwerte deren Differenzen zu $\bar{y}$ verwendet wurden. Die linke Seite von (3.192) heißt **Sum of Squares about the mean** oder **corrected Sum of Squares of Y** (abgekürzt: SS (corrected)) oder SYY.

Die beiden Quadratsummen auf der rechten Seite liefern die Abweichung „Beobachtung – Regressionsvorhersage", also die Residual Sum of Squares

$$\text{SS Residual}: \qquad RSS = \sum(y_t - \hat{y}_t)^2 \tag{3.193}$$

bzw. den durch die Regression erklärten Variabilitätsanteil

$$\text{SS Regression}: \qquad SS_{Reg} = \sum(\hat{y}_t - \bar{y})^2. \tag{3.194}$$

Falls alle y_t auf der Regressionsgeraden liegen, wird $\sum(y_t - \hat{y}_t)^2 = 0$ und damit SS(corrected) $= SS_{Reg}$.

Damit ist ein Regressionsmodell ein um so besserer Prädiktor, je näher der Wert von

$$R^2 = \frac{SS_{Reg}}{\text{SS corrected}} \tag{3.195}$$

an 1 liegt. Dieses Maß werden wir noch ausführlich diskutieren.

Die Freiheitsgrade der Quadratsummen sind für

$$\sum_{t=1}^{T}(y_t - \bar{y})^2 \qquad : \qquad \text{df} = T - 1$$

und für

$$\sum_{t=1}^{T}(\hat{y}_t - \bar{y})^2 = b_1^2 \sum(x_t - \bar{x})^2 \qquad : \qquad \text{df} = 1,$$

da hier *eine* Funktion in den y_t – nämlich b_1 – zur Berechnung dieser Quadratsumme ausreicht. Gemäß (3.192) hat die andere Quadratsumme $\sum(y_t - \hat{y}_t)^2$ als Freiheitsgrad die Differenz der Freiheitsgrade der beiden anderen Summen, also df $= T - 2$.

Bei Normalverteilung der Fehler ϵ_t sind die drei Quadratsummen jeweils unabhängig voneinander χ^2_{df}-verteilt, so daß wir folgende Tafel der Varianzanalyse aufstellen können:

Variations-ursache	SS	df	Mean Square (=SS/FG)
Regression	SS Regression	1	MS_{Reg}
Residual	RSS	T-2	$s^2 = \frac{RSS}{T-2}$
Total	SS corrected=SYY	T-1	

Bezeichnungsweise

Sei

$$SXX = \sum (x_t - \bar{x})^2, \tag{3.196}$$

$$SYY = \sum (y_t - \bar{y})^2, \tag{3.197}$$

$$SXY = \sum (x_t - \bar{x})(y_t - \bar{y}), \tag{3.198}$$

so läßt sich der Stichprobenkorrelationskoeffizient schreiben als

$$r_{XY} = \frac{SXY}{\sqrt{SXX}\sqrt{SYY}}. \tag{3.199}$$

Damit wird (vgl. (3.187))

$$b_1 = \frac{SXY}{SXX} = r_{XY}\sqrt{\frac{SYY}{SXX}}. \tag{3.200}$$

Die Schätzung von σ^2 läßt sich dann unter Verwendung von (3.200) wie folgt darstellen:

$$s^2 = \frac{1}{T-2}\sum \hat{\epsilon}_t^2 = \frac{1}{T-2}RSS, \tag{3.201}$$

wobei für RSS alternative Formen benutzt werden können:

$$
\begin{aligned}
RSS &= \sum (y_t - (b_0 + b_1 x_t))^2 \\
&= \sum [(y_t - \bar{y}) - b_1(x_t - \bar{x})]^2 \\
&= SYY + b_1^2 SXX - 2b_1 SXY \\
&= SYY - b_1^2 SXX \tag{3.202} \\
&= SYY - \frac{(SXY)^2}{SXX}. \tag{3.203}
\end{aligned}
$$

Mit dieser Schreibweise wird dann

$$SS \text{ corrected} = SYY \tag{3.204}$$

und

$$SS_{Reg} = SYY - RSS$$

$$= \frac{(SXY)^2}{SXX} = b_1^2 \, SXX. \tag{3.205}$$

Prüfen der Regression

Gültigkeit des linearen Modells (3.186)

$$y_t = \beta_0 + \beta_1 x_t + \epsilon_t$$

bedeutet insbesondere, daß β_1 signifikant von null verschieden ist. Dies ist äquivalent damit, daß X und Y signifikant korreliert sind (vgl. (3.200)) bzw. daß SS_{Reg} (3.205) hinreichend groß ist. Dies bedeutet formal den Vergleich der Modelle (vgl. Weisberg, 1980, p. 17)

$$H_0 \quad : \quad y_t \;\; = \;\; \beta_0 + \epsilon_t$$
$$H_1 \quad : \quad y_t \;\; = \;\; \beta_0 + \beta_1 x_t + \epsilon_t,$$

d.h. die Prüfung von $H_0 : \beta_1 = 0$ gegen $H_1 : \beta_1 \neq 0$.
Die zugehörige – bei vorausgesetzter Normalverteilung $\epsilon \sim N(0, \sigma^2 I)$ –
LQ-Teststatistik (3.177) wird mit D aus (3.164)

$$D \;\; = \;\; \mathbf{x'x} - \mathbf{x'1(1'1)^{-1}1'x}$$

$$= \;\; \sum x_t^2 - \frac{(\sum x_t)^2}{T} = \sum (x_t - \bar{x})^2 = SXX \tag{3.206}$$

zu

$$F_{1,T-2} \;\; = \;\; \frac{b_1^2 SXX}{s^2} \qquad (\text{vgl. (3.205)})$$

$$= \;\; \frac{SS_{Reg}}{RSS} \cdot (T - 2)$$

$$= \;\; \frac{MS_{Reg}}{s^2}. \tag{3.207}$$

Das Bestimmtheitsmaß

In (3.195) haben wir bereits R^2 als Gütemaß für die Anpassung eingeführt. Mit den danach abgeleiteten Beziehungen (vgl. (3.205)) und Bezeichnungen gilt

$$R^2 = \frac{SS_{Reg}}{SYY} = 1 - \frac{RSS}{SYY}. \tag{3.208}$$

Die linke Seite ist der Anteil der Variabilität, der durch die Regression nach X (bzw. durch die Hereinnahme von X in das Modell) erklärt wird. SYY ist die Gesamtvariabilität der y-Werte. Die rechte Seite ist 1 minus der verbleibende (durch die Regression nicht erklärte) Anteil an Variabilität.

Definition 3.7 R^2 *(3.208) heißt Bestimmtheitsmaß (coefficient of determination).*

Mit (3.199) und (3.205) erhalten wir die folgende Beziehung zwischen R^2 und dem Stichprobenkorrelationskoeffizienten

$$R^2 = r_{XY}^2. \tag{3.209}$$

Konfidenzintervalle für b_0 und b_1

Die Kovarianzmatrix der KQ-Schätzung hat generell die Gestalt $\mathbf{V}_{b_0} = \sigma^2 \mathbf{S}^{-1}$. Für das Modell (3.186) erhalten wir

$$\mathbf{S} = \begin{pmatrix} \mathbf{1'1} & \mathbf{1'x} \\ \mathbf{1'x} & \mathbf{x'x} \end{pmatrix} = \begin{pmatrix} T & T\bar{x} \\ T\bar{x} & \sum x_t^2 \end{pmatrix}, \tag{3.210}$$

$$\mathbf{S}^{-1} = \frac{1}{SXX} \begin{pmatrix} \frac{1}{T}\sum x_t^2 & -\bar{x} \\ -\bar{x} & 1 \end{pmatrix} \tag{3.211}$$

und daraus

$$Var(b_1) = \sigma^2 \frac{1}{SXX} \tag{3.212}$$

$$Var(b_0) = \frac{\sigma^2}{T} \cdot \frac{\sum x_t^2}{SXX} = \frac{\sigma^2}{T} \frac{\sum x_t^2 - T\bar{x}^2 + T\bar{x}^2}{SXX}$$

$$= \sigma^2 \left(\frac{1}{T} + \frac{\bar{x}^2}{SXX} \right). \tag{3.213}$$

Die geschätzten Standardabweichungen sind

$$SE(b_1) = s\sqrt{\frac{1}{SXX}} \tag{3.214}$$

und

$$SE(b_0) = s\sqrt{\frac{1}{T} + \frac{\bar{x}^2}{SXX}} \tag{3.215}$$

mit s aus (3.201).

Falls $\epsilon \sim N(0, \sigma^2 \mathbf{I})$ im Modell (3.186) gilt, ist

$$b_1 \sim N\left(\beta_1, \sigma^2 \cdot \frac{1}{SXX}\right), \tag{3.216}$$

also gilt

$$\frac{b_1 - \beta_1}{s}\sqrt{SXX} \quad \sim \quad t_{T-2}. \tag{3.217}$$

Analog erhalten wir

$$b_0 \quad \sim \quad N\left(\beta_0, \sigma^2\left(\frac{1}{T} + \frac{\bar{x}^2}{SXX}\right)\right), \tag{3.218}$$

$$\frac{b_0 - \beta_0}{s}\sqrt{\frac{1}{T} + \frac{\bar{x}^2}{SXX}} \sim t_{T-2}. \tag{3.219}$$

Damit berechnen wir die Konfidenzintervalle zum Niveau $1 - \alpha$

$$b_0 - t_{T-2,1-\alpha/2} \cdot SE(b_0) \leq \beta_0 \leq b_0 + t_{T-2,1-\alpha/2} \cdot SE(b_0) \tag{3.220}$$

bzw.

$$b_1 - t_{T-2,1-\alpha/2} \cdot SE(b_1) \leq \beta_1 \leq b_1 + t_{T-2,1-\alpha/2} \cdot SE(b_1). \tag{3.221}$$

Die Konfidenzintervalle entsprechen den jeweiligen Annahmebereichen für zweiseitige Tests zum Niveau $1 - \alpha$.

(i) Test auf $H_0 : \beta_0 = \beta_0^*$:
Die Teststatistik ist

$$t_{T-2} = \frac{b_0 - \beta_0^*}{SE(b_0)}. \tag{3.222}$$

H_0 wird nicht abgelehnt, falls

$$|t_{T-2}| \leq t_{T-2,1-\alpha/2}$$

bzw. äquivalent (3.220) mit $\beta_0 = \beta_0^*$ gilt.

(ii) Test auf $H_0 : \beta_1 = \beta_1^*$:
Die Teststatistik ist

$$t_{T-2} = \frac{b_1 - \beta_1^*}{SE(b_1)} \tag{3.223}$$

oder äquivalent

$$t_{T-2}^2 = F_{1,T-2} = \frac{(b_1 - \beta_1^*)^2}{(SE(b_1))^2} \quad . \tag{3.224}$$

Im Fall von $H_0 : \beta_1^* = 0$ ist dies gleich (3.207).
H_0 wird nicht abgelehnt, falls

$$|t_{T-2}| \leq t_{T-2,1-\alpha/2}$$

bzw. äquivalent (3.221) mit $\beta_1 = \beta_1^*$ gilt.

3.8.2 Multiple Regression

In der multiplen Regression ist die Varianzanalyse die am häufigsten angewandte Methode zur Aufteilung der Variabilität und zum Vergleich von Modellen mit unterschiedlichen (insbesondere ineinander geschachtelten, sogenannten nested) Variablenmengen. Die globale (overall) Varianzanalyse vergleicht das volle Modell $\mathbf{y} = \mathbf{1}\beta_0 + \mathbf{X}\beta_* + \epsilon = \tilde{\mathbf{X}}\beta + \epsilon$ mit dem Modell $y = \mathbf{1}\beta_0 + \epsilon$ ohne echte Regressoren. In diesem Modell ist $\widehat{\beta_0} = \bar{y}$ und die zugehörige Residual-Quadratsumme ist

$$\sum(y_t - \hat{y}_t)^2 = \sum(y_t - \bar{y})^2 = SYY. \tag{3.225}$$

Für das volle Modell wird $\beta = (\beta_0, \beta_*)'$ durch die KQS $\mathbf{b} = (\tilde{\mathbf{X}}'\tilde{\mathbf{X}})^{-1}\tilde{\mathbf{X}}'\mathbf{y}$ geschätzt.

Nehmen wir die Unterteilung von β in den zur Konstanten $\mathbf{1}$ gehörenden Parameter β_0 und den zu den echten Regressoren gehörenden Subvektor β_* in die Schätzung b hinein, so erhalten wir

$$\mathbf{b} = \begin{pmatrix} \widehat{\beta_0} \\ \widehat{\beta_*} \end{pmatrix}, \quad \widehat{\beta_*} = (\mathbf{X}'\mathbf{X})^{-1}\mathbf{X}'\mathbf{y}, \quad \widehat{\beta_0} = \bar{y} - \widehat{\beta_*}'\bar{x}. \tag{3.226}$$

Damit gilt im vollen Modell (vgl. Weisberg (1980), p. 43)

$$\begin{aligned} RSS &= (\mathbf{y} - \tilde{\mathbf{X}}\mathbf{b})'(\mathbf{y} - \tilde{\mathbf{X}}\mathbf{b}) \\ &= \mathbf{y}'\mathbf{y} - \mathbf{b}'\tilde{\mathbf{X}}'\tilde{\mathbf{X}}\mathbf{b} \\ &= (\mathbf{y} - \mathbf{1}\bar{y})'(\mathbf{y} - \mathbf{1}\bar{y}) - \widehat{\beta_*}'(\mathbf{X}'\mathbf{X})\widehat{\beta_*} + T\bar{y}^2. \end{aligned} \tag{3.227}$$

Der durch die Regression – also die Hereinnahme der Regressormatrix $\mathbf{X}$ – erklärte Variabilitätsanteil wird wieder (vgl.(3.205))

$$SS_{Reg} = SYY - RSS \tag{3.228}$$

mit RSS aus (3.227) und SYY aus (3.225). Die Tafel der Varianzanalyse hat dann die Gestalt

Variations-ursache	SS	df	MS
Regression auf $\mathbf{X}_1, \ldots, \mathbf{X}_K$	SS_{Reg}	K	SS_{Reg}/K
Residual	RSS	T-K-1	$s^2 = \frac{RSS}{T-K-1}$
Total	SYY	T-1	

Das multiple Bestimmtheitsmaß

$$R^2 = \frac{SS_{Reg}}{SYY} \tag{3.229}$$

mißt den relativen Anteil der durch Regression auf $\mathbf{X}_1, \ldots, \mathbf{X}_K$ erklärten Variabilität im Verhältnis zur Gesamtvariabilität SYY.

Der F-Test zum Prüfen von

$$H_0 \; : \; \boldsymbol{\beta}_* = \mathbf{0}$$

gegen

$$H_1 \; : \; \boldsymbol{\beta}_* \neq \mathbf{0}$$

(also $H_0 \; : \; \mathbf{y} = \mathbf{1}\beta_0 + \boldsymbol{\epsilon}$ gegen $H_1 \; : \; \mathbf{y} = \mathbf{1}\beta_0 + \mathbf{X}\boldsymbol{\beta}_* + \boldsymbol{\epsilon}$) basiert auf der Teststatistik

$$F_{K,T-K-1} = \frac{SS_{Reg}/K}{s^2}. \tag{3.230}$$

Der statistisch interessante Fall ist die Prüfung von Hypothesen bezüglich einzelner Komponenten von $\boldsymbol{\beta}$. Dieses Problem tritt auf, wenn man aus einer möglichen Menge von Regressoren $\mathbf{X}_1, \ldots, \mathbf{X}_K$ ein z.B. bezüglich des Bestimmtheitsmaßes bestes Modell finden will.

Kriterien zur Modellwahl

Draper and Smith (1966) und Weisberg (1980) geben eine Reihe von Kriterien zur Modellwahl an. Wir halten uns hier an die Systematik von Weisberg.

(i) Ad-hoc Kriterium

Sei $\mathbf{X}_1, \ldots, \mathbf{X}_K$ die volle Regressormenge und $\{\mathbf{X}_{i1}, \ldots, \mathbf{X}_{ip}\}$ eine Auswahl von p Regressoren (Untermenge). Wir bezeichnen die Residual-Quadratsummen mit RSS_K bzw. RSS_p. Die Parametervektoren seien

$$\boldsymbol{\beta} \; \text{für} \; \mathbf{X}_1, \cdots, \mathbf{X}_K,$$
$$\boldsymbol{\beta}_1 \; \text{für} \; \mathbf{X}_{i1}, \cdots, \mathbf{X}_{ip},$$

und

$$\boldsymbol{\beta}_2 \; \text{für} \; (\mathbf{X}_1, \cdots, \mathbf{X}_K) \backslash (\mathbf{X}_{i1}, \cdots, \mathbf{X}_{ip}).$$

Dann bedeutet die Wahl zwischen beiden Modellen die Prüfung von $H_0 : \boldsymbol{\beta}_2 = \mathbf{0}$. Da eine hierarchische Testsituation vorliegt, wenden wir den F-Test an:

$$F_{(K-p),T-K} = \frac{(RSS_p - RSS_K)/(K-p)}{RSS_K/(T-K)}. \tag{3.231}$$

Das volle Modell ist gegenüber dem Teilmengenmodell zu bevorzugen, falls $H_0 : \boldsymbol{\beta}_2 = \mathbf{0}$ abgelehnt wird, d.h. falls $F > F_{1-\alpha}$ gilt (mit den Freiheitsgraden $K-p$ und $T-K$).

(ii) Modellwahl auf der Basis des adjustierten Bestimmtheitsmaßes

Das Bestimmtheitsmaß (vgl. (3.228) und (3.229))

$$R_p^2 = 1 - \frac{RSS_p}{SYY} \tag{3.232}$$

für ein Modell mit p Regressoren ist als Vergleichskriterium mit dem vollen Modell ungeeignet, da R^2 mit der Anzahl der hinzugenommenen Variablen wächst: $R_{p+1}^2 \geq R_p^2$ (für hierarchische Regressormengen). Damit hat das volle Modell den größten R^2-Wert.

Satz 3.14 *Sei* $\mathbf{y} = \mathbf{X}_1\boldsymbol{\beta}_1 + \mathbf{X}_2\boldsymbol{\beta}_2 + \boldsymbol{\epsilon} = \mathbf{X}\boldsymbol{\beta} + \boldsymbol{\epsilon}$ *ein volles Modell und* $\mathbf{y} = \mathbf{X}_1\boldsymbol{\beta}_1 + \boldsymbol{\epsilon}$ *ein Submodell. Dann gilt*

$$R_X^2 - R_{X_1}^2 \geq 0. \tag{3.233}$$

Beweis: Es ist

$$R_X^2 - R_{X_1} = \frac{RSS_{X_1} - RSS_X}{SYY},$$

so daß die Behauptung (3.233) äquivalent zu

$$RSS_{X_1} - RSS_X \geq 0$$

ist. Wegen

$$\begin{aligned}
RSS_X &= (\mathbf{y} - \mathbf{X}\mathbf{b}_0)'(\mathbf{y} - \mathbf{X}\mathbf{b}_0) \\
&= \mathbf{y}'\mathbf{y} + \mathbf{b}_0'\mathbf{X}'\mathbf{X}\mathbf{b}_0 - 2\mathbf{b}_0'\mathbf{X}'\mathbf{y} \\
&= \mathbf{y}'\mathbf{y} - \mathbf{b}_0'\mathbf{X}'\mathbf{y}
\end{aligned} \tag{3.234}$$

und, analog,

$$RSS_{X_1} = \mathbf{y}'\mathbf{y} - \widehat{\boldsymbol{\beta}}_1{}'\mathbf{X}_1'\mathbf{y}$$

mit

$$\mathbf{b}_0 = (\mathbf{X}'\mathbf{X})^{-1}\mathbf{X}'\mathbf{y}$$

und

$$\widehat{\boldsymbol{\beta}}_1 = (\mathbf{X}_1'\mathbf{X}_1)^{-1}\mathbf{X}_1'\mathbf{y}$$

den KQ-Schätzungen im vollen bzw. im Submodell, folgt

$$RSS_{X_1} - RSS_X = \mathbf{b}_0'\mathbf{X}'\mathbf{y} - \widehat{\boldsymbol{\beta}}_1{}'\mathbf{X}_1'\mathbf{y}. \tag{3.235}$$

Nun gilt mit (3.160) – (3.166)

$$\begin{aligned}
\mathbf{b}_0'\mathbf{X}'\mathbf{y} &= (\mathbf{b}_1', \mathbf{b}_2') \begin{pmatrix} \mathbf{X}_1'\mathbf{y} \\ \mathbf{X}_2'\mathbf{y} \end{pmatrix} \\
&= (\mathbf{y}' - \mathbf{b}_2'\mathbf{X}_2')\mathbf{X}_1(\mathbf{X}_1'\mathbf{X}_1)^{-1}\mathbf{X}_1'\mathbf{y} + \mathbf{b}_2'\mathbf{X}_2'\mathbf{y} \\
&= \widehat{\boldsymbol{\beta}}_1{}'\mathbf{X}_1'\mathbf{y} + \mathbf{b}_2'\mathbf{X}_2'\mathbf{M}_1\mathbf{y}. \quad (\text{vgl.}(3.175))
\end{aligned}$$

Damit wird (3.235) zu

$$\begin{aligned}
RSS_{X_1} - RSS_X &= \mathbf{b}_2'\mathbf{X}_2'\mathbf{M}_1\mathbf{y} \\
&= \mathbf{y}'\mathbf{M}_1\mathbf{X}_2\mathbf{D}^{-1}\mathbf{X}_2'\mathbf{M}_1\mathbf{y} \geq 0,
\end{aligned} \tag{3.236}$$

so daß (3.233) bewiesen ist.

Auf der Basis von Satz 3.14 wird folgende Statistik definiert:

$$\text{F-Change} = \frac{(RSS_{X_1} - RSS_X)/(K - p)}{RSS_X/(T - K)}, \tag{3.237}$$

die unter H_0: „kleineres Modell gültig" nach $F_{K-p,T-K}$-verteilt ist. Diese Statistik prüft bei Modellwahlverfahren die Signifikanz in der Veränderung von R^2 durch Hinzunahme weiterer $K - p$ Variablen zum kleineren Modell ($\mathbf{X}_1$-Matrix).

Die Monotonieeigenschaft von R^2 in der Parameter– oder Regressorenanzahl erfordert also eine Korrektur, die zum sogenannten adjustierten Bestimmtheitsmaß führt:

$$\bar{R}_p^2 = 1 - \left(\frac{T-1}{T-p}\right)(1 - R_p^2). \tag{3.238}$$

Hinweis: Falls keine Konstante β_0 im Modell enthalten ist, steht im Zähler T statt $T - 1$. $\bar{R}_p^2$ kann – im Gegensatz zu R^2 – negativ werden.

Falls für zwei Modelle (von denen das kleinere vollständig im größeren Modell enthalten ist) gilt

$$\bar{R}_{p+q}^2 < \bar{R}_p^2,$$

so signalisiert dies eine bessere Anpassung durch das Submodell.

Weitere Kriterien sind z.B. Mallows' C_p (Weisberg, 1980, p.188) oder Kriterien auf der Basis des Residual–Mean–Square–Errors $\hat{\sigma}_p^2 = RSS_p/(T-p)$. Zwischen diesen Kriterien bestehen enge Zusammenhänge.

Konfidenzbereiche

Wie im univariaten Fall gibt es auch im multiplen Modell einen engen Zusammenhang zwischen Annahmebereichen der F-Tests und Konfidenzbereichen für $\boldsymbol{\beta}$ oder Subvektoren von $\boldsymbol{\beta}$.

Konfidenzellipsoid für den vollen Parametervektor $\boldsymbol{\beta}$

Aus (3.150) und (3.153) erhalten wir für $\boldsymbol{\beta}^* = \boldsymbol{\beta}$ das Konfidenzellipsoid zum Niveau $1 - \alpha$

$$\frac{(\mathbf{b}_0 - \boldsymbol{\beta})'\mathbf{X}'\mathbf{X}(\mathbf{b}_0 - \boldsymbol{\beta})}{(\mathbf{y} - \mathbf{X}\mathbf{b}_0)'(\mathbf{y} - \mathbf{X}\mathbf{b}_0)} \cdot \frac{T-K}{K} \leq F_{K,T-K,1-\alpha}. \tag{3.239}$$

Konfidenzellipsoide für Teilvektoren

Aus (3.177) und (3.185) folgt, daß

$$\frac{(\mathbf{b}_2 - \boldsymbol{\beta}_2)'\mathbf{D}(\mathbf{b}_2 - \boldsymbol{\beta}_2)}{(\mathbf{y} - \mathbf{X}\mathbf{b}_0)'(\mathbf{y} - \mathbf{X}\mathbf{b}_0)} \cdot \frac{T-K}{K-k} \leq F_{K-k,T-K,1-\alpha} \tag{3.240}$$

ein $(1 - \alpha)$-Konfidenzellipsoid für $\boldsymbol{\beta}_2$ ist.

Weitere Ergebnisse zu Konfidenzbereichen findet man u.a. in Judge et al. (1980), Goldberger (1964), Pollock (1979), Weisberg (1980) und Kmenta (1971).

3.9 Das verallgemeinerte lineare Regressionsmodell

3.9.1 Einleitung

In vielen Anwendungen ist die Annahme, daß die Responsewerte y_t ($t = 1, \ldots, T$) unabhängig sind, nicht realistisch. Dies trifft auf viele Prozesse in der Ökonometrie (autokorrelierte Zeitreihen) und der Medizin oder Soziologie zu, insbesondere wenn wiederholte Beobachtungen an einem Individuum vorliegen oder wenn die Individuen in Clustern zusammmmengefaßt sind. Wir werden derartige Designs ausführlich behandeln (Kapitel 7: Repeated Measures Modelle, Kapitel 8: Cross–over, Kapitel 10: Korrelierter kategorialer Response).

Das verallgemeinerte lineare Regressionsmodell hat die Gestalt

$$
\left.
\begin{aligned}
& \mathbf{y} = \mathbf{X}\beta + \epsilon, \\[2mm]
& E(\epsilon) = \mathbf{0}, \quad E(\epsilon\epsilon') = \sigma^2\mathbf{W}, \\[2mm]
& \mathbf{W} \text{ positiv definit und bekannt,} \\[2mm]
& \mathbf{X} \text{ nichtstochastisch, Rang } (\mathbf{X}) = K.
\end{aligned}
\right\}
\tag{3.241}
$$

Durch die Einführung der Kovarianzmatrix $\sigma^2\mathbf{W}$ würde sich zwangsläufig die Zahl der (unbekannten) zu schätzenden Parameter um maximal $T(T + 1)/2$ erhöhen, während die Anzahl T der Beobachtungen fest bleibt. Die simultane oder auch schrittweise Schätzung aller Parameter stellt ein kompliziertes Problem dar, das nicht in geschlossener Form lösbar ist. Wir setzen deshalb voraus, daß $\mathbf{W}$ bekannt ist, so daß nur β und daraus σ^2 zu schätzen sind. (Da die Komponenten σ^2 und $\mathbf{W}$ bei der Aufspaltung von $E(\epsilon\epsilon')$ im allgemeinen nicht eindeutig bestimmt sind, wird man die Elemente von $\mathbf{W}$ geeignet normieren. Üblich sind die Normierungen $\mathrm{sp}(\mathbf{W}) = T$ oder $w_{11} = 1$.)

3.9.2 Aitken-Schätzung

Wir wollen die der klassischen KQ–Schätzung $\mathbf{b}_0 = (\mathbf{X}'\mathbf{X})^{-1}\mathbf{X}'\mathbf{y}$ entsprechende Schätzung von β im verallgemeinerten Regressionsmodell (3.241) herleiten und verwenden deshalb die in Abschnitt 2.6 angeführte Transformation.
Die Produktdarstellungen von $\mathbf{W}$ und $\mathbf{W}^{-1}$ lauten [A31 (iii)]

$$
\mathbf{W} = \mathbf{MM} \quad \text{und} \quad \mathbf{W}^{-1} = \mathbf{NN}
\tag{3.242}
$$

mit $\mathbf{M} = \mathbf{W}^{1/2}$ und $\mathbf{N} = \mathbf{W}^{-1/2}$ regulär und quadratisch. Wir transformieren das Modell (3.241) durch Linksmultiplikation mit $\mathbf{N}$:

$$
\mathbf{Ny} = \mathbf{NX}\beta + \mathbf{N}\epsilon
\tag{3.243}
$$

und setzen

$$\mathbf{N}\mathbf{y} = \tilde{\mathbf{y}}, \quad \mathbf{N}\mathbf{X} = \tilde{\mathbf{X}}, \quad \mathbf{N}\epsilon = \tilde{\epsilon}. \tag{3.244}$$

Dann gilt

$$E(\tilde{\epsilon}) = E(\mathbf{N}\epsilon) = \mathbf{0}, \quad E(\tilde{\epsilon}\tilde{\epsilon}') = E(\mathbf{N}\epsilon\epsilon'\mathbf{N}) = \sigma^2\mathbf{I}, \tag{3.245}$$

so daß das transformierte Modell $\tilde{\mathbf{y}} = \tilde{\mathbf{X}}\boldsymbol{\beta} + \tilde{\epsilon}$ den Annahmen des klassischen Regressionsmodells genügt. Die KQ-Schätzung von $\boldsymbol{\beta}$ in diesem Modell hat die Gestalt

$$\begin{aligned}
\mathbf{b} &= (\tilde{\mathbf{X}}'\tilde{\mathbf{X}})^{-1}\tilde{\mathbf{X}}'\tilde{\mathbf{y}} \\
&= (\mathbf{X}'\mathbf{N}\mathbf{N}'\mathbf{X})^{-1}\mathbf{X}'\mathbf{N}\mathbf{N}'\mathbf{y} \\
&= (\mathbf{X}'\mathbf{W}^{-1}\mathbf{X})^{-1}\mathbf{X}'\mathbf{W}^{-1}\mathbf{y}.
\end{aligned} \tag{3.246}$$

Damit haben wir durch Rücktransformation die KQ-Schätzung von $\boldsymbol{\beta}$ im verallgemeinerten Modell abgeleitet.
$\mathbf{b} = (\tilde{\mathbf{X}}'\tilde{\mathbf{X}})^{-1}\tilde{\mathbf{X}}'\tilde{\mathbf{y}}$ ist, wie wir wissen, auch die GM-Schätzung im transformierten Modell. Die GM-Eigenschaft von $\mathbf{b}$ überträgt sich auch auf das Modell (3.241):

$$\begin{aligned}
\mathbf{b} &= \mathbf{S}^{-1}\mathbf{X}'\mathbf{W}^{-1}\mathbf{y} \quad \text{ist erwartungstreu:} \\
E(\mathbf{b}) &= (\mathbf{X}'\mathbf{W}^{-1}\mathbf{X})^{-1}\mathbf{X}'\mathbf{W}^{-1}E(\mathbf{y}) \\
&= (\mathbf{X}'\mathbf{W}^{-1}\mathbf{X})^{-1}\mathbf{X}'\mathbf{W}^{-1}\mathbf{X}\boldsymbol{\beta} = \boldsymbol{\beta}.
\end{aligned} \tag{3.247}$$

$\mathbf{b}$ besitzt die kleinste Varianz (im Sinne von Satz 3.9):
Es sei $\tilde{\boldsymbol{\beta}} = \tilde{\mathbf{C}}\mathbf{y}$ eine beliebige erwartungstreue Schätzung von $\boldsymbol{\beta}$. Wir setzen wieder

$$\tilde{\mathbf{C}} = \hat{\mathbf{C}} + \mathbf{D} \tag{3.248}$$

mit

$$\hat{\mathbf{C}} = \mathbf{S}^{-1}\mathbf{X}'\mathbf{W}^{-1}. \tag{3.249}$$

Die Erwartungstreue von $\tilde{\boldsymbol{\beta}}$ bedingt $\mathbf{D}\mathbf{X} = \mathbf{0}$ (also wird $\hat{\mathbf{C}}\mathbf{W}\mathbf{D} = \mathbf{0}$). Damit erhalten wir für die Kovarianzmatrix

$$\begin{aligned}
\mathbf{V}_{\tilde{\beta}} &= E(\tilde{\mathbf{C}}\epsilon\epsilon'\tilde{\mathbf{C}}') \\
&= \sigma^2(\hat{\mathbf{C}} + \mathbf{D})\mathbf{W}(\hat{\mathbf{C}}' + \mathbf{D}') \\
&= \sigma^2\hat{\mathbf{C}}\mathbf{W}\hat{\mathbf{C}}' + \sigma^2\mathbf{D}\mathbf{W}\mathbf{D}' \\
&= \mathbf{V}_b + \sigma^2\mathbf{D}\mathbf{W}\mathbf{D}',
\end{aligned} \tag{3.250}$$

so daß $\mathbf{V}_{\tilde{\beta}} - \mathbf{V}_b = \sigma^2\mathbf{D}'\mathbf{W}\mathbf{D}$ nichtnegativ definit wird (Satz A 41 (v)). Dieses Resultat formuliert der folgende

Satz 3.15 GAUSS-MARKOV-AITKEN-Theorem. *Im verallgemeinerten linearen Regressionsmodell ist die verallgemeinerte KQ-Schätzung*

$$\mathbf{b} = (\mathbf{X}'\mathbf{W}^{-1}\mathbf{X})^{-1}\mathbf{X}'\mathbf{W}^{-1}\mathbf{y} \tag{3.251}$$

mit der Kovarianzmatrix

$$\mathbf{V}_b = \sigma^2(\mathbf{X}'\mathbf{W}^{-1}\mathbf{X})^{-1} = \sigma^2\mathbf{S}^{-1} \tag{3.252}$$

die beste lineare erwartungstreue Schätzung von $\boldsymbol{\beta}$.

(Wir bezeichnen $\mathbf{b}$ auch als AITKEN- oder als verallgemeinerte GM-Schätzung).

Analog zum klassischen Modell schätzen wir σ^2 und $\mathbf{V}_b$ durch

$$s^2 = (\mathbf{y} - \mathbf{X}\mathbf{b})'\mathbf{W}^{-1}(\mathbf{y} - \mathbf{X}\mathbf{b})(T - K)^{-1} \tag{3.253}$$

und

$$\hat{\mathbf{V}}_b = s^2 \mathbf{S}^{-1}. \tag{3.254}$$

Beide Schätzungen sind erwartungstreu:

$$E(s^2) = \sigma^2 \quad \text{und} \quad E(\hat{\mathbf{V}}_b) = \sigma^2 \mathbf{S}^{-1}. \tag{3.255}$$

Analog zu Satz 3.11 gilt

Satz 3.16 *Im verallgemeinerten linearen Regressionsmodell ist*

$$\hat{d} = \mathbf{a}'\mathbf{b} \tag{3.256}$$

mit der Varianz

$$\operatorname{var}(\hat{d}) = \sigma^2 \mathbf{a}'\mathbf{S}^{-1}\mathbf{a} = \mathbf{a}'\mathbf{V}_b\mathbf{a} \tag{3.257}$$

die beste lineare erwartungstreue Schätzung der Linearform $d = \mathbf{a}'\boldsymbol{\beta}$.

3.9.3 Fehlspezifikation der Kovarianzmatrix

Wir setzen das verallgemeinerte Regresssionsmodell (3.241) und damit speziell $\mathbf{W}$ als wahr voraus und untersuchen den Einfluß einer falschen Wahl der Kovarianzmatrix auf die Güte der damit verbundenen Schätzung von β bzw. σ^2 im Vergleich zur GM-Schätzung $\mathbf{b}$ (3.251) bzw. s^2 (3.253).

Die Ursachen für diese Fehlspezifikation können darin begründet sein, daß

- der korrelative Zusammenhang zwischen den Fehlern ϵ_t nicht erkannt oder (etwa aus Gründen der Rechenerleichterung) vernachlässigt und die klassische KQ-Schätzung verwendet wurde,

- der korrelative Zusammenhang allgemein durch eine Matrix $\tilde{\mathbf{W}} \neq \mathbf{W}$ beschrieben wird,

- die Matrix $\mathbf{W}$ unbekannt ist und aus einer Vorstichprobe stochastisch unabhängig von $\mathbf{y}$ durch $\hat{\mathbf{W}}$ geschätzt wird.

In jedem Fall erhalten wir eine Schätzung der Gestalt

$$\hat{\boldsymbol{\beta}} = (\mathbf{X}'\mathbf{A}\mathbf{X})^{-1}\mathbf{X}'\mathbf{A}\mathbf{y}, \tag{3.258}$$

wobei wir $\mathbf{A} \neq \mathbf{W}^{-1}$ symmetrisch, nichtstochastisch und so gewählt voraussetzen, daß $(\mathbf{X}'\mathbf{A}\mathbf{X})$ regulär ist. Dann gilt

$$E(\hat{\boldsymbol{\beta}}) = \boldsymbol{\beta}, \tag{3.259}$$

d.h. $\hat{\beta}$ (3.258) ist für jede fehlspezifizierte Matrix $\mathbf{A}$ erwartungstreu (sofern Rang $(\mathbf{X}'\mathbf{A}\mathbf{X}) = K)$.

Für die Kovarianzmatrix von $\hat{\beta}$ erhalten wir

$$\mathbf{V}_{\hat{\beta}} = \sigma^2(\mathbf{X}'\mathbf{A}\mathbf{X})^{-1}\mathbf{X}'\mathbf{A}\mathbf{W}\mathbf{A}\mathbf{X}(\mathbf{X}'\mathbf{A}\mathbf{X})^{-1}. \tag{3.260}$$

Der Verlust an Wirksamkeit durch Verwendung von $\hat{\beta}$ anstelle der GM-Schätzung $\mathbf{b} = \mathbf{S}^{-1}\mathbf{X}'\mathbf{W}^{-1}\mathbf{y}$ wird

$$\mathbf{V}_{\hat{\beta}} - \mathbf{V}_b = \ \sigma^2[(\mathbf{X}'\mathbf{A}\mathbf{X})^{-1}\mathbf{X}'\mathbf{A} - \mathbf{S}^{-1}\mathbf{X}'\mathbf{W}^{-1}] \\ \times \mathbf{W}[(\mathbf{X}'\mathbf{A}\mathbf{X})^{-1}\mathbf{X}'\mathbf{A} - \mathbf{S}^{-1}\mathbf{X}'\mathbf{W}^{-1}]'. \tag{3.261}$$

Diese Matrix ist nach Satz A 41 (iv) nichtnegativ definit.
Kein Verlust an Wirksamkeit tritt ein, wenn

$$(\mathbf{X}'\mathbf{A}\mathbf{X})^{-1}\mathbf{X}'\mathbf{A} = \mathbf{S}^{-1}\mathbf{X}'\mathbf{W}^{-1} \quad \text{bzw.} \quad \hat{\beta} = \mathbf{b} \quad \text{gilt.} \tag{3.262}$$

Besteht die erste Spalte von $\mathbf{X}$ nur aus Einsen, so setzen wir $\mathbf{X} = (1, \mathbf{x}_2, \ldots, \mathbf{x}_K) = (\mathbf{1}\,\tilde{\mathbf{X}})$.

Für diesen Fall und $\mathbf{A} = \mathbf{I}$, d.h. im Fall der Verwendung der klassischen KQ-Schätzung $\mathbf{b}_0 = (\mathbf{X}'\mathbf{X})^{-1}\mathbf{X}'\mathbf{y}$, gibt McElroy (1967) folgenden Satz an.

Satz 3.17 *Die klassische KQ-Schätzung* $\mathbf{b}_0 = (\mathbf{X}'\mathbf{X})^{-1}\mathbf{X}'\mathbf{y}$ *ist GM-Schätzung im verallgemeinerten linearen Regressionsmodell genau dann, wenn* $\mathbf{X} = (\mathbf{1}\,\tilde{\mathbf{X}})$ *und*

$$\mathbf{W} = (1 - \rho)\mathbf{I} + \rho\mathbf{1}\mathbf{1}' \tag{3.263}$$

mit $0 \le \rho < 1$ *und* $\mathbf{1}' = (1, 1, \ldots, 1)$ *gilt.*

Mit anderen Worten, es gilt in diesem Modell

$$(\mathbf{X}'\mathbf{X})^{-1}\mathbf{X}'\mathbf{y} = (\mathbf{X}'\mathbf{W}^{-1}\mathbf{X})^{-1}\mathbf{X}'\mathbf{W}^{-1}\mathbf{y} \tag{3.264}$$

für alle $\mathbf{y}$ genau dann, wenn die Fehler ϵ_t gleiche Varianz σ^2 und gleiche nichtnegative Kovarianzen $\sigma^2\rho$ besitzen. Eine Matrix dieser Gestalt heißt zusammengesetzt symmetrisch (compound symmetric).

Den Verlust an Wirksamkeit bei der Schätzung von σ^2 durch eine Statistik $\hat{\sigma}^2$, die auf der Basis von $\hat{\beta}$ (3.258) gewonnen wird, erhält man wie folgt:
Es wird

$$\hat{\epsilon} = \mathbf{y} - \mathbf{X}\hat{\beta} = (\mathbf{I} - \mathbf{X}(\mathbf{X}'\mathbf{A}\mathbf{X})^{-1}\mathbf{X}'\mathbf{A})\epsilon,$$

$$(T - K)\hat{\sigma}^2 = \hat{\epsilon}'\hat{\epsilon} = \text{sp}\{(\mathbf{I} - \mathbf{X}(\mathbf{X}'\mathbf{A}\mathbf{X})^{-1}\mathbf{X}'\mathbf{A})\epsilon\epsilon'(\mathbf{I} - \mathbf{A}\mathbf{X}(\mathbf{X}'\mathbf{A}\mathbf{X})^{-1}\mathbf{X}')\},$$

$$E(\hat{\sigma}^2)(T - K) = \sigma^2\text{sp}(\mathbf{W} - \mathbf{X}(\mathbf{X}'\mathbf{A}\mathbf{X})^{-1}\mathbf{X}'\mathbf{A}) \\ + \text{sp}\{\sigma^2\mathbf{X}(\mathbf{X}'\mathbf{A}\mathbf{X})^{-1}\mathbf{X}'\mathbf{A}(\mathbf{I} - 2\mathbf{W}) + \mathbf{X}\mathbf{V}_{\hat{\beta}}\mathbf{X}'\}. \tag{3.265}$$

Wählt man die Normierung $\mathrm{sp}(\mathbf{W}) = T$, so wird der erste Ausdruck in (3.265) gleich $T - K$ (Satz A 13). Für den Fall $\hat{\beta} = \mathbf{b}_0 = (\mathbf{X'X})^{-1}\mathbf{X'y}$ (d.h. $\mathbf{A} = \mathbf{I}$) erhalten wir

$$
\begin{aligned}
E(\hat{\sigma}^2) &= \sigma^2 + \frac{\sigma^2}{T-K}\mathrm{sp}[\mathbf{X}(\mathbf{X'X})^{-1}\mathbf{X'}(\mathbf{I}-\mathbf{W})] \\
&= \sigma^2 + \frac{\sigma^2}{T-K}(K - \mathrm{sp}[(\mathbf{X'X})^{-1}\mathbf{X'WX}]).
\end{aligned} \tag{3.266}
$$

Die mittlere Verzerrung der Schätzung von σ^2 auf der Basis der mit der klassischen KQ-Schätzung gebildeten Statistik $\hat{\sigma}^2$ wird also durch den zweiten Ausdruck in (3.266) gegeben. Diese Größe wird bei Fehlerprozessen mit positiver Korrelation im allgemeinen negativ sein, so daß eine Unterschätzung der wahren Varianz vorliegt und damit eine bessere Anpassung vorgetäuscht wird (vgl. hierzu die Beispiele in Goldberger (1964), p. 238 ff. für die Fälle der Heteroskedastie und der Autoregression 1. Art).

3.10   Kontrollfragen und Aufgaben

3.10.1 Beschreiben Sie das Prinzip der kleinsten Quadrate.
Wie lautet die Zielfunktion ?

3.10.2 Wann ist die Normalgleichung $\mathbf{X'X}\beta = \mathbf{X'y}$ eindeutig lösbar ? Wie lautet die allgemeine Lösung ?

3.10.3 Sei Rang $(\mathbf{X}) = p < K$.
Wie sichert man die Schätzbarkeit von β ?
Wie lautet die restriktive KQ–Schätzung ?

3.10.4 Definieren Sie den matrixwertigen Mean–Square–Error einer beliebigen und einer linearen Schätzung.
Wie lautet die Definition der MSE–I–Superiorität ?

3.10.5 Wie ist die beste erwartungstreue Schätzung definiert ?
Sei $\hat{\beta} = \mathbf{Cy} + \mathbf{d}$ eine lineare Schätzung. Wie lautet die Nebenbedingung der Erwartungstreue ?
Wie lautet die beste lineare erwartungstreue Schätzung von β ?

3.10.6 Sei $\hat{\beta}$ die beste lineare erwartungstreue Schätzung und $\tilde{\beta}$ eine beliebige erwartungstreue Schätzung. Wie verhalten sich die Kovarianzmatrizen beider Schätzungen zueinander ?

3.10.7 Wie erhält man eine erwartungstreue Schätzung von σ^2 ?

3.10.8 Charakterisieren Sie

(i) schwache

(ii) exakte (extreme)

Multikollinearität durch Rang $(\mathbf{X}'\mathbf{X})$, Erwartungstreue der KQ–Schätzung und Identifizierbarkeit.
Wie überwindet man exakte Multikollinearität ?

3.10.9 Wie lautet die ML–Schätzung von β und σ^2 bei Voraussetzung von $\epsilon \sim N(\mathbf{0}, \sigma^2 \mathbf{I})$?

3.10.10 Sei ω der Parameterraum unter $H_0 : \mathbf{R}\beta = \mathbf{0}$ und $\omega \subseteq \Omega$, Ω der Parameterraum für H_1.
Wie lautet die Teststatistik

$$F_{df_1, df_2} = \quad ?$$

3.10.11 Bestimmen Sie ein $(1-\alpha)$–Konfidenzintervall für den vollen Parametervektor β im Modell $\underset{T,1}{\mathbf{y}} = \underset{T,K}{\mathbf{X}} \ \underset{K,1}{\beta} + \underset{T,1}{\epsilon}$, $\epsilon \sim N(\mathbf{0}, \sigma^2 \mathbf{I})$ auf der Basis der KQ–Schätzung $\mathbf{b}_0 = (\mathbf{X}'\mathbf{X})^{-1}\mathbf{X}'\mathbf{y}$.

3.10.12 Sei $\mathbf{W}$ die wahre (unbekannte) und $\mathbf{A} \neq \mathbf{W}$ die fehlspezifizierte Kovarianzmatrix von ϵ.
Wie lautet die Schätzung $\hat{\beta}(\mathbf{A})$ auf der Basis von $\mathbf{A}$?
Berechnen Sie $E(\hat{\beta}(\mathbf{A}))$ und $\mathbf{V}(\hat{\beta}(\mathbf{A}))$.

3.10.13 Für welche Kovarianzstruktur stimmen gewöhnliche und verallgemeinerte KQ–Schätzung überein ?

Kapitel 4

Einfaktorielle Experimente mit festen und zufälligen Effekten

4.1 Modelle I und II in der Varianzanalyse

Die Varianzanalyse, von R. A. Fisher zunächst für Feldversuche entwickelt, gehört zu den am meisten angewendeten und allgemeinsten statistischen Prüf- und Analyseverfahren. Insbesondere bei komplizierten Klassifikationen sind diese Verfahren sehr rechenaufwendig (und aus diesem Grunde auch als Software verfügbar).

Wir unterscheiden zwei grundsätzliche Problemstellungen.

Modell I (mit festen Effekten) dient dem *mehrfachen Mittelwertsvergleich* quantitativer normalverteilter Merkmale, die an *fest gewählten* Versuchsobjekten beobachtet werden.

Man prüft die Nullhypothese H_0: $\mu_1 = \mu_2 = \ldots = \mu_s$ gegen die Alternative H_1: *mindestens zwei Mittelwerte sind verschieden*, vergleicht also s normalverteilte Grundgesamtheiten bezüglich ihrer Mittelwerte. Der zugehörige F-Test ist eine Verallgemeinerung des t–Tests, der dem Vergleich zweier Normalverteilungen dient. Allgemein spricht man vom *Vergleich der Wirkungen von Behandlungen*, wobei Behandlungen im weitesten Sinne des Wortes als Untersuchungsverfahren zu verstehen sind. Wenn man *bestimmte* vorgegebene Behandlungen miteinander vergleichen will, wird man sie nicht zufällig auswählen, sondern *fest* vorgeben.

Beispiel : Vergleich des mittleren Arbeitszeitaufwandes für ein Inlay bei drei *bestimmten* Zahnärzten (Tabelle 4.1)

Modell II (mit zufälligen Effekten) dient der *Zerlegung* der durch den Einfluß mehrerer Faktoren erzeugten *Gesamtvariabilität* (Varianz) in Komponenten, die den Einfluß jedes Faktors widerspiegeln und in eine Komponente, die nicht durch die Faktoren erklärt wird (Restvarianz). Im Gegensatz zum Modell I werden die Versuchsobjekte *zufällig* ausgewählt. Die Behandlungen sind dann als Zufallsstichprobe aus einer gedachten unendlichen Population anzusehen und es besteht kein Interesse an den zufällig ausgewählten Behandlungen selbst, sondern nur an ihrem jeweiligen Anteil an der Gesamtvariabilität.

Zahnarzt A	Zahnarzt B	Zahnarzt C
55.5	67.0	62.5
40.0	57.0	31.5
38.5	33.5	31.5
31.5	37.0	53.0
45.5	75.0	50.5
70.0	60.0	62.5
78.0	43.5	40.0
80.0	56.0	19.5
74.5	65.5	
57.5	54.0	
72.0	59.5	
70.0		
48.0		
59.0		
$n_1 = 14$	$n_2 = 11$	$n_3 = 8$
$\bar{x}_1 = 58.57$	$\bar{x}_2 = 55.27$	$\bar{x}_3 = 43.88$
$n = n_1 + n_2 + n_3$		

Tabelle 4.1: Zeitaufwand (in Minuten) für die Anfertigung von Inlays, gemessen bei drei Zahnärzten (S. Toutenburg, 1977)

Beispiel : Aus der Gesamtpopulation werden die Arbeitszeitwerte von (z.B. drei) *zufällig ausgewählten* Zahnärzten bezüglich ihres Anteils an der Gesamtvariabilität der Zeitwerte analysiert.

4.2 Einfache Klassifikation für den mehrfachen Mittelwertsvergleich

Gegeben seien s Stichproben aus s normalverteilten Grundgesamtheiten $N(\mu_i, \sigma^2)$, die Stichprobenumfänge seien n_i, der Gesamtstichprobenumfang sei n

$$\sum_{i=1}^{s} n_i = n. \tag{4.1}$$

Die Varianzen σ^2 sind *unbekannt, aber* in allen Grundgesamtheiten *gleich*.

Definition 4.1 *Sind alle n_i gleich, so heißt der Stichprobenplan (Versuchsplan) balanziert, anderenfalls unbalanziert.*

Man sagt auch, ein Faktor A wirkt in s Stufen und zu vergleichen sind die s Effekte, die sich in den Stichprobenmitteln niederschlagen (daher der Begriff *einfache Klassifikation*; die Meßwerte sind nach einem Faktor klassifiziert). Die Stufen des Faktors heißen auch *Behandlungen (Treatments)*.

Beispiele

1. Faktor A: Kunststoff PMMA
   s Stufen: s verschiedene Konzentrationen von Quarz im PMMA
   s Effekte: Biegefestigkeit der verschiedenen PMMA–Werkstoffe

2. Faktor A: Düngung
   s Stufen: s verschiedene Düngemittel (oder ein Düngemittel mit s verschiedenen Konzentrationen von Phosphat)
   s Effekte: Ertrag je ha

	Einzelversuche je Stufe von A				Summe der Beobachtungen je Stichprobe	Stichprobenmittel
	1	2	...	n_i		
1	y_{11}	y_{12}	...	y_{1n_1}	$\sum y_{1j} = Y_1.$	$Y_1./n_1 = y_1.$
2	y_{21}	y_{22}	...	y_{2n_2}	$\sum y_{2j} = Y_2.$	$Y_2./n_2 = y_2.$
$\vdots$						
s	y_{s1}	y_{s2}	...	y_{sn_s}	$\sum y_{sj} = Y_s.$	$Y_s./n_s = y_s.$
	$n = \sum n_i$				$\sum Y_i. = Y_{..}$	$Y_{..}/n = y_{..}$

Tabelle 4.2: Anordnung der Stichproben (einfache Klassifikation)

Die Beobachtungen der s Stichproben sind gemäß Tabelle 4.2 angeordnet. Ein Punkt als Index deutet darauf hin, daß über diesen Index summiert wurde. So ist zum Beispiel $y_1.$ der Mittelwert der 1. Zeile, $y_{..}$ das Gesamtmittel.

Es wird angenommen, für die Beobachtungen y_{ij} gelte das folgende Modell

$$y_{ij} = \mu + \alpha_i + \epsilon_{ij} \quad (i = 1, \ldots, s; j = 1, \ldots, n_i) \quad , \tag{4.2}$$

wobei

μ das Gesamtmittel,

α_i den Effekt der i–ten Stufe des Faktors A, d.h. die durch die i–te Stufe verursachte Abweichung (Treatmenteffekt) vom Gesamtmittel μ

und

ϵ_{ij} einen zufälligen Fehler (d.h. Zufallsabweichung von μ und α_i)

darstellen. μ und α_i sind feste Größen (Parameter), die ϵ_{ij} sind zufällige Größen. Folgende Voraussetzungen sind zu sichern:

- die Fehler ϵ_{ij} sind unabhängig und identisch verteilt mit Mittelwert 0 und Varianz σ^2.

- die Fehler sind normalverteilt, d.h. insgesamt gilt $\epsilon_{ij} \sim N(0, \sigma^2)$

- es gilt die sogenannte *Reparametrisierungsbedingung*

$$\sum \alpha_i n_i = 0. \tag{4.3}$$

Bei der Versuchsplanung sollte man möglichst auf gleiche Stichprobenumfänge n_i in den Gruppen achten *(balanzierter Fall)*, weil dann die Varianzanalyse *robust* gegen Abweichungen von den Voraussetzungen (Normalverteilung, gleiche Varianz) ist.

Bemerkung : Das Modell I (mit festen Effekten) geht davon aus, daß die s Behandlungen vor dem Versuch *fest* vorgegeben sind. Somit sind die α_i nichtstochastische Größen. Würde man die s Behandlungen durch einen Zufallsmechanismus aus einer Menge möglicher Behandlungen auswählen, wären die α_i stochastisch, d.h. Zufallsvariablen mit einer Verteilung. Für die Analyse von linearen Modellen mit stochastischen Parametern sind die Methoden der linearen Modelle zu modifizieren. Wir beschränken uns zunächst auf den Fall fester Effekte. Modelle mit zufälligen Effekten werden in Abschnitt 4.6 behandelt.

Vollständig randomisierte Versuchspläne

Der einfachste und am wenigsten restriktive Versuchsplan (CRD : completely randomized design) besteht darin, die s Behandlungen den n Versuchseinheiten in folgender Weise zuzuordnen. Wir wählen n_1 Versuchseinheiten zufällig aus und ordnen sie der Behandlung $i = 1$ zu. Danach werden n_2 Versuchseinheiten wiederum zufällig aus den $n - n_1$ verbleibenden Einheiten ausgewählt und der Behandlung $i = 2$ zugeordnet usw. Die restlichen $n - \sum_{i=1}^{s-1} n_i = n_s$ Einheiten erhalten die s–te Behandlung. Dieser Versuchsplan hat folgende *Vorteile* (vgl. z.B. Petersen, 1985, p.7)

- Flexibilität: Die Anzahl s der Behandlungen und die Anzahlen n_i sind nicht eingeschränkt; insbesondere sind unbalanzierte Versuchspläne erlaubt. Allerdings sollte man möglichst auf Balanziertheit achten, da die Trennschärfe der Tests bei Balanziertheit am größten ist.

- Freiheitsgrade: Die Anzahl der Freiheitsgrade für die Restvarianz ist maximal.

- Statistische Analyse: Der Einsatz von Standardverfahren ist auch im unbalanzierten Fall (z.B. bei missing values durch Nonresponse) möglich.

Als *Nachteil* dieses Versuchsplans ergibt sich bei inhomogenen Versuchseinheiten eine geringe Präzision der Aussagen. Häufig lassen sich die Versuchseinheiten jedoch in homogene Subgruppen aufteilen (Blockbildung), so daß die Präzision wieder erhöht werden kann.

4.2.1 Darstellung als restriktives Modell

Das lineare Modell (4.2) läßt sich in Matrixschreibweise formulieren, gemäß

$$
\begin{pmatrix} y_{11} \\ \vdots \\ y_{1n_1} \\ \vdots \\ y_{s1} \\ \vdots \\ y_{sn_s} \end{pmatrix}
=
\begin{pmatrix}
1 & 1 & 0 & \cdots & 0 \\
\vdots & \vdots & \vdots & \vdots & \vdots \\
1 & 1 & 0 & \cdots & 0 \\
\vdots & \vdots & \vdots & \vdots & \vdots \\
1 & 0 & \cdots & 0 & 1 \\
\vdots & \vdots & \vdots & \vdots & \vdots \\
1 & 0 & \cdots & 0 & 1
\end{pmatrix}
\begin{pmatrix} \mu \\ \alpha_1 \\ \vdots \\ \alpha_s \end{pmatrix}
+
\begin{pmatrix} \epsilon_{11} \\ \vdots \\ \epsilon_{1n_1} \\ \vdots \\ \epsilon_{s1} \\ \vdots \\ \epsilon_{sn_s} \end{pmatrix}
$$

d.h.

$$
\mathbf{y} = \mathbf{X}\boldsymbol{\beta} + \boldsymbol{\epsilon}, \quad \boldsymbol{\epsilon} \sim N(\mathbf{0}, \sigma^2 \mathbf{I}) \tag{4.4}
$$

mit $\mathbf{X}$ vom Typ $n \times (s+1)$ und Rang $(\mathbf{X}) = s$, so daß exakte Multikollinearität vorliegt.

Damit ist $\mathbf{X}'\mathbf{X}$ singulär, so daß zur Schätzung des $(s+1) \times 1$–Vektors $\boldsymbol{\beta}' = (\mu, \alpha_1, \ldots, \alpha_s)$ eine lineare Restriktion $r = \mathbf{R}'\boldsymbol{\beta}$ mit Rang $(\mathbf{R}) = J = 1$ und Rang $\begin{pmatrix} \mathbf{X} \\ \mathbf{R}' \end{pmatrix} = s + 1$ hinzugefügt werden muß (vgl. Satz 3.5).

Wir wählen

$$
r = 0, \quad \mathbf{R}' = (0, n_1, \ldots, n_s) \tag{4.5}
$$

also

$$
\sum \alpha_i n_i = 0 \tag{4.6}
$$

(vgl. (4.3)).

Bemerkung : Die Schätzbarkeit von $\boldsymbol{\beta}$ ist nach Satz 3.5 für *jede* Restriktion $r = \mathbf{R}'\boldsymbol{\beta}$ mit Rang $(\mathbf{R}') = J = 1$ und Rang $\begin{pmatrix} \mathbf{X} \\ \mathbf{R}' \end{pmatrix} = s + 1$ gesichert. Die *gewählte* Restriktion (4.6) bietet jedoch den Vorteil einer sachlogisch gerechtfertigten Interpretation, die sich an die Effektkodierung im loglinearen Modell anlehnt. Die Parameter α_i sind danach die Abweichungen vom Gesamtmittel μ und somit de facto auf μ standardisiert. Die α_i bestimmen also mit ihrer Größe und ihrem Vorzeichen die relativen (positiven oder negativen) Kräfte, mit denen die i–te Behandlung zu Abweichungen vom overall mean führt.

Gemäß (3.37) hat die bedingte KQ-Schätzung von $\boldsymbol{\beta}' = (\mu, \alpha_1, \ldots, \alpha_s)$ die Gestalt

$$
b(\mathbf{R}', 0) = (\mathbf{X}'\mathbf{X} + \mathbf{R}\mathbf{R}')^{-1}\mathbf{X}'\mathbf{y}. \tag{4.7}
$$

Wie man leicht überprüft, hat die Matrix $\begin{pmatrix} \mathbf{X} \\ \mathbf{R}' \end{pmatrix}$ mit $\mathbf{X}$ aus (4.4) und $\mathbf{R}'$ aus (4.5) den vollen Spaltenrang $s + 1$.

Fall $s = 2$:

Wir demonstrieren die Berechnung der Schätzung $\mathbf{b}(\mathbf{R}',0)$ für den Fall $s = 2$. Wir erhalten mit der Bezeichnung $\mathbf{1}'_{n_i} = (1,\ldots,1)$ für den $n_i \times 1$–Vektor aus Einsen folgende Darstellungen:

$$\mathop{\mathbf{X}}_{n,3} = \begin{pmatrix} \mathbf{1}_{n_1} & \mathbf{1}_{n_1} & \mathbf{0} \\ \mathbf{1}_{n_2} & \mathbf{0} & \mathbf{1}_{n_2} \end{pmatrix}, \tag{4.8}$$

$$\mathbf{X}'\mathbf{X} = \begin{pmatrix} \mathbf{1}'_{n_1} & \mathbf{1}'_{n_2} \\ \mathbf{1}'_{n_1} & \mathbf{0}' \\ \mathbf{0}' & \mathbf{1}'_{n_2} \end{pmatrix} \begin{pmatrix} \mathbf{1}_{n_1} & \mathbf{1}_{n_1} & \mathbf{0} \\ \mathbf{1}_{n_2} & \mathbf{0} & \mathbf{1}_{n_2} \end{pmatrix}$$

$$= \begin{pmatrix} n_1 + n_2 & n_1 & n_2 \\ n_1 & n_1 & 0 \\ n_2 & 0 & n_2 \end{pmatrix},$$

$$\mathbf{R}\mathbf{R}' = \begin{pmatrix} 0 \\ n_1 \\ n_2 \end{pmatrix} \begin{pmatrix} 0 & n_1 & n_2 \end{pmatrix} \tag{4.9}$$

$$= \begin{pmatrix} 0 & 0 & 0 \\ 0 & n_1^2 & n_1 n_2 \\ 0 & n_1 n_2 & n_2^2 \end{pmatrix}.$$

Mit $n = n_1 + n_2$ folgt

$$(\mathbf{X}'\mathbf{X} + \mathbf{R}\mathbf{R}') = \begin{pmatrix} n & n_1 & n_2 \\ n_1 & n_1 + n_1^2 & n_1 n_2 \\ n_2 & n_1 n_2 & n_2 + n_2^2 \end{pmatrix},$$

$$|\mathbf{X}'\mathbf{X} + \mathbf{R}\mathbf{R}'| = n_1 n_2 n^2,$$

$$(\mathbf{X}'\mathbf{X} + \mathbf{R}\mathbf{R}')^{-1} = \frac{1}{n_1 n_2 n^2} \begin{pmatrix} n_1 n_2 (1+n) & -n_1 n_2 & -n_1 n_2 \\ -n_1 n_2 & n_2(n(1+n_2)-n_2) & -n_1 n_2 (n-1) \\ -n_1 n_2 & -n_1 n_2 (n-1) & n_1(n(1+n_1)-n_1) \end{pmatrix}, \tag{4.10}$$

$$\mathbf{X}'\mathbf{y} = \begin{pmatrix} \mathbf{1}'_{n_1} & \mathbf{1}'_{n_2} \\ \mathbf{1}'_{n_1} & \mathbf{0}' \\ \mathbf{0}' & \mathbf{1}'_{n_2} \end{pmatrix} \begin{pmatrix} \mathbf{y}_1 \\ \mathbf{y}_2 \end{pmatrix}$$

$$= \begin{pmatrix} Y_{..} \\ Y_{1.} \\ Y_{2.} \end{pmatrix}. \tag{4.11}$$

Dabei sind

$$\mathbf{y}_1 = \begin{pmatrix} y_{11} \\ \vdots \\ y_{1n_1} \end{pmatrix}, \quad \mathbf{y}_2 = \begin{pmatrix} y_{21} \\ \vdots \\ y_{2n_2} \end{pmatrix}$$

$$Y_{1\cdot} \;=\; \sum_{i=1}^{n_1} y_{1i}\,, \quad Y_{2\cdot} = \sum_{i=1}^{n_2} y_{2i}$$

$$Y_{\cdot\cdot} \;=\; Y_{1\cdot} + Y_{2\cdot}\;\;.$$

Damit erhalten wir schließlich die gesuchte bedingte KQ–Schätzung (4.7) im Fall $s = 2$ gemäß

$$
\mathbf{b}\big((0,n_1,n_2),0\big) \;=\; (\mathbf{X}'\mathbf{X} + \mathbf{R}\mathbf{R}')^{-1}\mathbf{X}'\mathbf{y}
$$

$$
= \begin{pmatrix} \widehat{\mu} \\ \widehat{\alpha}_1 \\ \widehat{\alpha}_2 \end{pmatrix}
= \begin{pmatrix} y_{\cdot\cdot} \\ y_{1\cdot} - y_{\cdot\cdot} \\ y_{2\cdot} - y_{\cdot\cdot} \end{pmatrix}\;\;. \tag{4.12}
$$

Beweis: Die zeilenweise Multiplikation von (4.10) mit (4.11) ergibt

$$
\begin{aligned}
\widehat{\mu} &= \frac{n_1 n_2 (1 + n)Y_{\cdot\cdot} - n_1 n_2 Y_{1\cdot} - n_1 n_2 Y_{2\cdot}}{n_1 n_2 n^2} \\[2mm]
&= \frac{n Y_{\cdot\cdot}}{n^2} = \frac{Y_{\cdot\cdot}}{n} = y_{\cdot\cdot}\;\;, \\[2mm]
\widehat{\alpha}_1 &= \frac{-n_1 n_2 Y_{\cdot\cdot} + n_2 (n(1 + n_2) - n_2)Y_{1\cdot} - n_1 n_2 (n-1)Y_{2\cdot}}{n_1 n_2 n^2} \\[2mm]
&= -\frac{Y_{\cdot\cdot}}{n^2} + \frac{n + n n_2 - n_2}{n_1 n^2}Y_{1\cdot} - \frac{n-1}{n^2}(Y_{\cdot\cdot} - Y_{1\cdot}) \\[2mm]
&= Y_{1\cdot}\left(\frac{n + n n_2 - n_2 + n n_1 - n_1}{n_1 n^2}\right) - Y_{\cdot\cdot}\left(\frac{1 - 1 + n}{n^2}\right) \\[2mm]
&= \frac{Y_{1\cdot}}{n_1} - \frac{Y_{\cdot\cdot}}{n} = y_{1\cdot} - y_{\cdot\cdot}
\end{aligned}
$$

und analog

$$
\widehat{\alpha}_2 = y_{2\cdot} - y_{\cdot\cdot}\;\;.
$$

4.2.2 Zerlegung der Fehlerquadratsumme

Mit $\mathbf{b}(\mathbf{R}',0)$ aus (4.12) erhalten wir

$$
\widehat{y} \;=\; \mathbf{X}\mathbf{b}(\mathbf{R}',0) = \begin{pmatrix} y_{1\cdot}\mathbf{1}_{n_1} \\ y_{2\cdot}\mathbf{1}_{n_2} \end{pmatrix}. \tag{4.13}
$$

Die Zerlegung (3.192), d.h.

$$
\sum(y_t - \bar{y})^2 = \sum(y_t - \widehat{y}_t)^2 + \sum(\widehat{y}_t - \bar{y})^2
$$

hat in dem Modell (4.4) mit den neuen Bezeichnungen die Gestalt

$$\sum_{i=1}^{s}\sum_{j=1}^{n_i}(y_{ij}-y_{..})^2 = \sum_{i=1}^{s}\sum_{j=1}^{n_i}(y_{ij}-y_{i.})^2 + \sum_{i=1}^{s}n_i(y_{i.}-y_{..})^2 \qquad (4.14)$$

oder, abgekürzt gemäß (3.193) und (3.194)

$$SS_{corr} = RSS + SS_{Reg} \qquad (4.15)$$

bzw. in der Nomenklatur der Varianzanalyse

$$SQ_{Total} = SQ_{innerhalb} + SQ_{zwischen}. \qquad (4.16)$$

Die Quadratsumme

$$SQ_{innerhalb} = \sum\sum(y_{ij}-y_{i.})^2$$

mißt die Variabilität innerhalb jeder Behandlung, während die Quadratsumme

$$SQ_{zwischen} = \sum_{i=1}^{s}n_i(y_{i.}-y_{..})^2$$

die Variabilitätsunterschiede zwischen den Behandlungen, also den eigentlichen Behandlungseffekt mißt.

Prüfen der Regression

Wir betrachten das lineare Modell

$$y_{ij} = \mu + \alpha_i + \epsilon_{ij} \qquad \begin{array}{l}(i=1,\ldots,s \\ j=1,\ldots,n_i)\end{array} \qquad (4.17)$$

mit

$$\sum n_i\alpha_i = 0 \quad . \qquad (4.18)$$

Die Prüfung der Hypothese

$$H_0: \quad \alpha_1 = \cdots = \alpha_s = 0 \qquad (4.19)$$

bedeutet den Vergleich der Modelle

$$H_0: \quad y_{ij} = \mu + \epsilon_{ij} \qquad (4.20)$$

und

$$H_1: \quad y_{ij} = \mu + \alpha_i + \epsilon_{ij} \quad \text{mit} \quad \sum n_i\alpha_i = 0 \quad , \qquad (4.21)$$

d.h. die Prüfung von

$$H_0: \quad \alpha_1 = \cdots = \alpha_s = 0 \qquad (\text{Parameterraum} \ \omega) \qquad (4.22)$$

gegen

$$H_1: \quad \alpha_i \neq 0 \text{ für mindestens zwei } i \qquad (\text{Parameterraum } \Omega). \qquad (4.23)$$

Die zugehörige — bei vorausgesetzter Normalverteilung $\epsilon_{ij} \sim N(0, \sigma^2)$ für alle i, j — LQ–Teststatistik (3.145)

$$F = \frac{\hat{\sigma}_\omega^2 - \hat{\sigma}_\Omega^2}{\hat{\sigma}_\Omega^2} \frac{T - K}{K - s}$$

wird damit zu

$$F = \frac{SQ_{Total} - SQ_{innerhalb}}{SQ_{innerhalb}} \frac{n - s}{s - 1} \qquad (4.24)$$

$$= \frac{SQ_{zwischen}}{SQ_{innerhalb}} \frac{n - s}{s - 1} \qquad (4.25)$$

$$= \frac{MQ_{zwischen}}{MQ_{innerhalb}}. \qquad (4.26)$$

Bemerkung : Die Quadratsumme

$$SQ_{zwischen} = \sum_{i=1}^{s} n_i (y_{i\cdot} - y_{\cdot\cdot})^2$$

heißt — insbesondere bei höher klassifizierten Versuchsanlagen — nach dem Faktor, also z.B. SQ_A, wenn der Faktor A eine Behandlung in s verschiedenen Stufen darstellt.

Analog bezeichnet man

$$SQ_{innerhalb} = \sum_{i=1}^{s} \sum_{j=1}^{n_i} (y_{ij} - y_{i\cdot})^2$$

auch als SQ_{Rest} (RSS, Residual–Sum–of–Squares).
Ausführlicher geschrieben lassen sich die Quadratsummen wie folgt darstellen:

$$SQ_{Total} = \sum_i \sum_j (y_{ij} - y_{\cdot\cdot})^2 = \sum_i \sum_j y_{ij}^2 - n y_{\cdot\cdot}^2 \quad, \quad (4.27)$$

$$SQ_{zwischen} = SQ_A = \sum_i \sum_j (y_{i\cdot} - y_{\cdot\cdot})^2 = \sum_i n_i y_{i\cdot}^2 - n y_{\cdot\cdot}^2 \quad, \quad (4.28)$$

$$SQ_{Rest} = \sum_i \sum_j (y_{ij} - y_{i\cdot})^2 = \sum_i \sum_j y_{ij}^2 - \sum_i n_i y_{i\cdot}^2 \quad (4.29)$$

Die Benutzung dieser Formeln führt (z.B. bei Verwendung von Taschenrechnern) zu Rechenerleichterungen.

Unter der Voraussetzung der Normalverteilung sind die Quadratsummen jeweils χ^2–verteilt mit den zugehörigen Freiheitsgraden. Die Quotienten SQ/df bezeichnet man als MQ. Wie wir gleich zeigen werden, ist

$$MQ_R = \frac{SQ_{Rest}}{n-s} \qquad (4.30)$$

eine erwartungstreue Schätzung von σ^2. Zum Prüfen der Hypothese (4.22) verwendet man die Testgröße (4.26), also

$$F = \frac{MQ_A}{MQ_R} = \frac{n-s}{s-1}\frac{SQ_A}{SQ_{Rest}}, \qquad (4.31)$$

die unter H_0 eine $F_{s-1,n-s}$-Verteilung besitzt. Für

$$F > F_{s-1,n-s;1-\alpha} \qquad (4.32)$$

wird H_0 abgelehnt.

Für die Durchführung der Varianzanalyse wird das Schema der Tabelle 4.3 verwendet.

Variations-ursache	SQ	Freiheits-grade	MQ	Prüfwert F
Zwischen den Stufen des Faktors A	$SQ_A = \sum\limits_{i=1}^{s} n_i y_{i\cdot}^2 - ny_{\cdot\cdot}^2$	$df_A = s-1$	$MQ_A = \frac{SQ_A}{df_A}$	$\frac{MQ_A}{MQ_R}$
Innerhalb der Stufen des Faktors A	$SQ_{Rest} = \sum\limits_{i}\sum\limits_{j} y_{ij}^2 - \sum\limits_{i} n_i y_{i\cdot}^2$	$df_R = n-s$	$MQ_R = \frac{SQ_R}{df_R}$	
	$SQ_{Total} = \sum\limits_{i}\sum\limits_{j} y_{ij}^2 - ny_{\cdot\cdot}^2$	$df_T = n-1$		

Tabelle 4.3: Schema für die Varianzanalyse – einfache Klassifikation

Bemerkung : Wir haben uns bei der Herleitung der Teststatistik (4.31) auf die Ergebnisse aus Kapitel 3, insbesondere auf Abschnitt 3.7 gestützt und somit den Nachweis der Unabhängigkeit der χ^2-Verteilungen im Zähler und Nenner von F (4.31) nicht mehr gesondert durchgeführt.

Eine Alternative zum Nachweis, daß SQ_A und SQ_{Rest} stochastisch unabhängig sind, basiert auf einem Satz von Cochran in der Form, wie sie z.B. in Montgomery (1976, p.37) angegeben wird.

Satz 4.1 (Theorem von Cochran) *Seien $z_i \sim N(0,1)$, $i = 1,\ldots,v$ unabhängige Zufallsvariablen und sei folgende Zerlegung*

$$\sum_{i=1}^{v} z_i^2 = Q_1 + Q_2 + \cdots + Q_s \qquad (4.33)$$

mit $s \le v$ gegeben. Damit sind die $Q_1,\ldots,Q_s$ unabhängig $\chi^2_{v_1},\ldots,\chi^2_{v_s}$-verteilte Zufallsvariablen dann und nur dann, wenn

$$v = v_1 + \cdots + v_s \qquad (4.34)$$

gilt.

Die Anwendung dieses Satzes ergibt:

$$(i) \qquad SQ_{Total} = \sum_{i=1}^{s} \sum_{j=1}^{n_i} (y_{ij} - y_{..})^2 \qquad\qquad (4.35)$$

hat $n = \sum_{i=1}^{s} n_i$ Summanden, die einer linearen Restriktion ($\sum\sum y_{ij} = n y_{..}$) genügen müssen, also hat SQ_{Total} $n - 1$ Freiheitsgrade.

$$(ii) \qquad SQ_{innerhalb} = SQ_{Rest} = \sum\sum (y_{ij} - y_{i.})^2 \qquad\qquad (4.36)$$

hat bei n Summanden s lineare Restriktionen $\sum_{j=1}^{n_i} y_{ij} = n_i y_{i.}$ $(i = 1, \ldots, s)$ zu erfüllen, besitzt also $n - s$ Freiheitsgrade.

$$(iii) \qquad SQ_{Zwischen} = SQ_A = \sum_{i=1}^{s} n_i (y_{i.} - y_{..})^2 \qquad\qquad (4.37)$$

besitzt s Summanden, die einer linearen Restriktion ($\sum_{i=1}^{s} n_i y_{i.} = n y_{..}$) genügen müssen, so daß SQ_A $s - 1$ Freiheitsgrade besitzt.
Damit gilt für die Zerlegung (4.33) gemäß

$$SQ_{Total} = SQ_{Rest} + SQ_A$$

gleichzeitig die Zerlegung (4.34) der Freiheitsgrade, d.h.

$$n - 1 = (n - s) + (s - 1) \quad ,$$

so daß gemäß Satz 4.1 SQ_{Rest} und SQ_A unabhängige Chi–Quadrat–Verteilungen besitzen, ihr Quotient F (4.31) also F–verteilt ist.

4.2.3 Schätzung von σ^2 durch MQ_{Rest}

In (3.97) haben wir für das lineare Modell als erwartungstreue Schätzung für σ^2 die Statistik

$$s^2 = \frac{1}{T - K} (\mathbf{y} - \mathbf{X b_0})'(\mathbf{y} - \mathbf{X b_0})$$

hergeleitet. In unserem Spezialfall des Modells (4.4) und unter Verwendung von

$$\hat{\mathbf{y}} = \mathbf{X b_0} = \begin{pmatrix} y_1 . \mathbf{1}_{n_1} \\ y_2 . \mathbf{1}_{n_2} \\ \vdots \\ y_s . \mathbf{1}_{n_s} \end{pmatrix} \qquad\qquad (4.38)$$

gemäß (4.13) für den Fall $s > 2$ erhalten wir analog ($K = s$, $T = n$ gesetzt):

111

$$s^2 \;=\; \frac{1}{n-s}\left((y_1 - y_1.\mathbf{1}_{n_1})', \ldots, (y_s - y_s.\mathbf{1}_{n_s})'\right)\begin{pmatrix} y_1 - y_1.\mathbf{1}_{n_1} \\ \vdots \\ y_s - y_s.\mathbf{1}_{n_s} \end{pmatrix}$$

$$= \; \frac{1}{n-s}\sum_{i=1}^{s}\sum_{j=1}^{n_i}(y_{ij} - y_{i\cdot})^2 \tag{4.39}$$

$$= \; MQ_{Rest}. \tag{4.40}$$

Aus dem Modell (4.2) folgt

$$y_{i\cdot} = \mu + \alpha_i + \epsilon_{i\cdot} \quad , \qquad \epsilon_{i\cdot} \sim N\left(0, \frac{\sigma^2}{n_i}\right) \tag{4.41}$$

und damit analog zu (3.96)

$$\begin{aligned}
E(MQ_{Rest}) \;&=\; \frac{1}{n-s}E\left[\sum\sum(y_{ij} - y_{i\cdot})^2\right] \\
&=\; \frac{1}{n-s}E\left[\sum\sum(\epsilon_{ij}^2 + \epsilon_{i\cdot}^2 - 2\epsilon_{ij}\epsilon_{i\cdot})\right] \\
&=\; \frac{1}{n-s}\sum\sum\left(\sigma^2 + \frac{\sigma^2}{n_i} - 2\frac{\sigma^2}{n_i}\right) \\
&=\; \sigma^2.
\end{aligned} \tag{4.42}$$

Aus (4.41) folgt weiter mit (4.6)

$$\begin{aligned}
y_{\cdot\cdot} \;&=\; \mu + \frac{1}{n}\sum_{i=1}^{s} n_i\alpha_i + \epsilon_{\cdot\cdot} \\
&=\; \mu + \epsilon_{\cdot\cdot} \quad , \qquad \epsilon_{\cdot\cdot} \sim N\left(0, \frac{\sigma^2}{n}\right)
\end{aligned} \tag{4.43}$$

$$\begin{aligned}
E(\epsilon_{i\cdot}\epsilon_{\cdot\cdot}) \;&=\; \frac{1}{n_i n}E\left[\sum_{j=1}^{n_i}\epsilon_{ij}\sum_{i=1}^{s}\sum_{j=1}^{n_i}\epsilon_{ij}\right] \\
&=\; \frac{\sigma^2}{n} \quad .
\end{aligned} \tag{4.44}$$

Also gilt

$$y_{i\cdot} - y_{\cdot\cdot} \;=\; \alpha_i + \epsilon_{i\cdot} - \epsilon_{\cdot\cdot}, \tag{4.45}$$

$$E(y_{i\cdot} - y_{\cdot\cdot})^2 \;=\; \alpha_i^2 + \frac{\sigma^2}{n_i} - \frac{\sigma^2}{n} \tag{4.46}$$

und damit

$$E(MQ_A) = \frac{1}{s-1} \sum \sum E(y_i. - y_{..})^2$$
$$= \sigma^2 + \frac{\sum n_i \alpha_i^2}{s-1} \ . \tag{4.47}$$

Somit ist MQ_A unter $H_0 : \alpha_1 = \cdots = \alpha_s = 0$ ebenfalls ein erwartungstreuer Schätzer von σ^2. Falls H_0 nicht erfüllt ist, besitzt die Teststatistik F (4.31) also einen Erwartungswert größer als Eins.

Beispiel 4.1: Die ermittelten Arbeitszeitwerte für die Fertigung von Inlays (Tabelle 4.1) stellen ein einfach klassifiziertes Datenmaterial dar, wobei der Faktor A den Einfluß des Zahnarztes auf die Arbeitszeitwerte ausdrückt; er wirkt hier in $s = 3$ Stufen (Zahnarzt A, B, C).
Wir können annehmen, daß die Voraussetzungen für eine Normalverteilung gegeben sind, wenn wir die Zeitwerte aus Tabelle 4.1 durch ihre natürlichen Logarithmen ersetzen (der Grund für diese Transformation liegt darin begründet, daß Zeitwerte häufig schief verteilt sind).

	j / i	1	2	3	4	5	6	7	8	9	10
(A)	1	4.02	3.69	3.65	3.45	3.82	4.25	4.36	4.38	4.31	4.05
(B)	2	4.20	4.04	3.51	3.61	4.32	4.09	3.77	4.03	4.18	3.99
(C)	3	4.14	3.45	3.45	3.97	3.92	4.14	3.69	2.97		

	j / i	11	12	13	14	$Y_i.$		$y_i.$		
(A)	1	4.28	4.25	3.87	4.08	56.46	$= Y_1.$	4.03	$= y_1.$	
(B)	2	4.09				43.83	$= Y_2.$	3.98	$= y_2.$	
(C)	3					29.73	$= Y_3.$	3.72	$= y_3.$	
			$n=33$			130.02	$= Y_{..}$	3.94	$= y_{..}$	

Tabelle 4.4: Logarithmen der Arbeitszeitwerte aus Tabelle 4.1

	SQ		df	MQ		F	
SQ_A	=	512.82 - 512.28	2	MQ_A	= 0.27	F	= 2.70
	=	0.54					
SQ_{Rest}	=	515.76 - 512.82	30	MQ_R	= 0.10		
	=	2.94					
SQ_{Total}	=	515.76 - 512.28	32				
	=	3.48					

Tabelle 4.5: Tafel der Varianzanalyse zum Beispiel 4.1

Die Zusammenstellung der Meßwerte erfolgt gemäß Tabelle 4.1 in Tabelle 4.4, die Auswertung wird in Tabelle 4.5 durchgeführt. Als Testwert ergibt sich F = 2.70 < 3.32 = $F_{2,30;0.95}$ (Tabelle B6). Die Nullhypothese *Die mittleren Arbeitszeitwerte je Inlay sind bei den drei Zahnärzten gleich* wird also *nicht* abgelehnt.

Um noch einmal auf den Unterschied zwischen Modell I und II hinzuweisen: die obige Aussage bedeutet, daß sich die drei ausgewählten Zahnärzte bezüglich der mittleren Fertigungszeiten je Inlay nicht unterscheiden. Will man die Frage prüfen, welchen Einfluß der Faktor *Zahnarzt* auf Arbeitszeitwerte hat, so müßten in einer *zufällig ausgewählten* Stichprobe von s Zahnärzten Arbeitszeitwerte ermittelt und der Anteil der durch die Zahnärzte eingebrachten Variabilität an der Gesamtvariation geprüft werden. Es geht dann also nicht um den Vergleich von Mittelwerten, sondern um die Aufspaltung der Gesamtstreuung auf Komponenten (Modell II).

Bemerkung: Die obige Auswertung erfolgte auf dem PC mit maximaler Genauigkeit. Bei Benutzung eines Taschenrechners und zweistelliger Genauigkeit kommt es zu Abweichungen in den $SQ's$, jedoch nicht in der Testentscheidung.

4.3 Vergleich von einzelnen Mittelwerten

4.3.1 Lineare Kontraste

Der multiple Mittelwertsvergleich, d.h. die Prüfung von H_0 (4.22) gegen H_1 (4.23) hat zwei mögliche Ergebnisse – Beibehaltung von H_0 (kein Behandlungseffekt) und Ablehnung von H_0 (Behandlungseffekt). Bei der ersten Entscheidung ist man de facto mit der Analyse fertig. Man könnte nach Poweranalysen ggf. über eine Erhöhung des Stichprobenumfangs einen zweiten Anlauf zum Effektnachweis unternehmen.

Wird dagegen ein Overall–Behandlungseffekt durch Annahme von H_1: $\alpha_i \neq 0$ für mindestens ein i (oder äquivalent $\mu_i = \mu + \alpha_i \neq \mu + \alpha_j = \mu_j$ für mindestens ein Paar $(i,j), i \neq j$) nachgewiesen, so ist man daran interessiert, diejenigen Populationen herauszufinden, die diesen Overall–Effekt verursacht haben. In dieser Situation sind also Vergleiche von Paaren oder von Linearkombinationen von Mittelwerten angebracht. Man prüft also z.B.

$$H_0: \quad \mu_1 = \mu_2$$

gegen

$$H_1: \quad \mu_1 \neq \mu_2$$

mit dem Zwei–Stichproben–t–Test durch Vergleich von $y_1.$ und $y_2.$ gemäß (1.5). Andere mögliche Hypothesen wären z.B. $\mu_1 + \mu_2 = \mu_3 + \mu_4$.

Diese Hypothesen bedeuten jeweils eine lineare Restriktion $r = \mathbf{R}'\beta$ mit Rang $(\mathbf{R}') = 1$. In der Varianzanalyse bezeichnet man eine Linearkombination von Mittelwerten (in der Population oder in der Stichprobe) als linearen Kontrast, sofern folgende Bedingung erfüllt ist.

Definition 4.2 *Eine Linearkombination*

$$\sum_{i=1}^{a} c_i y_i. = \mathbf{c}'\mathbf{y}.$$

114

von Mittelwerten heißt linearer Kontrast, falls

$$\mathbf{c'c} \neq 0 \quad und \quad \sum_{i=1}^{a} c_i = 0 \tag{4.48}$$

gilt.

Seien wiederum s Populationen bezüglich ihrer Mittelwerte zu vergleichen, d.h. setzen wir voraus

$$y_{ij} \sim N(\mu_i, \sigma^2) \quad i = 1, \ldots, s; j = 1, \ldots, n_i \tag{4.49}$$

mit y_{ij} und $y_{i'j}$ unabhängig für $i \neq i'$, so gilt

$$y_{i\cdot} \sim N\left(\mu_i, \frac{\sigma^2}{n_i}\right). \tag{4.50}$$

Bezeichnen wir mit

$$\boldsymbol{\mu} = (\mu_1, \ldots, \mu_s)' \tag{4.51}$$

den Vektor aus den s Erwartungswerten, so läßt sich jeder lineare Kontrast in den Erwartungswerten als

$$\mathbf{c'\mu} \quad mit \quad \sum c_i = 0 \quad und \quad \mathbf{c'c} \neq 0 \tag{4.52}$$

darstellen. Der Vektor $\boldsymbol{\mu}$ darf nicht mit dem Gesamtmittel μ aus (4.4) verwechselt werden.

Die Teststatistik zum Prüfen von H_0: $\mathbf{c'\mu} = 0$ hat also die typische Gestalt

$$\frac{(\mathbf{c'y}_\cdot)^2}{\mathrm{Var}(\mathbf{c'y}_\cdot)} \tag{4.53}$$

mit dem Vektor

$$\mathbf{y'_\cdot} = (y_{1\cdot}, \ldots, y_{s\cdot}) \tag{4.54}$$

aus den Stichprobenmittelwerten.

Dann gilt wegen der Unabhängigkeit der s Populationen (vgl. (4.4))

$$\mathbf{c'y}_\cdot \sim N\left(\mathbf{c'\mu}, \sigma^2 \sum \frac{c_i^2}{n_i}\right) \tag{4.55}$$

und damit unter H_0

$$\frac{(\mathbf{c'y}_\cdot)^2}{\sigma^2 \sum \frac{c_i^2}{n_i}} \sim \chi_1^2 \quad . \tag{4.56}$$

Die Varianz σ^2 wird wie üblich erwartungstreu durch MQ_{Rest} (4.40) geschätzt, so daß die Teststatistik die Gestalt

$$t_{n-s}^2 = F_{1,n-s} = \frac{(\mathbf{c'y}_\cdot)^2}{\mathrm{MQ}_{Rest} \sum \frac{c_i^2}{n_i}} \tag{4.57}$$

annimmt, falls die χ^2-Verteilungen des Zählers und des Nenners unabhängig sind.

Nachweis der F–Verteilung von $F_{1,n-s}$ aus (4.57)

(i) Nenner:

Wir leiten zunächst eine Darstellung von MQ_{Rest} als quadratische Form im Gesamtfehlervektor ϵ (vgl.(4.4)) her.
Mit (4.2) und (4.41) folgt

$$
\begin{aligned}
y_{ij} - y_{i\cdot} &= \epsilon_{ij} - \epsilon_{i\cdot} \quad , \quad (\text{alle } i,j) \\
\epsilon_i - \mathbf{1}_{n_i}\epsilon_{i\cdot} &= \epsilon_i - \frac{1}{n_i}\mathbf{1}_{n_i}\mathbf{1}'_{n_i}\epsilon_i \\
&= (\mathbf{I}_{n_i} - \frac{1}{n_i}\mathbf{1}_{n_i}\mathbf{1}'_{n_i})\epsilon_i \\
&= \mathbf{Q}_i\epsilon_i \quad ,
\end{aligned}
\tag{4.58}
$$

$$
\begin{pmatrix} \epsilon_1 \\ \vdots \\ \epsilon_s \end{pmatrix} - \begin{pmatrix} \mathbf{1}_{n_1}\epsilon_{1\cdot} \\ \vdots \\ \mathbf{1}_{n_s}\epsilon_{s\cdot} \end{pmatrix} = \begin{pmatrix} \mathbf{Q}_1 & & \mathbf{0} \\ & \ddots & \\ \mathbf{0} & & \mathbf{Q}_s \end{pmatrix}\epsilon
$$

$$
\begin{aligned}
&= \mathrm{diag}(\mathbf{Q}_1,\ldots,\mathbf{Q}_s)\epsilon \\
&= \mathbf{Q}\epsilon \quad .
\end{aligned}
\tag{4.59}
$$

Die Matrizen $\mathbf{Q}_i = \mathbf{I}_{n_i} - \frac{1}{n_i}\mathbf{1}_{n_i}\mathbf{1}'_{n_i}$ sind symmetrisch:

$$
\mathbf{Q}_i = \mathbf{Q}'_i \quad ,
$$

also gilt auch

$$
\mathbf{Q} = \mathbf{Q}' \quad .
$$

Ferner ist $\mathbf{Q}_i$ idempotent:

$$
\begin{aligned}
\mathbf{Q}_i^2 &= \mathbf{I}_{n_i} + \frac{1}{n_i^2}\mathbf{1}_{n_i}\mathbf{1}'_{n_i}\mathbf{1}_{n_i}\mathbf{1}'_{n_i} - \frac{2}{n_i}\mathbf{1}_{n_i}\mathbf{1}'_{n_i} \\
&= \mathbf{Q}_i
\end{aligned}
$$

mit $\mathrm{Rang}(\mathbf{Q}_i) = \mathrm{sp}(\mathbf{Q}_i) = n_i - 1$. Damit ist $\mathbf{Q}$ auch idempotent mit $\mathrm{Rang}(\mathbf{Q}) = \sum \mathrm{Rang}(\mathbf{Q}_i) = n - s$.
Daraus folgt die Darstellung

$$
MQ_{Rest} = \frac{1}{n-s}\,\epsilon'\mathbf{Q}\epsilon \quad .
\tag{4.60}
$$

(ii) Zähler:

Es ist

$$\mathbf{y}. = \begin{pmatrix} y_{1\cdot} \\ \vdots \\ y_{s\cdot} \end{pmatrix} = \begin{pmatrix} \mu + \alpha_1 + \epsilon_{1\cdot} \\ \vdots \\ \mu + \alpha_s + \epsilon_{s\cdot} \end{pmatrix} \quad . \tag{4.61}$$

Unter

$$\mathrm{H_0} : \quad \mathbf{c'}\boldsymbol{\mu} = \mathbf{c'} \begin{pmatrix} \mu + \alpha_1 \\ \vdots \\ \mu + \alpha_s \end{pmatrix} = 0 \tag{4.62}$$

folgt

$$\mathbf{c'y}. = \mathbf{c'} \begin{pmatrix} \epsilon_{1\cdot} \\ \vdots \\ \epsilon_{s\cdot} \end{pmatrix} = \mathbf{c'}\boldsymbol{\epsilon}. \tag{4.63}$$

mit

$$\begin{aligned}
\boldsymbol{\epsilon}. &= \begin{pmatrix} \frac{1}{n_1}\mathbf{1}'_{n_1} & & \mathbf{0} \\ & \ddots & \\ \mathbf{0} & & \frac{1}{n_s}\mathbf{1}'_{n_s} \end{pmatrix} \boldsymbol{\epsilon} \\
&= \mathrm{diag}(\mathbf{D}'_1,\ldots,\mathbf{D}'_s)\boldsymbol{\epsilon} \\
&= \mathbf{D}'\boldsymbol{\epsilon} \quad .
\end{aligned} \tag{4.64}$$

Damit hat der Zähler von F (4.57) ebenfalls die Gestalt einer quadratischen Form in ϵ gemäß

$$\frac{(\mathbf{c'y}.)^2}{\sum \frac{c_i^2}{n_i}} = \frac{1}{\sum \frac{c_i^2}{n_i}} \boldsymbol{\epsilon}'\mathbf{Dcc'D'}\boldsymbol{\epsilon} \quad . \tag{4.65}$$

Die Matrix dieser quadratischen Form ist symmetrisch und idempotent:

$$\left(\frac{1}{\sum \frac{c_i^2}{n_i}} \mathbf{Dcc'D'} \right)^2 = \frac{1}{\sum \frac{c_i^2}{n_i}} \mathbf{Dcc'D'} \quad . \tag{4.66}$$

Wir überprüfen dies für $s = 2$. Es ist

$$\begin{aligned}
\mathbf{Dcc'D'} &= \begin{pmatrix} \frac{1}{n_1}\mathbf{1}_{n_1} & \mathbf{0} \\ \mathbf{0} & \frac{1}{n_2}\mathbf{1}_{n_2} \end{pmatrix} \begin{pmatrix} c_1 \\ c_2 \end{pmatrix} (c_1 \; c_2) \begin{pmatrix} \frac{1}{n_1}\mathbf{1}'_{n_1} & \mathbf{0} \\ \mathbf{0} & \frac{1}{n_2}\mathbf{1}'_{n_2} \end{pmatrix} \\
&= \begin{pmatrix} \frac{c_1^2}{n_1^2}\mathbf{1}_{n_1}\mathbf{1}'_{n_1} & \frac{c_1 c_2}{n_1 n_2}\mathbf{1}_{n_1}\mathbf{1}'_{n_2} \\ \frac{c_1 c_2}{n_1 n_2}\mathbf{1}_{n_2}\mathbf{1}'_{n_1} & \frac{c_2^2}{n_2^2}\mathbf{1}_{n_2}\mathbf{1}'_{n_2} \end{pmatrix}
\end{aligned}$$

und damit gilt

$$(\mathbf{Dcc'D'})^2 = \left(\frac{c_1^2}{n_1} + \frac{c_2^2}{n_2} \right) (\mathbf{Dcc'D'}) \quad ,$$

woraus die Idempotenz (vgl.(4.66)) folgt. Ferner gilt (vgl. A 61 (ii))

$$\text{Rang}\left(\frac{\mathbf{Dcc'D'}}{\sum \frac{c_i^2}{n_i}}\right) = \text{sp}\left(\frac{\mathbf{Dcc'D'}}{\sum \frac{c_i^2}{n_i}}\right) = 1 \quad ,$$

da $\text{sp}(\mathbf{1}_{n_i}\mathbf{1}_{n_i}') = n_i$ ist.

(iii) Unabhängigkeit von Zähler und Nenner

Zähler und Nenner von F aus (4.57) sind als quadratische Formen in ϵ mit idempotenten Matrizen jeweils χ_1^2- bzw. χ_{n-s}^2-verteilt. Ihr Quotient besitzt nach Satz A 88 eine $F_{1,n-s}$-Verteilung, falls

$$\frac{1}{\sum \frac{c_i^2}{n_i}} \mathbf{QDcc'D'} = 0 \tag{4.67}$$

ist. Wie man leicht sieht, gilt

$$\mathbf{QD} = \begin{pmatrix} \mathbf{Q_1D_1} & & \mathbf{0} \\ & \ddots & \\ \mathbf{0} & & \mathbf{Q_sD_s} \end{pmatrix} \tag{4.68}$$

und

$$\begin{aligned}
\mathbf{Q_iD_i} &= \left(\mathbf{I}_{n_i} - \frac{1}{n_i}\mathbf{1}_{n_i}\mathbf{1}_{n_i}'\right)\frac{1}{n_i}\mathbf{1}_{n_i} \\
&= \frac{1}{n_i}\mathbf{1}_{n_i} - \frac{1}{n_i}\mathbf{1}_{n_i} = 0 \quad ,
\end{aligned}$$

also folgt

$$\mathbf{QD} = 0$$

und damit ist (4.67) erfüllt.

Bemerkung : Da ein linearer Kontrast unter H_0: $\mathbf{c'\mu} = 0$ invariant gegenüber Multiplikation mit einer Konstanten $a \neq 0$ ist:

$$a\mathbf{c'\mu} = 0, \quad a\sum c_i = 0, \tag{4.69}$$

empfiehlt es sich, durch Standardisierung

$$\mathbf{c'c} = 1 \tag{4.70}$$

die Vieldeutigkeit auszuschließen.

Definition 4.3 *Ein linearer Kontrast $\mathbf{c'\mu}$ heißt normiert, falls $\mathbf{c'c} = 1$ gilt.*

Definition 4.4 *Zwei lineare Kontraste $\mathbf{c_1'\mu}$ und $\mathbf{c_2'\mu}$ heißen orthogonal, falls*

$$\mathbf{c_1'c_2} = 0 \tag{4.71}$$

gilt.

Analog bezeichnet man ein System $(\mathbf{c}_1'\boldsymbol{\mu}, \ldots, \mathbf{c}_v'\boldsymbol{\mu})$ von orthogonalen Kontrasten als *Orthonormalsystem*, falls

$$\mathbf{c}_i'\mathbf{c}_j = \delta_{ij} \tag{4.72}$$

$(i, j = 1, \ldots, v)$ erfüllt ist, wobei δ_{ij} das Kroneckersymbol ist.

Die orthogonalen Kontraste sind ein wesentliches Hilfsmittel, um die Zahl der möglichen Paarvergleiche auf die Maximalzahl unabhängiger Hypothesen zu reduzieren und die Prüfbarkeit zu sichern.

Beispiel 4.2: Seien $s = 3$ Stichproben (3 Stufen des Faktors A) gegeben und sei der Versuchsplan balanziert ($n_i = r$). Die Overall–Nullhypothese

$$H_0: \quad \mu_1 = \mu_2 = \mu_3 \quad \text{(d.h. } H_0: \alpha_i = 0 \text{ für } i = 1, 2, 3) \tag{4.73}$$

läßt sich z.B. schreiben als

$$H_0: \quad \mu_1 = \mu_2 \quad \text{und} \quad \mu_2 = \mu_3 \quad , \tag{4.74}$$

also mit linearen Kontrasten als

$$H_0: \quad \begin{pmatrix} \mathbf{c}_1' \\ \mathbf{c}_2' \end{pmatrix} \boldsymbol{\mu} = \begin{pmatrix} 0 \\ 0 \end{pmatrix} \tag{4.75}$$

mit

$$\begin{aligned}
\boldsymbol{\mu}' &= (\mu_1, \mu_2, \mu_3) \quad \text{und} \\
\mathbf{c}_1' &= (1, -1, 0) \quad , \tag{4.76} \\
\mathbf{c}_2' &= (0, 1, -1) \quad . \tag{4.77}
\end{aligned}$$

Es gilt $\mathbf{c}_1'\mathbf{c}_2 = -1$, so daß $\mathbf{c}_1'\boldsymbol{\mu}$ und $\mathbf{c}_2'\boldsymbol{\mu}$ nicht orthogonal und die quadratischen Formen $(\mathbf{c}_1'\mathbf{y}.)^2$ und $(\mathbf{c}_2'\mathbf{y}.)^2$ nicht stochastisch unabhängig sind.

Wählen wir hingegen

$$\mathbf{c}_1' = (1, -1, 0), \quad \mathbf{c}_1'\mathbf{c}_1 = 2 \tag{4.78}$$

wie oben und

$$\mathbf{c}_2' = (1, 1, -2), \quad \mathbf{c}_2'\mathbf{c}_2 = 6 \quad , \tag{4.79}$$

so gilt $\mathbf{c}_1'\mathbf{c}_2 = 0$. $\mathbf{c}_1'\boldsymbol{\mu} = 0$ bedeutet $\mu_1 = \mu_2$ und $\mathbf{c}_2'\boldsymbol{\mu} = 0$ bedeutet $\frac{\mu_1 + \mu_2}{2} = \mu_3$, so daß beide Kontraste simultan $H_0: \mu_1 = \mu_2 = \mu_3$ darstellen. Die Teststatistik für H_0 (4.75) hätte dann die Gestalt

$$F_{2,n-2} = \left(\frac{r(\mathbf{c}_1'\mathbf{y}.)^2}{\mathbf{c}_1'\mathbf{c}_1} + \frac{r(\mathbf{c}_2'\mathbf{y}.)^2}{\mathbf{c}_2'\mathbf{c}_2} \right) / MQ_{Rest}. \tag{4.80}$$

Für die Hypothese H_0 (4.73) folgt also mit den Kontrasten (4.78) und (4.79)

$$F_{2,n-2} = \left(\frac{r(y_1. - y_2.)^2}{2} + \frac{r(y_1. + y_2. - 2y_3.)^2}{6} \right) / MQ_{Rest} \quad . \tag{4.81}$$

4.3.2 Kontraste in den totalen (summierten) Responsewerten im balanzierten Fall

Wir wollen eine interessante Zerlegung der Quadratsumme SQ_A herleiten. Dazu setzen wir voraus

- s Stufen des Faktors A (Behandlungen)

- $n_i = r$ Wiederholungen je Behandlung (balanzierter Versuchsplan)

- $n = rs$ die Gesamtzahl der Responsewerte

- $Y_{i\cdot} = \sum_{j=1}^{r} y_{ij}$ der (summierte) totale Response der Behandlung i

- $\mathbf{Y}' = (Y_{1\cdot}, \ldots, Y_{s\cdot})$ der Vektor der Summenresponsewerte

$$\bullet\, SQ_A = \frac{1}{r} \sum_{i=1}^{s} Y_{i\cdot}^2 - \frac{1}{rs} \left(\sum_{i=1}^{s} Y_{i\cdot} \right)^2 \tag{4.82}$$

(vgl. (4.28) für den balanzierten Fall).

Dann gilt (vgl. z.B. Petersen, 1985, p.92)

(i) Sei $\mathbf{c}_1' \mathbf{Y}$. ein linearer Kontrast in den totalen Responsewerten. Dann ist

$$S_1^2 = \frac{\left(\sum_{i=1}^{s} c_{1i} Y_{i\cdot} \right)^2}{\left(r \sum c_{1i}^2 \right)} = \frac{(\mathbf{c}_1' \mathbf{Y}.)^2}{(r \mathbf{c}_1' \mathbf{c}_1)} \tag{4.83}$$

eine Komponente von SQ_A mit einem Freiheitsgrad. Mit

$$\begin{aligned} c_{1i} Y_{i\cdot} &\sim N(0, r\sigma^2 c_{1i}^2), \\ \mathbf{c}_1' \mathbf{Y}. &\sim N(0, r\sigma^2 \sum c_{1i}^2) \\ &= N(0, r\sigma^2 \mathbf{c}_1' \mathbf{c}_1) \end{aligned}$$

gilt also

$$\frac{(\mathbf{c}_1' \mathbf{Y}.)^2}{r \mathbf{c}_1' \mathbf{c}_1} = S_1^2 \sim \sigma^2 \chi_1^2 \quad . \tag{4.84}$$

(ii) Ist $\mathbf{c}_2' \mathbf{Y}$. ein zu $\mathbf{c}_1' \mathbf{Y}$. orthogonaler Kontrast, so ist

$$S_2^2 = \frac{(\mathbf{c}_2' \mathbf{Y}.)^2}{(r \mathbf{c}_2' \mathbf{c}_2)} \tag{4.85}$$

eine Komponente von $SQ_A - S_1^2$.

(iii) Falls $\mathbf{c}_1' \mathbf{Y}., \ldots, \mathbf{c}_{s-1}' \mathbf{Y}$. ein vollständiges System orthogonaler Kontraste bilden, so gilt die Zerlegungsformel

$$S_1^2 + \ldots + S_{s-1}^2 = SQ_A. \tag{4.86}$$

Damit ist die Möglichkeit der Zerlegung der SQ_A in $s-1$ unabhängige Quadratsummen gegeben, die bei Normalverteilung unabhängige χ^2-Verteilungen besitzen. Diese Zerlegung entspricht der Zerlegung der G^2-Statistik bei $I \times 2$-Kontingenztafeln in $I-1$ unabhängige, χ^2-verteilte G^2-Statistiken zur Analyse von Subeffekten. Bei signifikantem overall–Behandlungseffekt lassen sich so die wesentlichen Subeffekte aufdecken, die zur Signifikanz beigetragen haben. Die Signifikanz der Subeffekte, d.h. H_0: $c_i'Y. = 0$ gegen H_1: $c_i'Y. \neq 0$ wird über

$$t^2_{n-s} = F_{1,n-s} = F_{1,s(r-1)} = \frac{S_i^2}{MQ_{Rest}} \tag{4.87}$$

geprüft.

i	\multicolumn{6}{c}{Wiederholungen j}	$Y_{i.}$	$y_{i.}$	s_i
	1	2	3	4	5	6			
1	4.5	5.0	3.5	3.7	4.8	4.0	25.5	4.25	0.6091
2	3.8	4.0	3.9	4.2	3.6	4.4	23.9	3.98	0.2858
3	3.5	4.5	3.2	2.1	3.5	4.0	20.8	3.47	0.8116
4	3.0	2.8	2.2	3.4	4.0	3.9	19.3	3.22	0.6882
							$Y.. = 89.5$	$y.. = 3.73$	

Tabelle 4.6: Biegefestigkeit in Abhängigkeit von vier Stufen des Faktors A (Zusatzstoffe)

Source	D.F.	Sum of Squares	Mean Squares	F Ratio	F Prob.
Between Groups	3	4.0046	1.3349	3.3687	0.0389
Within Groups	20	7.9250	0.3962		
Total	23	11.9296			

Tabelle 4.7: Tafel der Varianzanalyse zu Tabelle 4.6

Varianz linearer Kontraste

Falls die s Stichproben unabhängig sind, berechnet sich die Varianz eines linearen Kontrasts wie folgt

(i) **Kontrast in den Mittelwerten**
   Sei $\mathbf{c}'\mathbf{y}. = c_1 y_1. + \ldots + c_s y_s.$, so gilt allgemein

$$\mathrm{Var}(\mathbf{c}'\mathbf{y}.) = \left(\frac{c_1^2}{n_1} + \ldots + \frac{c_s^2}{n_s} \right) \sigma^2. \tag{4.88}$$

Im balanzierten Fall ($n_i = r$, $i = 1, \ldots, s$) vereinfacht sich dieser Ausdruck zu

$$\mathrm{Var}(\mathbf{c}'\mathbf{y}.) = \frac{\mathbf{c}'\mathbf{c}}{r} \sigma^2 \quad . \tag{4.89}$$

(ii) **Kontrast in den Summen des Response**

Sei $\mathbf{c'Y}. = c_1 Y_1. + \ldots + c_s Y_s.$, so gilt allgemein

$$\text{Var}(\mathbf{c'Y}.) = (n_1 c_1^2 + \ldots + n_s c_s^2)\sigma^2 \tag{4.90}$$

und im balanzierten Versuchsplan

$$\text{Var}(\mathbf{c'Y}.) = r \mathbf{c'c}\sigma^2 \quad . \tag{4.91}$$

Die Varianz σ^2 der Population wird jeweils durch $\text{MQ}_{Rest} = s^2$ geschätzt, so daß

$$\widehat{\text{Var}}(\mathbf{c'y}.) = s^2 \sum \frac{c_i^2}{n_i} \tag{4.92}$$

bzw.

$$\widehat{\text{Var}}(\mathbf{c'Y}.) = s^2 \sum n_i c_i^2 \tag{4.93}$$

erwartungstreue Schätzungen von $\text{Var}(c'y.)$ bzw. $\text{Var}(c'Y.)$ liefern.

Beispiel 4.3: Wir betrachten folgenden balanzierten Versuchsplan mit $r = 6$ Wiederholungen:

Faktor A Stufe 1 : Kontrollgruppe
(weder Z_1 noch Z_2)
Stufe 2 : Zusatzstoff Z_1
Stufe 3 : Zusatzstoff Z_2
Stufe 4 : Zusatzstoffe Z_1 und Z_2 (Kombination)

Der Response Y sei die Biegefestigkeit eines Kunststoffes, wobei die günstigste Mischung im Sinne einer Herabsetzung der Biegefestigkeit gesucht wird. Die Daten sind in Tabelle 4.6 gegeben.

Die Varianzanalyse mit SPSS erfolgt durch folgenden Aufruf

```
Get file = ''Biege.dat'' .
Oneway Response by Treatment (1,4).
/ statistics all.
```

Wir erhalten die Tafel (Tabelle 4.7) der Varianzanalyse nach dem Schema von Tabelle 4.3 im SPSS–Format.

Der F–Test lehnt mit der Statistik $F_{3,20} = 3.3687$ (p–value 0.0389) die Hypothese $H_0: \mu_1 = \mu_2 = \mu_3$ ab.

Somit können wir Paare oder andere Kombinationen von Behandlungen vergleichen.

Für $s = 4$ Stufen existieren Systeme mit $s - 1 = 3$ orthogonalen Kontrasten. Wir betrachten die folgenden beiden Systeme (Tabellen 4.8 und 4.9).

In beiden Systemen addieren sich gemäß (4.86) die Quadratsummen S^2 der Kontraste zu SQ_A (SS Between Groups in Tabelle 4.7) auf. Die Teststatistiken (4.87) lauten mit $\text{MQ}_{Rest} = 0.3962$

Tabelle 4.8	Tabelle 4.9
2.02	1.01
2.61	9.10 *
5.48 *	0.00

Kontrast	Behandlung Response $Y_{i\cdot}$	1 25.5	2 23.9	3 20.8	4 19.3	$\mathbf{c'Y}.$	S^2
Z_1 gegen Z_2		0	+1	−1	0	3.1	0.8008
Z_1 oder Z_2 gegen $(Z_1$ und $Z_2)$		0	−1	−1	2	−6.1	1.0336
Z_1 oder Z_2 oder $(Z_1$ und $Z_2)$ gegen Kontrollgruppe		−3	+1	+1	+1	−12.5	2.1702
							$\sum = 4.0046$

Tabelle 4.8: Orthogonale Kontraste und Teststatistiken S^2

Kontrast	Behandlung Response $Y_{i\cdot}$	1 25.5	2 23.9	3 20.8	4 19.3	$\mathbf{c'Y}.$	S^2
Z_1		−1	+1	−1	+1	−3.1	0.4004
Z_2		−1	−1	+1	+1	−9.3	3.6038
$Z_1 \times Z_2$		+1	−1	−1	+1	0.1	0.0004
							$\sum = 4.0046$

Tabelle 4.9: Orthogonale Kontraste und Teststatistiken S^2

Das 95%–Quantil der $F_{1,23}$–Verteilung ist 4.15, so daß

- der Einsatz mindestens eines Zusatzstoffes gegenüber der Kontrollgruppe signifikant ist (also die Biegefestigkeit signifikant herabsetzt)

- der Einsatz von Z_2 (allein oder in Kombination mit Z_1) die Biegefestigkeit signifikant herabsetzt.

Während die orthogonalen Kontraste in den Responsesummen $Y_{i\cdot}$ eine Zerlegung der Variabilität SQ_A, also des Behandlungseffekts, und somit die Bestimmung signifikanter Subeffekte ermöglichen, liefern die orthogonalen Kontraste in den Mittelwerten über F aus (4.57) eine Teststatistik zum Prüfen von Behandlungsunterschieden gemäß der durch den Kontrast gegebenen linearen Funktion der Mittelwerte.
Wir demonstrieren dies mit denselben Systemen orthogonaler Kontraste wie in den Tabellen 4.8 und 4.9. Die Ergebnisse sind in den Tabellen 4.10 bzw. 4.11 enthalten. So ist z.B. (Tabelle 4.11, erste Zeile)

$$\begin{aligned}
\mathbf{c'y}. &= (y_{2\cdot} + y_{4\cdot}) - (y_{1\cdot} + y_{3\cdot}) \\
&= 3.98 + 3.22 - (4.25 + 3.47) = -0.52 \quad,
\end{aligned}$$

$$\begin{aligned}
\widehat{\mathrm{Var}}(\mathbf{c'y}.) &= \frac{\mathbf{c'c}}{r}s^2 \\
&= \frac{4}{6}\cdot 0.3962 = 0.2641 \\
&= 0.5140^2
\end{aligned}$$

mit $s^2 = MQ_{Rest} = 0.3962$ aus Tabelle 4.7.

Die Teststatistik aus (4.57) für

$$H_0 \quad : \quad c'\mu = (\mu_2 + \mu_4) - (\mu_1 + \mu_3) = 0 \quad ,$$

d.h. für $H_0 : (\alpha_2 + \alpha_4) = (\alpha_1 + \alpha_3)$ wird

$$t_{24-4} = t_{20} = \frac{-0.520}{0.514} = -1.002 \quad .$$

Die kritischen Werte lauten (Tabelle B5)

$$t_{20;0.95,\text{einseitig}} = -1.73$$

bzw.

$$t_{20;0.95,\text{zweiseitig}} = \pm 2.09 \quad ,$$

so daß H_0 nicht abgelehnt wird.

Aus den beiden Tabellen 4.10 und 4.11 ersehen wir, daß folgende Kontraste signifikant sind:

$$\mu_2 - \mu_3 > 0$$

(Z_2 senkt die Biegefestigkeit im Vergleich zu Z_1),

$$\frac{\mu_2 + \mu_3 + \mu_4}{3} - \mu_1 < 0$$

(die unbehandelte Kontrollgruppe hat eine höhere Biegefestigkeit als der Mittelwert der drei Behandlungen),

$$\mu_3 + \mu_4 - (\mu_1 + \mu_2) < 0$$

(Z_2 plus (Z_1 und Z_2) haben eine geringere mittlere Biegefestigkeit als Kontrollgruppe plus Z_1).

Aufruf und Druckbild in SPSS

Die Kontraste aus Tabelle 4.11 werden mit dem Befehl

```
/contrast = -1 1 -1 1
/contrast = -1 -1 1 1
/contrast = 1 -1 -1 1
```

aufgerufen, der in die SPSS–Prozedur Oneway eingefügt wird.

Die naheliegende Frage, ob Z_2 allein oder in Kombination mit Z_1 eingesetzt werden soll, könnte man mit dem Zweistichproben–t–Test nach (1.5) prüfen. Wir berechnen mit $s_{Z_2} = 0.8116$, $s_{Z_1 \text{ und } Z_2} = 0.6882$ (Tabelle 4.6) die gepoolte Varianz (1.6)

$$s^2 = \frac{5(0.8116^2 + 0.6882^2)}{6 + 6 - 2} = 0.7524^2$$

und

$$t_{10} = \frac{\frac{20.8}{6} - \frac{19.3}{6}}{0.7524} \sqrt{\frac{6 \cdot 6}{6 + 6}} = 0.5755 \quad ,$$

so daß $H_0: \mu_{Z_2} = \mu_{(Z_1 \text{ und } Z_2)}$ nicht abgelehnt wird ($t_{10,0.95,\text{einseitig}} = 1.81$). Die beiden Behandlungen Z_2 bzw. (Z_1 und Z_2) weisen also keinen signifikanten Unterschied auf.

Wir werden im nächsten Abschnitt jedoch dieses Problem des Paarvergleichs bei s Behandlungen in das multiple Testproblem einordnen. Dabei wird sich zeigen, daß eine Adjustierung der Freiheitsgrade bzw. des verwendeten Quantils zu erfolgen hat.

Behandlung	1	2	3	4	$\mathbf{c'y}.$	$\mathrm{Var}(\mathbf{c'y}.)$	t_{20}	
Mittelwert $y_{i.}$	4.25	3.98	3.47	3.22				
Kontrast								
Z_1 gegen Z_2	0	+1	−1	0	0.52	0.363^2	1.97	*
Z_1 oder Z_2 gegen $(Z_1$ und $Z_2)$	0	−1	−1	2	−1.02	0.629^2	−1.61	
Z_1 oder Z_2 oder $(Z_1$ und $Z_2)$ gegen Kontrollgruppe	−3	+1	+1	+1	−2.08	0.890^2	−2.33	*

Tabelle 4.10: Orthogonale Kontraste in den Mittelwerten

Behandlung	1	2	3	4	$\mathbf{c'y}.$	$\mathrm{Var}(\mathbf{c'y}.)$	t_{20}	
Mittelwert $y_{i.}$	4.25	3.98	3.47	3.22				
Kontrast								
Z_1	−1	+1	−1	+1	−0.52	0.514^2	−1.002	
Z_2	−1	−1	+1	+1	−1.54	0.514^2	−2.996	*
$Z_1 \times Z_2$	+1	−1	−1	+1	0.02	0.514^2	0.039	

Tabelle 4.11: Orthogonale Kontraste in den Mittelwerten

4.4 Multiple Vergleiche

4.4.1 Einleitung

Mit den linearen und insbesondere orthogonalen Kontrasten haben wir die Möglichkeit, ausgewählte Linearkombinationen (z.B. Paardifferenzen) auf ihre Signifikanz zu prüfen und damit die Behandlungen zu strukturieren. Ausgangspunkt ist jeweils die Ablehnung der Overall–Gleichheit $\mu_1 = \ldots = \mu_s$ der Mittelwerte des Response.

Es existiert eine Vielzahl von statistischen Verfahren zum Vergleich von einzelnen Mittelwerten oder Gruppen von Mittelwerten. Diese Verfahren haben folgende unterschiedliche Ziele:

- Vergleich aller möglichen Paare von Mittelwerten (bei s Stufen von A also $s(s-1)/2$ verschiedene Paare)

- Vergleich aller $s-1$ Mittelwerte mit einer vorher festgelegten Kontrollgruppe

- Vergleich aller Paare von Behandlungen, die vorher ausgewählt wurden

- Vergleich von beliebigen Linearkombinationen der Mittelwerte.

Diese Verfahren unterscheiden sich — neben ihrer Zielsetzung — vor allem in der Art und Weise, wie sie den Fehler 1.Art kontrollieren. Im einen Fall wird der Fehler auf einer *per comparison* Basis (d.h. auf den jeweiligen Vergleich bezogen) kontrolliert, im anderen Fall erfolgt eine Kontrolle simultan für alle Vergleiche.

Eine multiple Testprozedur, die jeden paarweisen Vergleich zum Niveau α durchführt — also per–comparison–basiert arbeitet — ist dann möglich, wenn die Gruppenvergleiche zu Beginn des Experiments fest geplant sind. Sie basiert im wesentlichen auf der t–Statistik. Falls man das Testniveau α für alle angestrebten Gruppenvergleiche simultan einhalten will, wird man eine multiple Testprozedur wählen, die die Fehlerrate auf einer *per experiment basis* (experimentweisen Basis) kontrolliert.

Die Entscheidung für eine der beiden Prozeduren ist vor dem Experiment zu treffen.

4.4.2 Experimentweise Vergleiche

Die bekanntesten multiplen Prozeduren, die den Fehler simultan kontrollieren, stammen von Dunnet (1955) für den Vergleich von $s - 1$ Gruppen mit einer Kontrollgruppe, von Tukey (1953) für alle $s(s - 1)/2 = \binom{s}{2}$ paarweisen Vergleiche und von Scheffé (1953) für beliebige Linearkombinationen. Die Verfahren von Tukey und Scheffé sollten in der explorativen Phase eines Versuchs eingesetzt werden, um keine Vergleiche durchzuführen, die durch die Daten suggeriert werden. Voraussetzung für diese multiplen Verfahren ist die Ablehnung von H_0: $\mu_1 = \cdots = \mu_s$.

Hinweis: Eine ausführliche Darstellung und Wertung der multiplen Testverfahren ist in Miller (1981) und Gather und Pigeot (1990) zu finden.

Verfahren von Scheffé

Sei $\mathbf{c}'\boldsymbol{\mu}$ mit $\sum_{i=1}^{a} c_i = 0$ ein beliebiger linearer Kontrast von $\boldsymbol{\mu}$ und $\mathbf{c}'\mathbf{y}.$ mit $\mathbf{y}' = (y_1., \ldots, y_s.)$ der zugehörige Kontrast im Vektor der Mittelwerte. Dann gilt für alle $\mathbf{c}$

$$P(\mathbf{c}'\mathbf{y}. - \sqrt{S_{1-\alpha}} \leq \mathbf{c}'\boldsymbol{\mu} \leq \mathbf{c}'\mathbf{y}. + \sqrt{S_{1-\alpha}}) = 1 - \alpha \qquad (4.94)$$

mit (vgl. (4.88))

$$S_{1-\alpha} = MQ_{Rest}(s - 1)(\frac{c_1^2}{n_1} + \cdots + \frac{c_s^2}{n_s})F_{s-1,n-s;1-\alpha} \quad . \qquad (4.95)$$

Die Nullhypothese H_0: $\mathbf{c}'\boldsymbol{\mu} = 0$ wird abgelehnt, falls die Null nicht im Konfidenzintervall enthalten ist.

Das multiple Testniveau beträgt α.

Verfahren von Dunnett

Sei die Gruppe $i = 1$ als Kontrollgruppe ausgewählt, die mit den Behandlungen (Gruppen) $i = 2, \ldots, s$ zu vergleichen ist. Die $(1-\alpha)\cdot 100\%$–Konfidenzintervalle für die $s-1$ paarweisen Vergleiche „Kontrolle – Behandlung" haben die Gestalt

$$(y_1. - y_i.) \pm C_{1-\alpha}(s-1, n-s)s_{\bar{d}_i} \tag{4.96}$$

mit

$$s_{\bar{d}_i} = \sqrt{MQ_{Rest}\left(\frac{1}{n_1} + \frac{1}{n_i}\right)} \quad . \tag{4.97}$$

Die Quantile $C_{1-\alpha}(s-1, n-s)$ sind vertafelt (ein- und zweiseitig, vgl. Woolson, 1987, Tables 13a and 13b, p. 502–503, oder Dunnett (1955, 1964)). Wir geben eine Auswahl an für $C_{0.95}(s-1, n-s)$.

		$s-1$			
$n-s$	1	2	3	4	5
5	2.57	3.03	3.39	3.66	3.88
10	2.23	2.57	2.81	2.97	3.11
15	2.13	2.44	2.64	2.79	2.90
20	2.09	2.38	2.57	2.70	2.81

Tabelle 4.12: $C_{0.95}(s-1, n-s)$-Quantile (zweiseitig)

		$s-1$			
$n-s$	1	2	3	4	5
5	2.02	2.44	2.68	2.85	2.98
10	1.81	2.15	2.34	2.47	2.56
15	1.75	2.07	2.24	2.36	2.44
20	1.72	2.03	2.19	2.30	2.39

Tabelle 4.13: $\tilde{C}_{0.95}(s-1, n-s)$-Quantile (einseitig)

Die Hypothese H_0: $\mu_1 = \mu_i$ $(i = 2, \ldots, s)$ wird abgelehnt

- zweiseitig zugunsten von H_1: $\mu_1 \neq \mu_i$, falls

$$|y_1. - y_i.| > C_{1-\alpha}(s-1, n-s) \cdot s_{\bar{d}_i} \tag{4.98}$$

- einseitig zugunsten von H_1: $\mu_1 > \mu_i$, falls

$$y_1. - y_i. > \tilde{C}_{1-\alpha}(s-1, n-s) \cdot s_{\bar{d}_i} \tag{4.99}$$

- einseitig zugunsten von H_1: $\mu_1 < \mu_i$, falls

$$y_1. - y_i. < -\tilde{C}_{1-\alpha}(s-1, n-s) \cdot s_{\bar{d}_i} \tag{4.100}$$

gilt.
Dabei wird für alle $s-1$ Vergleiche das multiple Testniveau α eingehalten.

Verfahren von Tukey

Bei Versuchen in der explorativen Phase ist es häufig nicht möglich, die Menge der geplanten Vergleiche vorher festzulegen, so daß man alle $s(s-1)/2$ möglichen Paarvergleiche durchführt. Das zweiseitige Testverfahren von Tukey setzt den balanzierten Fall $n_i = r$ voraus und kontrolliert den Fehler experimentweise, d.h. für alle $s(s-1)/2$ Vergleiche gilt das multiple Testniveau α. Dazu berechnet man die Konfidenzintervalle

$$(y_{i\cdot} - y_{j\cdot}) \pm T_\alpha \qquad (i > j) \tag{4.101}$$

mit

$$T_\alpha = Q_\alpha(s, n - s)\, s_{\bar{d}} \quad , \tag{4.102}$$

$$s_{\bar{d}} = \sqrt{MQ_{Rest}/r} \quad . \tag{4.103}$$

Die Quantile $Q_{1-\alpha}(s, n - s)$ sind sogenannte studentisierte Range–Werte, die vertafelt vorliegen (vgl. z.B. Woolson, 1987, Table 14, pp. 504–505).
Die Menge der Nullhypothesen $H_0(i,j)$: $\mu_i = \mu_j$ $(i > j)$ wird zugunsten H_1: H_0 falsch (d.h. $\mu_i \neq \mu_j$ für mindestens ein Paar $i > j$) abgelehnt, falls

$$|y_{i\cdot} - y_{j\cdot}| > T_\alpha \tag{4.104}$$

gilt.
Für alle Paare (i,j), $i > j$ mit $|y_{i\cdot} - y_{j\cdot}| > T_\alpha$ liegt ein statistisch signifikanter Behandlungsunterschied vor.

Bonferroni–Methode

Angenommen, wir wollen $k \leq s$ Vergleiche mit einem multiplen Testniveau von höchstens α durchführen. Dann kann man die Bonferroni-Methode anwenden, die das Risiko α zu gleichen Teilen α/k auf die k Vergleiche aufsplittet. Grundlage ist die Bonferroni-Ungleichung.
Seien $H_1, \ldots, H_k$ Konfidenzintervalle für die k Vergleiche. Bezeichne $P(H_i)$ die Wahrscheinlichkeit, daß H_i wahr ist (also H_i überdeckt den entsprechenden Parameter des i–ten Vergleichs). Dann ist $P(H_1 \cap \cdots \cap H_k)$ die Wahrscheinlichkeit, daß alle k Konfidenzintervalle die jeweiligen Parameter überdecken. Nun gilt nach der Bonferroni-Ungleichung

$$P(H_1 \cap \cdots \cap H_k) \geq 1 - \sum_{i=1}^{k} P(\bar{H}_i) \tag{4.105}$$

wobei $\bar{H}_i$ das zu H_i komplementäre Ereignis ist. Wählt man $P(\bar{H}_i) = \frac{\alpha}{k}$, so folgt für die simultane Wahrscheinlichkeit

$$P(H_1 \cap \cdots \cap H_k) \geq 1 - \alpha \quad . \tag{4.106}$$

Seien z.B. $k \leq s$ Kontraste $\mathbf{c}'_i\boldsymbol{\mu}$ simultan zu prüfen, so haben die Konfidenzintervalle für $\mathbf{c}'_i\boldsymbol{\mu}$ nach der Bonferroni–Methode die Gestalt

$$\mathbf{c}'_i\mathbf{y}. \pm t_{n-s;1-\alpha/2k}\sqrt{MQ_{Rest}}\sqrt{\frac{c_1^2}{n_1} + \cdots + \frac{c_s^2}{n_s}} \quad . \tag{4.107}$$

Der Test verläuft analog zum Verfahren von Scheffé, d.h. falls (4.107) die Null nicht enthält, wird H_0 abgelehnt und der entsprechende Vergleich ist signifikant.

4.4.3 Vergleichsbezogene Prozeduren

Die „Least significant difference" (LSD)

Angenommen, wir wollen die Mittelwerte zweier ausgewählter Behandlungen vergleichen, d.h. H_0: $\mu_1 = \mu_2$ gegen H_1: $\mu_1 \neq \mu_2$ testen. Die geeignete Teststatistik ist

$$t_{df} = \frac{y_1. - y_2.}{\sqrt{\widehat{\mathrm{Var}}(y_1. - y_2.)}} \quad , \tag{4.108}$$

wobei df die Anzahl der Freiheitsgrade ist. Für $|t| > t_{df;1-\alpha/2}$ wird H_0 abgelehnt, wobei $t_{df;1-\alpha/2}$ das zweiseitige Quantil zur Irrtumswahrscheinlichkeit α ist. Ablehnung von H_0 bedeutet, daß μ_1 signifikant von μ_2 zum Niveau α verschieden ist.
$|t| > t_{df;1-\alpha/2}$ ist äquivalent mit

$$t_{df;1-\alpha/2}\sqrt{\widehat{\mathrm{Var}}(y_1. - y_2.)} < |y_1. - y_2.| \quad . \tag{4.109}$$

Jede Stichprobe mit einer Differenz $|y_1. - y_2.|$, die größer als $t_{df;1-\alpha/2}\sqrt{\mathrm{Var}(y_1. - y_2.)}$ ausfällt, bedeutet also einen signifikanten Unterschied zwischen μ_1 und μ_2. Gemäß (4.109) wäre die linke Seite die kleinste Differenz von $y_1.$ und $y_2.$, für die Signifikanz gilt. Wir definieren (df ist die Anzahl der Freiheitsgrade von s^2, der gepoolten Varianz der beiden Stichproben)

$$\begin{aligned} LSD &= t_{df;1-\alpha/2}\sqrt{\widehat{\mathrm{Var}}(y_1. - y_2.)} \\ &= t_{df;1-\alpha/2}\sqrt{s^2\left(\frac{1}{n_1} + \frac{1}{n_2}\right)} \quad . \end{aligned} \tag{4.110}$$

Im balanzierten Fall ($n_1 = n_2 = r$) erhalten wir

$$LSD = t_{df;1-\alpha/2}\sqrt{\frac{2s^2}{r}} \quad . \tag{4.111}$$

Die Verwendung der LSD ist z. T. umstritten, insbesondere wenn man sie für Vergleiche einsetzt, die durch die Daten suggeriert werden (größtes/kleinstes Stichprobenmittel) oder wenn man alle paarweisen Vergleiche durchführt, ohne das Testniveau zu korrigieren. Falls man die LSD bei allen paarweisen Vergleichen einsetzt (d.h. für $s(s-1)/2$ Vergleiche bei s Behandlungen), so sind diese Tests nicht unabhängig. Es gibt Verfahren auf der Basis der LSD, die auf Grund von Korrekturen an den Quantilen die Einhaltung des Testniveaus sichern (HSD, Duncan–Test), während $FPLSD$ und SNK nur das globale Niveau einhalten.

Fisher's Protected LSD (FPLSD)

Dieses Verfahren startet mit der Varianzanalyse und prüft die globale Hypothese $H_0 : \mu_1 = \cdots = \mu_s$ mit der Statistik $F = \frac{MQ_A}{MQ_{Rest}}$ aus (4.31).
Falls F nicht signifikant ist, stoppt die Prozedur. Falls $F > F_{s-1,n-s;1-\alpha}$ ist und damit Mittelwertsunterschiede nachgewiesen sind, prüft man alle Paare von Mittelwerten $y_{i\cdot}$ und $y_{j\cdot}$ $(i \neq j)$ auf Unterschiede mit

$$FPLSD = t_{n-s;1-\alpha/2}\sqrt{MQ_{Rest}(\frac{1}{n_i} + \frac{1}{n_j})} \quad . \tag{4.112}$$

Für $|y_{i\cdot} - y_{j\cdot}| > FPLSD$ liegt eine signifikante Mittelwertsdifferenz vor. Man beachte, daß in (4.112) σ^2 durch MQ_{Rest} geschätzt wird, so daß t nun $n-s$ Freiheitsgrade (statt $n_1 + n_2 - 2$ Freiheitsgrade wie beim Zweistichprobenfall) besitzt.

Tukey's honestly significant difference (HSD)

Diese Prozedur verwendet die studentisierten Range–Werte $Q_{\alpha,(s,n-s)}$ (vgl. (4.102)) anstelle des t–Quantils und ersetzt den Standardfehler des Mittelwertes durch den Standardfehler der Differenz (gepoolte Stichprobe). Die Signifikanzschwelle lautet

$$HSD = Q_{\alpha,(s,n-s)}\sqrt{MQ_{Rest}/r} \quad . \tag{4.113}$$

Es werden alle Paardifferenzen $|y_{i\cdot} - y_{j\cdot}|$ $(i < j)$ mit HSD verglichen. Für $|y_{i\cdot} - y_{j\cdot}| > HSD$ liegt ein signifikanter Unterschied zwischen μ_i und μ_j vor.

Student–Newman–Keuls–Test (SNK)

Der SNK–Test verwendet als Signifikanzgrenze eine Differenz, die mit dem Grad der Separierung variiert.
Angenommen, wir wollen k Mittelwerte vergleichen. Die Stichprobenmittelwerte werden der Größe nach geordnet:

$$y_{(1)\cdot}, \ldots, y_{(k)\cdot} \quad ,$$

wobei $y_{(i)\cdot}$ den Mittelwert mit dem i-ten Rang bedeutet ($y_{(1)\cdot}$ ist also der größte, $y_{(k)\cdot}$ der kleinste Mittelwert). Man berechnet die SNK–Differenzen

$$SNK_i = Q_{\alpha,(i,df)}\sqrt{MQ_{Rest}/r} \qquad (i = 2,\ldots,k) \tag{4.114}$$

mit $Q_{\alpha,(i,df)}$ für df Freiheitsgrade von SQ_{Rest} und (nacheinander) $i = 2, 3, \ldots, k$ Mittelwerte.

Falls $|y_{(1)\cdot} - y_{(k)\cdot}| < SNK_k$ gilt, sind keine Mittelwertsdifferenzen signifikant und der Test stoppt.

Falls $|y_{(1)\cdot} - y_{(k)\cdot}| > SNK_k$, so ist diese (die größte) Differenz signifikant. Danach prüft man, ob

$$|y_{(2)\cdot} - y_{(k)\cdot}| > SNK_{k-1} \tag{4.115}$$

und

$$|y_{(1)\cdot} - y_{(k-1)\cdot}| > SNK_{k-1} \tag{4.116}$$

gilt. Falls beide Bedingungen erfüllt sind, prüft man diejenigen Differenzen der rang-geordneten Mittelwerte, deren Rangplätze um $k - 3$ differieren. Diese Prozedur wird bis zum Vergleich der rang-benachbarten Mittelwerte fortgesetzt.

Duncan–Test

Duncan (1975) hat die Prozedur FPLSD durch Berechnung von alternativen Quantilen abgewandelt. Die Signifikanzschwelle ist Bayes–adjustiert und lautet

$$BLSD = t_B \sqrt{2MQ_{Rest}/r} \quad . \tag{4.117}$$

Die Werte t_B sind vertafelt (Waller and Duncan, 1972) und werden in der SPSS–Prozedur mit ausgedruckt.

Hinweis: Es gibt eine Reihe weiterer multipler Testprozeduren, die mit anderen Range–Werten arbeiten. Sie sind in der Standardsoftware implementiert.

Beispiel 4.4: (Fortsetzung von Beispiel 4.3)
Aus Tabelle 4.6 entnehmen wir

Behandlung	1	2	3	4
Rang	1	2	3	4
Mittelwert	4.25	3.98	3.47	3.22

Es war $s = 4$, $r = 6$ und $n = 4 \cdot 6 = 24$ sowie $MQ_{Rest} = 0.3962$ zu $n - s = 20$ Freiheitsgraden (Tabelle 4.7). Die Hypothese $H_0 : \mu_1 = \cdots = \mu_4$ war abgelehnt worden.

Experimentweise Prozeduren

Verfahren von Scheffé Der kritische Wert (4.95) des Konfidenzintervalls (4.94) für einen beliebigen Kontrast $\mathbf{c}'\boldsymbol{\mu}$ lautet mit $F_{3,20;0.95} = 3.10$

$$\begin{aligned}
S_{1-\alpha} &= 0.3962 \cdot 3 \cdot 3.10 \cdot \frac{\mathbf{c}'\mathbf{c}}{6} \\
&= 0.61 \cdot \mathbf{c}'\mathbf{c} \quad .
\end{aligned}$$

Wir prüfen das vollständige System orthogonaler Kontraste in den Mittelwerten aus Tabelle 4.11 und erhalten

	$c'y.$	$c'c$	$\sqrt{S_{1-\alpha}}$	$c'y. \pm \sqrt{S_{1-\alpha}}$
Z_1	-0.52	4	1.57	$[-2.09\,,\,1.05]$
Z_2	-1.54	4	1.57	$[-3.11\,,\,0.03]$
$Z_1 \times Z_2$	0.02	4	1.57	$[-1.55\,,\,1.59]$

Die Null ist in allen drei Intervallen enthalten, so daß H_0: $c'\mu = 0$ jeweils nicht abgelehnt wird.

Verfahren von Dunnett Im Beispiel 4.3 war die Stufe 1 als Kontrollgruppe angelegt. Wir führen den multiplen Vergleich (nach Dunnett) der Kontrollgruppe mit den Gruppen 2, 3, 4 durch.
Die kritischen Schranken (4.96) lauten ($n_i = n_j = 6$) (vgl. Tabellen 4.12 und 4.13) zweiseitig:

$$C_{1-\alpha}(3,20)\sqrt{0.3962 \cdot \frac{2}{6}} = 2.57 \cdot 0.3634 = 0.9340$$

und einseitig:

$$\tilde{C}_{1-\alpha}(3,20) \cdot 0.3634 = 2.19 \cdot 0.3634 = 0.7958 \quad .$$

Wir erhalten für die einseitigen Tests

$$
\begin{aligned}
y_1. - y_2. &= 0.27 \\
y_1. - y_3. &= 0.78 \\
y_1. - y_4. &= 1.03 \ * \quad ,
\end{aligned}
$$

also einen signifikanten Unterschied zwischen Kontrollgruppe und Gruppe 4.

Verfahren von Tukey Hier werden alle $4 \cdot 3/2 = 6$ möglichen Vergleiche durchgeführt. Mit $Q_{0.05}(4,20) = 3.95$ und $s_{\bar{d}} = \sqrt{MQ_{Rest}/r} = \sqrt{0.3962/6} = 0.2570$ wird der kritische Wert (vgl. (4.102)) $T_{0.05} = 3.95 \cdot 0.2570 = 1.02$.

(i,j)	$|y_i. - y_j.|$	
(1,2)	0.27	
(1,3)	0.78	
(1,4)	1.03	*
(2,3)	0.51	
(2,4)	0.76	
(3,4)	0.25	

Wiederum wird der Unterschied zwischen den Behandlungen 1 und 4 als signifikant eingestuft.

Bonferroni–Methode Wir führen die $k = 3$ Vergleiche aus Tabelle 4.10 nach der Bonferroni–Methode durch. Die kritische Schranke aus (4.107) wird für den gewählten Kontrast $c'\mu$

$$
\begin{aligned}
t_{20;1-0.05/2\cdot 3} \cdot \sqrt{0.3962} \cdot \sqrt{\frac{c'c}{6}} &= 2.95 \cdot \frac{0.6294}{2.4495} \cdot \sqrt{c'c} \\
&= 0.7580 \cdot \sqrt{c'c}
\end{aligned}
$$

Kontrast	$c'y.$	$c'c$	$0.7580 \cdot \sqrt{c'c}$	Intervall (4.107)
1/2	0.52	2	1.0720	$[-0.5520, 1.5920]$
1 oder 2/4	-1.02	6	1.8567	$[-2.8767, 0.8367]$
1/2 oder 3 oder 4	-2.08	12	2.6258	$[-4.7058, 0.6058]$

Im multiplen Vergleich nach Bonferroni ist kein Kontrast statistisch signifikant.

Vergleichsbezogene Prozeduren

SNK–Test Die studentisierten Bereichsquantile (Ranges) $Q_{0.05,(i,df)}$ lauten für $df = 20$ Freiheitsgrade

i	2	3	4
$Q_{0.05,(i,20)}$	2.95	3.57	3.95
SNK_i	0.76	0.92	1.02

Daraus ergeben sich folgende Vergleiche

$$
\begin{aligned}
|y_{(1)\cdot} - y_{(4)\cdot}| &= |4.25 - 3.22| \\
&= 1.03 > SNK_4 = 1.02 \quad ,
\end{aligned}
$$

so daß die größte Differenz signifikant ist. Damit können wir in der Prozedur fortfahren:

$$
\begin{aligned}
|y_{(1)\cdot} - y_{(3)\cdot}| &= |4.25 - 3.47| \\
&= 0.78 < SNK_3 = 0.92 \quad , \\
|y_{(2)\cdot} - y_{(4)\cdot}| &= |3.98 - 3.22| \\
&= 0.76 < SNK_3 = 0.92 \quad .
\end{aligned}
$$

Damit stoppt der SNK–Test. Die einzige signifikante Differenz ist also zwischen Behandlung 1 (Kontrollgruppe) und Behandlung 4 (Z_1 und Z_2). Die Behandlungen (1,2,3) bzw. (2,3,4) sind also jeweils als homogen anzusehen.

SNK in SPSS
Der Aufruf erfolgt mit

`/Ranges = snk`

(Hinweis: SPSS berechnet die SNK–Statistik gemäß

$$
SNK = \sqrt{\frac{MQ_{Rest}}{2}}\, Q_{\alpha,(i,df)} \sqrt{\frac{1}{n_i} + \frac{1}{n_j}} \quad ; \tag{4.118}
$$

bei $n_i = n_j = r$ ergibt sich die Formel (4.114).)

Der SPSS–Ausdruck hat folgende Gestalt:

```
Multiple Range Test
Student--Newman--Keuls Procedure
```

```
Ranges for the .050 level
        2.95   3.57    3.95
The ranges above are table ranges.
The value actually compared with
Mean(J)--Mean(I) is
        .4451 * Range * Sqrt(1/N(I) + 1/N(J))


(*) Denotes pairs of groups significantly
    different at the .050 level


            G G G G
            r r r r
            p p p p
            4 3 2 1
Mean Group
3.22 Grp 4
3.47 Grp 3
3.98 Grp 2
4.25 Grp 1 *


Homogeneous Subsets


Subset 1
Group   Grp 4   Grp 3   Grp 2
Mean    3.22    3.47    3.98


Subset 2
Group   Grp 3   Grp 2   Grp 1
Mean    3.47    3.98    4.25
```

Tukey's HSD–Test Wir berechnen die Signifikanzschwelle (4.113) gemäß

$$
\begin{aligned}
HSD &= Q_{\alpha,(4,20)}\sqrt{MQ_{Rest}/6} \\
&= 3.95 \cdot 0.2569 = 1.01 \quad .
\end{aligned}
$$

Die Paardifferenzen $y_{i\cdot} - y_{j\cdot}$ $(i < j)$ sind

$$
\begin{aligned}
y_{1\cdot} - y_{2\cdot} &= 4.25 - 3.98 = 0.27 \\
y_{1\cdot} - y_{3\cdot} &= 0.78 \\
y_{1\cdot} - y_{4\cdot} &= 1.03 * \\
y_{2\cdot} - y_{3\cdot} &= 0.51 \\
y_{2\cdot} - y_{4\cdot} &= 0.76 \\
y_{3\cdot} - y_{4\cdot} &= 0.25 \quad ,
\end{aligned}
$$

so daß lediglich $|y_{1\cdot} - y_{4\cdot}| > HSD$ gilt.

```
SPSS-Aufruf und Ausdruck
/Ranges = tukey
Tukey--HSD Procedure
Ranges for the .050 level
        3.95   3.95   3.95

                G G G G
                r r r r
                P P P P
                4 3 2 1
Mean    Group
3.22    Grp 4
3.47    Grp 3
3.98    Grp 2
4.25    Grp 1 *
```

Fisher's Protected LSD Die Signifikanzschwelle (4.112) wird auf dem 5% Niveau

$$t_{20;0.975}\sqrt{0.3962 \cdot \frac{2}{6}} = 2.09 \cdot 0.3634 = 0.76 \quad .$$

Mit den eben berechneten Mittelwertsdifferenzen ergibt sich folgendes Bild

```
                G G G G
                r r r r
                P P P P
                4 3 2 1
Mean    Group
3.22    Grp 4
3.47    Grp 3
3.98    Grp 2 *
4.25    Grp 1 * *
```

Die Mittelwerte μ_1 und μ_4 und μ_1 und μ_3 sowie die Mittelwerte μ_2 und μ_4 sind nach diesem Test signifikant verschieden.

4.5   Regressions–Varianzanalyse

Bei der Beschreibung der Abhängigkeit einer Variablen Y von einer (fest vorgegebenen) Variablen X durch ein Regressionsmodell der Gestalt

$$Y = \alpha + \beta X + \epsilon$$

waren Paare von Beobachtungen (x_i, y_i), $i = 1, \ldots, n$ vorausgesetzt. Zu jedem x-Wert wurde also ein y-Wert beobachtet.

Wir betrachten nun folgende Versuchsanordnung.

Zu *jedem* x–Wert werden *mehrere* Beobachtungen von Y realisiert:

$$x_i, y_{i1}, \ldots, y_{in_i} \; .$$

Dies entspricht der Vorstellung, daß zu festen x–Werten eine Grundgesamtheit von y–Werten gehört. Man fragt danach, ob zwischen den y–Stichproben, repräsentiert durch ihre Mittelwerte $y_i.$, und der Größe X eine Abhängigkeit besteht (vgl. Abbildung 4.1). Man prüft zunächst, ob die Grundgesamtheiten Y_i den gleichen Mittelwert besitzen (Varianzanalyse – mehrfacher Mittelwertvergleich).

Wird diese Hypothese abgelehnt, besteht also Anlaß zu der Annahme einer funktionalen Beziehung $Y = f(X)$, so wird als einfachstes Modell eine lineare Funktion an die Mittelwerte $y_i.$ angepaßt:

$$y_i. = \alpha + \beta x_i + \epsilon_i \quad (i = 1, \ldots, s) \quad . \tag{4.119}$$

Die Schätzungen von α und β werden unter Berücksichtigung der Stichprobenumfänge n_i nach der Methode der gewichteten Kleinsten–Quadrate bestimmt, d.h. es wird

$$\sum_{i=1}^{s} n_i(y_i. - \alpha - \beta x_i)^2 \tag{4.120}$$

bezüglich α und β minimiert. Es sei $n = \sum n_i$ die Gesamtzahl der Beobachtungen. Dann haben die *gewichteten Kleinste-Quadrat-Schätzungen* die Gestalt

$$b = \frac{\sum n_i x_i y_i. - \frac{1}{n} \sum n_i x_i \sum n_i y_i.}{\sum n_i x_i^2 - \frac{1}{n} \left[\sum n_i x_i \right]^2} \tag{4.121}$$

$$a = y.. - b\bar{x} \quad , \tag{4.122}$$

wobei $y_i. = \frac{1}{n_i} \sum_j y_{ij}$ das i–te Stichprobenmittel und $y.. = \frac{1}{n} \sum_i \sum_j y_{ij}$ das Gesamtmittel aller y–Werte ist. Die geschätzten Mittelwerte erhält man gemäß

$$\hat{y}_i. = a + b x_i \quad . \tag{4.123}$$

Wir zerlegen die Quadratsumme SQ_A wie folgt:

$$SQ_A = \sum_{i=1}^{s} n_i(y_i. - y..)^2 \tag{4.124}$$

$$= \sum_{i=1}^{s} n_i(\hat{y}_i. - y..)^2 + \sum_{i=1}^{s} n_i(y_i. - \hat{y}_i.)^2$$

$$= SQ_{Modell} + SQ_{Abweichung} \quad .$$

Für die Freiheitsgrade gilt

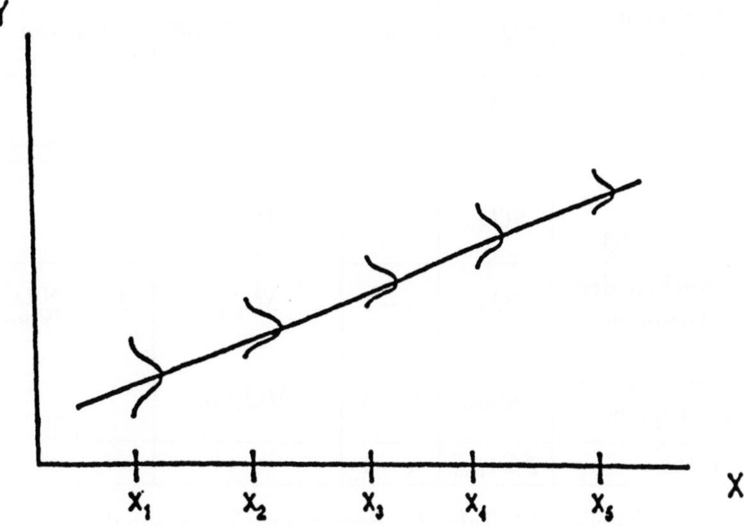

Abbildung 4.1: Regression bei n_i Beobachtungen je x_i Wert

$$df_A = df_M + df_{Abweichung} \quad , \qquad (4.125)$$

d.h.

$$(s-1) = 1 + s - 2 \quad . \qquad (4.126)$$

Sind nicht nur $K = 2$, sondern allgemein K Parameter zu schätzen, so gilt

$$df_A = s - 1 \quad , \; df_M = K - 1 \quad , \; df_{Abweichung} = s - K \quad . \qquad (4.127)$$

Die vollständige *Tafel der Regressions–Varianzanalyse* ist in Tabelle 4.14 enthalten.

Als Testwert für die Modellanpassung wird

$$F = \frac{MQ_{Modell}}{MQ_{Abweichung}} \qquad (4.128)$$

berechnet. Für $F > F_{s-1,n-s;1-\alpha}$ wird die Modellanpassung zum Niveau α abgelehnt.

Beispiel 4.5: In einer Untersuchung wurde die Abriebfestigkeit von silanisiertem Kunststoff PMMA für verschiedene Stufen des Quarzanteils bestimmt (Tabelle 4.15). Die Nullhypothese H_0 : *Alle Mittelwerte sind gleich (d.h. der Quarzanteil ist ohne Einfluß auf die Abriebfestigkeit)* wird abgelehnt, da die Varianzanalyse einen Testwert

$$F = \frac{MQ_A}{MQ_{Rest}} = 55.80 > 2.74 = F_{3,33;0.95} \qquad (4.129)$$

ergibt (Tabelle 4.16).

Variations-ursache	SQ	df	$MQ = SQ/df$	Testwert
Modell	SQ_M	$K-1$	MQ_M	
Modell-abweichung	SQ_{Abw}	$s-K$	MQ_{Abw}	$F = \frac{MQ_{Modell}}{MQ_{Abw}}$
Zwischen den y–Gruppen	SQ_A	$s-1$	MQ_A	$F = \frac{MQ_A}{MQ_{Rest}}$
Innerhalb der y–Gruppen	SQ_{Rest}	$n-s$	MQ_{Rest}	
Total	SQ_{Total}	$n-1$		

Tabelle 4.14: Tafel der Regressions–Varianzanalyse

Wir legen deshalb durch die Mittelwerte $y_{i.}$ der $s = 4$ Meßreihen eine Regressionsgerade (4.123), deren Parameter gemäß (4.121) und (4.122) bestimmt werden:

$$\widehat{y}_{i.} = 0.0923 - 0.0020\, x_i \quad (i = 1,\ldots,4)\,.$$

Diese geschätzten Werte sind in Tabelle 4.15 aufgeführt. Damit können wir die Zerlegung (4.124) von SQ_A berechnen (Tabelle 4.16), der Testwert ist

$$F = \frac{MQ_{Modell}}{MQ_{Abw.}} = 3.02 < 18.51 = F_{1,2;0.95}\quad.$$

Die Nullhypothese H_0: *Die mittleren Abriebfestigkeiten $y_{i.}$ der vier Meßgruppen folgen einer linearen Regression* wird also nicht abgelehnt.

4.6 Einfaktorielle Modelle mit zufälligen Effekten

Wir haben bisher in diesem Kapitel das Modell mit festen Effekten behandelt. In der Einleitung wurde bereits auf den Unterschied hingewiesen.

Die Modelle mit festen Effekten zur Analyse von Behandlungseffekten sind der Standard in geplanten Experimenten. Dagegen treten Modelle mit zufälligen Effekten in Stichprobensituationen (sample surveys) auf, wo die Gruppenkategorien als zufällige Effekte wirken.

Beispiel: Qualitätskontrolle

(i) Feste Effekte: Die Tagesproduktion von fünf fest ausgewählten Maschinen aus einem Fließband.

x[in Vol% Quarz]			
$x_1 = 2.2$	$x_2 = 4.5$	$x_3 = 9.3$	$x_4 = 25.6$
0.1420	0.0964	0.0471	0.0451
0.1113	0.0680	0.0585	0.0311
0.1092	0.0964	0.0544	0.0458
0.1298	0.0764	0.0444	0.0534
0.0962	0.0749	0.0575	0.0488
0.0917	0.0813	0.0406	0.0508
0.0800	0.0813	0.0522	0.0440
0.0996	0.0813	0.0525	0.0549
0.1123		0.0570	0.0539
		0.0559	0.0526
$y_{1.} = 0.1080$	$y_{2.} = 0.0820$	$y_{3.} = 0.0520$	$y_{4.} = 0.0480$
$n_1 = 9$	$n_2 = 8$	$n_3 = 10$	$n_4 = 10$
$y_{..} = 0.0710$		$n = 37$	
$\widehat{y}_{1.} = 0.0878$	$\widehat{y}_{2.} = 0.0831$	$\widehat{y}_{3.} = 0.0733$	$\widehat{y}_{4.} = 0.0400$

Tabelle 4.15: Einzelwerte der Abriebmessung

SQ	df	MQ	Testwert
$SQ_M = 0.01340$	1	$MQ_M = 0.01340$	$F = 3.02$
$SQ_{Abw.} = 0.00886$	2	$MQ_{Abw.} = 0.00443$	
$SQ_A = 0.02226$	3	$MQ_A = 0.00742$	$F = 55.80$
$SQ_R = 0.00440$	33	$MQ_R = 0.00013$	
$SQ_T = 0.02667$	36		

Tabelle 4.16: Tafel der Regressions–Varianzanalyse der Abriebfestigkeit

(ii) Zufällige Effekte: Die Tagesproduktion von fünf zufällig ausgewählten Maschinen, die die Maschinen als Klasse repräsentieren.

Das Modell mit zufälligen Effekten hat die gleiche Struktur wie das Modell (4.2) mit festen Effekten:

$$y_{ij} = \mu + \alpha_i + \epsilon_{ij} \quad . \tag{4.130}$$

$$(i = 1, \ldots, s; \ j = 1, \ldots, n_i)$$

Die Bedeutung der Parameter α_i hat sich jedoch verändert. Die α_i sind nun die zufälligen Effekte der i-ten Behandlung (i-te Maschine). Die α_i sind also zufällige Variablen, deren Verteilung wir spezifizieren müssen.

$$E(\alpha_i) = 0 \,, \ Var(\alpha_i) = \sigma_\alpha^2 \tag{4.131}$$

und fordern

$$E(\epsilon_{ij}\alpha_i) = 0 \,, \ E(\alpha_i\alpha_j) = 0 \ (i \neq j) \quad . \tag{4.132}$$

Damit gilt insgesamt

$$y_{ij} \sim (\mu, \sigma_\alpha^2 + \sigma^2) \,. \tag{4.133}$$

Während im Modell mit festen Effekten der Behandlungseffekt A durch die Parameterschätzungen $\hat{\alpha}_i$ bzw. $\hat{\mu}_i = \hat{\mu} + \hat{\alpha}_i$ repräsentiert wurde, läßt sich im Modell mit zufälligen Effekten ein Behandlungseffekt durch die sogenannten Varianzkomponenten darstellen. Man schätzt die Varianz σ_α^2 als Komponente der Gesamtvarianz und kann aus ihrer absoluten oder relativen Größe Schlüsse auf den Behandlungseffekt ziehen.

Die Schätzung der Varianzen σ_α^2 und σ^2 erfordert keine Voraussetzungen über die Verteilungen. Für die Durchführung von Tests und die Berechnung von Konfidenzintervallen werden wir jedoch Normalverteilung annehmen:

$$\epsilon_{ij} \sim N(0, \sigma^2), \epsilon_{ij} \text{ unabhängig}$$
$$\alpha_i \sim N(0, \sigma_\alpha^2), \alpha_i \text{ unabhängig}$$

und damit

$$y_{ij} \sim N(\mu, \sigma_\alpha^2 + \sigma^2). \qquad (4.134)$$

Im Gegensatz zum Modell mit festen Effekten sind die Responsewerte y_{ij} einer Stufe i der Behandlung (d.h. hier der i-ten Stichprobe) nicht mehr unkorreliert:

$$\begin{aligned} \mathrm{E}(y_{ij} - \mu)(y_{ij'} - \mu) &= \mathrm{E}(\alpha_i + \epsilon_{ij})(\alpha_i + \epsilon_{ij'}) \\ &= \mathrm{E}(\alpha_i^2) = \sigma_\alpha^2 \quad . \qquad (4.135) \end{aligned}$$

Dagegen sind Responsewerte verschiedener Stichproben weiterhin unkorreliert ($i \neq i'$, j, j' beliebig):

$$\mathrm{E}(y_{ij} - \mu)(y_{i'j'} - \mu) = \mathrm{E}(\alpha_i \alpha_{i'}) + \mathrm{E}(\epsilon_{ij} \epsilon_{i'j'}) + \mathrm{E}(\alpha_i \epsilon_{i'j'}) + \mathrm{E}(\alpha_{i'} \epsilon_{ij}) = 0 \quad . \quad (4.136)$$

Bei Normalverteilung kann man unkorreliert durch unabhängig ersetzen.

Prüfen der Nullhypothese H_0 : $\sigma_\alpha^2 = 0$ gegen H_1 : $\sigma_\alpha^2 > 0$

Die Hypothese H_0: „kein Behandlungseffekt" lautet im Modell mit

— festen Effekten $\qquad H_0$: $\alpha_i = 0 \quad \forall i$
— zufälligen Effekten $\quad H_0$: $\sigma_\alpha^2 = 0$.

Aus den Ableitungen in Abschnitt 4.2.3, die wir z.T. übernehmen können, folgt im Modell mit zufälligen Effekten:

$$\mathrm{E}(MQ_{Rest}) = \sigma^2 \, ,$$

d.h. $MQ_{Rest} = \hat{\sigma}^2$ ist eine erwartungstreue Schätzung von σ^2.
Wir berechnen $\mathrm{E}(MQ_A)$ über folgende Schritte:

$$\begin{aligned} SQ_A &= \sum_{i=1}^{s} \sum_{j=1}^{n_i} (y_{i\cdot} - y_{\cdot\cdot})^2 \, , \\ y_{i\cdot} &= \mu + \alpha_i + \epsilon_{i\cdot} \, , \\ y_{\cdot\cdot} &= \mu + \alpha_\cdot + \epsilon_{\cdot\cdot} \, , \\ \alpha_\cdot &= \sum n_i \alpha_i / n \, , \\ (y_{i\cdot} - y_{\cdot\cdot}) &= (\alpha_i - \alpha_\cdot) + (\epsilon_{i\cdot} - \epsilon_{\cdot\cdot}) \, . \end{aligned}$$

Mit (4.131) und (4.132) folgt

$$\mathrm{E}(y_{i\cdot} - y_{\cdot\cdot})^2 = \mathrm{E}(\alpha_i - \alpha_\cdot)^2 + \mathrm{E}(\epsilon_{i\cdot} - \epsilon_{\cdot\cdot})^2 , \tag{4.137}$$

$$
\begin{aligned}
\mathrm{E}(\alpha_i - \alpha_\cdot)^2 &= \mathrm{E}(\alpha_i^2) + \mathrm{E}(\alpha_\cdot^2) - 2\mathrm{E}(\alpha_i\alpha_\cdot) \\
&= \sigma_\alpha^2 \left[1 + \frac{\sum n_i^2}{n^2} - 2\frac{n_i}{n} \right] ,
\end{aligned}
\tag{4.138}
$$

$$
\begin{aligned}
\mathrm{E}(\epsilon_{i\cdot}^2 - \epsilon_{\cdot\cdot})^2 &= \mathrm{E}(\epsilon_{i\cdot}^2) + \mathrm{E}(\epsilon_{\cdot\cdot}^2) - 2\mathrm{E}(\epsilon_{i\cdot}\epsilon_{\cdot\cdot}) \\
&= \frac{\sigma^2}{n_i} + \frac{\sigma^2}{n} - 2\frac{\sigma^2}{n} \\
&= \sigma^2 \left(\frac{1}{n_i} - \frac{1}{n} \right) .
\end{aligned}
\tag{4.139}
$$

Damit wird

$$
\begin{aligned}
\sum_{j=1}^{n_i} \mathrm{E}(y_{i\cdot} - y_{\cdot\cdot})^2 &= n_i \mathrm{E}(y_{i\cdot} - y_{\cdot\cdot})^2 \\
&= \sigma_\alpha^2 \left[n_i + \frac{n_i}{n}\frac{\sum n_i^2}{n} - 2\frac{n_i^2}{n} \right] + \sigma^2(1 - \frac{n_i}{n})
\end{aligned}
$$

und

$$\sum_{i=1}^{s} n_i \mathrm{E}(y_{i\cdot} - y_{\cdot\cdot})^2 = \sigma_\alpha^2 \left[n - \frac{\sum n_i^2}{n} \right] + \sigma^2(s - 1) .$$

Somit gilt

(i) im unbalanzierten Fall

$$\mathrm{E}(MQ_A) = \frac{1}{s-1}\mathrm{E}(SQ_A) = \sigma^2 + k\sigma_\alpha^2 \tag{4.140}$$

mit

$$k = \frac{1}{s-1}(n - \frac{1}{n}\sum n_i^2) \tag{4.141}$$

(ii) im balanzierten Fall ($n_i = r$ für alle i, $n = r \cdot s$)

$$k = \frac{1}{s-1}(r \cdot s - \frac{1}{r \cdot s}s \cdot r^2) = r , \tag{4.142}$$

$$\mathrm{E}(MQ_A) = \sigma^2 + r\sigma_\alpha^2 . \tag{4.143}$$

Damit erhalten wir als erwartungstreue Schätzung $\hat{\sigma}_\alpha^2$ von σ_α^2

(i) im unbalanzierten Fall

$$\hat{\sigma}_\alpha^2 = \frac{MQ_A - MQ_{Rest}}{k} , \tag{4.144}$$

(ii) im balanzierten Fall

$$\hat{\sigma}_\alpha^2 = \frac{MQ_A - MQ_{Rest}}{r} \quad . \tag{4.145}$$

Bei vorausgesetzter Normalverteilung gilt

$$MQ_{Rest} \sim \sigma^2 \chi^2_{n-s}$$

und

$$MQ_A \sim (\sigma^2 + k\sigma_\alpha^2)\chi^2_{s-1} \quad .$$

Beide Verteilungen sind unabhängig, so daß der Quotient

$$\frac{MQ_A}{MQ_{Rest}} \cdot \frac{\sigma^2}{\sigma^2 + k\sigma_\alpha^2}$$

unter Voraussetzung gleicher Varianzen, d.h. unter $H_0 : \sigma_\alpha^2 = 0$, zentral F-verteilt ist. Unter $H_0 : \sigma_\alpha^2 = 0$ gilt also

$$\frac{MQ_A}{MQ_{Rest}} \sim F_{s-1,n-s} \quad . \tag{4.146}$$

Damit wird $H_0 : \sigma_\alpha^2 = 0$ mit derselben Teststatistik geprüft wie $H_0 : \alpha_i = 0$ (alle i) im Modell mit festen Effekten; die Tafel der Varianzanalyse bleibt also ungeändert.

Ursache	SQ	df	E(MQ) Fest	Zufällig
Behandlung	SQ_A	$s-1$	$\sigma^2 + \frac{\sum n_i \alpha_i^2}{s-1}$	$\sigma^2 + k\sigma_\alpha^2$
Fehler	SQ_{Rest}	$n-s$	σ^2	σ^2

Tabelle 4.17: Erwartungswerte von MQ_A und MQ_{Rest}

Beispiel 4.3 (Fortsetzung) Wir betrachten den Versuchsplan aus Tabelle 4.6 nun als Modell mit zufälligen Effekten. Die Nullhypothese $H_0 : \sigma_\alpha^2 = 0$ wird mit der Statistik aus (4.146) geprüft. Aus Tabelle 4.7 entnehmen wir wieder

$$F_{3,20} = \frac{1.3349}{0.3962} = 3.3687 \quad (\text{p-value} : 0.0389) \quad ,$$

so daß $H_0 : \sigma_\alpha^2 = 0$ abgelehnt wird. Die geschätzten Varianzkomponenten lauten

$$\hat{\sigma}^2 = MQ_{Rest} = 0.3962$$

und (vgl. (4.145))

$$\hat{\sigma}_\alpha^2 = \frac{1.3349 - 0.3962}{6} = 0.1564 \quad .$$

4.7 Rangvarianzanalyse im vollständig randomisierten Versuchsplan

4.7.1 Kruskal–Wallis–Test

Die bisherigen Modelle waren auf den Fall zugeschnitten, daß die Responsewerte normalverteilt sind. Wir betrachten nun die Situation, daß der Response entweder stetig, aber nicht normalverteilt ist oder daß ein kategorialer Response vorliegt. Für diese, in den Anwendungen häufig auftretende Datenlage wollen wir den einfaktoriellen Vergleich von Gruppen durchführen. Dabei behandeln wir zunächst den vollständig randomisierten Versuchsplan.

Die Responsewerte seien zweifach indiziert als y_{ij} mit $i = 1, \ldots, s$ (Gruppen) und $j = 1, \ldots, n_i$ (Laufindex innerhalb der i-ten Gruppe). Die Daten werden nach dem vollständig randomisierten Versuchsplan erhoben: man wählt zufällig n_1 Einheiten aus $n = \sum n_i$ Einheiten und ordnet sie der Behandlung (Gruppe) 1 zu usw.. Die Datenstruktur ist in Tabelle 4.18 gegeben.

Gruppe

1	2	$\cdots$	s
y_{11}	y_{21}	$\cdots$	y_{s1}
$\vdots$	$\vdots$		$\vdots$
y_{1n_1}	y_{2n_2}	$\cdots$	y_{sn_s}

Tabelle 4.18: Datenmatrix im vollständig randomisierten Versuchsplan

Wir wählen zunächst das folgende lineare additive Modell

$$y_{ij} = \mu_i + \epsilon_{ij} \tag{4.147}$$

und nehmen an, daß

$$\epsilon_{ij} \sim F(0, \sigma^2) \tag{4.148}$$

gilt (wobei F eine beliebige stetige Verteilung ist). Ferner setzen wir voraus, daß die Beobachtungen innerhalb jeder Gruppe und über die Gruppen unabhängig sind.

Die wesentliche statistische Aufgabe ist der Vergleich der Gruppenmittelwerte μ_i gemäß

$$H_0: \mu_1 = \cdots = \mu_s \quad \text{gegen} \quad H_1: \mu_i \neq \mu_j \quad \text{(mindestens ein Paar } i, j,\ i \neq j\text{)}.$$

Die Tests werden — analog zum Wilcoxon–Test im Zweistichprobenfall — auf dem Vergleich der Rangsummen der Gruppen aufbauen.

Die Rang-Prozedur ordnet dem kleinsten Wert aller s Gruppen den Rang 1, ..., dem größten Wert aller s Gruppen den Rang $n = \sum n_i$ zu. Diese Ränge R_{ij} ersetzen die Originalwerte y_{ij} des Response in Tabelle 4.18 gemäß Tabelle 4.19.

143

$$
\begin{array}{c}
\text{Gruppe}
\end{array}
$$

	1	2	$\cdots$	s	
	R_{11}	R_{21}		R_{s1}	
	$\vdots$	$\vdots$		$\vdots$	
	R_{1n_1}	R_{2n_2}		R_{sn_s}	
$\sum$	$R_{1.}$	$R_{2.}$	$\cdots$	$R_{s.}$	$R_{..}$
Mittelwert	$r_{1.}$	$r_{2.}$	$\cdots$	$r_{s.}$	$r_{..}$

Tabelle 4.19: Rangwerte zu Tabelle 4.18

Die Rangsummen und Rangmittelwerte sind

$$
R_{i.} \;=\; \sum_{j=1}^{n_i} R_{ij}\,, \quad R_{..} = \sum_{i=1}^{s} R_{i.} = \frac{n(n+1)}{2}
$$

$$
r_{i.} \;=\; \frac{R_{i.}}{n_i}\,, \quad r_{..} = \frac{R_{..}}{n} = \frac{n+1}{2} \quad .
$$

Unter der Nullhypothese sind alle $n!/n_1!\cdots n_s!$ möglichen Anordnungen der Ränge gleichwahrscheinlich, so daß man für jede dieser Anordnungen ein Maß für die Unterschiede zwischen den Gruppen berechnen kann. Ein mögliches Maß für den Gruppenunterschied basiert auf dem Vergleich der Rangmittelwerte $r_{i.}$.

In Analogie zur Fehlerquadratsumme $SQ_A = \sum_{i=1}^{s} n_i(y_{i.} - y_{..})^2$ (vgl.(4.28)) haben Kruskal und Wallis folgende Teststatistik konstruiert (Kruskal and Wallis, 1952):

$$
\begin{aligned}
H \;&=\; \frac{12}{n(n+1)} \sum_{i=1}^{s} n_i (r_{i.} - r_{..})^2 \\
&=\; \frac{12}{n(n+1)} \sum_{i=1}^{s} \frac{R_{i.}^2}{n_i} - 3(n+1) \quad .
\end{aligned}
\tag{4.149}
$$

Die Testgröße H ist ein Maß für die Varianz der Stichproben – Rangmittelwerte. Für den Fall $n_i \leq 5$ existieren Tabellen für die exakten kritischen Werte (vgl. z.B. Sachs, 1974, S.240 oder Hollander and Wolfe, 1973, p.294). Für $n_i > 5$ ($i = 1,\ldots,s$) ist H approximativ χ^2_{s-1} – verteilt.

Korrektur bei Bindungen:

Treten gleiche Responsewerte y_{ij} auf, denen dann mittlere Ränge zugewiesen werden, so wird folgende korrigierte Teststatistik benutzt:

$$
H_{Korr} = H \left(1 - \frac{\sum_{k=1}^{r}(t_k^3 - t_k)}{n^3 - n} \right)^{-1} \quad .
\tag{4.150}
$$

Dabei ist r die Anzahl von Gruppen mit gleichen Rängen und t_k die Anzahl der jeweils gleich großen Responsewerte innerhalb einer Gruppe.

Zahnarzt A		Zahnarzt B		Zahnarzt C	
Meßwert	Rang	Meßwert	Rang	Meßwert	Rang
31.5	3	33.5	5	19.5	1
38.5	7	37.0	6	31.5	3
40.0	8.5	43.5	10	31.5	3
45.5	11	54.0	15	40	8.5
48.0	12	56.0	17	50.5	13
55.5	16	57.0	18	53.0	14
57.5	19	59.5	21	62.5	23.5
59.0	20	60.0	22	62.5	23.5
70.0	27.5	65.5	25		
70.0	27.5	67.0	26		
72.0	29	75.0	31		
74.5	30				
78.0	32				
80.0	33				
$n_1 = 14$		$n_2 = 11$		$n_3 = 8$	
$R_{1.} = 275.5$		$R_{2.} = 196.0$		$R_{3.} = 89.5$	
$r_{1.} = 19.68$		$r_{2.} = 17.82$		$r_{3.} = 11.19$	

Tabelle 4.20: Berechnung der Ränge und Rangsummen zu Tabelle 4.1

Für $H > \chi^2_{s-1;1-\alpha}$ wird die Hypothese H_0: $\mu_1 = \cdots = \mu_s$ zugunsten von H_1 abgelehnt.

Falls H_{Korr} verwendet werden muß, braucht wegen $H_{Korr} > H$ bei Signifikanz von H der korrigierte Wert nicht berechnet zu werden.

Beispiel 4.6: Wir vergleichen die Arbeitszeitwerte aus Tabelle 4.1 nun nach dem Kruskal–Wallis–Test. (Hinweis: In Beispiel 4.1 wurde die Varianzanalyse mit den logarithmierten Responsewerten durchgeführt, da Zweifel an der Normalverteilung der Originalwerte bestanden. Die Nullhypothese wurde nicht abgelehnt, vgl. Tabelle 4.5).

Die Prüfgröße auf der Basis von Tabelle 4.20 wird

$$H = \frac{12}{33 \cdot 34}\left[\frac{275.5^2}{14} + \frac{196.0^2}{11} + \frac{89.5^2}{8}\right] - 3 \cdot 34$$
$$= 4.04 < 5.99 = \chi^2_{2;0.95} \quad .$$

Da H nicht signifikant ist, muß H_{Korr} berechnet werden. Aus Tabelle 4.20 entnehmen wir

$r = 4,$ $t_1 = 3$ (3 Ränge von 3)

          $t_2 = 2$ (2 Ränge von 8.5)

          $t_3 = 2$ (2 Ränge von 23.5)

          $t_4 = 2$ (2 Ränge von 27.5)

Korrekturglied: $1 - \frac{3 \cdot (2^3 - 2) + (3^3 - 3)}{33^3 - 33} = 1 - \frac{42}{35904} = 0.9988$,

$H_{Korr} = 4.045$.

Die Entscheidung lautet: die Nullhypothese H_0: $\mu_1 = \mu_2 = \mu_3$ wird nicht abgelehnt, ein Effekt „Zahnarzt" ist nicht nachweisbar.

4.7.2 Multiple Vergleiche

Analog zur Argumentation in Abschnitt 4.4 wollen wir kurz das Vorgehen bei Ablehnung der Nullhypothese H_0: $\mu_1 = \cdots = \mu_s$ im Fall von Rangdaten erläutern.

Geplanter Einzelvergleich

Falls man vor der Datenerhebung plant, zwei ausgewählte Gruppen zu vergleichen, dann kann dies mit dem Wilcoxon–Rangsummentest (vgl. Abschnitt 2.5) geschehen, wobei der Fehler 1. Art nur für diesen Vergleich gilt.

Vergleich aller paarweisen Differenzen

Die Prozedur zum Vergleich aller $s(s-1)/2$ möglichen Paare (i,j) von Differenzen mit $i > j$ stammt von Dunn (1964). Sie basiert auf der Bonferroni – Methode und setzt große Stichproben voraus. Man bildet folgende Statistiken aus den Differenzen $r_{i.} - r_{j.}$ der Rangmittelwerte $(i \neq j\,,\, i > j)$

$$z_{ij} = \frac{r_{i.} - r_{j.}}{\sqrt{\frac{n(n+1)}{12}(1/n_i + 1/n_j)}} \quad . \tag{4.151}$$

Sei $u_{1-\alpha/s(s-1)}$ das $[1 - \alpha/s(s-1)]$–Quantil der Standardnormalverteilung, so lautet die multiple Testregel, die das α–Niveau global für alle $s(s-1)$ paarweisen Vergleiche einhält:

$$H_0\text{: } \mu_i = \mu_j \quad \text{für alle } (i,j)\ i > j \tag{4.152}$$

wird gegen

$$H_1\text{: } \mu_i \neq \mu_j \quad \text{für mindestens ein Paar } (i,j)$$

abgelehnt, falls

$$|z_{ij}| > z_{1-\alpha/s(s-1)} \quad \text{für mindestens ein Paar } (i,j), i > j \quad . \tag{4.153}$$

Beispiel 4.7: In Tabelle 4.6 sind die Responsewerte der vier Behandlungen Kontrollgruppe, $Z_1, Z_2, Z_1 \cup Z_2$ im balanzierten randomisierten Versuchsplan aufgeführt. Die Varianzanalyse bei Voraussetzung der Normalverteilung hatte die Nullhypothese H_0: $\mu_1 = \cdots = \mu_4$ abgelehnt. Wir führen die Analyse nun auf der Basis von Rangdaten durch, d.h. wir fordern nicht mehr Normalverteilung.
Aus Tabelle 4.6 berechnen wir die Rangtabelle 4.21 und erhalten für die Kruskal-Wallis-Statistik

$$
\begin{aligned}
H &= \frac{12}{24 \cdot 25 \cdot 6} \sum R_{i.}^2 - 3 \cdot 25 \\
&= \frac{1}{300} \sum (104^2 + 91^2 + 60^2 + 45^2) - 75 \\
&= 7.41 \quad .
\end{aligned}
$$

Wegen $7.41 < 7.81 = \chi^2_{3;0.95}$ wird H_0 auf dem 5%-Niveau nicht abgelehnt, so daß damit die nichtparametrische Analyse stoppt.

Zur Demonstration der nichtparametrischen multiplen Vergleiche gehen wir auf das 10 %-Niveau. Dann ist $H = 7.41 > 6.25 = \chi^2_{3;0.90}$.

Da H bereits signifikant ist, muß H_{Korr} nicht mehr berechnet werden, so daß H_0: $\mu_1 = \cdots = \mu_4$ auf dem 10 %-Niveau abgelehnt wird.

Damit können wir die multiplen Vergleiche der paarweisen Differenzen durchführen.

Der Nenner der Teststatistik z_{ij} (4.151) ist $\sqrt{\frac{24 \cdot 25}{12} \frac{2}{6}} = \sqrt{\frac{50}{3}} = 4.08$.

Vergleich	$r_{i.} - r_{j.}$	z_{ij}	
1/2	2.16	0.53	
1/3	7.33	1.80	
1/4	10.83	2.65	*
2/3	5.17	1.27	
2/4	8.67	2.13	
3/4	3.50	0.86	

Für $\alpha = 0.10$ wird $\alpha/s(s-1) = 0.10/12 = 0.0083$, $1 - \alpha/s(s-1) = 0.9916$, $u_{0.9916} = 2.39$. Damit ist der Vergleich 1/4 signifikant.

Vergleich Kontrollgruppe — alle übrigen Behandlungen

Wählt man aus s Behandlungen eine Behandlung als Kontrolle und vergleicht sie mit den verbleibenden $s - 1$ Behandlungen, so verläuft der Test analog, jedoch mit dem $[u_{1-\alpha/2(s-1)}]$-Quantil.

Beispiel 4.7: (Fortsetzung)

Die Kontrollgruppe ist Behandlung 1 (ohne Zusatzstoffe).

Ihr Vergleich mit den Behandlungen 2 (Z_1), $3(Z_2)$ und 4 $(Z_1 \cup Z_2)$ erfolgt mit den Teststatistiken z_{12}, z_{13}, z_{14} wobei das $u_{1-\alpha/2(s-1)}$-Quantil heranzuziehen ist. Wir erhalten $1 - 0.10/6 = 0.9833$, $u_{1-0.10/6} = 2.126 \Rightarrow$ die Vergleiche 1/4 und 2/4 sind signifikant.

Kontroll-gruppe		Z_1		Z_2		$Z_1 \cup Z_2$	
Wert	Rang	Wert	Rang	Wert	Rang	Wert	Rang
4.5	21.5	3.8	12	3.5	8	3.0	4
5.0	24	4.0	16.5	4.5	21.5	2.8	3
3.5	8	3.9	13.5	3.2	5	2.2	2
3.7	11	4.2	19	2.1	1	3.4	6
4.8	23	3.6	10	3.5	8	4.0	16.5
4.0	16.5	4.4	20	4.0	16.5	3.9	13.5
$R_{1.} = 104$		$R_{2.} = 91$		$R_{3.} = 60$		$R_{4.} = 45$	
$r_{1.} = 17.33$		$r_{2.} = 15.17$		$r_{3.} = 10.00$		$r_{4.} = 7.50$	

Tabelle 4.21: Rangtabelle zu Tabelle 4.6

4.8 Kontrollfragen und Aufgaben

4.8.1 Formulieren Sie den einfaktoriellen Plan mit $s = 2$ festen Effekten im balanzierten Fall als lineares Modell in üblicher und in Effektkodierung.

4.8.2 Wie lautet die Tafel der Varianzanalyse im zweifaktoriellen Plan mit festen Effekten?

4.8.3 Welche Bedeutung hat das Theorem von Cochran? Welche Effekte lassen sich damit prüfen?

4.8.4 In einem Feldversuch werden drei Dünger eingesetzt. Die Tafel der Varianzanalyse lautet

	df	MQ	F
$SQ_A = 50$			
$SQ_{Rest} =$			
$SQ_{Total} = 350$	32		

Wie lautet die zu prüfende Hypothese? Wie lautet die Testentscheidung?

4.8.5 Sei $\mathbf{c}'\mathbf{y}.$ ein linearer Kontrast in den Mittelwerten $y_1., \ldots, y_s..$ Ergänzen Sie

$$\mathbf{c}'\mathbf{y}. \sim N(\ ,\ ).$$

Die Teststatistik zum Prüfen von H_0: $\mathbf{c}'\boldsymbol{\mu} = 0$ lautet

$$? \sim \chi^2_{df}, \quad df =?$$

4.8.6 Wieviel unabhängige lineare Kontraste gibt es bei s Mittelwerten? Was versteht man unter einem vollständigen System linearer Kontraste? Ist dieses System eindeutig?

4.8.7 Sei $\mathbf{c}'_1\mathbf{Y}., \ldots, \mathbf{c}'_{s-1}\mathbf{Y}.$ ein vollständiges System linearer Kontraste in den totalen Responsewerten $\mathbf{Y}. = (Y_1., \ldots, Y_s.)'$.

Jeder Kontrast besitzt die Verteilung

$$\mathbf{c}'_i\mathbf{Y}. \sim N(\ ,\ ).$$

Dann gilt

$$\frac{(\mathbf{c}'_i\mathbf{Y})^2}{?} \sim?$$

und — falls die Kontraste ... sind —

$$SQ_A = \qquad .$$

4.8.8 Sei A_1 eine Kontrollgruppe, A_2 und A_3 seien zwei Medikamente. Wie lauten die Kontraste für den Vergleich
A_1 gegen A_2 oder A_3
A_2 gegen A_1
A_3 gegen A_1 ?

4.8.9 Beschreiben Sie das Grundanliegen multipler Vergleiche und die beiden Vergleichsmethodiken.

4.8.10 Ordnen Sie die experimentweise angelegten multiplen Vergleiche in folgender Matrix richtig zu:

	Scheffé	Dunnett	Tukey	Bonferroni
(i)				
(ii)				
(iii)				
(iv)				

(i) $k \leq s$ vorher festgelegte Vergleiche
(ii) Menge beliebiger linearer Kontraste
(iii) $(s-1)$ Vergleiche mit einer Kontrollgruppe
(iv) alle $s(s-1)/2$ Vergleiche von Mittelwerten

4.8.11 Beim Zweistichproben–t–Test (balanziert) lautet der kritische Wert $t_{n-1;1-\alpha}$. Beim Bonferroni–Verfahren mit 3 Vergleichen lautet er für jeden Einzelvergleich $t_{\;;\;}$.

4.8.12 Wie lauten die Annahmen im Modell $y_{ij} = \mu + \alpha_i + \epsilon_{ij}$ mit gemischten Effekten? Es gilt $y_{ij} \sim N(\quad , \quad)$.

Wie formuliert man die Hypothese H_0: kein Behandlungseffekt?

4.8.13 Führen Sie die Rangvarianzanalyse nach Kruskal–Wallis für folgende Tabelle durch (Hinweis: vollständig randomisierter Versuchsplan)

Student A		Student B		Student C	
Punktwert	Rang	Punktwert	Rang	Punktwert	Rang
32		34		38	
39		37		40	
45		42		43	
47		54		48	
53		60		52	
59		75		61	
71				80	
85				95	

Kapitel 5

Restriktivere Versuchspläne

5.1 Randomisierte Blockpläne

In der statistischen Praxis hat man häufig keine vollständig homogenen Versuchseinheiten, sondern eine gewisse Gruppierung nach einem Schichtungsmerkmal (Klinikpopulation: Schichtung nach Patientenalter, Schwere der Erkrankung usw.). Falls man eine solche Vorinformation hat, ist ein Effizienzgewinn gegenüber dem vollständig randomisierten Versuchsplan durch Blockbildung möglich. Man faßt die Versuchseinheiten zu homogenen Gruppen (Blöcken) zusammen und ordnet die Behandlungen den Versuchseinheiten jedes Blocks wieder zufällig zu. Damit läßt sich der Blockeffekt (Unterschiede zwischen den Blöcken) vom Versuchsfehler separieren, was zu einer Erhöhung der Präzision führt. Die Strategie der Blockbildung sollte so sein, daß die Variabilität innerhalb jedes Blocks möglichst gering und die Variabilität zwischen den Blöcken möglichst groß ausfällt.

Der am häufigsten benutzte Blockplan ist der Randomisierte Blockplan (RBD = randomized block design), bei dem s Behandlungen mit jeweils r Wiederholungen (balanziert) an insgesamt $n = r \cdot s$ Versuchseinheiten angewandt werden. Man gruppiert zunächst die Versuchseinheiten in r Blöcke mit jeweils s Einheiten so, daß die Einheiten innerhalb jedes Blocks möglichst homogen sind. Dann werden die s Behandlungen den s Elementen jedes der r Blöcke zufällig zugeordnet, wobei jede Behandlung genau einmal auftritt.

Beispiel 5.1: Wir wollen $s = 3$ Behandlungen A, B, C mit je $r = 4$ Wiederholungen im Randomisierten Blockplan auf ihre Wirkung überprüfen. Das blockbildende Merkmal sei ordinalskaliert (z.B. $r = 4$ Intensitätsstufen einer Erkrankung oder $r = 4$ Altersgruppen).

Der Blockplan der $n = r \cdot s = 12$ Versuchseinheiten hat dann die Struktur, wie in Tabelle 5.1 dargestellt. Die Zuordnung der $s = 3$ Behandlungen je Block auf die jeweils 3 Einheiten der $r = 4$ Blöcke kann z.B. mit Zufallszahlen erfolgen, denen je Block ihr Rang 1,2 oder 3 zugewiesen wird. Nach einer vorher festgelegten Kodierung (Rang 1: Behandlung A, Rang 2: B, Rang 3: C) erfolgt die Zuordnung zu den Behandlungen.

Block

I	II	III	IV
1	1	1	1
2	2	2	2
3	3	3	3

$\longrightarrow$ Randomisierung

I	II	III	IV
A	B	C	B
B	A	A	C
C	C	B	A

Tabelle 5.1: Randomisierte Zuordnung der Behandlungen je Block

Beispiel: Block II in Tabelle 5.1

Einheit	Zufallszahl	Rang	Behandlung
1	182	2	B
2	037	1	A
3	217	3	C

Die Datenstruktur ist in Tabelle 5.2 angegeben. Dabei bedeuten

Summen	Mittelwerte	
$Y_{i.} = \sum_j y_{ij}$	$y_{i.} = Y_{i.}/s$	Block i
$Y_{.j} = \sum_i y_{ij}$	$y_{.j} = Y_{.j}/r$	Behandlung j
$Y_{..} = \sum_i Y_{i.} = \sum_j Y_{.j}$	$y_{..} = Y_{..}/rs$	Total

	Behandlung j					
Block i	1	2	$\cdots$	s	Summe	Mittelwert
1	y_{11}	y_{12}	$\cdots$	y_{1s}	$Y_{1.}$	$y_{1.}$
2	y_{21}	y_{22}	$\cdots$	y_{2s}	$Y_{2.}$	$y_{2.}$
$\vdots$	$\vdots$	$\vdots$	$\vdots$	$\vdots$	$\vdots$	$\vdots$
r	y_{r1}	y_{r2}	$\cdots$	y_{rs}	$Y_{r.}$	$y_{r.}$
Summe	$Y_{.1}$	$Y_{.2}$	$\cdots$	$Y_{.s}$	$Y_{..}$	
Mittelwert	$y_{.1}$	$y_{.2}$	$\cdots$	$y_{.s}$	$y_{..}$	

Tabelle 5.2: Datenstruktur für den Randomisierten Blockplan

Das zum Randomisierten Blockplan gehörende lineare Modell (ohne Wechsel-wirkungen) hat folgende Gestalt:

$$y_{ij} = \mu + \beta_i + \tau_j + \epsilon_{ij} \tag{5.1}$$

mit

y_{ij} : Response der j–ten Behandlung im i–ten Block

μ : mittlerer Response aller Versuchseinheiten (overall mean)

β_i : additiver Effekt des i–ten Blocks

τ_j : additiver Effekt der j–ten Behandlung

ϵ_{ij} : zufälliger Fehler der Versuchseinheit, die im i–ten Block die j–te Behandlung erhält.

152

Ursache	SQ	df	MQ	F
Block	SQ_{Block}	$r-1$	MQ_{Block}	F_{Block}
Behandlung	SQ_{Treat}	$s-1$	MQ_{Treat}	F_{Treat}
Fehler	SQ_{Rest}	$(r-1)(s-1)$	MQ_{Rest}	
Total	SQ_{Total}	$sr-1$		

Tabelle 5.3: Tafel der Varianzanalyse für den Randomisierten Blockplan

Wir treffen folgende Annahmen:

(i) Die Blöcke dienen als Kontrolleinheit, so daß die β_i zufällige Effekte sind
mit

$$\beta_i \sim N(0, \sigma_\beta^2) \quad . \tag{5.2}$$

(ii) Die Behandlungen seien fest vorgegeben, so daß die τ_j feste Effekte sind,
die die Abweichung vom overall mean μ darstellen. Damit gelte die Reparametrisierungsbedingung

$$\sum_{j=1}^{s} \tau_j = 0 \quad . \tag{5.3}$$

Bemerkung: Falls die Behandlungseffekte doch als zufällig angesehen werden
sollten, setzen wir statt (5.3)

$$\tau_j \sim N(0, \sigma_\tau^2) \tag{5.4}$$

und

$$E(\beta_i \tau_j) = 0 \qquad (\text{alle } i, j) \tag{5.5}$$

voraus.

(iii) Die ϵ_{ij} sind die zufälligen Fehler. Es gelte

$$\epsilon_{ij} \overset{i.i.d.}{\sim} N(0, \sigma^2) \tag{5.6}$$

und

$$E(\epsilon_{ij}\beta_i) = 0 \tag{5.7}$$

sowie

$$E(\epsilon_{ij}\tau_j) = 0 \quad . \tag{5.8}$$

Dann ist

$$\mu_i = \mu + \beta_i \quad \text{der } i\text{-te Blockmittelwert}$$

und

$$\mu_j = \mu + \tau_j \quad \text{der } j\text{-te Behandlungsmittelwert.}$$

Zerlegung der Fehlerquadratsumme

Mit der Identität

$$y_{ij} - y_{..} = (y_{ij} - y_{i.} - y_{.j} + y_{..}) + (y_{i.} - y_{..}) + (y_{.j} - y_{..}) \qquad (5.9)$$

läßt sich zeigen, daß folgende Zerlegung gilt

$$\sum_i \sum_j (y_{ij} - y_{..})^2 = \sum_i \sum_j (y_{ij} - y_{i.} - y_{.j} + y_{..})^2$$
$$+ \sum_{i=1}^{r} s(y_{i.} - y_{..})^2$$
$$+ \sum_{j=1}^{s} r(y_{.j} - y_{..})^2 \quad . \qquad (5.10)$$

Setzen wir als Korrekturglied

$$C = Y_{..}^2/rs \quad , \qquad (5.11)$$

so lassen sich die obigen Quadratsummen wie folgt schreiben

$$SQ_{Total} = \sum_i \sum_j (y_{ij} - y_{..})^2 = \sum_i \sum_j y_{ij}^2 - C \qquad (5.12)$$

$$SQ_{Block} = s \sum_i (y_{i.} - y_{..})^2 = \frac{1}{s} \sum_i Y_{i.}^2 - C \qquad (5.13)$$

$$SQ_{Treat} = r \sum_j (y_{.j} - y_{..})^2 = \frac{1}{r} \sum_j Y_{.j}^2 - C \qquad (5.14)$$

$$SQ_{Rest} = SQ_{Total} - SQ_{Block} - SQ_{Treat} \quad . \qquad (5.15)$$

Die F–Quotienten (vgl. Tabelle 5.3) sind

$$F_{Block} = \frac{SQ_{Block}}{SQ_{Rest}} \cdot \frac{(r-1)(s-1)}{(r-1)}$$
$$= \frac{MQ_{Block}}{MQ_{Rest}} \qquad (5.16)$$

und

$$F_{Treat} = \frac{SQ_{Treat}}{SQ_{Rest}} \cdot \frac{(s-1)(r-1)}{(s-1)}$$
$$= \frac{MQ_{Treat}}{MQ_{Rest}} \quad . \qquad (5.17)$$

Die Signifikanz des Behandlungseffekts, d.h. $H_0 : \tau_j = 0$ $(j = 1, \ldots, s)$ bei festen Effekten bzw. $H_0 : \sigma_\tau^2 = 0$ bei zufälligen Effekten, wird mit F_{Treat} geprüft.

Prüfen des Blockeffekts

Wir betrachten den vollständig randomisierten Versuchsplan des Modells (4.2)
im balanzierten Fall ($n_i = r$ für alle i) und vertauschen in Tabelle 4.2 die Zeilen
und Spalten (also die Bedeutung von i und j). Wenn wir zusätzlich $\alpha_i = \tau_j$
setzen, entspricht dem vollständig randomisierten Versuchsplan das Modell

$$y_{ij} = \mu + \tau_j + \epsilon_{ij} \tag{5.18}$$

mit der Reparametrisierungsbedingung $\sum \tau_j = 0$. Der Index $i = 1,\dots,r$ stellt
die Wiederholungen der j–ten Behandlung ($j = 1,\dots,s$) dar. Damit ist der
vollständig randomisierte Versuchsplan (5.18) ein nested Submodell des Randomisierten Blockplans (5.1). Die Frage der Signifikanz des Blockeffekts ist
damit äquivalent zur Modellwahl zwischen einem vollen Modell (hier (5.1))
und einem durch Parameterrestriktionen ($H_0 : \beta_i = 0$) eingeschränkten Submodell.

Im Abschnitt 3.8.2 haben wir die für dieses Problem geeignete Teststatistik
mit F_{Change} (vgl. (3.237)) hergeleitet. F_{Change} hat die Gestalt

$$\frac{\text{Restvarianz(kleines Modell)} - \text{Restvarianz(großes Modell)}}{\text{Restvarianz(großes Modell)}} \ . \tag{5.19}$$

Auf unser Problem angewandt, erhalten wir im „großen" Modell (5.1) gemäß
(5.15)

$$SQ_{Rest(\text{groß})} = SQ_{Total} - SQ_{Block} - SQ_{Treat} \ . \tag{5.20}$$

Im „kleinen" Modell (5.18) gilt

$$SQ_{Rest(\text{klein})} = SQ_{Total} - SQ_{Treat} \ , \tag{5.21}$$

so daß F_{Change} zu

$$\frac{SQ_{Block}/(r-1)}{SQ_{Rest(\text{groß})}/(r-1)(s-1)} = F_{Block} \tag{5.22}$$

wird.

Diese Statistik prüft also die Signifikanz des Übergangs vom kleineren Modell
(vollständig randomisierter Versuchsplan) zum größeren Modell (Randomisierter Blockplan) und damit die Signifikanz des Blockeffekts.

Parameterschätzungen und Varianzen

Die erwartungstreue Schätzung des j–ten Behandlungsmittelwerts $\mu_j = \mu + \tau_j$
wird durch

$$\hat{\mu}_j = \frac{Y_{\cdot j}}{r} = y_{\cdot j} \tag{5.23}$$

geliefert. Die Varianz dieser Schätzung ist

$$\text{Var}(y_{\cdot j}) = \frac{1}{r^2} r \text{Var}(y_{ij}) = \frac{\sigma^2}{r} \quad \text{(für alle } j\text{)}. \tag{5.24}$$

Damit lautet die erwartungstreue Schätzung der Standardabweichung der Schätzungen $y_{\cdot j}$

$$s_{y_{\cdot j}} = \sqrt{MQ_{Rest}/r} \quad (j = 1, \ldots, s) \quad . \tag{5.25}$$

Die $(1 - \alpha)$-Konfidenzintervalle der j-ten Behandlungseffekte sind also durch

$$y_{\cdot j} \pm t_{(s-1)(r-1),1-\alpha/2}\sqrt{MQ_{Rest}/r} \tag{5.26}$$

gegeben.

Für den einfachen Vergleich zweier Behandlungsmittelwerte schätzt man deren Differenz erwartungstreu durch

$$y_{\cdot j_1} - y_{\cdot j_2}$$

mit der Standardabweichung

$$s_{(y_{\cdot j_1} - y_{\cdot j_2})} = \sqrt{2MQ_{Rest}/r} \quad . \tag{5.27}$$

Somit haben $(1 - \alpha)$-Konfidenzintervalle für Mittelwertsdifferenzen die Form

$$(y_{\cdot j_1} - y_{\cdot j_2}) \pm t_{(s-1)(r-1),1-\alpha/2}\sqrt{2MQ_{Rest}/r} \quad . \tag{5.28}$$

Hinweis: Man beachte die Zulässigkeit einfacher Vergleiche.

Beispiel 5.2: Ein Mediziner möchte den Effekt von drei blutdrucksenkenden Mitteln (Präparat A, Präparat B, Kombination A und B) und eines Placebo als Kontrollgruppe untersuchen. Die 12 Patienten werden nach dem Körpergewicht in drei Blöcke eingeteilt. Gemessen wird der Response „Differenz des diastolischen Blutdrucks von der Einnahme des Präparats um 6 Uhr bis 18 Uhr" . Die Zuordnung zu den Behandlungen erfolgt in jedem Block zufällig.
Die folgende Tafel zeigt die Meßwerte, aus denen die Tafel der Varianzanalyse berechnet wird.

Block	Placebo 1	A 2	B 3	A und B 4	$\sum$	$y_{i\cdot}$
1	5	7	4	12	28	7
2	7	8	6	15	36	9
3	9	9	8	18	44	11
$\sum$	21	24	18	45	108	
$y_{\cdot j}$	7	8	6	15	9	

Tabelle 5.4: Blutdruckdifferenzen

Damit erhalten wir

$$
\begin{aligned}
C &= Y_{..}^2/rs = 108^2/12 = 972 \\
SQ_{Total} &= 5^2 + \cdots + 18^2 - C \\
&= 1158 - 972 = 186 \\
SQ_{Block} &= \frac{1}{4}(28^2 + 36^2 + 44^2) - C \\
&= 1004 - 972 = 32 \\
SQ_{Treat} &= \frac{1}{3}(21^2 + 24^2 + 18^2 + 45^2) - C \\
&= 1122 - 972 = 150 \\
SQ_{Rest} &= 186 - 32 - 150 = 4
\end{aligned}
$$

	SQ	df	MQ	F
Block	32	2	16	24.00
Treat	150	3	50	75.00
Rest	4	6	0.67	
Total	186	11		

Die Prüfung von H_0 : $\tau_j = 0\,(j = 1,\ldots,4)$ (kein Behandlungseffekt) mit $F_{Treat} = F_{3,6} = 75.00$ führt zur Ablehnung von H_0 ($F_{3,6;0.95} = 4.76$), so daß der Treatmenteffekt signifikant ist. Die Prüfung des Blockeffekts ergibt mit $F_{Block} = F_{2,6} = 24.00$ ($F_{2,6;0.95} = 5.14$) Signifikanz, so daß der Randomisierte Blockplan gegenüber dem vollständig randomisierten Versuchsplan signifikant ist.

Wir wollen uns die Tafel der Varianzanalyse im vollständig randomisierten Versuchsplan mit denselben Responsewerten wie in Tabelle 5.4 ansehen :

	SQ	df	MQ	F
Treat	150	3	50	11.11
Rest	36	8	4.5	
Total	186	11		

Der Treatmenteffekt ist wegen

$$F = 11.11 > F_{3,8;0.95} = 4.07$$

auch hier signifikant.

Mittelwerte der Behandlungen				Standardfehler
1	2	3	4	$\sqrt{MQ_{Rest}/r}$
7	8	6	15	$\sqrt{0.67/3} = 0.47$

Konfidenzintervalle

$$7 \pm 1.15 \qquad 8 \pm 1.15 \qquad 6 \pm 1.15 \qquad 15 \pm 1.15$$

(Hinweis: $t_{6,0.975} = 2.45,\ 2.45\sqrt{MQ_{Rest}/r} = 1.15$)

Konfidenzintervalle für Mittelwertsdifferenzen
(Hinweis: $t_{6,0.975}\ \sqrt{2MQ_{Rest}/r} = 1.63$)

Behandlungen

1/2	:	-1	$\pm$	1.63	$\Longrightarrow$	$[-2.63\,,\,0.63]$	
1/3	:	1	$\pm$	1.63	$\Longrightarrow$	$[-0.63\,,\,2.63]$	
1/4	:	-8	$\pm$	1.63	$\Longrightarrow$	$[-9.63\,,\,-6.37]$	*
2/3	:	2	$\pm$	1.63	$\Longrightarrow$	$[0.37\,,\,3.63]$	*
2/4	:	7	$\pm$	1.63	$\Longrightarrow$	$[5.37\,,\,8.63]$	*
3/4	:	9	$\pm$	1.63	$\Longrightarrow$	$[7.37\,,\,10.63]$	*

Im einfachen Mittelwertsvergleich sind die Behandlungen 1 und 4, 2 und 3, 2 und 4 sowie 3 und 4 signifikant verschieden. Welches korrekte Testergebnis wäre beim multiplen Testen nach Scheffé herausgekommen (Aufgabe 5.3)?

Beispiel 5.3: An $n = 16$ Schülern werden $s = 4$ Trainingsmethoden getestet, wobei die Schüler auf $r = 4$ Blöcke nach ihrem bisherigen Leistungsniveau aufgeteilt und die Trainingsmethoden innerhalb jedes Blocks zufällig zugeordnet werden. Als Response mißt man den Leistungsstand auf einer 1 bis 100 Punkte umfassenden Skala.

Die Ergebnisse sind in Tabelle 5.5 enthalten.

Wir berechnen wieder die Quadratsummen und führen die Tests auf Behandlungseffekt und Blockeffekt durch.

	Trainingsmethode					
Block	1	2	3	4	$\sum$	Mittelwerte
1	41	53	54	42	190	47.5
2	47	62	58	41	208	52.0
3	55	71	66	58	250	62.5
4	59	78	72	61	270	67.5
$\sum$	202	264	250	202	918	
Mittel-werte	50.5	66.0	62.5	50.5	57.375	

Tabelle 5.5: Punktwerte

$$C = \frac{(918)^2}{16} = 52670.25$$

$$SQ_{Total} = 41^2 + \cdots + 61^2 - \frac{(918)^2}{16} = 54524.00 - 52670.25$$
$$= 1853.75$$

$$SQ_{Block} = \frac{190^2 + \cdots + 270^2}{4} - \frac{(918)^2}{16} = 53691.00 - 52670.25$$
$$= 1020.75$$

$$SQ_{Treat} = \frac{202^2 + \cdots + 202^2}{4} - \frac{(918)^2}{16} = 53451.00 - 52670.25$$
$$= 780.75$$

$$SQ_{Rest} = 1853.75 - 1020.75 - 780.75$$
$$= 52.25$$

	SQ	df	MQ	F	
Block	1020.75	3	340.25	58.61	*
Treat	780.75	3	260.25	44.83	*
Rest	52.25	9	5.81		
Total	1853.75	15			

Beide Effekte sind signifikant:

$$F_{Treat} = F_{3,9} = 44.83 > 3.86 = F_{3,9;0.95},$$
$$F_{Block} = F_{3,9} = 58.61 > 3.86 = F_{3,9;0.95}.$$

5.2 Lateinische Quadrate

Im Randomisierten Blockplan haben wir die Versuchseinheiten nach einem Merkmal in homogene Blöcke eingeteilt und die Unterschiede zwischen den Blöcken aus dem Versuchsfehler entfernt, den Anteil der durch ein Modell erklärten Variabilität also erhöht.

Wir betrachten nun den Fall, daß man die Versuchseinheiten — wie in einer Kontingenztafel — nach zwei Merkmalen gruppieren und damit zwei Blockeffekte aus dem Versuchsfehler herausziehen kann. Ein derartiger Versuchsplan heißt Lateinisches Quadrat.

Wenn man s Behandlungen vergleichen will, benötigt man s^2 Versuchseinheiten. Die Versuchseinheiten werden zunächst nach einem Merkmal in s Blöcke mit je s Einheiten unterteilt (Zeilenklassifikation). Danach werden die Versuchseinheiten nach dem anderen Merkmal (Spaltenklassifikation) in s Gruppen mit je s Einheiten aufgeteilt. Die s Behandlungen werden dann so zugeordnet, daß jede Behandlung in jeder Spalte und in jeder Zeile genau einmal auftritt.

Tabelle 5.6 zeigt ein Lateinisches Quadrat für die $s = 4$ Behandlungen A, B, C, D, die durch Permutation auf die $n = 16$ Versuchseinheiten aufgeteilt werden.

A	B	C	D
B	C	D	A
C	D	A	B
D	A	B	C

Tabelle 5.6: Lateinisches Quadrat für $s = 4$ Behandlungen

Diese Anordnung kann durch Randomisierung variiert werden, indem man z.B. mit Zufallszahlen zunächst die Reihenfolge der Zeilen festlegt. Wir setzen die lexikografische Ordnung A, B, C, D der Behandlungen in die numerische Ordnung 1, 2, 3, 4 um.

Zeile	Zufallszahl	Rang
1	131	2
2	079	1
3	284	3
4	521	4

Dies ergibt die zeilenweise Randomisierung

$$
\begin{array}{cccc}
B & C & D & A \\
A & B & C & D \\
C & D & A & B \\
D & A & B & C
\end{array}
$$

Die spaltenweise Randomisierung ergebe z.B.:

Spalte	Zufallszahl	Rang
1	003	1
2	762	4
3	319	3
4	199	2

Die endgültige Anordnung der Behandlungen wäre dann :

$$
\begin{array}{cccc}
B & A & D & C \\
A & D & C & B \\
C & B & A & D \\
D & C & B & A
\end{array}
$$

Das Lateinische Quadrat kann auch beim Auftreten zeitlicher Trends eingesetzt werden, um diese Effekte zu separieren.

$$
\begin{array}{cccc}
\text{I} & \text{II} & \text{III} & \text{IV} \\
\boxed{\text{A B C D}} & \boxed{\text{B C D A}} & \boxed{\text{C D A B}} & \boxed{\text{D A B C}}
\end{array}
$$

$\longrightarrow$ Zeitachse

Abbildung 5.1: Lateinisches Quadrat zur Ausschaltung eines zeitlichen Trends

5.2.1 Varianzanalyse

Das lineare Modell des Lateinischen Quadrats (ohne Wechselwirkungen) hat folgende Gestalt:

$$y_{ij(k)} = \mu + \rho_i + \gamma_j + \tau_{(k)} + \epsilon_{ij} \quad . \qquad (5.29)$$

$$(i, j, k = 1, \ldots, s)$$

Dabei ist $y_{ij(k)}$ der Response der Versuchseinheit in der i-ten Zeile und der j-ten Spalte, vorausgesetzt, sie hat die Behandlung k erfahren.

Die Parameter bedeuten

μ mittlerer Response (overall mean)
ρ_i i-ter Zeileneffekt
γ_j j-ter Spalteneffekt
$\tau_{(k)}$ k-ter Behandlungseffekt
ϵ_{ij} Versuchsfehler.

Wir treffen folgende Voraussetzungen:

$$\epsilon_{ij} \;\sim\; N(0, \sigma^2) \quad , \qquad (5.30)$$
$$\rho_i \;\sim\; N(0, \sigma_\rho^2) \quad , \qquad (5.31)$$
$$\gamma_j \;\sim\; N(0, \sigma_\gamma^2) \quad . \qquad (5.32)$$

Ferner seien alle Zufallsvariablen voneinander unabhängig. Für die Behandlungseffekte gelte

$$(i) \text{ fest:} \qquad \sum_{k=1}^{s} \tau_{(k)} = 0 \qquad (5.33)$$

bzw.

$$(ii) \text{ zufällig:} \qquad \tau_{(k)} \sim N(0, \sigma_\tau^2) \quad . \qquad (5.34)$$

Die Behandlungen sind entsprechend der Randomisierung über alle s^2 Versuchseinheiten verteilt, so daß jede Versuchseinheit bzw. ihr Response den Index (k) zur Identifizierung der Behandlung tragen muß. Wir entnehmen aus der Datentabelle des Lateinischen Quadrats die Randsummen

$Y_{i\cdot} = \sum_{j=1}^{s} y_{ij}$ i-te Zeilensumme
$Y_{\cdot j} = \sum_{i=1}^{s} y_{ij}$ j-te Spaltensumme
$Y_{\cdot\cdot} = \sum_i Y_{i\cdot} = \sum_j Y_{\cdot j}$ totaler Response.

Für die Behandlungen berechnen wir

T_k :   Summe der Responsewerte der k-ten Behandlung
$m_k = T_k/s$:   mittlerer Response der k-ten Behandlung

	Behandlung				
	1	2	$\cdots$	s	
Summe	T_1	T_2	$\ldots$	T_s	$\sum_{k=1}^{s} T_k = Y_{..}$
Mittelwert	m_1	m_2	$\ldots$	m_s	$Y_{..}/s^2 = y_{..}$

Tabelle 5.7: Summen und Mittelwerte der Behandlungen

Ursache	SQ	df	MQ	F
Zeilen	SQ_{Row}	$s-1$	MQ_{Row}	F_{Row}
Spalten	SQ_{Column}	$s-1$	MQ_{Column}	F_{Column}
Behandlung	SQ_{Treat}	$s-1$	MQ_{Treat}	F_{Treat}
Fehler	SQ_{Rest}	$(s-1)(s-2)$	MQ_{Rest}	
Total	SQ_{Total}	s^2-1		

Tabelle 5.8: Tafel der Varianzanalyse für das Lateinische Quadrat

Die Zerlegung der Fehlerquadratsumme ist wie folgt:

Sei wieder ein Korrekturglied definiert gemäß

$$C = Y_{..}^2/s^2 \quad , \tag{5.35}$$

so gilt

$$SQ_{Total} = \sum_i \sum_j y_{ij}^2 - C \tag{5.36}$$

$$SQ_{Row} = \frac{1}{s} \sum_i Y_{i.}^2 - C \tag{5.37}$$

$$SQ_{Column} = \frac{1}{s} \sum_j Y_{.j}^2 - C \tag{5.38}$$

$$SQ_{Treat} = \frac{1}{s} \sum_k T_k^2 - C \tag{5.39}$$

$$SQ_{Rest} = SQ_{Total} - SQ_{Row} - SQ_{Column} - SQ_{Treat} \tag{5.40}$$

Die MQ-Werte ergeben sich, indem man die SQ-Werte durch ihre Freiheitsgrade dividiert. Die F-Quotienten sind MQ/MQ_{Rest} (vgl. Tabelle 5.8).
Die Erwartungswerte der MQ sind in Tabelle 5.9 dargestellt

Ursache	MQ	$E(MQ)$
Zeilen	MQ_{Row}	$\sigma^2 + s\sigma_\rho^2$
Spalten	MQ_{Column}	$\sigma^2 + s\sigma_\gamma^2$
Behandlung	MQ_{Treat}	$\sigma^2 + \frac{s}{s-1}\sum_k \tau_{(k)}^2$
Fehler	MQ_{Rest}	σ^2

Tabelle 5.9: $E(MQ)$

Die Nullhypothese H_0: „kein Treatmenteffekt" , d.h. $H_0 : \tau_1 = \cdots = \tau_s = 0$ gegen $H_1 : \tau_i \neq 0$ für mindestens ein i wird mit

$$F_{Treat} = \frac{MQ_{Treat}}{MQ_{Rest}} \tag{5.41}$$

geprüft.

Auf Grund der Versuchsanlage des Lateinischen Quadrats sind die s Behandlungen jeweils s–mal wiederholt worden, so daß auf Treatmenteffekte getestet werden kann. Dagegen kann man nicht in jedem Fall von einer Wiederholung von Zeilen oder Spalten im Sinne von Blöcken sprechen, so daß F_{Row} und F_{Column} nur als Indikatoren für zusätzliche Effekte dienen können, die zu einer Reduzierung von MQ_{Rest} und damit zu einer Erhöhung der Präzision führen. Zeilen– und Spalteneffekte wären statistisch nachweisbar, falls man je Zelle Wiederholungen durchführen würde.

Punkt– und Konfidenzschätzungen der Behandlungseffekte

Die Kleinste–Quadrat–Schätzung des k–ten Behandlungsmittelwertes $\mu_k = \mu + \tau_{(k)}$ ist

$$m_k = T_k/s \tag{5.42}$$

mit der Varianz

$$\text{Var}(m_k) = \sigma^2/s \tag{5.43}$$

und der geschätzten Varianz

$$\widehat{\text{Var}}(m_k) = MQ_{Rest/s} \quad . \tag{5.44}$$

Damit hat das Konfidenzintervall die Gestalt

$$m_k \pm t_{(s-1)(s-2);1-\alpha/2} \sqrt{MQ_{Rest}/s} \quad . \tag{5.45}$$

Für den einfachen Vergleich zweier Behandlungen schätzt man deren Differenz durch das Konfidenzintervall

$$(m_{k_1} - m_{k_2}) \pm t_{(s-1)(s-2);1-\alpha/2} \sqrt{2MQ_{Rest}/s} \quad . \tag{5.46}$$

Beispiel 5.4: Die Wirkung von $s = 4$ Schlafmitteln wird an $s^2 = 16$ Personen untersucht, die nach den ordinalklassifizierten Merkmalen Körpergewicht und Blutdruck nach der Versuchsanlage des Lateinischen Quadrats geschichtet werden. Beobachtet wird die Verlängerung der Schlafdauer (in Minuten) gegenüber einem Durchschnittswert (ohne Schlafmittel).

Körpergewicht
$\longrightarrow$

^{A} 43	^{B} 57	^{C} 61	^{D} 74
^{B} 59	^{C} 63	^{D} 75	^{A} 46
^{C} 65	^{D} 79	^{A} 48	^{B} 64
^{D} 83	^{A} 55	^{B} 67	^{C} 72

Blut–druck $\downarrow$

Tabelle 5.10: Lateinisches Quadrat (Verlängerung der Schlafdauer)

Blut–druck	1	2	3	4	$Y_{i\cdot}$
1	43	57	61	74	235
2	59	63	75	46	243
3	65	79	48	64	256
4	83	55	67	72	277
$Y_{\cdot j}$	250	254	251	256	1011

Gewicht

Medikament	A	B	C	D	Total
Total(T_k)	192	247	261	311	1011
Mittelwert	48.00	61.75	65.25	77.75	63.19

Wir berechnen die Fehlerquadratsummen

$$C = 1011^2/16 = 63882.56$$
$$SQ_{Total} = 65939 - C = 2056.44$$
$$SQ_{Row} = \frac{1}{4} \cdot 256539 - C = 252.19$$
$$SQ_{Column} = \frac{1}{4} \cdot 255553 - C = 5.69$$
$$SQ_{Treat} = \frac{1}{4} \cdot 262715 - C = 1796.19$$
$$SQ_{Rest} = 2056.44 - (252.19 + 5.69 + 1796.19)$$
$$= 2056.44 - 2054.07$$
$$= 2.37$$

Ursache	SQ	df	MQ	F	
Zeilen	252.19	3	84.06	210.15	*
Spalten	5.69	3	1.90	4.75	
Behandlung	1796.19	3	598.73	1496.83	*
Fehler	2.37	6	0.40		
Total	2056.44	15			

Der kritische Wert beträgt $F_{3,6;0.95} = 4.76$. Damit ist der Zeileneffekt (Schichtung nach Blutdruckklassen) signifikant, der Spalteneffekt (Körpergewicht) jedoch nicht

164

signifikant. Der Behandlungseffekt selbst ist ebenfalls signifikant. Die Schlußfolgerung wäre, bei weiteren klinischen Tests der vier Schlafmittel nach dem Randomisierten Blockplan vorzugehen, wobei die Blockbildung nach Blutdruckklassen erfolgt.

Für die einfachen und multiplen Tests benötigen wir SQ_{Rest} aus dem Modell mit dem Haupteffekt Behandlung

Ursache	SQ	df	MQ	F
Behandlung	1796.19	3	598.73	27.60 *
Fehler	260.25	12	21.69	
Total	2056.44	15		

Für den einfachen Mittelwertsvergleich erhalten wir ($t_{6;0.975} \cdot \sqrt{2MQ_{Rest}/4} = 8.07$)

Medikamente	Differenz	Konfidenzintervall
2/1	13.75	[5.68 , 21.82]
3/1	17.25	[9.18 , 25.32]
4/1	29.75	[21.68 , 37.82]
3/2	3.50	[−4.57 , 11.57]
4/2	16.00	[7.93 , 24.07]
4/3	12.50	[4.43 , 20.57]

Ergebnis: Beim einfachen Testen sind alle paarweisen Mittelwertsvergleiche bis auf 3/2 signifikant. Diese Tests sind jedoch nicht unabhängig. Wir führen deshalb die vergleichsbezogenen multiplen Tests durch.

Multiple Tests

Die multiplen Teststatistiken (vgl.(4.112)—(4.114)) lauten mit den Freiheitsgraden des Lateinischen Quadrats:

$$FPLSD \;=\; t_{s(s-1);1-\alpha/2}\sqrt{2MQ_{Rest}/s} \;, \tag{5.47}$$

$$HSD \;=\; Q_{\alpha,(s,s(s-1))}\sqrt{MQ_{Rest}/s} \;, \tag{5.48}$$

$$SNK_i \;=\; Q_{\alpha,(i,(s-1)(s-2))}\sqrt{MQ_{Rest}/s} \;. \tag{5.49}$$

Ergebnisse der multiplen Tests

Fisher's Test:

$$\begin{aligned}
FPLSD \;&=\; t_{12,0.975}\sqrt{2MQ_{Rest}/4} \\
&=\; 2.18\sqrt{21.69/2} \\
&=\; 7.18
\end{aligned}$$

Die Mittelwerte bis auf μ_2 und μ_3 sind also verschieden.

HSD–Test:

Es ist $Q_{0.05,(4,12)} = 4.20$, also gilt

$$HSD = 4.20\sqrt{21.69/4} = 9.78 \quad .$$

Sämtliche Mittelwerte bis auf 2/3 sind also signifikant verschieden.

SNK–Test:
Die der Größe nach geordneten Mittelwerte sind

$$48.00(A), \ 61.75(B), \ 65.25(C), \ 77.75(D).$$

Die studentisierten Range–Werte und die damit berechneten SNK_i–Werte lauten

i	2	3	4
$Q_{0.05,(i,6)}$	3.46	4.34	4.90
SNK_i	8.06	10.11	11.41

Für die größte Differenz (D minus A) gilt

$$77.75 - 48 = 29.75 > 11.41 \quad ,$$

für die nächsten Differenzen (D minus B) bzw. (C minus A) gilt

$$77.75 - 61.75 \ = \ 16.00 > 10.11 \quad ,$$
$$65.25 - 48.00 \ = \ 17.25 > 10.11 \quad ,$$

und schließlich gilt

$$
\begin{aligned}
(D \text{ minus } C): \ 77.75 - 65.25 = \ & 12.50 \ && > 8.06 \quad , \\
(C \text{ minus } B): \ & 3.50 \ && < 8.06 \quad , \\
(B \text{ minus } A): \ & 13.75 \ && > 8.06 \quad .
\end{aligned}
$$

Damit sind alle Mittelwerte bis auf 2/3 signifikant verschieden.

5.3 Rangvarianzanalyse im Randomisierten Blockplan

5.3.1 Friedman–Test

Im Randomisierten Blockplan werden die Individuen nach Blöcken gruppiert und erhalten innerhalb jedes Blocks randomisiert eine der s Behandlungen zugewiesen. Die wesentliche Forderung besteht darin, daß jede Behandlung genau einmal je Block auftritt. Die Anordnung der Responsewerte ist in Tabelle 5.2 angegeben. Wir setzen wieder das lineare additive Modell (5.1) voraus, wobei wir fordern, daß

$$\epsilon_{ij} \overset{\text{i.i.d.}}{\sim} F(0, \sigma^2) \tag{5.50}$$

mit F einer beliebigen stetigen Verteilung gilt, die nicht gleich der Normalverteilung sein muß. Die Randomisierung führt zur Unabhängigkeit der ϵ_{ij}, so daß sich die eigentliche Annahme in (5.50) auf die Varianzhomogenität bezieht.
Die interessierende Hypothese lautet H_0: kein Behandlungseffekt, d.h. wir prüfen

$$H_0: \tau_1 = \cdots = \tau_s$$

gegen

$$H_1: \tau_i \neq \tau_j \quad \text{für mindestens ein } (i,j) \,, \quad i \neq j \quad .$$

Die Testprozedur basiert auf der für jeden Block separat vorzunehmenden Rangzuweisung (Ränge 1 bis s) für die Responsewerte. Unter der Nullhypothese sind die $s!$ möglichen Anordnungen je Block gleichwahrscheinlich. Analog sind die $(s!)^r$ möglichen Anordnungen der Intrablockränge gleichwahrscheinlich. Bildet man je Behandlung $j = 1, \ldots, s$ die Rangsummen über die r Blöcke, so müßten diese Rangsummen unter H_0 in etwa gleich sein. Die Teststatistik zum Prüfen von H_0 vergleicht diese Rangsummen. Sie stammt von Friedman (1937).

	Behandlung		
Block	1	$\cdots$	s
1	R_{11}	$\cdots$	R_{s1}
$\vdots$	$\vdots$		$\vdots$
r	R_{1r}	$\cdots$	R_{sr}
Summe	$R_{1.}$	$\cdots$	$R_{s.}$
Mittelwert	$r_{1.}$	$\cdots$	$r_{s.}$

Tabelle 5.11: Rangsummen und Rangmittelwerte im Randomisierten Blockplan

Die Teststatistik von Friedman lautet

$$Q \;=\; \frac{12r}{s(s+1)} \sum_{j=1}^{s} (r_{j.} - r_{..})^2 \tag{5.51}$$

$$\;=\; \frac{12}{rs(s+1)} \sum_{j=1}^{s} R_{j.}^2 - 3r(s+1) \quad . \tag{5.52}$$

Dabei sind

$$R_{j.} \;=\; \sum_{i=1}^{r} R_{ji} \quad \text{Rangsumme der } j\text{-ten Behandlung}$$

$$r_{j.} \;=\; R_{j.}/r \quad \text{Rangmittelwert der } j\text{-ten Behandlung}$$

$$r_{..} \;=\; (s+1)/2 \quad .$$

Falls H_0 zutrifft, sind die Differenzen $r_{j.} - r_{..}$ in etwa gleich und Q ist hinreichend klein. Falls H_0 nicht zutrifft, wird Q dagegen groß.

Die Teststatistik Q ist näherungsweise (für r hinreichend groß) χ^2_{s-1}-verteilt, so daß H_0: $\tau_1 = \cdots = \tau_s$ abgelehnt wird für

$$Q > \chi^2_{s-1;1-\alpha} \quad .$$

Für kleine Werte von r ($r < 15$) ist diese Näherung unzureichend. Hier benutzt man exakte Quantile (vgl. Tabellen in Hollander and Wolfe, 1973, Michaelis, 1971 und Sachs, 1974, S.424). Falls innerhalb eines Blocks Bindungen auftreten, berechnet man den Korrekturfaktor

$$C_{Korr} = 1 - \sum_{i=1}^{r} \sum_{k=1}^{s_i} (t_{ik}^3 - t_{ik})/rs(s^2 - 1) \quad . \tag{5.53}$$

Dabei ist t_{i1} die Anzahl der ersten Gruppe gleich großer Responsewerte, t_{i2} die Anzahl der zweiten Gruppe gleich großer Responsewerte usw. im i-ten Block. Die korrigierte Friedman–Statistik lautet

$$Q_{Korr} = \frac{Q}{C_{Korr}} \tag{5.54}$$

Der Friedman–Test ist ein Homogenitätstest. Er prüft, ob die Behandlungs–Stichproben aus der gleichen Grundgesamtheit stammen können.

Beispiel 5.5: (Fortsetzung von Beispiel 5.2) Wir führen den Vergleich der $s = 4$ Behandlungen, die in $r = 3$ Blöcken angelegt sind, gemäß Tabelle 5.4 mit dem Friedman–Test durch. Aus Tabelle 5.4 berechnen wir die Rangtabelle 5.12

	Placebo	A	B	A und B
Block	1	2	3	4
1	2	3	1	4
2	2	3	1	4
3	2.5	2.5	1	4
Summe	6.5	8.5	3	12
$r_{j.}$	2.17	2.83	1	4

Tabelle 5.12: Rangtabelle zu Tabelle 5.4

Die Teststatistik Q lautet

$$\begin{aligned}
Q &= \frac{12}{3 \cdot 4 \cdot 5}(6.5^2 + 8.5^2 + 3^2 + 12^2) - 3 \cdot 3 \cdot 5 \\
&= \frac{267.5}{5} - 45 = 8.5 \quad .
\end{aligned}$$

Da im dritten Block Bindungen auftreten, berechnen wir

$$\begin{aligned}
C_{Korr} &= 1 - (2^3 - 2)/3 \cdot 4 \cdot (4^2 - 1) \\
&= 1 - \frac{1}{30} = 0.97
\end{aligned}$$

und

$$Q_{Korr} = \frac{Q}{C_{Korr}} = 8.76 \quad .$$

Der exakte Test liefert das 95%–Quantil als 7.4 (Tabelle 183, Sachs, 1974, S.424), so daß H_0: „Homogenität der vier Behandlungen" abgelehnt wird.

5.3.2 Multiple Vergleiche

Wir setzen voraus, daß die Nullhypothese H_0: $\tau_1 = \cdots = \tau_s$ mit dem Friedman–Test abgelehnt wurde. Analog zum Abschnitt 4.7.2 unterscheiden wir wieder zwischen dem geplanten Einzelvergleich, allen paarweisen Vergleichen und dem Vergleich Kontrollgruppe – alle übrigen Behandlungen.

Geplanter Einzelvergleich

Falls man vor der Datenerhebung den Vergleich zweier ausgewählter Behandlungen plant, setzt man dafür den Wilcoxon–Test (vgl. Kapitel 2) ein.

Vergleich aller paarweisen Differenzen nach Friedman

Der Vergleich aller $s(s-1)/2$ möglichen Paare basiert auf einer Modifikation des Friedman–Tests (vgl. Woolson, 1987, p.387).
Für jede Kombination (j_1, j_2), $j_1 > j_2$ von Behandlungen berechnet man die Teststatistik

$$Z_{j_1,j_2} = \frac{|r_{j_1\cdot} - r_{j_2\cdot}|}{\sqrt{s(s+1)/12r}} \tag{5.55}$$

zum Prüfen von H_0: $\tau_{j_1} = \tau_{j_2}$ gegen H_1: $\tau_{j_1} \neq \tau_{j_2}$. Alle Nullhypothesen mit $Z_{j_1,j_2} > QP_{1-\alpha}(r)$ werden abgelehnt, wobei das multiple Testniveau α beträgt. Die kritischen Werte $QP_{1-\alpha}(r)$ sind vertafelt, (vgl. z.B. Woolson, 1987, Table 15, p. 506, Hollander and Wolfe, 1973).
Für $\alpha = 0.05$ lauten einige ausgewählte Werte

r	2	3	4	5	6	7	8	9	10
$QP_{0.95}(r)$	2.77	3.31	3.63	3.86	4.03	4.17	4.29	4.39	4.47

Beispiel 5.5: (Fortsetzung) Aus Tabelle 5.12 erhalten wir für die Differenzen der Rangmittelwerte folgende Tabelle ($\sqrt{4(4+1)/12\cdot 3} = \sqrt{20/36} = 0.745$):

Vergleich	$|r_{j_1\cdot} - r_{j_2\cdot}|$	Teststatistik
1/2	$|2.17 - 2.83| = 0.66$	0.86
1/3	$|2.17 - 1.0| = 1.17$	1.57
1/4	$|2.17 - 4.0| = 1.83$	2.46
2/3	$|2.83 - 1.0| = 1.83$	2.46
2/4	$|2.83 - 4.0| = 1.17$	1.57
3/4	$|1.0 - 4.0| = 3.00$	4.03 *

Ergebnis: Die Behandlungen B und Kombination (A und B) weisen Wirkungsunterschiede auf.

Vergleich Kontrollgruppe – alle übrigen Behandlungen

Sei $j = 1$ der Index der Kontrollgruppe. Dann lautet die Teststatistik zum multiplen Vergleich der Behandlung 1 mit den $(s-1)$ übrigen Behandlungen

$$Z_{1j} = \frac{|r_{1\cdot} - r_{j\cdot}|}{\sqrt{s(s+1)/6r}} \qquad j = 2, \ldots, s \quad . \tag{5.56}$$

Die zweistufigen Quantile $QC_{1-\alpha}(s-1)$ sind vertafelt (Woolson, 1987, p.507, Hollander and Wolfe, 1973).

Für $Z_{1j} > QC_{1-\alpha}(s-1)$ wird die entsprechende Nullhypothese H_0: „Homogenität der Behandlungen 1 und j" abgelehnt, wobei das multiple Testniveau α eingehalten wird. Wir geben einige ausgewählte kritische Werte $QC_{0.95}(s-1)$ an:

$s-1$	1	2	3	4	5
$QC_{0.95}(s-1)$	1.96	2.21	2.35	2.44	2.51

Beispiel 5.5: (Fortsetzung) Aus der soeben berechneten Tabelle der $|r_{j1\cdot} - r_{j2\cdot}|$ erhalten wir für den Vergleich Placebo gegen A, B und Kombination:

$$
\begin{aligned}
1/2 \;&: \; Z_{12} = \frac{0.66}{\sqrt{4 \cdot 5/6 \cdot 3}} = 0.63 \\
1/3 \;&: \; Z_{13} = \frac{1.17}{\sqrt{20/18}} = 1.11 \\
1/4 \;&: \; Z_{14} = \frac{1.83}{\sqrt{20/18}} = 1.74
\end{aligned}
\Bigg\} < 2.35 \quad ,
$$

so daß kein Vergleich signifikant ist.

5.4 Kontrollfragen und Aufgaben

5.4.1 Wie ist die Strategie der Blockbildung (Homogenität/Heterogenität)?
Wird mit Blockbildung der Versuchsfehler größer oder kleiner?

5.4.2 Wie zeigt man, daß der vollständig randomisierte Plan ein Submodell des Randomisierten Blockplans ist?
Wie prüft man den Blockeffekt?
Wie lautet der korrekte F–Test auf Treatmenteffekt in der folgenden Tafel?

	SQ		MQ	F
Block	20	3		
Treatment	60	3		
Fehler	10	9		
Total	90	15		

5.4.3 Führen Sie den multiplen Mittelwertsvergleich nach Scheffé und Bonferroni für das Beispiel 5.2 (Tabelle 5.4) durch. Vergleichen Sie die Ergebnisse mit den Resultaten im Beispiel 5.2 für die einfachen Vergleiche!

5.4.4 In einem lateinischen Quadrat soll die Wirkung von $s = 3$ Ernährungsweisen für Zehnkämpfer getestet werden, die nach den ordinalklassifizierten Merkmalen Sprintschnelligkeit und Kraft zweifach klassifiziert werden. Prüfen Sie die Blockeffekte und den Treatmenteffekt (gemessen in Punktwerten)

Schnelligkeit →

Kraft ↓			
	A 40	B 50	C 80
	C 50	A 45	B 65
	B 70	C 70	A 60

Punktwerte über einem Normalwert

5.4.5 Führen Sie im Beispiel 5.4.4 die experimentweisen multiplen Tests durch!

5.4.6 Führen Sie den Friedman–Test zu Tabelle 5.5 durch. Wählen Sie Trainingsmethode 1 als Kontrollgruppe und führen Sie den multiplen Vergleich mit den drei anderen Trainingsmethoden durch.

Kapitel 6

Mehrfaktorielle Experimente

6.1 Definitionen und Grundprinzipien

In der Praxis der geplanten Studien kann man häufig davon ausgehen, daß ein Response Y nicht nur von einer Variablen, sondern von einer Gruppe von Einflußgrößen abhängt. Falls diese Variablen stetig sind, wird ihr Einfluß auf den Response über sogenannte Faktorstufen berücksichtigt. Dies sind Wertebereiche wie z.B. niedrig, mittel, hoch, die die stetige Variable de facto in eine ordinale Variable klassifizieren. Wir haben in den Abschnitten 1.7 und 1.8 bereits Beispiele für die Versuchsplanung gegeben, bei der die Abhängigkeit eines Response von zwei Faktoren untersucht werden soll.

Versuchspläne, die den Response für alle möglichen Kombinationen von zwei oder mehr Faktoren auswerten, heißen *faktorielle Experimente* oder *Kreuzklassifikation*. Seien s Faktoren $A_1, \ldots, A_s$ mit $r_1, \ldots, r_s$ Faktorstufen (Ausprägungen) gegeben, so erfordert der vollständige Faktorplan $r = \Pi r_i$ Versuchseinheiten für einen Durchlauf. Damit ist klar, daß man sich sowohl bei der Anzahl der Faktoren als auch bei der Anzahl ihrer Stufen beschränken muß.

Bei faktoriellen Experimenten sind zwei Grundmodelle zu unterscheiden — Modelle mit und ohne Wechselwirkungen. Betrachten wir den Fall zweier Faktoren A und B mit jeweils zwei Faktorstufen A_1, A_2 bzw. B_1, B_2.

Als *Haupteffekte* eines Faktors bezeichnet man die Veränderung des Response bei Wechsel der Faktorstufe. Betrachten wir Tabelle 6.1, so kann der Haupteffekt des Faktors A als Differenz zwischen den mittleren Responsewerten beider Faktorstufen A_1 und A_2 interpretiert werden:

$$\lambda_A = \frac{60}{2} - \frac{40}{2} = 10 \quad .$$

Analog ist der Haupteffekt B

$$\lambda_B = \frac{70}{2} - \frac{30}{2} = 20 \quad .$$

Die Effekte von A auf den beiden Stufen von B sind

$$\text{für } B_1: \quad 20 - 10 = 10, \quad \text{für } B_2: \quad 40 - 30 = 10,$$

$$
\begin{array}{c}
\text{Faktor } B \\
\begin{array}{c|c|c|c}
 & B_1 & B_2 & \sum \\
\hline
A_1 & 10 & 30 & 40 \\
\hline
A_2 & 20 & 40 & 60 \\
\hline
\sum & 30 & 70 & 100
\end{array}
\end{array}
$$

Tabelle 6.1: Zweifaktorielles Experiment ohne Wechselwirkung

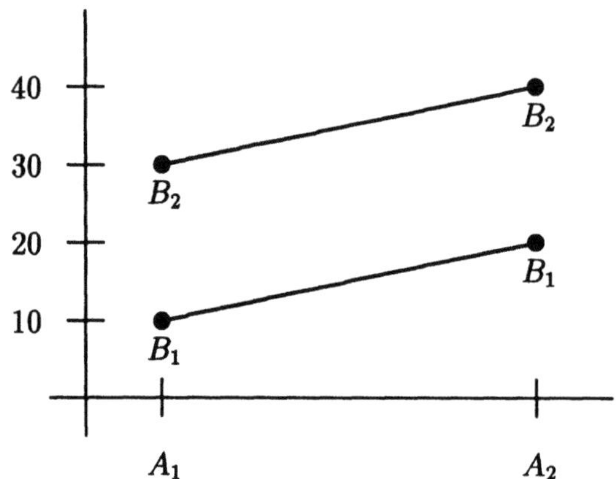

Abbildung 6.1: Zweifaktorielles Experiment ohne Wechselwirkung

also auf beiden Stufen identisch. Analog gilt für Effekt B

$$\text{für } A_1: \quad 30 - 10 = 20, \quad \text{für } A_2: \quad 40 - 20 = 20 \, ,$$

so daß auch hier kein von A abhängender Effekt sichtbar ist. Die Response-kurven verlaufen parallel.

Die Auswertung der Tabelle 6.2 dagegen ergibt folgende Effekte:

$$\text{Haupteffekt } \lambda_A \;=\; \frac{80 - 40}{2} = 20 \quad ,$$
$$\text{Haupteffekt } \lambda_B \;=\; \frac{90 - 30}{2} = 30 \quad ,$$

Effekte von A

$$\text{für } B_1: \quad 20 - 10 = 10, \quad \text{für } B_2: \quad 60 - 30 = 30 \quad ,$$

Effekte von B

$$\text{für } A_1: \quad 30 - 10 = 20, \quad \text{für } A_2: \quad 60 - 20 = 40 \, .$$

Faktor B

	B_1	B_2	Σ
A_1	10	30	40
A_2	20	60	80
Σ	30	90	120

Faktor A

Tabelle 6.2: Zweifaktorielles Experiment mit Wechselwirkung

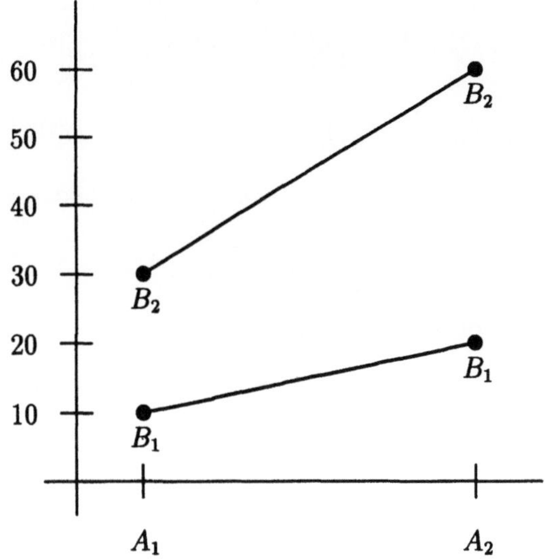

Abbildung 6.2: Zweifaktorielles Experiment mit Wechselwirkung

Hier hängen die Effekte wechselseitig von der Stufe des anderen Faktors ab, der Wechselwirkungseffekt beträgt 20. Die Responsekurven verlaufen nicht mehr parallel (Abbildung 6.2).

Bemerkung: Der Begriff *faktorielles Experiment* beschreibt die vollständig gekreuzte Kombination der Faktoren (Behandlungen) und nicht den Versuchsplan. Faktorielle Experimente können als vollständig randomisierter Versuchsplan, als Randomisierter Blockplan, als Lateinisches Quadrat usw. angelegt werden.

Das faktorielle Experiment sollte angewandt werden

- bei Vorstudien, in denen mögliche Kovariablen auf ihre statistische Relevanz geprüft werden

- zur Bestimmung von bivariaten Wechselwirkungen

- zur Bestimmung von möglichen Rangordnungen der Faktoren bezüglich ihrer Bedeutung für den Response.

Gegenüber dem Einfaktorplan bietet das faktorielle Experiment den Vorteil, Haupteffekte mit der gleichen Präzision, aber mit einem geringeren Stichprobenumfang zu schätzen.

Angenommen, wir wollen — wie eben in den Beispielen — die Haupteffekte A und B schätzen. Dann wäre folgender Einfaktorplan mit zwei Wiederholungen möglich (vgl. z.B. Montgomery, 1976, p.124)

$A_1B_1^{(1)}$	$A_1B_2^{(1)}$
$A_2B_1^{(1)}$	

$A_1B_1^{(2)}$	$A_1B_2^{(2)}$
$A_2B_1^{(2)}$	

$$n = 3 + 3 = 6 \text{ Beobachtungen}$$

$$\text{Schätzung von } \lambda_A \; : \; \frac{1}{2}\left[(A_2B_1^{(1)} - A_1B_1^{(1)}) + (A_2B_1^{(2)} - A_1B_1^{(2)})\right] \quad ,$$

$$\text{Schätzung von } \lambda_B \; : \; \frac{1}{2}\left[(A_1B_1^{(1)} - A_1B_2^{(1)}) + (A_1B_1^{(2)} - A_1B_2^{(2)})\right] \quad .$$

Schätzungen derselben Präzision erhält man im zweifaktoriellen Experiment

A_1B_1	A_1B_2
A_2B_1	A_2B_2

mit bereits $n = 4$ Beobachtungen gemäß

$$\lambda_A = \frac{1}{2}\left[(A_2B_1 - A_1B_1) + (A_2B_2 - A_1B_2)\right]$$

und

$$\lambda_B = \frac{1}{2}\left[(A_1B_2 - A_1B_1) + (A_2B_2 - A_1B_1)\right] \quad .$$

Daneben bietet das faktorielle Experiment noch die Möglichkeit, vorhandene Wechselwirkungen aufzudecken und damit zu einem adäquaten Modell zu kommen.

Die Vernachlässigung oder das Nichterkennen von Wechselwirkungen kann erhebliche Fehlinterpretationen der Haupteffekte zur Folge haben. Im Prinzip sind bei signifikanter Wechselwirkung die Haupteffekte von untergeordneter Bedeutung, da die Wirkung des einen Faktors auf den Response nicht mehr separat, sondern stets unter Einbeziehung des anderen Faktors zu interpretieren ist.

6.2 Zweifaktorielle Experimente mit Wechselwirkung (Modell mit festen Effekten)

Wir setzen voraus, daß der Faktor A in a Stufen und der Faktor B in b Stufen angelegt sind. Für jede Kombination (i, j) werden r Wiederholungen durchgeführt, wobei die Versuchsanlage des vollständig randomisierten Plans angewandt wird. Insgesamt sind also $N = rab$ Versuchseinheiten beteiligt. Der Response folge damit dem linearen Modell

$$y_{ijk} = \mu + \alpha_i + \beta_j + (\alpha\beta)_{ij} + \epsilon_{ijk} \; ,$$
$$(i = 1,\ldots,a;\; j = 1,\ldots,b;\; k = 1,\ldots,r) \quad . \tag{6.1}$$

Dabei sind

y_{ijk} :   Response zur i-ten Stufe von A, j-ten Stufe von B in der k-ten Wiederhol

μ :   globaler Mittelwert (overall mean),

α_i :   Effekt der i-ten A-Stufe,

β_j :   Effekt der j-ten B-Stufe,

$(\alpha\beta)_{ij}$:   Wechselwirkungseffekt der Kombination (i,j),

ϵ_{ijk} :   zufälliger Fehler.

Wir treffen folgende Voraussetzung über die zufällige Variable $\epsilon' = (\epsilon_{111}, \ldots, \epsilon_{abr})$

$$\epsilon \sim N(0, \sigma^2 \mathbf{I}) \quad . \tag{6.2}$$

Für die festen Effekte gelten folgende Reparametrisierungsbedingungen:

$$\sum_{i=1}^{a} \alpha_i = 0 \quad , \tag{6.3}$$

$$\sum_{j=1}^{b} \beta_j = 0 \quad , \tag{6.4}$$

$$\sum_{i=1}^{a} (\alpha\beta)_{ij} = \sum_{j=1}^{b} (\alpha\beta)_{ij} = 0 \quad . \tag{6.5}$$

Bemerkung : Falls man die Versuchsanlage des Randomisierten Blockplans wählt, kommen noch die Blockeffekte hinzu, d.h. im Modell (6.1) wird zusätzlich ρ_k als zufälliger Effekt mit $\rho_k \sim N(0, \sigma_\rho^2)$ additiv eingeführt.

B

A	1	2	$\cdots$	b	$\sum$	Mittelwerte
1	$Y_{11\cdot}$	$Y_{12\cdot}$	$\cdots$	$Y_{1b\cdot}$	$Y_{1\cdot\cdot}$	$y_{1\cdot\cdot}$
2	$Y_{21\cdot}$	$Y_{22\cdot}$	$\cdots$	$Y_{2b\cdot}$	$Y_{2\cdot\cdot}$	$y_{2\cdot\cdot}$
$\vdots$	$\vdots$	$\vdots$		$\vdots$	$\vdots$	$\vdots$
a	$Y_{a1\cdot}$	$Y_{a2\cdot}$	$\cdots$	$Y_{ab\cdot}$	$Y_{a\cdot\cdot}$	$y_{a\cdot\cdot}$
$\sum$	$Y_{\cdot1\cdot}$	$Y_{\cdot2\cdot}$	$\cdots$	$Y_{\cdot b\cdot}$	$Y_{\cdots}$	$y_{\cdots}$
Mittelwerte	$y_{\cdot1\cdot}$	$y_{\cdot2\cdot}$	$\cdots$	$y_{\cdot b\cdot}$		

Tabelle 6.3: Tafel der totalen Responsewerte im $A \times B$-Versuchsplan

Kleinste–Quadrat–Schätzung der Parameter

Die Zielfunktion (3.6) lautet im Modell (6.1)

$$S(\boldsymbol{\theta}) = \sum_i \sum_j \sum_k (y_{ijk} - \mu - \alpha_i - \beta_j - (\alpha\beta)_{ij})^2 \tag{6.6}$$

unter den Nebenbedingungen (6.3) – (6.5).
Dabei ist

Ursache	SQ	df	MQ	F
Faktor A	SQ_A	$a-1$	MQ_A	F_A
Faktor B	SQ_B	$b-1$	MQ_B	F_B
Wechselwirkung $A \times B$	$SQ_{A \times B}$	$(a-1)(b-1)$	$MQ_{A \times B}$	$F_{A \times B}$
Fehler	SQ_{Rest}	$N-ab$ $= ab(r-1)$	MQ_{Rest}	
Total	SQ_{Total}	$N-1$		

Tabelle 6.4: Tafel der Varianzanalyse im $A \times B$–Versuchsplan mit Wechselwirkungen

$$\boldsymbol{\theta}' = (\mu, \alpha_1, \ldots, \alpha_a, \beta_1, \ldots, \beta_b, (\alpha\beta)_{11}, \ldots, (\alpha\beta)_{ab}) \tag{6.7}$$

der Vektor der unbekannten Parameter. Die Normalgleichungen unter Berücksichtigung der Restriktionen (6.3) – (6.5) lassen sich leicht herleiten:

$$-\frac{1}{2}\frac{\partial S(\theta)}{\partial \mu} = \sum\sum\sum(y_{ijk} - \mu - \alpha_i - \beta_j - (\alpha\beta)_{ij})$$
$$= Y_{...} - N\mu = 0 \tag{6.8}$$
$$-\frac{1}{2}\frac{\partial S(\theta)}{\partial \alpha_i} = Y_{i..} - br\alpha_i - br\mu = 0 \quad (i \text{ fest}) \tag{6.9}$$
$$-\frac{1}{2}\frac{\partial S(\theta)}{\partial \beta_j} = Y_{.j.} - ar\beta_j - ar\mu = 0 \quad (j \text{ fest}) \tag{6.10}$$
$$-\frac{1}{2}\frac{\partial S(\theta)}{\partial (\alpha\beta)_{ij}} = Y_{ij.} - r\mu - r\alpha_i - r\beta_j - (\alpha\beta)_{ij} = 0 \quad (i, j \text{ fest}) \quad . \tag{6.11}$$

Daraus erhalten wir die KQ–Schätzungen unter den Reparametrisierungsbedingungen (6.3) – (6.5), also die bedingten KQ–Schätzungen

$$\hat{\mu} = Y_{...}/N = y_{...} \tag{6.12}$$
$$\hat{\alpha}_i = \frac{Y_{i..}}{br} - \hat{\mu} = y_{i..} - y_{...} \tag{6.13}$$
$$\hat{\beta}_j = \frac{Y_{.j.}}{ar} - \hat{\mu} = y_{.j.} - y_{...} \tag{6.14}$$
$$\widehat{(\alpha\beta)}_{ij} = \frac{Y_{ij.}}{r} - \hat{\mu} - \hat{\alpha}_i - \hat{\beta}_j = y_{ij.} - y_{i..} - y_{.j.} + y_{...} \tag{6.15}$$

Sei das Korrekturglied definiert als

$$C = Y_{...}^2/N \tag{6.16}$$

mit $N = a\,b\,r$.

Dann erhalten wir folgende Zerlegung

178

$$SQ_{Total} = \sum\sum\sum (y_{ijk} - y_{...})^2$$
$$= \sum\sum\sum y_{ijk}^2 - C \tag{6.17}$$
$$SQ_A = \frac{1}{br}\sum_i Y_{i..}^2 - C \tag{6.18}$$
$$SQ_B = \frac{1}{ar}\sum_j Y_{.j.}^2 - C \tag{6.19}$$
$$SQ_{A\times B} = \frac{1}{r}\sum_i\sum_j Y_{ij.}^2 - \frac{1}{br}\sum_i Y_{i..}^2 - \frac{1}{ar}\sum_j Y_{.j.}^2 + C$$
$$= \left[\frac{1}{r}\sum_i\sum_j Y_{ij.}^2 - C\right] - SQ_A - SQ_B \tag{6.20}$$
$$SQ_{Rest} = SQ_{Total} - SQ_A - SQ_B - SQ_{A\times B}$$
$$= SQ_{Total} - \left[\frac{1}{r}\sum_i\sum_j Y_{ij.}^2 - C\right] \ . \tag{6.21}$$

Bemerkung : Die Quadratsumme zwischen den $a \cdot b$ Responsesummen $Y_{ij.}$ heißt auch $SQ_{Subtotal}$, d.h.

$$SQ_{Subtotal} = \frac{1}{r}\sum_i\sum_j Y_{ij.}^2 - C \ . \tag{6.22}$$

Hinweis: Damit Wechselwirkungseffekte nachweisbar sind bzw. damit $(\alpha\beta)_{ij}$ schätzbar ist, müssen mindestens $r = 2$ Wiederholungen je Kombination (i,j) durchgeführt werden. Sonst geht der Wechselwirkungseffekt in den Fehler mit ein und ist nicht separierbar.

Testprozedur

Das Modell (6.1) mit Wechselwirkungen wird als *saturiertes Modell* bezeichnet. Das Modell ohne Wechselwirkungen lautet

$$y_{ijk} = \mu + \alpha_i + \beta_j + \epsilon_{ijk} \tag{6.23}$$

und heißt *Unabhängigkeitsmodell*.
Man prüft zunächst auf H_0 : $(\alpha\beta)_{ij} = 0$ (alle (i,j)) gegen H_1 : $(\alpha\beta)_{ij} \neq 0$ (mindestens ein Paar (i,j)). Dies entspricht der Modellwahl *Submodell (6.23) gegen volles Modell (6.1)* gemäß unserer LQ–Teststrategie aus Kapitel 3.
Die Interpretation des faktoriellen Experiments hängt vom Ausgang dieses Tests ab.
H_0 wird abgelehnt, falls

$$F_{A\times B} = \frac{MQ_{A\times B}}{MQ_{Rest}} > F_{(a-1)(b-1),ab(r-1);1-\alpha} \tag{6.24}$$

ist. Bei Ablehnung von H_0 sind also Wechselwirkungseffekte signifikant; die Haupteffekte sind ohne interpretierbare Bedeutung, egal ob sie signifikant sind oder nicht.

Wird H_0 dagegen nicht abgelehnt, so haben die Testergebnisse für $H_0 : \alpha_i = 0$ gegen $H_1 : \alpha_i \neq 0$ (mindestens zwei i) mit $F_A = \frac{MQ_A}{MQ_{Rest}}$ und für $H_0 : \beta_j = 0$ gegen $H_1 : \beta_j \neq 0$ (mindestens zwei j) mit $F_B = \frac{MQ_B}{MQ_{Rest}}$ eine interpretierbare Bedeutung im Modell (6.23).

Falls nur ein Faktoreffekt signifikant ist (z.B. A), reduziert sich das Modell weiter auf ein balanziertes einfaktorielles Modell mit a Faktorstufen mit jeweils br Wiederholungen:

$$y_{ijk} = \mu + \alpha_i + \epsilon_{ijk} \quad . \tag{6.25}$$

Beispiel 6.1:

Es soll der Einfluß zweier Faktoren A (Düngung) und B (Bewässerung) auf den Ertrag einer Getreidesorte im Vorversuch geklärt werden. Dazu werden A und B in jeweils zwei Stufen (niedrig, hoch) angewandt und je $r = 2$ Wiederholungen durchgeführt. Damit sind $a = b = r = 2$ und $N = abr = 8$. Die Versuchseinheiten (Pflanzen) werden den Behandlungen randomisiert zugewiesen.

Wir berechnen aus den Tabellen 6.5 und 6.6:

$$
\begin{aligned}
C &= 77.6^2/8 = 752.72 \\
SQ_{Total} &= 866.92 - C = 114.20 \\
SQ_A &= \frac{1}{4}(39.6^2 + 38.0^2) - C \\
&= 753.04 - 752.72 = 0.32 \\
SQ_B &= \frac{1}{4}(26.4^2 + 51.2^2) - C \\
&= 892.60 - 752.72 = 76.88 \\
SQ_{Subtotal} &= \frac{1}{2}(17.8^2 + 21.8^2 + 8.6^2 + 29.4^2) - C \\
&= 865.20 - 752.72 = 112.48 \\
SQ_{AxB} &= SQ_{Subtotal} - SQ_A - SQ_B = 35.28 \\
SQ_{Rest} &= 114.20 - 35.28 - 0.32 - 76.88 \\
&= 1.72
\end{aligned}
$$

		B			
		1		2	
A	1	8.6	9.2	10.4	11.4
	2	4.7	3.9	14.1	15.3

Tabelle 6.5: Responsewerte

(Hinweis: $F_{1,4;0.95} = 7.71$)

Ergebnis: Der Test auf Wechselwirkung ergibt mit $F_{1,4} = 82.05$ eine Ablehnung von H_0 : *Keine Wechselwirkung*, so daß das Modell (6.1) gültig ist. Eine Reduzierung auf ein Einfaktormodell ist trotz des nichtsignifikanten Haupteffekts A nicht möglich.

$$B$$

		1	2	$\sum$
A	1	17.8	21.8	39.6
	2	8.6	29.4	38.0
	$\sum$	26.4	51.2	77.6

Tabelle 6.6: Totaler Response

Ursache	SQ	df	MQ	F	
A	0.32	1	0.32	0.74	
B	76.88	1	76.88	178.79	*
$A \times B$	35.28	1	35.28	82.05	*
$Fehler$	1.72	4	0.43		
$Total$	114.20	7			

Tabelle 6.7: Tafel der Varianzanalyse zum Beispiel 6.1

6.3 Zweifaktorielles Experiment in Effektkodierung

Wir haben im vorangegangenen Abschnitt die Parameterschätzungen der Komponenten von $\boldsymbol{\theta}$ (6.7) durch Minimierung der Fehlerquadratsumme unter den linearen Restriktionen $\sum_i \alpha_i = 0$, $\sum_j \beta_j = 0$ und $\sum_i(\alpha\beta)_{ij} = \sum_j(\alpha\beta)_{ij} = 0$ hergeleitet. Dies entspricht der bedingten KQ–Schätzung $\mathbf{b}(\mathbf{R})$ aus (3.111).

Wir wollen nun durch eine alternative Parametrisierung, die die Restriktionen in das Modell direkt einbezieht, eine Reduzierung auf eine Parametermenge erreichen, der dann eine Designmatrix mit vollem Spaltenrang entspricht. Damit kann die Parameterschätzung durch die KQ–Schätzung $\mathbf{b}_0$ erfolgen. Dazu verwenden wir die sogenannte *Effektkodierung* von Kategorien.

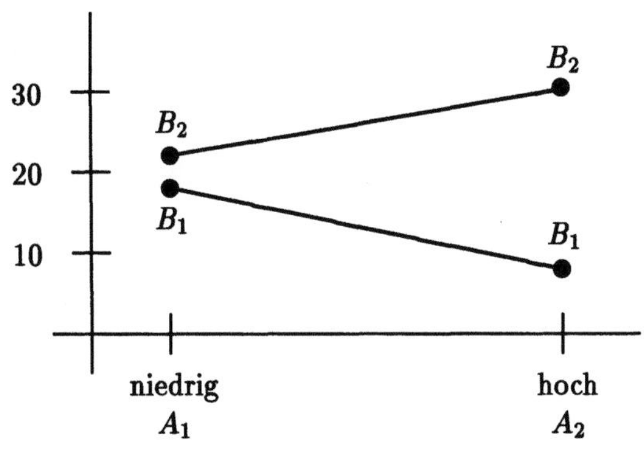

Abbildung 6.3: Wechselwirkung im Beispiel 6.1

Für einen Faktor A mit a Kategorien (Stufen) lautet die Effektkodierung

$$x_i^A = \begin{cases} 1 & \text{für Kategorie } i \\ -1 & \text{für Kategorie } a \quad (i = 1, \ldots, a-1) \\ 0 & \text{sonst.} \end{cases}$$

Damit wird

$$\alpha_a = -\sum_{i=1}^{a-1} \alpha_i \quad , \tag{6.26}$$

oder, anders ausgedrückt,

$$\sum_{i=1}^{a} \alpha_i = 0 \quad . \tag{6.27}$$

Beispiel : Der Faktor A habe $a = 3$ Stufen A_1: niedrig, A_2: mittel, A_3: hoch. Die ursprüngliche Design– und Parameterverknüpfung lautet

$$\begin{matrix} \text{niedrig:} \\ \text{mittel:} \\ \text{hoch:} \end{matrix} \quad \begin{pmatrix} 1 & 0 & 0 \\ 0 & 1 & 0 \\ 0 & 0 & 1 \end{pmatrix} \begin{pmatrix} \alpha_1 \\ \alpha_2 \\ \alpha_3 \end{pmatrix} \quad \text{und } \alpha_1 + \alpha_2 + \alpha_3 = 0.$$

In Effektkodierung wird daraus

$$\begin{matrix} \text{niedrig:} \\ \text{mittel:} \\ \text{hoch:} \end{matrix} \quad \begin{pmatrix} 1 & 0 \\ 0 & 1 \\ -1 & -1 \end{pmatrix} \begin{pmatrix} \alpha_1 \\ \alpha_2 \end{pmatrix} \quad .$$

Fall $a = b = 2$

Für ein lineares Modell mit zwei zweistufigen Einflußfaktoren A und B erhalten wir für festes k ($k = 1, \ldots, r$) folgende Parametrisierung (vgl. auch Toutenburg, 1992, S. 255):

$$\begin{pmatrix} y_{11k} \\ y_{12k} \\ y_{21k} \\ y_{22k} \end{pmatrix} = \begin{pmatrix} 1 & 1 & 1 & 1 \\ 1 & 1 & -1 & -1 \\ 1 & -1 & 1 & -1 \\ 1 & -1 & -1 & 1 \end{pmatrix} \begin{pmatrix} \mu \\ \alpha_1 \\ \beta_1 \\ (\alpha\beta)_{11} \end{pmatrix} + \begin{pmatrix} \epsilon_{11k} \\ \epsilon_{12k} \\ \epsilon_{21k} \\ \epsilon_{22k} \end{pmatrix} \quad . \tag{6.28}$$

Dabei haben wir die Reparametrisierungsbedingungen direkt eingesetzt:

$$\begin{aligned} \alpha_1 + \alpha_2 &= 0 &\Rightarrow\quad \alpha_2 &= -\alpha_1 \\ \beta_1 + \beta_2 &= 0 &\Rightarrow\quad \beta_2 &= -\beta_1 \\ (\alpha\beta)_{11} + (\alpha\beta)_{12} &= 0 &\Rightarrow\quad (\alpha\beta)_{12} &= -(\alpha\beta)_{11} \\ (\alpha\beta)_{11} + (\alpha\beta)_{21} &= 0 &\Rightarrow\quad (\alpha\beta)_{21} &= -(\alpha\beta)_{11} \\ (\alpha\beta)_{21} + (\alpha\beta)_{22} &= 0 &\Rightarrow\quad (\alpha\beta)_{22} &= -(\alpha\beta)_{21} = (\alpha\beta)_{11} \quad . \end{aligned}$$

Von den vorher neun Parametern verbleiben noch vier im Modell. Die anderen werden aus diesen Gleichungen berechnet.

Wir führen folgende Bezeichnungen ein:

$$\mathop{\mathbf{X}_{11}}_{r,4} = (1_r \quad 1_r \quad 1_r \quad 1_r)$$

$$\mathop{\mathbf{X}_{12}}_{r,4} = (1_r \quad 1_r \quad -1_r \quad -1_r)$$

$$\mathop{\mathbf{X}_{21}}_{r,4} = (1_r \quad -1_r \quad 1_r \quad -1_r)$$

$$\mathop{\mathbf{X}_{22}}_{r,4} = (1_r \quad -1_r \quad -1_r \quad 1_r)$$

$$\mathop{\mathbf{X}'}_{4,4r} = (\mathbf{X}'_{11} \quad \mathbf{X}'_{12} \quad \mathbf{X}'_{21} \quad \mathbf{X}'_{22})$$

$$\boldsymbol{\theta}'_0 = (\mu, \ \alpha_1, \ \beta_1, \ (\alpha\beta)_{11})$$

$$\mathbf{y}_{ij} = \begin{pmatrix} y_{ij1} \\ \vdots \\ y_{ijr} \end{pmatrix}, \quad \boldsymbol{\epsilon}_{ij} = \begin{pmatrix} \epsilon_{ij1} \\ \vdots \\ \epsilon_{ijr} \end{pmatrix}$$

$$\mathbf{y} = \begin{pmatrix} \mathbf{y}_{11} \\ \mathbf{y}_{12} \\ \mathbf{y}_{21} \\ \mathbf{y}_{22} \end{pmatrix}, \quad \boldsymbol{\epsilon} = \begin{pmatrix} \boldsymbol{\epsilon}_{11} \\ \boldsymbol{\epsilon}_{12} \\ \boldsymbol{\epsilon}_{21} \\ \boldsymbol{\epsilon}_{22} \end{pmatrix} \quad .$$

Dann läßt sich das zweifaktorielle Modell (6.1) im Fall $a = b = 2$ bei r Wiederholungen unter Berücksichtigung der Restriktionen (6.3), (6.4), (6.5) alternativ in Effektkodierung wie folgt darstellen:

$$\mathbf{y} = \mathbf{X}\boldsymbol{\theta}_0 + \boldsymbol{\epsilon} \quad . \tag{6.29}$$

Die KQ–Schätzung von $\boldsymbol{\theta}_0$ ist

$$\widehat{\boldsymbol{\theta}}_0 = (\mathbf{X}'\mathbf{X})^{-1}\mathbf{X}'\mathbf{y} \quad .$$

Wir berechnen nun $\widehat{\boldsymbol{\theta}}_0$:

$$\mathop{\mathbf{X}'\mathbf{X}}_{4,4} = \mathbf{X}'_{11}\mathbf{X}_{11} + \mathbf{X}'_{12}\mathbf{X}_{12} + \mathbf{X}'_{21}\mathbf{X}_{21} + \mathbf{X}'_{22}\mathbf{X}_{22}$$

$$= 4r\mathbf{I}_4 \quad ,$$

$$\mathbf{X}'\mathbf{y} = \begin{pmatrix} Y_{...} \\ Y_{1..} - Y_{2..} \\ Y_{.1.} - Y_{.2.} \\ (Y_{11.} + Y_{22.}) - (Y_{12.} + Y_{21.}) \end{pmatrix}$$

$$= \begin{pmatrix} Y_{...} \\ 2Y_{1..} - Y_{...} \\ 2Y_{.1.} - Y_{...} \\ (Y_{11.} + Y_{22.}) - (Y_{12.} + Y_{21.}) \end{pmatrix} . \qquad (6.30)$$

Nun wird mit $(\mathbf{X}'\mathbf{X})^{-1} = \frac{1}{4r}I$ der KQ–Schätzer $\hat{\boldsymbol{\theta}}_0 = (\mathbf{X}'\mathbf{X})^{-1}\mathbf{X}'\mathbf{y}$ ausführlich geschrieben zu (vgl. (6.12) – (6.15))

$$\begin{pmatrix} \hat{\mu} \\ \hat{\alpha}_1 \\ \hat{\beta}_1 \\ \widehat{(\alpha\beta)}_{11} \end{pmatrix} = \begin{pmatrix} y_{...} \\ y_{1..} - y_{...} \\ y_{.1.} - y_{...} \\ y_{11.} - y_{1..} - y_{.1.} + y_{...} \end{pmatrix} . \qquad (6.31)$$

Während die ersten drei Beziehungen in (6.31) leicht zu erkennen sind, müssen wir den Übergang von der vierten Zeile in (6.30) zur vierten Zeile in (6.31) beweisen.

Es ist mit $a = b = 2$

$$
\begin{aligned}
y_{11.} - y_{1..} - y_{.1.} + y_{...} &= \\
&= \frac{Y_{11.}}{r} - \left[\frac{Y_{11.}}{br} + \frac{Y_{12.}}{br}\right] - \left[\frac{Y_{11.}}{ar} + \frac{Y_{21.}}{ar}\right] + \frac{Y_{11.} + Y_{12.} + Y_{21.} + Y_{22.}}{abr} \\
&= \frac{Y_{11.}}{r}\left(1 - \frac{1}{b} - \frac{1}{a} + \frac{1}{ab}\right) - \frac{Y_{12.}}{br}\left(1 - \frac{1}{a}\right) - \frac{Y_{21.}}{ar}\left(1 - \frac{1}{b}\right) + \frac{Y_{22.}}{abr} \\
&= \frac{Y_{11.}}{r}\left(\frac{ab - a - b + 1}{ab}\right) + \frac{Y_{22.}}{abr} - \frac{Y_{12.}}{abr}(a - 1) - \frac{Y_{21.}}{abr}(b - 1) \\
&= \frac{1}{4r}[(Y_{11.} + Y_{22.}) - (Y_{12.} + Y_{21.})] \quad .
\end{aligned}
$$

Bemerkung : Wir wollen an dieser Stelle auf eine wichtige Eigenschaft der Effektkodierung hinweisen.

Wir schreiben zunächst die Matrix $\mathbf{X}$ in einer anderen Gestalt:

$$
\mathbf{X} = \begin{pmatrix} \mathbf{X}_{11} \\ \mathbf{X}_{12} \\ \mathbf{X}_{21} \\ \mathbf{X}_{22} \end{pmatrix} = \begin{pmatrix} \mathbf{1}_r & \mathbf{1}_r & \mathbf{1}_r & \mathbf{1}_r \\ \mathbf{1}_r & \mathbf{1}_r & -\mathbf{1}_r & -\mathbf{1}_r \\ \mathbf{1}_r & -\mathbf{1}_r & \mathbf{1}_r & -\mathbf{1}_r \\ \mathbf{1}_r & -\mathbf{1}_r & -\mathbf{1}_r & \mathbf{1}_r \end{pmatrix}
$$
$$
= \left(\ \underset{4r,1}{\mathbf{x}_\mu} \quad \underset{4r,1}{\mathbf{x}_{\alpha_1}} \quad \underset{4r,1}{\mathbf{x}_{\beta_1}} \quad \underset{4r,1}{\mathbf{x}_{(\alpha\beta)_{11}}}\ \right).
$$

Es gilt:

$$
\begin{aligned}
\mathbf{x}'_\mu \mathbf{x}_\mu &= \mathbf{x}'_{\alpha_1}\mathbf{x}_{\alpha_1} = \mathbf{x}'_{\beta_1}\mathbf{x}_{\beta_1} = \mathbf{x}'_{(\alpha\beta)_{11}}\mathbf{x}_{(\alpha\beta)_{11}} = 4r, \\
\mathbf{x}'_\mu \mathbf{x}_{\alpha_1} &= \mathbf{x}'_\mu \mathbf{x}_{\beta_1} = \mathbf{x}'_\mu \mathbf{x}_{(\alpha\beta)_{11}} = 0, \\
\mathbf{x}'_{\alpha_1}\mathbf{x}_{\beta_1} &= \mathbf{x}'_{\alpha_1}\mathbf{x}_{(\alpha\beta)_{11}} = 0, \\
\mathbf{x}'_{\beta_1}\mathbf{x}_{(\alpha\beta)_{11}} &= 0 \quad .
\end{aligned}
$$

Damit wird — wie bereits vorher erwähnt —

$$\mathbf{X'X} = \begin{pmatrix} \mathbf{x}'_\mu \\ \mathbf{x}'_{\alpha_1} \\ \mathbf{x}'_{\beta_1} \\ \mathbf{x}_{(\alpha\beta)_{11}} \end{pmatrix} \begin{pmatrix} \mathbf{x}_\mu\ \mathbf{x}_{\alpha_1}\ \mathbf{x}_{\beta_1}\ \mathbf{x}_{(\alpha\beta)_{11}} \end{pmatrix} = 4r\mathbf{I}_4 \quad .$$

Die Vektoren, die zu verschiedenen Effektgruppen $(\mu, \alpha, \beta, (\alpha\beta))$ gehören, sind also orthogonal zueinander. Diese Eigenschaft gilt generell für die Effektkodierung.

Allgemeiner Fall: $a > 2,\ b > 2$

Liegt allgemein ein zweifaktorielles Modell mit Wechselwirkung vor mit
Faktor A : a Stufen,
Faktor B : b Stufen,
so lautet der Parametervektor (nach Berücksichtigung der Reparametrisierungsbedingungen, also in Effektkodierung)

$$\boldsymbol{\theta}'_0 = (\mu, \alpha_1, \ldots, \alpha_{a-1}, \beta_1, \ldots, \beta_{b-1}, (\alpha\beta)_{1,1}, \ldots, (\alpha\beta)_{a-1,b-1}) \tag{6.32}$$

und die Designmatrix (vgl. z.B. Fahrmeir und Hamerle, 1984, S.173)

$$\mathbf{X} = \begin{pmatrix} \mathbf{x}_\mu\ \mathbf{X}_\alpha\ \mathbf{X}_\beta\ \mathbf{X}_{(\alpha\beta)} \end{pmatrix} \quad . \tag{6.33}$$

Dabei sind die Spaltenvektoren einer Submatrix orthogonal zu den Spaltenvektoren jeder anderen Submatrix, also z.B. ist

$$\mathbf{X}'_\alpha \mathbf{X}_\beta = \mathbf{0} \quad .$$

Damit wird $\mathbf{X'X}$ blockdiagonal

$$\mathbf{X'X} = \text{diag} \begin{pmatrix} \mathbf{x}'_\mu\mathbf{x}_\mu,\ \mathbf{X}'_\alpha\mathbf{X}_\alpha,\ \mathbf{X}'_\beta\mathbf{X}_\beta,\ \mathbf{X}'_{(\alpha\beta)}\mathbf{X}_{(\alpha\beta)} \end{pmatrix} \quad .$$

Es gilt

$$(\mathbf{X'X})^{-1} = \text{diag} \left((\mathbf{x}'_\mu\mathbf{x}_\mu)^{-1},\ (\mathbf{X}'_\alpha\mathbf{X}_\alpha)^{-1},\ (\mathbf{X}'_\beta\mathbf{X}_\beta)^{-1},\ (\mathbf{X}'_{(\alpha\beta)}\mathbf{X}_{(\alpha\beta)})^{-1} \right) \tag{6.34}$$

und die KQ–Schätzung $\widehat{\boldsymbol{\theta}}_0$ läßt sich schreiben als

$$\widehat{\boldsymbol{\theta}}_0 = \begin{pmatrix} \widehat{\mu} \\ \widehat{\alpha} \\ \widehat{\beta} \\ \widehat{(\alpha\beta)} \end{pmatrix} = \begin{pmatrix} (\mathbf{x}'_\mu\mathbf{x}_\mu)^{-1}\mathbf{x}'_\mu\mathbf{y} \\ (\mathbf{X}'_\alpha\mathbf{X}_\alpha)^{-1}\mathbf{X}'_\alpha\mathbf{y} \\ (\mathbf{X}'_\beta\mathbf{X}_\beta)^{-1}\mathbf{X}'_\beta\mathbf{y} \\ (\mathbf{X}'_{(\alpha\beta)}\mathbf{X}_{(\alpha\beta)})^{-1}\mathbf{X}'_{(\alpha\beta)}\mathbf{y} \end{pmatrix} \quad . \tag{6.35}$$

Für die Kovarianzmatrix von $\widehat{\boldsymbol{\theta}}$ erhalten wir ebenfalls eine blockdiagonale Struktur

$$V(\widehat{\boldsymbol{\theta}}) = \sigma^2 \begin{pmatrix} (\mathbf{x}'_\mu\mathbf{x}_\mu)^{-1} & \mathbf{0} & \mathbf{0} & \mathbf{0} \\ \mathbf{0} & (\mathbf{X}'_\alpha\mathbf{X}_\alpha)^{-1} & \mathbf{0} & \mathbf{0} \\ \mathbf{0} & \mathbf{0} & (\mathbf{X}'_\beta\mathbf{X}_\beta)^{-1} & \mathbf{0} \\ \mathbf{0} & \mathbf{0} & \mathbf{0} & (\mathbf{X}'_{(\alpha\beta)}\mathbf{X}_{(\alpha\beta)})^{-1} \end{pmatrix} \tag{6.36}$$

Damit sind die Schätzvektoren $\hat{\mu}, \hat{\alpha}, \hat{\beta}, \widehat{(\alpha\beta)}$ unkorreliert und bei normalverteilten Fehlern unabhängig. Daraus folgt insbesondere, daß die Schätzungen $\hat{\mu}, \hat{\alpha}$ und $\hat{\beta}$ im Modell (6.1) mit Wechselwirkungen und im Unabhängigkeitsmodell (6.23) identisch sind. Folglich sind die Schätzungen für eine Parametergruppe — z. B. die Haupteffekte des Faktors B — stets dieselben, gleichgültig ob die anderen Parameter im Modell enthalten sind oder nicht.

Bei Ablehnung von H_0: $(\alpha\beta)_{ij} = 0$ wird σ^2 durch

$$MQ_{Rest} = \frac{SQ_{Rest}}{N - ab} = \frac{1}{N - ab}(SQ_{Total} - SQ_A - SQ_B - SQ_{A \times B})$$

geschätzt (vgl. Tabelle 6.4 und (6.21)). Bei Nichtablehnung von H_0 gilt das Unabhängigkeitsmodell (6.23) und wir erhalten

$$SQ_{Rest} = SQ_{Total} - SQ_A - SQ_B$$

bei $N - 1 - (a - 1) - (b - 1) = N - a - b + 1$ Freiheitsgraden.

Das Modell (6.1) mit Wechselwirkungen entspricht nach unserer Nomenklatur aus Kapitel 3 dem Parameterraum Ω. Das Unabhängigkeitsmodell ist das Submodell zum Parameterraum $\omega \subset \Omega$.

Nach (3.176) gilt

$$\hat{\sigma}_\omega - \hat{\sigma}_\Omega^2 \geq 0 \quad . \tag{6.37}$$

Auf unser Problem übertragen, erhalten wir

$$\hat{\sigma}_\Omega^2 = \frac{SQ_{Total} - SQ_A - SQ_B - SQ_{A \times B}}{N - ab} \tag{6.38}$$

und

$$\hat{\sigma}_\omega^2 = \frac{SQ_{Total} - SQ_A - SQ_B}{N - ab + (a - 1)(b - 1)} \quad . \tag{6.39}$$

Interpretation: Im Unabhängigkeitsmodell wird σ^2 durch (6.39) geschätzt, so daß sich die Konfidenzbereiche der Parameterschätzungen $\hat{\mu}, \hat{\alpha}, \hat{\beta}$ gegenüber dem Modell mit Wechselwirkungen vergrößern, während die Parameterschätzungen selbst (und damit die Mittelpunkte der Konfidenzbereiche) ungeändert bleiben. Die Präzision der Schätzungen $\hat{\mu}, \hat{\alpha}, \hat{\beta}$ nimmt also ab. Gleichzeitig ändern sich die Teststatistiken, so daß — bei Ablehnung des saturierten Modells (6.1) — Signifikanztests für μ, α, β auf der Basis der Tafel der Varianzanalyse zum Unabhängigkeitsmodell durchzuführen sind.

Fall $a = 2, b = 3$

Unter Berücksichtigung der Reparametrisierungsbedingungen (6.3) – (6.5) lautet das Modell in Effektkodierung

$$\begin{pmatrix} y_{11} \\ y_{12} \\ y_{13} \\ y_{21} \\ y_{22} \\ y_{23} \end{pmatrix} = \begin{pmatrix} 1_r & 1_r & 1_r & 0 & 1_r & 0 \\ 1_r & 1_r & 0 & 1_r & 0 & 1_r \\ 1_r & 1_r & -1_r & -1_r & -1_r & -1_r \\ 1_r & -1_r & 1_r & 0 & -1_r & 0 \\ 1_r & -1_r & 0 & 1_r & 0 & -1_r \\ 1_r & -1_r & -1_r & -1_r & 1_r & 1_r \end{pmatrix} \begin{pmatrix} \mu \\ \alpha_1 \\ \beta_1 \\ \beta_2 \\ (\alpha\beta)_{11} \\ (\alpha\beta)_{12} \end{pmatrix} + \begin{pmatrix} \epsilon_{11} \\ \epsilon_{12} \\ \epsilon_{13} \\ \epsilon_{21} \\ \epsilon_{22} \\ \epsilon_{23} \end{pmatrix} \tag{6.40}$$

Dabei haben wir die Reparametrisierungsbedingungen wieder direkt einge-setzt:

$$\begin{aligned}
\alpha_1 + \alpha_2 &= 0 &&\Longrightarrow& \alpha_2 &= -\alpha_1 \\
\beta_1 + \beta_2 + \beta_3 &= 0 &&\Longrightarrow& \beta_3 &= -\beta_1 - \beta_2 \\
(\alpha\beta)_{11} + (\alpha\beta)_{21} &= 0 &&\Longrightarrow& (\alpha\beta)_{21} &= -(\alpha\beta)_{11} \\
(\alpha\beta)_{12} + (\alpha\beta)_{22} &= 0 &&\Longrightarrow& (\alpha\beta)_{22} &= -(\alpha\beta)_{12} \\
(\alpha\beta)_{13} + (\alpha\beta)_{23} &= 0 &&\Longrightarrow& (\alpha\beta)_{23} &= -(\alpha\beta)_{13} \\
(\alpha\beta)_{11} + (\alpha\beta)_{12} + (\alpha\beta)_{13} &= 0 &&\Longrightarrow& (\alpha\beta)_{13} &= -(\alpha\beta)_{11} - (\alpha\beta)_{12} \\
(\alpha\beta)_{21} + (\alpha\beta)_{22} + (\alpha\beta)_{23} &= 0 &&\Longrightarrow& (\alpha\beta)_{23} &= -(\alpha\beta)_{21} - (\alpha\beta)_{22} \\
& && & &= (\alpha\beta)_{11} + (\alpha\beta)_{12} \quad .
\end{aligned}$$

Somit verbleiben von den vorher zwölf Parametern nur noch sechs im Modell:

$$\boldsymbol{\theta}_0' = (\mu, \alpha_1, \beta_1, \beta_2, (\alpha\beta)_{11}, (\alpha\beta)_{12}) \quad . \tag{6.41}$$

Wir nutzen nun die Orthogonalität der Submatrizen aus und wenden (6.35) zur Bestimmung der KQ–Schätzungen an. Wir erhalten:

$$\begin{aligned}
\hat{\mu} = (\mathbf{x}_\mu'\mathbf{x}_\mu)^{-1}\mathbf{x}_\mu'\mathbf{y} &= \frac{1}{6r}Y_{\cdots} = y_{\cdots} \\[1ex]
\hat{\alpha}_1 = (\mathbf{x}_\alpha'\mathbf{x}_\alpha)^{-1}\mathbf{x}_\alpha'\mathbf{y} &= \frac{1}{6r}(Y_{1\cdot\cdot} - Y_{2\cdot\cdot}) \\[1ex]
&= \frac{1}{6r}(2Y_{1\cdot\cdot} - Y_{\cdots}) \\[1ex]
&= y_{1\cdot\cdot} - y_{\cdots} \quad , \\[1ex]
\begin{pmatrix} \hat{\beta}_1 \\ \hat{\beta}_2 \end{pmatrix} &= \left(\mathbf{X}_\beta'\mathbf{X}_\beta\right)^{-1}\mathbf{X}_\beta'\mathbf{y} \\[1ex]
&= \begin{pmatrix} 4r & 2r \\ 2r & 4r \end{pmatrix}^{-1} \begin{pmatrix} Y_{11\cdot} - Y_{13\cdot} + Y_{21\cdot} - Y_{23\cdot} \\ Y_{12\cdot} - Y_{13\cdot} + Y_{22\cdot} - Y_{23\cdot} \end{pmatrix} \\[1ex]
&= \frac{1}{6r}\begin{pmatrix} 2 & -1 \\ -1 & 2 \end{pmatrix} \begin{pmatrix} Y_{\cdot 1\cdot} - Y_{\cdot 3\cdot} \\ Y_{\cdot 2\cdot} - Y_{\cdot 3\cdot} \end{pmatrix} \\[1ex]
&= \frac{1}{6r}\begin{pmatrix} 2Y_{\cdot 1\cdot} - Y_{\cdot 2\cdot} - Y_{\cdot 3\cdot} \\ 2Y_{\cdot 2\cdot} - Y_{\cdot 1\cdot} - Y_{\cdot 3\cdot} \end{pmatrix} \\[1ex]
&= \begin{pmatrix} y_{\cdot 1\cdot} - y_{\cdots} \\ y_{\cdot 2\cdot} - y_{\cdots} \end{pmatrix} \quad ,
\end{aligned}$$

da z.B.

$$\begin{aligned}
\frac{1}{6r}(2Y_{\cdot 1\cdot} - Y_{\cdot 2\cdot} - Y_{\cdot 3\cdot}) &= \frac{3Y_{\cdot 1\cdot} - Y_{\cdots}}{6r} \\[1ex]
&= y_{\cdot 1\cdot} - y_{\cdots} \quad ,
\end{aligned}$$

$$
\begin{pmatrix} \widehat{(\alpha\beta)}_{11} \\ \widehat{(\alpha\beta)}_{12} \end{pmatrix} = \frac{1}{6r} \begin{pmatrix} 2 & -1 \\ -1 & 2 \end{pmatrix} \begin{pmatrix} Y_{11\cdot} - Y_{13\cdot} - Y_{21\cdot} + Y_{23\cdot} \\ Y_{12\cdot} - Y_{13\cdot} - Y_{22\cdot} + Y_{23\cdot} \end{pmatrix}
$$

$$
= \frac{1}{6r} \begin{pmatrix} 2Y_{11\cdot} - Y_{13\cdot} - 2Y_{21\cdot} + Y_{23\cdot} - Y_{12\cdot} + Y_{22\cdot} \\ -Y_{11\cdot} - Y_{13\cdot} + Y_{21\cdot} + Y_{23\cdot} + 2Y_{12\cdot} - 2Y_{22\cdot} \end{pmatrix}
$$

$$
= \begin{pmatrix} y_{11\cdot} - y_{1\cdot\cdot} - y_{\cdot1\cdot} + y_{\cdots} \\ y_{12\cdot} - y_{1\cdot\cdot} - y_{\cdot2\cdot} + y_{\cdots} \end{pmatrix} \quad .
$$

Beispiel 6.2: In einem geplanten Versuch soll der Effekt verschiedener Phosphat-konzentrationen in einem Kombinationsdünger (Faktor B) auf den Ertrag zweier Bohnensorten (Faktor A) geklärt werden. Man entscheidet sich für ein faktorielles Experiment mit zwei Faktoren und festen Effekten:

Faktor A : A_1 : Bohnensorte I

              A_2 : Bohnensorte II

Faktor B : B_1 : kein Phosphat

              B_2 : 10 % je Einheit

              B_3 : 30 % je Einheit

Bei Verwendung des zweifaktoriellen Ansatzes hat man also die sechs Behandlungen A_1B_1, A_1B_2, A_1B_3, A_2B_1, A_2B_2, A_2B_3.

Um die Fehlervarianz schätzen zu können, müssen die Behandlungen wiederholt werden. Wir wählen dazu den vollständig randomisierten Versuchsplan mit je 4 Wiederholungen. Die Responsewerte sind in Tabelle 6.8 enthalten.

	B_1	B_2	B_3	Summe
A_1	15	18	22	
	17	19	29	
	14	20	31	
	16	21	35	
Summe	62	78	117	257
A_2	13	17	18	
	9	19	22	
	8	18	24	
	12	18	23	
Summe	42	72	87	201
Summe	104	150	204	458

Tabelle 6.8: Response im $A \times B$ – Design (Beispiel 6.2)

Wir berechnen die Quadratsummen ($a = 2$, $b = 3$, $r = 4$, $N = 2 \cdot 3 \cdot 4 = 24$):

$$
\begin{aligned}
C &= Y_{\cdots}^2/N = 458^2/24 = 8740.17 \\
SQ_{Total} &= (15^2 + 17^2 + \cdots + 23^2) - C \\
&= 9672 - C = 931.83 \\
SQ_A &= \frac{1}{3 \cdot 4}(257^2 + 201^2) - C
\end{aligned}
$$

$$
\begin{aligned}
&= 8870.83 - C = 130.66 \\
SQ_B &= \frac{1}{2 \cdot 4}(104^2 + 150^2 + 204^2) - C \\
&= 9366.50 - C = 626.33 \\
SQ_{Subtotal} &= \frac{1}{4}(62^2 + 78^2 + \cdots + 87^2) - C \\
&= 9533.50 - C = 793.33 \\
SQ_{A \times B} &= SQ_{Subtotal} - SQ_A - SQ_B \\
&= 36.34 \\
SQ_{Rest} &= SQ_{Total} - SQ_{Subtotal} = 138.50
\end{aligned}
$$

	SQ	df	MQ	F
Faktor A	130.66	1	130.66	16.99 *
Faktor B	626.33	2	313.17	40.72 *
A × B	36.34	2	18.17	2.36
Fehler	138.50	18	7.69	
Total	931.83	23		

Tabelle 6.9: Tafel der Varianzanalyse zu Tabelle 6.8

Die Teststrategie beginnt mit dem Prüfen von H_0: *keine Wechselwirkung*. Die Teststatistik ist

$$
F_{A \times B} = F_{2,18} = \frac{18.17}{7.69} = 2.36 \quad .
$$

Der kritische Wert lautet

$$
F_{2,18;0.95} = 3.55 \quad ,
$$

so daß die Wechselwirkung auf dem 5%–Niveau nicht signifikant ist.

	SQ	df	MQ	F
Faktor A	130.66	1	130.66	14.95 *
Faktor B	626.33	2	313.17	35.83 *
Fehler	174.84	20	8.74	
Total	931.83	23		

Tabelle 6.10: Tafel der Varianzanalyse zu Tabelle 6.8 nach Weglassen der Wechselwirkung (Unabhängigkeitsmodell)

In Tabelle 6.9 erfolgt der Test auf Signifikanz der Haupteffekte und des Wechselwirkungseffekts auf der Basis des Modells (6.1) mit Wechselwirkungen. Die Teststatistiken für H_0: $\alpha_i = 0$, H_0: $\beta_i = 0$ und H_0: $(\alpha\beta)_{ij} = 0$ sind unabhängig. Wir haben H_0: $(\alpha\beta)_{ij} = 0$ nicht abgelehnt (vgl. Abbildung 6.4).
Damit gehen wir auf das Unabhängigkeitsmodell (6.23) zurück und prüfen die Signifikanz der Haupteffekte gemäß Tabelle 6.10. Beide Effekte sind auch hier signifikant.

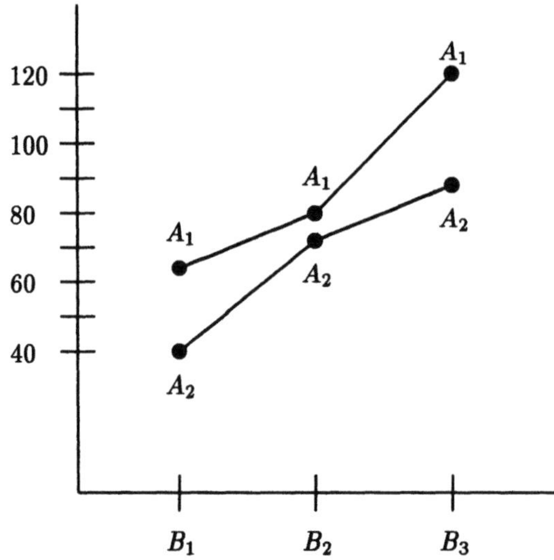

Abbildung 6.4: Wechselwirkung Sorte × Düngung (nicht signifikant)

6.4 Zweifaktorielles Experiment mit Blockeffekten

Wir führen nun den faktoriellen Versuch mit den Faktoren A (in a Stufen) und B (in b Stufen) als Randomisierten Blockplan in r Blöcken mit ab Einheiten je Block durch (Tabelle 6.11).

Das zugehörige lineare Modell mit Wechselwirkungen hat dann die Gestalt

$$y_{ijk} = \mu + \alpha_i + \beta_j + \rho_k + (\alpha\beta)_{ij} + \epsilon_{ijk} \qquad (6.42)$$
$$(i = 1,\ldots,a,\ j = 1,\ldots,b,\ k = 1,\ldots,r)$$

Dabei ist ρ_k ($k = 1,\ldots,r$) der r–te Blockeffekt und es gilt die Reparametrisierungsbedingung $\sum_{k=1}^{r} \rho_k = 0$ bei festen Effekten. Die anderen Parameter haben dieselbe Bedeutung wie im Modell (6.1). Falls die Blockeffekte zufällig sind, setzen wir $\rho' = (\rho_1,\ldots,\rho_r) \sim N(0,\sigma_\rho^2\,\mathrm{I})$ und $\mathrm{E}(\epsilon\rho') = 0$ voraus. Sei

$$Y_{ij\cdot} = \sum_{k=1}^{r} y_{ijk} \qquad (6.43)$$

der totale Response der Faktorkombination (i,j) über alle r Blöcke.

Die Fehlerquadratsummen SQ_{Total} (6.17), SQ_A (6.18), SQ_B (6.19), $SQ_{A\times B}$ (6.20) bleiben ungeändert.

Für den zusätzlichen Blockeffekt berechnen wir

$$SQ_{Block} = \frac{1}{ab}\sum_{k=1}^{r} Y_{\cdot\cdot k}^2 - C \quad . \qquad (6.44)$$

| | Faktor B | | | | |
Faktor A	1	2	$\cdots$	b	Summe
1	$Y_{11\cdot}$	$Y_{12\cdot}$	$\cdots$	$Y_{1b\cdot}$	$Y_{1\cdot\cdot}$
2	$Y_{21\cdot}$	$Y_{22\cdot}$	$\cdots$	$Y_{2b\cdot}$	$Y_{2\cdot\cdot}$
$\vdots$	$\vdots$	$\vdots$		$\vdots$	$\vdots$
a	$Y_{a1\cdot}$	$Y_{a2\cdot}$	$\cdots$	$Y_{ab\cdot}$	$Y_{a\cdot\cdot}$
Summe	$Y_{\cdot1\cdot}$	$Y_{\cdot2\cdot}$	$\cdots$	$Y_{\cdot b\cdot}$	$Y_{\cdot\cdot\cdot}$

Tabelle 6.11: Zweifaktorieller Randomisierter Blockplan

Ursache	SQ	df	MQ	F
A	SQ_A	$a-1$	MQ_A	F_A
B	SQ_B	$b-1$	MQ_B	F_B
$A \times B$	$SQ_{A\times B}$	$(a-1)(b-1)$	$MQ_{A\times B}$	$F_{A\times B}$
Block	SQ_{Block}	$r-1$	MQ_{Block}	F_{Block}
Fehler	SQ_{Rest}	$(r-1)(ab-1)$	MQ_{Rest}	
Total	SQ_{Total}	$rab-1$		

Tabelle 6.12: Tafel der Varianzanalyse im $A\times B$–Versuchsplan (6.42) mit Wechselwirkungen und Blockeffekten

Die Quadratsumme SQ_{Rest} ist dann

$$SQ_{Rest} = SQ_{Total} - SQ_A - SQ_B - SQ_{A\times B} - SQ_{Block} \quad . \tag{6.45}$$

Die Tafel der Varianzanalyse ist in Tabelle 6.12 gegeben.
Die Interpretation des Modells mit Blockeffekten ist analog zum Modell ohne Blockeffekte. Falls mindestens eine Wechselwirkung signifikant ist, können die Haupteffekte — auch der Blockeffekt — nicht separat interpretiert werden.
Falls H_0: $(\alpha\beta)_{ij} = 0$ nicht abgelehnt wird, gilt ein Unabhängigkeitsmodell mit nunmehr drei Haupteffekten: A, B und Block (sofern diese Effekte signifikant sind). Gegenüber dem Modell (6.23) werden die Parameterschätzungen $\hat\alpha$ und $\hat\beta$ durch die mit dem Blockeffekt erzielte Reduzierung der Restvarianz präziser.

Beispiel 6.3: Wir legen den Versuch aus Beispiel 6.2 nun als Randomisierten Blockplan für $r = 4$ Blöcke an. Die Responsewerte sind in Tabelle 6.13, die totalen Responsewerte in den Tabellen 6.14 und 6.15 enthalten.
Wir berechnen (mit $C = 8740.17$)

$$\begin{aligned}
SQ_{Block} &= \frac{1}{2\cdot 3}(103^2 + 115^2 + 115^2 + 125^2) - C \\
&= 8780.67 - C = 40.50
\end{aligned}$$

und

$$SQ_{Rest} = 98.00 \quad .$$

Aus der Tafel der Varianzanalyse (Tabelle 6.16) entnehmen wir mit $F_{2,15;0.95} = 3.68$, daß der Wechselwirkungseffekt wiederum nicht signifikant ist. Im reduzierten Modell

$$y_{ijk} = \mu + \alpha_i + \beta_j + \rho_k + \epsilon_{ijk} \tag{6.46}$$

I	II	III	IV
A_2B_2 17	A_1B_1 17	A_1B_3 31	A_2B_1 12
A_1B_3 22	A_2B_3 22	A_2B_1 8	A_1B_2 21
A_1B_1 15	A_1B_2 19	A_1B_2 20	A_2B_3 23
A_2B_1 13	A_2B_2 19	A_2B_2 18	A_1B_3 35
A_1B_2 18	A_2B_1 9	A_1B_1 14	A_2B_2 18
A_2B_3 18	A_1B_3 29	A_2B_3 24	A_1B_1 16

Tabelle 6.13: Randomisierter Blockplan und Response im 2×3 Faktorexperiment

					Summe
Block	I	II	III	IV	
Responsesumme	103	115	115	125	458

Tabelle 6.14: Totaler Response $Y_{..k}$ je Block

überprüfen wir die Haupteffekte (Tabelle 6.17).

Wegen $F_{3,17;0.95} = 3.20$ ist der Blockeffekt nicht signifikant. Damit gehen wir weiter auf das Modell (6.23) mit den beiden Haupteffekten A und B zurück, die nach Tabelle 6.10 signifikant sind.

6.5 Zweifaktorielles Modell mit festen Effekten — Konfidenzintervalle und einfache Tests

In einem zweifaktoriellen Experiment mit festen Effekten gibt es drei verschiedene Typen von Mittelwerten: für A–Stufen, B–Stufen und $A \times B$–Stufen. Falls der Blockeffekt als nichtzufällig angesetzt wird, kommen die Blöcke mit ihren Mittelwerten als vierter Typ hinzu. Wir setzen den Blockeffekt hier als zufällig voraus.

	B_1	B_2	B_3	
A_1	62	78	117	257
A_2	42	72	87	201
	104	150	204	458

Tabelle 6.15: Totaler Response $Y_{ij.}$ je Faktorkombination (Beispiel 6.3)

192

Ursache	SQ	df	MQ	F	
Faktor A	130.66	1	130.66	20.01	*
Faktor B	626.33	2	313.17	47.96	*
$A \times B$	36.34	2	18.17	2.78	
Block	40.50	3	13.50	2.07	
Fehler	98.00	15	6.53		
Total	931.83	23			

Tabelle 6.16: Tafel der Varianzanalyse im Modell (6.42)

Ursache	SQ	df	MQ	F	
Faktor A	130.66	1	130.66	16.54	*
Faktor B	626.33	2	313.17	39.64	*
Block	40.50	3	13.50	1.71	
Fehler	134.34	17	7.90		
Total	931.83	23			

Tabelle 6.17: Tafel der Varianzanalyse im Modell (6.46)

(i) Faktor A

Die Mittelwerte der A-Stufen sind

$$y_{i\cdot\cdot} = \frac{1}{br} \sum_{j=1}^{b} \sum_{k=1}^{r} y_{ijk} \sim N(\mu + \alpha_i, \frac{\sigma^2}{br}) \quad . \tag{6.47}$$

Die Varianz σ^2 wird durch $s^2 = MQ_{Rest}$ mit df Freiheitsgraden geschätzt, wobei MQ_{Rest} aus dem Modell berechnet wird, das nach den Tests auf Wechselwirkung und Blockeffekte angenommen wird.
Damit haben die Konfidenzintervalle für $\mu + \alpha_i$ die Gestalt ($t_{df,1-\alpha/2}$: zweiseitiges Quantil)

$$y_{i\cdot\cdot} \pm t_{df,1-\alpha/2} \sqrt{\frac{s^2}{br}} \quad . \tag{6.48}$$

Der Standardfehler der Differenz zweier A-Stufen ist $\sqrt{2s^2/br}$, so daß die Teststatistik für H_0: $\alpha_{i_1} = \alpha_{i_2}$ die Gestalt hat

$$t_{df} = \frac{y_{i_1\cdot\cdot} - y_{i_2\cdot\cdot}}{\sqrt{2s^2/br}} \quad . \tag{6.49}$$

(ii) Faktor B

Hier gilt analog

$$y_{\cdot j\cdot} = \frac{1}{ar} \sum_{i=1}^{a} \sum_{k=1}^{r} y_{ijk} \sim N(\mu + \beta_j, \frac{\sigma^2}{ar}) \quad . \tag{6.50}$$

Das $(1 - \alpha)$ Konfidenzintervall für $\mu + \beta_j$ ist

$$y_{\cdot j \cdot} \pm t_{df,1-\alpha/2} \sqrt{\frac{s^2}{ar}} \tag{6.51}$$

und die Teststatistik zum Mittelwertsvergleich ($H_0: \beta_{j_1} = \beta_{j_2}$) wird

$$t_{df} = \frac{y_{\cdot j_1 \cdot} - y_{\cdot j_2 \cdot}}{\sqrt{2s^2/ar}} \quad . \tag{6.52}$$

(iii) Faktor $A \times B$

Hier gilt

$$y_{ij\cdot} = \frac{1}{r} \sum_{k=1}^{r} y_{ijk} \sim N(\mu + \alpha_i + \beta_j + (\alpha\beta)_{ij}, \frac{\sigma^2}{r}) \quad . \tag{6.53}$$

Das $(1 - \alpha)$-Konfidenzintervall für $\mu + \alpha_i + \beta_j + (\alpha\beta)_{ij}$ ist

$$y_{ij\cdot} \pm t_{df,1-\alpha/2} \sqrt{s^2/r} \tag{6.54}$$

und die Teststatistik zum Vergleich zweier $A \times B$-Effekte ist

$$t_{df} = \frac{y_{i_1 j_1 \cdot} - y_{i_2 j_2 \cdot}}{\sqrt{2s^2/r}} \quad . \tag{6.55}$$

Die Signifikanz einzelner Effekte überprüft man mit

(i) $H_0: \mu + \alpha_i = \mu_0$

$$t_{df} = \frac{y_{i\cdot\cdot} - \mu_0}{\sqrt{s^2/br}} \tag{6.56}$$

(ii) $H_0: \mu + \beta_j = \mu_0$

$$t_{df} = \frac{y_{\cdot j\cdot} - \mu_0}{\sqrt{s^2/ar}} \tag{6.57}$$

(iii) $H_0: \mu + \alpha_i + \beta_j + (\alpha\beta)_{ij} = \mu_0$

$$t_{df} = \frac{y_{ij\cdot} - \mu_0}{\sqrt{s^2/r}} \tag{6.58}$$

Dabei gelten wiederum die Aussagen aus Abschnitt 4.4 über einfache und multiple Tests.

Beispiel 6.2: (Fortsetzung) Nach den durchgeführten Tests wurden die Wechselwirkungs– und die Blockeffekte als nichtsignifikant eingestuft, so daß das Unabhängigkeitsmodell gilt. Zu diesem Modell gehört die Tabelle 6.10 der Varianzanalyse, aus der wir

$$s^2 = 8.74 \quad \text{zu} \quad df = 20$$

entnehmen.

Aus Tabelle 6.8 erhalten wir die Mittelwerte der zwei Stufen A_1 und A_2 und der drei Stufen B_1, B_2 und B_3:

$$A_1 \; : \quad y_{1\cdot\cdot} \;\; = \;\; \frac{257}{3\cdot 4} = 21.42$$

$$A_2 \; : \quad y_{2\cdot\cdot} \;\; = \;\; \frac{201}{3\cdot 4} = 16.75$$

$$B_1 \; : \quad y_{\cdot 1\cdot} \;\; = \;\; \frac{104}{2\cdot 4} = 13.00$$

$$B_2 \; : \quad y_{\cdot 2\cdot} \;\; = \;\; \frac{150}{2\cdot 4} = 18.75$$

$$B_3 \; : \quad y_{\cdot 3\cdot} \;\; = \;\; \frac{204}{2\cdot 4} = 25.50 \quad .$$

(i) A–Stufen

Konfidenzintervalle

$$A_1 \; : \quad 21.42 \pm t_{20;0.975}\sqrt{8.74/3\cdot 4} \;\; = \;\; 21.42 \pm 2.09\cdot 0.85$$
$$= \;\; 21.42 \pm 1.78$$
$$\Rightarrow [19.64; 23.20]$$

$$A_2 \; : \quad 16.75 \pm 1.78$$
$$\Rightarrow [14.97; 18.53]$$

Test auf H_0: $\alpha_1 = \alpha_2$ gegen H_1: $\alpha_1 > \alpha_2$

$$t_{20} \;\; = \;\; \frac{21.42 - 16.75}{\sqrt{2\cdot 8.74/3\cdot 4}} = \frac{4.67}{1.21} = 3.86$$
$$> \;\; 1.73 = t_{20;0.95} \;(\text{einseitig})$$

$\Rightarrow H_0$ wird abgelehnt.

(ii) B–Stufen

Konfidenzintervalle

Mit $t_{20;0.975}\sqrt{8.74/2\cdot 4} = 2.09\cdot 1.05 = 2.19$ erhalten wir

$$B_1 \; : \quad 13.00 \pm 2.19 \quad \Rightarrow \quad [10.81; 15.19]$$
$$B_2 \; : \quad 18.75 \pm 2.19 \quad \Rightarrow \quad [16.56; 20.94]$$
$$B_3 \; : \quad 25.50 \pm 2.19 \quad \Rightarrow \quad [23.31; 27.69]$$

Die paarweisen einfachen Mittelwertsvergleiche lehnen Gleichheit ab (Übungsaufgabe).

6.6 Zweifaktorielles Modell mit zufälligen oder gemischten Effekten

Im bisherigen Teil von Kapitel 6 haben wir die Effekte A und B als fest vorausgesetzt. Dies beinhaltet, daß die Faktorstufen von A und B vor dem Experiment spezifiziert werden und somit die Schlußfolgerungen aus der Varianzanalyse nur für diese Faktorstufen Gültigkeit haben. Alternative Designs lassen

A und B zufällig wirken (Modell mit zufälligen Effekten) oder halten einen Faktor fest und wählen den anderen Faktor zufällig (Modell mit gemischten Effekten).

6.6.1 Modell mit zufälligen Effekten

Wir nehmen an, daß die Stufen beider Faktoren A und B zufällig aus Grundgesamtheiten A und B gezogen werden, so daß die Schlußfolgerungen für alle Stufen der betrachteten (zweidimensionalen) Population gültig sind. Die Responsewerte im Modell mit zufälligen Effekten (oder Varianzkomponenten–Modell) lauten dann

$$y_{ijk} = \mu + \alpha_i + \beta_j + (\alpha\beta)_{ij} + \epsilon_{ijk}$$
$$(i = 1,\ldots,a,\ j = 1,\ldots,b,\ k = 1,\ldots,r), \tag{6.59}$$

wobei α_i, β_j, $(\alpha\beta)_{ij}$ voneinander und von ϵ_{ijk} unabhängige Zufallsvariablen sind mit folgenden Annahmen:

$$\left. \begin{array}{l} \boldsymbol{\alpha} = (\alpha_1,\ldots,\alpha_a)' \sim N(\mathbf{0},\sigma_\alpha^2\,\mathbf{I}) \\ \boldsymbol{\beta} = (\beta_1,\ldots,\beta_b)' \sim N(\mathbf{0},\sigma_\beta^2\,\mathbf{I}) \\ (\boldsymbol{\alpha\beta}) = ((\alpha\beta)_{11},\ldots,(\alpha\beta)_{ab})' \sim N(\mathbf{0},\sigma_{\alpha\beta}^2\,\mathbf{I}) \\ \boldsymbol{\epsilon} = (\epsilon_1,\ldots,\epsilon_{abr})' \sim N(\mathbf{0},\sigma^2\,\mathbf{I}) \end{array} \right\} \cdot \tag{6.60}$$

In Matrixschreibweise lautet die Kovarianzstruktur

$$\mathrm{E}\begin{pmatrix} \boldsymbol{\alpha} \\ \boldsymbol{\beta} \\ (\boldsymbol{\alpha\beta}) \\ \boldsymbol{\epsilon} \end{pmatrix} (\boldsymbol{\alpha},\boldsymbol{\beta},(\boldsymbol{\alpha\beta}),\boldsymbol{\epsilon})' = \begin{pmatrix} \sigma_\alpha^2\,\mathbf{I} & \mathbf{0} & \mathbf{0} & \mathbf{0} \\ \mathbf{0} & \sigma_\beta^2\,\mathbf{I} & \mathbf{0} & \mathbf{0} \\ \mathbf{0} & \mathbf{0} & \sigma_{\alpha\beta}^2\,\mathbf{I} & \mathbf{0} \\ \mathbf{0} & \mathbf{0} & \mathbf{0} & \sigma^2\,\mathbf{I} \end{pmatrix} \cdot$$

Die Responsewerte haben damit die Varianz

$$\mathrm{Var}(y_{ijk}) = \sigma_\alpha^2 + \sigma_\beta^2 + \sigma_{\alpha\beta}^2 + \sigma^2 \quad . \tag{6.61}$$

σ_α^2, σ_β^2, $\sigma_{\alpha\beta}^2$, σ^2 heißen *Varianzkomponenten*.
Die zu prüfenden Hypothesen lauten $\mathrm{H}_0\colon \sigma_\alpha^2 = 0$, $\mathrm{H}_0\colon \sigma_\beta^2 = 0$ und $\mathrm{H}_0\colon \sigma_{\alpha\beta}^2 = 0$. Die Zerlegungs- und Berechnungsformeln der Varianz SQ_{Total} in SQ_A, SQ_B, $SQ_{A\times B}$ und SQ_{Rest} bleiben ungeändert dieselben wie im Modell mit festen Effekten. Zur Ableitung der Teststatistiken benötigen wir jedoch die Erwartungswerte der entsprechenden MQ's.
Es gilt

$$\begin{aligned} SQ_A &= \frac{1}{br}\sum_{i=1}^{a}(Y_{i\cdot\cdot} - Y_{\cdots})^2 \\ &= \sum_{i=1}^{a}\sum_{j=1}^{b}\sum_{k=1}^{r}(y_{i\cdot\cdot} - y_{\cdots})^2 \quad . \end{aligned} \tag{6.62}$$

Aus dem Modell (6.59) berechnen wir mit $\alpha. = \frac{1}{a}\sum_{i=1}^{a}\alpha_i$, $\beta. = \frac{1}{b}\sum_{j=1}^{b}\beta_j$, $(\alpha\beta)_{i.} = \frac{1}{b}\sum_{j=1}^{b}(\alpha\beta)_{ij}$, $(\alpha\beta).. = \frac{1}{ab}\sum\sum(\alpha\beta)_{ij}$

$$y_{i..} = \mu + \alpha_i + \beta. + (\alpha\beta)_{i.} + \epsilon_{i..}$$
$$y_{...} = \mu + \alpha. + \beta. + (\alpha\beta).. + \epsilon_{...}$$

und damit

$$y_{i..} - y_{...} = (\alpha_i - \alpha.) + [(\alpha\beta)_{i.} - (\alpha\beta)..] + (\epsilon_{i..} - \epsilon_{...}) \quad . \tag{6.63}$$

Wegen der gegenseitigen Unabhängigkeit der zufälligen Effekte und der Fehler gilt

$$\mathrm{E}(y_{i..} - y_{...})^2 = \mathrm{E}(\alpha_i - \alpha.)^2 + \mathrm{E}[(\alpha\beta)_{i.} - (\alpha\beta)..]^2 + \mathrm{E}(\epsilon_{i..} - \epsilon_{...})^2 \quad . \tag{6.64}$$

Wir berechnen für die drei Komponenten:

$$\begin{aligned}
\mathrm{E}(\alpha_i - \alpha.)^2 &= \mathrm{E}(\alpha_i^2) + \mathrm{E}(\alpha_.^2) - 2\mathrm{E}(\alpha_i\alpha.) \\
&= \sigma_\alpha^2[1 + \frac{1}{a} - \frac{2}{a}] \\
&= \sigma_\alpha^2[1 - \frac{1}{a}] = \sigma_\alpha^2(\frac{a-1}{a}) \tag{6.65}
\end{aligned}$$

$$\begin{aligned}
\mathrm{E}[(\alpha\beta)_{i.} - (\alpha\beta)..]^2 &= \mathrm{E}[(\alpha\beta)_{i.}^2] + \mathrm{E}[(\alpha\beta)_{..}^2] - 2\mathrm{E}[(\alpha\beta)_{i.}(\alpha\beta)..] \\
&= \sigma_{\alpha\beta}^2[\frac{1}{b} + \frac{1}{ab} - \frac{2}{ab}] \\
&= \sigma_{\alpha\beta}^2\left(\frac{a-1}{ab}\right) \tag{6.66}
\end{aligned}$$

$$\begin{aligned}
\mathrm{E}(\epsilon_{i..} - \epsilon_{...})^2 &= \mathrm{E}(\epsilon_{i..}^2) + \mathrm{E}(\epsilon_{...}^2) - 2\mathrm{E}(\epsilon_{i..}\epsilon_{...}) \\
&= \sigma^2[\frac{1}{br} + \frac{1}{abr} - \frac{2}{abr}] \\
&= \sigma^2\left(\frac{a-1}{abr}\right) \quad . \tag{6.67}
\end{aligned}$$

Damit wird (vgl. (6.62) und (6.64))

$$\begin{aligned}
\mathrm{E}(MQ_A) &= \frac{1}{a-1}\mathrm{E}(SQ_A) \\
&= \sigma^2 + r\sigma_{\alpha\beta}^2 + br\sigma_\alpha^2 \quad . \tag{6.68}
\end{aligned}$$

Analog berechnen wir

$$\mathrm{E}(MQ_B) = \sigma^2 + r\sigma_{\alpha\beta}^2 + ar\sigma_\beta^2 \tag{6.69}$$
$$\mathrm{E}(MQ_{A\times B}) = \sigma^2 + r\sigma_{\alpha\beta}^2 \tag{6.70}$$
$$\mathrm{E}(MQ_{Rest}) = \sigma^2 \quad . \tag{6.71}$$

Schätzen der Varianzkomponenten

Wir berechnen die Schätzungen $\widehat{\sigma}^2$, $\widehat{\sigma}^2_\alpha$, $\widehat{\sigma}^2_\beta$ und $\widehat{\sigma}^2_{\alpha\beta}$ der Varianzkomponenten σ^2, σ^2_α, σ^2_β und $\sigma^2_{\alpha\beta}$ aus dem Gleichungssystem (6.68) – (6.71) in seiner Stichprobenversion, d.h. aus dem System

$$
\left.
\begin{array}{rcl}
MQ_A &=& br\widehat{\sigma}^2_\alpha \;\;\;\;\;\;\;\;\;\;\;\; + \; r\widehat{\sigma}^2_{\alpha\beta} \; + \; \widehat{\sigma}^2 \\
MQ_B &=& ar\widehat{\sigma}^2_\beta \; + \; r\widehat{\sigma}^2_{\alpha\beta} \; + \; \widehat{\sigma}^2 \\
MQ_{A\times B} &=& r\widehat{\sigma}^2_{\alpha\beta} \; + \; \widehat{\sigma}^2 \\
MQ_{Rest} &=& \widehat{\sigma}^2
\end{array}
\right\} \qquad (6.72)
$$

d.h.

$$
\begin{pmatrix} MQ_A \\ MQ_B \\ MQ_{A\times B} \\ MQ_{Rest} \end{pmatrix}
=
\begin{pmatrix} br & 0 & r & 1 \\ 0 & ar & r & 1 \\ 0 & 0 & r & 1 \\ 0 & 0 & 0 & 1 \end{pmatrix}
\begin{pmatrix} \widehat{\sigma}^2_\alpha \\ \widehat{\sigma}^2_\beta \\ \widehat{\sigma}^2_{\alpha\beta} \\ \widehat{\sigma}^2 \end{pmatrix} \;\; .
$$

Die Koeffizientenmatrix dieses linearen inhomogenen Gleichungssystems hat Dreiecksgestalt, die Determinante ist

$$
abr^3 \neq 0 \;\; ,
$$

so daß die eindeutige Lösung lautet:

$$
\widehat{\sigma}^2 \;=\; MQ_{Rest} \tag{6.73}
$$

$$
\widehat{\sigma}^2_{\alpha\beta} \;=\; \frac{1}{r}(MQ_{A\times B} - MQ_{Rest}) \tag{6.74}
$$

$$
\widehat{\sigma}^2_\beta \;=\; \frac{1}{ar}(MQ_B - MQ_{A\times B}) \tag{6.75}
$$

$$
\widehat{\sigma}^2_\alpha \;=\; \frac{1}{br}(MQ_A - MQ_{A\times B}) \;\; . \tag{6.76}
$$

Prüfen von Hypothesen über die Varianzkomponenten

(i) H_0: $\sigma^2_{\alpha\beta} = 0$

Aus dem System (6.68) – (6.71) der Erwartungswerte der MQ's ersehen wir, daß unter H_0: $\sigma^2_{\alpha\beta} = 0$ (keine Wechselwirkung) $E(MQ_{A\times B}) = \sigma^2$ wird, so daß die Teststatistik die Gestalt hat

$$
F_{A\times B} = \frac{MQ_{A\times B}}{MQ_{Rest}} \;\; . \tag{6.77}
$$

Falls H_0: $\sigma^2_{\alpha\beta} = 0$ nicht gilt (also zugunsten H_1: $\sigma^2_{\alpha\beta} \neq 0$ abgelehnt wird), ist $E(MQ_{A\times B}) > E(MQ_{Rest})$.

Damit wird H_0 abgelehnt, falls

$$
F_{A\times B} > F_{(a-1)(b-1),ab(r-1);1-\alpha} \tag{6.78}
$$

gilt.

(ii) H_0: $\sigma^2_\alpha = 0$

sache	SQ	df	MQ	F
ktor A	SQ_A	$df_A = a - 1$	$MQ_A = \frac{SQ_A}{df_A}$	$F_A = \frac{MQ_A}{MQ_{A\times B}}$
ktor B	SQ_B	$df_B = b - 1$	$MQ_B = \frac{SQ_B}{df_B}$	$F_B = \frac{MQ_B}{MQ_{A\times B}}$
chselwirkung				
$\times B$	$SQ_{A\times B}$	$df_{A\times B} = (a-1)(b-1)$	$MQ_{A\times B} = \frac{SQ_{A\times B}}{df_{A\times B}}$	$F_{A\times B} = \frac{MQ_{A\times B}}{MQ_{Rest}}$
ller	SQ_{Rest}	$df_{Rest} = ab(r - 1)$	$MQ_{Rest} = \frac{SQ_{Rest}}{df_{Rest}}$	
tal	SQ_{Total}	$df_{Total} = abr - 1$		

Tabelle 6.18: Tafel der Varianzanalyse (zweifaktoriell mit Wechselwirkung und zufälligen Effekten)

	SQ	df	MQ	F
A	130.66	1	130.66	$F_A = \frac{130.66}{18.17} = 7.19$
B	626.33	2	313.17	$F_B = \frac{313.17}{18.17} = 17.24$
$A \times B$	36.34	2	18.17	$F_{A\times B} = \frac{18.17}{7.69} = 2.36$
Fehler	138.50	18	7.69	
Total	931.83	23		

Tabelle 6.19: Tafel der Varianzanalyse zu Tabelle 6.8 bei zufälligen Effekten

Der Vergleich von $E(MQ_A)$ (6.68) und $E(MQ_{A\times B})$ (6.70) zeigt, daß beide Erwartungswerte unter H_0: $\sigma_\alpha^2 = 0$ übereinstimmen bzw. daß $E(MQ_A) > E(MQ_{A\times B})$ im Fall H_1: $\sigma_\alpha^2 \neq 0$ gilt.
Damit lautet die Teststatistik

$$F_A = \frac{MQ_A}{MQ_{A\times B}} \tag{6.79}$$

und H_0 wird abgelehnt, falls

$$F_A > F_{a-1,(a-1)(b-1);1-\alpha} \tag{6.80}$$

gilt.

(iii) H_0: $\sigma_\beta^2 = 0$

Analog lautet die Teststatistik für H_0: $\sigma_\beta^2 = 0$ gegen H_1: $\sigma_\beta^2 \neq 0$

$$F_B = \frac{MQ_B}{MQ_{A\times B}} \; , \tag{6.81}$$

wobei H_0 abgelehnt wird, falls

$$F_B > F_{b-1,(a-1)(b-1);1-\alpha} \tag{6.82}$$

gilt.
Bemerkung: Die Teststatistiken F_A und F_B werden im Modell mit zufälligen Effekten mit $MQ_{A\times B}$ im Nenner gebildet. Im Modell mit festen Efekten steht MQ_{Rest} im Nenner.

Beispiel 6.4: Wir betrachten den Versuch aus Beispiel 6.2 nun als zweifaktorielles Experiment mit zufälligen Effekten. Dazu nehmen wir an, daß die beiden Bohnensorten (Faktor A) nicht fest vorgegeben sondern durch Zufallsauswahl aus einer Population gewonnen wurden. Analog seien die drei Phosphatdünger zufällig aus einer Population ausgewählt. Wir unterstellen dieselben Responsewerte wie in Tabelle 6.8 und können die ersten drei Spalten aus Tabelle 6.9 für unsere Analyse übernehmen (Tabelle 6.19).

Die geschätzten Varianzkomponenten lauten

$$
\begin{aligned}
\widehat{\sigma}^2 &= 7.69 \\
\widehat{\sigma}^2_{\alpha\beta} &= \frac{1}{4}(18.17 - 7.69) = 2.62 \\
\widehat{\sigma}^2_{\beta} &= \frac{1}{2\cdot 4}(313.17 - 18.17) = 36.88 \\
\widehat{\sigma}^2_{\alpha} &= \frac{1}{3\cdot 4}(130.66 - 18.17) = 9.37 \quad .
\end{aligned}
$$

Auf dem 95%–Niveau sind die drei Varianzkomponenten $\sigma^2_{\alpha\beta}$, σ^2_{α} und σ^2_{β} nicht signifikant (kritische Werte: $F_{1,2;0.95} = 18.51$, $F_{2,2;0.95} = 19.00$, $F_{2,18;0.95} = 3.55$).

Aufgrund der Nichtsignifikanz von $\sigma^2_{\alpha\beta}$ gehen wir wieder auf das Unabhängigkeitsmodell zurück, dessen Tafel der Varianzanalyse identisch mit Tabelle 6.10 ist, d.h. die beiden Varianzkomponenten σ^2_{α} und σ^2_{β} sind signifikant.

6.6.2 Gemischtes Modell

Wir betrachten nun den Fall, daß ein Faktor, z.B. A, fest gewählt ist und der andere Faktor B zufällig ist. Das zugehörige lineare Modell lautet in der *Standardversion von Scheffé* (1956, 1959):

$$
\begin{aligned}
y_{ijk} &= \mu + \alpha_i + \beta_j + (\alpha\beta)_{ij} + \epsilon_{ijk} \\
&(i = 1,\ldots,a,\ j = 1,\ldots,b,\ k = 1,\ldots,r)
\end{aligned}
\tag{6.83}
$$

mit folgenden Annahmen

$$
\alpha_i \ : \ \text{fester Effekt}, \quad \sum_{i=1}^{a}\alpha_i = 0
\tag{6.84}
$$

$$
\beta_j \ : \ \text{zufälliger Effekt}, \quad \beta_j \overset{\text{i.i.d.}}{\sim} N(0,\sigma^2_{\beta})
\tag{6.85}
$$

$$
(\alpha\beta)_{ij} \ : \ \text{zufälliger Effekt}, \quad (\alpha\beta)_{ij} \overset{\text{i.i.d.}}{\sim} N(0,\frac{a-1}{a}\sigma^2_{\alpha\beta})
\tag{6.86}
$$

$$
\sum_{i=1}^{a}(\alpha\beta)_{ij} = (\alpha\beta)._{j} = 0 \quad (j = 1,\ldots,b) \quad .
\tag{6.87}
$$

Die zufälligen Variablengruppen β_j, $(\alpha\beta)_{ij}$ und ϵ_{ijk} seien gegenseitig unabhängig, d.h. es gilt $\mathrm{E}(\beta_j(\alpha\beta)_{ij}) = 0$ usw.. Wie in den vorangegangenen Modellen gilt $\mathrm{E}(\epsilon) = \sigma^2\mathbf{I}$.

Die letzte Annahme (6.87) besagt, daß die Wechselwirkungseffekte zwischen zwei verschiedenen A–Stufen korreliert sind. Es gilt für alle $j = 1,\ldots,b$

$$
\mathrm{Cov}[(\alpha\beta)_{i_1 j}, (\alpha\beta)_{i_2 j}] = -\frac{1}{a}\sigma^2_{\alpha\beta} \quad (i_1 \neq i_2) \quad ,
\tag{6.88}
$$

aber

$$\mathrm{Cov}[(\alpha\beta)_{i_1 j_1}, (\alpha\beta)_{i_2 j_2}] = 0 \quad (j_1 \neq j_2,\ i_1, i_2 \text{ beliebig}) \quad . \tag{6.89}$$

Die Beweisidee für (6.88) zeigen wir für $a = 3$.
Unter Verwendung von (6.87) erhalten wir

$$
\begin{aligned}
\mathrm{Cov}[(\alpha\beta)_{1j}, (\alpha\beta)_{2j}] &= \mathrm{Cov}[(\alpha\beta)_{1j}, [-(\alpha\beta)_{1j} - (\alpha\beta)_{3j}]] \\
&= -\mathrm{Var}(\alpha\beta)_{1j} - \mathrm{Cov}[(\alpha\beta)_{1j}, (\alpha\beta)_{3j}] \quad ,
\end{aligned}
$$

also

$$\mathrm{Cov}[(\alpha\beta)_{1j}, (\alpha\beta)_{2j}] + \mathrm{Cov}[(\alpha\beta)_{1j}, (\alpha\beta)_{3j}] = -\mathrm{Var}(\alpha\beta)_{1j} = -\frac{3-1}{3}\sigma_{\alpha\beta}^2 \quad .$$

Da $\mathrm{Cov}[(\alpha\beta)_{i_1 j}, (\alpha\beta)_{i_2 j}]$ identisch für alle Paare (i_1, i_2), $i_1 \neq i_2$ ist, folgt (6.88).
Im Fall $a = b = 2$ und $r = 1$ hat das Modell (6.83) mit allen Annahmen die
4–dimensionale Normalverteilung

$$
\begin{pmatrix} y_{11} \\ y_{21} \\ y_{12} \\ y_{22} \end{pmatrix}
\sim N\left(
\begin{pmatrix} \mu + \alpha_1 \\ \mu + \alpha_2 \\ \mu + \alpha_1 \\ \mu + \alpha_2 \end{pmatrix},
\begin{pmatrix}
\tilde{\sigma}^2 & \sigma_*^2 & 0 & 0 \\
\sigma_*^2 & \tilde{\sigma}^2 & 0 & 0 \\
0 & 0 & \tilde{\sigma}^2 & \sigma_*^2 \\
0 & 0 & \sigma_*^2 & \tilde{\sigma}^2
\end{pmatrix}
\right) \tag{6.90}
$$

mit

$$
\begin{aligned}
\mathrm{Var}(y_{ij}) &= \tilde{\sigma}^2 = \sigma_\beta^2 + \sigma_{\alpha\beta}^2 \frac{a-1}{a} + \sigma^2 \tag{6.91} \\
&= (\sigma_{\alpha\beta}^2 + \sigma^2) + \sigma_*^2 \quad ,
\end{aligned}
$$

wobei $\sigma_*^2 = \sigma_\beta^2 - \frac{1}{a}\sigma_{\alpha\beta}^2$ gesetzt wird.
Damit können wir die Kovarianzmatrix (6.90) in der Form

$$\boldsymbol{\Sigma} = ((\sigma_{\alpha\beta}^2 + \sigma^2)\mathbf{I}_2 + \sigma_*^2 \mathbf{J}_2) \otimes \mathbf{I}$$

darstellen, wobei $\otimes$ das Kroneckerprodukt ist (vgl. A 100). Die vordere Matrix ist aber von der Compound Symmetry Struktur (3.263), so daß die Parameterschätzungen der festen Effekte nach der gewöhnlichen KQ-Methode (vgl. Satz 3.17) berechnet werden:

$$
\begin{aligned}
r = 1: \quad &\hat{\mu} = y_{..} \quad &\hat{\alpha}_i = y_{i.} - y_{..} \\
r > 1: \quad &\hat{\mu} = y_{...} \quad &\hat{\alpha}_i = y_{i..} - y_{...} \quad .
\end{aligned}
$$

Erwartungswerte der MQ's

Durch die Festlegung der A–Effekte sowie durch die Umparametrisierung der Varianz von $(\alpha\beta)_{ij}$ in $\sigma_{\alpha\beta}^2 \frac{a-1}{a}$ und durch die Nebenbedingungen (6.87) verändern sich die Erwartungswerte der MQ's gegenüber dem Modell mit zufälligen Effekten gemäß:

$$E(MQ_A) = \sigma^2 + r\sigma_{\alpha\beta}^2 + \frac{br \sum_{i=1}^{a} \alpha_i^2}{a-1} \qquad (6.92)$$

$$E(MQ_B) = \sigma^2 + ar\sigma_{\beta}^2 \qquad (6.93)$$

$$E(MQ_{A\times B}) = \sigma^2 + r\sigma_{\alpha\beta}^2 \qquad (6.94)$$

$$E(MQ_{Rest}) = \sigma^2 \ . \qquad (6.95)$$

Damit lautet die Teststatistik zum Prüfen von H_0: *kein A-Effekt*, d.h. H_0: $\alpha_i = 0$ (alle i)

$$F_A = F_{a-1,(a-1)(b-1)} = \frac{MQ_A}{MQ_{A\times B}} \ . \qquad (6.96)$$

Die Teststatistik für H_0: $\sigma_\beta^2 = 0$ lautet

$$F_B = F_{b-1,ab(r-1)} = \frac{MQ_B}{MQ_{Rest}} \ . \qquad (6.97)$$

Die Teststatistik für H_0: $\sigma_{\alpha\beta}^2 = 0$ ist

$$F_{A\times B} = F_{(a-1)(b-1),ab(r-1)} = \frac{MQ_{A\times B}}{MQ_{Rest}} \ . \qquad (6.98)$$

Schätzung der Varianzkomponenten

Die Schätzungen der Varianzkomponenten ergeben sich durch Auflösen des Gleichungssystems (6.92) – (6.95) in seiner Stichprobenversion:

$$
\begin{array}{llllll}
MQ_A & = & \frac{br}{a-1} \sum \alpha_i^2 & + \ r\hat{\sigma}_{\alpha\beta}^2 & + \ \hat{\sigma}^2 \\
MQ_B & = & & ar\hat{\sigma}_{\beta}^2 & + \ \hat{\sigma}^2 \\
MQ_{A\times B} & = & & r\hat{\sigma}_{\alpha\beta}^2 & + \ \hat{\sigma}^2 \\
MQ_{Rest} & = & & & \hat{\sigma}^2
\end{array}
$$

$$\implies \quad \hat{\sigma}^2 = MQ_{Rest} \qquad (6.99)$$

$$\hat{\sigma}_{\alpha\beta}^2 = \frac{MQ_{A\times B} - MQ_{rest}}{r} \qquad (6.100)$$

$$\hat{\sigma}_{\beta}^2 = \frac{MQ_B - MQ_{Rest}}{ar} \ . \qquad (6.101)$$

Neben dem Standardmodell mit Intraklasskorrelation gibt es eine Reihe von Varianten des gemischten Modells (vgl. Hocking, 1973). Eine wesentliche Variante ist das Modell mit unabhängigen Wechselwirkungseffekten, das voraussetzt

$$(\alpha\beta)_{ij} \overset{\text{i.i.d.}}{\sim} N(0, \sigma_{\alpha\beta}^2) \quad \text{(für alle } i, j) \ . \qquad (6.102)$$

Die $(\alpha\beta)_{ij}$ seien wiederum unabhängig von den β_j und den ϵ_{ij}.

Ursache	SQ	df	$E(MQ)$	F
A	SQ_A	$a-1$	$\sigma^2 + r\sigma_{\alpha\beta}^2 + \frac{br}{a-1}\sum\alpha_i^2$	$F_A = \frac{MQ_A}{MQ_{A\times B}}$
B	SQ_B	$b-1$	$\sigma^2 + ar\sigma_\beta^2$	$F_B = \frac{MQ_B}{MQ_{Rest}}$
$A\times B$	$SQ_{A\times B}$	$(a-1)(b-1)$	$\sigma^2 + r\sigma_{\alpha\beta}^2$	$F_{A\times B} = \frac{MQ_{A\times B}}{MQ_{Rest}}$
Fehler	SQ_{Rest}	$ab(r-1)$	σ^2	
Total	SQ_{Total}	$abr-1$		

Tabelle 6.20: Tafel der Varianzanalyse im gemischten Modell (Standardmodell, abhängige Wechselwirkungseffekte)

Ursache	SQ	df	$E(MQ)$	F
A	SQ_A	$a-1$	$\sigma^2 + r\sigma_{\alpha\beta}^2 + \frac{br}{a-1}\sum\alpha_i^2$	$F_A = \frac{MQ_A}{MQ_{A\times B}}$
B	SQ_B	$b-1$	$\sigma^2 + r\sigma_{\alpha\beta}^2 + ar\sigma_\beta^2$	$F_B = \frac{MQ_B}{MQ_{A\times B}}$
$A\times B$	$SQ_{A\times B}$	$(a-1)(b-1)$	$\sigma^2 + r\sigma_{\alpha\beta}^2$	$F_{A\times B} = \frac{MQ_{A\times B}}{MQ_{Rest}}$
Fehler	SQ_{Rest}	$ab(r-1)$	σ^2	
Total	SQ_{Total}	$abr-1$		

Tabelle 6.21: Tafel der Varianzanalyse im gemischten Modell mit unabhängigen Wechselwirkungseffekten

Dann verändert sich $E(MQ_B)$:

$$E(MQ_B) = \sigma^2 + r\sigma_{\alpha\beta}^2 + ar\sigma_\beta^2 \tag{6.103}$$

und damit wird die Teststatistik für H_0: $\sigma_\beta^2 = 0$ zu

$$F_B = F_{b-1,(a-1)(b-1)} = \frac{MQ_B}{MQ_{A\times B}} \quad . \tag{6.104}$$

Die Wahl zwischen verschiedenen gemischten Modellen muß nach sachlogischen Gesichtspunkten erfolgen. Mit dem Modellansatz (6.83) gilt für die Kovarianz innerhalb der Responsewerte:

$$\text{Cov}(y_{i_1 j_1 k_1}, y_{i_2 j_2 k_2}) = \delta_{j_1 j_2}\sigma_\beta^2 + \text{Cov}[(\alpha\beta)_{i_1 j_1}, (\alpha\beta)_{i_2 j_2}] + \sigma^2 \quad . \tag{6.105}$$

Falls der Faktor B z.B. b Zeitabschnitte darstellt (24–Stunden–Blutdruckmessung) und der Faktor A den festen Effekt Placebo/Medikament (P/M), so wäre die Annahme $\text{Cov}[(\alpha\beta)_{Pj}, (\alpha\beta)_{Mj}] = 0$, also das Gegenteil von (6.88) vernünftig. Ebenso müßte (6.89) zu $\text{Cov}[(\alpha\beta)_{Pj_1}, (\alpha\beta)_{Pj_2}] \neq 0$ bzw. $\text{Cov}[(\alpha\beta)_{Mj_1}, (\alpha\beta)_{Mj_2}] \neq 0$ $(j_1 \neq j_2)$ abgewandelt werden. Solche Modelle werden in Kapitel 7 behandelt.

6.7 Dreifaktorielle Pläne

Durch Einbeziehung eines dritten Faktors in die Versuchsanlage erhöht sich die Anzahl der zu schätzenden Parameter. Gleichzeitig wird die Interpretation schwieriger.

Bezeichnen wir die drei Faktoren (Treatments) mit A, B und C und ihre Faktorstufen mit $i = 1, \ldots, a$, $j = 1, \ldots, b$ und $k = 1, \ldots, c$ und setzen wir jeweils r Wiederholungen z. B. im Randomisierten Blockplan mit r Blöcken zu je abc Versuchseinheiten voraus, so gilt das additive Modell

$$y_{ijkl} = \mu + \alpha_i + \beta_j + \gamma_k + (\alpha\beta)_{ij} + (\alpha\gamma)_{ik} + (\beta\gamma)_{jk} + (\alpha\beta\gamma)_{ijk}$$
$$+ \tau_l + \epsilon_{ijkl} \quad . \tag{6.106}$$
$$(l = 1, \ldots, r)$$

Neben den Zweifach–Wechselwirkungen $(\alpha\beta)_{ij}$, $(\beta\gamma)_{jk}$ und $(\alpha\gamma)_{ik}$ tritt nun die Dreifach–Wechselwirkung $(\alpha\beta\gamma)_{ijk}$ auf.

Wir fordern die üblichen Reparametrisierungsbedingungen für die Haupteffekte und die Zweifach–Wechselwirkungen und zusätzlich

$$\sum_i (\alpha\beta\gamma)_{ijk} = \sum_j (\alpha\beta\gamma)_{ijk} = \sum_k (\alpha\beta\gamma)_{ijk} = 0 \quad . \tag{6.107}$$

Die Teststrategie ist analog zum zweifaktoriellen Modell, d.h. man prüft zunächst die Dreifach–Wechselwirkung.

Wird H_0: $(\alpha\beta\gamma)_{ijk} = 0$ abgelehnt, sind alle Zweifach–Wechselwirkungen und die Haupteffekte nicht separat interpretierbar. Wir werden die Teststrategie und insbesondere die Interpretation von Submodellen ausführlich in Kapitel 10 für Modelle mit kategorialem Response diskutieren. Die dortigen Ergebnisse gelten analog in den Modellen für stetigen Response.

Die totalen Responsewerte sind in Tabelle 6.22 angegeben. Die Quadratsummen lauten:

$$C = \frac{Y^2_{....}}{abcr} \quad \text{(Korrekturglied)}$$

$$SQ_{Total} = \sum\sum\sum\sum y^2_{ijkl} - C$$

$$SQ_{Block} = \frac{1}{abc} \sum_{l=1}^{r} Y^2_{...l} - C$$

$$SQ_A = \frac{1}{bcr} \sum_i Y^2_{i...} - C$$

$$SQ_B = \frac{1}{acr} \sum_j Y^2_{.j..} - C$$

$$SQ_{A \times B} = \frac{1}{cr} \sum_i \sum_j Y^2_{ij..} - C - SQ_A - SQ_B$$

$$SQ_C = \frac{1}{abr} \sum_k Y^2_{..k.} - C$$

$$SQ_{A \times C} = \frac{1}{br} \sum_i \sum_k Y^2_{i.k.} - C - SQ_A - SQ_C$$

$$SQ_{B \times C} = \frac{1}{ar} \sum_j \sum_k Y^2_{.jk.} - C - SQ_B - SQ_C$$

$$SQ_{A\times B\times C} = \frac{1}{r}\sum_i\sum_j\sum_k Y_{ijk\cdot}^2 - C$$
$$-SQ_A - SQ_B - SQ_C$$
$$-SQ_{A\times B} - SQ_{A\times C} - SQ_{B\times C}$$
$$SQ_{Rest} = SQ_{Total} - SQ_{Block}$$
$$-SQ_A - SQ_B - SQ_C$$
$$-SQ_{A\times B} - SQ_{A\times C} - SQ_{B\times C}$$
$$-SQ_{A\times B\times C} \quad .$$

Es gilt wie bisher in Modellen mit festen Effekten $MQ = \frac{SQ}{df}$ (vgl. Tabelle 6.23). Die Teststatistiken lauten generell

$$F_{Effekt} = \frac{MQ_{Effekt}}{MQ_{Rest}} \quad . \tag{6.108}$$

Faktor A	Faktor B		Faktor C			Summe
		1	2	$\cdots$	c	Summe
1	1	$Y_{111\cdot}$	$Y_{112\cdot}$	$\cdots$	$Y_{11c\cdot}$	$Y_{11\cdot\cdot}$
	2	$Y_{121\cdot}$	$Y_{122\cdot}$	$\cdots$	$Y_{12c\cdot}$	$Y_{12\cdot\cdot}$
	$\vdots$	$\vdots$	$\vdots$		$\vdots$	$\vdots$
	b	$Y_{1b1\cdot}$	$Y_{1b2\cdot}$	$\cdots$	$Y_{1bc\cdot}$	$Y_{1b\cdot\cdot}$
	Summe	$Y_{1\cdot1\cdot}$	$Y_{1\cdot2\cdot}$	$\cdots$	$Y_{1\cdot c\cdot}$	$Y_{1\cdot\cdot\cdot}$
$\vdots$	$\vdots$		$\vdots$			$\vdots$
a	1	$Y_{a11\cdot}$	$Y_{a12\cdot}$	$\cdots$	$Y_{a1c\cdot}$	$Y_{a1\cdot\cdot}$
	2	$Y_{a21\cdot}$	$Y_{a22\cdot}$	$\cdots$	$Y_{a2c\cdot}$	$Y_{a2\cdot\cdot}$
	$\vdots$	$\vdots$	$\vdots$		$\vdots$	$\vdots$
	b	$Y_{ab1\cdot}$	$Y_{ab2\cdot}$	$\cdots$	$Y_{abc\cdot}$	$Y_{ab\cdot\cdot}$
	Summe	$Y_{a\cdot1\cdot}$	$Y_{a\cdot2\cdot}$	$\cdots$	$Y_{a\cdot c\cdot}$	$Y_{a\cdot\cdot\cdot}$
Summe		$Y_{\cdot\cdot1\cdot}$	$Y_{\cdot\cdot2\cdot}$	$\cdots$	$Y_{\cdot\cdot c\cdot}$	$Y_{\cdot\cdot\cdot\cdot}$

Tabelle 6.22: Totaler Response je Block der (A, B, C)–Faktorkombinationen

Beispiel 6.5: Die Festigkeit Y eines Keramikwerkstoffs hängt vom Druck (A), von der Temperatur (B) und einem Zusatzstoff (C) ab. In einem dreifaktoriellen Versuch, bei dem alle drei Faktoren mit der binären Einstellung niedrig/hoch eingehen, soll in einem Randomisierten Blockplan für $r = 2$ Blöcke aus jeweils homogenen, aber zwischen den Blöcken heterogenen Werkstücken der Einfluß auf den Response Y untersucht werden. Die Ergebnisse sind in Tabelle 6.24 aufgeführt.
Wir berechnen ($N = abcr = 2^4 = 16$)

$$C = \frac{Y_{\cdots}^2}{N} = \frac{249^2}{16} = 3875.06$$
$$SQ_{Total} = 5175 - C = 1299.94$$

Ursache	SQ	df	MQ	F
Block	SQ_{Block}	$r-1$	MQ_{Block}	F_{Block}
A	SQ_A	$a-1$	MQ_A	F_A
B	SQ_B	$b-1$	MQ_B	F_B
C	SQ_C	$c-1$	MQ_C	F_C
$A \times B$	$SQ_{A\times B}$	$(a-1)(b-1)$	$MQ_{A\times B}$	$F_{A\times B}$
$A \times C$	$SQ_{A\times C}$	$(a-1)(c-1)$	$MQ_{A\times C}$	$F_{A\times C}$
$B \times C$	$SQ_{B\times C}$	$(b-1)(c-1)$	$MQ_{B\times C}$	$F_{B\times C}$
$A \times B \times C$	$SQ_{A\times B\times C}$	$(a-1)(b-1)(c-1)$	$MQ_{A\times B\times C}$	$F_{A\times B\times C}$
Fehler	SQ_{Rest}	$(r-1)(abc-1)$	MQ_{Rest}	
Total	SQ_{Total}	$abcr-1$		

Tabelle 6.23: Tafel der dreifaktoriellen Varianzanalyse

$$SQ_{Block} = \frac{1}{8}(108^2 + 141^2) - C = 3943.13 - C = 68.07$$

$$SQ_A = \frac{1}{8}(116^2 + 133^2) - C = 3893.13 - C = 18.07$$

$$SQ_B = \frac{1}{8}((42 + 54)^2 + (74 + 79)^2) - C = 4078.13 - C = 203.07$$

$$SQ_{A\times B} = \frac{1}{4}(42^2 + 74^2 + 54^2 + 79^2) - C - SQ_A - SQ_B$$
$$= 4099.25 - C - SQ_A - SQ_B = 3.05$$

$$SQ_C = \frac{1}{8}(105^2 + 144^2) - C = 3970.13 - C = 95.07$$

$$SQ_{A\times C} = \frac{1}{4}(48^2 + 68^2 + 57^2 + 76^2) - C - SQ_A - SQ_C = 0.05$$

$$SQ_{B\times C} = \frac{1}{4}((14 + 16 + 18 + 20)^2 + (4 + 8 + 6 + 10)^2$$
$$+ (7 + 11 + 9 + 10)^2 + (24 + 32 + 26 + 34)^2)$$
$$- C - SQ_B - SQ_C = 885.05$$

$$SQ_{A\times B\times C} = \frac{1}{2}((14 + 16)^2 + \cdots + (26 + 34)^2) - C$$
$$- SQ_A - SQ_B - SQ_{A\times B} - SQ_C - SQ_{A\times C} - SQ_{B\times C} = 3.08$$

$$SQ_{Rest} = 24.43$$

Ergebnis: Die F–Tests ergeben mit $F_{1,7;0.95} = 5.99$ Signifikanz für die Effekte *Block*, B, C und $B \times C$. Der Einfluß von A ist in keinem Effekt signifikant, so daß man die Auswertung im zweifaktoriellen $B \times C$ – Versuch durchführen kann. (Tabelle 6.26, $F_{1,11;0.95} = 4.84$).
Der Response Y wird maximiert für die Kombination $B_2 \times C_2$.

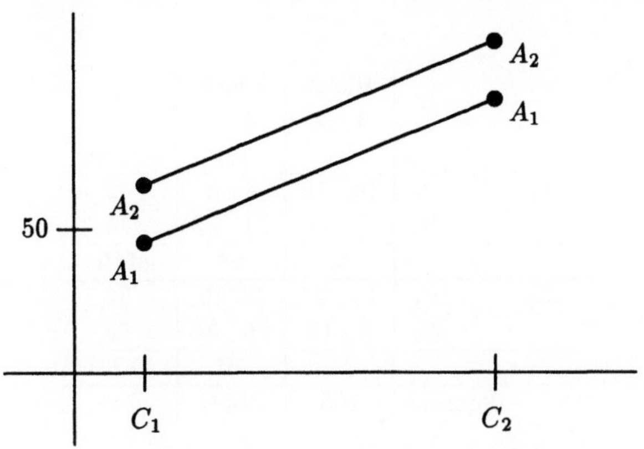

Abbildung 6.5: $A \times C$ – Response

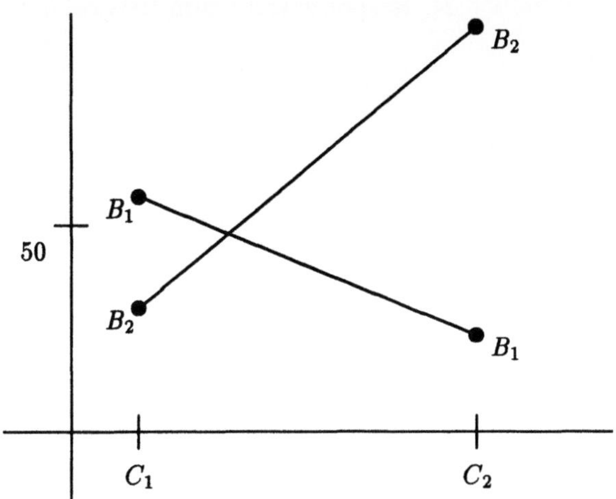

Abbildung 6.6: $B \times C$ – Response

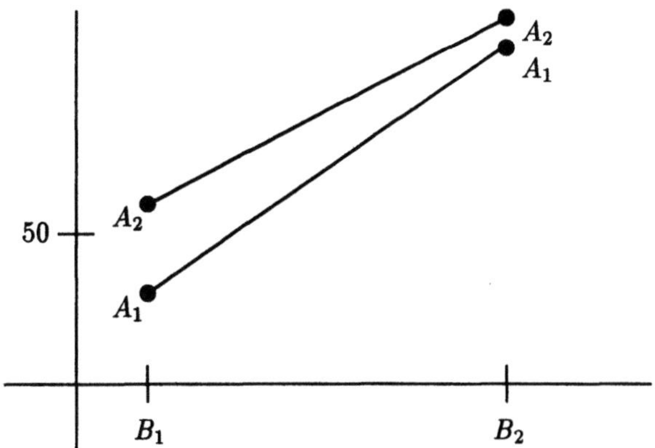

Abbildung 6.7: $A \times B$ – Response

		Block 1 2 C_1	Block 2 2 C_2	Summe
A_1	B_1	14 , 16	4 , 8	42
	B_2	7 , 11	24 , 32	74
		48	68	116
A_2	B_1	18 , 20	6 , 10	54
	B_2	9 , 10	26 , 34	79
		57	76	133
	Summe	105	144	249

$$Y_{...1} = 108 \quad , \quad Y_{...2} = 141$$

Tabelle 6.24: Responsewerte zum Beispiel 6.5

	SQ	df	MQ	F
Block	68.07	1	68.07	19.50 *
A	18.07	1	18.07	5.18
B	203.07	1	203.07	58.19 *
C	95.07	1	95.07	27.24 *
$A \times B$	3.05	1	3.05	0.87
$A \times C$	0.05	1	0.05	0.01
$B \times C$	885.05	1	885.05	253.60 *
$A \times B \times C$	3.08	1	3.08	0.88
Rest	24.43	7	3.49	
Total	1299.94	15		

Tabelle 6.25: Varianzanalyse im $A \times B \times C$ Versuchsplan zum Beispiel 6.5

	SQ	df	MQ	F
Block	68.07	1	68.07	15.37 *
B	203.07	1	203.07	45.84 *
C	95.07	1	95.07	21.46 *
$B \times C$	885.05	1	885.05	199.79 *
Rest	48.68	11	4.43	
Total	1299.94	15		

Tabelle 6.26: Varianzanalyse im $B \times C$ Versuchsplan zum Beispiel 6.5

6.8 Split–Plot Design

In vielen praktischen Anwendungen des Randomisierten Blockplans ist es nicht möglich, alle Faktorkombinationen innerhalb der Blöcke zufällig zuzuordnen. Dies ist dann der Fall, wenn die Faktoren aus z. B. technischen Gründen unterschiedlich große Einheiten von Versuchsobjekten benötigen. Beispiele sind (vgl. Montgomery, 1976, pp. 292–300, Petersen, 1985, pp. 134–145):

- Einsatz verschiedener Drillmaschinen (Faktor B, nur auf größeren Feldern einsetzbar) und verschiedener Dünger (Faktor C, auch auf kleinen Feldern als Faktor einsetzbar). Man wird Faktor B vorgeben und in den Blöcken nur nach Faktor C randomisieren.

- Kombination von drei verschiedenen Zubereitungsarten (Durchmischung) des Papierbreis und von vier verschiedenen Temperaturen bei der Papierherstellung. Jede Wiederholung des Versuchs benötigt 12 Beobachtungen. Im vollständig randomisierten Versuchsplan müßte innerhalb eines Blocks eine Faktorkombination (Brei i, Temperatur j) zufällig ausgewählt und realisiert werden. Dies wäre im vorliegenden Beispiel unökonomisch. Statt dessen unterteilt man die drei Breiarten in jeweils vier Stichprobeneinheiten und weist ihnen randomisiert die Temperatur zu.

Split–Plot–Versuche kommen stets zum Einsatz, wenn die Randomisierungsmöglichkeiten eingeschränkt sind. Die großen Einheiten heißen whole plots oder *Hauptplots*, die kleineren Einheiten heißen *Subplots* (split–plots).
In diesem Versuchsplan werden die Hauptplot–Faktoreffekte durch die großen Einheiten und die Subplot–Effekte sowie die Wechselwirkung Hauptplot – Subplot durch die kleinen Einheiten geschätzt. Durch diese Versuchsanlage bedingt gibt es zwei Versuchsfehler, wobei der zum Subplot gehörende Fehler kleiner ist. Dies liegt an der größeren Freiheitsgradzahl der Subplot–Fehler und z. T. daran, daß die Einheiten in den Subplots zu positiver Korrelation im Response neigen.
In unseren Beispielen wäre

- Drillart der Hauptplot, Düngung der Subplot

- Breiart der Hauptplot, Temperatur der Subplot.

Das lineare Modell des zweifaktoriellen Split–Plot–Plans lautet (Montgomery, 1976, p. 293)

$$y_{ijk} = \mu + \tau_i + \beta_j + (\tau\beta)_{ij} + \gamma_k + (\tau\gamma)_{ik} + (\beta\gamma)_{jk} + (\tau\beta\gamma)_{ijk} + \epsilon_{ijk} \qquad (6.109)$$
$$(i = 1, \ldots, a; \ j = 1, \ldots, b; \ k = 1, \ldots, c).$$

Dabei sind

τ_i $\quad$: zufälliger Blockeffekt (Faktor A)

β_j $\quad$: Hauptploteffekt (Faktor B)

$(\tau\beta)_{ij}$: Hauptplotfehler ($= A \times B$ Wechselwirkung)

die Hauptplot–Parameter. Für die Subplots lauten die Parameter:

γ_k $\quad\quad$: Treatmenteffekt Faktor C

$(\tau\gamma)_{ik}$ $\quad$: $A \times C$ Wechselwirkung

$(\beta\gamma)_{jk}$ $\quad$: $B \times C$ Wechselwirkung

$(\tau\beta\gamma)_{ijk}$: Subplotfehler ($= A \times B \times C$ Wechselwirkung).

Die Quadratsummen SQ werden wie im dreifaktoriellen Modell ohne Wiederholung (d.h. $r = 1$ in den SQ's im vorangegangenen Abschnitt) gebildet.
Die Teststatistiken sind in Tabelle 6.27 angegeben. Man prüft die Haupteffekte Faktor B und Faktor C sowie die Wechselwirkung $B \times C$. Die Teststrategie beginnt wie im zweifaktoriellen Modell mit der $B \times C$–Wechselwirkung.

Ursache	SQ	df	MQ	F
Block(A)	SQ_A	$a - 1$	MQ_A	
B	SQ_B	$b - 1$	MQ_B	$F_B = \dfrac{MQ_B}{MQ_{A\times B}}$
Fehler ($A \times B$)	$SQ_{A\times B}$	$(a-1)(b-1)$	$MQ_{A\times B}$	
C	SQ_C	$c - 1$	MQ_C	$F_C = \dfrac{MQ_C}{MQ_{A\times B\times C}}$
$A \times C$	$SQ_{A\times C}$	$(a-1)(c-1)$	$MQ_{A\times C}$	
$B \times C$	$SQ_{B\times C}$	$(b-1)(c-1)$	$MQ_{B\times C}$	$F_{B\times C} = \dfrac{MQ_{B\times C}}{MQ_{A\times B\times C}}$
Fehler ($A\times B\times C$)	$SQ_{A\times B\times C}$	$a(b-1)(c-1)$	$MQ_{A\times B\times C}$	
Totel	SQ_{Total}	$abc - 1$		

Tabelle 6.27: Varianzanalyse im Split–Plot–Design

Beispiel 6.6: In einem Labor stehen zwei Brennöfen, von denen einer nur bis 500°C aufgeheizt werden kann. In einem Split–Plot–Design soll die Härte einer Keramik in Abhängigkeit von zwei Zusatzstoffen und von der Temperatur getestet werden.

Faktor A (Block) $\quad\quad$: Wiederholung an $r = 3$ Tagen

Faktor B (Hauptplot) : Temperatur

$\quad\quad\quad\quad\quad\quad\quad\quad\quad\quad$ B_1 : 500°C (Ofen I),

$\quad\quad\quad\quad\quad\quad\quad\quad\quad\quad$ B_2 : 750°C (Ofen II)

Faktor C (Subplot) $\quad$: Zusatzstoff

$\quad\quad\quad\quad\quad\quad\quad\quad\quad\quad$ C_1 : 10%

$\quad\quad\quad\quad\quad\quad\quad\quad\quad\quad$ C_2 : 20%.

Wegen $F_{1,2;0.95} = 18.51$ ist nur Faktor C signifikant (Tabelle 6.29), so daß man den Versuch einfaktoriell nach dem Effekt Zusatzstoff durchführen kann (Tabelle 6.30).

210

	I			II			III	
	B_1	B_2		B_1	B_2		B_1	B_2

I		II		III	
C_1	C_2	C_2	C_2	C_2	C_1
4	6	7	7	9	9
C_2	C_1	C_1	C_1	C_1	C_2
7	5	5	6	4	10

Block	B_1	B_2	Summe
I	11	11	22
II	12	13	25
III	13	19	32
Summe	36	43	79

	B_1	B_2	
C_1	13	20	33
C_2	23	23	46
	36	43	79

Tabelle 6.28: Responsetabellen

	SQ	df	MQ	F
Block (A)	13.17	2	6.58	
B	4.08	1	4.08	$F_B = 1.58$
Fehler $(A \times B)$	5.17	2	2.58	
C	14.08	1	14.08	$F_C = 24.14$ *
$A \times C$	1.17	2	0.58	
$B \times C$	4.08	1	4.08	$F_{B \times C} = 7.00$
Fehler $(A \times B \times C)$	1.17	2	0.58	
Total	42.92	11		

Tabelle 6.29: Tafel der Varianzanalyse zum Beispiel 6.6

6.9 2^k–faktorielles Experiment

Mehrfaktorielle Versuchsanlagen werden vor allem im industriellen Bereich in der ersten Analysephase so durchgeführt, daß die einbezogenen Faktoren zunächst auf jeweils zwei Stufen festgelegt werden. Dieses Vorgehen soll die wesentlichen Effekte erkennbar machen, so daß zur Feinanalyse ausgewählte Faktorkombinationen gezielt und kostengünstig getestet werden können. Eine vollständige Versuchsanalyse mit k Faktoren auf jeweils zwei Stufen erfordert für einen Durchlauf 2^k Beobachtungen. Diese Tatsache gibt dem Versuchsplan seinen Namen: 2^k–Experiment. Durch die Beschränkung auf jeweils zwei Stufen bei allen Faktoren benötigt dieser Versuchsplan das Minimum an Beobachtungen für einen vollständigen faktoriellen Versuch mit allen zweifachen und

Ursache	SQ	df	MQ	F
Faktor C	14.08	1	14.08	$F_C = 4.88$
Fehler	28.83	10	2.88	
Total	42.92	11		

Tabelle 6.30: Tafel der einfaktoriellen Varianzanalyse (Beispiel 6.6)

höheren Wechselwirkungen. Wir setzen feste Effekte und vollständige Randomisierung voraus. Es gelten dieselben linearen Modelle und Reparametrisierungsbedingungen wie bei den bisherigen zwei- und dreifaktoriellen Versuchsplänen. Der Vorteil des 2^k-Plans liegt in einer direkten Berechnung der Quadratsummen aus speziellen, mit den Effekten verknüpften linearen Kontrasten.

6.9.1 Spezialfall: 2^2-Experiment

Wir haben das 2^2-Experiment bereits in Abschnitt 6.1 vorgestellt. Zwei Faktoren A und B werden auf zwei Stufen (z.B. niedrig und hoch) eingestellt. Dabei wird standardmäßig die Parametrisierung

$$\text{niedrig: } 0 \, , \qquad \text{hoch: } 1$$

gewählt. Die jeweils hohen Ausprägungen eines Faktors werden mit a bzw. b repräsentiert, bei niedrigen Ausprägungen wird der Faktor nicht dargestellt. Sind beide Faktoren auf dem niedrigen Level, wird die Darstellung (1) gewählt:

$$
\begin{aligned}
(0,0) &\longrightarrow (1) \\
(1,0) &\longrightarrow a \\
(0,1) &\longrightarrow b \\
(1,1) &\longrightarrow ab \quad .
\end{aligned}
$$

Dabei bezeichnet (1), a, b, ab den jeweiligen Response bei r Wiederholungen. Der mittlere Effekt eines Faktors ist definiert als die Reaktion des Response bei Wechsel der Faktorstufen dieses Faktors, gemittelt über die Stufen des anderen Faktors. Der Effekt von A ist auf der niedrigen Stufe von B gleich $[a - (1)]/r$ und auf der höheren Stufe von B gleich $[ab - b]/r$. Damit wird der mittlere Effekt von A

$$A = \frac{1}{2r} \left[ab + a - b - (1) \right] \quad . \tag{6.110}$$

Der mittlere Effekt von B ist

$$B = \frac{1}{2r} \left[ab + b - a - (1) \right] \quad . \tag{6.111}$$

Der Wechselwirkungseffekt AB ist definiert als die mittlere Differenz zwischen dem Effekt von A auf der hohen und niedrigen Stufe von B, d.h.

$$
\begin{aligned}
AB &= \frac{1}{2r} \left[(ab - b) - (a - (1)) \right] \\
&= \frac{1}{2r} \left[ab + (1) - a - b \right] \quad .
\end{aligned}
\tag{6.112}
$$

Analog kann man BA definieren als mittlere Differenz zwischen dem Effekt von B auf der hohen Stufe von A (d.h. $(ab - a)/r$) und der niedrigen Stufe von A (d.h. $(b - (1))/r$). Es gilt $AB = BA$.

Die mittleren Effekte A, B und AB sind also – bis auf den Faktor $\frac{1}{2r}$ – lineare orthogonale Kontraste in den totalen Responsewerten (1), a, b, ab.

Sei $\mathbf{Y}_* = ((1), a, b, ab)'$ der Vektor der totalen Responsewerte. Dann gilt

$$A = \tfrac{1}{2r}\mathbf{c}_A'\mathbf{Y}_*, \quad B = \tfrac{1}{2r}\mathbf{c}_B'\mathbf{Y}_* \\[2mm] AB = \tfrac{1}{2r}\mathbf{c}_{AB}'\mathbf{Y}_*, \tag{6.113}$$

wobei die Kontraste $\mathbf{c}_a, \mathbf{c}_B, \mathbf{c}_{AB}$ aus Tabelle 6.31 entnommen werden.

	(1)	a	b	ab	Kontrast
A	-1	$+1$	-1	$+1$	$\mathbf{c}_A'$
B	-1	-1	$+1$	$+1$	$\mathbf{c}_B'$
AB	$+1$	-1	-1	$+1$	$\mathbf{c}_{AB}'$

Tabelle 6.31: Kontraste im 2^2–Plan

Es ist $\mathbf{c}_A'\mathbf{c}_A = \mathbf{c}_B'\mathbf{c}_B = \mathbf{c}_{AB}'\mathbf{c}_{AB} = 4$.
Gemäß Abschnitt 4.3.2 erhalten wir die Fehlerquadratsummen

$$SQ_A = \frac{(\mathbf{c}_A'\mathbf{Y}_*)^2}{(r\mathbf{c}_A'\mathbf{c}_A)} = \frac{(ab + a - b - (1))^2}{4r} \tag{6.114}$$

$$SQ_B = \frac{(\mathbf{c}_B'\mathbf{Y}_*)^2}{(r\mathbf{c}_B'\mathbf{c}_B)} = \frac{(ab + b - a - (1))^2}{4r} \tag{6.115}$$

$$SQ_{AB} = \frac{(\mathbf{c}_{AB}'\mathbf{Y}_*)^2}{(r\mathbf{c}_{AB}'\mathbf{c}_{AB})} = \frac{(ab + (1) - a - b)^2}{4r} \quad . \tag{6.116}$$

Die Quadratsumme SQ_{Total} wird wie üblich berechnet

$$SQ_{Total} = \sum_{i=1}^{2} \sum_{j=1}^{2} \sum_{k=1}^{r} y_{ijk}^2 - \frac{Y_{...}^2}{4r} \tag{6.117}$$

und hat $(2 \cdot 2 \cdot r) - 1$ Freiheitsgrade. Wie üblich ist

$$SQ_{Rest} = SQ_{Total} - SQ_A - SQ_B - SQ_{AB} \quad . \tag{6.118}$$

Wir demonstrieren dieses Vorgehen an einem Beispiel.

Beispiel 6.7: Wir untersuchen den Einfluß der Faktoren A (Temperatur, 0: niedrig, 1: hoch) und B (Katalysator, 0: kein Katalysator, 1: Katalysator) auf den Response Y (Härte eines Keramikwerkstoffs). Es sei folgender Response erzielt worden (Tabelle 6.32).
Aus Tabelle 6.32 erhalten wir die mittleren Effekte

$$A = \frac{1}{4}[294 + 86 - 218 - 178] = -4$$

$$B = \frac{1}{4}[294 + 218 - 86 - 178] = 62$$

$$AB = \frac{1}{4}[294 + 178 - 86 - 218] = 42$$

Kombination	Wiederholung 1	2	Totaler Response	Kodierung
(0,0)	86	92	178	(1)
(1,0)	47	39	86	a
(0,1)	104	114	218	b
(1,1)	141	153	294	ab
			$Y_{...} = 776$	

Tabelle 6.32: Response im Beispiel 6.7

und daraus die Quadratsummen

$$SQ_A = \frac{(4A)^2}{4 \cdot 2} = 32$$

$$SQ_B = \frac{(4B)^2}{4 \cdot 2} = 7688$$

$$SQ_{AB} = \frac{(4AB)^2}{4 \cdot 2} = 3528 \quad .$$

Es ist

$$SQ_{Total} = (86^2 + \ldots + 153^2) - \frac{776^2}{8} = 86692 - 75272 = 11420 \quad ,$$

$$SQ_{Rest} = 172 \quad .$$

Die Varianzanalyse ist in Tabelle 6.33 dargestellt.

	SQ	df	MQ	F
A	32	1	32	$F_A = 0.74$
B	7688	1	7688	$F_B = 178.79$ *
AB	3528	1	3528	$F_{AB} = 82.05$ *
Rest	172	4	43	
Total	11420	7		

Tabelle 6.33: Varianzanalyse zum Beipiel 6.7

6.9.2   Das 2^3-Experiment

Es sollen drei binäre Faktoren A, B, C im vollständigen faktoriellen Experiment, d.h. mit 8 Kombinationen und r Wiederholungen, also $N = 8r$ Beobachtungen, in ihrer Wirkung auf einen Response untersucht werden.
Die totalen Responsewerte seien (in der sogenannten **Standardordnung**)

$$\mathbf{Y}_* = [(1), a, b, ab, c, ac, bc, abc]' \quad . \tag{6.119}$$

In der Kodierung 0: niedrig und 1: hoch entspricht dies den Tripeln $(0,0,0),(1,0,0),(0,1,0),(1,1,0),\ldots,(1,1,1)$. Die Responsewerte lassen sich wie in einer dreidimensionalen Kontingenztafel anordnen (vgl. Tabelle 6.35). Die Effekte werden durch lineare Kontraste

$$\mathbf{c}'_{Effekt} \cdot ((1),a,b,ab,c,ac,bc,abc) = \mathbf{c}'_{Effekt} \cdot \mathbf{Y}_* \qquad (6.120)$$

bestimmt (vgl. Tabelle 6.34).

Faktorieller Effekt	Faktorkombination							
	(1)	a	b	ab	c	ac	bc	abc
I	+	+	+	+	+	+	+	+
A	−	+	−	+	−	+	−	+
B	−	−	+	+	−	−	+	+
AB	+	−	−	+	+	−	−	+
C	−	−	−	−	+	+	+	+
AC	+	−	+	−	−	+	−	+
BC	+	+	−	−	−	−	+	+
ABC	−	+	+	−	+	−	−	+

Tabelle 6.34: Algebraische Struktur zur Berechnung der Effekte aus den totalen Responsewerten

Die erste Zeile in Tabelle 6.34 ist ein Einheitselement. Mit ihm kann der totale Response $Y_{\ldots} = \mathbf{1}'\mathbf{Y}_*$ berechnet werden. Multiplikation der ersten Zeile mit jeder anderen Zeile läßt diese Zeilen ungeändert (deshalb I: Einheitselement). Alle anderen Zeilen haben jeweils gleichviele + und − Zeichen. [Ersetzt man + durch 1 und − durch −1, so erhält man Vektoren orthogonaler Kontraste mit der Norm 8].

Das Produkt jeder Zeile mit sich selbst ergibt I (Zeile 1). Das Produkt zweier beliebiger Zeilen liefert eine andere Zeile aus Tabelle 6.34. Zum Beispiel ist

$$\begin{aligned}
A \cdot B &= AB, \\
(AB) \cdot (B) &= A \cdot B^2 = A \\
(AC) \cdot (BC) &= A \cdot C^2 B = AB \quad.
\end{aligned}$$

Im 2^3–Plan lauten die Quadratsummen

$$SQ_{Effekt} = \frac{(\text{Kontrast})^2}{8r} \quad. \qquad (6.121)$$

Schätzung der Effekte

Die algebraische Struktur der Tabelle 6.34 liefert sofort die Schätzungen der mittleren Effekte. So ist der mittlere Effekt A

$$A = \frac{1}{4r}\,[a - (1) + ab - b + ac - c + abc - bc] \quad. \qquad (6.122)$$

Erläuterung: Der mittlere Effekt von A für B und C auf dem unteren Level ist

$$(1\,0\,0) - (0\,0\,0) \quad : \quad [a - (1)]/r \quad .$$

Der mittlere Effekt von A für B (hoch) und C (niedrig) ist

$$(1\,1\,0) - (0\,1\,0) \quad : \quad [ab - b]/r \quad .$$

Der mittlere Effekt von A für B (niedrig) und C (hoch) ist

$$(1\,0\,1) - (0\,0\,1) \quad : \quad [ac - c]/r \quad .$$

Der mittlere Effekt von A für B (hoch) und C (hoch) ist

$$(1\,1\,1) - (0\,1\,1) \quad : \quad [abc - bc]/r \quad .$$

Damit ist der mittlere Effekt von A für alle Kombinationen von B und C der Mittelwert dieser vier Werte, also gleich (6.122).

Analog erhält man die anderen mittleren Effekte:

$$B = \frac{1}{4r}\,[b + ab + bc + abc - (1) - a - c - ac] \tag{6.123}$$

$$C = \frac{1}{4r}\,[c + ac + bc + abc - (1) - a - b - ab] \tag{6.124}$$

$$AB = \frac{1}{4r}\,[(1) + ab + c + abc - a - b - ac - bc] \tag{6.125}$$

$$AC = \frac{1}{4r}\,[(1) + b + ac + abc - a - ab - c - bc] \tag{6.126}$$

$$BC = \frac{1}{4r}\,[(1) + a + bc + abc - b - ab - c - ac] \tag{6.127}$$

$$\begin{aligned}
ABC &= \frac{1}{4r}\,[(abc - bc) - (ac - c) - (ab - b) + (a - (1))] \\
&= \frac{1}{4r}\,[abc + a + b + c - ab - ac - bc - (1)] \quad .
\end{aligned} \tag{6.128}$$

Beispiel 6.8: Wir demonstrieren die Analyse anhand von Tabelle 6.35. Es ist $r = 2$.

Mittlere Effekte

$$A = \frac{1}{8}\,[15 - 9 + 10 - 34 + 9 - 16 + 30 - 16] = \frac{1}{8}[64 - 75] = -\frac{11}{8} = -1.375$$

$$B = \frac{1}{8}\,[34 + 10 + 16 + 30 - (9 + 15 + 16 + 9)] = \frac{1}{8}[90 - 49] = \frac{41}{8} = 5.125$$

$$C = \frac{1}{8}\,[16 + 9 + 16 + 30 - (9 + 15 + 34 + 10)] = \frac{1}{8}[71 - 68] = \frac{3}{8} = 0.375$$

$$AB = \frac{1}{8}\,[9 + 10 + 16 + 30 - (15 + 34 + 9 + 16)] = \frac{1}{8}[65 - 74] = -\frac{9}{8} = -1.125$$

		Faktor B		
		0		1	
		Faktor C		Faktor C	
Faktor A		0	1	0	1

Faktor A	Faktor C 0	1	0	1
0	4	7	20	10
	5	9	14	6
	9=(1)	16=c	34=b	16=bc
1	4	2	4	14
	11	7	6	16
	15=a	9=ac	10=ab	30=abc

Tabelle 6.35: Beispiel für einen 2^3–Plan mit $r = 2$ Wiederholungen

	SQ	df	MQ	F	
A	7.56	1	7.56	0.87	
B	105.06	1	105.06	12.09	*
AB	5.06	1	5.06	0.58	
C	0.56	.1	0.56	0.06	
AC	39.06	1	39.06	4.49	
BC	0.06	1	0.06	0.01	
ABC	162.56	1	162.56	18.71	*
Rest	69.52	8	8.69		
Total	389.44	15			

Tabelle 6.36: Varianzanalyse zu Tabelle 6.35

$$AC = \frac{1}{8}[9 + 34 + 9 + 30 - (15 + 10 + 16 + 16)] = \frac{1}{8}[82 - 57] = \frac{25}{8} = 3.125$$

$$BC = \frac{1}{8}[9 + 15 + 16 + 30 - (34 + 10 + 16 + 9)] = \frac{1}{8}[70 - 69] = \frac{1}{8} = 0.125$$

$$ABC = \frac{1}{8}[30 + 15 + 34 + 16 - (10 + 9 + 16 + 9)] = \frac{1}{8}[95 - 44] = \frac{51}{8} = 6.375$$

Die Quadratsummen lauten (vgl. (6.121))

$$SQ_A = \frac{11^2}{16} = 7.56, \qquad SQ_{AB} = \frac{9^2}{16} = 5.06$$
$$SQ_B = \frac{41^2}{16} = 105.06, \qquad SQ_{AC} = \frac{25^2}{16} = 39.06$$
$$SQ_C = \frac{3^2}{16} = 0.56, \qquad SQ_{BC} = \frac{1^2}{16} = 0.06$$
$$SQ_{ABC} = \frac{51^2}{16} = 162.56$$
$$SQ_{Total} = (4^2 + 5^2 + \ldots + 14^2 + 16^2) - \frac{139^2}{16}$$
$$= 1597 - 1207.56 = 389.44$$
$$SQ_{Rest} = 69.52$$

Der kritische Wert für die F–Statistiken lautet $F_{1,8,0.95} = 5.32$ (vgl. Tabelle 6.36).
Da der ABC–Effekt signifikant ist, kann keine Reduktion auf zweifaktorielle Modelle
erfolgen.

6.10 Kontrollfragen und Aufgaben

6.10.1 Welche Vorteile bietet ein zweifaktorielles Experiment (A,B) gegenüber zwei einfaktoriellen Experimenten (A) und (B)?

6.10.2 Wie lautet die Zielfunktion zur Parameterschätzung im zweifaktoriellen Modell mit Wechselwirkung?
Wie lauten die Parameterschätzungen für das overall mean und die beiden Haupteffekte?

6.10.3 Ergänzen Sie die Freiheitsgrade und die F–Statistiken (A in a Stufen, B in b Stufen, r Wiederholungen) im zweifaktoriellen Plan mit festen Effekten.

		df	MQ	F
A	SQ_A			
B	SQ_B			
A×B	$SQ_{A×B}$			
Rest	SQ_{Rest}			
Total	SQ_{Total}			

6.10.4 Zum Nachweis der Wechselwirkung benötigt man mindestens ? Wiederholungen je Kombination.

6.10.5 Was versteht man unter saturiertem Modell und unter Unabhängigkeitsmodell?

6.10.6 Wie sind folgende Testergebnisse zu interpretieren (d.h. welches Modell gilt im zweifaktoriellen Versuch mit festen Effekten)?

a)
$$\begin{array}{ll} F_A & * \\ F_B & * \\ F_{A×B} & * \end{array}$$

b)
$$\begin{array}{ll} F_A & * \\ F_B & * \\ F_{A×B} & \end{array}$$

c)
$$\begin{array}{ll} F_A & \\ F_B & \\ F_{A×B} & * \end{array}$$

d)
$$\begin{array}{ll} F_A & * \\ F_B & \\ F_{A×B} & * \end{array}$$

e)
$$\begin{array}{ll} F_A & \\ F_B & * \\ F_{A×B} & \end{array}$$

6.10.7 Welchen Rang hat die Designmatrix X im zweifaktoriellen Modell ($A : a$, $B : b$ Stufen, r Wiederholungen)?

6.10.8 Sei $a = b = 2$ und $r = 1$.
Wie lautet das zweifaktorielle Modell mit Wechselwirkung in Effektkodierung?

6.10.9 Welche Gestalt hat die Kovarianzmatrix des KQ–Schätzers im zweifaktoriellen Modell mit festen Effekten in Effektkodierung?

$$V(\hat{\mu}, \hat{\alpha}, \hat{\beta}, \widehat{(\alpha\beta)}) = \sigma^2 \quad ?$$

Wie verändern sich die Parameterschätzungen $\hat{\mu}, \hat{\alpha}, \hat{\beta}$ für den Fall, daß $F_{A\times B}$ nicht signifikant ist?

Wie ändert sich die Schätzung $\hat{\sigma}^2$?

Wie verändern sich die Konfidenzintervalle für $\hat{\alpha}, \hat{\beta}$ und die Teststatistiken F_A und F_B?

Wird der Test konservativer als im Modell mit signifikanter Wechselwirkung?

6.10.10 Führen Sie folgenden Test im zweifaktoriellen Modell mit festen Effekten durch und geben Sie das endgültige Modell an.

		df	MQ	F
SQ_A	130	1		
SQ_B	630	2		
$SQ_{A\times B}$	40	2		
SQ_{Rest}	150	18		
SQ_{Total}		23		

6.10.11 Das zweifaktorielle Experiment mit festen Effekten sei als Randomisierter Blockplan angelegt. Wie lautet das Modell?

Wie ändern sich die Parameterschätzungen und die SQ's für die übrigen Parameter bzw. Effekte gegenüber dem Modell ohne Blockeffekte?

Wie lautet SQ_{Rest}?

Welche Wirkung hat ein signifikanter Blockeffekt?

6.10.12 Werten Sie folgendes zweifaktorielle Experiment mit $a = b = 2$ und $r = 2$ Wiederholungen (randomisierter Plan, kein Blockplan) aus:

	B_1	B_2	
	17	4	
A_1	18	6	
	35	10	45
	6	15	
A_2	4	10	
	10	25	35
	45	35	80

$$C = \frac{?^2}{N}$$

$$SQ_{Total} = \sum\sum\sum y_{ijk}^2 - C$$

$$SQ_A = \frac{1}{br}\sum_i Y_{i..}^2 - C$$

$$
\begin{aligned}
SQ_B &= \\
SQ_{Subtotal} &= \tfrac{1}{2}(35^2 + 10^2 + 10^2 + 25^2) - C \\
SQ_{A \times B} &= SQ_{Subtotal} - SQ_A - SQ_B \\
SQ_{Rest} &=
\end{aligned}
$$

6.10.13 Wie lauten die Annahmen über $\mu, \alpha_i, \beta_j, (\alpha\beta)_{ij}$ im zweifaktoriellen Modell mit zufälligen Effekten?

Ergänzen Sie

- $\mathrm{Var}(y_{ijk}) =$

- $E\begin{pmatrix} \alpha \\ \beta \\ \alpha\beta \\ \epsilon \end{pmatrix} (\alpha, \beta, \alpha\beta, \epsilon)' =$

- Lösen Sie das Gleichungssystem

$$
\begin{aligned}
MQ_A &= br\hat{\sigma}_\alpha^2 & &+ r\hat{\sigma}_{\alpha\beta}^2 &+ \hat{\sigma}^2 \\
MQ_B &= & ar\hat{\sigma}_\beta^2 &+ r\hat{\sigma}_{\alpha\beta}^2 &+ \hat{\sigma}^2 \\
MQ_{A \times B} &= & &r\hat{\sigma}_{\alpha\beta}^2 &+ \hat{\sigma}^2 \\
MQ_{Rest} &= & & &+ \hat{\sigma}^2
\end{aligned}
$$

- Wie lauten die Teststatistiken

$$
\begin{aligned}
F_{A \times B} &= \\
F_A &= \\
F_B &=
\end{aligned}
$$

- Wie lauten die Teststatistiken, falls $F_{A \times B}$ nicht signifikant ist?

6.10.14 Im gemischten zweifaktoriellen Modell (A fest, B zufällig) hat die Kovarianzmatrix die compound symmetry Struktur, d.h $\Sigma = \,?$

Damit liegt ein verallgemeinertes lineares Regressionsmodell vor. Die Schätzungen der festen Effekte werden nach welcher Methode berechnet?

Die Teststatistiken lauten im Modell mit über die A–Stufen korrelierten Wechselwirkungen:

$$
\begin{aligned}
F_{A \times B} &= \frac{MQ_{A \times B}}{MQ_{Rest}} \\
F_B &= \frac{MQ_B}{?} \\
F_A &= \frac{MQ_A}{?}
\end{aligned}
$$

und im Modell mit unabhängigen Wechselwirkungen

$$
F_B = \frac{MQ_B}{?}
$$

6.10.15 Wie lauten im dreifaktoriellen $A \times B \times C$-Plan mit festen Effekten die Teststatistiken

$$F_{Effekt} = \frac{\quad}{\quad}$$

(Effekt z.B. A, B, C, $A \times B$, $A \times B \times C$) ?

6.10.16 Im 2^2-Plan mit festen Effekten und r Wiederholungen wird folgende Tabelle benutzt

	(1)	a	b	ab
A	−1	+1	−1	+1
B	−1	−1	+1	+1
AB	+1	−1	−1	+1

Dabei ist (1) der totale Response für (0,0) (A niedrig, B niedrig), (a) für (1,0), (b) für (0,1) und (ab) für (1,1). Der Vektor der totalen Responsewerte ist also $\mathbf{Y}_* = ((1), a, b, ab)'$.

Wie lauten die mittleren Effekte A, B und AB im folgenden 2^2-Plan?

	Wiederholungen		Totaler
	1	2	Response
(0,0)	85	93	
(1,0)	46	40	
(0,1)	103	115	
(1,1)	140	154	

Wie berechnet man SQ_A, SQ_B und $SQ_{A \times B}$ (Hinweis: man nutzt die Kontraste)?

Kapitel 7

Repeated Measures Modell

7.1 Das grundlegende Modell für eine Population

Im Unterschied zu den vorausgegangenen Kapiteln nehmen wir an, daß an einem Objekt/Subjekt (z.B. Patient) nicht nur eine Beobachtung vorgenommen wird, sondern daß wiederholte Beobachtungen vorliegen. Diese wiederholten Messungen (repeated measures oder repeated measurements) werden zu vorher definierten Zeitpunkten erhoben und sollen Auskunft geben über die Entwicklung einer Zielvariablen (Response) Y. Derartige Zielvariablen können z.B. der Blutdruck (gemessen zu jeder vollen Stunde) bei fester Therapie (Medikament A), der Blutzuckerspiegel (gemessen an jedem Tag der Woche) oder auch die monatliche Trainingsleistung von Sprintern bei Trainingsmethode A usw. sein, also Variablen, die sich zeitlich (oder auf einer anderen Meßskala) verändern. Ziel eines solchen Designs ist weniger die Beschreibung des mittleren Verhaltens einer Gruppe (mit einer festen Behandlung) als vielmehr der Vergleich von zwei und mehr Behandlungen in ihrer Wirkung über die Meßskala (z.B. die Zeit), also der Treatment– oder Therapievergleich.

Bevor wir zu dieser interessanten Frage kommen, soll das Modell für eine Behandlung, also für eine Stichprobe aus einer Population vorgestellt werden.

Das Modell

Wir indizieren die I Elemente (z.B. Patienten) mit $i = 1, \ldots, I$ und die Meßpunkte mit $j = 1, \ldots, p$, so daß der Response Y des i–ten Elements (Individuums) zum j–ten Meßpunkt gleich y_{ij} ist. Die generelle Grundlage für viele Analysen ist der spezielle Modellansatz eines gemischten Modells

$$y_{ij} = \mu_{ij} + \alpha_{ij} + \epsilon_{ij} \tag{7.1}$$

mit den drei Komponenten

(i) μ_{ij} ist der mittlere Response von y_{ij} über hypothetische Wiederholungen mit zufällig ausgewählten Individuen der Population. Damit würde sich μ_{ij} nicht ändern, wenn man das i–te Element durch ein anderes Element der Stichprobe ersetzen würde.

(ii) α_{ij} repräsentiert die Abweichung zwischen y_{ij} und μ_{ij} für das Mitglied der Stichprobe, das als i–tes Element gezogen wurde. Damit hätte dieses Individuum bei hypothetischen Wiederholungen den Mittelwert $\mu_{ij} + \alpha_{ij}$.

(iii) ϵ_{ij} beschreibt die zufällige Abweichung des i–ten Individuums vom hypothetischen Mittelwert $\mu_{ij} + \alpha_{ij}$.

μ_{ij} ist ein fester Effekt. Dagegen ist α_{ij} ein zufälliger Effekt, der über den Index i – also die Individuen (Patienten) – variiert und damit eine individuenspezifische Charakteristik darstellt. *„To be poetic, μ_{ij} is an immutable constant of the Universe, α_{ij} is a lasting characteristic of the individual"* (Crowder and Hand, 1990, p. 15). Da μ_{ij} nicht über die Individuen variiert, könnte der Index i weggelassen werden. Wir belassen diesen Index jedoch, um die Individuen identifizieren zu können.

Der Vektor $\boldsymbol{\mu}_i = (\mu_{i1}, \ldots, \mu_{ip})'$ heißt das **$\boldsymbol{\mu}$–Profil des i–ten Individuums**. Wir treffen folgende Annahmen:

(A1) Die α_{ij} sind zufällige Effekte, die für festes j über die Population der Individuen variieren gemäß

$$\mathrm{E}(\alpha_{ij}) \;=\; 0 \qquad \text{(alle i, j)} \tag{7.2}$$
$$\mathrm{Var}(\alpha_{ij}) \;=\; \sigma^2_{\alpha_{ij}} \;\;. \tag{7.3}$$

(A2) Die Fehler ϵ_{ij} variieren für festes j über die Individuen gemäß

$$\mathrm{E}(\epsilon_{ij}) \;=\; 0 \qquad \text{(alle i, j)} \tag{7.4}$$
$$\mathrm{Var}(\epsilon_{ij}) \;=\; \sigma^2_j \;\;. \tag{7.5}$$

(A3) Für verschiedene Individuen $i \neq i'$ seien die α–Profile unkorreliert, d.h.

$$\mathrm{Cov}(\alpha_{ij},\, \alpha_{i'j'}) = 0 \qquad (i \neq i') \;\;. \tag{7.6}$$

Dagegen seien die α–Profile eines Individuums i für verschiedene Meßpunkte $j \neq j'$ korreliert:

$$\mathrm{Cov}(\alpha_{ij},\, \alpha_{ij'}) = \sigma^2_{\alpha_{jj'}} \qquad (j \neq j') \;\;. \tag{7.7}$$

Diese Annahme ist grundlegend für das Repeated Measures Modell, da hierin die natürliche Voraussetzung modelliert wird, daß der Response eines Individuums über die Meßpunkte nicht unabhängig von Meßpunkt zu Meßpunkt verläuft, sondern eine individuelle interdependente Charakteristik des Individuums ist.

(A4) Die zufälligen Fehler sind unkorreliert gemäß

$$\mathrm{E}(\epsilon_{ij}\epsilon_{i'j'}) = 0 \qquad (\text{alle } i, i', j, j') \;\;. \tag{7.8}$$

(A5) Die zufälligen Komponenten α_{ij} und ϵ_{ij} sind unkorreliert gemäß

$$\mathrm{E}(\alpha_{ij}\epsilon_{i'j'}) = 0 \qquad (\text{alle } i, i', j, j') \quad . \tag{7.9}$$

(A6) Die α_{ij} und ϵ_{ij} sind normalverteilt.

Aus diesen Annahmen folgt

$$\mathrm{E}(y_{ij}) = \mu_{ij} \tag{7.10}$$

und (mit δ_{ij}: Kroneckersymbol)

$$
\begin{aligned}
\mathrm{Cov}(y_{ij},\, y_{i'j'}) &= \mathrm{E}\left((\alpha_{ij} + \epsilon_{ij})(\alpha_{i'j'} + \epsilon_{i'j'})\right) \\
&= \mathrm{E}(\alpha_{ij}\alpha_{i'j'} + \alpha_{ij}\epsilon_{i'j'} + \epsilon_{ij}\alpha_{i'j'} + \epsilon_{ij}\epsilon_{i'j'}) \\
&= \delta_{ii'}(\sigma^2_{\alpha_{jj'}} + \delta_{jj'}\sigma^2_j).
\end{aligned}
\tag{7.11}
$$

Setzt man speziell

$$\sigma^2_{\alpha_{jj'}} = \sigma^2_\alpha \tag{7.12}$$

und

$$\sigma^2_j = \sigma^2 \quad , \tag{7.13}$$

d.h. fordert man Varianzhomogenität über die Meßpunkte, so vereinfacht sich die Kovarianz (7.11) zu

$$\mathrm{Cov}(y_{ij},\, y_{i'j'}) = \delta_{ii'}(\sigma^2_\alpha + \delta_{jj'}\sigma^2) \quad . \tag{7.14}$$

Damit wird die Varianz

$$\mathrm{Var}(y_{ij}) = \sigma^2_\alpha + \sigma^2 \quad . \tag{7.15}$$

Die Relation (7.14) besagt, daß zwei verschiedene Individuen $i \neq i'$ unkorreliert sind, die Beobachtungen eines Individuums i jedoch über die Meßpunkte korreliert sind:

$$
\begin{aligned}
\mathrm{Cov}(y_{ij},\, y_{i'j'}) &= 0 & (i \neq i') \tag{7.16} \\
\mathrm{Cov}(y_{ij},\, y_{ij'}) &= \sigma^2_\alpha & (j \neq j') \quad . \tag{7.17}
\end{aligned}
$$

Bildet man den Intraklass–Korrelationskoeffizienten für ein Individuum über verschiedene Meßpunkte, so gilt

$$\rho(j, j') = \rho = \frac{\mathrm{Cov}(y_{ij}, y_{ij'})}{\sqrt{\mathrm{Var}(y_{ij})\mathrm{Var}(y_{ij'})}} = \frac{\sigma^2_\alpha}{\sigma^2_\alpha + \sigma^2} \quad . \tag{7.18}$$

Die Kovarianzmatrix jedes Individuums i ($i = 1, \ldots I$) hat damit die Gestalt

$$
\begin{aligned}
\mathrm{Var}\begin{pmatrix} y_{i1} \\ \vdots \\ y_{ip} \end{pmatrix} &= \mathrm{Var}(\mathbf{y}_i) \\
&= \boldsymbol{\Sigma} = \sigma^2 \mathbf{I}_p + \sigma^2_\alpha \mathbf{J}_p \tag{7.19}
\end{aligned}
$$

mit $J_p = \mathbf{1}_p \mathbf{1}_p'$ (vgl. A.7).

Diese Matrix, die wir bereits in Abschnitt 3.9 kennengelernt haben, heißt zusammengesetzt symmetrisch oder Kovarianzmatrix der **Compound Symmetry**.

Bemerkung: Die bisherigen Designs der Kapitel 4 bis 6 hatten — mit der Ausnahme des gemischten Modells aus Abschnitt 6.6.2 (vgl. Gleichung (6.91)) — stets eine Kovarianzstruktur $\sigma^2 \mathbf{I}$, also galten die Voraussetzungen des klassischen linearen Regressionsmodells (3.51).

Mit der compound symmetry von Σ (7.19) haben wir ein verallgemeinertes lineares Regressionsmodell vorliegen, für das der Parametervektor β nach dem Gauß–Markov–Aitken–Theorem durch die verallgemeinerte Kleinste-Quadrat–Schätzung

$$\mathbf{b} = (\mathbf{X}'\Sigma^{-1}\mathbf{X})^{-1}\mathbf{X}'\Sigma^{-1}\mathbf{y}$$

zu schätzen ist. Nach dem Satz 3.17 von McElroy stimmen jedoch gewöhnliche und verallgemeinerte KQ–Schätzung genau dann überein, wenn Σ die Struktur (7.19) besitzt, vorausgesetzt das Modell enthält eine Scheinvariable 1. Die Fehlerstruktur Σ aus (7.19) wird bei der Anwendung der gewöhnlichen KQ–Schätzung ignoriert, d.h. sie muß nicht zweistufig mitgeschätzt werden, so daß mehr Freiheitsgrade für die Restvarianz verbleiben. Dies erklärt die Bevorzugung der univariaten ANOVA gegenüber der multivariaten MANOVA beim Therapievergleich zweier Gruppen, wenn sie nach dem Repeated Measures Design behandelt werden und wenn die identische Compound Symmetry Annahme für beide Gruppen separat bzw. für die Differenz des Response eine daraus abgeleitete Annahme gilt. Wir werden diesen Sachverhalt ausführlich diskutieren.

7.2 Das Repeated Measures Modell für zwei Populationen

Wir nehmen an, daß zwei Behandlungen I und II mit dem Repeated Measures Design verglichen werden sollen. Dazu setzen wir voraus:

- n_1 Individuen erhalten Behandlung I

- n_2 Individuen erhalten Behandlung II

- die beiden Gruppen sind homogen bezüglich aller wesentlichen prognostischen Faktoren für eine interessierende Responsevariable Y

- Realisierung von wiederholten Messungen zu denselben Meßpunkten $j = 1, \ldots, p$.

Das Ergebnis sind zwei Matrizen von Stichprobenvektoren

$$\text{Meßpunkte}$$

$$\mathbf{Y}(I) \;=\; \begin{array}{c} 1 \quad \cdots \quad p \\ \left(\begin{array}{ccc} y_{111} & \cdots & y_{11p} \\ & \cdots & \\ y_{1n_11} & \cdots & y_{1n_1p} \end{array} \right) \end{array} \begin{array}{l} \text{Individuum } I_1 \\ \cdots \\ \text{Individuum } I_{n_1} \end{array}$$

$$\text{Meßpunkte}$$

$$\mathbf{Y}(II) \;=\; \begin{array}{c} 1 \quad \cdots \quad p \\ \left(\begin{array}{ccc} y_{211} & \cdots & y_{21p} \\ & \cdots & \\ y_{2n_21} & \cdots & y_{2n_2p} \end{array} \right) \end{array} \begin{array}{l} \text{Individuum } II_1 \\ \cdots \\ \text{Individuum } II_{n_2} \end{array}$$

Die Indizierung y_{kij} bedeutet

$$
\begin{aligned}
k &= 1 \text{ oder } 2 &:&\quad \text{Behandlung I oder II} \\
i &= 1, \ldots, n_i &:&\quad \text{Individuum} \\
j &= 1, \ldots, p &:&\quad \text{Meßpunkt (Zeitpunkt) .}
\end{aligned}
$$

Die Responsematrizen $\mathbf{Y}(I)$ und $\mathbf{Y}(II)$ werden als unabhängig vorausgesetzt. Wir bringen den festen Faktor Behandlung zusätzlich in das Modell (7.1) ein und wählen gleichzeitig folgende Parametrisierung

$$y_{kij} = \mu + \alpha_k + \beta_j + (\alpha\beta)_{kj} + a_{ki} + \epsilon_{kij} \quad , \tag{7.20}$$

wobei die Komponenten folgende Bedeutung haben

$$
\begin{aligned}
\mu: &\quad \text{allgemeines Mittel} \\
\alpha_k: &\quad \text{Behandlungseffekt} \\
\beta_j: &\quad \text{Meßpunkteffekt (= Zeiteffekt)} \\
(\alpha\beta)_{kj}: &\quad \text{Behandlung} \times \text{Zeit–Wechselwirkung} \\
a_{ki}: &\quad \text{zufälliger Effekt des i–ten Individuums} \\
&\quad \text{in der } k\text{–ten Behandlung} \\
\epsilon_{kij}: &\quad \text{zufälliger Fehler .}
\end{aligned}
$$

Die Effekte $\alpha_k, \beta_j, (\alpha\beta)_{kj}$ werden als fest vorausgesetzt mit den üblichen Reparametrisierungsbedingungen für feste Effekte, d.h. $\sum \alpha_k = 0$, $\sum \beta_j = 0$, $\sum_i (\alpha\beta)_{ij} = \sum_j (\alpha\beta)_{ij} = 0$. Dagegen sind die Effekte a_{ki} und die Fehler ϵ_{kij} zufällig. Damit ist (7.20) ein gemischtes Modell.

Für die zufälligen Variablen gelten folgende Annahmen

(i) Der Vektor $\epsilon_k = (\epsilon_{k11}, \ldots, \epsilon_{kn_kp})'$, $k = 1,2$ ist normalverteilt gemäß

$$\epsilon_k \;\sim\; N(0, \sigma^2 \mathbf{I}) \quad . \tag{7.21}$$

(ii) Der Vektor $\mathbf{a}_k = (a_{k1}, \ldots, a_{kn_k})'$, $k = 1, 2$ ist normalverteilt gemäß

$$\mathbf{a}_k \sim N(0, \sigma_\alpha^2 \mathbf{I}) \ . \tag{7.22}$$

(iii) Beide Zufallsgrößen sind unabhängig

$$\mathrm{E}(\epsilon_k \mathbf{a}_{k'}') = \mathbf{0} \qquad (k, k' = 1, 2) \ . \tag{7.23}$$

Unter diesen Voraussetzungen ergibt sich für den Erwartungswert von y_{kij}

$$\mathrm{E}(y_{kij}) = \mu_{kj} = \mu + \alpha_k + \beta_j + (\alpha\beta)_{kj} \tag{7.24}$$

und für den Erwartungswertvektor des i–ten Individuums in der k–ten Behandlung, d.h. für $\mathbf{y}_{ki} = (y_{ki1}, \ldots, y_{kip})'$

$$\mathrm{E}(\mathbf{y}_{ki}) = \boldsymbol{\mu}_k = (\mu_{k1}, \ldots, \mu_{kp})', \qquad k = 1, 2. \tag{7.25}$$

Der Vektor $\boldsymbol{\mu}_k$, der also den Mittelwertsvektor über die p Beobachtungen eines Individuums darstellt und für alle n_k Individuen einer Gruppe gleich ist, wird als $\boldsymbol{\mu}_k$–**Profil** der Individuen bezeichnet (Crowder and Hand, 1990, p.26, Morrison, 1984, p.153), während der Beobachtungsvektor $\mathbf{y}_{ki}$ **Verlaufskurve** des i–ten Individuums in der k–ten Behandlungsgruppe heißt (Lehmacher, 1987, S.18).
Mit (7.24) und den Annahmen (7.21)–(7.23) gilt

$$\mathrm{Cov}(y_{kij}, y_{k'i'j'}) = \begin{cases} \sigma_\alpha^2 + \sigma^2 & : \text{falls } k = k', \, i = i', \, j = j' \\ \sigma_\alpha^2 & : \text{falls } k = k', \, i = i', \, j \neq j' \\ 0 & : \text{sonst} \ . \end{cases} \tag{7.26}$$

Damit hat die $p \times p$–Kovarianzmatrix $\boldsymbol{\Sigma}_k$, $k = 1, 2$, des i–ten Beobachtungsvektors $\mathbf{y}_{ki}$, $k = 1, 2$, $i = 1, \ldots n_k$ die Gestalt

$$\boldsymbol{\Sigma}_k = \sigma^2 \mathbf{I}_p + \sigma_\alpha^2 \mathbf{J}_p \tag{7.27}$$

(vgl. (7.19)), also die Struktur der Compound Symmetry.

Bemerkung: Die Umparametrisierung von (7.1) zu (7.20) hat alle Annahmen aus Abschnitt 7.1 erhalten. Das Modell (7.20) bietet den Vorteil, die Struktur der gemischten Modelle und die Schätzung und Interpretation der Parameter in diesem Modelltyp übernehmen zu können.
Betrachtet man die Korrelation zwischen den Beobachtungen

$$\rho(y_{kij}, y_{k'i'j'}) = \begin{cases} \dfrac{\sigma_\alpha^2}{\sigma_\alpha^2 + \sigma^2} & : \quad \text{falls } k = k', \, i = i', \, j \neq j' \\ 1 & : \quad \text{falls } k = k', \, i = i', \, j = j' \\ 0 & : \quad \text{sonst,} \end{cases} \tag{7.28}$$

so ergibt sich:

(1) Die Beobachtungen und damit die Beobachtungsvektoren von Individuen
    aus verschiedenen Gruppen sind unkorreliert und deshalb, da Normalver-
    teilung angenommen wird, unabhängig.

(2) Beobachtungen bzw. Beobachtungsvektoren von verschiedenen Individu-
    en derselben Gruppe sind unkorreliert (unabhängig).

(3) Beobachtungen eines Individuums zu verschiedenen Meßzeitpunkten sind
    korreliert (abhängig) mit der sogenannten Intraklass–Korrelation

$$\rho = \frac{\sigma_\alpha^2}{\sigma_\alpha^2 + \sigma^2}. \qquad (7.29)$$

7.3   Uni– und multivariate Analyse

Parametrische Analyseverfahren für stetige Daten setzen die Annahme einer
Verteilung voraus, wobei die Normalverteilung – wenn auch häufig erst nach
Transformation der Variablen — als umfassende und nach Ausreißerbeseiti-
gung oder Glättung angemessene Klasse von Verteilungen zur Verfügung steht.
Das Problem des Therapievergleichs reiht sich ein in den allgemeinen Mittelwertsvergleich normalverteilter Populationen und erfordert bekanntermaßen
nur die weitaus schwächere Voraussetzung, daß die Abstände (Differenzen)
der Populationen normalverteilt sind.
Die multivariaten Verfahren zum Mittelwertsvergleich von zwei unabhängigen
Normalverteilungen sind in direkter Analogie zu den univariaten Verfahren
aufgebaut. Die wesentlichen Grundsätze sollen hier kurz erläutert werden.

7.3.1   Einstichprobenproblem univariat

Sei eine Stichprobe $(y_1, \ldots, y_n)$ aus $N(\mu, \sigma^2)$ mit y_i i.i.d. gegeben, so ist $\bar{y} \sim$
$N(\mu, \sigma^2/n)$ und $s^2(n-1)/\sigma^2 \sim \chi_{n-1}^2$ verteilt. Der t–Test auf $H_0 : \ \mu = \mu_0$ wird
über $t_{n-1} = \dfrac{(\bar{y} - \mu_0)}{s} \sqrt{n}$ geführt.

7.3.2   Einstichprobenproblem multivariat

Wir setzen voraus, daß nicht nur *eine* zufällige Variable, sondern ein p–
dimensionaler Vektor von zufälligen Variablen beobachtet wird. Der Stichprobenumfang sei n. Dann hat diese Stichprobe die Gestalt

$$\underset{n,p}{\mathbf{Y}} = \begin{pmatrix} \mathbf{y}_1' \\ \vdots \\ \mathbf{y}_n' \end{pmatrix} = \begin{pmatrix} y_{11}, \ldots, y_{1p} \\ \vdots \\ y_{n1}, \ldots, y_{np} \end{pmatrix}$$

und wir nehmen an, daß jeder Vektor $\mathbf{y}_i \overset{i.i.d}{\sim} N_p(\boldsymbol{\mu}, \boldsymbol{\Sigma})$ verteilt ist mit $\boldsymbol{\mu}' = (\mu_1, \ldots, \mu_p)$ und $\boldsymbol{\Sigma}$ positiv definit. Daraus folgt

$$\mathbf{Y} \quad \sim \quad N_p\left(\begin{pmatrix}\boldsymbol{\mu} \\ \vdots \\ \boldsymbol{\mu}\end{pmatrix}, \begin{pmatrix}\boldsymbol{\Sigma} & & 0 \\ & \ddots & \\ 0 & & \boldsymbol{\Sigma}\end{pmatrix}\right). \tag{7.30}$$

Der Stichprobenmittelwertsvektor ist

$$\mathbf{y}.. = (\mathbf{y}_{.1}, \ldots, \mathbf{y}_{.p})' \tag{7.31}$$

mit

$$\mathbf{y}_{.j} = \frac{1}{n}\sum_{i=1}^{n} y_{ij} \quad (j = 1, \ldots, p) \tag{7.32}$$

und die Stichprobenkovarianzmatrix ist

$$\mathbf{S} = (S_{jh}) = \frac{1}{n-1}\sum_{i=1}^{n}(\mathbf{y}_i - \mathbf{y}..)(\mathbf{y}_i - \mathbf{y}..)' \tag{7.33}$$

mit den Elementen

$$S_{jh} = (n-1)^{-1}\sum_{i=1}^{n}(y_{ij} - y_{j.})(y_{ih} - y_{h.}) . \tag{7.34}$$

Dann sind

$$\mathbf{y}.. \sim N_p(\boldsymbol{\mu}, \boldsymbol{\Sigma}/n) \tag{7.35}$$

mit $\boldsymbol{\mu}' = (\mu_1, \ldots, \mu_p)$ und

$$(n-1)\mathbf{S} \sim W_p(\boldsymbol{\Sigma}, n-1) \tag{7.36}$$

unabhängig verteilt, wobei W_p die p–dimensionale Wishart–Verteilung mit $(n-1)$ Freiheitsgraden ist.

Definition 7.1 *Sei $\mathbf{X} = (\mathbf{x}_1, \ldots, \mathbf{x}_n)'$ eine $(n \times p)$–Datenmatrix aus $N_p(0, \boldsymbol{\Sigma})$, wobei $\mathbf{x}_1, \ldots, \mathbf{x}_n$ unabhängig und identisch $N_p(0, \boldsymbol{\Sigma})$ verteilt sind. Dann heißt die $p \times p$–Matrix*

$$\mathbf{W} = \mathbf{X}'\mathbf{X} = \sum_{i=1}^{n}\mathbf{x}_i\mathbf{x}_i' \sim W_p(\boldsymbol{\Sigma}, n)$$

Wishart–verteilt mit n Freiheitsgraden.

Für $p = 1$ ist $\mathbf{X}'\mathbf{X} = \sum_{i=1}^{n} x_i^2 = \mathbf{x}'\mathbf{x} \sim W_1(\sigma^2, n)$ so daß $W_1(\sigma^2, n) = \sigma^2\chi_n^2$ gilt. Die Wishart–Verteilung ist also das multivariate Analogon zur χ^2–Verteilung. (Für weitere Ausführungen zur Wishart–Verteilung wie Additionssätze etc. sei auf Fahrmeir und Hamerle 1984, S. 83 ff. verwiesen.)

Definition 7.2 *Eine Zufallsvariable u heißt Hotelling–T^2–verteilt mit den Parametern p und n, falls eine Darstellung*

$$u = n\mathbf{x}'\mathbf{W}^{-1}\mathbf{x} \tag{7.37}$$

existiert mit

$$\mathbf{x} \sim N_p(0, I) \quad und \quad \mathbf{W} \sim W_p(I, n)$$

und $\mathbf{x}, \mathbf{W}$ unabhängig.
Wir schreiben

$$u \sim T^2(p, n) \quad . \tag{7.38}$$

Hinweis: Falls $\mathbf{x} \sim N_p(\boldsymbol{\mu}, \boldsymbol{\Sigma})$ und $\mathbf{W} \sim W_p(\boldsymbol{\Sigma}, n)$ gilt und $\mathbf{x}$ und $\mathbf{W}$ unabhängig sind, so folgt

$$n(\mathbf{x} - \boldsymbol{\mu})'\mathbf{W}^{-1}(\mathbf{x} - \boldsymbol{\mu}) \quad \sim \quad T^2(p, n) \quad . \tag{7.39}$$

Die T^2–Verteilung ist äquivalent zur F–Verteilung (Mardia et al. 1979, p. 74):

$$T^2(p, n) \quad \sim \quad \frac{np}{n - p + 1} F_{p, n-p+1} \quad . \tag{7.40}$$

Die multivariate zweiseitige Hypothese

$$H_0 : \quad \boldsymbol{\mu} = \boldsymbol{\mu}_0 \quad gegen \quad H_1 : \quad \boldsymbol{\mu} \neq \boldsymbol{\mu}_0 \tag{7.41}$$

wird — in Analogie zum t–Test — mit der Teststatistik von Hotelling

$$T^2 = n(\mathbf{y}_{..} - \boldsymbol{\mu}_0)'\mathbf{S}^{-1}(\mathbf{y}_{..} - \boldsymbol{\mu}_0) \tag{7.42}$$

geprüft, wobei $(\mathbf{y}_{..} - \boldsymbol{\mu}_0)'\mathbf{S}^{-1}(\mathbf{y}_{..} - \boldsymbol{\mu}_0)$ die Mahalanobis–D^2–Statistik ist. Falls H_0 wahr ist, hat die Testgröße

$$F = \frac{n - p}{p(n - 1)} T^2 \tag{7.43}$$

gemäß (7.36) und (7.40) ($n \longrightarrow n - 1$) eine $F_{p, n-p}$–Verteilung.
Die Entscheidungsregel lautet:

$$H_0 : \quad \boldsymbol{\mu} = \boldsymbol{\mu}_0 \text{ nicht ablehnen, falls}$$

$$T^2 \leq \frac{p(n - 1)}{n - p} F_{p, n-p; 1-\alpha} \tag{7.44}$$

Beweisidee: Da dieses Testproblem in der Standardliteratur zu multivariaten Verfahren ausführlich behandelt wird (vgl. z.B. Timm, 1975, pp. 158–166, Morrison, 1984, pp. 128–134, Fahrmeir und Hamerle, 1984, S. 80), wollen wir hier nur kurz den Beweis skizzieren.
Wir leiten die Testregel (7.44) nach dem Union–Intersection–Prinzip her, das auf Roy (1953, 1957) zurückgeht.

Sei $\mathbf{y} \sim N_p(\boldsymbol{\mu}, \boldsymbol{\Sigma})$ und sei $\mathbf{a} \neq 0$ ein beliebiger $p \times 1$–Vektor. Damit gilt (vgl. A 82)

$$\mathbf{a'y} \quad \sim \quad N_1(\mathbf{a'}\boldsymbol{\mu}, \mathbf{a'}\boldsymbol{\Sigma}\mathbf{a}) = N_1(\mu_a, \sigma_a^2) \quad . \tag{7.45}$$

Falls H_0: $\boldsymbol{\mu} = \boldsymbol{\mu}_0$ (7.41) richtig ist, so ist auch H_{0a}: $\mu_a = \mathbf{a'}\boldsymbol{\mu}_0 = \mu_{0a}$ für alle Vektoren $\mathbf{a}$ richtig.

Falls umgekehrt H_{0a} für jedes $\mathbf{a} \neq 0$ gilt, so ist auch H_0 richtig.

Die multivariate Hypothese H_0: $\boldsymbol{\mu} = \boldsymbol{\mu}_0$ ist also der Durchschnitt (intersection) der univariaten Hypothesen

$$H_0 = \bigcap_{\mathbf{a} \neq 0} H_{0a} \quad . \tag{7.46}$$

Sei $\mathbf{Y}$ eine Stichprobe aus $N(\boldsymbol{\mu}, \boldsymbol{\Sigma})$ mit $\mathbf{y'_{..}} = (\mathbf{y}_{1.}, \ldots, \mathbf{y}_{p.})$ und $\mathbf{S}$ aus (7.33).

Jede univariate Hypothese H_{0a}: $\mathbf{a'}\boldsymbol{\mu} = \mathbf{a'}\boldsymbol{\mu}_0$ wird gegen die zweiseitige Alternative H_{1a}: $\mathbf{a'}\boldsymbol{\mu} \neq \mathbf{a'}\boldsymbol{\mu}_0$ mit der t–Statistik geprüft:

$$t(\mathbf{a}) = \frac{\mathbf{a'}(\mathbf{y_{..}} - \boldsymbol{\mu}_0)}{\sqrt{\mathbf{a'Sa}}} \sqrt{n} \quad , \tag{7.47}$$

wobei der Annahmebereich für H_0 durch

$$t^2(\mathbf{a}) \leq t^2_{n-1,1-\frac{\alpha}{2}} \tag{7.48}$$

gegeben ist. Der multivariate Annahmebereich ist somit der Durchschnitt aller univariaten Annahmebereiche:

$$\bigcap_{\mathbf{a} \neq 0} (t^2(\mathbf{a}) \leq t^2_{n-1,1-\frac{\alpha}{2}}) \quad . \tag{7.49}$$

Damit muß insbesondere das größte $t^2(\mathbf{a})$ in diesem Bereich enthalten sein, so daß (7.49) äquivalent ist zu

$$\max_{\mathbf{a}} t^2(\mathbf{a}) \leq t^2_{n-1,1-\frac{\alpha}{2}} \quad . \tag{7.50}$$

Der multivariate Test auf H_0: $\boldsymbol{\mu} = \boldsymbol{\mu}_0$ kann damit auf $t^2(\mathbf{a})$ aufbauen. Da $t^2(\mathbf{a})$ dimensionslos und insbesondere skaleninvariant gegenüber $\mathbf{a}$ ist, beseitigt man diese Vieldeutigkeit durch eine Restriktion, wie z.B.

$$\mathbf{a'Sa} = 1 \quad . \tag{7.51}$$

Damit ist das Optimierungsproblem $\max_{\mathbf{a}}\{t^2(\mathbf{a})|\mathbf{a'Sa} = 1\}$ äquivalent zu

$$\max_{\mathbf{a}}\{\mathbf{a'}(\mathbf{y_{..}} - \boldsymbol{\mu}_0)(\mathbf{y_{..}} - \boldsymbol{\mu}_0)'\mathbf{a}n - \lambda(\mathbf{a'Sa} - 1)\} \quad . \tag{7.52}$$

Differentiation nach $\mathbf{a}$ und dem Lagrange–Multiplikator λ (Sätze A 91 – 95) liefert das System von Normalgleichungen

$$[(\mathbf{y_{..}} - \boldsymbol{\mu}_0)(\mathbf{y_{..}} - \boldsymbol{\mu}_0)'n - \lambda\mathbf{S}]\,\mathbf{a} = 0 \tag{7.53}$$

und

$$\mathbf{a}'\mathbf{S}\mathbf{a} = 1 \quad . \tag{7.54}$$

Linksmultiplikation von (7.53) mit $\mathbf{a}'$ und Beachtung von (7.54) und (7.47) ergibt

$$\begin{aligned}
\hat{\lambda} &= \mathbf{a}'(\mathbf{y}_{..} - \boldsymbol{\mu}_0)(\mathbf{y}_{..} - \boldsymbol{\mu}_0)'\mathbf{a}n \\
&= t^2(\mathbf{a}|\mathbf{a}'\mathbf{S}\mathbf{a} = 1) \quad .
\end{aligned} \tag{7.55}$$

Andererseits hat (7.53) als homogenes Gleichungssystem in $\mathbf{a}$ eine nichttriviale Lösung $\mathbf{a} \neq 0$, sofern die Determinante der Matrix gleich null ist. Die Matrix $(\mathbf{y}_{..} - \boldsymbol{\mu}_0)(\mathbf{y}_{..} - \boldsymbol{\mu}_0)'$ ist vom Rang 1. Mit der Determinantenbedingung ($\mathbf{S}$ als regulär vorausgesetzt) ergibt (7.53) gemäß

$$\begin{aligned}
0 &= |(\mathbf{y}_{..} - \boldsymbol{\mu}_0)(\mathbf{y}_{..} - \boldsymbol{\mu}_0)'n - \lambda\mathbf{S}| \\
&= |\mathbf{S}^{-1/2}(\mathbf{y}_{..} - \boldsymbol{\mu}_0)(\mathbf{y}_{..} - \boldsymbol{\mu}_0)'\mathbf{S}^{-1/2}n - \lambda\mathbf{I}_p||\mathbf{S}|
\end{aligned}$$

gerade die charakteristische Gleichung für die erste Matrix (die symmetrisch und ebenfalls vom Rang 1 ist).

Der einzige nichttriviale Eigenwert einer Matrix vom Rang 1 ist aber die Spur dieser Matrix (Korollar zu Satz A 28):

$$\begin{aligned}
\hat{\lambda} &= \mathrm{sp}\{\mathbf{S}^{-1/2}(\mathbf{y}_{..} - \boldsymbol{\mu}_0)(\mathbf{y}_{..} - \boldsymbol{\mu}_0)'\mathbf{S}^{-1/2}n\} \\
&= (\mathbf{y}_{..} - \boldsymbol{\mu}_0)'\mathbf{S}^{-1}(\mathbf{y}_{..} - \boldsymbol{\mu}_0)n \quad .
\end{aligned} \tag{7.56}$$

Damit ist $t^2(\mathbf{a}|\mathbf{a}'\mathbf{S}\mathbf{a} = 1)$ gleich Hotelling's T^2 aus (7.42).

Die nach dem Union–Intersection–Prinzip hergeleitete Teststatistik ist äquivalent zur Likelihood–Quotienten–Statistik. Diese Äquivalenz gilt jedoch nicht generell. Der Vorteil des UI–Tests besteht darin, daß bei Ablehnung von H_0 geprüft werden kann, durch welche Ablehnungsbereiche dies verursacht wurde. Insbesondere kann man durch Wahl $\mathbf{a} = \mathbf{e}_i$ prüfen, welche Komponenten von $\boldsymbol{\mu}$ für die Ablehnung von H_0: $\boldsymbol{\mu} = \boldsymbol{\mu}_0$ verantwortlich sind. Dies ist bei LQ–Tests nicht möglich. Die Bedeutung des UI–Prinzips liegt auch darin, daß man mit ihm simultane Konfidenzintervalle für $\boldsymbol{\mu}$ berechnen kann (Fahrmeir und Hamerle, 1984, S.81):

Mit

$$\begin{aligned}
\max_{\mathbf{a}\neq 0} t^2(\mathbf{a}) &= n(\mathbf{y}_{..} - \boldsymbol{\mu}_0)'\mathbf{S}^{-1}(\mathbf{y}_{..} - \boldsymbol{\mu}_0) \\
&= T^2
\end{aligned} \tag{7.57}$$

und (vgl. (7.43))

$$T^2 = \frac{p(n-1)}{n-p}F_{p,n-p} \tag{7.58}$$

gilt für $\boldsymbol{\mu} = \boldsymbol{\mu}_0$

$$P\left\{\frac{n-p}{p(n-1)}T^2 \leq F_{p,n-p,1-\alpha}\right\} = 1 - \alpha \tag{7.59}$$

bzw. äquivalent

$$P\left(\bigcap_{a\neq 0}\frac{(n-p)n}{p(n-1)}\frac{\mathbf{a}'(\mathbf{y}_{..}-\boldsymbol{\mu})^2}{\mathbf{a}'\mathbf{Sa}}\leq F_{p,n-p,1-\alpha}\right)=1-\alpha \quad . \tag{7.60}$$

Diese Konfidenzbereiche gelten simultan für alle $\mathbf{a}'\boldsymbol{\mu}$ mit $\mathbf{a}\in E^p$. Wählt man nur einige interessierende Vergleiche, d.h. einige $\mathbf{a}_i$, so gilt

$$P\left(\mathbf{a}_i'\mathbf{y}_{..}-c\leq\mathbf{a}_i'\boldsymbol{\mu}\leq\mathbf{a}_i'\mathbf{y}_{..}+c\right)\geq 1-\alpha \tag{7.61}$$

mit

$$c^2=F_{p,n-p,1-\alpha}\frac{p(n-1)}{(n-p)n}\mathbf{a}'\mathbf{Sa} \quad . \tag{7.62}$$

Um das simultane Konfidenzniveau $1-\alpha$ für die ausgewählten Vergleiche, d.h. für $\mathbf{a}_1'\boldsymbol{\mu},\ldots,\mathbf{a}_k'\boldsymbol{\mu}$ mit $k\leq p$ einzuhalten und gleichzeitig die Intervallänge zu verkürzen, wählt man die **Bonferroni–Methode**. Sei E_i $(i=1,\ldots,k)$ das Ereignis, daß das i-te Konfidenzintervall den Parameter $\mathbf{a}_i'\boldsymbol{\mu}$ überdeckt und sei $\alpha_i=1-P(E_i)=P(\overline{E_i})$ das jeweilige Signifikanzniveau. Sei $\overline{E_i}$ das jeweilige Komplementärereignis, dann gilt

$$P\left(\bigcap_{i=1}^{k}E_i\right)=1-P\left(\bigcup_{i=1}^{k}\overline{E_i}\right)\geq 1-\sum_{i=1}^{k}P(\overline{E_i})=1-\sum_{i=1}^{k}\alpha_i \quad . \tag{7.63}$$

Damit ist $1-\sum\alpha_i$ eine untere Schranke für das tatsächliche simultane Konfidenzniveau

$$1-\delta=P\left(\bigcap_{i=1}^{k}E_i\right) \quad .$$

Wählt man $\alpha_i=\frac{\alpha}{k}$, so folgt

$$P\left(\bigcap_{i=1}^{k}E_i\right)\geq 1-\alpha \quad .$$

Die simultanen Konfidenzintervalle lauten dann

$$\mathbf{a}_i'\mathbf{y}_{..}\pm\sqrt{F_{1,n-1,1-\frac{\alpha}{k}}\frac{\mathbf{a}'\mathbf{Sa}}{n}} \quad . \tag{7.64}$$

7.4 Zweistichprobenproblem univariat

Gegeben seien zwei unabhängige Stichproben

$$(x_1,\ldots,x_{n_1})\qquad\text{aus}\qquad N(\mu_1,\sigma^2) \tag{7.65}$$

und

$$(y_1,\ldots,y_{n_2})\qquad\text{aus}\qquad N(\mu_2,\sigma^2) \quad . \tag{7.66}$$

Bei gleichen Varianzen lautet die Teststatistik für $H_0 : \mu_1 = \mu_2$

$$t_{n_1+n_2-2} = \frac{(\bar{x} - \bar{y})}{s\sqrt{\frac{1}{n_1} + \frac{1}{n_2}}} \tag{7.67}$$

mit der gepoolten Stichprobenvarianz

$$s^2 = \frac{(n_1 - 1)s_x^2 + (n_2 - 1)s_y^2}{n_1 + n_2 - 2} . \tag{7.68}$$

Die Annahme gleicher Varianzen ist mittels F–Test zu prüfen. Bei Ablehnung von $H_0 : \sigma_x^2 = \sigma_y^2$ liegt das Behrens–Fisher–Problem vor, für das keine exakte Lösung existiert. Der Mittelwertsvergleich im Fall $\sigma_x \neq \sigma_y$ wird näherungsweise über eine t_v–Statistik geführt, wobei in die Freiheitsgradzahl v die Stichprobenvarianzen eingehen (vgl. Abschnitt 2.3.3).

7.5 Zweistichprobenproblem multivariat

Das multivariate Analogon zum t–Test zum Prüfen von $H_0 : \boldsymbol{\mu}_x = \boldsymbol{\mu}_y$ (jeweils $p \times 1$–Vektoren) ist definiert als Hotelling's Zweistichproben–T^2

$$T^2 = (n_1^{-1} + n_2^{-1})^{-1}(\mathbf{x}_{..} - \mathbf{y}_{..})'\mathbf{S}^{-1}(\mathbf{x}_{..} - \mathbf{y}_{..}) \tag{7.69}$$

mit der gepoolten Stichprobenkovarianzmatrix (within–groups)

$$(n_1 + n_2 - 2)\mathbf{S} = (n_1 - 1)\mathbf{S}_x + (n_2 - 1)\mathbf{S}_y . \tag{7.70}$$

Die Statistik T^2 ist de facto die Schätzung der Mahalanobis-Distanz $D^2 = (\boldsymbol{\mu}_x - \boldsymbol{\mu}_y)'\boldsymbol{\Sigma}^{-1}(\boldsymbol{\mu}_x - \boldsymbol{\mu}_y)$ beider Populationen. Unter $H_0 : \boldsymbol{\mu}_x = \boldsymbol{\mu}_y$ hat T^2 folgende Beziehung zur zentralen F–Verteilung

$$F_{p,v} = \frac{n_1 + n_2 - p - 1}{(n_1 + n_2 - 2)p}T^2 \tag{7.71}$$

mit der Freiheitsgradzahl des Nenners

$$v = n_1 + n_2 - p - 1 . \tag{7.72}$$

Die Entscheidungsregel auf der Basis des Union–Intersection–Prinzips (Roy, 1953, 1957) — oder äquivalent der Likelihood–Quotienten–Testregel — liefert den Ablehnungsbereich für $H_0 : \boldsymbol{\mu}_x = \boldsymbol{\mu}_y$ als

$$T^2 > \frac{(n_1 + n_2 - 2)p}{v}F_{p,v,1-\alpha} . \tag{7.73}$$

Die T^2–Statistik von Hotelling für das Modell mit festen Effekten setzt — in Analogie zum univariaten Mittelwertsvergleich — die Gleichheit der Kovarianzmatrizen $\boldsymbol{\Sigma}_x$ und $\boldsymbol{\Sigma}_y$ voraus, die über verschiedene Maße abgeprüft wird.

Hinweis: Falls $H_0 : \boldsymbol{\mu}_x = \boldsymbol{\mu}_y$ durch $H_0 : \mathbf{C}(\boldsymbol{\mu}_x - \boldsymbol{\mu}_y) = 0$ mit $\mathbf{C}$ einer Kontrastmatrix für Differenzen ersetzt wird, hat die Statistik F (7.71) jeweils einen Freiheitsgrad weniger im Zähler und im Nenner, d.h. p ist durch $p - 1$ zu ersetzen.

7.6 Prüfen von H_0: $\Sigma_x = \Sigma_y$

Box (1949) hat folgende Verallgemeinerung des Bartlett–Tests für die Gleichheit von zwei univariaten Varianzen für $H_0 : \Sigma_x = \Sigma_y$ im multivariaten (p–dimensionalen) Fall gegeben.

Sei $\mathbf{S}$ (7.70) die gepoolte Stichprobenkovarianzmatrix der beiden p–variaten Normalverteilungen. Die **Box–M–Statistik** lautet αM mit

$$M = (n_1 - 1)\ln\left(\frac{|\mathbf{S}|}{|\mathbf{S}_x|}\right) + (n_2 - 1)\ln\left(\frac{|\mathbf{S}|}{|\mathbf{S}_y|}\right) \tag{7.74}$$

und

$$\alpha = 1 - \frac{1}{6}(2p^2 + 3p - 1)(p+1)^{-1}\left\{\frac{1}{n_1 - 1} + \frac{1}{n_2 - 1} - \frac{1}{n_1 + n_2 - 2}\right\} . \tag{7.75}$$

Dabei gilt approximativ unter H_0: $\Sigma_x = \Sigma_y$

$$\alpha M \sim \chi^2_{p(p+1)/2} \; . \tag{7.76}$$

Bemerkung: Box (1949) hat diese Statistik für den Vergleich von generell $g \geq 2$ Normalverteilungen entwickelt und äquivalente Darstellungen als F–Statistik angegeben. Für den Vergleich von g unabhängigen Normalverteilungen $N_p(\boldsymbol{\mu}_1, \boldsymbol{\Sigma}_1), \ldots, N_p(\boldsymbol{\mu}_g, \boldsymbol{\Sigma}_g)$ lautet das Testproblem

$$H_0 : \quad \boldsymbol{\Sigma}_1 = \ldots = \boldsymbol{\Sigma}_g \tag{7.77}$$

gegen

$$H_1 : \quad H_0 \text{ falsch.}$$

Seien $\mathbf{S}_i$ die erwartungstreuen Schätzungen (d.h. die jeweiligen Stichprobenkovarianzmatrizen) von $\boldsymbol{\Sigma}_i$ ($i = 1, \ldots, g$) und sei n_i der jeweilige Stichprobenumfang.

Setzt man

$$N = \sum_{i=1}^{g} n_i, \quad v_i = n_i - 1 \tag{7.78}$$

und bezeichnet man die gepoolte Stichprobenkovarianzmatrix mit $\mathbf{S}$, d.h.

$$\mathbf{S} = \frac{1}{N-g}\sum_{i=1}^{g} v_i \mathbf{S}_i \; , \tag{7.79}$$

so hat die Teststatistik die Gestalt αM (vgl. Timm, 1975, p.252) mit

$$M = (N-g)\ln|\mathbf{S}| - \sum_{i=1}^{g} v_i \ln|\mathbf{S}_i| \tag{7.80}$$

und

$$\alpha = 1 - C, \tag{7.81}$$

$$C = \frac{2p^2 + 3p - 1}{6(p+1)(g-1)} \left(\sum_{i=1}^{g} \frac{1}{v_i} - \frac{1}{N-g} \right) . \tag{7.82}$$

Es gilt approximativ

$$\alpha M \sim \chi_v^2 \quad \text{mit } v = \frac{p(p+1)(g-1)}{2} \quad . \tag{7.83}$$

Für $g = 2$ ergibt sich α gemäß (7.75).

7.7 Univariate Varianzanalyse im Repeated Measures Modell

7.7.1 Hypothesentests bei Compound Symmetry

Wir betrachten das in Abschnitt 7.2 formulierte Modell (7.20), also

$$y_{kij} = \mu + \alpha_k + \beta_j + (\alpha\beta)_{kj} + a_{ki} + \epsilon_{kij} \quad , \tag{7.84}$$

das als zweifaktorielles Modell (feste Faktoren: Behandlungen $k = 1, 2$ und Zeitpunkte $j = 1, \ldots, p$) mit Wechselwirkung und einem zufälligen Effekt a_{ki} (Individuum), also als gemischtes Modell interpretiert werden kann.

Die univariate Varianzanalyse setzt voraus, daß die Kovarianzmatrizen beider Subpopulationen ($k = 1$ und 2) gleich sind und die Struktur der Compound Symmetry (7.19) besitzen. Diese Voraussetzung ist hinreichend dafür, daß die univariaten F–Tests gültig sind. Compound Symmetry ist ein Spezialfall einer allgemeineren Kovarianzstruktur, die eine exakte F–Verteilung sichert. Wir werden in Abschnitt 7.7.2 diese in der Praxis häufig auftretende Situation ausführlich diskutieren.

Im gemischten Modell werden folgende, auf die Situation des Repeated Measures Modells zugeschnittene Hypothesen geprüft:

(i) Die Nullhypothese der Niveauhomogenität beider Behandlungen

$$H_0: \quad \alpha_1 = \alpha_2 \quad . \tag{7.85}$$

(ii) Die Nullhypothese der Zeiteinflußhomogenität (vgl. Abbildung 7.2)

$$H_0: \quad \beta_1 = \ldots = \beta_p \quad . \tag{7.86}$$

(iii) Die Nullhypothese der Verlaufsparallelität (d.h. keine Wechselwirkung zwischen den Behandlungs– und Zeiteffekten, vgl. Abbildung 7.1)

$$H_0: \quad (\alpha\beta)_{ij} = 0 \quad (k = 1, 2, \ j = 1, \ldots, p) \quad . \tag{7.87}$$

Abbildung 7.1: Verlaufsparallelität (H_0: $(\alpha\beta)_{ij} = 0$ nicht abgelehnt) mit Zeiteffekt

Abbildung 7.2: Zeiteinflußhomogenität (Verlaufsparallelität ohne Zeiteffekt und ohne Wechselwirkung)

Sei wiederum das Korrekturglied

$$C = \frac{Y_{...}^2}{N}$$

mit $N = (n_1 + n_2)p = np$ definiert.

Unter Beachtung des möglichen unbalanzierten Stichprobenumfangs ($n_1 \neq n_2$) ergeben sich folgende Quadratsummen (vgl. (6.17) – (6.22) und Morrison, 1984, p. 213)

$$
\begin{aligned}
SQ_{Total} &= \sum\sum\sum(y_{kij} - y_{...})^2 \\
&= \sum\sum\sum y_{kij}^2 - C & (7.88)\\
SQ_A = SQ_{Treat} &= \sum\sum\sum(y_{k..} - y_{...})^2 \\
&= \frac{1}{p}\sum_{k=1}^{2}\frac{1}{n_k}Y_{k..}^2 - C & (7.89)\\
SQ_B = SQ_{Time} &= \sum\sum\sum(y_{..j} - y_{...})^2 \\
&= \frac{1}{n_1 + n_2}\sum_{j=1}^{p}Y_{..j}^2 - C & (7.90)\\
SQ_{Subtotal} &= \sum\sum\sum(y_{k.j} - y_{...})^2 \\
&= \sum_{k}\frac{1}{n_k}\sum_{j}Y_{k.j}^2 - C & (7.91)\\
SQ_{A\times B} &= SQ_{Treat\times Time} \\
&= SQ_{Subtotal} - SQ_{Treat} - SQ_{Time} & (7.92)\\
SQ_{Ind} &= \sum\sum\sum(y_{.i.} - y_{k..})^2
\end{aligned}
$$

$$= \quad \frac{1}{p}\sum_{k=1}^{2}\sum_{i=1}^{n_k} Y_{.i.}^2 - \frac{1}{p}\sum_{k=1}^{2}\frac{1}{n_k}Y_{k..}^2 \tag{7.93}$$

$$SQ_{Rest} \quad = \quad SQ_{Total} - SQ_{Subtotal} - SQ_{Ind} \quad . \tag{7.94}$$

Die Testgrößen lauten (vgl. Greenhouse and Geisser, 1959):

$$F_{Treat} \quad = \quad \frac{MQ_{Treat}}{MQ_{Ind}} \tag{7.95}$$

$$F_{Time} \quad = \quad \frac{MQ_{Time}}{MQ_{Rest}} \tag{7.96}$$

$$F_{Treat \times Time} \quad = \quad \frac{MQ_{Treat \times Time}}{MQ_{Rest}} \quad . \tag{7.97}$$

Ursache	SQ	df	MQ	F–Werte
Behandlung	SQ_{Treat}	1	SQ_{Treat}	$F_{Treat} = \frac{MQ_{Treat}}{MQ_{Ind}}$
Zeitpunkt	SQ_{Time}	$p-1$	$\frac{SQ_{Time}}{p-1}$	$F_{Time} = \frac{MQ_{Time}}{MQ_{Rest}}$
Behandlung × Zeitpunkt	$SQ_{Treat \times Time}$	$p-1$	$\frac{SQ_{Treat \times Time}}{p-1}$	$F_{Treat \times Time} = \frac{MQ_{Treat \times Time}}{MQ_{Rest}}$
Individuen	SQ_{Ind}	$n-2$	$\frac{SQ_{Ind}}{n-2}$	
Fehler	SQ_{Rest}	$(p-1)(n-2)$	$\frac{SQ_{Rest}}{(p-1)(n-2)}$	
Total	SQ_{Total}	$np-1$		

Tabelle 7.1: Tafel der univariaten Varianzanalyse im Repeated Measures Modell

Diese F–Tests werden als **unkorrigierte univariate F–Tests** — im Gegensatz zu den nach der Greenhouse–Geisser–Strategie **korrigierten F–Tests** — bezeichnet.

Bemerkung: Die Annahme einer Compound Symmetry Struktur ist im Repeated Measures Modell nicht sehr realistisch, da diese Forderung besagt, daß die Korrelation des Response zwischen jeweils zwei Meßpunkten identisch ist. Man kann diese Annahme bei vielen Verläufen jedoch nicht erwarten. Deshalb kann man die Frage stellen, ob und wann univariate Tests auch bei Vorliegen einer allgemeineren Kovarianzstruktur (Sphericity der Kontrastkovarianzmatrix) durchgeführt werden können (vgl. auch Girden, 1992).

7.7.2 Hypothesentests bei Sphericity

Wir setzen voraus, daß die beiden Populationen eine identische Kovarianzmatrix Σ besitzen. Der Therapievergleich, d.h. das Prüfen der linearen Hypothesen (7.85) – (7.87), wird über lineare Kontraste durchgeführt. Der Vergleich der p Mittelwerte der p Meßpunkte erfordert ein System von $p-1$ orthogonalen Kontrasten. Die Teststatistik besitzt genau dann eine F–Verteilung, wenn die Kovarianzmatrix der orthogonalen Kontraste – bis auf einen skalaren Faktor – gleich der Einheitsmatrix ist, also die sogenannte **Circularity** oder **Sphericity Condition** erfüllt ist.

Diese Bedingung kann in einer Reihe alternativer Darstellungen ausgedrückt werden.

Zum Beispiel kann man fordern, daß die Varianzen aller paarweisen Differenzen der Responsewerte eines Individuums gleich sind. Nun gilt generell für beliebige Zufallsvariablen x_i und x_j

$$\mathrm{Var}(x_i - x_j) = \mathrm{Var}(x_i) + \mathrm{Var}(x_j) - 2\mathrm{Cov}(x_i, x_j) \quad .$$

Falls $\mathrm{Var}(x_i) = \mathrm{Var}(x_j)$ und $\mathrm{Cov}(x_i, x_j)$ konstant ist (alle i, j), so liegt die Struktur der Compound Symmetry vor. Es gibt jedoch allgemeinere Abhängigkeitsstrukturen, unter denen die Bedingung

$$\mathrm{Var}(x_i - x_j) = \mathrm{const}$$

gilt, aus der Sphericity jeder Kontrastkovarianzmatrix folgt, sofern die Sphericity für eine spezielle Kovarianzmatrix nachgewiesen wurde.

Die notwendige und hinreichende Bedingung ist als *Huynh–Feldt–Condition* (Huynh and Feldt, 1970) bekannt. Sie läßt sich in drei äquivalenten (alternativen) Formen darstellen:

Huynh–Feldt–Condition (H Pattern)

(i) Die gemeinsame Kovarianzmatrix Σ beider Populationen ist $\Sigma = (\sigma_{jj'})$ mit

$$\sigma_{jj'} = \begin{cases} \alpha_j + \alpha_{j'} + \lambda & j = j' \\ \alpha_j + \alpha_{j'} & j \neq j' \end{cases} \quad . \tag{7.98}$$

(ii) Alle möglichen Differenzen $y_{kij} - y_{kij'}$ der Responsevariablen haben dieselbe Varianz, d.h. es gilt $\mathrm{Var}(y_{kij} - y_{kij'}) = 2\lambda$ für jedes Individuum i aus jeder der beiden Gruppen.

(iii) Für das Huynh–Feldt–Epsilon gilt $\varepsilon_{HF} = 1$, wobei

$$\varepsilon_{HF} = \frac{p^2(\overline{\sigma}_d - \overline{\sigma}..)^2}{(p-1)(\sum\sum\sigma_{rs}^2 - 2p\sum\overline{\sigma}_{r.}^2 + p^2\overline{\sigma}..^2)} \quad . \tag{7.99}$$

Dabei ist $\Sigma = (\sigma_{rs})$ die Populationskovarianzmatrix mit

$\overline{\sigma}_d$: Mittelwert der Diagonalelemente,

$\overline{\sigma}..$: totaler Mittelwert aller σ_{rs},

$\overline{\sigma}_{r.}$: Mittelwert der r–ten Zeile.

Testen der Huynh–Feldt–Condition

Huynh und Feldt (1970) haben bewiesen, daß die notwendigen und hinreichenden Bedingungen (i), (ii) bzw. (iii) gelten, falls

$$\tilde{\mathbf{C}}_H \Sigma \tilde{\mathbf{C}}'_H = \lambda \mathbf{I} \tag{7.100}$$

gilt, wobei $\tilde{\mathbf{C}}_H$ die normalisierte Form von $\mathbf{C}_H$ ist. $\mathbf{C}_H$ ist die suborthogonale $(p-1) \times p$-Submatrix der orthogonalen Helmert-Matrix:

$$\begin{pmatrix} \mathbf{1}'_p/\sqrt{p} \\ \mathbf{C}_H \end{pmatrix} \; , \tag{7.101}$$

die aus den Helmert-Kontrasten gebildet wird. Die Helmert-Matrix $\mathbf{C}_H$ in (7.101) enthält folgende Elemente:

$$\mathbf{C}_H{}_{p-1,p} = \begin{pmatrix} \mathbf{c}'_1 \\ \mathbf{c}'_2 \\ \vdots \\ \mathbf{c}'_p \end{pmatrix} = \begin{pmatrix} (p-1) & -1 & -1 & \ldots & -1 & -1 \\ 0 & (p-2) & -1 & \ldots & -1 & -1 \\ \vdots & & & & & \vdots \\ 0 & 0 & 0 & \ldots & 1 & -1 \end{pmatrix} . \tag{7.102}$$

Die Vektoren $\mathbf{c}'_s$ $(s = 1, \ldots, p-1)$ heißen *Helmert-Kontraste*. Sie erfüllen die Kontrasteigenschaft der Orthogonalität:

$$\mathbf{c}'_{s_1} \mathbf{c}_{s_2} = 0 \qquad (s_1 \neq s_2)$$

und die Eigenschaft $\sum_{j=1}^{p} c_{sj} = 0$, d.h.

$$\mathbf{c}'_s \mathbf{1}_p = 0.$$

Die $\mathbf{c}_s$ sind jedoch nicht normiert ($\mathbf{c}'_s \mathbf{c}_s \neq 1$). Man bezieht deshalb den Vektor $\mathbf{1}'_p$ oder seine standardisierte Version $\mathbf{1}_p/\sqrt{p}$ als erste Zeile in die Kontrastmatrix ein, obwohl er strenggenommen kein Kontrast ist ($\mathbf{1}'_p \mathbf{1}_p = p \neq 0$, also die zweite Kontrasteigenschaft ist nicht erfüllt).
Die Standardsoftware orthonormalisiert die Kontraste in $\mathbf{C}_H$ zu $\tilde{\mathbf{C}}_H$.

Bemerkung: Auf der Basis der standardisierten Helmert-Matrix $\tilde{\mathbf{C}}_H$ geben wir eine kurze Beweisskizze zur Äquivalenz von (ii) und (7.100):

Fall $p = 2$

Die Helmert-Matrix ist $\mathbf{C}_H = (1, -1)$, also $\tilde{\mathbf{C}}_H = (\frac{1}{\sqrt{2}}, -\frac{1}{\sqrt{2}})$. Damit wird (7.100) zu

$$\left(\tfrac{1}{\sqrt{2}} \;\; -\tfrac{1}{\sqrt{2}} \right) \begin{pmatrix} \sigma_1^2 & \sigma_{12} \\ \sigma_{12} & \sigma_2^2 \end{pmatrix} \begin{pmatrix} \tfrac{1}{\sqrt{2}} \\ -\tfrac{1}{\sqrt{2}} \end{pmatrix} = \lambda$$

$$\Longleftrightarrow \quad \sigma_1^2 + \sigma_2^2 - 2\sigma_{12} = 2\lambda$$

Fall $p = 3$

Wir erhalten $\tilde{\mathbf{C}}_H \Sigma \tilde{\mathbf{C}}'_H = \lambda \mathbf{I}$ als

$$\begin{pmatrix} \tfrac{2}{\sqrt{6}} & -\tfrac{1}{\sqrt{6}} & -\tfrac{1}{\sqrt{6}} \\ 0 & \tfrac{1}{\sqrt{2}} & -\tfrac{1}{\sqrt{2}} \end{pmatrix} \begin{pmatrix} \sigma_1^2 & \sigma_{12} & \sigma_{13} \\ \sigma_{12} & \sigma_2^2 & \sigma_{23} \\ \sigma_{13} & \sigma_{23} & \sigma_3^2 \end{pmatrix} \begin{pmatrix} \tfrac{2}{\sqrt{6}} & 0 \\ -\tfrac{1}{\sqrt{6}} & \tfrac{1}{\sqrt{2}} \\ -\tfrac{1}{\sqrt{6}} & -\tfrac{1}{\sqrt{2}} \end{pmatrix} = \lambda \mathbf{I}_2$$

$\Longleftrightarrow$

Element $\quad (1,1):$ $\qquad\qquad \frac{1}{6}\left[4\sigma_1^2 + \sigma_2^2 + \sigma_3^2 - 4\sigma_{12} - 4\sigma_{13} + 2\sigma_{23}\right] = \lambda$

Element $\quad (1,2) = (2,1): \sigma_3^2 - \sigma_2^2 + 2\sigma_{12} - 2\sigma_{13} = 0$

$\qquad\qquad\qquad\qquad\quad \Longrightarrow \quad \sigma_2^2 = \left[\sigma_3^2 + 2\sigma_{12} - 2\sigma_{13}\right]$

Element $\quad (2,2):$ $\qquad\qquad \frac{1}{2}\left[\sigma_2^2 + \sigma_3^2 - 2\sigma_{23}\right] = \lambda \quad .$

Bilde

$$
\begin{aligned}
\sigma_1^2 + \sigma_2^2 - 2\sigma_{12} &= \sigma_1^2 + \left[\sigma_3^2 + 2\sigma_{12} - 2\sigma_{13}\right] - 2\sigma_{12} \\
&= \sigma_1^2 + \sigma_3^2 - 2\sigma_{13} \quad .
\end{aligned}
$$

Setze $(1,1) = (2,2)$ (da die rechten Seiten gleich sind) $\Longrightarrow$

$$
(\sigma_1^2 + \sigma_2^2 - 2\sigma_{12}) + (\sigma_1^2 + \sigma_3^2 - 2\sigma_{13}) = 2(\sigma_2^2 + \sigma_3^2 - 2\sigma_{23}) = 4\lambda \quad .
$$

Die beiden Ausdrücke auf der linken Seite sind gleich

$$
\Longrightarrow \quad \sigma_j^2 + \sigma_{j'}^2 - 2\sigma_{jj'} = 2\lambda \quad (j \neq j').
$$

Die Bedingung der Sphericity oder Circularity

Die Compound Symmetry ist ein Spezialfall von Kovarianzstrukturen, unter denen die univariaten F–Tests gültig sind.

Sei zunächst eine Therapiegruppe über p wiederholte Messungen betrachtet. Dann können wir $p-1$ orthonormierte Kontraste zum Prüfen der Unterschiede in den p Meßpunkten bilden.

Somit liefern die univariaten Statistiken $(\mathbf{c}_j' \mathbf{y}_{ki})^2$ exakte F–Verteilungen genau dann, wenn die Kovarianzmatrix der Kontraste gleiche Varianzen und Null–Kovarianzen besitzt, d.h. wenn sie die Gestalt $\sigma^2 \mathbf{I}$ hat (Circularity oder Sphericity). Dies entspricht der Modellannahme im mixed Modell, daß Unterschiede in den $\mathbf{y}_{ki}$ nur durch ungleiche Mittelwerte und nicht durch Varianzinhomogenitäten hervorgerufen werden.

Das Modell der Compound Symmetry ist im Modell der Sphericity der orthonormierten Kontraste als Spezialfall enthalten.

Jedes Hauptdiagonalelement der Kovarianzmatrix der orthonormierten Kontraste schätzt den Nenner in der univariaten F–Statistik des entsprechenden Kontrasts. **Falls also Sphericity gilt,** schätzt jedes Element dieselbe Größe. Deshalb wird als bessere Statistik das Mittel dieser Diagonalelemente gebildet. Dies bezeichnet man als **averaged F–Test.**

Falls Sphericity nicht gilt, können die Nenner der F–Statistiken zu groß oder zu klein ausfallen, so daß der Test verzerrt (biased) wird.

Vergleich von zwei und mehr Therapiegruppen — Test auf Sphericity

Analog zur obigen Argumentation bleiben univariate F–Tests nur dann gültig, sofern die Kovarianzmatrix der orthonormierten Kontraste innerhalb der Therapiegruppen sphärisch und — zusätzlich — über die Therapiegruppen identisch ist, so daß globale Sphericity vorliegen muß.

Diese Annahme läßt sich z.B. dadurch abschwächen, daß man Sphericity nur bezüglich von Haupteffekten fordert (z.B. j fest, Vergleich von zwei Therapien durch einen linearen Kontrast).

Zum Prüfen der **globalen Sphericity** (7.100) prüft man zunächst die Gleichheit der Kovarianzmatrizen der Therapiegruppen mit der Box–M–Statistik (7.74).

Falls H_0: $\Sigma_1 = \Sigma_2$ nicht abgelehnt wird, kann man den **Test auf Sphericity von Mauchly** (1940) anwenden, dessen Teststatistik die Gestalt hat (Morrison, 1984, p. 251):

$$W = \frac{q^q |\mathbf{R}|}{(\mathrm{sp}\{\mathbf{R}\})^q} \tag{7.103}$$

mit $q = p - 1$,

$$\mathbf{R} = \tilde{\mathbf{C}}_H \mathbf{S} \tilde{\mathbf{C}}'_H \tag{7.104}$$

und $\tilde{\mathbf{C}}_H$ die $q \times p$–Matrix orthonormaler Helmert–Kontraste. Neben exakten kritischen Werten (vgl. Tabellen in Kres (1983)) kann man im Fall gleicher Stichprobenumfänge $n_1 = n_2 = N$ die Näherung

$$-\left[(N-1) - \frac{2p^2 - 3p + 3}{6(p-1)}\right] \ln W \sim \chi_v^2 \tag{7.105}$$

mit

$$v = \frac{1}{2}(p-2)(p+1) = \frac{1}{2}p(p-1) - 1 \tag{7.106}$$

verwenden.

Tests bezüglich der Kovarianzstruktur — also speziell auch der Box–M–Test und der Mauchly–Test — sind generell empfindlich gegenüber Verletzungen der Normalverteilungsannahme. Huynh and Mandeville (1979) untersuchten die Robustheit des Mauchly–Tests gegenüber solchen Abweichungen mit Hilfe von Simulationsstudien. Es ergaben sich folgende Resultate:

(i) bei light–tailed Verteilungen tendiert der W–Test zur konservativen Seite, wobei die Differenz zwischen dem tatsächlichen Fehler 1.Art und dem vorgegebenen Signifikanzniveau α mit dem Stichprobenumfang und mit fallendem α wächst,

(ii) bei heavy–tailed Verteilungen gilt die Umkehrung, d.h. H_0: Sphericity wird schneller abgelehnt, obwohl H_0 richtig ist.

7.7.3 Das Problem der Nonsphericity

Folgende Fragen sind nach Durchführung der Vor–Tests (univariate F–Tests, Box–M–Test, Mauchly–Test) zu klären (vgl. Crowder and Hand, 1990, pp. 50-56):

(i) Welcher Effekt tritt ein, wenn man — trotz Ablehnung der Sphericity — die univariaten F–Tests benutzt?

(ii) Was ist zu tun, wenn die Annahmen insgesamt ungerechtfertigt erscheinen?

Zu (i): Falls Sphericity nicht gilt, so wird das tatsächliche Signifikanzniveau $\hat{\alpha}$ der univariaten F–Tests das vorgegebene Niveau α überschreiten mit dem Effekt, daß zu viele wahre Nullhypothesen abgelehnt werden. Bei Tests mit vollständigen Systemen orthonormaler Kontraste kann man diesen Effekt durch Untersuchung des ε–Korrekturfaktors analysieren. Rouanet and Lepine (1970), Mitzel and Games (1981) und Boik (1981) diskutieren den Effekt der Nonsphericity bei einzelnen Kontrasten. Boik bestätigt, daß der Fehler 1.Art außer Kontrolle gerät. Rouanet and Lepine (1970) empfehlen, alle relevanten Statistiken zu nutzen, um eine Aussage zu erhalten.

Zu (ii): Was ist bei Nonsphericity zu tun? Die Durchführung einer multivariaten Analyse setzt nur die Gleichheit der Kovarianzmatrizen, aber nicht eine spezifische Form der (gemeinsamen) Kovarianzmatrix voraus. Falls doch Sphericity vorliegt, hat die MANOVA eine wesentlich geringere Güte als die univariaten Verfahren.

D.h. die automatische Anwendung der multivariaten Analyse ohne Prüfen der Möglichkeit der Sphericity ist nicht die beste Strategie.

7.7.4 Anwendung univariater korrigierter Verfahren bei Nonsphericity

Sei $\{c\}$ eine Menge von $p - 1$ orthonormalen Kontrasten mit der Kovarianzmatrix Σ_c, dann definiert man das **Greenhouse–Geisser–Epsilon**:

$$\varepsilon_{G-H} = \frac{(\mathrm{sp}\,\Sigma_c)^2}{(p-1)\,\mathrm{sp}(\Sigma_c^2)} = \frac{(\sum \theta_j)^2}{(p-1)\sum \theta_j^2} \tag{7.107}$$

mit θ_j den Eigenwerten von Σ_c. Falls $\Sigma_c = \mathbf{I}$ ist, sind alle $\theta_j = 1$ und ε wird gleich 1, anderenfalls ist $\varepsilon_{G-H} < 1$. Die Overall–F–Tests auf einen Meßpunkteffekt und auf Wechselwirkung im Fall von zwei Therapiegruppen mit $n = n_1 + n_2$ Individuen und p Meßpunkten folgen der $F_{p-1,(p-1)(n-2)}$–Verteilung (vgl. Teststatistiken (7.96) und (7.97)). Im Fall der Nonsphericity testet man mit der $F_{\varepsilon_{G-H}(p-1),\varepsilon_{G-H}(p-1)(n-2)}$–Verteilung. Für $\varepsilon_{G-H} < 1$ erhöhen sich also die kritischen Werte, d.h. Nullhypothesen werden weniger häufig abgelehnt — damit wird dem vorher beschriebenen Effekt (Antwort zu (i)) wieder entgegengewirkt.

Da ε_{G-H} nicht bekannt ist, muß man es schätzen. Damit tritt mit dem Schätzfehler von $\hat{\varepsilon}_{G-H}$ die Frage auf, wie sich dieser auf die Güte des mit $\hat{\varepsilon}_{G-H}$ korrigierten F–Tests auswirkt.

Greenhouse–Geisser–Teststrategie

Greenhouse and Geisser (1959) schlagen einen Ausweg durch einen konservativen Ansatz vor, der in folgenden Schritten abläuft:

— üblicher F–Test (unkorrigiert). Falls H_0 nicht abgelehnt wird, erfolgt ein Stop.

— Falls H_0 abgelehnt wird, wählt man den kleinsten ε–Wert (lower bound Epsilon)

$$\varepsilon_{min} = 1/(p-1) \qquad (7.108)$$

und testet mit dem korrigierten F–Test. Falls H_0 mit diesem konservativsten Test abgelehnt wird, wird diese Entscheidung akzeptiert und es erfolgt der Stop.

Falls H_0 nicht abgelehnt wird, schätzt man ε_{G-H} (7.107) und führt den $\hat{\varepsilon}_{G-H}$–F–Test aus, dessen Entscheidung man akzeptiert.

Als universelle Antwort läßt sich zu dem Gesamtproblem ausführen:
Falls man sehr gute Gründe für die Annahme der Sphericity (also die Unabhängigkeit der univariaten Verteilungen der Kontraste) hat, sollte man univariate F–Tests durchführen, anderenfalls die modifizierten ε–F–Tests oder multivariate Tests oder nichtparametrische Verfahren. Dieses Problem kann also nicht akademisch, sondern nur "vor Ort" an den Daten entschieden werden.

Testablauf im Zwei–Stichprobenfall im gemischten Modell

1. Testen auf Wechselwirkungen und auf Meßpunkteffekte (H_0 aus (7.87) und (7.86))

    (a) $\Sigma_1 = \Sigma_2 \implies$ MANOVA

    (b) $\tilde{C}_H(\Sigma_1 - \Sigma_2)\tilde{C}'_H = \lambda I \implies$ ANOVA (averaged F–Test)

    (c) $\tilde{C}_H(\Sigma_1 - \Sigma_2)\tilde{C}'_H \neq \lambda I \implies$ ANOVA (korrigiert) oder MANOVA

    Kommentar:
    Falls Sphericity gilt, ist ANOVA (unkorrigiert) trennschärfer als MANOVA.
    Falls Nonsphericity vorliegt, hängt die Güte von ANOVA (korrigiert) gegenüber MANOVA von den ϵ–Werten (Huynh-Feldt-ϵ oder Greenhouse-Geisser-ϵ) bzw. den Schätzfehlern in $\hat{\epsilon}$ ab.

2. Testen auf den Haupteffekt H_0: $\alpha_1 = \alpha_2$ (7.85) unter der Gültigkeit von H_0: $(\alpha\beta)_{ij} = 0$

$$\Sigma_1 = \Sigma_2 \implies \text{univariater F–Test}$$
$$(\text{MANOVA} = \text{unkorrigierte ANOVA})$$
$$\Sigma_1 \neq \Sigma_2 \implies \text{nichtparametrische Verfahren .}$$

7.7.5 Multiple Tests

Falls ein globaler Treatmenteffekt nachgewiesen, also H_0: $\boldsymbol{\mu}_1 = \boldsymbol{\mu}_2$ abgelehnt wurde, interessiert die Frage, ob es Bereiche mit einem multiplen Treatmenteffekt gibt. Multiple Treatmenteffekte bedeuten $\mu_{1j} \neq \mu_{2j}$ für gewisse j.
Von speziellem Interesse sind zusammenhängende Bereiche mit *lokalen multiplen Treatmenteffekten*, wie z.B.

$$\mu_{1j} \neq \mu_{2j}, \quad j = 1, \ldots, \tilde{p}; \quad \tilde{p} < p \, , \tag{7.109}$$

d.h. Treatmenteffekte vom Startzeitpunkt bis zu einem Zeitpunkt $\tilde{p}$. Dazu wird eine multiple Testprozedur durchgeführt, die das multiple α–Niveau einhält. Dabei werden – ausgehend von der Bonferroni–Ungleichung – spezielle, sogenannte Holm–adjustierte Quantile bestimmt (vgl. Lehmacher, 1987, S. 29).

Holm–Prozedur für lokale multiple Treatmenteffekte

Zunächst prüft man auf einen globalen Treatmenteffekt, d.h. man testet H_0: $\boldsymbol{\mu}_1 = \boldsymbol{\mu}_2$ mit Hotelling's T^2 (vgl. (7.69)). Falls H_0 nicht signifikant ist, stoppt die Prozedur. Falls H_0 jedoch abgelehnt wird, führt man die Holm–Prozedur durch, die alle p univariaten t–Statistiken zu den p Einzelzeitpunkten der Größe nach (also analog nach der Größe der p–values, beginnend mit dem kleinsten p–value) ordnet. Diese p–values werden mit der Holm–adjustierten Sequenz

$j = 1$	$j = 2$	$j = 3$	$j = 4$	$\ldots$	$j = p-1$	$j = p$
$\frac{\alpha}{p-1}$	$\frac{\alpha}{p-1}$	$\frac{\alpha}{p-2}$	$\frac{\alpha}{p-3}$	$\cdots$	$\frac{\alpha}{2}$	α

verglichen. Sobald ein p–value eines t_j oberhalb seiner zugehörigen Holm–Schranke liegt, stoppt die Prozedur und H_0: $\mu_{1j} = \mu_{2j}$, $j = 1, \ldots, \tilde{p}$ wird zugunsten von H_1 (7.109) abgelehnt.

Interpretation: Ein lokaler multipler Treatmenteffekt besteht zu allen Zeitpunkten j mit p–value von $t_j \leq j$-te Holm–Schranke. D.h. alle univariaten Hypothesen H_{0j}: $\mu_{1j} = \mu_{2j}$, deren Teststatistiken p–values unterhalb der zugehörigen Holm–Schranke besitzen, werden verworfen zugunsten eines lokalen multiplen Treatmenteffekts.

7.7.6 Beispiele

Beispiel 7.1: Es werden zwei Treatments 1 und 2 über $p = 3$ Meßpunkte mit jeweils $n_1 = n_2 = 4$ Individuen verglichen (Tabelle 7.2).
Aufruf in SPSS:

```
MANOVA A B C by Treat (1,2)
/ws factors = Time(3)
/contrast(Time) = difference
/ws design
/print = homogeneity(boxm) transform error (cor) signig(averf)
```

Treatment	Meßpunkt			$Y_{ki.}$
	A	B	C	
	10	19	27	56
1	9	13	25	47
	4	10	20	34
	5	6	12	23
	13	16	19	48
2	11	18	28	57
	17	28	25	70
	20	23	29	72

Tabelle 7.2: Repeated Measures Design für den Treatmentvergleich

```
param(estim)
/design
```

Die einzelnen Testschritte lauten

(i) H_0: $\Sigma_1 = \Sigma_2$

Die Box–M–Statistik ist $\alpha M = 3.93638$, d.h. näherungsweise (vgl. (7.76))

$$\chi^2_{p(p+1)/2} = \chi^2_6 = 1.80417 \quad \text{(p–value 0.937)} .$$

Somit wird H_0 nicht abgelehnt. Nach dem Testablauf kann damit die MANO-VA durchgeführt werden.

Bevor man dies tut, prüft man, ob Sphericity für die Kontrastkovarianzmatrix gilt.

(ii) H_0: $\tilde{\mathbf{C}}_H \Sigma \tilde{\mathbf{C}}'_H = \lambda \mathbf{I}$

$$\text{Es ist } \tilde{\mathbf{C}}_H = \begin{pmatrix} \frac{2}{\sqrt{6}} & -\frac{1}{\sqrt{6}} & -\frac{1}{\sqrt{6}} \\ 0 & \frac{1}{\sqrt{2}} & -\frac{1}{\sqrt{2}} \end{pmatrix} .$$

```
Test involving 'Time' Within Subject Effect
Mauchly sphericity test, W =     .90352
Chi-square approx. =             .50728  with 2 D.F.
Significance =                   .776
Greenhouse-Geisser Epsilon =     .91201
Huynh-Feldt Epsilon =           1.00000
```

Damit wird H_0: Sphericity nicht abgelehnt und wir können die unkorrigierten F–Tests der ANOVA durchführen.

Gemäß der Teststrategie im gemischten Modell wird zunächst

$$H_0 : \quad (\alpha\beta)_{ij} = 0.$$

mit (vgl. (7.97) und Tabelle 7.1)

$$F_{Treat \times Time} = F_{(p-1);(p-1)(p-2)} = \frac{MQ_{Treat}}{MQ_{Rest}}$$

geprüft.

Aus Tabelle 7.2 erhalten wir

	A	B	C	
$Y_{1.j}$	28	48	84	$Y_{1..} = 160$
$Y_{2.j}$	61	85	101	$Y_{2..} = 247$
$Y_{..j}$	89	133	185	$Y_{...} = 407$

$$
\begin{aligned}
N &= 2 \cdot 3 \cdot 4 = 24 \\
C &= \frac{Y_{...}^2}{N} = \frac{407^2}{24} = 6902.04 \\
SQ_{Total} &= 8269 - C = 1366.96 \\
SQ_{Treat} &= \frac{1}{12}(160^2 + 247^2) - C \\
&= 7217.42 - C = 315.38 \\
SQ_{Time} &= \frac{1}{8}(89^2 + 133^2 + 185^2) - C \\
&= 7479.38 - C = 577.33 \\
SQ_{Subtotal} &= \frac{1}{4}(28^2 + 48^2 + 84^2 + 61^2 + 85^2 + 101^2) - C \\
&= 7822.75 - C = 920.71 \\
SQ_{Treat \times Time} &= SQ_{Subtotal} - SQ_{Treat} - SQ_{Time} \\
&= 920.71 - 315.38 - 577.33 \\
&= 28.00 \\
SQ_{Ind} &= \frac{1}{3}(56^2 + 47^2 + \ldots + 70^2 + 72^2) - \frac{1}{12}(160^2 + 247^2) \\
&= 7555.67 - 7217.42 = 338.25 \\
SQ_{Rest} &= SQ_{Total} - SQ_{Subtotal} - SQ_{Ind} \\
&= 108.00
\end{aligned}
$$

	SQ	df	MQ	F	p-value
Treat	315.38	1	315.38	5.59	0.056
Time	577.33	2	288.67	32.07	0.000
Treat×Time	28.00	2	14.00	1.56	0.251
Ind	338.25	6	56.38		
Rest	108.00	12	9.00		
Total	1366.96	23			

Tabelle 7.3: Tafel der Varianzanalyse im Modell mit Wechselwirkung

Es ist

$$
F_{Treat \times Time} = \frac{MQ_{Treat \times Time}}{MQ_{Rest}} = 1.56 \quad .
$$

Wegen $1.56 < F_{2,12;0.95} = 3.88$ wird H_0: $(\alpha\beta)_{ij} = 0$ nicht abgelehnt. Damit gehen wir zur Prüfung des Haupteffekts „Time" auf das Unabhängigkeitsmodell zurück. $SQ_{Treat \times Time}$ wird zu SQ_{Rest} addiert. Der Treatmenteffekt (p–value 0.056) ist (schwach) nichtsignifikant, der Timeeffekt ist signifikant. Die Teststatistik des Treatmenteffekts ist in beiden Tabellen identisch: $F_{Treat} = \frac{MQ_{Treat}}{MQ_{Ind}}$.

	SQ	df	MQ	F	p–value	
Treat	315.38	1	315.38	5.59	0.056	
Time	577.33	2	288.67	29.73	0.000	*
Ind	338.25	6	56.38			
Rest	136.00	14	9.71			
Total	1366.96	23				

Tabelle 7.4: Varianzanalyse im Unabhängigkeitsmodell

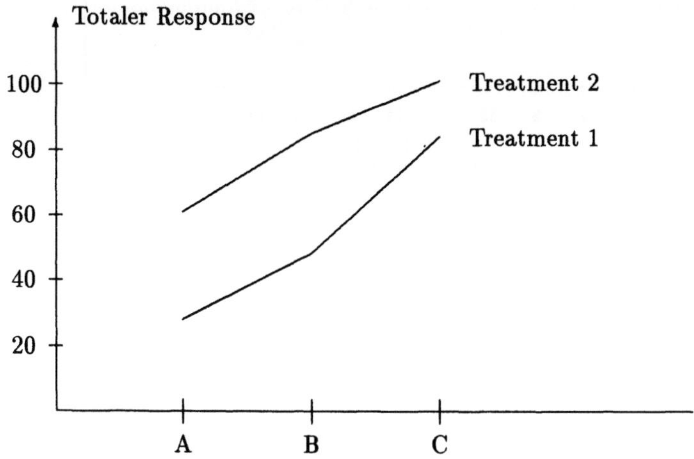

Abbildung 7.3: Totaler Response Treatment 1 und Treatment 2

Beispiel 7.2: Es sollen zwei blutdrucksenkende Präparate B und eine Kombination (aus B und einem anderen Präparat) verglichen werden. An drei Kontrolltagen erfolgen jeweils Messungen des diastolischen Blutdrucks im zweistündigen Abstand. Ausgewertet wird der letzte Kontrolltag. Damit liegt ein Repeated Measures Design mit $p = 12$ Meßpunkten vor. Die Stichprobenumfänge sind $n_1 = 24$ (B) und $n_2 = 27$ (Kombination).
Die Verlaufskurven sind in den Abbildungen 7.4 und 7.5 dargestellt.
Die Auswertung erfolgt mit SPSS.

```
MANOVA X1 TO X12 by Treat(1,2)
/wsfactors=Intervall(12)
/contrast(Intervall)=Difference
/Print=Homogeneity(BoxM)
/Design=Treat
```

(i) Prüfen der Varianzhomogenität, d.h. von H_0: $\Sigma_B = \Sigma_{Komb}$.

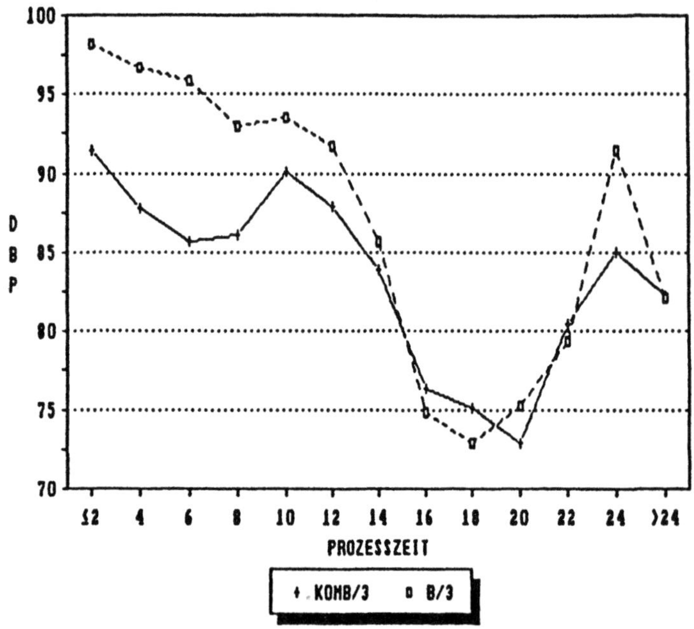

Abbildung 7.4: Verlaufskurven der Treatments B und Kombination

```
BoxsM =                      109.59084
F with (78,7357)DF =           1.03211  ,  P = .401  (Approx.)
Chi-square with 78 DF =       81.66664  ,  P = .366  (Approx)
```

Mit $p = 12$ ist $p(p+1)/2 = 78$, so daß die Box–M–Statistik αM nach χ^2_{78} verteilt ist (vgl. (7.76)).

Die Nullhypothese H_0: $\Sigma_B = \Sigma_{Komb} = \Sigma$ wird also nicht abgelehnt.

Die univariaten unkorrigierten F–Tests erfordern als nächste Voraussetzung nach der Varianzhomogenität die spezielle Struktur der Compound Symmetry, die als Spezialfall in der Sphericity der Kontrastkovarianzmatrix enthalten ist.

(ii) Prüfen von H_0: $\tilde{C}_H \Sigma \tilde{C}'_H = \lambda I$
Die Teststatistik von Mauchly ist (vgl. (7.103)) $W \sim \chi^2_v$ mit $v = \frac{1}{2}(p-2)(p+1) = \frac{1}{2}(12-2)(12+1) = 65$ Freiheitsgraden.

```
Mauchly sphericity test, W =       .00478
Chi-square approx. =           241.17785  with 65 D.F.
Significance                       .00000
```

Damit wird Sphericity (und natürlich auch Compound Symmetry) abgelehnt. Die unkorrigierten (averaged) univariaten F–Tests sind damit nicht anwendbar. Dagegen kann man nun die korrigierten univariaten F–Tests nach der Greenhouse–Geisser–Strategie verfolgen.

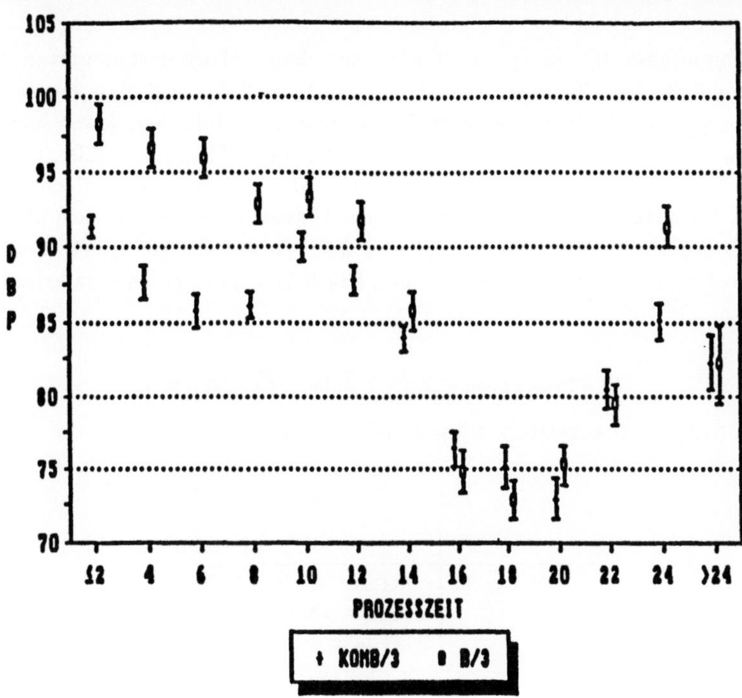

Abbildung 7.5: Mittelwerte $\pm$ Standardabweichung zu den Meßpunkten

(iii) Greenhouse–Geisser–Strategie
Die Maße für Sphericity/Nonsphericity lauten

Greenhouse–Geisser–Epsilon (7.107): $\hat{\epsilon}_{G-H} = 0.41$
Huynh–Feldt–Epsilon (7.99): $\hat{\epsilon} = 0.46$

Sie sind deutlich kleiner als 1 und signalisieren Nonsphericity der Kontrast-kovarianzmatrix $\tilde{C}_H \Sigma \tilde{C}'_H$. Die Greenhouse–Geisser–Strategie korrigiert die univariaten Teststatistiken nun bezüglich ihrer Freiheitsgrade.

	SQ	df	MQ	F	p-value	
Treat	5014.49	1	5014.49	4.24	0.045	*
Time	32414.11	11	2946.74	41.64	0.000	*
Treat×Time	2135.01	11	194.09	2.74	0.002	*
Ind	57996.61	49	1183.60			
Rest	38141.34	539	70.76			
Total	135701.56	611				

Tabelle 7.5: Unkorrigierte univariate averaged F–Tests

251

Die Nullhypothese H_0: $(\alpha\beta)_{ij} = 0$ wird mit dem unkorrigierten univariaten F–Test abgelehnt. Der Testwert von $F_{Treat\times Time} = 2.74$ wird nun bezüglich der $F_{\epsilon(p-1),\epsilon(p-1)(n-2)}$–Verteilung eingeschätzt, wobei man mit dem lower–bound Epsilon $\epsilon_{min} = 1/(p-1) = 1/11$ beginnt. Es ist $2.74 < F_{1,49;0.95} = 4.04$, so daß die Wechselwirkung nicht signifikant ist, d.h. H_0: $(\alpha\beta)_{ij} = 0$ wird nicht abgelehnt.

Somit ist der nächste Schritt der Greenhouse–Geisser–Strategie durchzuführen. Der mit SPSS geschätzte Wert betrug $\hat{\epsilon}_{G-H} = 0.41$, so daß die korrigierte F–Statistik $11\cdot 0.41 = 4.5$ Freiheitsgrade im Zähler und $539\cdot 0.41 = 221$ Freiheitsgrade im Nenner besitzt.

Wegen

$$F_{Treat\times Time} = 2.74 > 2.32 = F_{4.5,221;0.95}$$

wird H_0: $(\alpha\beta)_{ij} = 0$ abgelehnt. Diese Entscheidung wird akzeptiert.

		p–value
Treat$\times$Time	$F_{11,39} = 1.75$	0.099
Time	$F_{11,39} = 18.01$	0.000 $*$
Treat	$F_{1,49} = 4.24$	0.045 $*$

Tabelle 7.6: Ergebnis der MANOVA

Ergebnis der MANOVA und der korrigierten ANOVA:

Auf dem 5%–Niveau gilt bei der korrigierten ANOVA das Modell mit Wechselwirkung, bei der MANOVA gilt das Unabhängigkeitsmodell. Die signifikanten Haupteffekte Treatment und Time sind daher nur bei der MANOVA separat zu interpretieren. Wählt man das 10%–Niveau, so gilt auch bei der korrigierten ANOVA das Unabhängigkeitsmodell.

Multiple Tests

Der overall–Treatmenteffekt ist signifikant. Deshalb können wir die multiple Testprozedur aus Abschnitt 7.7.5 durchführen.

j	p–values
1	0.006
2	0.003
3	0.002
4	0.061
5	0.329
6	0.374
7	0.424
8	0.893
9	0.536
10	0.117
11	0.582
12	0.024

Aus der Tabelle der p–values der univariaten Mittelwertsvergleiche erhalten wir die größenmäßig aufsteigenden Werte, die wir mit den adjustierten Holm–Schranken vergleichen:

	$j = 3$	$j = 2$	$j = 1$	$j = 12$	$j = 4$	…
p–values	0.002	0.003	0.006	0.024	0.061	…
Holm 5%	$\frac{0.05}{11} = 0.0045$	0.0045	$\frac{0.05}{10} = 0.005$	$\frac{0.05}{9} = 0.0056$	$\frac{0.05}{8} = 0.0063$	…
Holm 10%	0.0091	0.0091	0.010	0.011	0.0125	…

Damit sind folgende lokale multiple Treatmenteffekte signifikant:

(i) 5%–Niveau: $j = 2$ und $j = 3$

(ii) 10%–Niveau: $j = 1, 2$ und 3.

7.8 Multivariate Rangtests im Repeated Measures Modell

Im Fall stetiger, aber nicht normalverteilter Responsewerte kann man die gleichen Hypothesen wie in den vorangegangenen Abschnitten durch Statistiken überprüfen, die auf Rängen basieren.

Ausgangspunkt ist wieder ein multivariates Zweistichproben–Problem. Gegeben seien die Beobachtungsvektoren

$$\mathbf{y}_{ki} = (y_{ki1}, \ldots, y_{kip})' \quad k = 1, 2 \;,\; i = 1, \ldots, n_k \;. \tag{7.110}$$

Für die Beobachtungsvektoren wird angenommen, daß die $\mathbf{y}_{ki}$ unabhängig verteilt sind mit einer stetigen Verteilungsfunktion

$$F_k(\mathbf{y}_{ki}) = G(\mathbf{y}_{ki} - \mathbf{m}_k), \quad k = 1, 2 \;, \tag{7.111}$$

wobei $\mathbf{m}_k = (m_{k1}, \ldots, m_{kp})'$ der Medianvektor der k-ten Gruppe zu den p Meßpunkten ist.

Die Funktion G charakterisiert den Typ der Verteilung, während $\mathbf{m}_k$ den Lokalisationsparameter darstellt.

Die Nullhypothese H_0 : *kein Treatmenteffekt* bedeutet H_0 : $F_1 = F_2$ und impliziert

$$H_0 : \quad \mathbf{m}_1 = \mathbf{m}_2 \;, \tag{7.112}$$

so daß beide Verteilungen übereinstimmen, also Verlaufsidentität vorliegt. Die Nullhypothese H_0 : *kein Zeiteffekt* bedeutet

$$H_0 : \quad m_{k1} = \ldots = m_{kp}, \; k = 1, 2 \tag{7.113}$$

(vgl. Koch, 1969). Die Testverfahren sind unter Berücksichtigung der Tatsache durchzuführen, ob eine signifikante Wechselwirkung Treatment × Meßpunkt vorliegt oder nicht. Eine ausführliche Darstellung dieser Tests ist in

Koch (1969) zu finden (vgl. auch Puri and Sen, 1971). Da diese nichtparametrischen Tests rechenaufwendig und nicht in der Standardsoftware implementiert sind, wollen wir uns hier auf eine kurze Beschreibung des Tests auf einen Treatmenteffekt beschränken. In der Praxis wird man bei stetigem, aber nicht normalverteiltem Response eher nach einer kategorialen Kodierung zu den loglinearen Modellen übergehen und die Tests gemäß Kapitel 10 durchführen.

Zur Konstruktion eines Tests für H_0 : *Verlaufsidentität* (vgl. (7.112)) geht man so vor:

Es sei

$$r_{kij} := [\text{Rang von } y_{kij} \text{ in } y_{11j}, \ldots, y_{1n_1 j}, y_{21j}, \ldots, y_{2n_2 j}] \qquad (7.114)$$

mit $k = 1, 2$, $i = 1, \ldots, n_k$, $j = 1, \ldots, p$, d.h. es werden zu jedem Zeitpunkt j,$j = 1, \ldots, p$ die Ränge $1, \ldots, N = n_1 + n_2$ vergeben.

Liegen Bindungen (ties) vor, so werden gemittelte Ränge verwendet.

Da die Verteilungen als stetig vorausgesetzt sind, kann man annehmen, daß gilt:

$$P\left(y_{kij} = y_{k'i'j}\right) = 0. \qquad (7.115)$$

Deshalb seien im folgenden Bindungen vernachlässigt.

Faßt man die r_{kij} (vgl.(7.114)) für jedes Individuum zusammen, so erhält man den Rangbeobachtungsvektor des i-ten Individuums in der k-ten Gruppe :

$$\mathbf{r}_{ki} = \left(r_{ki1}, \ldots, r_{kip}\right)', \quad k = 1, 2, \; i = 1, \ldots, n_k. \qquad (7.116)$$

Es ergeben sich N Rangvektoren, die sich durch die $p \times N$ Rangmatrix

$$\mathbf{R} = (\mathbf{r}_{11}, \ldots, \mathbf{r}_{1n_1}, \mathbf{r}_{21}, \ldots, \mathbf{r}_{2n_2}) \qquad (7.117)$$

darstellen lassen. Jede der p Zeilen von $\mathbf{R}$ stellt auf Grund der Rangzuweisung (vgl.(7.114)) eine Permutation der Zahlen $1, \ldots, N$ dar.

Vertauscht man die Spalten von $\mathbf{R}$ so, daß die erste Zeile von $\mathbf{R}$ die geordneten Ränge enthält, dann erhält man die Matrix

$$\mathbf{R}_{per} = \begin{pmatrix} 1 & \ldots & N \\ r_{21}^{per} & \ldots & r_{2N}^{per} \\ \vdots & & \vdots \\ r_{p1}^{per} & \ldots & r_{pN}^{per} \end{pmatrix} = (\mathbf{r}_1, \ldots, \mathbf{r}_N), \qquad (7.118)$$

die zu $\mathbf{R}$ (vgl.(7.117)) permutationsäquivalent ist.

Da die p Beobachtungen y_{kij}, $j = 1, \ldots, p$ nicht unabhängig sind, hängt die gemeinsame Verteilung der Elemente von $\mathbf{R}$ (oder von $\mathbf{R}_{per}$) selbst unter H_0 von den unbekannten Verteilungen ab.

Sei nun $\{\mathbf{R}_{per}\}$ die Menge aller möglichen Realisationen von $\mathbf{R}_{per}$. Für die Mächtigkeit von $\{\mathbf{R}_{per}\}$ gilt:

$$|\{\mathbf{R}_{per}\}| = (N!)^{p-1}. \qquad (7.119)$$

Die Verteilung von $\mathbf{R}_{per}$ über $\{\mathbf{R}_{per}\}$ hängt im allgemeinen wieder von den Verteilungen F_1 und F_2 ab.

Wenn aber $H_0 : F_1 = F_2$ gilt, dann sind die Beobachtungsvektoren $\mathbf{y}_{ki}, k = 1,2\; i = 1,\ldots,n_k$ unabhängig und identisch verteilt. Deshalb bleibt ihre gemeinsame Verteilung invariant gegenüber einer Permutation unter sich selbst, d.h. es spielt keine Rolle mehr, aus welcher Behandlungsgruppe die Vektoren stammen.

Das bedeutet aber, daß unter H_0 $\mathbf{R}$ über der Menge $\{\mathbf{R}_{per}\}$ der $N!$ möglichen Realisationen, die man durch alle möglichen Permutationen der Spalten von $\mathbf{R}_{per}$ erhält, gleichverteilt ist.

Es gilt deshalb

$$P\left(\mathbf{R} = \mathbf{r}_S \mid \{\mathbf{R}_{per}\}, H_0\right) = \frac{1}{N!} \quad \text{für alle } \mathbf{r}_S \in \{\mathbf{R}_{per}\}. \tag{7.120}$$

Diese (bedingte) Wahrscheinlichkeitsverteilung sei im folgenden mit P_0 bezeichnet.

Nimmt man an, daß die N Rangbeobachtungsvektoren $\mathbf{r}_{ki}$, $k = 1,2$, $i = 1,\ldots,n_k$ (vgl.(7.116)) vorliegen, und daß diese durch $\mathbf{R}_{per}$ dargestellt werden, dann gilt (vgl. Koch, 1969):

Die Wahrscheinlichkeit, daß ein Rangbeobachtungsvektor $\mathbf{r}_{ki}$ den Wert $\mathbf{r}$ annimmt, lautet:

$$P\left(\mathbf{r}_{ki} = \mathbf{r}\right) = \frac{(N-1)!}{N!} = \frac{1}{N} \quad \text{für } \mathbf{r} = \mathbf{r}_1,\ldots,\mathbf{r}_N \quad . \tag{7.121}$$

Damit ergibt sich für den Erwartungswert von $\mathbf{r}_{ki}$, $k = 1,2$, $i = 1,\ldots,n_k$:

$$\begin{aligned}
E\left(\mathbf{r}_{ki} \mid H_0\right) &= \sum_{j=1}^{N} \frac{1}{N}\,\mathbf{r}_j \\
&= \frac{1}{N}\,\frac{N(N+1)}{2}\mathbf{1}_p = \frac{N+1}{2}\mathbf{1}_p.
\end{aligned} \tag{7.122}$$

Zur Konstruktion einer geeigneten Testgröße definiert man den Rangmittelwertsvektor der k-ten Gruppe:

$$\mathbf{r}_{k.} = \frac{1}{n_k} \sum_{i=1}^{n_k} \mathbf{r}_{ki}, \quad k = 1,2. \tag{7.123}$$

Mit (7.122) erhält man für den Erwartungswert

$$E\left(\mathbf{r}_{k.}\right) = \frac{N+1}{2}\,\mathbf{1}_p. \tag{7.124}$$

Die Hypothese H_0 läßt sich dann mit folgender Teststatistik überprüfen (vgl. Puri and Sen, 1971, p. 186):

$$L_I = \sum_{k=1}^{2} n_k(\mathbf{r}_{k.} - \frac{N+1}{2}\mathbf{1}_p)'\mathbf{S_I}^{-1}(\mathbf{r}_{k.} - \frac{N+1}{2}\mathbf{1}_p), \tag{7.125}$$

wobei man annimmt, daß die empirische Rangkovarianzmatrix $\mathbf{S_I}$ nicht singulär ist.

Bemerkung: Die Matrix $\mathbf{S_I}$ mißt die Wechselwirkung Treatment×Zeit. Falls keine Wechselwirkung vorliegt, wäre $\mathbf{S_I}$ die Einheitsmatrix (bis auf einen Varianzfaktor) und die multivariate Teststatistik L_I geht de facto in die univariate Statistik von Kruskal–Wallis (4.149) über.

Es ist

$$\mathbf{S_I} = \frac{1}{N} \sum_{k=1}^{2} \sum_{i=1}^{n_k} (\mathbf{r}_{ki} - \frac{N+1}{2}\mathbf{1}_p)(\mathbf{r}_{ki} - \frac{N+1}{2}\mathbf{1}_p)'. \tag{7.126}$$

Die Teststatistik L_I stellt die multivariate Version der Statistik des Kruskal–Wallis Tests dar und ist äquivalent zu einer verallgemeinerten Lawley–Hotelling-T^2-Statistik.

Man kann zeigen, daß L_I unter H_0 asymptotisch χ^2-verteilt ist mit p Freiheitsgraden (vgl. Puri and Sen, 1971, p. 193).

Auf Grund der Testkonstruktion sprechen große Werte von L_I gegen die Nullhypothese H_0 aus (7.112). Deshalb wird H_0 abgelehnt, falls

$$L_I \;\geq\; \chi^2_{p;1-\alpha} \tag{7.127}$$

wird.

Beispiel 7.3: Wir wollen die Berechnung der Teststatistik an einem einfachen Beispiel demonstrieren. Sei der folgende Datensatz für $p = 3$ wiederholte Messungen gegeben:

$$
\text{Gruppe 1} \quad
\begin{pmatrix}
2 & 3 & 6 \\
5 & 6 & 4 \\
4 & 5 & 5 \\
\hline
8 & 14 & 10 \\
10 & 12 & 14 \\
12 & 13 & 12
\end{pmatrix}
\quad \Longrightarrow \quad \text{Ränge} \quad
\begin{pmatrix}
1 & 1 & 3 \\
3 & 3 & 1 \\
2 & 2 & 2 \\
\hline
4 & 6 & 4 \\
5 & 4 & 6 \\
6 & 5 & 5
\end{pmatrix}
$$

$$
\begin{aligned}
\mathbf{R} \;&=\;
\begin{pmatrix}
1 & 3 & 2 & 4 & 5 & 6 \\
1 & 3 & 2 & 6 & 4 & 5 \\
3 & 1 & 2 & 4 & 6 & 5
\end{pmatrix} \\
&=\; (\; \mathbf{r}_1 \;\; \mathbf{r}_2 \;\; \mathbf{r}_3 \;\; \mathbf{r}_4 \;\; \mathbf{r}_5 \;\; \mathbf{r}_6 \;).
\end{aligned}
$$

Die Rangmittelwerte in beiden Therapiegruppen lauten:

$$
\begin{aligned}
\mathbf{r}_{1\cdot} \;&=\; \frac{1}{n_k}(\mathbf{r}_{11} + \mathbf{r}_{12} + \mathbf{r}_{13}) \\[2mm]
&=\; \frac{1}{3}\left[\begin{pmatrix} 1 \\ 1 \\ 3 \end{pmatrix} + \begin{pmatrix} 3 \\ 3 \\ 1 \end{pmatrix} + \begin{pmatrix} 2 \\ 2 \\ 2 \end{pmatrix}\right] \\[2mm]
&=\; \frac{1}{3}\begin{pmatrix} 5 \\ 6 \\ 6 \end{pmatrix} = \begin{pmatrix} \frac{5}{3} \\ 2 \\ 2 \end{pmatrix}.
\end{aligned}
$$

$$
\mathbf{r}_{2.} \;=\; \frac{1}{3}\left[\begin{pmatrix} 4 \\ 4 \\ 6 \end{pmatrix} + \begin{pmatrix} 5 \\ 4 \\ 6 \end{pmatrix} + \begin{pmatrix} 6 \\ 5 \\ 5 \end{pmatrix}\right]
$$

$$
= \frac{1}{3}\begin{pmatrix} 15 \\ 15 \\ 15 \end{pmatrix} = \begin{pmatrix} 5 \\ 5 \\ 5 \end{pmatrix}.
$$

Daraus berechnen wir gemäß (7.125)

$$
\mathbf{r}_{i.} - \frac{N+1}{2}\mathbf{1}_p = \mathbf{r}_{i.} - \frac{6+1}{2}\mathbf{1}_3 \quad (i = 1,2)
$$

$$
(\mathbf{r}_{1.} - \frac{7}{2}\mathbf{1}_3) \;=\; -\frac{1}{6}\begin{pmatrix} 11 \\ 9 \\ 9 \end{pmatrix}
$$

$$
(\mathbf{r}_{2.} - \frac{7}{2}\mathbf{1}_3) \;=\; \frac{3}{2}\mathbf{1}_3 \quad .
$$

Somit erhalten wir die Kovarianzmatrix $\mathbf{S_I}$ aus (7.126):

$$
\mathbf{S_I} \;=\; \frac{1}{6\cdot 4}\begin{pmatrix} 70 & 58 & 50 \\ 58 & 70 & 38 \\ 50 & 38 & 70 \end{pmatrix}
$$

und

$$
\mathbf{S_I}^{-1} \;=\; \frac{24}{51840}\begin{pmatrix} 3456 & -2160 & -1296 \\ -2160 & 2400 & 240 \\ -1296 & 240 & 1536 \end{pmatrix} \quad .
$$

Für L_I aus (7.125) erhalten wir dann:

$$
L_I = \sum_{k=1}^{2} n_k (r_{k.} - \frac{N+1}{2}\mathbf{1}_3)'\mathbf{S_I}^{-1}(r_{k.} - \frac{N+1}{2}\mathbf{1}_3) = 6.53 \quad .
$$

Der Test auf H_0: $\mathbf{m}_1 = \mathbf{m}_2$ (vgl. (7.112)) ergibt also mit

$$
L_I = 6.53 < 7.81 = \chi^2_{3;0.95}
$$

keine Ablehnung von H_0.

7.9 Kategoriale Regression zur Analyse wiederholter binärer Responsedaten

7.9.1 Logit–Modelle für wiederholten binären Response zum Vergleich von Therapien

Im Gegensatz zu den bisherigen Abschnitten dieses Kapitels setzen wir nun kategorialen Response voraus. Um die Problematik zu erläutern, beginnen wir mit binärem Response $y_{ijk} = 1$ oder $y_{ijk} = 0$. Diese Kategorien können eine Reaktion wie über/unter einem Durchschnitt bedeuten. In einem Anwendungsbeispiel wird damit der Blutdruck jedes Patienten ober -/unterhalb des medianen Blutdrucks einer Kontrollgruppe kodiert.

Hinweis: In Kapitel 10 werden die Methoden der loglinearen und logistischen Modelle ausführlich diskutiert. Aus didaktischen Gründen setzen wir an dieser Stelle die Kenntnis von Kapitel 10 voraus.

Sei $I = 2$ (Responsekategorien) und seien zwei Therapien (P: Placebo und M: Medikament) zu vergleichen.

Wir definieren den Logit für die Responseverteilung der k-ten Subpopulation (Therapie P oder M, d.h. $k = 1$ bzw. $k = 2$) zum Versuchspunkt j ($j = 1, \ldots, m$) als

$$L(j; k) = \ln \left[P_1(j; k) / P_2(j; k) \right] \ . \tag{7.128}$$

Das Unabhängigkeitsmodell in Effektkodierung

$$L(j; k) = \mu + \lambda_1^P + \lambda_j^V \quad (j = 1, \ldots, m - 1) \tag{7.129}$$

enthält die Haupteffekte

$$\lambda_1^P \qquad\qquad\qquad\qquad : \text{Placeboeffekt,}$$
$$\lambda_j^V \ (j = 1, \ldots, m - 1) \quad : \text{Versuchspunkteffekt,}$$

wobei wegen der Reparametrisierungsbedingung der Effektkodierung (vgl. Kapitel 6) gilt

$$\lambda_2^M = -\lambda_1^P \qquad \text{(Medikamenteneffekt)} \tag{7.130}$$

$$\lambda_m^V = -\sum_{j=1}^{m-1} \lambda_j^V \ . \tag{7.131}$$

Die Einbeziehung von Wechselwirkungseffekten λ_{1j}^{PV} ist möglich (saturiertes Modell).

Die ML–Schätzung der Parameter des Modells (7.129) ist schwierig, da für den Odds Randwahrscheinlichkeiten benutzt werden, die aus Randhäufigkeiten zu schätzen sind. Diese Randhäufigkeiten haben jedoch keine unabhängigen Multinomialverteilungen. Die ML–Schätzung muß durch Maximierung der Likelihood unter der Nebenbedingung erfolgen, daß die Randverteilungen dem Modell (7.129) der Nullhypothese genügen. Dabei sind iterative Prozeduren (z.B. Koch et al. (1977), Aitchison and Silvey (1958)) einzusetzen, die die notwendige nichtlineare Optimierung unter linearen Nebenbedingungen durch schrittweise gewichtete Kleinste–Quadrat–Schätzungen ersetzen, wobei mit den iterierten ML–Schätzungen wieder die üblichen χ^2– oder G^2–Goodness–of–fit–Statistiken zu bilden sind.

7.9.2 Modelle in Anlehnung an Markov–Ketten erster Ordnung

Eine Markov–Kette l-ter Ordnung $\{X_t\}$ ist ein stochastischer Prozeß mit "Gedächtnis" der Länge l, d.h. im Fall $l = 1$ gilt für festen Zeitpunkt t

$$P(X_{t+1}|X_0,\ldots X_t) = P(X_{t+1}|X_t) \; . \tag{7.132}$$

Die bedingte Wahrscheinlichkeit für einen zukünftigen Wert X_{t+1} hängt also nur von der Gegenwart X_t und nicht von der Vergangenheit $X_0,\ldots X_{t-1}$ ab. Die gemeinsame Dichte von $(X_0,\ldots X_m)$ hat dann die Gestalt

$$f(x_0,\ldots,x_m) = f(x_0) \cdot f(x_1|x_0) \cdot \cdots \cdot f(x_m|x_{m-1}) \; . \tag{7.133}$$

Damit hängt die gemeinsame Verteilung nur von der Anfangsverteilung $f(x_0)$ und den bedingten Übergangswahrscheinlichkeiten $f(x_i|x_{i-1})$ ab.
Dies entspricht äquivalent einem loglinearen Modell mit den Effekten

$$(X_0,(X_0,X_1),(X_1,X_2),\ldots,(X_{m-1},X_m)) \; . \tag{7.134}$$

Bemerkung: Die Umsetzung der Markov–Kette erster Ordnung auf kategorialen zeitabhängigen Response ist das nichtparametrische Gegenstück zur Modellierung des Prozesses als Zeitreihe mit autokorrelierten Fehlern 1.Ordnung.

Angewandt auf unser Problem des binären Response $\{X_j\}$ zu Versuchspunkten t_j $(j = 1,\ldots,m)$ beim Vergleich zweier Therapien (P und M) spezifizieren die Wahrscheinlichkeiten

$$P_{\alpha,\beta}(j - 1, j) \qquad \alpha, \beta = 1, 2 \quad \text{(Response)} \tag{7.135}$$

die gemeinsame Verteilung von X_{j-1} und X_j.
Die bedingte Wahrscheinlichkeit dafür, daß der Prozeß im Zustand $\alpha = i$ ist zum Versuchspunkt j unter der Bedingung, daß er zum Versuchspunkt $j - 1$ im Zustand $\alpha = k$ $(i, k = 1, 2)$ war, ist gleich

$$\pi_{i/k}(j) = P(X_j = i|X_{j-1} = k) = \frac{P_{i,k}(j - 1, j)}{\sum\limits_{k=1}^{2} P_{i,k}(j - 1, j)} \; . \tag{7.136}$$

Die Modellierung dieses Prozesses ist damit äquivalent zum loglinearen Modell (7.137). Die Schätzungen der $\pi_{i/k}(j)$ erhält man durch Aufstellen einer Kontingenztafel und Auszählen der Besetzungen der möglichen Ereignisse.
Durch Beobachtungen in den Subpopulationen des prognostischen Faktors (Placebo/Medikament) erhält man die Schätzungen $\hat{\pi}_{i/k}^{P}(j)$ bzw. $\hat{\pi}_{i/k}^{M}(j)$ für beide Subpopulationen.

Beispiel: Binärer Response X_j, binärer prognostischer Faktor (Placebo, Medikament). Dabei gelte

$$X_j^M \text{ bzw. } X_j^P = \begin{cases} 1 & \text{falls Blutdruck des Patienten oberhalb des} \\ & \text{Medians der Placebogruppe zum } j\text{-ten Ver-} \\ & \text{suchspunkt liegt} \\ 0 & \text{unterhalb.} \end{cases}$$

Wir wählen folgende fiktive Zahlen für eine Therapiegruppe, um die Berechnung der Schätzungen von $\pi_{i/k}(j)$ zu demonstrieren.

$j=1$			$j=2$	
1	80		1	60
0	20		0	40
	100			100

Bezogen auf jeden Patienten seien folgende Übergänge gezählt worden:

$j=1$		$j=2$	Zahl der Übergänge
1		1	50
1	$\Longrightarrow$	0	30
0		1	10
0		0	10
			100

Dann ist

$$\begin{aligned} P_{1,1}(1,2) &= \frac{50}{100} = 0.5 \;, \\ P_{1,0}(1,2) &= \frac{30}{100} = 0.3 \;, \\ P_{0,1}(1,2) &= \frac{10}{100} = 0.1 \;, \\ P_{0,0}(1,2) &= \frac{10}{100} = 0.1 \;. \end{aligned}$$

Damit werden die geschätzten bedingten Übergangswahrscheinlichkeiten

$$\begin{aligned} \hat{\pi}_{1/1}(2) &= \frac{0.5}{0.8} = 0.625 \\ \hat{\pi}_{0/1}(2) &= \frac{0.3}{0.8} = 0.375 \end{aligned} \left.\right\} \sum = 1$$

$$\begin{aligned} \hat{\pi}_{1/0}(2) &= \frac{0.1}{0.2} = 0.5 \\ \hat{\pi}_{0/0}(2) &= \frac{0.1}{0.2} = 0.5 \end{aligned} \left.\right\} \sum = 1 \;.$$

Bemerkung: Die Modellierung durch ein loglineares Modell

$$\ln(\hat{\pi}_{i/k}(j)) = \mu + \lambda_1^{X_0 X_1} + \cdots + \lambda_m^{X_{m-1} X_m} \tag{7.137}$$

260

für jede Therapiegruppe separat liefert einen Einblick in signifikante Übergangspunkte und filtert das bezüglich des G^2-Kriteriums beste Modell heraus.

Bezieht man beide Therapien in ein gemeinsames Modell ein — wählt also als dritte Dimension den Indikator Placebo/Therapie — so lassen sich im Rahmen des diskretisierten Markov–Ketten–Modells lokale Aussagen der Gestalt prüfen:

H_0: Die Effekte des Medikaments $\lambda_{0,j}^M = -\lambda_{1,j}^P$ auf die Übergangswahrscheinlichkeiten $\hat{\pi}_{1/0}(j)$ sind signifikant (oder zu einzelnen Versuchspunkten des Tagesrhythmus im Blutdruck signifikant).

Das eigentliche Ziel – ein globales Maß (overall superiority) oder ein globaler Test für H_0: "Placebo=Medikament" ist mit diesem Modell nicht direkt erreichbar, sondern erst über eine zusätzliche Überlegung.

7.9.3 Multinomialschema und loglineare Modelle zum globalen Therapievergleich

Wir setzen voraus, daß die Reaktion von Patienten auf Therapie A oder B als kategorialer Response (z.B. binärer Response) über m Versuchspunkte vorliegt. Damit haben wir für jede Therapie m abhängige (korrelierte) Responsewerte. Falls der Response in I Kategorien beobachtet wird, lassen sich die möglichen Responsewerte zu den m Versuchspunkten in einer I^m-dimensionalen Kontingenztafel darstellen. Tabelle 7.7 entspricht $I = 2$ und $m = 4$.

Beispiel: $\quad I \;=\; 2 \qquad$ (binärer Response)

$\qquad\qquad\quad m \;=\; 4 \qquad$ Zeitpunkte

Kodierung des Response: $\qquad\qquad$ 1

Kodierung des Nichtresponse: $\qquad$ 0

Bezeichnen wir mit $i = (i_1, \ldots, i_m)$ die Zelle in der Tafel entsprechend dem Response $i_j = 1$ oder $i_j = 0$ $(j = 1, \ldots, m)$ zu den Versuchspunkten $t_1, \ldots, t_m$ und mit π_i die Wahrscheinlichkeit für diese Zelle, so gilt

$$\sum_1^{I^m} \pi_i = 1 \; . \tag{7.138}$$

Sei $m_i = n\pi_i$ die erwartete Besetzung der i–ten Zelle.

Seien die I Kategorien mit h indiziert $(h = 1, \ldots I)$ und sei $P_h(j)$ die Wahrscheinlichkeit für Response h zum Versuchspunkt j. Dann bilden $\{P_h(j), \; h = 1, \ldots I\}$ für festes j die j–te Randverteilung der Kontingenztafel.

Wir betrachten die Tabelle 7.7 mit $m = 4$ Versuchspunkten. Für jede Therapiegruppe (P bzw. M) wird separat der vollständig gekreuzte Versuchsplan für den binären Response (z. B. 1: oberhalb des medianen Blutdrucks der Placebogruppe zum Versuchspunkt j, 0: unterhalb), also die 2^4-Tafel durchgezählt. Wir klassifizieren den Response nun nach dem unabhängigen Multinomialschema $M(n; \pi_1, \ldots, \pi_5)$:

<table>
<tr><td rowspan="2">Response</td><td rowspan="2">i</td><td colspan="4">Versuchspunkt</td><td rowspan="2">Anzahl</td></tr>
<tr><td>1</td><td>2</td><td>3</td><td>4</td></tr>
<tr><td>4mal</td><td>1</td><td>1</td><td>1</td><td>1</td><td>1</td><td>n_1</td></tr>
<tr><td rowspan="4">3mal</td><td>2</td><td>1</td><td>1</td><td>1</td><td>0</td><td>n_2</td></tr>
<tr><td>3</td><td>1</td><td>1</td><td>0</td><td>1</td><td>n_3</td></tr>
<tr><td>4</td><td>0</td><td>1</td><td>1</td><td>1</td><td>n_4</td></tr>
<tr><td>5</td><td>1</td><td>0</td><td>1</td><td>1</td><td>n_5</td></tr>
<tr><td rowspan="6">2mal</td><td>6</td><td>1</td><td>1</td><td>0</td><td>0</td><td>n_6</td></tr>
<tr><td>7</td><td>1</td><td>0</td><td>1</td><td>0</td><td>n_7</td></tr>
<tr><td>8</td><td>1</td><td>0</td><td>0</td><td>1</td><td>n_8</td></tr>
<tr><td>9</td><td>0</td><td>1</td><td>1</td><td>0</td><td>n_9</td></tr>
<tr><td>10</td><td>0</td><td>1</td><td>0</td><td>1</td><td>n_{10}</td></tr>
<tr><td>11</td><td>0</td><td>0</td><td>1</td><td>1</td><td>n_{11}</td></tr>
<tr><td rowspan="4">1mal</td><td>12</td><td>1</td><td>0</td><td>0</td><td>0</td><td>n_{12}</td></tr>
<tr><td>13</td><td>0</td><td>1</td><td>0</td><td>0</td><td>n_{13}</td></tr>
<tr><td>14</td><td>0</td><td>0</td><td>1</td><td>0</td><td>n_{14}</td></tr>
<tr><td>15</td><td>0</td><td>0</td><td>0</td><td>1</td><td>n_{15}</td></tr>
<tr><td>0mal</td><td>16</td><td>0</td><td>0</td><td>0</td><td>0</td><td>n_{16}</td></tr>
<tr><td></td><td></td><td></td><td></td><td></td><td></td><td>n</td></tr>
</table>

Tabelle 7.7: 2^4–Tafel

Klasse 1: 4–mal Response 1,
0–mal Nichtresponse 0
$\implies$ Zeile 1 von Tabelle 7.7

Klasse 2: 3–mal Response 1,
1–mal Nichtresponse 0
$\implies$ Zeilen 2–5

Klasse 3: 2–mal Response 1,
2–mal Nichtresponse 0
$\implies$ Zeilen 6–11

Klasse 4: 1–mal Response 1,
3–mal Nichtresponse 0
$\implies$ Zeilen 12–15

Klasse 5: 0–mal Response 1,
4–mal Nichtresponse 0
$\implies$ Zeile 16 .

Bezieht man beide Therapien (P/M) ein, so ergibt sich eine 5×2–Tafel, wobei die **disjunkten Kategorien der Zeilen** häufig auch als **Profile** bezeichnet werden.

kumulierte Anzahl Response 1	P	M
0	n_{11}	n_{12}
1	n_{21}	n_{22}
2	n_{31}	n_{32}
3	n_{41}	n_{42}
4	n_{51}	n_{52}
	n_{+1}	n_{+2}

Da P und M unabhängig sind und die Spalten dem Modell des unabhängigen Multinomialschemas $M(n_{+1}; \pi_P)$ bzw. $M(n_{+2}; \pi_M)$ folgen, läßt sich die Nullhypothese H_0: "unabhängige Aufspaltung nach kumuliertem Response und nach Therapie" äquivalent durch ein loglineares Modell darstellen (m_{ij}: unter H_0 erwartete Zellbesetzungen)

$$\ln(m_{ij}) = \mu + \lambda_i^R + \lambda_1^P + \lambda_{i1}^{RP} \,, \tag{7.139}$$

wobei

μ : Gesamtmittel ,

λ_i^R : Effekt der i-ten kumulierten Responsekategorie (i-tes Profil),

λ_1^P : Effekt des Placebo,

λ_{i1}^{RP} : Wechselwirkung i-te Responsekategorie – Placebo.

Wird Effektkodierung gewählt, so ist der Effekt des Medikaments $\lambda_1^M = -\lambda_1^P$.

Anwendungsbeispiel:

Wir demonstrieren den globalen Test an einem 13–Stunden–Blutdruckdatensatz.

Es liegen Messungen an $n_1 = 63$ und $n_2 = 64$ Patienten der Therapiegruppen P (Placebo) und M (Medikament) über $m = 13$ Stunden (Start: $j = 0$, dann 12 Messungen im Stundenabstand) vor. Für jeden Patienten wird festgestellt, zu welcher kumulierten Responsekategorie i ($i = 0, \ldots, 13$) mit i: Anzahl des Stunden–Blutdrucks oberhalb des Medians der j-ten Stundenmessung der Placebogruppe ($j = 0, \ldots, 12$) er gehört.

Die Ergebnisse sind in Tabelle 7.8 bzw. nach Zusammenfassung der Gruppen $(0,1), (2,3), \ldots, (12,13)$ (zur Überwindung von Null–Besetzungen in den Zellen) in Tabelle 7.9 dargestellt. Tabelle 7.10 enthält die Parameterschätzungen und die standardisierten Parameterschätzungen (∗: Signifikanz zum zweiseitigen Niveau von 5%, d.h. Vergleich mit $u_{0.95\ (zweiseitig)} = 1.96$).

Hinweis: Die Berechnungen wurden mit der selbst entwickelten Software LOGGY 1.0 (vgl. Heumann und Jacobsen, 1993), der Standardsoftware PCS sowie mit zusätzlichen Programmen durchgeführt.

Interpretation

(i) Saturiertes Modell

$$\ln(m_{ij}) = \mu + \lambda_i^R + \lambda_1^P + \lambda_{i1}^{RP} \,. \tag{7.140}$$

i	P	M	$\sum$
0	5	30	35
1	7	7	14
2	3	6	9
3	4	6	10
4	3	5	8
5	3	3	6
6	5	2	7
7	6	0	6
8	3	2	5
9	9	0	9
10	5	0	5
11	2	2	4
12	2	1	3
13	6	0	6
$\sum$	63	64	127

Tabelle 7.8: Klassifizierung der 12–Stunden–Messungen am Endpoint nach "i–mal Blutdruckwerte über dem jeweiligen Stundenmedian der Placebogruppe"

Die Teststatistik für H_0: "saturiertes Modell gültig" ist wie immer $G^2 = 0$ (perfekte Anpassung).

Der Placeboeffekt $\hat{\lambda}_1^P = 0.35$ (2.57 standardisiert) ist signifikant. Da die Kodierung 1 hohen Blutdruck (über dem jeweiligen Placebo–Stundenmedian) darstellt, bedeutet ein positives λ_1^P einen Effekt in Richtung höheren Blutdrucks und damit ($\lambda_1^M = -0.35$) wirkt das Medikament signifikant overall–blutdrucksenkend.

Die signifikanten Responseeffekte λ_1^R (Kategorien 0– und 1–mal über dem Median) und λ_2^R (2– und 3–mal über dem Median) sind positiv und

	P	M	$\sum$
0,1	12	37	49
2,3	8	12	20
4,5	6	8	14
6,7	10	2	12
8,9	13	2	15
10,11	7	2	9
12,13	7	1	8
$\sum$	63	64	127

Tabelle 7.9: Zusammenfassung von Klassen in Tabelle 7.8

Parameter	Parameter-schätzung	signifikant	standardisiert
μ	1.81	*	13.42
λ_1^P	0.35	*	2.57
λ_1^R	1.24	*	6.35
λ_2^R	0.47	*	2.00
λ_3^R	0.12		0.47
λ_4^R	-0.31		-0.89
λ_5^R	-0.18		-0.53
λ_6^R	-0.49		-1.35
λ_7^R	-0.84	*	-1.98
λ_{11}^{RP}	-0.91	*	-4.67
λ_{21}^{RP}	-0.55	*	-2.34
λ_{31}^{RP}	-0.49		-1.85
λ_{41}^{RP}	0.46		1.29
λ_{51}^{RP}	0.59		1.69
λ_{61}^{RP}	0.28		0.77
λ_{71}^{RP}	0.63		1.33

Tabelle 7.10: Parameterschätzungen und standardisierte Werte für das saturierte Modell $\quad \ln(m_{ij}) = \mu + \lambda_i^R + \lambda_1^P + \lambda_{i1}^{RP}$

λ_7^R (10– und 11–mal über dem Median) ist negativ, zwei Aussagen, die wieder qualitativ für die blutdrucksenkende Wirkung des Medikaments sprechen.

Die Wechselwirkungen sind isoliert schwer zu interpretieren.

Bei der Untersuchung der Submodelle der Hierarchie erhalten wir folgende Ergebnisse:

(ii) Unabhängigkeitsmodell

$$H_0: \ \ln(m_{ij}) = \mu + \lambda_i^R + \lambda_1^P \ . \qquad (7.141)$$

Der Testwert $G^2 = 37$ (p–value 0.000002) ist signifikant, so daß H_0 (7.141) abzulehnen ist.

(iii) Modell für isolierte Profileffekte

$$H_0: \ \ln(m_{ij}) = \mu + \lambda_i^R \ . \qquad (7.142)$$

Testwert $G^2 = 37$ (7 df), also signifikant (H_0: (7.142) ist abzulehnen).

(iv) Modell für isolierten Behandlungseffekt

$$H_0: \ \ln(m_{ij}) = \mu + \lambda_1^P \qquad (7.143)$$

Testwert $G^2 = 90$ (12 df), also signifikant. Der Schätzwert für den Therapieeffekt ist $\lambda_1^P = -0.0079$, also deutlich nicht signifikant.

Als Ergebnis bleibt festzuhalten, daß allein das saturierte Modell als statistisches Modell für die Profilbelegung der beiden Subpopulationen Placebo und Medikament in Frage kommt. Mit diesem Modell erhalten wir einen Hinweis auf

— einen blutdrucksenkenden Effekt des Medikaments,

— Profileffekte

und den Nachweis für

— signifikante Wechselwirkungen.

Als wesentliches Ergebnis bleibt festzuhalten, daß der Therapieeffekt nicht isoliert (quasi als orthogonale Komponente), sondern im Wechselspiel mit der Zeit nach Einnahme wirkt.

Diese Analyse wird durch folgende crude–rate–analysis bestätigt, bei der die Klassen 0–6 und 7–13 zusammengefaßt werden.

	P	M	
0–6	32	59	91
7–12	31	5	36
	63	64	127

Das saturierte Modell

$$\ln(m_{ij}) = \mu + \lambda_1^R + \lambda_1^P + \lambda_{11}^{RP} \tag{7.144}$$

liefert die signifikanten Parameterschätzungen

	$\hat{\mu}$	$\hat{\lambda}_1^R$	$\hat{\lambda}_1^P$	$\hat{\lambda}_{11}^{RP}$
	3.15	0.63	0.30	−0.61
standardisiert	23.77 ∗	4.72 ∗	2.69 ∗	−4.60 ∗

Im saturierten Modell gilt für den Odds–Ratio

$$
\begin{aligned}
\theta &= \exp(4\lambda_{11}^{RP}) \,, \\
\text{d.h.} \quad \hat{\theta} &= 0.0036 \,, \\
\ln \hat{\theta} &= -2.44 \quad \text{(negativer Zusammenhang)}.
\end{aligned}
$$

Das grobe Modell der Vierfeldertafel wird im allgemeinen als robuster Indikator von Zusammenhängen angesehen, die sich in feineren Strukturen weiter aufschlüsseln lassen. Der Vorteil des Vierfeldermodells ist die Schätzung einer crude interaction (grobe Wechselwirkung) über alle Stufen der Zeilenkategorien.

Bemerkung: Die Modellberechnungen setzen das Poissonschema für die Kontingenztafel – also unrestricted random sampling, d.h. insbesondere zufälligen Gesamtstichprobenumfang — voraus.

Beim Modell des Therapievergleichs ist das Stichprobenschema eingeschränkt und zwar vom Typ independent multinomial. Birch (1963) bewies, daß die ML–Schätzungen für unabhängiges Multinomialschema und Poissonschema identisch sind, sofern das Modell einen Term (Parameter) enthält für die durch den Versuchsplan festgelegte Randverteilung. D.h. in unserem Fall des Therapievergleichs müssen die Randsummen n_{+1} bzw. n_{+2} (= Patientenanzahl in Placebo– und Medikamentengruppe) als suffiziente Statistiken in den Parameterschätzungen erscheinen.
Dies ist der Fall im

   (i) saturierten Modell (7.140)

   (ii) Unabhängigkeitsmodell (7.141)

   (iii) Modell für isolierte Profileffekte (7.142),

aber nicht im

   (iv) Modell für den isolierten Behandlungseffekt (7.143).

Wie unsere Modellrechnungen zeigen, ist Modell (7.143) ohne Interesse, da ein Behandlungseffekt nicht isoliert, sondern nur in Wechselwirkung mit den Profilen nachweisbar ist.

Bemerkung: Durch Patienten mit Blutdruck = Stundenmedian entstehen leichte Verschiebungen zwischen Tabelle 7.8 und Tabelle 7.9.

Trend der Profilbelegung der Medikamentengruppe

Als weiteren nichtparametrischen Indikator für die blutdrucksenkende Wirkung des Medikaments wollen wir das grobe binäre Risiko

   7–12–mal über dem jeweiligen Placebo–Stundenmedian /
   0–6–mal über dem Median

über drei Beobachtungstage (Starttag, mittlerer Tag, Endpoint, d.h. $i = 1, 2, 3$) durch eine logistische Regression modellieren. Diese Werte sind in Tabelle 7.11 enthalten.
Wir berechnen daraus das Modell

$$\ln\left(\frac{n_{i1}}{n_{i2}}\right) = \hat{\alpha} + \hat{\beta}\, i \qquad (i = 1, 2, 3)$$

$$= 1.243 - 1.265 \cdot i \tag{7.145}$$

mit dem Korrelationskoeffizienten $r = 0.9938$ (p–value 0.0354, einseitig) und der Restvarianz $\hat{\sigma}^2 = 0.2^2$.

i	7–12	0–6	Logit
1	34	32	0.06
2	12	51	−1.45
3	5	59	−2.47

Tabelle 7.11: Grobe Profile der Medikamentengruppe an den 3 Meßtagen

Damit ist der negative Trend, mit fortschreitender Behandlungszeit in die ungünstige Profilgruppe "7–12" zu fallen, im Rahmen dieses Modells (3 Beobachtungen, 2 Parameter!) signifikant. Diese Aussage ist nur als grober Indikator zu sehen. Verläßlichere Aussagen erhält man mit der stärker unterteilten Tabelle 7.12.

i	0–1	2–3	4–5	6–7	8–9	10–11	12–13
1	4	10	10	13	8	13	8
2	29	14	7	4	4	2	1
3	37	12	8	2	2	2	1

Tabelle 7.12: Feinere Profile der Medikamentengruppe zu den 3 Meßtagen

Die G^2-Analyse in Tabelle 7.12 zum Prüfen von H_0: "Zellbesetzungen über die Profile und die Tage sind unabhängig" ergibt mit $G^2_{14} = 70.50$ ($> 23.7 = \chi^2_{14;0.95}$) einen signifikanten Wert, so daß H_0 abgelehnt wird.

7.10 Kontrollfragen und Aufgaben

7.10.1 Wie ist die Korrelation eines Individuums über die Meßpunkte definiert? Wie sind zwei Individuen korreliert?
Wie lautet der Intraklass-Korrelationskoeffizient eines Individuums über zwei verschiedene Meßpunkte?

7.10.2 Welche Struktur hat die Kovarianzmatrix der Compound Symmetry?
Wie lautet die beste lineare erwartungstreue Schätzung von β im Modell $\mathbf{y} = \mathbf{X}\beta + \epsilon$, $\epsilon \sim (0, \sigma^2\mathbf{W})$ mit $\mathbf{W}$ von der Struktur der Compound Symmetry?

7.10.3 Warum wählt man die gewöhnliche KQ-Schätzung statt der Aitken-Schätzung im Fall der Compound Symmetry?

7.10.4 Wie lautet das Repeated Measures Modell für zwei unabhängige Populationen?
Wieso kann man es als gemischtes Modell und als Split–Plot Design interpretieren?

7.10.5 Was versteht man unter dem $\boldsymbol{\mu}_k$-Profil eines Individuums?

7.10.6 Wie ist die Wishart–Verteilung definiert?

7.10.7 Wie prüft man multivariat H_0: $\boldsymbol{\mu} = \boldsymbol{\mu}_0$ (Einstichprobenproblem) für
$\mathbf{x}_1, \ldots, \mathbf{x}_n$ i.i.d. $\sim N_p(\boldsymbol{\mu}, \boldsymbol{\Sigma})$?

7.10.8 Wie prüft man multivariat H_0: $\boldsymbol{\mu}_x = \boldsymbol{\mu}_y$ (Zweistichprobenproblem) für
$\mathbf{x}_1, \ldots, \mathbf{x}_{n_1} \sim N_p(\boldsymbol{\mu}_x, \boldsymbol{\Sigma}_x)$ und $\mathbf{y}_1, \ldots, \mathbf{y}_{n_2} \sim N_p(\boldsymbol{\mu}_y, \boldsymbol{\Sigma}_y)$?
Welche Voraussetzung muß gelten?

7.10.9 Beschreiben Sie die Teststrategie (univariat/multivariat) in Abhängigkeit
von der Erfüllung der Sphericity–Bedingung.

Kapitel 8

Cross–over Design

8.1   Einleitung

Die Prüfung von neuen Medikamenten oder Behandlungsmethoden erfolgt in klinischen Versuchen, wobei – nach Vorversuchen – ein Nachweis der Wirkung durch Behandlung von Patientengruppen (Versuchspersonen) erfolgt. Aus ethischen Erwägungen sind die Risiken für die beteiligten Personen auf ein Minimum und die Anzahl der Versuchspersonen auf ein statistisch notwendiges Maß zu beschränken. Diesen zweiten Anspruch erfüllt das Cross–over Design, bei dem jedes Individuum nacheinander zwei oder mehr verschiedene Behandlungen erhält. Man bildet randomisierte Gruppen von Individuen, die die Behandlungen gruppenintern in der gleichen Reihenfolge erhalten. Die verschiedenen Gruppen erhalten die Behandlungen in verschiedener Abfolge. Zwischen den Behandlungen liegt eine behandlungsfreie Zeit, die so bemessen wird, daß die Wirkung des letzten Medikaments abgeklungen ist und der Patient bei Beginn der nächsten Behandlung quasi wieder „unbehandelt" ist. Die Wirkung des nächsten Medikaments kann also unbelastet von Vorbehandlungen beobachtet werden kann. Diese Zeitspannen nennt man *wash–out periods.*
In klinischen Versuchen ist häufig die Variabilität des Response zwischen verschiedenen Personen (between–subject) wesentlich größer als die Variabilität wiederholter Messungen an derselben Person (within–subject). Das Cross–over Design nutzt diesen Sachverhalt aus, indem versucht wird, möglichst viele interessierende Effekte durch Schätzungen auf der Basis von Differenzen oder allgemeineren Kontrasten der within–subject Beobachtungen zu erhalten.
Damit steht das Cross–over Design in Konkurrenz zum *parallelen Gruppenvergleich* (parallel group trial), bei dem jedes Individuum nur eine Behandlung erhält und randomisiert Gruppen mit gleicher Behandlung gebildet werden. Wirkungen werden dann auf der Basis der between–subject (d.h. between groups) Information verglichen.
Die Vorteile der Cross–over Anlage wirken jedoch nur dann, wenn der wash–out Effekt tatsächlich eintritt.
Falls der Effekt der einen Behandlung noch in die nächste Phase hineinwirkt, liegt ein *carry–over Effekt* vor, der die Schätzung von *direkten Treatment–Effekten* erschwert oder unmöglich macht.

Um psychologische Effekte auszuschalten, werden die Versuche doppelt–blind durchgeführt, d.h. weder Patient noch Arzt wissen, welche Behandlung in welcher Phase angewandt wird.

8.2 Das lineare Modell des Cross–over

Wir nehmen an, daß wir allgemein s Gruppen von Individuen bilden, die jeweils M verschiedene Behandlungen in unterschiedlicher Abfolge erhalten. Günstig ist es, wenn alle $M!$ Permutationen der Reihenfolge zum Einsatz kommen, d.h. für $M = 2$ die Behandlungsfolgen AB, BA und für $M = 3$ die Behandlungsfolgen $ABC, BCA, CAB, ACB, CBA, BAC$, so daß $s = M!$ ist.

Wir nehmen generell an, daß das Design in p Perioden angelegt ist (im obigen Fall wäre $p = M$). Der Response des k–ten Individuums ($k = 1, \ldots, n_i$) in der i–ten Gruppe ($i = 1, \ldots, s$) zur Periode j ($j = 1, \ldots, p$) sei y_{ijk}. Wir setzen zunächst folgendes lineare Modell an (vgl. Jones and Kenward, 1989, p.9), das von Ratkowsky et al. (1993, pp. 81–84) als Parametrisierung No. 1 bezeichnet wird:

$$y_{ijk} = \mu + s_{ik} + \pi_j + \tau_{[i,j]} + \lambda_{[i,j-1]} + \epsilon_{ijk}. \tag{8.1}$$

Dabei sind

y_{ijk}	:	Response der k–ten Versuchseinheit der Gruppe i in der Periode j,
μ	:	globaler Mittelwert (overall mean),
s_{ik}	:	Effekt der k–ten Versuchseinheit in Gruppe i,
		$i = 1, \ldots s, \ k = 1, \ldots, n_i$,
π_j	:	Effekt der j–ten Periode, $j = 1, \ldots, p$,
$\tau_{[i,j]}$	:	direkter Effekt der Behandlung der Gruppe i in Periode j (Treatmenteffekt),
$\lambda_{[i,j-1]}$	:	carry-over Effekt (Effekt der Behandlung der Gruppe i in Periode $j-1$, der in Periode j noch wirksam ist) mit $\lambda_{[i,0]} = 0$,
ϵ_{ijk}	:	zufälliger Fehler.

Der Effekt s_{ik} wird als zufällig angesetzt. Zunächst wird die übliche Notation für die Stichprobensummen (Großbuchstaben) und Mittelwerte (Kleinbuchstaben) vereinbart. Dabei tritt an die Stelle des Index, über den summiert werden soll, ein Punkt ($\cdot$).

$$\left.\begin{array}{llll}
\text{Totaler Response:} & Y_{ij\cdot} = \sum_{k=1}^{n_i} y_{ijk}, & Y_{i\cdot\cdot} = \sum_{j=1}^{p} Y_{ij\cdot}, & Y_{\cdot\cdot\cdot} = \sum_{i=1}^{s} Y_{i\cdot\cdot} \\
\text{Mittelwerte:} & y_{ij\cdot} = \frac{Y_{ij\cdot}}{n_i}, & y_{i\cdot\cdot} = \frac{Y_{i\cdot\cdot}}{pn_i}, & y_{\cdot\cdot\cdot} = \frac{Y_{\cdot\cdot\cdot}}{p\sum_{i=1}^{s} n_i}
\end{array}\right\} \tag{8.2}$$

Wir setzen zunächst stetigen Response voraus.

Bemerkung: Das Modell (8.1) kann als *klassischer Ansatz* bezeichnet werden, der seit den sechziger Jahren (Grizzle, 1965) intensiv erforscht wird. Diese Parametrisierung enthält jedoch — insbesondere bei höher dimensionierten

Designs — einige Inkonsistenzen bezüglich des Effekts der Abfolge der Behandlungen. Dieser sogenannte Sequence–Effekt bezieht sich auf die Reihenfolge der Behandlungen. Wird z.B. folgender Versuchsplan als cross–over Design realisiert:

<table>
<tr><td rowspan="2"></td><td colspan="4">Periode</td></tr>
<tr><td>1</td><td>2</td><td>3</td><td>4</td></tr>
<tr><td rowspan="4">Sequence</td><td>A</td><td>B</td><td>C</td><td>D</td></tr>
<tr><td>B</td><td>D</td><td>A</td><td>C</td></tr>
<tr><td>C</td><td>A</td><td>D</td><td>B</td></tr>
<tr><td>D</td><td>C</td><td>B</td><td>A</td></tr>
</table>

so kann die Sequence (Gruppe) einen festen Effekt auf den Response haben. Der between-subject Effekt s_{ik} wäre damit zusätzlich nach der Sequence (Gruppe) geschichtet. Dieser Effekt müßte also additiv als Parameter γ_i $(i = 1, \ldots, s)$ im Modell (8.1) berücksichtigt werden. Der klassische Ansatz (8.1) ohne diesen Effekt γ_i führt dazu, daß der Sequence–Effekt mit anderen Effekten verknüpft ist. Wir werden diesen Sachverhalt ausführlich diskutieren.

8.3 2×2 Cross–over (klassischer Ansatz)

Wir behandeln nun den in der Praxis wesentlichen Fall des Vergleichs von $M = 2$ Medikamenten A und B (vgl. Abbildung 8.1) im 2×2 Cross–over Experiment mit $p = 2$ Perioden.

	Periode 1	Periode 2
Gruppe 1	A	B
Gruppe 2	B	A

Abbildung 8.1: Behandlungsfolge im 2×2 Cross–over Design

Im 2×2 Cross–over Experiment stehen vier Stichprobenmittelwerte $y_{11\cdot}, y_{12\cdot}, y_{21\cdot}$ und $y_{22\cdot}$ zur Verfügung. Damit verbleiben drei Freiheitsgrade zur Schätzung von Perioden– und Behandlungseffekten und des carry–over Effekts. Da ein Effektnachweis durch Vergleich der jeweiligen Differenzen geführt wird, sind die drei Freiheitsgrade aufgebraucht. Die Wechselwirkung Treatment×Period wird indirekt als sogenannter Alias–Effekt (aliased effect) über den carry–over Effekt geschätzt. Damit erhält das 2×2 Cross–over Design die speziellen Parameter

$$\tau_1 = \tau_A \quad \text{und} \quad \tau_2 = \tau_B \quad . \tag{8.3}$$

Die carry–over Effekte vereinfachen sich zu

$$\left. \begin{array}{l} \lambda_1 = \lambda_{[1,1]} = \lambda_{[A,1]} \\ \lambda_2 = \lambda_{[2,1]} = \lambda_{[B,1]} \end{array} \right\} \tag{8.4}$$

Gruppe	Periode 1	Periode 2
1 (AB)	$\mu + \pi_1 + \tau_1 + s_{1k} + \epsilon_{11k}$	$\mu + \pi_2 + \tau_2 + \lambda_1 + s_{1k} + \epsilon_{12k}$
2 (BA)	$\mu + \pi_1 + \tau_2 + s_{2k} + e_{21k}$	$\mu + \pi_2 + \tau_1 + \lambda_2 + s_{2k} + \epsilon_{22k}$

Tabelle 8.1: Effekte im 2×2 Cross–over

Damit stehen λ_1 bzw. λ_2 für den carry-over Effekt der in der ersten Periode applizierten Behandlung A bzw. B, so daß sich das Modell, wie in Tabelle 8.1 dargestellt, vereinfachen läßt. Die Effekte s_{ik} werden als zufällig angesetzt. Über die Verteilung der zufälligen Effekte werden folgende Annahmen getroffen:

$$\left. \begin{array}{rcll} s_{ik} & \overset{i.i.d.}{\sim} & N(0, \sigma_s^2) & \\ \epsilon_{ijk} & \overset{i.i.d.}{\sim} & N(0, \sigma^2) & \\ E(\epsilon_{ijk} s_{ik}) & = & 0 & \text{(alle } i, j, k) \end{array} \right\} \qquad (8.5)$$

8.3.1 Datenanalyse mittels t–Tests

Die Verwendung von t–Tests zur Datenanalyse im 2×2 Cross–over Experiment wurde erstmals von Hills and Armitage (1979) vorgeschlagen. Jones and Kenward (1989) geben an, daß diese t–Tests gültig sind und zwar unabhängig von der Kovarianzstruktur der beiden Responsewerte y_A und y_B jeder Versuchseinheit.

Prüfung auf carry–over Effekte, d.h. Prüfen von $H_0 : \lambda_1 = \lambda_2$

Zuerst prüfen wir, ob die carry–over Effekte λ_1 und λ_2 gleich sind. Denn nur wenn dies erfüllt ist, liefern die weiteren Testverfahren für die Haupteffekte gültige Ergebnisse, da die Differenz der carry–over Effekte $\lambda_d = \lambda_1 - \lambda_2$ der Alias–Effekt für die Treatment×Periode–Wechselwirkung ist.
Für die Merkmalssumme $Y_{1 \cdot k}$ der k–ten Versuchseinheit in Gruppe 1 (AB) gilt

$$Y_{1 \cdot k} = y_{11k} + y_{12k} \qquad (8.6)$$

und (vgl. Tabelle 8.1)

$$\begin{aligned} E(Y_{1 \cdot k}) & = E(y_{11k}) + E(y_{12k}) \\ & = (\mu + \pi_1 + \tau_1) + (\mu + \pi_2 + \tau_2 + \lambda_1) \\ & = 2\mu + \pi_1 + \pi_2 + \tau_1 + \tau_2 + \lambda_1. \end{aligned} \qquad (8.7)$$

Analog erhält man für die Merkmalssumme $Y_{2 \cdot k}$ in Gruppe 2 (BA)

$$Y_{2 \cdot k} = y_{21k} + y_{22k} \qquad (8.8)$$

und

$$E(Y_{2 \cdot k}) = 2\mu + \pi_1 + \pi_2 + \tau_1 + \tau_2 + \lambda_2. \qquad (8.9)$$

Unter der Nullhypothese

$$H_0 : \lambda_1 = \lambda_2 \tag{8.10}$$

gilt dann

$$E(Y_{1 \cdot k}) = E(Y_{2 \cdot k}) \qquad \text{für alle } k. \tag{8.11}$$

Damit können wir nun den Zweistichproben–t–Test auf die Merkmalssummen der Versuchseinheiten anwenden und definieren

$$\lambda_d = \lambda_1 - \lambda_2 \quad . \tag{8.12}$$

Dann ist

$$\hat{\lambda}_d = \frac{Y_{1 \cdot \cdot}}{n_1} - \frac{Y_{2 \cdot \cdot}}{n_2} = 2(y_{1 \cdot \cdot} - y_{2 \cdot \cdot}) \tag{8.13}$$

ein erwartungstreuer Schätzer für λ_d, d.h. es gilt

$$E(\hat{\lambda}_d) = \lambda_d \quad . \tag{8.14}$$

Mit

$$Y_{i \cdot k} - E(Y_{i \cdot k}) = 2s_{ik} + \epsilon_{i1k} + \epsilon_{i2k}$$

und

$$\mathrm{Var}(Y_{i \cdot k}) = 4\sigma_s^2 + 2\sigma^2$$

gilt

$$\mathrm{Var}\left(\frac{Y_{i \cdot \cdot}}{n_i}\right) = \frac{1}{n_i^2} \sum_{k=1}^{n_i} \mathrm{Var}(Y_{i \cdot k}) = \frac{4\sigma_s^2 + 2\sigma^2}{n_i}$$

$(i = 1, 2)$. Folglich wird

$$\begin{aligned}
Var(\hat{\lambda}_d) &= 2(2\sigma_s^2 + \sigma^2)\left(\frac{1}{n_1} + \frac{1}{n_2}\right) \\
&= \sigma_d^2 \left(\frac{n_1 + n_2}{n_1 n_2}\right)
\end{aligned} \tag{8.15}$$

mit

$$\sigma_d^2 = 2(2\sigma_s^2 + \sigma^2) \quad . \tag{8.16}$$

Ein Schätzer für die gemeinsame Varianz σ_d^2 ist das gewogene Mittel (*pooled sample variance*)

$$s^2 = \frac{(n_1 - 1)s_1^2 + (n_2 - 1)s_2^2}{n_1 + n_2 - 2} \tag{8.17}$$

mit $n_1 + n_2 - 2$ Freiheitsgraden. Dabei sind s_1^2 und s_2^2 die Stichprobenvarianzen der Merkmalssummen innerhalb der Gruppen mit

$$s_i^2 = \frac{1}{n_i - 1} \sum_{k=1}^{n_i} (Y_{i \cdot k} - \frac{Y_{i \cdot \cdot}}{n_i})^2 = \frac{1}{n_i - 1}\left(\sum_{k=1}^{n_i} Y_{i \cdot k}^2 - \frac{Y_{i \cdot \cdot}^2}{n_i}\right) \qquad (i = 1, 2). \tag{8.18}$$

Nun können wir die Teststatistik

$$T_\lambda = \frac{\hat{\lambda}_d}{s} \sqrt{\frac{n_1 n_2}{n_1 + n_2}} \tag{8.19}$$

bilden, die unter H_0 (8.10) eine t-Verteilung mit $n_1 + n_2 - 2$ Freiheitsgraden besitzt.

Nach Jones and Kenward (1989) ist es in der praktischen Anwendung üblich, dem Ratschlag von Grizzle (1965) zu folgen und diesen zweiseitigen Test auf einem Niveau von $\alpha = 0.1$ durchzuführen. Sofern der Test nicht zur Ablehnung der Nullhypothese führt, können die folgenden Tests für die Haupteffekte angewendet werden.

Prüfen des Treatmenteffekts (gegeben $\lambda_1 = \lambda_2 = \lambda$)

Nun soll geprüft werden, ob sich die beiden Behandlungen A und B in ihrer Wirkung unterscheiden. Unter der Voraussetzung, daß $\lambda_1 = \lambda_2 = \lambda$ gilt, haben die Größen (Periodendifferenzen je Patient und Gruppe)

$$
\begin{array}{rcll}
d_{1k} & = & y_{11k} - y_{12k} & \text{(Gruppe 1, d.h. A–B)} \quad, \\
d_{2k} & = & y_{21k} - y_{22k} & \text{(Gruppe 2, d.h. B–A)}
\end{array}
\tag{8.20}
$$

die Erwartungswerte

$$
\begin{array}{rcl}
E(d_{1k}) & = & \pi_1 - \pi_2 + \tau_1 - \tau_2 - \lambda \quad, \\
E(d_{2k}) & = & \pi_1 - \pi_2 + \tau_2 - \tau_1 - \lambda \quad.
\end{array}
\tag{8.21}
$$

Unter der Nullhypothese H_0: kein Behandlungseffekt, d.h.

$$
H_0 : \tau_1 = \tau_2
\tag{8.22}
$$

sind diese Erwartungswerte gleich. Ein Schätzer für die Differenz der Behandlungseffekte

$$
\tau_d = \tau_1 - \tau_2
\tag{8.23}
$$

ist

$$
\hat{\tau}_d = \frac{1}{2}(d_{1\cdot} - d_{2\cdot})
\tag{8.24}
$$

und es gilt

$$
E(\hat{\tau}_d) = \tau_d \quad,
\tag{8.25}
$$

$$
\begin{aligned}
Var(\hat{\tau}_d) & = \frac{2\sigma^2}{4}\left(\frac{1}{n_1} + \frac{1}{n_2}\right) \\
& = \frac{\sigma_D^2}{4}\left(\frac{1}{n_1} + \frac{1}{n_2}\right)
\end{aligned}
\tag{8.26}
$$

mit

$$
\sigma_D^2 = 2\sigma^2 \quad.
\tag{8.27}
$$

Dabei schätzen wir die unbekannte Varianz σ_D^2 analog zu (8.17), jedoch mit

$$
s_{iD}^2 = \frac{1}{n_i - 1}\sum_{k=1}^{n_i}(d_{ik} - d_{i\cdot})^2
$$

durch

$$s_D^2 = \frac{(n_1 - 1)s_{1D}^2 + (n_2 - 1)s_{2D}^2}{n_1 + n_2 - 2} \quad . \tag{8.28}$$

Wir erhalten die Prüfgröße

$$T_\tau = \frac{\hat{\tau}_d}{\frac{1}{2}s_D}\sqrt{\frac{n_1 n_2}{n_1 + n_2}} \quad , \tag{8.29}$$

die unter $H_0: \tau_d = 0$ einer t-Verteilung mit $n_1 + n_2 - 2$ Freiheitsgraden folgt.

Prüfen des Periodeneffekts (gegeben $\lambda_1 + \lambda_2 = 0$)

Schließlich testen wir, ob ein Periodeneffekt vorliegt und konstruieren einen Test zur Nullhypothese

$$H_0 : \pi_1 = \pi_2 \quad . \tag{8.30}$$

Wir erhalten für die Größen

$$\begin{aligned}
c_{1k} &= d_{1k} \quad , \\
c_{2k} &= -d_{2k}
\end{aligned} \tag{8.31}$$

die Erwartungswerte

$$\begin{aligned}
E(c_{1k}) &= \pi_1 - \pi_2 + \tau_1 - \tau_2 - \lambda_1 \\
E(c_{2k}) &= \pi_2 - \pi_1 + \tau_1 - \tau_2 + \lambda_2 \quad .
\end{aligned} \tag{8.32}$$

Unter der üblichen Reparametrisierungsbedingung $\lambda_1 + \lambda_2 = 0$ und unter H_0: $\pi_1 = \pi_2$ gilt $E(c_{1k}) = E(c_{2k})$. Die Differenz der Periodeneffekte $\pi_d = \pi_1 - \pi_2$ schätzen wir erwartungstreu mit

$$\hat{\pi}_d = \frac{1}{2}(c_{1.} - c_{2.}) \tag{8.33}$$

und erhalten die Prüfgröße mit s_D aus (8.28)

$$T_\pi = \frac{\hat{\pi}_d}{\frac{1}{2}s_D}\sqrt{\frac{n_1 n_2}{n_1 + n_2}}, \tag{8.34}$$

die unter der Nullhypothese einer t-Verteilung mit $n_1 + n_2 - 2$ Freiheitsgraden folgt.

Ungleiche carry-over Effekte

Falls die Hypothese $\lambda_1 = \lambda_2$ abgelehnt wird, kann das obigen Verfahren für den Test auf $\tau_1 = \tau_2$ nicht angewendet werden, da es dann auf verzerrten Schätzern basiert. Für $\lambda_d = \lambda_1 - \lambda_2 \neq 0$ gilt

$$E(\hat{\tau}_d) = E\left(\frac{d_{1.} - d_{2.}}{2}\right) = \tau_d - \frac{\lambda_d}{2} \quad . \tag{8.35}$$

Mit
$$\hat{\lambda}_d = y_{11\cdot} + y_{12\cdot} - y_{21\cdot} - y_{22\cdot} \qquad (8.36)$$

und
$$\hat{\tau}_d = \frac{1}{2}(y_{11\cdot} - y_{12\cdot} - y_{21\cdot} + y_{22\cdot}) \qquad (8.37)$$

erhält man den unverzerrten Schätzer $\hat{\tau}_{d|\lambda_d}$

$$\begin{aligned}
\hat{\tau}_{d|\lambda_d} &= \frac{1}{2}(y_{11\cdot} - y_{12\cdot} - y_{21\cdot} + y_{22\cdot}) + \frac{1}{2}(y_{11\cdot} + y_{12\cdot} - y_{21\cdot} - y_{22\cdot}) \\
&= y_{11\cdot} - y_{21\cdot} \qquad (8.38)
\end{aligned}$$

Der Schätzer für τ_d ist für den Fall $\lambda_d \neq 0$ also identisch mit dem eines Designs mit zwei parallelen Gruppen. Die Meßwerte der zweiten Periode liefern hierbei keine Information. Da man beim Design der Studie davon ausgegangen ist, daß keine carry–over Effekte auftreten, ist es nun kaum möglich, signifikante Resultate für den Treatmenteffekt zu erhalten.

Zum Prüfen der Nullhypothese H_0: $\tau_d = 0$ im Fall $\lambda_d \neq 0$ verwendet man wieder einen Zweistichproben–t–Test, wobei jedoch die Varianz aus den Daten der ersten Periode geschätzt wird.

Der Schätzer $\hat{\pi}_d$ bleibt jedoch weiterhin erwartungstreu, wenn man die Reparametrisierungsbedingung

$$\lambda_1 + \lambda_2 = 0 \qquad (8.39)$$

beachtet. Dann erhält man für den Erwartungswert von $\hat{\pi}_d$ (aus (8.33))

$$\begin{aligned}
\mathrm{E}(\hat{\pi}_d) &= \mathrm{E}\left(\frac{c_{1\cdot} - c_{2\cdot}}{2}\right) \\
&= \frac{1}{2}\mathrm{E}\left(\frac{1}{n_1}\sum_{k=1}^{n_1} c_{1k} - \frac{1}{n_2}\sum_{k=1}^{n_2} c_{2k}\right) \\
&= \frac{1}{2}\left(\frac{1}{n_1}\sum_{k=1}^{n_1} \mathrm{E}(c_{1k}) - \frac{1}{n_2}\sum_{k=1}^{n_2} \mathrm{E}(c_{2k})\right) \\
&= \frac{1}{2}(2\pi_1 - 2\pi_2 - (\lambda_1 + \lambda_2)) \qquad \text{[vgl. (8.32)]} \\
&= \pi_d \quad . \qquad \text{[vgl. (8.39)]}
\end{aligned}$$

Somit ist $\hat{\pi}_d$ ein erwartungstreuer Schätzer für π_d auch für den Fall, daß $\lambda_d = \lambda_1 - \lambda_2 \neq 0$ aber $\lambda_1 + \lambda_2 = 0$ gilt.

8.3.2 Varianzanalyse

Betrachtet man Cross–over Designs höherer Ordnung, so erweist es sich als zweckmäßig, die Effekte mittels F–Tests zu prüfen, die man sich aus einer Tafel der Varianzanalyse konstruiert. Eine Tafel für den Spezialfall $n_1 = n_2$ findet sich bereits bei Grizzle (1965). Die erste allgemeine Lösung veröffentlichten Hills and Armitage (1979). Zur Herleitung der einzelnen Quadratsummen betrachtet man das 2×2 Cross–over als einfaches Beispiel eines *Split–Plot* Designs und identifiziert die Versuchseinheiten als *main plots* und die Perioden als *subplots* (vgl. Abschnitt 6.8). Damit erhält man

$$SQ_{Total} = \sum_{i=1}^{2}\sum_{j=1}^{2}\sum_{k=1}^{n_i} y_{ijk}^2 - \frac{Y_{...}^2}{2(n_1+n_2)}$$

between-subjects:

$$SQ_{carry-over} = \frac{2n_1 n_2}{(n_1+n_2)}(y_{1..} - y_{2..})^2$$

$$SQ_{b-s\ Rest} = \sum_{i=1}^{2}\sum_{k=1}^{n_i}\frac{Y_{i\cdot k}^2}{2} - \sum_{i=1}^{2}\frac{Y_{i\cdot\cdot}^2}{2n_i}$$

within-subjects:

$$SQ_{Treat} = \frac{n_1 n_2}{2(n_1+n_2)}(y_{11\cdot} - y_{12\cdot} - y_{21\cdot} + y_{22\cdot})^2$$

$$SQ_{Period} = \frac{n_1 n_2}{2(n_1+n_2)}(y_{11\cdot} - y_{12\cdot} + y_{21\cdot} - y_{22\cdot})^2$$

$$SQ_{w-s\ Rest} = \sum_{i=1}^{2}\sum_{j=1}^{2}\sum_{k=1}^{n_i} y_{ijk}^2 - \sum_{i=1}^{2}\sum_{j=1}^{2}\frac{Y_{ij\cdot}^2}{n_i} - SQ_{b-s\ Rest}$$

Ursache	SQ	df	MQ	F
between subjects				
carry–over	SQ_{c-o}	1	MQ_{c-o}	F_{c-o}
Rest (between subjects)	$SQ_{Rest(b-s)}$	n_1+n_2-2	$MQ_{Rest(b-s)}$	
within subjects				
Direkter Treatmenteffekt	SQ_{Treat}	1	MQ_{Treat}	F_{Treat}
Periodeneffekt	SQ_{Period}	1	MQ_{Period}	F_{Period}
Rest (within subjects)	$SQ_{Rest(w-s)}$	n_1+n_2-2	$MQ_{Rest(w-s)}$	
Total	SQ_{Total}	$2(n_1+n_2)-1$		

Tabelle 8.2: Tafel der Varianzanalyse im 2×2 cross–over Design (aus Jones and Kenward, 1989, p. 31, nach Hills and Armitage, 1979)

Aus Tabelle 8.3 wird deutlich, wie die F–Statistiken zu bilden sind.
Unter H_0: $\lambda_1 = \lambda_2$ haben MQ_{c-o} und $MQ_{Rest(b-s)}$ denselben Erwartungswert, so daß die Teststatistik gleich $F_{c-o} = \frac{MQ_{c-o}}{MQ_{Rest(b-s)}}$ ist.
Unter Gültigkeit von $\lambda_1 = \lambda_2$ und unter H_0: $\tau_1 = \tau_2$ haben MQ_{Treat} und $MQ_{Rest(w-s)}$ denselben Erwartungswert σ^2, d.h. wir erhalten dann $F_{Treat} = \frac{MQ_{Treat}}{MQ_{Rest(w-s)}}$.
Dagegen ist der F–Test auf einen Periodeneffekt nicht von der Voraussetzung $\lambda_1 = \lambda_2$ abhängig. Unter H_0: $\pi_1 = \pi_2$ haben MQ_{Period} und $MQ_{Rest(w-s)}$ denselben Erwartungswert σ^2, so daß $F_{Period|H_0} = \frac{MQ_{Period}}{MQ_{Rest(w-s)}}$ einer F–Verteilung folgt.

MQ	$E(MQ)$
MQ_{c-o}	$\frac{2n_1 n_2}{n_1+n_2}(\lambda_1 - \lambda_2)^2 + (2\sigma_s^2 + \sigma^2)$
$MQ_{Rest(b-s)}$	$(2\sigma_s^2 + \sigma^2)$
MQ_{Treat}	$\frac{2n_1 n_2}{(n_1+n_2)}[(\tau_1 - \tau_2) - \frac{(\lambda_1-\lambda_2)}{2}]^2 + \sigma^2$
MQ_{Period}	$\frac{2n_1 n_2}{(n_1+n_2)}(\pi_1 - \pi_2)^2 + \sigma^2$
$MQ_{Rest(w-s)}$	σ^2

Tabelle 8.3: $E(MQ)$

Beispiel 8.1: In einem klinischen Experiment soll die Wirkung zweier Medikamente A und B auf die Verlängerung der Schlafdauer (in Minuten) untersucht werden.

Gruppe 1 Periode	Treatment	Patienten 1	2	3	4	$Y_{1j\cdot}$	$y_{1j\cdot}$
1	A	20	40	30	20	110	27.5
2	B	30	50	40	40	160	40.0
$Y_{1\cdot k}$		50	90	70	60	$Y_{1\cdot\cdot} = 270$	
						$Y_{1\cdot\cdot}/4 = 67.50$	
						$y_{1\cdot\cdot} = 33.75$	
Differenzen d_{1k}		-10	-10	-10	-20	$d_{1\cdot} = -12.5$	

Gruppe 2 Periode	Treatment	Patienten 1	2	3	4	$Y_{2j\cdot}$	$y_{2j\cdot}$
1	B	30	40	20	30	120	30.0
2	A	20	50	10	10	90	22.5
$Y_{2\cdot k}$		50	90	30	40	$Y_{2\cdot\cdot} = 210$	
						$Y_{2\cdot\cdot}/4 = 52.50$	
						$y_{2\cdot\cdot} = 26.25$	
Differenzen d_{2k}		10	-10	10	20	$d_{2\cdot} = 7.5$	

t–Tests

H_0: $\lambda_1 = \lambda_2$ (kein carry–over Effekt)

$$(8.13): \qquad \hat{\lambda}_d = \frac{Y_{1\cdot\cdot}}{4} - \frac{Y_{2\cdot\cdot}}{4} = \frac{270}{4} - \frac{210}{4} = 15$$

$$(8.18): \qquad 3s_1^2 = \sum_{k=1}^{4}(Y_{1\cdot k} - \frac{Y_{1\cdot\cdot}}{n_i})^2$$

$$= (50 - 67.5)^2 + \cdots + (60 - 67.5)^2 = 875$$

$$(8.18): \qquad 3s_2^2 = (50 - 52.5)^2 + \cdots + (40 - 52.5)^2 = 2075$$

$$(8.17): \qquad s^2 = \frac{2950}{6} = 491.67 = 22.17^2$$

$$(8.19): \qquad T_\lambda = \frac{15}{22.17}\sqrt{\frac{16}{8}} = 0.96$$

Entscheidung: $T_\lambda = 0.96 < 1.94 = t_{6;0.90(\text{zweiseitig})} \Rightarrow H_0$: $\lambda_1 = \lambda_2$ nicht ablehnen.

Damit können wir die nachfolgenden Tests auf Haupteffekte durchführen.
$H_0: \tau_1 = \tau_2$ (kein Behandlungseffekt)
Wir berechnen

$$d_{1\cdot} = \frac{-10 - 10 - 10 - 20}{4} = -12.5$$

$$d_{2\cdot} = \frac{10 - 10 + 10 + 20}{4} = 7.5 \quad ,$$

$$(8.24): \quad \hat{\tau}_d = \frac{1}{2}(d_{1\cdot} - d_{2\cdot}) = -10$$

$$3s^2_{1D} = \sum (d_{1k} - d_{1\cdot})^2$$

$$= (-10 + 12.5)^2 + \cdots + (-20 + 12.5)^2 = 75$$

$$3s^2_{2D} = (10 - 7.5)^2 + \cdots + (20 - 7.5)^2 = 475$$

$$(8.28): \quad s^2_D = \frac{75 + 475}{6} = 9.57^2$$

$$(8.29): \quad T_\tau = \frac{-10}{9.57/2} \sqrt{\frac{4 \cdot 4}{4 + 4}} = -2.96 \quad .$$

Entscheidung: Mit $t_{6;0.95}(\text{zweiseitig}) = 2.45$ bzw. $t_{6;0.95}(\text{einseitig}) = 1.94$ erfolgt sowohl ein- als auch zweiseitig eine Ablehnung von $H_0: \tau_1 = \tau_2$, d.h. ein Nachweis des Treatmenteffekts.
$H_0: \pi_1 = \pi_2$ (kein Periodeneffekt)
Wir berechnen

$$(8.33): \quad \hat{\pi}_d = \frac{1}{2}(c_{1\cdot} - c_{2\cdot}) = \frac{1}{2}(d_{1\cdot} + d_{2\cdot})$$

$$= \frac{1}{2}(-12.5 + 7.5) = -2.5$$

$$(8.34): \quad T_\pi = \frac{-2.5}{9.57/2} \sqrt{2} = -0.74 \quad .$$

Damit wird $H_0: \pi_1 = \pi_2$ nicht abgelehnt (ein- und zweiseitig) .
Die Varianzanalyse ergibt dieselben $F_{1,6} = t^2_6$-Statistiken.

	SQ	df	MQ	F
Carry-over	225	1	225.00	$0.92 = 0{,}96^2$
Rest (b-s)	1475	6	245.83	
Treatment	400	1	400.00	$8.73 = 2.96^2$ *
Period	25	1	25.00	$0.55 = 0.74^2$
Rest (w-s)	275	6	45.83	
	2400	15		

$$SQ_{Total} = 16800 - \frac{480^2}{2 \cdot 8} = 2400$$

$$SQ_{c-o} = \frac{2 \cdot 4 \cdot 4}{4 + 4}(33.75 - 26.25)^2 = 225$$

$$SQ_{Rest(b-s)} = \frac{1}{2}(50^2 + 90^2 + \cdots + 40^2) - \left(\frac{270^2}{8} - \frac{210^2}{8}\right)$$

$$
\begin{aligned}
&= \frac{32200}{2} - \frac{117000}{8} \\
&= 16100 - 14625 = 1475 \\
SQ_{Treat} &= \frac{4 \cdot 4}{2(4+4)}(27.5 - 40.0 - 30.0 + 22.5)^2 \\
&= (-20)^2 = 400 \\
SQ_{Period} &= (27.5 - 40.0 + 30.0 - 22.5)^2 \\
&= (-5)^2 = 25 \\
SQ_{Rest(w-s)} &= 16800 - \frac{1}{4}(110^2 + 160^2 + 120^2 + 90^2) - 1475 \\
&= 16800 - 15050 - 1475 = 275 \quad .
\end{aligned}
$$

8.3.3 Residualanalyse und Plots

Neben den t- und F–Tests sollten stets individuelle und Gruppenplots erstellt
werden, um einen optischen Eindruck von der Behandlung zu erhalten und
auffällige Patienten (Ausreißer) sowie Wechselwirkungen (carry–over) zu erkennen.

Individuelle Profile (subject profiles) werden für alle Individuen getrennt
nach Gruppen durch Plots der Responsewerte gegen die Perioden durchgeführt.
Analog plottet man die Gruppenmittel gegen die Perioden und erhält die
Gruppen–Perioden–Plots, wobei die gleichen Behandlungen durch Gera-
den verbunden werden. Für das Beispiel 8.1 ergeben sich die folgenden Plots.

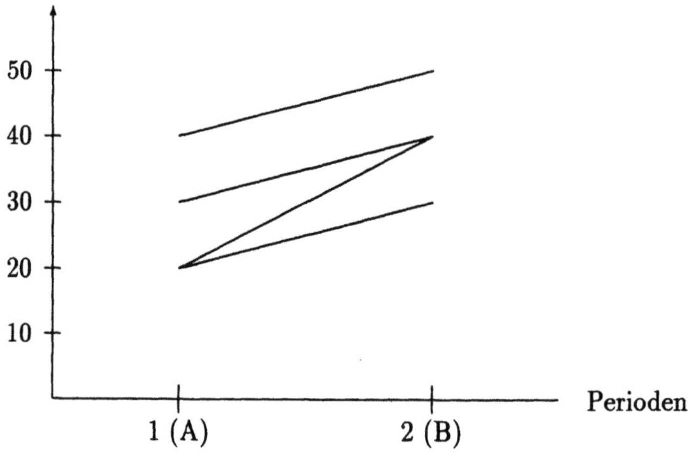

Abbildung 8.2: Individuelle Profile (Gruppe 1)

In Gruppe 1 zeigen alle Patienten einen steigenden Response bei Wechsel von
A zu B. In Gruppe 2 verhält sich der obere Patient (Nr. 2) konträr zu den
anderen drei Patienten.

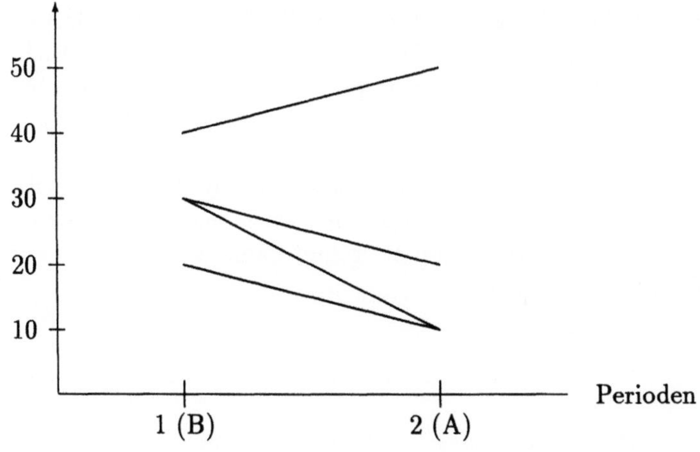

Abbildung 8.3: Individuelle Profile (Gruppe 2)

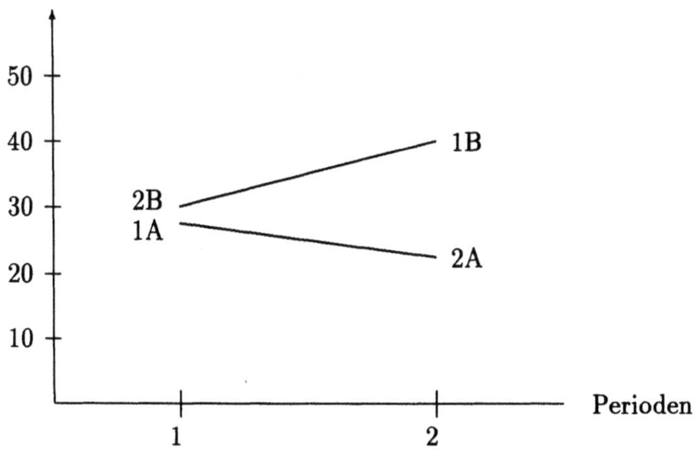

Abbildung 8.4: Gruppen–Perioden–Plots

Nach Abbildung 8.4 zeigt B in beiden Perioden einen höheren Response als A (Mittelwertsdifferenzen $B - A$: $30 - 27.5 = 2.5$ in Periode 1, $40 - 22.5 = 17.5$ in Periode 2, also $\hat{\tau}_d(B - A) = \frac{1}{2}(17.5 + 2.5) = 10 = -\hat{\tau}_d(A - B)$). Eine andere Interpretation wäre, daß A einen leichten carry–over Effekt hat, der B hochtreibt (oder umgekehrt: B hat einen carry–over Effekt, der A herunterdrückt). Diese Unterschiede in den Treatmentdifferenzen sind aber nach unserem Testergebnis nicht auf Wechselwirkung Treatment×Periode (= carry–over Effekt) zurückzuführen. Unstrittig ist, daß A einen kleineren Response als B in Periode 1 hat und daß dieser Effekt sich in Periode 2 verstärkt.

Eine weitere interessante Darstellung ergibt sich mit den **Plots der Individuen–Differenzen** d_{ik} gegen die totalen Responsewerte $Y_{i \cdot k}$. Da der Test auf carry–over Effekt auf $\hat{\lambda}_d = Y_{1\cdot\cdot}/n_1 - Y_{2\cdot\cdot}/n_2$ und der Test auf Behandlungseffekt auf $\hat{\tau}_d = \frac{1}{2}(d_{1\cdot} - d_{2\cdot})$ basiert, gibt der Plot der Paare $(d_{ik}, Y_{i\cdot k})$ einen

Eindruck, ob $\lambda_d \neq 0$ und $\tau_d \neq 0$ gelten, wenn wir die Punkte jeder Gruppe durch ihre konvexe Hülle verbinden. Eine Trennung der beiden Hüllen in Richtung x–Achse ($Y_{i\cdot k}$–Werte) deutet auf $\lambda_d \neq 0$ hin, eine Trennung in Richtung der y–Achse deutet auf $\tau_d \neq 0$ hin. Insbesondere lassen sich Ausreißer gut erkennen.

Abbildung 8.5 zeigt eine Trennung der beiden Hüllen in y–Richtung und gibt damit einen Hinweis auf einen Treatmenteffekt (den wir ja auch nachgewiesen haben). Dagegen ist horizontal keine Trennung und damit kein Hinweis auf einen carry–over Effekt zu erkennen.

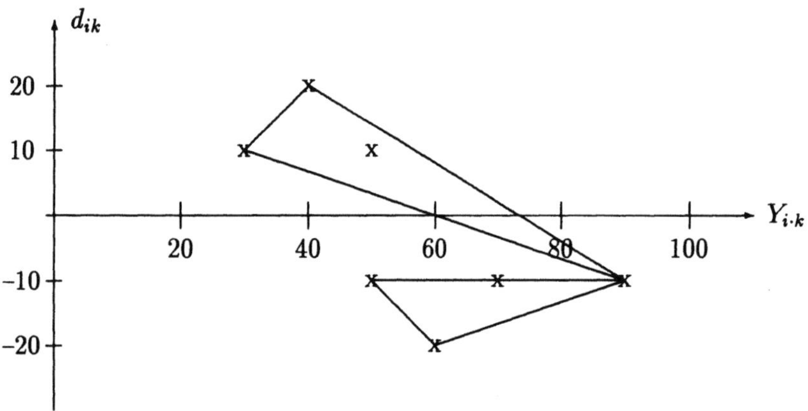

Abbildung 8.5: Differenzen–Responsetotal–Plot zum Beispiel 8.1

Analyse der Residuen

Zur Prüfung der Modellannahmen über die Fehler ϵ_{ijk} bestimmt man wie üblich die geschätzten Residuen $\hat{\epsilon}_{ijk}$ als die Komponenten von $\hat{\epsilon} = y - X\hat{\beta}$. Durch geeignete Plots prüft man die Annahme der Normalverteilung, die Unabhängigkeit und auf Ausreißer. Als Ausreißer gelten Punkte, deren standardisiertes Residuum extrem von den anderen abweicht. In der Praxis bewährt haben sich standardisierte, insbesondere studentisierte Residuen (vgl. Toutenburg, 1992, S. 182) der Gestalt

$$r_{ijk} = \frac{\hat{\epsilon}_{ijk}}{\sqrt{\mathrm{Var}(\hat{\epsilon}_{ijk})}} \quad , \tag{8.40}$$

wobei der Varianzfaktor σ^2 durch $MQ_{Rest(w-s)}$ geschätzt wird.
Im 2×2 Cross–over erhalten wir

$$\hat{y}_{ijk} = y_{i\cdot k} + y_{ij\cdot} - y_{i\cdot\cdot} \tag{8.41}$$

und

$$\mathrm{Var}(\hat{\epsilon}_{ijk}) = \mathrm{Var}(y_{ijk} - \hat{y}_{ijk}) = \frac{(n_i - 1)}{2n_i}\sigma^2 \quad . \tag{8.42}$$

Damit wird

$$r_{ijk} = \frac{\hat{\epsilon}_{ijk}}{\sqrt{MQ_{Rest(w-s)}\frac{(n_i-1)}{2n_i}}} \ . \tag{8.43}$$

Dies ist das intern studentisierte Residuum, das eine Betaverteilung besitzt. Man kann jedoch näherungsweise r_{ijk} als $N(0,1)$–verteilt ansehen und wählt das zweiseitige Quantil 2.00 (statt $u_{0.975} = 1.96$) zur Einschätzung, ob y_{ijk} ein Ausreißer ist.

Hinweis: Bei feineren Analysen sollten extern studentisierte Residuen verwendet werden, die erstens F–verteilt sind (also direkt geprüft werden können) und die zweitens empfindlicher auf Ausreißer reagieren (vgl. Beckmann and Trussel, 1974, Toutenburg, 1992, S. 185–187).

	Patient	Gruppe 1 (AB)				Patient	Gruppe 2 (BA)			
		y_{ijk}	$\hat{y}_{ijk}$	$\hat{\epsilon}_{ijk}$	r_{ijk}		y_{ijk}	$\hat{y}_{ijk}$	$\hat{\epsilon}_{ijk}$	r_{ijk}
	1	20	18.75	1.25	0.30	1	30	28.75	1.25	0.30
$j = 1$	2	40	38.75	1.25	0.30	2	40	48.75	−8.75	−2.10 *
	3	30	28.75	1.25	0.30	3	20	18.75	1.25	0.30
	4	20	23.75	−3.75	−0.90	4	30	23.75	6.25	1.51

Patient 2 in Gruppe 2 ist also als Ausreißer einzustufen.

Hinweis: Falls Zweifel an der Annahme $\epsilon_{ijk} \sim N(0,\sigma^2)$ bestehen, ersetzt man die Responsewerte durch ihre Ränge und prüft die Hypothesen mit dem Wilcoxon–Mann–Whitney–Test (vgl. Abschnitt 2.5) statt mit dem t–Test.

Eine ausführliche Diskussion der verschiedenen Modellansätze des 2×2 Crossover und insbesondere ihre Interpretation ist in den Büchern von Jones and Kenward (1989, Kapitel 2) und Ratkowsky, Evans and Alldredge (1993) zu finden.

Kommentar zur Teststrategie

Grizzle (1965) schlägt vor, zuerst den Test auf carry–over Effekte als Vortest zu einem relativ hohen Signifikanzniveau ($\alpha = 0.1$) durchzuführen. Ist dieser Test signifikant, verwendet man den Test auf Behandlungsunterschiede in der ersten Periode. Bei Nichtsignifikanz führt man den Test auf Behandlungsunterschiede mit den Periodendifferenzen durch.

Diese Vorgehensweise hat aber große Nachteile. Brown (1980) zeigt, daß der Vortest, falls carry–over Effekte existieren, eine sehr geringe Güte besitzt.

Die Hypothese eines fehlenden carry–over Effekts wird mit relativ großer Wahrscheinlichkeit nicht abgelehnt, auch wenn tatsächlich ein carry–over Effekt vorliegt, so daß man dann irrtümlich den verfälschten (es liegt ja ein nicht erkannter carry–over Effekt vor) Test (8.29) auf Behandlungsunterschiede verwendet. Dieser Test ist bei positivem carry–over Effekt konservativ und erkennt damit mögliche Behandlungsunterschiede nicht, während er bei negativem carry–over

Effekt (in derPraxis selten: entspräche einer Entzugssymptomatik in Periode 2, z.B. beim Testen von Psychopharmaka) das Signifikanzniveau überschreitet. Liegt kein carry–over Effekt vor, so wird man mit relativ großer Wahrscheinlichkeit ($\alpha = 0.1$) die Nullhypothese fälschlicherweise ablehnen und dann den ineffizienteren Test mit den Daten der ersten Periode durchführen.

Brown (1980) kommt zu dem Schluß, daß diese Methode nicht geeignet ist, um anhand des Vortests den relevanten Test auf Behandlungsunterschiede durchzuführen.

Bemerkung: Die Teststrategie wird im Abschnitt 8.3.4 weiter kommentiert.

8.3.4 Alternative Parametrisierungen im 2×2 Cross–over

Das Modell (8.1) war als klassischer Ansatz eingeführt worden und heißt nach Ratkowsky et al. (1993) Parametrisierung No.1. Die allgemeine Parametrisierung des 2×2 Cross–over Designs unter Einschluß eines Sequence–Effekts γ_i lautet

$$y_{ijk} = \mu + \gamma_i + s_{ik} + \pi_j + \tau_t + \lambda_r + \epsilon_{ijk} \quad , \tag{8.44}$$

wobei $i, j, t, r = 1, 2$ und $k = 1, \ldots, n_i$ gilt. Die Tabelle mit den Zellmittelwerten $y_{ij\cdot}$ der Daten hat die Gestalt:

Periode

		1	2
Sequence	1	$y_{11\cdot}$	$y_{12\cdot}$
	2	$y_{21\cdot}$	$y_{22\cdot}$

Dabei bedeutet Sequence 1 die Abfolge (AB) und Sequence 2 (BA). Unter Verwendung der Nullrestriktionen

$$\gamma_2 = -\gamma_1 \; , \; \pi_2 = -\pi_1 \; , \; \tau_2 = -\tau_1 \; , \; \lambda_2 = -\lambda_1 \tag{8.45}$$

und mit den Abkürzungen $\gamma_1 = \gamma$, $\pi_1 = \pi$, $\tau_1 = \tau$, $\lambda_1 = \lambda$ erhalten wir die Gleichungen für die vier Erwartungswerte

$$\begin{aligned}
\mu_{11} &= \mu + \gamma + \pi + \tau \\
\mu_{12} &= \mu + \gamma - \pi - \tau + \lambda \\
\mu_{21} &= \mu - \gamma + \pi - \tau \\
\mu_{22} &= \mu - \gamma - \pi + \tau - \lambda \quad .
\end{aligned}$$

In Matrixschreibweise ergibt dies

$$\begin{pmatrix} \mu_{11} \\ \mu_{12} \\ \mu_{21} \\ \mu_{22} \end{pmatrix} = \mathbf{X}\boldsymbol{\beta} = \begin{pmatrix} 1 & 1 & 1 & 1 & 0 \\ 1 & 1 & -1 & -1 & 1 \\ 1 & -1 & 1 & -1 & 0 \\ 1 & -1 & -1 & 1 & -1 \end{pmatrix} \begin{pmatrix} \mu \\ \gamma \\ \pi \\ \tau \\ \lambda \end{pmatrix} \quad . \tag{8.46}$$

286

Die 4×5–Matrix $\mathbf{X}$ ist vom Rang 4, so daß β nur schätzbar ist, wenn man einen Parameter entfernt. Die verschiedenen Modellansätze unterscheiden sich dadurch, welcher der fünf Parameter weggelassen und dann mit anderen Parametern indirekt verknüpft (confounded) wird.

Parametrisierung No. 1

Der klassische Ansatz (8.1) unterdrückt den Sequence–Parameter γ, so daß das Modell der Erwartungswerte als Submodell von (8.46) folgende Gestalt hat (zweite Spalte aus $\mathbf{X}$ weggelassen)

$$\mathbf{X}_1\beta_1 = \begin{pmatrix} 1 & 1 & 1 & 0 \\ 1 & -1 & -1 & 1 \\ 1 & 1 & -1 & 0 \\ 1 & -1 & 1 & -1 \end{pmatrix} \begin{pmatrix} \mu \\ \pi \\ \tau \\ \lambda \end{pmatrix} \quad . \tag{8.47}$$

Damit wird

$$\mathbf{X}_1'\mathbf{X}_1 = \begin{pmatrix} \mathbf{E} & \mathbf{0} \\ \mathbf{0} & \mathbf{H} \end{pmatrix} \text{ mit } \mathbf{E} = 4\mathbf{I}_2$$

und

$$\mathbf{H} = \begin{pmatrix} 4 & -2 \\ -2 & 2 \end{pmatrix} \quad , \quad |\mathbf{X}_1'\mathbf{X}_1| = 64 \quad ,$$

$$(\mathbf{X}_1'\mathbf{X}_1)^{-1} = \begin{pmatrix} \mathbf{E}^{-1} & \mathbf{0} \\ \mathbf{0} & \mathbf{H}^{-1} \end{pmatrix} \quad [\text{vgl. Satz A 19}]$$

mit $\mathbf{E}^{-1} = \frac{1}{4}\mathbf{I}_2$, $\mathbf{H}^{-1} = \begin{pmatrix} 1/2 & 1/2 \\ 1/2 & 1 \end{pmatrix}$.

Als KQ–Schätzung von β_1 erhalten wir

$$\hat{\beta}_1 = \begin{pmatrix} \hat{\mu} \\ \hat{\pi} \\ \hat{\tau} \\ \hat{\lambda} \end{pmatrix} = (\mathbf{X}_1'\mathbf{X}_1)^{-1}\mathbf{X}_1' \begin{pmatrix} y_{11\cdot} \\ y_{12\cdot} \\ y_{21\cdot} \\ y_{22\cdot} \end{pmatrix} \quad . \tag{8.48}$$

Wir berechnen

$$\mathbf{X}_1' \begin{pmatrix} y_{11\cdot} \\ y_{12\cdot} \\ y_{21\cdot} \\ y_{22\cdot} \end{pmatrix} = \begin{pmatrix} 1 & 1 & 1 & 1 \\ 1 & -1 & 1 & -1 \\ 1 & -1 & -1 & 1 \\ 0 & 1 & 0 & -1 \end{pmatrix} \begin{pmatrix} y_{11\cdot} \\ y_{12\cdot} \\ y_{21\cdot} \\ y_{22\cdot} \end{pmatrix}$$

$$= \begin{pmatrix} y_{11\cdot} + y_{12\cdot} + y_{21\cdot} + y_{22\cdot} \\ y_{11\cdot} - y_{12\cdot} + y_{21\cdot} - y_{22\cdot} \\ y_{11\cdot} - y_{12\cdot} - y_{21\cdot} + y_{22\cdot} \\ y_{12\cdot} - y_{22\cdot} \end{pmatrix} \quad . \tag{8.49}$$

Damit wird die KQ–Schätzung

$$
\hat{\boldsymbol{\beta}}_1 \;=\; \begin{pmatrix} \hat{\mu} \\ \hat{\pi} \\ \hat{\tau} \\ \hat{\lambda} \end{pmatrix} = (\mathbf{X}_1'\mathbf{X}_1)^{-1}\mathbf{X}_1' \begin{pmatrix} y_{11\cdot} \\ y_{12\cdot} \\ y_{21\cdot} \\ y_{22\cdot} \end{pmatrix} \tag{8.50}
$$

$$
= \begin{pmatrix} (y_{11\cdot} + y_{12\cdot} + y_{21\cdot} + y_{22\cdot})/4 \\ (y_{11\cdot} - y_{12\cdot} + y_{21\cdot} - y_{22\cdot})/4 \\ (y_{11\cdot} - y_{21\cdot})/2 \\ (y_{11\cdot} + y_{12\cdot} - y_{21\cdot} - y_{22\cdot})/2 \end{pmatrix} \; . \tag{8.51}
$$

Komponentenweise bedeutet dies

$$
\hat{\mu} \;=\; y_{\cdots} \;\; , \tag{8.52}
$$

$$
\hat{\pi} \;=\; (y_{\cdot 1\cdot} - y_{\cdot 2\cdot})/2 = (c_{1\cdot} - c_{2\cdot})/4 = \frac{\hat{\pi}_d}{2} \;\; [\text{vgl. } (8.33)] \;\; , \tag{8.53}
$$

$$
\hat{\tau} \;=\; (y_{11\cdot} - y_{21\cdot})/2 = \frac{\hat{\tau}_{d/\lambda_d}}{2} \;\; [\text{vgl. } (8.38)] \;\; , \tag{8.54}
$$

$$
\hat{\lambda} \;=\; y_{1\cdot\cdot} - y_{2\cdot\cdot} = \hat{\lambda}_d/2 \;\; [\text{vgl. } (8.13)] \;\; . \tag{8.55}
$$

Die Parameterschätzungen $\hat{\tau}$ und $\hat{\lambda}$ sind korreliert:

$$
\mathbf{V}(\hat{\tau}, \hat{\lambda}) = \sigma^2 \mathbf{H}^{-1} = \sigma^2 \begin{pmatrix} 1/2 & 1/2 \\ 1/2 & 1 \end{pmatrix} \;\; ,
$$

d.h. $\rho(\hat{\tau}, \hat{\lambda}) = \frac{1}{2}/(\frac{1}{2} \cdot 1)^{1/2} = 0.707$. Die Genauigkeit der Schätzung $\hat{\tau}$ ist stets doppelt so hoch wie die von $\hat{\lambda}$. Dabei basiert $\hat{\tau}$ nur auf Daten der ersten Periode und ist mit den Differenzen der beiden Gruppen (Sequences) confounded.
Hinweis: Die Parametrisierung No. 1 entspricht de facto einem dreifaktoriellen Plan mit den Haupteffekten π, τ und λ, wobei τ und λ korreliert sind. Dagegen benutzt der klassische Ansatz neben der Parametrisierung (8.1) das Modell des Split–Plot–Plans, so daß sich beide Auswertungen unterscheiden. Wir werden dies im Beispiel 8.2 demonstrieren, indem wir den Datensatz aus Beispiel 8.1 nach den vier Parametrisierungen auswerten.

Parametrisierung No. 1a

Führt man den Test auf den carry–over Effekt durch, d.h. prüft man H_0: $\lambda = 0$ gegen H_1: $\lambda \neq 0$ mit der Teststatistik $F_{1,df} = \frac{\hat{\lambda}_d^2}{Var(\hat{\lambda}_d)}$ (vgl. (8.19)) und lehnt man H_0: $\lambda = 0$ nicht ab, so reduziert sich das Modell der Erwartungswerte auf

$$
\tilde{\mathbf{X}}_1 \tilde{\boldsymbol{\beta}}_1 = \begin{pmatrix} 1 & 1 & 1 \\ 1 & -1 & -1 \\ 1 & 1 & -1 \\ 1 & -1 & 1 \end{pmatrix} \begin{pmatrix} \mu \\ \pi \\ \tau \end{pmatrix} \tag{8.56}
$$

und wir erhalten dieselben Schätzungen $\hat{\mu}$ (8.52) und $\hat{\pi}$ (8.53) wie vorher, jedoch einen Schätzer $\hat{\tau}$, der auf beiden Perioden basiert:

$$
\begin{aligned}
\hat{\tau} &= (y_{11\cdot} - y_{12\cdot} - y_{21\cdot} + y_{22\cdot})/4 \\
&= (d_{1\cdot} - d_{2\cdot})/4 \\
&= \hat{\tau}_d/2 \qquad [\text{vgl. (8.24)}] \quad .
\end{aligned}
\tag{8.57}
$$

Die Ergebnisse der Parametrisierungen No. 1 und No. 1a stimmen also mit den klassischen univariaten Resultaten aus Abschnitt 8.3.1 überein (bis auf den Faktor 1/2 bei $\hat{\pi}$, $\hat{\tau}$ und $\hat{\lambda}$). Zusätzlich erklären sie die Abhängigkeit der Schätzungen des Treatmenteffekts τ und des carry–over Effekts λ.

Parametrisierung No. 2

Die Wechselwirkung Treatment×Period wurde in der ersten Parametrisierung als carry–over Effekt λ (d.h. als Alias–Effekt) dargestellt. Bei direkter Parametrisierung ohne Sequence–Effekt erhalten wir das Modell für die Erwartungswerte

$$
E(y_{ijk}) = \mu_{ij} = \mu + \pi_j + \tau_t + (\tau\pi)_{tj} \quad .
\tag{8.58}
$$

Die Designelemente der Wechselwirkungseffekte entstehen in Effektkodierung durch Multiplikation der beteiligten Haupteffekte, d.h. es gilt

$$
\begin{pmatrix} \mu_{11} \\ \mu_{12} \\ \mu_{21} \\ \mu_{22} \end{pmatrix}
= \mathbf{X}_2 \boldsymbol{\beta}_2 =
\begin{pmatrix}
1 & 1 & 1 & 1 \\
1 & -1 & -1 & 1 \\
1 & 1 & -1 & -1 \\
1 & -1 & 1 & -1
\end{pmatrix}
\begin{pmatrix} \mu \\ \pi \\ \tau \\ (\pi\tau) \end{pmatrix} \quad .
\tag{8.59}
$$

Wegen der Orthogonalität der Spaltenvektoren erhalten wir sofort $(\mathbf{X}_2' \mathbf{X}_2) = 4\mathbf{I}_4$ und damit Unabhängigkeit der Parameterschätzungen (vgl. auch Abschnitt 6.3). Die Schätzungen lauten

$$
\hat{\boldsymbol{\beta}}_2 =
\begin{pmatrix} \hat{\mu} \\ \hat{\pi} \\ \hat{\tau} \\ \widehat{(\pi\tau)} \end{pmatrix}
=
\begin{pmatrix}
y_{\cdots} \\
\hat{\pi}_d/2 \\
(y_{11\cdot} - y_{12\cdot} - y_{21\cdot} + y_{22\cdot})/4 \\
(y_{11\cdot} + y_{12\cdot} - y_{21\cdot} - y_{22\cdot})/4
\end{pmatrix} \quad .
\tag{8.60}
$$

$\hat{\mu}$ und $\hat{\pi}$ bleiben also wie in der ersten Parametrisierung. Die Schätzung $\hat{\tau}$ stimmt mit der Schätzung $\hat{\tau}$ (8.57) im reduzierten Modell (8.56) überein. Die Schätzung $\widehat{(\pi\tau)}$ läßt sich schreiben als (vgl. (8.55))

$$
\widehat{(\pi\tau)} = (y_{1\cdot\cdot} - y_{2\cdot\cdot})/2 = \hat{\lambda}_d/4 = \hat{\lambda}/2 \quad ,
\tag{8.61}
$$

sie stimmt also — bis auf den Faktor 1/2 — mit der Schätzung des carry–over Effekts (8.55) im Modell (8.47) überein, so daß die Alias–Parametrisierung zwischen λ und $(\pi\tau)$ deutlich wird.

Parametrisierung No. 3

Falls man einen carry–over Effekt λ oder – alternativ – einen Wechselwirkungseffekt $(\pi\tau)$ ausschließen kann, wird man ein Modell mit Haupteffekten anpassen. Das Modell (8.56) haben wir bereits diskutiert. Wir wollen nun den Sequence–Effekt γ als zusätzlichen Haupteffekt aufnehmen und erhalten (mit $\gamma_2 = -\gamma_1 = \gamma$)

$$\begin{pmatrix} \mu_{11} \\ \mu_{12} \\ \mu_{21} \\ \mu_{22} \end{pmatrix} = \mathbf{X}_3\boldsymbol{\beta}_3 = \begin{pmatrix} 1 & 1 & 1 & 1 \\ 1 & 1 & -1 & -1 \\ 1 & -1 & 1 & -1 \\ 1 & -1 & -1 & 1 \end{pmatrix} \begin{pmatrix} \mu \\ \gamma \\ \pi \\ \tau \end{pmatrix} , \qquad (8.62)$$

$$(\mathbf{X}_3'\mathbf{X}_3) = 4\mathbf{I}_4 ,$$

$$\boldsymbol{\hat{\beta}}_3 = \begin{pmatrix} \hat{\mu} \\ \hat{\gamma} \\ \hat{\pi} \\ \hat{\tau} \end{pmatrix} = \frac{1}{4}\mathbf{X}_3' \begin{pmatrix} y_{11\cdot} \\ y_{12\cdot} \\ y_{21\cdot} \\ y_{22\cdot} \end{pmatrix}$$

$$= \begin{pmatrix} y_{\cdots} \\ (y_{11\cdot} + y_{12\cdot} - y_{21\cdot} - y_{22\cdot})/4 \\ (y_{11\cdot} - y_{12\cdot} + y_{21\cdot} - y_{22\cdot})/4 \\ (y_{11\cdot} - y_{12\cdot} - y_{21\cdot} + y_{22\cdot})/4 \end{pmatrix} \qquad (8.63)$$

$$= \begin{pmatrix} y_{\cdots} \\ (y_{1\cdots} - y_{2\cdots})/2 \\ (y_{\cdot 1\cdot} - y_{\cdot 2\cdot})/2 \\ \hat{\tau}_d/2 \end{pmatrix} . \qquad (8.64)$$

Der Sequence–Effekt γ wird also durch den Kontrast im totalen Response der beiden Gruppen (AB) und (BA) geschätzt. Es gilt $\hat{\gamma} = \widehat{(\pi\tau)} = \hat{\lambda}_d/4$. Der Periodeneffekt π wird durch den Kontrast im totalen Response der beiden Perioden geschätzt und stimmt mit $\hat{\pi}$ in den Parametrisierungen No. 1 (vgl. (8.53)) und No. 2 (vgl. (8.60)) überein. Die Schätzung $\hat{\tau}$ stimmt mit $\hat{\tau}$ (8.57) im reduzierten Modell (8.56) und mit $\hat{\tau}$ (vgl. (8.60)) in der Parametrisierung No. 2 überein. Die Parameterschätzungen in $\boldsymbol{\hat{\beta}}_3$ sind voneinander unabhängig, so daß z.B. der Test auf H$_0$: $\tau = 0$ unabhängig von $\gamma = \lambda_d = 0$ durchgeführt werden kann (im Gegensatz zur Parametrisierung No. 1).

Parametrisierung No. 4

Hier werden die Haupteffekte Treatment und Sequence sowie ihr Wechselwirkungseffekt als zweifaktorielles Modell dargestellt (vgl. Milliken and Johnson, 1984)

$$E(y_{ijk}) = \mu_{ij} = \mu + \gamma_i + \tau_t + (\gamma\tau)_{it} , \qquad (8.65)$$

d.h.

$$\begin{pmatrix} \mu_{11} \\ \mu_{12} \\ \mu_{21} \\ \mu_{22} \end{pmatrix} = \mathbf{X}_4 \boldsymbol{\beta}_4 = \begin{pmatrix} 1 & 1 & 1 & 1 \\ 1 & 1 & -1 & -1 \\ 1 & -1 & -1 & 1 \\ 1 & -1 & 1 & -1 \end{pmatrix} \begin{pmatrix} \mu \\ \gamma \\ \tau \\ (\gamma\tau) \end{pmatrix} . \tag{8.66}$$

Wegen $\mathbf{X}_4'\mathbf{X}_4 = 4\mathbf{I}_4$ sind die Schätzungen der Komponenten von $\boldsymbol{\beta}_4$ unabhängig und wir erhalten

$$\hat{\boldsymbol{\beta}}_4 = \begin{pmatrix} \hat{\mu} \\ \hat{\gamma} \\ \hat{\tau} \\ \widehat{(\gamma\tau)} \end{pmatrix} = \begin{pmatrix} y_{\cdots} \\ (y_{1\cdot\cdot} - y_{2\cdot\cdot})/2 \\ \hat{\tau}_d/2 \\ (y_{\cdot 1\cdot} - y_{\cdot 2\cdot})/2 \end{pmatrix} . \tag{8.67}$$

Die Werte von $\hat{\gamma}$ aus den Parametrisierungen 3 und 4 sind identisch. Analog stimmen $\hat{\tau}$ aus den Parametrisierungen 2, 3 und 4 überein. Der Wechselwirkungsparameter Sequence×Treatment $\widehat{(\gamma\tau)}$ stimmt mit dem Periodeneffekt π in den Parametrisierungen 1, 2 und 3 überein.

Parametrisierung

	klassisch	No. 1	No. 1a	No. 2	No. 3	No. 4
$\hat{\mu}$	$y_{\cdots}$	$y_{\cdots}$	$y_{\cdots}$	$y_{\cdots}$	$y_{\cdots}$	$y_{\cdots}$
$\hat{\gamma}$	—	—	—	—	$\hat{\lambda}_d/4$	$\hat{\lambda}_d/4$
$\hat{\pi}$	$\hat{\pi}_d = \frac{1}{2}(d_{1\cdot} + d_{2\cdot})$	$\hat{\pi}_d/2$	$\hat{\pi}_d/2$	$\hat{\pi}_d/2$	$\hat{\pi}_d/2$	—
$\hat{\tau}$	$\hat{\tau}_{d/\lambda_d} = y_{11\cdot} - y_{21\cdot}$	$\hat{\tau}_{d/\lambda_d}/2$	$\hat{\tau}_d/2$	$\hat{\tau}_d/2$	$\hat{\tau}_d/2$	$\hat{\tau}_d/2$
$\hat{\lambda}$	$\hat{\lambda}_d = 2(y_{1\cdot\cdot} - y_{2\cdot\cdot})$	$\hat{\lambda}_d/2$	—	—	—	—
$\widehat{(\tau\pi)}$	—	—	—	$\hat{\lambda}_d/4$	—	—
$\widehat{(\gamma\tau)}$	—	—	—	—	—	$\hat{\pi}_d/2$

Tabelle 8.4: Parameterschätzungen in den sechs Parametrisierungen

Kommentar: Die sechs Parametrisierungen zeigen folgende Resultate:

(i) Parametrisierung No. 1 liefert korrelierte Schätzungen für τ und λ. Die $E(MQ)$-Werte aus Tabelle 8.3 sind — im Gegensatz zur Argumentation in Ratkowsky et al., 1993, pp.89–90 — korrekt. Da $E(MQ_{Treat})$ von $\lambda_1 - \lambda_2 = 2\lambda$ abhängt, kann der Test auf $H_0\colon \tau = 0$ entweder mit einem zentralen t-Test bei $\lambda = 0$ oder mit einem nichtzentralen t-Test bei Kenntnis von λ durchgeführt werden. Eine Schwierigkeit in der Argumentation liegt darin begründet, daß τ und λ zwar korreliert, aber nicht in der hierarchischen zweifaktoriellen Struktur „Haupteffekt A, Haupteffekt B, Wechselwirkung A×B" parametrisiert sind.

(ii) Die Parametrisierung 2 erfaßt den carry–over Effekt als Alias–Effekt der Wechselwirkung $(\pi\tau)$ und bietet den Vorteil des orthogonalen Designs und der üblichen hierarchischen Teststrategie im zweifaktoriellen Modell mit Wechselwirkung. Die Schätzungen der Haupteffekte ändern sich nicht, wenn die Wechselwirkung nichtsignifikant wird (im Gegensatz zur Parametrisierung No. 1).

(iii) Die Auswertung des 2×2 Cross–over Designs ist als zweistufiges Verfahren angelegt. Im ersten Schritt wird auf carry–over getestet. Dazu wählt man eine Parametrisierung, bei welcher der carry–over Effekt von anderen Haupteffekten separierbar ist; z.B. Parametrisierung No. 3. Der Umstand, daß das Ergebnis dann mit dem eines Sequence–Effekts übereinstimmt, ist nicht verwunderlich. Betrachten wir folgendes Gedankenexperiment: Man nehme zwei Gruppen, die die Behandlungen jeweils in der Reihenfolge (AB) erhalten. Tritt ein Wechselwirkungseffekt auf (also ein signifikanter carry–over Effekt im zweistufigen Verfahren von Grizzle oder ein signifikanter Sequence–Effekt in Parametrisierung No. 3 von Ratkowsky et al.), so kann man den Schluß ziehen, daß sich die beiden Gruppen bezüglich der Charakteristik der Versuchseinheiten unterscheiden. (Entweder unterscheiden sich die Versuchseinheiten zwischen den Gruppen per se, oder Medikament A hat unterschiedliche Nachwirkungen in den beiden Gruppen. Dies ist jedoch eher unrealistisch; es sei denn, die Versuchseinheiten in der einen Gruppe reagieren anders als die in der anderen, was wiederum zu dem Schluß führt, daß ein Sequenceeffekt und kein carry–over Effekt vorliegt). Dies vermeidet man durch Randomisierung.
Betrachtet man das klassische (AB) / (BA) Design, so bieten sich bei signifikanten Wechselwirkungseffekten zwei Interpretationsmöglichkeiten:

(a) Entweder es ist ein Sequence–Effekt, dann hat man aber bei der Randomisierung nicht ordentlich gearbeitet,

(b) oder es ist tatsächlich ein carry–over Effekt, da man von der Randomisierung überzeugt ist.

Letztendlich wird man aber beim einzelnen Datensatz nie wissen, ob die Randomisierung geklappt hat.
Man muß sich jedoch vorher die Fragestellung überlegen:
Hat man nicht randomisiert, dann sollte man sich für den Sequence–Effekt interessieren. Egal ob dieser signifikant ist, gelten dann die F–Statistiken der Parametrisierung No. 3, da von der Natur des Sequence–Effekts dieser mit Treatment– oder Periodeneffekten nichts zu tun hat.
Hat man jedoch randomisiert, dann stellt sich nicht die Frage nach dem Sequence–Effekt und es bleibt nur die Interpretation als carry–over Effekt.
Stellt sich der carry–over Effekt als signifikant heraus, so sind die F–Statistiken der Treatment– und Periodeneffekte in Parametrisierung No. 3 oder nach dem zweistufigen Verfahren nicht gültig, da die Vorstellung eines carry–over ja die ist, daß er den Treatmenteffekt in der zweiten Periode direkt beeinflußt (im Sinne einer positiven oder negativen additiven Komponente).
Man hat nun wieder zwei Möglichkeiten:

(a) Entweder beschränkt man sich auf die Daten der ersten Periode, um daraus den Treatmenteffekt (die Betrachtung eines Periodeneffekts macht dann keinen Sinn, weil es ja nur die eine, nämlich die erste Periode gibt) quantitativ zu bestimmen (was schwierig ist, da der Stichprobenumfang zu klein ist).

Periode

		1	2	3	4	5
Sequence	1	Baseline	A	Wash–out	B	Wash–out
	2	Baseline	B	Wash–out	A	Wash–out

Abbildung 8.6: Erweitertes 2 × 2 Cross–over Design

(b) Oder man gibt sich mit der Tatsache des signifikanten carry–over Effekts zufrieden und schließt daraus, daß die beiden Behandlungen von unterschiedlicher Qualität sind (zumindest haben sie nicht die gleichen Nachwirkungen in der zweiten Periode).

Ratkowsky et al. haben die Tafeln der Varianzanalyse vermutlich so interpretiert, daß die einzelnen Formeln für die F–Statistiken der carry-over–, Treatment– und Periodeneffekte gleichzeitig zu lesen sind. Das sind sie aber nicht. Nur wenn der carry–over Effekt nicht signifikant ist, gelten die Statistiken für Treatment– und Periodeneffekt. Will man die Formeln jedoch gleichzeitig lesen, so geht das nur, wenn man das Label carry–over durch das Label Sequence–Effekt (siehe oben) ersetzt und dies in der Interpretation der Ergebnisse berücksichtigt. Dann weiß man aber nichts über den carry–over Effekt, für den man sich eigentlich interessiert. Verfährt man aber zweistufig, so sind die Formeln richtig.

(iv) Ein methodisch interessanter, aber wegen des erhöhten Aufwands praktisch schwer zu realisierender Vorschlag von Ratkowsky et al. (1993, Chapter 3.6) sieht vor, das 2 × 2–Design um drei Perioden zu erweitern: eine Baseline–Periode und zwei Wash–out Perioden (Abbildung 8.6).

Das zugehörige Modell enthält zusätzlich zwei weitere Perioden–Effekte sowie carry–over Effekte ersten und zweiten Grades. Der Vorteil besteht in der Schätzbarkeit aller Parameter und in einer Unabhängigkeit von Treatment– und carry–over Effekt sowie in einer drastischen Verkleinerung ihrer Varianzen.

(v) Weitere Alternativen zum 2 × 2 Cross–over sind 2 × n–Designs wie z.B.

		Periode						Periode		
		1	2	3				1	2	3
Sequence	1	A	B	B		Sequence	1	A	B	A
	2	B	A	A			2	B	A	B

oder n × 2–Designs wie z.B.

		Periode	
		1	2
	1	A	B
	2	B	A
Sequence	3	A	A
	4	B	B

293

Diese Designs können durch Einschluß von Baseline– und Wash–out Perioden weiter stabilisiert werden. Wir verweisen hierzu auf Ratkowsky et al. (1993, Chapter 4).

Beispiel 8.2: (Fortsetzung von Beispiel 8.1). Wir wollen die Parametrisierungen 2, 3 und 4 zur Analyse der Daten aus Beispiel 8.1 einsetzen und nutzen die Prozedur GLM in SAS.

Die Auswertung des Datensatzes aus Beispiel 8.1 nach dem Split–Plot–Modell (klassischer Ansatz) ergab folgende Tabelle der Varianzanalyse (vgl. Abschnitt 8.3.2):

Source	SQ	df	MQ	F
carry–over	225	1	225.00	0.92
Residual (b–s)	1475	6	245.83	
Treatment	400	1	400.00	8.73 *
Period	25	1	25.00	0.55
Residual (w–s)	275	6	45.83	
Total	2400	15		

Der Treatmenteffekt war signifikant.

In der Parametrisierung No. 1 hingegen wird der Split–Plot Ansatz (also die eingeschränkte Randomisierung) nicht berücksichtigt. Demzufolge werden die beiden Quadratsummen SQ (b–s) und SQ (w–s) addiert zu $SQ_{Rest} = 1750$. Dies ergibt den oberen (SS Type I) Teil in Tabelle 8.7. Der untere (SS Type II) Teil verwendet nur die Daten der ersten Periode, da der Carry–over Effekt im Modell enthalten ist. Analog ist bei den anderen Parametrisierungen stets der untere (SS Type II) Teil von Interesse.

Wir erkennen folgende Übereinstimmung der F–Werte

Carry–over (bzw. Sequence)	$F = 0.92$ (klassisch, No. 3, No. 4)
Treatment	$F = 8.73$ (klassisch, No. 3, No. 4)
Periode	$F = 0.55$ (klassisch, No. 3) .

Der Aufruf der Parametrisierungen in SAS ist im folgenden dargestellt.

```
proc glm;
class seq subj period treat carry;
model y = period treat carry /solution ss1 ss2;
title "Parametrisierung 1";
run;

proc glm;
class seq subj period treat carry;
model y = period treat treat(period) /solution ss1 ss2;
title "Parametrisierung 2";
run;

proc glm;
class seq subj period treat carry;
model y = seq subj(seq) period treat /solution ss1 ss2;
```

```
random subj(seq);
title "Parametrisierung 3";
run;

proc glm;
class seq subj period treat carry;
model y = seq subj(seq) treat seq(treat) /solution ss1 ss2;
random subj(seq);
title "Parametrisierung 4";
run;

data Example 8.2;
input subj seq period treat $ carry $ y @@;

cards;
1 1 1 a 0 20  1 1 2 b a 30
2 1 1 a 0 40  2 1 2 b a 50
3 1 1 a 0 30  3 1 2 b a 40
4 1 1 a 0 20  4 1 2 b a 40
1 2 1 b 0 30  1 2 2 a b 20
2 2 1 b 0 40  2 2 2 a b 50
3 2 1 b 0 20  3 2 2 a b 10
4 2 1 b 0 30  4 2 2 a b 10
run;
```

Parametrisierung 1				
Source	**df**	**SS Type I**	**MQ**	**F**	**Pr > F**
Periods	1	25	25,0000	0,1714	0,6862
Treatments	1	400	400,0000	2,7429	0,1236
Carryover	1	225	225,0000	1,5429	0,2379
Residual	12	1750	145,8333		
	df	**SS Type II**	**MQ**	**F**	**Pr > F**
Treatments	1	12,5000	12,5000	0,0857	0,7747
Carryover	1	225,0000	225,0000	1,5429	0,2379
Residual	12	1750,0000	145,8333		

Parametrisierung 2				
Source	**df**	**SS Type I**	**MQ**	**F**	**Pr > F**
Periods (P)	1	25,0000	25,0000	0,1714	0,6862
Treatments (T)	1	400,0000	400,0000	2,7429	0,1236
$P \cdot T$	1	225,0000	225,0000	1,5429	0,2379
Residual	12	1750,0000	145,8333		
	df	**SS Type II**	**MQ**	**F**	**Pr > F**
Treatments	1	400,0000	400,0000	2,7429	0,1236
$P \cdot T$	1	225,0000	225,0000	1,5429	0,2379
Residual	12	1750,0000	145,8333		

Parametrisierung 3				
Source	**df**	**SS Type I**	**MQ**	**F**	**Pr > F**
b-s					
Sequence	1	225,0000	225,0000	0,9153	0,3757
Residual	6	1475,0000	245,8333		
	df	**SS Type II**	**MQ**	**F**	**Pr > F**
w-s					
Periods	1	25,0000	25,0000	0,5455	0,4880
Treatments	1	400,0000	400,0000	8,7273	0,0255
Residual	6	275,0000	45,8333		

Parametrisierung 4				
Source	**df**	**SS Type I**	**MQ**	**F**	**Pr > F**
b-s					
Sequence	1	225,0000	225,0000	0,9153	0,3757
Residual	6	1475,0000	245,8333		
	df	**SS Type II**	**MQ**	**F**	**Pr > F**
w-s					
Treatments	1	400,0000	400,0000	8,7273	0,0255
Seq. $\cdot$ Treat.	1	25,0000	25,0000	0,5455	0,4880
Residual	6	275,0000	45,8333		

Tabelle 8.5: GLM–Resultate der Parametrisierungen No. 1 – No. 4

8.3.5 Analyse des Cross–over mit Rangtests

Als verteilungsfreie Verfahren zur Analyse des Cross–over kann man, wie bei anderen Vergleichen von zwei unabhängigen Gruppen, Rangtests verwenden. Für die Tests geht man vom Modell in Tabelle 8.1 aus. Die zufälligen Effekte dürfen hier aber einer beliebigen, stetigen Verteilung mit Erwartungswert Null folgen. Der Vorteil dieser Methoden besteht darin, daß keine Normalverteilung angenommen werden muß.

Wegen der vorher angeführten Schwierigkeiten wird vorausgesetzt, daß keine carry–over Effekte vorliegen bzw. daß sie vernachlässigt werden können.

Rangtest auf Behandlungsunterschiede

Die Nullhypothese fehlender Behandlungsunterschiede besagt, daß die Verteilungen der Periodendifferenzen gleich sind:

$$H_0: \quad F_{d1}(d_{1k}) = F_{d2}(d_{2k}), \quad k = 1, \ldots, n_i \quad . \tag{8.68}$$

Dabei seien F_{d1} und F_{d2} stetige Verteilungen, deren Varianzen gleich sind. Die Nullhypothese fehlender Behandlungsunterschiede läßt sich dann mit dem Test von Wilcoxon, Mann und Whitney überprüfen (vgl. Abschnitt 2.5 und Koch, 1972).

Zur Konstuktion dieses Tests bildet man die Periodendifferenzen d_{1k} und d_{2k} (vgl. (8.20)). Für diese $N = n_1 + n_2$ Differenzen werden dann die Ränge 1 bis N vergeben. Es sei

$$r_{ik}^{\phi} = [\text{Rang von } d_{ik} \text{ in} \{d_{11}, \ldots, d_{1n_1}, d_{21}, \ldots, d_{2n_2}\}], \tag{8.69}$$

mit $i = 1, 2$, $k = 1, \ldots, n_i$. Liegen Bindungen vor, so werden gemittelte Ränge vergeben. Aus den Rängen bildet man für beide Gruppen (AB) und (BA) separat die Rangsummen R_1 bzw. R_2 und daraus die Teststatistik U_1 bzw. U_2 [(2.34) bzw. (2.35)].

Rangtest auf Periodenunterschiede

Die Nullhypothese fehlender Periodenunterschiede lautet:

$$H_0: \quad F_{c1}(c_{1k}) = F_{c2}(c_{2k}), \quad k = 1, \ldots, n_i, \tag{8.70}$$

d.h. die Verteilung der Differenz $c_{1k} = y_{11k} - y_{12k}$ ist gleich der Verteilung der Differenz $c_{2k} = y_{22k} - y_{21k}$. Dabei seien F_{ci} ($i = 1, 2$) stetig und die beiden Verteilungen sollen wieder gleiche Varianzen besitzen.

Die Nullhypothese H_0 läßt sich analog zu H_0 aus (8.68) mit dem Test von Wilcoxon, Mann und Whitney überprüfen.

8.4 2×2 Cross–over für kategorialen (binären) Response

8.4.1 Einleitung

In vielen Anwendungen wird der Response kategorial kodiert. Dies kann in Vorstudien geschehen, um eine erste Übersicht über Zusammenhänge zu erhalten. Häufig sind stetige Responsewerte nicht gegeben oder nicht sinnvoll zu interpretieren. So wird etwa bei psychischen Erkrankungen der Grad der Gesundung nicht stetig meßbar sein. Hier sind Kategorien wie „schlechter, gleichbleibend, besser" angezeigt.

Beispiel: Patienten mit Depression erhalten zwei Therapien A und B. Beobachtet wird ein binärer Response 1: Verbesserung, 0: keine Veränderung. Als Response erhält man die Besetzungen der Profile $(0,0), (0,1), (1,0)$ und $(1,1)$.

Gruppe	(0,0)	(0,1)	(1,0)	(1,1)	Summe
1 (AB)	n_{11}	n_{12}	n_{13}	n_{14}	$n_{1.}$
2 (BA)	n_{21}	n_{22}	n_{23}	n_{24}	$n_{2.}$
Summe	$n_{.1}$	$n_{.2}$	$n_{.3}$	$n_{.4}$	$n_{..}$

Tabelle 8.6: 2×2 Cross–over mit binärem Response

Kontingenztafeln und Odds–Ratio

Die beiden mittleren Spalten dieser 2×4-Kontingenztafel geben einen ersten Hinweis auf einen Treatmenteffekt. Unter der Annahme, daß kein Periodeneffekt vorliegt, sind unter H_0: „kein Treatmenteffekt" die Responsewerte $n_A = n_{13} + n_{22}$ für A und $n_B = n_{12} + n_{23}$ für B gleichwahrscheinlich, so daß $n_A \sim B(n_{.2} + n_{.3}; \frac{1}{2})$ verteilt ist (ebenso n_B).
Der Odds–Ratio

$$\widehat{OR} = \frac{n_{12}n_{23}}{n_{22}n_{13}} \tag{8.71}$$

gibt einen ersten Hinweis auf einen Treatmenteffekt.
Zur Prüfung des carry–over Effekts vergleicht man – analog zur Teststatistik T_λ (8.19), die im wesentlichen auf $\hat{\lambda} = Y_{1..}/n_1 - Y_{2..}/n_2$ basiert – den Unterschied in den totalen Responsewerten für die Profile $(0,0)$ und $(1,1)$, wobei man statt der Differenz den Odds–Ratio

$$\widehat{OR} = \frac{n_{11}n_{24}}{n_{14}n_{21}} \tag{8.72}$$

wählt, der bei H_0: „Treatment$\times$Periode-Effekt gleich Null" den Wert 1 annehmen müßte.

Für eine 2×2-Tafel $\begin{array}{|c|c|} \hline A & B \\ \hline C & D \\ \hline \end{array}$ ist $\widehat{OR} = \frac{AD}{BC}$ und es gilt asymptotisch

$$\frac{(\ln(\widehat{OR}))^2}{\hat{\sigma}^2_{\ln(\widehat{OR})}} \sim \chi^2_1 \tag{8.73}$$

mit

$$\hat{\sigma}^2_{\ln(\widehat{OR})} = \left(\frac{1}{A} + \frac{1}{B} + \frac{1}{C} + \frac{1}{D}\right) \tag{8.74}$$

(vgl. Agresti, 1990).
Damit können wir die beiden Odds–Ratios (8.71) und (8.72) auf Signifikanz prüfen.

McNemar's Test

Dieser Test ist anwendbar, wenn keine Periodeneffekte voliegen. Er betrachtet nur die Werte, bei denen die Individuen eine Präferenz zeigen, d.h. deren Reponseprofil entweder (0,1) oder (1,0) ist.

Insgesamt gibt es $n_P = n_{.2} + n_{.3}$ Individuen, die eine Präferenz für eine Behandlung aufweisen, davon $n_A = n_{13}+n_{22}$ für Behandlung A und $n_B = n_{12}+n_{23}$ für Behandlung B.

Unter der Nullhypothese fehlender Behandlungsunterschiede ist n_A bzw. n_B binomialverteilt $B(n_P; \frac{1}{2})$. Die Hypothese läßt sich dann mit folgender Testgröße überprüfen (vgl. Jones and Kenward, 1989, p.93)

$$\chi^2_{MN} = \frac{(n_A - n_B)^2}{n_P}, \tag{8.75}$$

die unter der Nullhypothese asymptotisch χ^2-verteilt ist mit einem Freiheitsgrad.

Mainland–Gart–Test

Ausgehend von einem logistischen Modell konstruiert Gart (1969) einen Test auf Behandlungsunterschiede, der äquivalent zum exakten Test von Fisher für folgende 2×2 Kontingenztafel ist:

Gruppe	(0,1)	(1,0)	Total
1 (AB)	n_{12}	n_{13}	$n_{12} + n_{13} = m_1$
2 (BA)	n_{22}	n_{23}	$n_{22} + n_{23} = m_2$
Total	$n_{.2}$	$n_{.3}$	$m_.$

Dieser Test ist in Jones and Kenward (1989, p.113) beschrieben. Asymptotisch läßt sich die Hypothese fehlender Behandlungsunterschiede mit den üblichen

Unabhängigkeitstests für 2×2 Kontingenztafeln überprüfen, z.B. mit der χ^2-Statistik

$$\chi^2 = \frac{m.(n_{12}n_{23} - n_{13}n_{22})^2}{m_1 m_2 n_{.2} n_{.3}}. \tag{8.76}$$

Diese Testgröße ist unter der Nullhypothese χ_1^2-verteilt. Dieser Test ist äquivalent zum Test mit $\ln(\widehat{OR})$ (vgl. (8.73)).

Prescott–Test

Bei den beiden vorhergehenden Tests werden die Individuen, die keine Präferenz zeigen, nicht betrachtet. Prescott (1981) bezieht diese über die Randsummen $n_{1.}$ und $n_{2.}$ in seinen Test mit ein.
Dabei wird folgende 2×3 Tafel benutzt:

Gruppe	(0,1)	(0,0) oder (1,1)	(1,0)	Total
1 (AB)	n_{12}	$n_{11} + n_{14}$	n_{13}	$n_{1.}$
2 (BA)	n_{22}	$n_{21} + n_{24}$	n_{23}	$n_{2.}$
Total	$n_{.2}$	$n_{.1} + n_{.4}$	$n_{.3}$	$n_{..}$

Man geht von der Differenz zwischen der ersten und zweiten Beobachtung aus. Diese kann die Werte $+1$, 0 oder -1 annehmen, je nachdem ob ein $(1,0),(0,0),(1,1)$ oder ein $(0,1)$ Response vorliegt.
Nimmt man an, daß die Behandlung A erfolgreicher ist, dann wird man für die erste Gruppe (AB) einen höheren mittleren Differenzenwert erhalten als für die zweite Gruppe (BA).
Die mittlere Differenz des Response beträgt in Gruppe 1 (AB)

$$\frac{1}{n_{1.}} \sum_{k=1}^{n_{1.}} (y_{12k} - y_{11k}) = \frac{n_{12} - n_{13}}{n_{1.}} = -d_1. \tag{8.77}$$

und in Gruppe 2 (BA)

$$\frac{1}{n_{2.}} \sum_{k=1}^{n_{2.}} (y_{22k} - y_{21k}) = \frac{n_{22} - n_{23}}{n_{2.}} = -d_2. \tag{8.78}$$

Die Teststatistik von Prescott (vgl. Jones and Kenward, 1989, p.100) lautet unter H_0: *kein direkter Treatmenteffekt* (d.h. $E(d_1. - d_2.) = 0$)

$$\chi^2(P) = [(n_{12} - n_{13})n.. - (n_{.2} - n_{.3})n_{1.}]^2/V \tag{8.79}$$

mit

$$V = n_{1.}n_{2.}[(n_{.2} + n_{.3})n.. - (n_{.2} - n_{.3})^2]/n.. \tag{8.80}$$

$\chi^2(P)$ ist unter H_0 asymptotisch χ_1^2-verteilt.
Diese Tests haben aber wieder den Nachteil, daß man nur die Hypothese fehlender Behandlungsunterschiede überprüfen kann. Als einheitlichen Ansatz, der das Testen aller interessierenden Hypothesen erlaubt, könnte man den Ansatz

von Grizzle, Starmer and Koch (1969) wählen (vgl. Zimmermann and Rahlfs 1978).

Eine alternative und häufig effizientere Methode der Analyse ist mit den log-linearen Modellen gegeben, insbesondere mit den Modellen für korrelierten zweidimensionalen binären Response, die in jüngster Zeit intensiv erforscht wurden (vgl. Kapitel 10).

Beispiel 8.3: Beim Vergleich eines Placebo A mit einem Medikament B zur Behandlung von Depression seien folgende Ergebnisse erzielt worden (1: Besserung, 0: keine Besserung)

Gruppe	(0,0)	(0,1)	(1,0)	(1,1)	Summe
1(AB)	5	14	3	6	28
2(BA)	10	7	18	10	45
	15	21	21	16	73

Wir prüfen H_0: „Treatment×Periode–Effekt"= 0 (d.h. kein carry–over Effekt) mit dem Odds Ratio (8.72), d.h.

$$\widehat{OR} = \frac{5 \cdot 10}{6 \cdot 10} = 0.83 \quad \text{und} \quad \ln(\widehat{OR}) = -0.1823 \quad .$$

Es ist

$$\hat{\sigma}^2_{\ln \widehat{OR}} = \frac{1}{5} + \frac{1}{10} + \frac{1}{6} + \frac{1}{10} = 0.5667$$

und

$$\frac{(\ln(\widehat{OR}))^2}{\hat{\sigma}^2_{\ln \widehat{OR}}} = 0.06 < 3.84 = \chi^2_{1;0.95} \quad ,$$

so daß H_0 nicht abgelehnt wird.

Für den Odds–Ratio (8.71) erhalten wir analog

$$\widehat{OR} = \frac{14 \cdot 18}{7 \cdot 3} = 12 \quad , \quad \ln(\widehat{OR}) = 2.48 \quad ,$$

$$\hat{\sigma}^2_{\ln \widehat{OR}} = \left(\frac{1}{14} + \frac{1}{18} + \frac{1}{7} + \frac{1}{3} \right) = 0.60 \quad ,$$

$$\frac{(\ln(\widehat{OR}))^2}{\hat{\sigma}^2_{\ln OR}} = 10.24 > 3.84 \quad ,$$

so daß dieser Test H_0: Treatmenteffekt = 0 ablehnt.

Da kein carry–over Effekt vorliegt, kann der McNemar Test angewandt werden

$$\chi^2_{MN} = \frac{((3+7) - (14+18))^2}{21 + 21}$$

$$= \frac{22^2}{42} = 11.53 > 3.84 \quad ,$$

der zum gleichen Ergebnis kommt. Für den Prescott–Test berechnen wir

$$V = 28 \cdot 45[(21+21) \cdot 73]/73$$

$$= 28 \cdot 45 \cdot 42 = 52920 \quad ,$$

$$\chi^2(P) = [(14-3) \cdot 73 - (21-21) \cdot 28]^2/V$$

$$= (11 \cdot 73)^2/V = 12.28 > 3.84 \quad ,$$

so daß H_0: kein Treatmenteffekt ebenfalls abgelehnt wird.

8.4.2 Loglineare und Logitmodelle

Wenn wir Tabelle 8.6 betrachten, so sind dort Gruppe 1 (AB) und Gruppe 2 (BA) mit jeweils vier disjunkten kategorialen Responseprofilen (0,0), (0,1), (1,0) und (1,1) verknüpft. Wir setzen voraus, daß jede Zeile (und damit jede Variable) eine unabhängige Realisierung einer Multinomialverteilung $M(n_{i.}; \pi_{i1}, \pi_{i2}, \pi_{i3}, \pi_{i4})$ $(i = 1, 2)$ ist. Durch geschickte Parametrisierung und Verknüpfung mit Logit– oder loglinearen Modellen versucht man nun, eine geeignete bivariate binäre Variable (Y_1, Y_2) zu definieren, die die vier Profile und ihre Wahrscheinlichkeiten gemäß dem Modell des 2×2 Cross–over präsentiert. Hierzu gibt es eine Reihe von Ansätzen.

Bivariates logistisches Modell

Sei allgemein Y_1 und Y_2 ein Paar korrelierter binärer Variablen. Wir wollen zunächst dem Ansatz von Jones and Kenward (1989, p.106) folgen, die das folgende bivariate logistische Modell nach Cox (1970) und McCullagh and Nelder (1989) verwenden:

$$P(Y_1 = y_1, Y_2 = y_2) = \exp(\beta_0 + \beta_1 y_1 + \beta_2 y_2 + \beta_{12} y_1 y_2) \quad , \tag{8.81}$$

wobei der binäre Response in Abweichung zur bisherigen Verfahrensweise mit $+1$ und -1 kodiert wird. Diese Kodierung entspricht der Transformation $Z_i = 2Y_i - 1$ $(i = 1, 2)$, die von Cox (1972) verwendet wurde. Der Parameter β_0 ist wieder eine Maßstabskonstante, die sichert, daß sich die vier Wahrscheinlichkeiten zu 1 aufsummieren. Sie wird durch die drei anderen Parameter mitbestimmt. Der Parameter β_{12} ist ein Maß für den korrelativen Zusammenhang beider Variablen. β_1 und β_2 sind damit die Haupteffekte.
Setzen wir die vier möglichen Realisierungen in (8.81) ein, so folgt für die gemeinsame Verteilung

$$
\begin{aligned}
\ln P(Y_1 = 1, Y_2 = 1) &= \beta_0 + \beta_1 + \beta_2 + \beta_{12} \quad , \\
\ln P(Y_1 = 1, Y_2 = -1) &= \beta_0 + \beta_1 - \beta_2 - \beta_{12} \quad , \\
\ln P(Y_1 = -1, Y_2 = 1) &= \beta_0 - \beta_1 + \beta_2 - \beta_{12} \quad , \\
\ln P(Y_1 = -1, Y_2 = -1) &= \beta_0 - \beta_1 - \beta_2 + \beta_{12} \quad .
\end{aligned}
$$

Wir berechnen nach der Formel von Bayes

$$
\begin{aligned}
\frac{P(Y_1 = 1 | Y_2 = 1)}{P(Y_1 = -1 | Y_2 = 1)} &= \frac{P(Y_1 = 1, Y_2 = 1)/P(Y_2 = 1)}{P(Y_1 = -1, Y_2 = 1)/P(Y_2 = 1)} \\
&= \frac{\exp(\beta_0 + \beta_1 + \beta_2 + \beta_{12})}{\exp(\beta_0 - \beta_1 + \beta_2 - \beta_{12})} \\
&= \exp 2(\beta_1 + \beta_{12}) \quad .
\end{aligned}
$$

Damit erhalten wir die Logits

$$\text{Logit}[P(Y_1 = 1 | Y_2 = 1)] = \ln \frac{P(Y_1 = 1 | Y_2 = 1)}{P(Y_1 = -1 | Y_2 = 1)} = 2(\beta_1 + \beta_{12}) \quad ,$$

$$\text{Logit}[P(Y_1 = 1|Y_2 = -1)] \;=\; \ln\frac{P(Y_1 = 1|Y_2 = -1)}{P(Y_1 = -1|Y_2 = -1)} = 2(\beta_1 - \beta_{12})$$

und daraus den bedingten log–Odds–Ratio

$$\text{Logit}[P(Y_1 = 1|Y_2 = 1)] - \text{Logit}[P(Y_1 = 1|Y_2 = -1)] = 4\beta_{12} \quad , \qquad (8.82)$$

d.h.

$$\frac{P(Y_1 = 1|Y_2 = 1)P(Y_1 = -1|Y_2 = -1)}{P(Y_1 = -1|Y_2 = 1)P(Y_1 = 1|Y_2 = -1)} = \exp(4\beta_{12}) \quad . \qquad (8.83)$$

Dies entspricht der Relation

$$\frac{m_{11}m_{22}}{m_{12}m_{21}} = \exp(4\lambda_{11}^{XY})$$

zwischen Odds–Ratio und Wechselwirkungsparameter im loglinearen Modell
(vgl. Kapitel 10).
Analog folgt für $i, j = 1, 2$ $(i \neq j)$

$$\text{Logit}[P(Y_i = 1|Y_j = y_j)] = 2(\beta_i + y_j\beta_{12}) \quad . \qquad (8.84)$$

Betrachten wir innerhalb einer Gruppe (AB oder BA) ein Individuum, so liegt
ein Behandlungseffekt dann vor, wenn der Response (1,-1) oder (-1,1) auftritt.
Bildet man für diese Kombination den bedingten log–Odds–Ratio, so folgt

$$\text{Logit}[P(Y_1 = 1|Y_2 = -1)] - \text{Logit}[P(Y_2 = 1|Y_1 = -1)] = 2(\beta_1 - \beta_2) \quad . \quad (8.85)$$

Dies ist ein Indikator für einen Treatmenteffekt innerhalb einer Gruppe.
Setzt man bei beiden Gruppen AB und BA denselben Parameter β_{12} voraus,
so ist folgender Ausdruck ein Indikator für einen Periodeneffekt:

$$\text{Logit}[P(Y_i^{AB} = 1|Y_j^{AB} = y_j)] - \text{Logit}[P(Y_i^{BA} = 1|Y_j^{BA} = y_j)] = 2(\beta_i^{AB} - \beta_i^{BA}) \quad .$$
$$(8.86)$$

Diese Beziehung folgt direkt aus (8.84), wenn man zusätzlich die Indizierung
der beiden Gruppen AB und BA einbezieht. Wichtig ist dabei die Voraussetzung $\beta_{12}^{AB} = \beta_{12}^{BA}$, d.h. Identität der Wechselwirkung in beiden Gruppen.

Logitmodell von Jones and Kenward für den klassischen Ansatz

Bezeichne y_{ijk} den binären Response des k–ten Individuums in der i–ten Gruppe und der j–ten Periode ($i = 1, 2$, $j = 1, 2$, $k = 1, \ldots, n_i$). Wir wählen wieder die Kodierung wie in Tabelle 8.6, d.h. $y_{ijk} = 1$ steht für das Eintreten eines Ereignisses (Erfolg, Besserung etc.) und $y_{ijk} = 0$ für das komplementäre Ereignis (Mißerfolg etc.). Wir wollen das Modell gemäß Tabelle 8.1 für den bivariaten binären Response (y_{i1k}, y_{i2k}) durch Verbindung mit Logits umparametrisieren. Dies geschieht durch Verwendung des Logit–Links

$$\text{Logit}(\pi_{ij}) = \ln\left(\frac{\pi_{ij}}{1 - \pi_{ij}}\right) = \boldsymbol{X}\boldsymbol{\beta} \quad , \qquad (8.87)$$

wobei $\mathbf{X}$ die Designmatrix in Effektkodierung für die beiden Gruppen und die beiden Perioden (vgl. (8.47))

$$\mathbf{X} = \begin{pmatrix} 1 & 1 & 1 & 0 \\ 1 & -1 & -1 & 1 \\ 1 & 1 & -1 & 0 \\ 1 & -1 & 1 & -1 \end{pmatrix} \tag{8.88}$$

und $\boldsymbol{\beta} = (\mu\ \pi\ \tau\ \lambda)'$ der Parametervektor nach Berücksichtigung der Reparametrisierungsbedingungen

$$\pi = -\pi_1 = \pi_2\,, \quad \tau = -\tau_1 = \tau_2\,, \quad \lambda = -\lambda_1 = \lambda_2 \tag{8.89}$$

ist.

(i) Für jede Gruppe und jede Periode des 2×2 Cross–over mit binärem Response haben die Logits folgende Beziehung zum Modell in Tabelle 8.1:

$$\begin{aligned}
\mathrm{Logit}\,P(y_{11k} = 1) &= \ln\left(\frac{P(y_{11k} = 1)}{P(y_{11k} = 0)}\right) = \ln\left(\frac{P(y_{11k} = 1)}{1 - P(y_{11k} = 1)}\right) \\
&= \mu - \pi - \tau \\
\mathrm{Logit}\,P(y_{12k} = 1) &= \mu + \pi + \tau - \lambda \\
\mathrm{Logit}\,P(y_{21k} = 1) &= \mu - \pi + \tau \\
\mathrm{Logit}\,P(y_{22k} = 1) &= \mu + \pi - \tau + \lambda \;\;.
\end{aligned}$$

Daraus folgt z.B.

$$P(y_{11k} = 1) = \frac{\exp(\mu - \pi - \tau)}{1 + \exp(\mu - \pi - \tau)} \;\;,$$

und

$$P(y_{11k} = 0) = \frac{1}{1 + \exp(\mu - \pi - \tau)} \;\;.$$

(ii) Wir setzen zunächst voraus, daß die beiden Beobachtungen in Periode 1 und 2 jedes Individuums unabhängig sind. Die gemeinsamen Wahrscheinlichkeiten π_{ij} in der Tabelle

Gruppe	(0,0)	(0,1)	(1,0)	(1,1)
1 (AB)	π_{11}	π_{12}	π_{13}	π_{14}
2 (BA)	π_{21}	π_{22}	π_{23}	π_{24}

sind dann das Produkt der soeben definierten Wahrscheinlichkeiten, wobei wir für den beiderseitigen Nonresponse (0,0) eine Standardisierungskonstante einführen und die anderen Wahrscheinlichkeiten darauf adjustieren, so daß c_1 so gewählt werden muß, daß die Summe der vier Wahrscheinlichkeiten 1 ergibt (in Gruppe 2 heißt die Konstante analog c_2):

$$\left.\begin{aligned}
\pi_{11} &= P(y_{11k} = 0, y_{12k} = 0) = \exp(c_1) \\
\pi_{12} &= P(y_{11k} = 0, y_{12k} = 1) = \exp(c_1 + \mu + \pi + \tau - \lambda) \\
\pi_{13} &= P(y_{11k} = 1, y_{12k} = 0) = \exp(c_1 + \mu - \pi - \tau) \\
\pi_{14} &= P(y_{11k} = 1, y_{12k} = 1) = \exp(c_1 + 2\mu - \lambda)
\end{aligned}\right\} \;\;. \tag{8.90}$$

Damit gilt

$$\exp(c_1)[1 + \exp(\mu + \pi + \tau - \lambda) + \exp(\mu - \pi - \tau) + \exp(2\mu - \lambda)] = 1 \quad,$$

woraus man $\exp(c_1)$ erhält.

(iii) Die dem Parameter β_{12} entsprechende Wechselwirkung wird von Jones and Kenward (1989, p.109) folgendermaßen parametrisiert. Sie führen einen Parameter σ für die mittlere Wechselwirkung beider Gruppen (d.h. $\sigma = (\beta_{12}^{AB} + \beta_{12}^{BA})/2$) und einen Parameter ϕ ein, der den Unterschied in der Wechselwirkung mißt ($\phi = (\beta_{12}^{AB} - \beta_{12}^{BA})/2$). Dann läßt sich das Modell für die beiden Gruppen in den Logarithmen der Wahrscheinlichkeiten wie folgt darstellen (Tabelle 8.7).

	Gruppe 1	Gruppe 2
(0,0)	$\ln \pi_{11} = c_1 + \sigma + \phi$	$\ln \pi_{21} = c_2 + \sigma - \phi$
(0,1)	$\ln \pi_{12} = c_1 + \mu + \pi + \tau - \lambda - \sigma - \phi$	$\ln \pi_{22} = c_2 + \mu + \pi - \tau + \lambda - \sigma + \phi$
(1,0)	$\ln \pi_{13} = c_1 + \mu - \pi - \tau - \sigma - \phi$	$\ln \pi_{23} = c_2 + \mu - \pi + \tau - \sigma + \phi$
(1,1)	$\ln \pi_{14} = c_1 + 2\mu - \lambda + \sigma + \phi$	$\ln \pi_{24} = c_2 + 2\mu + \lambda + \sigma - \phi$

Tabelle 8.7: Logitmodell von Jones and Kenward

Die Größen c_i und μ sind ohne interpretierbare Bedeutung. Die Nuisance–Parameter σ und ϕ repräsentieren die Abhängigkeitsstruktur der Individuen beider Gruppen.

Aus Tabelle 8.7 entnehmen wir folgende Beziehungen zwischen den Parametern π, τ und λ und Odds–Ratios:

$$
\begin{aligned}
\pi &= \frac{1}{4}(\ln \pi_{12} + \ln \pi_{22} - \ln \pi_{13} - \ln \pi_{23}) \\
&= \frac{1}{4} \ln \left(\frac{\pi_{12} \pi_{22}}{\pi_{13} \pi_{23}} \right) \quad, \tag{8.91}
\end{aligned}
$$

$$
\lambda = \frac{1}{2} \ln \left(\frac{\pi_{11} \pi_{24}}{\pi_{14} \pi_{21}} \right) \tag{8.92}
$$

(vgl. (8.72)),

$$
\tau = \frac{1}{4} \ln \left(\frac{\pi_{12} \pi_{23}}{\pi_{13} \pi_{22}} \right) \tag{8.93}
$$

(vgl. (8.71)).

Die Nullhypothesen $H_0\colon \pi = 0$, $H_0\colon \tau = 0$, $H_0\colon \lambda = 0$ können in den jeweiligen 2×2 Tafeln

für π:

$\hat{m}_{12}$	$\hat{m}_{13}$
$\hat{m}_{23}$	$\hat{m}_{22}$

(zweite und dritte Spalte von Tabelle 8.6, wobei die zweite Zeile BA durch Vertauschen auf dieselbe Abfolge AB wie in der ersten Zeile gebracht wird)

für λ:

$\hat{m}_{11}$	$\hat{m}_{14}$
$\hat{m}_{21}$	$\hat{m}_{24}$

(erste und letzte Spalte von Tabelle 8.6)

für τ:
$$\begin{array}{cc} \hat{m}_{12} & \hat{m}_{13} \\ \hat{m}_{22} & \hat{m}_{23} \end{array}$$

(zweite und dritte Spalte von Tabelle 8.6)

durch die üblichen Likelihood–Quotienten–Tests geprüft werden. Die Schätzungen $\hat{m}_{ij}$ sind aus dem jeweiligen loglinearen Modell, das der Hypothese entspricht, einzusetzen.

Bemerkung: Die Modellierung (8.90) der Wahrscheinlichkeiten π_{1j} der ersten Gruppe (und analog für die zweite Gruppe) erfolgt unter Voraussetzung der Unabhängigkeit des Response eines Individuums über beide Perioden. Da dies im Cross–over Design nicht angenommen werden kann, wird diese within-subject Abhängigkeit nachträglich über die Parameter σ und ϕ berücksichtigt, so daß man formal die Unabhängigkeit der $\ln(\hat{\pi}_{ij})$ und damit die Anwendbarkeit der loglinearen Modelle sichert. Dieser Ansatz wird von Ratkowsky et al. (1993, p.300) kritisch diskutiert. Diese Autoren schlagen folgenden alternativen Ansatz vor.

Sequence	$(1,1)$	$(1,0)$	$(0,1)$	$(0,0)$
1 (A B)	$m_{11} =$ $n_1 . P_A P_{B\mid A}$	$m_{12} =$ $n_1 . P_A (1 - P_{B\mid A})$	$m_{13} =$ $n_1 . (1 - P_A) P_{B\mid \bar{A}}$	$m_{14} =$ $n_1 . (1 - P_A)(1 - P_{B\mid \bar{A}})$
2 (B A)	$m_{21} =$ $n_2 . P_B P_{A\mid B}$	$m_{22} =$ $n_2 . P_B (1 - P_{A\mid B})$	$m_{23} =$ $n_2 . (1 - P_B) P_{A\mid \bar{B}}$	$m_{24} =$ $n_2 . (1 - P_B)(1 - P_{A\mid \bar{B}})$

Tabelle 8.8: Erwartungswerte m_{ij} der 2×4–Kontingenztafel

Logitmodell von Ratkowsky, Evans and Alldredge

Ziel des Cross–over Experiments ist es, die Übergänge $(0,1)$ und $(1,0)$ in Relation zu den gleichbleibenden Responseprofilen $(0,0)$ und $(1,1)$ zu analysieren. Wir definieren folgende Wahrscheinlichkeiten:

(i) unbedingt:

$$P_A \quad : \quad P(\text{Erfolg von } A)$$
$$P_B \quad : \quad P(\text{Erfolg von } B)$$

(ii) bedingt: (die Bedingung bedeutet vorausgegangene Behandlung)

$$P_{A\mid B} \quad : \quad P(\text{Erfolg von } A \mid \text{Erfolg von } B)$$
$$P_{A\mid \bar{B}} \quad : \quad P(\text{Erfolg von } A \mid \text{kein Erfolg von } B)$$

und analog $P_{B\mid A}$ und $P_{B\mid \bar{A}}$. Dann haben die Kontingenztafeln der beiden Gruppen folgende Erwartungswerte m_{ij} der Zellbesetzungen (Tabelle 8.8).
Die zugehörige Tafel der beobachteten Responsewerte lautet (Tabelle 8.6 umgestellt und N_{ij} statt n_{ij} verwendet):

$(1,1)$	$(1,0)$	$(0,1)$	$(0,0)$	
N_{11}	N_{12}	N_{13}	N_{14}	$n_{1\cdot}$
N_{21}	N_{22}	N_{23}	N_{24}	$n_{2\cdot}$

Dann läßt sich ein loglineares Modell für die i–te Sequence (Gruppe, $i = 1, 2$) wie folgt ansetzen

$$\begin{pmatrix} \ln(N_{i1}) \\ \ln(N_{i2}) \\ \ln(N_{i3}) \\ \ln(N_{i4}) \end{pmatrix} = \mathbf{X}\boldsymbol{\beta}_i + \boldsymbol{\epsilon}_i \quad , \tag{8.94}$$

wobei für den Fehlervektor $\boldsymbol{\epsilon}_i$ gelten soll plim $\boldsymbol{\epsilon}_i = 0$.
Für die beiden Gruppen erhalten wir gemäß Tabelle 8.8 die Designmatrix

$$\mathbf{X} = \begin{pmatrix} 1 & 1 & 0 & 1 & 0 & 0 & 0 \\ 1 & 1 & 0 & 0 & 1 & 0 & 0 \\ 1 & 0 & 1 & 0 & 0 & 1 & 0 \\ 1 & 0 & 1 & 0 & 0 & 0 & 1 \end{pmatrix} \tag{8.95}$$

und die Parametervektoren

$$\boldsymbol{\beta}_1 = \begin{pmatrix} \ln(n_{1\cdot}) \\ \ln(P_A) \\ \ln(1 - P_A) \\ \ln(P_{B|A}) \\ \ln(1 - P_{B|A}) \\ \ln(P_{B|\bar{A}}) \\ \ln(1 - P_{B|\bar{A}}) \end{pmatrix} \quad , \quad \boldsymbol{\beta}_2 = \begin{pmatrix} \ln(n_{2\cdot}) \\ \ln(P_B) \\ \ln(1 - P_B) \\ \ln(P_{A|B}) \\ \ln(1 - P_{A|B}) \\ \ln(P_{A|\bar{B}}) \\ \ln(1 - P_{A|\bar{B}}) \end{pmatrix} \quad . \tag{8.96}$$

Unter der üblichen Annahme von unabhängigen Multinomialverteilungen $M(n_{i\cdot}, \pi_{i1}, \pi_{i2}, \pi_{i3}, \pi_{i4})$ kann man die Parameterschätzungen $\hat{\boldsymbol{\beta}}_i$ über die iterative Lösung der Likelihoodgleichungen mittels einer Newton–Raphson–Prozedur gewinnen. Ein Algorithmus für dieses Problem ist in Ratkowsky et al. (1993, Appendix 7.A) angegeben. Die Autoren weisen darauf hin, daß er schwer zu implementieren sei.
Durch Ausnutzen der Struktur von Tabelle 8.8 läßt sich diese Schwierigkeit umgehen, indem man das Problem äquivalent umformt und auf ein Standardproblem zurückführt, das mit Standardsoftware bearbeitet werden kann.
Aus Tabelle 8.8 erhalten wir folgende Relationen

$$\left. \begin{aligned} (m_{11} + m_{12})/n_{1\cdot} &= P_A P_{B|A} + P_A(1 - P_{B|A}) = P_A \quad , \\ (m_{13} + m_{14})/n_{1\cdot} &= (1 - P_A) \quad , \end{aligned} \right\} \tag{8.97}$$

$\Rightarrow$

$$\begin{aligned} \ln(m_{11} + m_{12}) - \ln(m_{13} + m_{14}) &= \ln(P_A) - \ln(1 - P_A) \\ &= \text{Logit}(P_A) \end{aligned} \tag{8.98}$$

$$\ln(m_{11}) - \ln(m_{12}) = \text{Logit}(P_{B|A}) \tag{8.99}$$

$$\ln(m_{13}) - \ln(m_{14}) = \text{Logit}(P_{B|\bar{A}}) \tag{8.100}$$

und analog

$$\ln(m_{21} + m_{22}) - \ln(m_{23} + m_{24}) = \text{Logit}(P_B) \qquad (8.101)$$
$$\ln(m_{21}) - \ln(m_{22}) = \text{Logit}(P_{A|B}) \qquad (8.102)$$
$$\ln(m_{23}) - \ln(m_{24}) = \text{Logit}(P_{A|\bar{B}}) \qquad (8.103)$$

Die Logits als Maß für die verschiedenen Effekte im 2×2 Cross–over werden nun mit einer der vier Parametrisierungen aus Abschnitt 8.3.4 für die Haupteffekte und zusätzlichen Effekten für die within–subject Korrelation modelliert. Um eine Überparametrisierung zu vermeiden, wird auf den carry–over Effekt λ verzichtet, der nach den Ausführungen in Abschnitt 8.3.4 als Alias–Effekt durch andere Wechselwirkungen mit repräsentiert wird.
Das Modell von Ratkowsky, Evans and Alldredge (REA–Modell) hat folgende Gestalt

REA–Modell

$$\text{Logit}(P_A) = \mu + \gamma_1 + \pi_1 + \tau_1$$
$$\text{Logit}(P_{B|A}) = \mu + \gamma_1 + \pi_2 + \tau_2 + \alpha_{11}$$
$$\text{Logit}(P_{B|\bar{A}}) = \mu + \gamma_1 + \pi_2 + \tau_2 + \alpha_{10}$$
$$\text{Logit}(P_B) = \mu + \gamma_2 + \pi_1 + \tau_2$$
$$\text{Logit}(P_{A|B}) = \mu + \gamma_2 + \pi_2 + \tau_1 + \alpha_{21}$$
$$\text{Logit}(P_{A|\bar{B}}) = \mu + \gamma_2 + \pi_2 + \tau_1 + \alpha_{20}$$

Dabei sind μ, γ_i, π_i und τ_i die üblichen Parameter für die Haupteffekte Overall-mean, Sequence, Periode und Treatment. Die neuen Parameter bedeuten

α_{i1} : Zusammenhangseffekt, gemittelt über die Individuen der Sequenz i, wenn die Behandlung der Periode 1 ein Erfolg war

α_{i0} : dto. für Mißerfolg.

Mit den Reparametrisierungsbedingungen für die Haupteffekte

$\gamma = \gamma_1 = -\gamma_2$ Sequence–Effekt
$\pi = \pi_1 = -\pi_2$ Perioden–Effekt
$\tau = \tau_1 = -\tau_2$ Treatment–Effekt
und
$\alpha_{i0} = -\alpha_{i1}$ Zusammenhangseffekt

für die within–subject Effekte können wir das REA–Modell für die beiden Sequencen wie folgt darstellen

$$\begin{pmatrix} \text{Logit}(P_A) \\ \text{Logit}(P_{B|A}) \\ \text{Logit}(P_{B|\bar{A}}) \\ \text{Logit}(P_B) \\ \text{Logit}(P_{A|B}) \\ \text{Logit}(P_{A|\bar{B}}) \end{pmatrix} = \begin{pmatrix} 1 & 1 & 1 & 1 & 0 & 0 \\ 1 & 1 & -1 & -1 & 1 & 0 \\ 1 & 1 & -1 & -1 & -1 & 0 \\ 1 & -1 & 1 & -1 & 0 & 0 \\ 1 & -1 & -1 & 1 & 0 & 1 \\ 1 & -1 & -1 & 1 & 0 & -1 \end{pmatrix} \begin{pmatrix} \mu \\ \gamma \\ \pi \\ \tau \\ \alpha_{11} \\ \alpha_{21} \end{pmatrix},$$

$$\mathbf{Logit} = \mathbf{X}_s \boldsymbol{\beta}_s \quad . \tag{8.104}$$

Setzt man auf der linken Seite als Schätzungen der Logits die Beziehungen (8.98) – (8.103) ein, wobei die erwarteten Besetzungen m_{ij} durch die beobachteten Besetzungen N_{ij} ersetzt werden, so ergeben sich folgende Lösungen:

$$\hat{\boldsymbol{\beta}}_s = \mathbf{X}_s^{-1} \widehat{\mathbf{Logit}} \quad , \tag{8.105}$$

d.h.

$$
\begin{pmatrix} \hat{\mu} \\ \hat{\gamma} \\ \hat{\pi} \\ \hat{\tau} \\ \hat{\alpha}_{11} \\ \hat{\alpha}_{21} \end{pmatrix}
= \frac{1}{8}
\begin{pmatrix}
2 & 1 & 1 & 2 & 1 & 1 \\
2 & 1 & 1 & -2 & -1 & -1 \\
2 & -1 & -1 & 2 & -1 & -1 \\
2 & -1 & -1 & -2 & 1 & 1 \\
0 & 4 & -4 & 0 & 0 & 0 \\
0 & 0 & 0 & 0 & 4 & -4
\end{pmatrix}
\begin{pmatrix}
\widehat{\mathrm{Logit}}(P_A) \\
\widehat{\mathrm{Logit}}(P_{B|A}) \\
\widehat{\mathrm{Logit}}(P_{B|\bar{A}}) \\
\widehat{\mathrm{Logit}}(P_B) \\
\widehat{\mathrm{Logit}}(P_{A|B}) \\
\widehat{\mathrm{Logit}}(P_{A|\bar{B}})
\end{pmatrix}
\quad . \tag{8.106}
$$

Mit (8.98) – (8.103) (m_{ij} durch N_{ij} ersetzt) erhalten wir

$$\widehat{\mathrm{Logit}}(P_A) = \ln\left(\frac{N_{11}+N_{12}}{N_{13}+N_{14}}\right) \quad , \tag{8.107}$$

$$\widehat{\mathrm{Logit}}(P_{B|A}) = \ln\left(\frac{N_{11}}{N_{12}}\right) \quad , \tag{8.108}$$

$$\widehat{\mathrm{Logit}}(P_{B|\bar{A}}) = \ln\left(\frac{N_{13}}{N_{14}}\right) \quad , \tag{8.109}$$

$$\widehat{\mathrm{Logit}}(P_B) = \ln\left(\frac{N_{21}+N_{22}}{N_{23}+N_{24}}\right) \quad , \tag{8.110}$$

$$\widehat{\mathrm{Logit}}(P_{A|B}) = \ln\left(\frac{N_{21}}{N_{22}}\right) \quad , \tag{8.111}$$

$$\widehat{\mathrm{Logit}}(P_{A|\bar{B}}) = \ln\left(\frac{N_{23}}{N_{24}}\right) \quad . \tag{8.112}$$

Im saturierten Modell (8.104) gilt $\mathrm{Rang}(\mathbf{X}_s) = 6$, so daß die Parameterschätzung $\hat{\boldsymbol{\beta}}_s$ direkt gemäß (8.105) aus den geschätzten Logits bestimmt werden kann. Die Parameterschätzungen im saturierten Modell (8.104) lauten explizit:

$$
\begin{aligned}
\hat{\alpha}_{11} &= \frac{1}{2}[\widehat{\mathrm{Logit}}(P_{B|A}) - \widehat{\mathrm{Logit}}(P_{B|\bar{A}})] \\
&= \frac{1}{2}\ln(\frac{N_{11}N_{14}}{N_{12}N_{13}}) \quad , \tag{8.113}
\end{aligned}
$$

$$\hat{\alpha}_{21} = \frac{1}{2}\ln(\frac{N_{21}N_{24}}{N_{22}N_{23}}) \quad . \tag{8.114}$$

Damit ist z.B. $\exp(2\hat{\alpha}_{11})$ der Odds-Ratio in der 2×2-Tafel der AB-Sequence

$$
\begin{array}{c|cc}
 & 1 & 0 \\
\hline
1 & N_{11} & N_{12} \\
0 & N_{13} & N_{14}
\end{array} \quad .
$$

$$
\begin{aligned}
8\hat{\mu} &= \ln\left(\frac{N_{11}+N_{12}}{N_{13}+N_{14}}\right)^2\left(\frac{N_{11}N_{13}}{N_{12}N_{14}}\right) \\
&\quad + \ln\left(\frac{N_{21}+N_{22}}{N_{23}+N_{24}}\right)^2\left(\frac{N_{21}N_{23}}{N_{22}N_{24}}\right) \quad (8.115) \\
&= a_1 + a_2 \quad , \\
8\hat{\gamma} &= a_1 - a_2 \quad , \quad\quad\quad\quad\quad\quad\quad\quad\quad (8.116) \\
8\hat{\pi} &= \ln\left(\frac{N_{11}+N_{12}}{N_{13}+N_{14}}\right)^2\left(\frac{N_{12}N_{14}}{N_{11}N_{13}}\right) \\
&\quad + \ln\left(\frac{N_{21}+N_{22}}{N_{23}+N_{24}}\right)^2\left(\frac{N_{22}N_{24}}{N_{21}N_{23}}\right) \quad (8.117) \\
&= a_3 + a_4 \quad , \\
8\hat{\tau} &= a_3 - a_4 \quad . \quad\quad\quad\quad\quad\quad\quad\quad\quad (8.118)
\end{aligned}
$$

Die Kovarianzmatrix von $\hat{\boldsymbol{\beta}}_s$ ist unter Berücksichtigung der Kovarianzstruktur der Logits aus der gewichteten Kleinste-Quadrat-Schätzung zu berechnen (vgl. Kapitel 10). Für das saturierte Modell oder für Submodelle (nach dem Wegfall von nichtsignifikanten Parametern) kann die Parameterschätzung mittels Standardsoftware erfolgen.

Ratkowsky et al. (1993, p.310) geben ein Beispiel für die Anwendung der Prozedur SAS PROC CATMOD.

Die Datei ist gemäß (8.107)–(8.112) nach Tabelle 8.9 zu organisieren ($Y = 1$: Erfolg, $Y = 2$: Mißerfolg).

Beispiel 8.4: Die Wirkung eines Medikaments (B) im Vergleich zu einem Placebo (A) auf eine psychische Erkrankung wird in einem 2×2 Cross-over Experiment untersucht (Tabelle 8.10). Dabei bedeutet 1 : Besserung und 0 : keine Besserung. Wir prüfen zunächst H_0: „Treatment$\times$Periode-Effekt $= 0$" mit dem Odds-Ratio (8.72)

$$
\begin{aligned}
\widehat{OR} &= \frac{9 \cdot 18}{14 \cdot 11} = 1.05 \quad , \\
\ln(\widehat{OR}) &= 0.05 \quad , \\
\hat{\sigma}^2_{\ln\widehat{OR}} &= \frac{1}{9} + \frac{1}{18} + \frac{1}{14} + \frac{1}{11} = 0.33 \quad , \\
\frac{(\ln(\widehat{OR}))^2}{\hat{\sigma}^2_{\ln\widehat{OR}}} &= 0.01 < 3.84 \quad ,
\end{aligned}
$$

so daß H_0 nicht abgelehnt wird. Damit können die Tests auf Treatment-Effekt durchgeführt werden.

Der Mainland-Gart-Test benutzt die folgende 2×2-Tafel:

Count	Y		Count im Beispiel 8.3
$N_{11} + N_{12}$	1	$\widehat{\text{Logit}}(P_A)$	16
$N_{13} + N_{14}$	2		14
N_{11}	1	$\widehat{\text{Logit}}(P_{B\mid A})$	14
N_{12}	2		2
N_{13}	1	$\widehat{\text{Logit}}(P_{B\mid \bar{A}})$	15
N_{14}	2		9
$N_{21} + N_{22}$	1	$\widehat{\text{Logit}}(P_B)$	23
$N_{23} + N_{24}$	2		15
N_{21}	1	$\widehat{\text{Logit}}(P_{A\mid B})$	18
N_{22}	2		5
N_{23}	1	$\widehat{\text{Logit}}(P_{A\mid \bar{B}})$	4
N_{24}	2		11

Tabelle 8.9: Datenstruktur in SAS PROC CATMOD (saturiertes Modell)

Gruppe	(0,0)	(0,1)	(1,0)	(1,1)	Total
1 (AB)	9	5	2	14	30
2 (BA)	11	4	5	18	38
Total	20	9	7	32	68

Tabelle 8.10: Responseprofile im 2×2 Cross–over mit binärem Response

Gruppe	(0,1)	(1,0)	Total
1 (AB)	5	2	7
2 (BA)	4	5	9
Total	9	7	16

Die übliche χ_1^2–Statistik von Pearson ergibt mit

$$\chi^2 = \frac{16(5 \cdot 5 - 2 \cdot 4)^2}{9 \cdot 7 \cdot 7 \cdot 9} = 1.17 < 3.84 = \chi^2_{1;0.95}$$

keinen Hinweis auf einen Treatmenteffekt (p–value : 0.2804).
Der Mainland–Gart–Test ist äquivalent zu Fisher's exaktem Test, den wir zur Übung durchführen wollen.
Mit Fisher's exaktem Test (vgl. Abschnitt 2.6.2) erhalten wir für die drei Tafeln

$$\begin{array}{|cc|}\hline 2 & 5 \\ 5 & 4 \\ \hline \end{array} \quad \begin{array}{|cc|}\hline 1 & 6 \\ 6 & 3 \\ \hline \end{array} \quad \begin{array}{|cc|}\hline 0 & 7 \\ 7 & 2 \\ \hline \end{array}$$

folgende Wahrscheinlichkeiten

$$P_1 = \frac{7!9!7!9!}{16!} \cdot \frac{1}{5!2!4!5!} = 0.2317$$

$$P_2 = \frac{2 \cdot 4}{6 \cdot 6} P_1 = 0.0515$$

$$P_3 = \frac{1 \cdot 3}{7 \cdot 7} P_2 = 0.0032 \quad ,$$

also $P = P_1 + P_2 + P_3 = 0.2364$, so daß $H_0 : P((AB)) = P((BA))$ nicht abgelehnt wird.

Der Prescott–Test benutzt die folgende 2×3–Tafel:

Gruppe	(0,1)	(0,0) oder (1,1)	(1,0)	Total
(AB)	5	9 + 14	2	30
(BA)	4	11 + 18	6	38
	9	52	7	68

$$
\begin{aligned}
V &= 30 \cdot 38[(9+7) \cdot 68 - (9-7)^2]/68 \\
&= \frac{30 \cdot 38}{68}[16 \cdot 68 - 4] = 18172.94 \\
\chi^2(P) &= [(5-2) \cdot 68 - (9-7) \cdot 30]^2/V \\
&= \frac{144^2}{V} = 1.14 < 3.84 \quad .
\end{aligned}
$$

H_0: Treatmenteffekt $= 0$ wird also nicht abgelehnt.

Saturiertes REA–Modell

Die Analyse des REA–Modells mit SAS ergibt folgende Tabelle:
Aufruf in SAS:

```
PROC CATMOD DATA = BEISPIEL 8.4;
WEIGHT COUNT;
DIRECT SEQUENCE PERIOD TREAT
ASSOC_AB ASSOC_BA;
MODEL Y = SEQUENCE PERIOD TREAT
  ASSOC_AB ASSOC_BA /
  NOGLS ML;
RUN;
```

Effect	Estimate	S.E.	Chi-Square	P-value
INTERCEPT	0.3437	0.1959	3.08	0.0793
SEQUENCE	0.0626	0.1959	0.10	0.7429
PERIOD	-0.0623	0.1959	0.10	0.7470
TREAT	-0.2096	0.1959	1.14	0.2846
ASSOC_AB	1.2668	0.4697	7.27	0.0070 *
ASSOC_BA	1.1463	0.3862	8.81	0.0030 *

Damit sind alle Haupteffekte nichtsignifikant.

Bemerkung: Die Parameterschätzungen lassen sich mit (8.113)–(8.118) direkt überprüfen:

$$
\begin{aligned}
\hat{\mu} &= \frac{1}{8}\ln\left[(\frac{14+2}{9+5})^2\frac{14\cdot 5}{9\cdot 2}\right] + \frac{1}{8}\ln\left[(\frac{18+5}{11+4})^2\frac{18\cdot 4}{11\cdot 5}\right] \\
&= 0.2031 + 0.1406 = 0.3437 \\
\hat{\gamma} &= 0.2031 - 0.1406 = 0.0625 \\
\hat{\pi} &= \frac{1}{8}\ln\left[(\frac{16}{14})^2\frac{18}{70}\right] + \frac{1}{8}\ln\left[(\frac{23}{15})^2\frac{55}{72}\right] \\
&= -0.1364 + 0.0732 = -0.0632 \\
\hat{\tau} &= -0.1364 - 0.0732 = -0.2096 \\
\hat{\alpha}_{11} &= \frac{1}{2}\ln(\frac{9\cdot 14}{5\cdot 2}) = 1.2668 \\
\hat{\alpha}_{21} &= \frac{1}{2}\ln(\frac{11\cdot 18}{4\cdot 5}) = 1.1463 \quad .
\end{aligned}
$$

Analyse mit GEE1 (vgl. Kapitel 10)

Die Analyse dieses Datensatzes mit der GEE1–Routine von Heumann (1993) liefert für die Parametrisierung No. 2 (Modell (8.58)) folgende Ergebnisse:

Effect	Estimates	Naive S.E.	Robust S.E.	P-Robust
INTERCEPT	0.1335	0.3569	0.3569	0.7154
TREATMENT	0.2939	0.4940	0.4940	0.5521
PERIOD	0.1849	0.4918	0.4918	0.7071
TREAT x PERIOD	-0.0658	0.7040	0.8693	0.9397

Die working correlation beträgt 0.5220. Alle Effekte sind nichtsignifikant.

8.5 Kontrollfragen und Aufgaben

8.5.1 Beschreiben Sie das lineare Modell des Cross–over Designs. In welchem Zusammenhang steht es zu einem Repeated Measures und zu einem Split–Plot Design? Wie lauten die Haupteffekte und der Wechselwirkungseffekt?

8.5.2 Erläutern Sie die Teststrategie im 2×2 Cross–over. Welchen Effekt kann man bei signifikantem carry–over ohne Einschränkung testen? Ist dieser Test sinnvoll?

8.5.3 Erläutern Sie den Unterschied zwischen klassischem Modell und den vier alternativen Parametrisierungen. Erläutern Sie den Zusammenhang Randomisierung/carry–over Effekt und parallele Gruppen /Sequence–Effekt.

8.5.4 Gegeben sei ein 2×2 Cross–over mit binärem Response:

Gruppe	(0,0)	(0,1)	(1,0)	(1,1)	Summe
1 (AB)	n_{11}	n_{12}	n_{13}	n_{14}	$n_1.$
2 (BA)	n_{21}	n_{22}	n_{23}	n_{24}	$n_2.$

Welche daraus gebildeten Kontingenztafeln und deren Odds–Ratios geben einen Hinweis auf einen Treatmenteffekt bzw. auf einen Treatment×Periode–Effekt?

8.5.5 Erläutern Sie den McNemar Test, den Mainland–Gart Test und den Prescott Test (Voraussetzungen, Testziel).

Kapitel 9

Statistische Analyse bei unvollständigen Daten

9.1 Einleitung

Ein grundsätzliches Problem der Statistik bei der Analyse von Datensätzen stellt der Verlust von einzelnen Beobachtungen, von Variablen oder von Einzelwerten dar. Rubin (1976) kann als der Begründer der modernen Theorie *Nonresponse in Sample Surveys* angesehen werden. In den Monographien Little and Rubin (1987) und Rubin (1987) werden entscheidungs– und modelltheoretische Grundlagen zur Behandlung von Datenverlust in Abhängigkeit vom Verlustmechanismus gegeben.

Die Standardsituation in der statistischen Datenanalyse besteht darin, auf der Basis einer Matrix

$$
\mathbf{X} = \begin{pmatrix}
x_{11} & \cdots & \cdots & x_{1m} \\
\vdots & \circ & & \vdots \\
 & & & \circ \\
\vdots & & \circ & \vdots \\
x_{n1} & \cdots & \cdots & x_{nm}
\end{pmatrix}
$$

ein geeignetes Modell zur Beschreibung von Strukturen innerhalb der Datenvektoren zu finden. Die Spalten von X sind standardmäßig die Variablen, die Zeilen von X stellen die Beobachtungen (cases, units) der Variablen dar. Dabei sind alle Datentypen, d.h.

- intervallskalierte Daten

- rangskalierte Daten

- nominalskalierte Daten,

anzutreffen. Bei der Realisierung der Variablen können einzelne Beobachtungen fehlen. Fehlende Beobachtungen werden in X durch das Symbol o dargestellt.

Beispiele:

- Fragebögen werden unvollständig ausgefüllt. Antworten können zufällig
  (z.B. Frage übersehen) oder nichtzufällig fehlen (z.B. Fragen nach Ein-
  kommen, Trinkverhalten, Sexualverhalten werden absichtlich nicht be-
  antwortet).

- Physikalische Experimente in der Industrie (z.B. Qualitätskontrolle wie
  Bruchverhalten) enden häufig mit der Zerstörung des Objekts. Steht der
  Ausfall des Objekts eindeutig in Beziehung zum Ziel des Experiments,
  so liegt nichtzufälliges Fehlen vor.

- Bei klinischen Langzeitstudien oder im Repeated Measures Design fallen
  Patienten aus der Studie aus (Drop–out). Organisatorische Maßnahmen
  können diesen Datenverlust beeinflussen, aber nicht verhindern. Falls
  die Lebensdauer die Zielvariable ist, so spricht man von zensierten Daten. Zensierung ist ein Mechanismus, der zu nichtzufälligem Datenverlust führt. Zensierung kann durch Drop–out des Patienten oder durch
  das Studienende erfolgen.

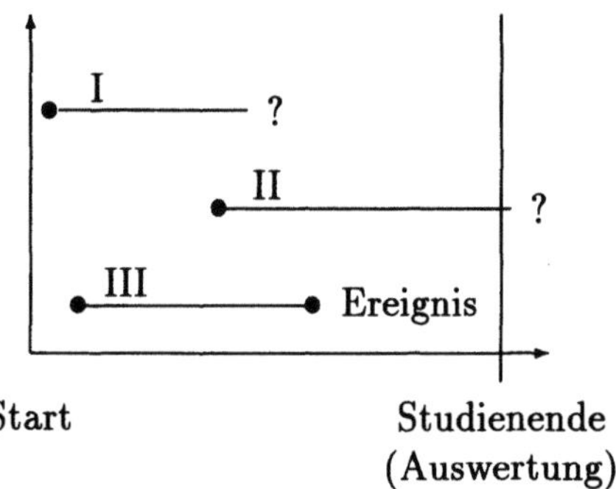

Abbildung 9.1: Zensierte Patienten (I: Drop–out und II: zensiert durch Studienende) und Patient mit Ereignis (III)

Statistische Methoden bei fehlenden Daten

Wir können folgende generelle Gliederung der Verfahren geben

(i) Nutzung der kompletten Fälle (complete case analysis)

Hier streicht man alle unvollständig beobachteten Zeilen der Datenmatrix. Sei
o.B.d.A.

$$\mathbf{X} = \begin{pmatrix} \mathbf{X}_c \\ \mathbf{X}_* \end{pmatrix} \begin{matrix} n_1 \times m \\ n_2 \times m \end{matrix}$$

so umorganisiert, daß X_c (c: für complete) keine fehlenden Daten enthält, so
wird die Analyse nur mit der Teilmatrix X_c durchgeführt. Dies setzt voraus,
daß der Prozentsatz $(n_2/n) \cdot 100$ hinreichend klein ist und daß keine Blockbildung im Fehlend–Pattern vorliegt. Durch Homogenitätstests ist z.B. zu klären,

ob signifikante Schichtungseffekte vorliegen, die zu Verzerrungen (Selectivity Bias) führen.

Beispiel 9.1: Sei y die Zielvariable „Lebensdauer einer prothetischen Konstruktion" und X die bivariate Kovariable „Alter unter 60 Jahre" bzw. „Alter über 60 Jahre". Wir nehmen folgende Situation an:

	Start	Ende
< 60	100	60
> 60	100	40

Von je 100 Patienten der beiden Altersgruppen zum Beginn der Studie fallen 40 bzw. 60 Patienten durch Drop–out aus der Studie. Der höhere Ausfall der älteren Patienten (Ausfallrate 60 %) ist durch geeignete Verfahren wie etwa Follow–Up Interviews dahingehend einzuschätzen, ob von einem zufälligen Fehlen ausgegangen werden kann.

Hinweis: Bei Verdacht auf einen Selectivity Bias sind Korrekturformeln einzusetzen (vgl. Walther und Toutenburg, 1991).

(ii) Imputation für fehlende Daten

Die der complete case Analyse grundsätzlich als Alternative zugeordnete Methode besteht im Auffüllen der unvollständigen Teilmatrix X_* (imputation for missing data, fill–in methods). Da der fehlende Wert unbekannt ist, muß stets mit einer Abweichung Imputation–Original (unbekannt) gerechnet werden, die gravierende Auswirkungen haben kann. Häufig bleibt dem Statistiker jedoch keine andere Wahl, als *Schätzwerte* an die Stelle der fehlenden Werte zu setzen, da sonst die gesamte Analyse gefährdet wäre (z.B. Datenverlust in mindestens einem Element in jeder Zeile von X).
Wir unterscheiden folgende Verfahren:

- *hot deck imputation:* Einsetzen von realisierten Werten der betreffenden Variablen.

- *cold deck imputation:* Einsetzen eines konstanten Wertes aus einer externen Quelle, z.B. eine Konstante der Population (mittlerer Response etc.).

- *mean imputation:* Einsetzen des Stichproben- (Spalten-) mittelwertes der betreffenden Variablen.

- *regression (correlation) imputation:* Ausnutzen der Korrelationsstruktur innerhalb der X_c-Matrix und Ersetzen des fehlenden Wertes durch die klassische Vorhersage.

(iii) Verfahren auf der Basis von Modellen

Die Grundidee besteht in einer Faktorisierung der Likelihoodfunktion nach der Beobachtungs– und Fehlendstruktur, so daß iterative Verfahren, beginnend mit den vollständigen Daten, eine schrittweise Maximierung der gesamten Likelihoodfunktion ermöglichen. Diese Methoden sind in Little and Rubin (1987) ausführlich dargestellt.

Multiple imputation

Die Idee der multiplen Imputation (Rubin, 1987) besteht darin, durch wiederholte Imputation und Auswertung jedes so vervollständigten Datensatzes eine Variabilität der Zielgröße zu erreichen, aus der dann z.B. durch Mittelwertbildung eine endgültige Zielgröße wird.

Missing–Data–Mechanismen

Ignorierbarer Nichtresponse liegt stets dann vor, wenn die fehlenden Daten zufällig fehlen in dem Sinne, daß die beobachteten Werte eine zufällige Substichprobe der Gesamtstichprobe sind.

Beispiel: Sei $Y \sim N(\mu, \sigma^2)$ eine univariate normalverteilte Variable und $(y_1, \ldots, y_m, y_{m+1}, \ldots, y_n)$ eine Stichprobe, wobei die Werte $\mathbf{y}_{obs} = (y_1, \ldots, y_m)'$ beobachtet wurden und die anderen Werte $\mathbf{y}_{mis} = (y_{m+1}, \ldots, y_n)'$ nicht beobachtet wurden. Falls die Werte zufällig fehlen (missing at random, MAR), bildet $(y_1, \ldots, y_m)'$ eine zufällige Substichprobe. Der negative Effekt würde dann lediglich in einem Effizienzverlust (durch den geringeren Stichprobenumfang) der Schätzungen wie $\bar{y}$ und s_y^2 bestehen. An der Erwartungstreue beider Statistiken würde sich nichts ändern.

Nichtignorierbarer Nichtresponse liegt vor, wenn die Wahrscheinlichkeit $P(y_i$ beobachtet) vom Wert y_i selbst abhängt. Die Schätzungen auf der Basis einer solchen Substichprobe sind im allgemeinen verzerrt.

Zensierung ist ein Mechanismus, der zu nichtignorierbarem Nichtresponse führt.

MAR, OAR und MCAR

Wir betrachten eine bivariate Stichprobe von (X, Y) und nehmen an, daß X vollständig beobachtet wurde, während Y fehlende Werte aufweist. Dies ergibt das sogenannte monotone Pattern.

Diese Situation ist typisch für Langzeitstudien oder Fragebogeninterviews. Eine Variable ist stets bekannt, während die zweite nicht bei allen Elementen der Stichprobe bekannt ist.

Beispiele:	X	Y
	Alter	Einkommen
	Placebo	Blutdruck nach 28 Tagen
	Gerüstdesign	Kaufähigkeit

Die Wahrscheinlichkeit für den Response von Y kann wie folgt entstehen:

(i) sie hängt von Y und X ab,

(ii) sie hängt von X, aber nicht von Y ab,

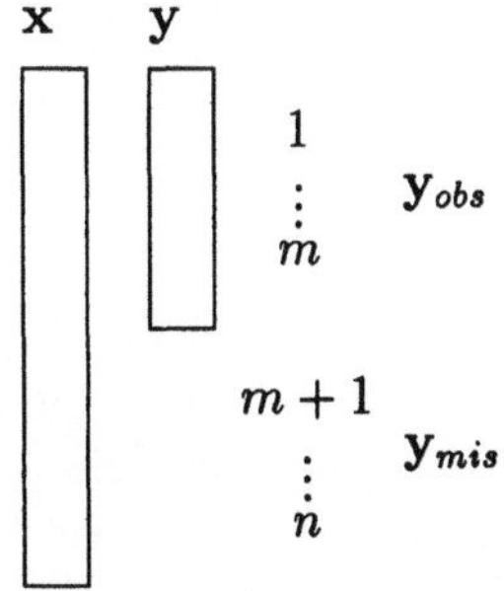

Abbildung 9.2: Monotones Pattern bei zwei Variablen

(iii) sie ist unabhängig sowohl von X als auch von Y.

Im Fall (iii) sagen wir, die fehlenden Daten sind MAR und die beobachteten Daten sind OAR (observed at random), so daß die fehlenden Daten MCAR (missing completely at random) sind. Dann bilden die Daten y_{obs} eine zufällige Substichprobe von $y = (y_{obs}, y_{mis})'$.
Im Fall (ii) sind die fehlenden Daten MAR. Die beobachteten Y–Werte y_{obs} bilden dann nicht notwendig eine zufällige Substichprobe von y. Innerhalb der durch die X–Werte definierten Klassen bilden sie jedoch zufällige Substichproben.

Beispiel: Sei X eine kategoriale Variable mit zwei Ausprägungen, z.B. $X = 1$ (Alter über 60 Jahre), $X = 0$ (Alter unter 60 Jahre). Sei Y die Lebensdauer einer prothetischen Konstruktion (Zahnersatz). Dann kann die Dokumentation von Y durchaus vom Lebensalter abhängen, da z.B. jüngere Patienten aus Zeitgründen die Termine für Nachuntersuchungen häufiger nicht wahrnehmen als ältere Patienten. Damit wäre $P(y_{obs}|X = 1) > P(y_{obs}|X = 0)$.

Im Fall (i) sind die Daten weder MAR noch OAR, der Missing–Data–Mechanismus ist nichtignorierbar. In den Fällen (ii) und (iii) ist der Missing–Data–Mechanismus bei Verfahren auf der Basis der Likelihoodfunktion ignorierbar, im Falle (iii) auch bei Verfahren auf der Basis der Stichprobe.
Falls die bedingte Verteilung von $Y|X$ Ziel der Untersuchungen ist, so reicht die MAR–Situation aus, um befriedigende Ergebnisse zu erhalten. Falls die Randverteilung von Y (z.B. Schätzung von $\bar{y}$ aus den m Beobachtungen) Ziel der Untersuchung ist, führt MAR im allgemeinen zu einem Bias, d.h. hier muß MCAR gelten.
Betrachtet man die Faktorisierung der gemeinsamen Dichte von X und Y

$$f(X,Y) = f(X)f(Y|X)$$

mit $f(X)$: Randdichte von X und $f(Y|X)$: bedingte Dichte von $Y|X$, so wird klar, daß eine Analyse von $f(Y|X)$ auf der Basis der m gemeinsamen Beobachtungen erfolgen muß. Die Schätzung von y_{mis} stellt sich dann als das klassische Vorhersageproblem.

9.2 Fehlende Daten im Response

Bei kontrollierten Experimenten wie klinischen Studien in der Pharmakologie oder technischen Laboruntersuchungen wird die X-Matrix durch gezielte Versuchsplanung festgelegt und ein Response Y beobachtet. Die Auswertung erfolgt mit Standardverfahren wie der Varianzanalyse oder dem üblichen linearen Modell und den zugehörigen Testverfahren (vgl. Kapitel 3). Bei dieser Versuchsanlage kann man davon ausgehen, daß fehlende Werte eher im Response als im Versuchsplan auftreten. Damit wird die Balanziertheit gestört. Selbst wenn für die Daten die MCAR–Annahme gilt, ist es vorteilhafter, mit einem aufgefüllten Y-Vektor die Standardanalyse balanzierter Modelle durchzuführen als mit dem kleineren complete case Datensatz zu arbeiten. Falls der Versuchsplan z.B. vollständig gekreuzt ist, würde die Beschränkung auf den complete case Datensatz zu Schwierigkeiten bei der Interpretation führen.

9.2.1 KQ–Schätzung bei vollständigem Datensatz

Sei Y die Responsevariable und $\mathbf{X}$ die (T, K)–Designmatrix, so gelte für die Realisierungen $\mathbf{y}$ von Y das lineare Modell

$$\mathbf{y} = \mathbf{X}\boldsymbol{\beta} + \boldsymbol{\epsilon}, \quad \boldsymbol{\epsilon} \sim N(\mathbf{0}, \sigma^2\mathbf{I}). \tag{9.1}$$

Die KQ-Schätzung von $\boldsymbol{\beta}$ ist $\mathbf{b} = (\mathbf{X}'\mathbf{X})^{-1}\mathbf{X}'\mathbf{y}$ und die beste erwartungstreue Schätzung von σ^2 ist

$$\begin{aligned} s^2 &= (\mathbf{y} - \mathbf{X}\mathbf{b})'(\mathbf{y} - \mathbf{X}\mathbf{b})(T - K)^{-1} \\ &= \frac{\sum_{t=1}^{T}(y_t - \hat{y}_t)^2}{T - K}. \end{aligned} \tag{9.2}$$

Zum Prüfen linearer Hypothesen $\mathbf{R}\boldsymbol{\beta} = \mathbf{0}$ ($\mathbf{R}$ eine $J \times K$–Matrix vom Rang J) wird die Teststatistik

$$F_{J,T-K} = \frac{(\mathbf{R}\mathbf{b})'(\mathbf{R}(\mathbf{X}'\mathbf{X})^{-1}\mathbf{R}')^{-1}(\mathbf{R}\mathbf{b})}{Js^2} \tag{9.3}$$

eingesetzt (vgl. Abschnitte 3.7 und 3.8).

9.2.2 KQ–Schätzung nach Auffüllen fehlender Werte

Yates (1933) schlug folgende Methode vor. Falls $T - m$ Responsewerte in y nicht beobachtet wurden, organisiert man den Datensatz um (c: complete):

$$\begin{pmatrix} \mathbf{y}_{obs} \\ \mathbf{y}_{mis} \end{pmatrix} = \begin{pmatrix} \mathbf{X}_c \\ \mathbf{X}_* \end{pmatrix} \boldsymbol{\beta} + \begin{pmatrix} \boldsymbol{\epsilon}_c \\ \boldsymbol{\epsilon}_* \end{pmatrix}, \tag{9.4}$$

schätzt $\boldsymbol{\beta}$ zunächst aus dem vollständigen Submodell gemäß

$$\mathbf{b}_c = (\mathbf{X}'_c\mathbf{X}_c)^{-1}\mathbf{X}'_c\mathbf{y}_{obs} \tag{9.5}$$

$(\mathbf{X}_c : m \times K)$ und schätzt den $(T - m)$-Vektor $\mathbf{y}_{mis}$ durch die klassische Vorhersage

$$\hat{\mathbf{y}}_{mis} = \mathbf{X}_*\mathbf{b}_c. \tag{9.6}$$

Diese Schätzung wird in (9.4) eingesetzt und danach wird die KQ–Schätzung von $\boldsymbol{\beta}$ im aufgefüllten Modell berechnet. Die KQ–Schätzung von $\boldsymbol{\beta}$ im aufgefüllten Modell ist Lösung des Optimierungsproblems (vgl. (3.6))

$$
\begin{aligned}
S(\boldsymbol{\beta}) &= \left\{ \begin{pmatrix} \mathbf{y}_{obs} \\ \hat{\mathbf{y}}_{mis} \end{pmatrix} - \begin{pmatrix} \mathbf{X}_c \\ \mathbf{X}_* \end{pmatrix}\boldsymbol{\beta} \right\}' \left\{ \begin{pmatrix} \mathbf{y}_{obs} \\ \hat{\mathbf{y}}_{mis} \end{pmatrix} - \begin{pmatrix} \mathbf{X}_c \\ \mathbf{X}_* \end{pmatrix}\boldsymbol{\beta} \right\} \\
&= \sum_{t=1}^{m}(y_t - \mathbf{x}'_t\boldsymbol{\beta})^2 + \sum_{t=m+1}^{T}(\hat{y}_t - \mathbf{x}'_t\boldsymbol{\beta})^2 \longrightarrow \min_{\boldsymbol{\beta}}!
\end{aligned}
\tag{9.7}
$$

Der erste Summand wird minimal für $\mathbf{b}_c$ (9.5). Setzt man diesen Wert für $\boldsymbol{\beta}$ in den zweiten Summanden ein, so wird dieser Ausdruck gemäß (9.6) gleich null, nimmt also sein absolutes Minimum an. Damit liefert $\mathbf{b}_c$ das Minimum der Fehlerquadratsumme $S(\boldsymbol{\beta})$ (9.7), d.h. $\mathbf{b}_c$ ist KQ–Schätzer im aufgefüllten Modell.

Schätzung von σ^2

(i) Falls keine Werte fehlen, ist $s^2 = \sum_{t=1}^{T}(y_t - \hat{y}_t)^2/(T - K)$ die korrekte Schätzung.

(ii) Falls $T - m$ Daten ($\mathbf{y}_{mis}$ in (9.4)) fehlen, wäre

$$\hat{\sigma}^2_{mis} = \sum_{t=1}^{m}(y_t - \hat{y}_t)^2/(m - K) \tag{9.8}$$

die korrekte Schätzung von σ^2.

(iii) Die Auffüllmethode von Yates liefert automatisch folgende Schätzung

$$
\begin{aligned}
\hat{\sigma}^2_{\text{Yates}} &= \left\{ \sum_{t=1}^{m}(y_t - \hat{y}_t)^2 + \sum_{t=m+1}^{T}(\hat{y}_t - \hat{y}_t)^2 \right\}/(T - K) \\
&= \sum_{t=1}^{m}(y_t - \hat{y}_t)^2/(T - K).
\end{aligned}
\tag{9.9}
$$

Damit gilt

$$\hat{\sigma}^2_{\text{Yates}} = \hat{\sigma}^2_{mis} \cdot \frac{m - K}{T - K} < \hat{\sigma}^2_{mis}, \tag{9.10}$$

so daß Yates' Methode zu einer Unterschätzung der Varianz führt. Damit werden Konfidenzintervalle (vgl. (3.220), (3.221) bzw. (3.240)) zu klein und die Teststatistiken (vgl. (9.3)) zu groß, so daß Nullhypothesen schneller abgelehnt werden können. Um eine korrekte Analyse zu gewährleisten, müßten also die Schätzung der Varianz und damit alle nachfolgenden Statistiken mit dem Faktor $\frac{T-K}{m-K}$ korrigiert werden.

9.2.3 Bartlett's Kovarianzanalyse

Bartlett (1937) schlug eine Verbesserung von Yates' ANOVA vor, die als Bartlett's ANCOVA (analysis of covariance) bekannt wurde. Die Methode läuft in folgenden Schritten ab:

(i) jeder fehlende Wert wird durch eine beliebige Ersetzung (guess) aufgefüllt: $y_{mis} \Rightarrow \hat{y}_{mis}$,

(ii) es wird eine Indikatormatrix $\mathbf{Z}$ $(T \times (T - m))$ als Kovariable eingeführt und zwar durch die Festlegung

$$
\mathbf{Z} = \begin{pmatrix}
0 & 0 & 0 & \cdots & 0 \\
0 & 0 & 0 & \cdots & 0 \\
\vdots & \vdots & \vdots & & \vdots \\
0 & 0 & 0 & \cdots & 0 \\
1 & 0 & 0 & \cdots & 0 \\
0 & 1 & 0 & \cdots & 0 \\
\vdots & \vdots & \vdots & & \vdots \\
0 & 0 & 0 & \cdots & 1
\end{pmatrix} . \tag{9.11}
$$

Die m Nullvektoren deuten auf no–missing und die $T - m$ Vektoren $\mathbf{e}'_i$ auf missing hin. Über diese Kovariablen wird ein zusätzlicher Parameter $\boldsymbol{\gamma}$ $((T - m) \times 1)$ in das Modell eingeführt und mitgeschätzt:

$$
\begin{aligned}
\begin{pmatrix} \mathbf{y}_{obs} \\ \hat{\mathbf{y}}_{mis} \end{pmatrix} &= \mathbf{X}\boldsymbol{\beta} + \mathbf{Z}\boldsymbol{\gamma} + \boldsymbol{\epsilon} \\
&= (\mathbf{X}, \mathbf{Z}) \begin{pmatrix} \boldsymbol{\beta} \\ \boldsymbol{\gamma} \end{pmatrix} + \boldsymbol{\epsilon}.
\end{aligned} \tag{9.12}
$$

Die KQ–Schätzung von $\begin{pmatrix} \boldsymbol{\beta} \\ \boldsymbol{\gamma} \end{pmatrix}$ erhält man durch Minimierung der Fehlerquadratsumme

$$
S(\boldsymbol{\beta}, \boldsymbol{\gamma}) = \sum_{t=1}^{m} (y_t - \mathbf{x}'_t\boldsymbol{\beta} - \mathbf{0}'\boldsymbol{\gamma})^2 + \sum_{t=m+1}^{T} (\hat{y}_t - \mathbf{x}'_t\boldsymbol{\beta} - \mathbf{e}'_t\boldsymbol{\gamma})^2. \tag{9.13}
$$

Der erste Summand wird minimal für $\hat{\boldsymbol{\beta}} = \mathbf{b}_c$ (9.5), der zweite Summand wird minimal (und zwar gleich null) für $\hat{\boldsymbol{\gamma}} = \hat{\mathbf{y}}_{mis} - \mathbf{X}_* \mathbf{b}_c$. Damit ist die Gesamtsumme minimal für $(\mathbf{b}_c, \hat{\boldsymbol{\gamma}})$, d.h.

$$
\begin{pmatrix} \mathbf{b}_c \\ \hat{\mathbf{y}}_{mis} - \mathbf{X}_* \mathbf{b}_c \end{pmatrix} \tag{9.14}
$$

ist KQ–Schätzung von $\begin{pmatrix} \boldsymbol{\beta} \\ \boldsymbol{\gamma} \end{pmatrix}$ im Modell (9.12). Wählt man als Ersetzung speziell $\hat{\mathbf{y}}_{mis} = \mathbf{X}_* \mathbf{b}_c$ (wie bei Yates' Methode), so wird $\hat{\boldsymbol{\gamma}} = 0$. Beide Methoden liefern also als Schätzung von $\boldsymbol{\beta}$ die complete case KQ–Schätzung $\mathbf{b}_c$.

Die Einführung des zusätzlichen Parameters γ, an dessen Wert man gar nicht
interessiert ist, bietet jedoch einen entscheidenden Vorteil: die Zahl der Freiheitsgrade bei der Schätzung von σ^2 im Modell (9.12) ist gleich T minus Anzahl
der geschätzten Parameter, also $T - K - (T - m) = m - K$ und damit korrekt,
d.h. bei Bartlett's ANCOVA erhalten wir $\hat{\sigma}^2 = \hat{\sigma}^2_{mis}$ (vgl. (9.8)) und damit
eine unverzerrte Schätzung von σ^2.

9.3 Fehlende Werte in der X–Matrix

Wenn wir die Standardsituation in der mehr ökonometrisch orientierten Regressionsanalyse betrachten, so ist $\mathbf{X}$ häufig kein fester Versuchsplan wie in
der Biometrie, sondern das Ergebnis von Beobachtungen exogener Variablen.
Damit ist $\mathbf{X}$ häufig eine Matrix aus zufälligen Variablen, so daß auch in $\mathbf{X}$ Beobachtungen fehlen können. Wir können deshalb folgende Struktur antreffen

$$\begin{pmatrix} \mathbf{y}_{obs} \\ \mathbf{y}_{mis} \\ \mathbf{y}_{obs} \end{pmatrix} = \begin{pmatrix} \mathbf{X}_{obs} \\ \mathbf{X}_{obs} \\ \mathbf{X}_{mis} \end{pmatrix} \beta + \epsilon. \tag{9.15}$$

Die Schätzung von $\mathbf{y}_{mis}$ stellt das Vorhersageproblem dar. Dabei entspricht die
klassische Vorhersage der Methode von Yates. Wir können uns deshalb auf die
Substruktur

$$y_{obs} = \begin{pmatrix} \mathbf{X}_{obs} \\ \mathbf{X}_{mis} \end{pmatrix} \beta + \epsilon \tag{9.16}$$

von (9.15) beschränken und führen folgende Bezeichnungsweise ein:

$$\begin{pmatrix} \mathbf{y}_c \\ \mathbf{y}_* \end{pmatrix} = \begin{pmatrix} \mathbf{X}_c \\ \mathbf{X}_* \end{pmatrix} \beta + \begin{pmatrix} \epsilon_c \\ \epsilon_* \end{pmatrix}, \quad \begin{pmatrix} \epsilon_c \\ \epsilon_* \end{pmatrix} \sim (\mathbf{0}, \sigma^2 \mathbf{I}). \tag{9.17}$$

Das Submodell

$$\mathbf{y}_c = \mathbf{X}_c \beta + \epsilon_c \tag{9.18}$$

bezeichnet den vollständig beobachteten Datensatz (c: complete), wobei
$\mathbf{y}_c : m \times 1$, $\mathbf{X}_c : m \times K$ und Rang $(\mathbf{X}_c) = K$ gelten. Wir beschränken uns auf
$\mathbf{X}$ nichtstochastisch. Bei zufälligem $\mathbf{X}$ würden wir mit bedingten Erwartungswerten arbeiten.
Das andere Submodell

$$\mathbf{y}_* = \mathbf{X}_* \beta + \epsilon_* \tag{9.19}$$

hat die Dimension $T - m = J$. Dabei ist $\mathbf{y}_*$ vollständig beobachtet. In der
Matrix $\mathbf{X}_*$ fehlen Beobachtungen, wobei Einzelwerte oder ganze Spalten oder
Zeilen fehlen können. Zur Unterscheidung von der Schreibweise $\mathbf{X}_{mis}$, die auf
vollständiges Fehlen hindeutet, wählen wir die Notation $\mathbf{X}_*$ (partially missing).
Die Kombination der beiden Submodelle im Modell (9.17) entspricht dem sogenannten mixed Modell (vgl. Toutenburg, 1992). Es ist deshalb naheliegend,
daß wir die Methode der mixed Schätzung zur Behandlung fehlender Werte
einsetzen werden.

Die optimale, wegen $\mathbf{X}_*$ partiell unbekannt aber nicht operationale Schätzung von β im Modell (9.17) ist durch den mixed Schätzer (vgl. Toutenburg 1992, Kap. 5)

$$\begin{aligned}
\hat{\beta}(\mathbf{X}_*) &= (\mathbf{X}_c'\mathbf{X}_c + \mathbf{X}_*'\mathbf{X}_*)^{-1}(\mathbf{X}_c'\mathbf{y}_c + \mathbf{X}_*'\mathbf{y}_*) \\
&= \mathbf{b}_c + \mathbf{S}_c^{-1}\mathbf{X}_*'(\mathbf{I}_J + \mathbf{X}_*\mathbf{S}_c^{-1}\mathbf{X}_*')^{-1}(\mathbf{y}_* - \mathbf{X}_*\mathbf{b}_c)
\end{aligned} \tag{9.20}$$

gegeben, wobei

$$\mathbf{b}_c = (\mathbf{X}_c'\mathbf{X}_c)^{-1}\mathbf{X}_c'\mathbf{y}_c \tag{9.21}$$

der KQ–Schätzer im complete case Submodell (9.18) und

$$\mathbf{S}_c = \mathbf{X}_c'\mathbf{X}_c \tag{9.22}$$

ist.
Die Kovarianzmatrix von $\hat{\beta}(\mathbf{X}_*)$ ist

$$V(\hat{\beta}(\mathbf{X}_*)) = \sigma^2(\mathbf{S}_c + \mathbf{S}_*)^{-1} \tag{9.23}$$

mit

$$\mathbf{S}_* = \mathbf{X}_*'\mathbf{X}_*. \tag{9.24}$$

9.3.1 Standardverfahren bei unvollständiger X–Matrix

(i) Complete case Analysis

Als erstes Verfahren bietet sich die Beschränkung auf das vollständig beobachtete Teilmodell (9.18) an. Der zugehörige Schätzer von β ist $\mathbf{b}_c = \mathbf{S}_c^{-1}\mathbf{X}_c'\mathbf{y}_c$ (9.21), der erwartungstreu ist mit der Kovarianzmatrix $V(\mathbf{b}_c) = \sigma^2\mathbf{S}_c^{-1}$. Die Verwendung von $\mathbf{b}_c$ setzt voraus, daß der Prozentsatz fehlender oder unvollständiger Zeilen in $\mathbf{X}_*$, d.h. $\frac{T-m}{T} \cdot 100\%$ nicht zu groß ist und daß die MAR–Annahme erfüllt ist. Gegen die MAR–Annahme würde z.B. die Tatsache sprechen, daß in $\mathbf{X}_*$ überdurchschnittlich viele Zeilen in Richtung des Eigenvektors γ_K zum kleinsten Eigenwert μ_K von $\mathbf{S}_c$ enthalten sind.

(ii) Zero–order Regression (ZOR)

Diese Methode von Wilks (1932) heißt auch Stichprobenmittel–Methode. Sie ersetzt einen fehlenden Wert x_{ij} des j–ten Regressors X_j durch das Spaltenmittel der beobachteten Werte von X_j. Seien jeweils

$$\Phi_j = \{i : x_{ij} \text{ fehlend}\}, \quad j = 1, \ldots, K \tag{9.25}$$

die Indexmengen der fehlenden X_j–Werte und sei M_j die Anzahl der Elemente in Φ_j. Dann wird für jedes j jeder fehlende Wert x_{ij} in $\mathbf{X}_*$ ersetzt durch

$$\hat{x}_{ij} = \bar{x}_j = \frac{1}{T - M_j} \sum_{i \notin \Phi_j} x_{ij}. \tag{9.26}$$

Sofern das Stichprobenmittel eine gute Schätzung für den Mittelwert der j-ten Spalte ist, wird diese Methode zufriedenstellend arbeiten. Falls jedoch die Werte der j-ten Spalte Trends oder Nichtlinearitäten wie Wachstumskurven unterliegen, dürfte $\bar{x}_j$ kein guter Repräsentant sein, so daß die Ersetzung fehlender Werte durch $\bar{x}_j$ zu Verzerrungen führt. Die Ersetzung aller fehlenden x_{ij} durch die entsprechenden Spaltenmittel $\bar{x}_j$ $(j = 1, \ldots, K)$ führt die Matrix $\mathbf{X}_*$ in eine – nun vollständig bekannte Matrix – $\mathbf{X}_{(1)}$ über. Damit kommen wir zur operationalisierten Form des mixed Modells (9.17), d.h. zu

$$\begin{pmatrix} \mathbf{y}_c \\ \mathbf{y}_* \end{pmatrix} = \begin{pmatrix} \mathbf{X}_c \\ \mathbf{X}_{(1)} \end{pmatrix} \boldsymbol{\beta} + \begin{pmatrix} \boldsymbol{\epsilon} \\ \boldsymbol{\epsilon}_{(1)} \end{pmatrix}. \tag{9.27}$$

Für den Fehlervektor $\boldsymbol{\epsilon}_{(1)}$ gilt

$$\boldsymbol{\epsilon}_{(1)} = (\mathbf{X}_* - \mathbf{X}_{(1)})\boldsymbol{\beta} + \boldsymbol{\epsilon}_* \tag{9.28}$$

mit

$$\boldsymbol{\epsilon}_{(1)} \sim \{(\mathbf{X}_* - \mathbf{X}_{(1)})\boldsymbol{\beta}, \sigma^2 \mathbf{I}_J\} \tag{9.29}$$

und $J = T - m$.

Die Ersetzung fehlender Werte führt also im allgemeinen zu einem verzerrten mixed Modell, da $\mathbf{X}_* - \mathbf{X}_{(1)} \neq \mathbf{0}$ gelten wird. Falls $\mathbf{X}$ stochastisch ist, kann man günstigstenfalls $E(\mathbf{X}_* - \mathbf{X}_{(1)}) = 0$ erwarten.

(iii) First–order Regression (FOR)

Unter diesem Begriff ist ein Methodenkomplex zusammengefaßt, der die Struktur der $\mathbf{X}$–Matrix durch Bildung von zusätzlichen Regressionsgleichungen ausnutzt. Ausgehend von den Indexmengen Φ_j in (9.40) modelliert man die Abhängigkeit jeder Spalte $\mathbf{x}_j$ $(j = 1, \ldots, K,\ j$ fest) von den anderen Spalten gemäß

$$x_{ij} = \theta_{0j} + \sum_{\substack{\mu=1 \\ \mu \neq j}}^{K} x_{i\mu}\theta_{\mu j} + u_{ij}, \qquad i \notin \Phi = \bigcup_{j=1}^{K} \Phi_j. \tag{9.30}$$

Die fehlenden Werte x_{ij} in $\mathbf{X}_*$ werden durch

$$\hat{x}_{ij} = \hat{\theta}_{0j} + \sum_{\substack{\mu=1 \\ \mu \neq j}}^{K} x_{i\mu}\hat{\theta}_{\mu j} \quad (i \in \Phi_j) \tag{9.31}$$

geschätzt und ersetzt.

(iv) Korrelationsmethoden für stochastisches X

Falls die Regressoren $X_1, \ldots, X_K$ (bzw. $X_2, \ldots, X_K$, falls $X_1 = 1$ ist) stochastisch sind, schätzt man $\boldsymbol{\beta}$ aus den Normalgleichungen

$$\mathbf{Cov}(\mathbf{x}_i, \mathbf{x}_j)\hat{\boldsymbol{\beta}} = \mathbf{Cov}(\mathbf{x}_i, \mathbf{y}) \quad (i, j = 1, \ldots, K). \tag{9.32}$$

Dabei ist $\text{Cov}(\mathbf{x}_i, \mathbf{x}_j)$ die $K \times K$-Stichprobenkovarianzmatrix, deren (i, j)-tes Element aus den paarweisen Beobachtungen von X_i und X_j berechnet wird. Entsprechend wird $\text{Cov}(\mathbf{x}_i, \mathbf{y})$ aus allen paarweisen Beobachtungen von $\mathbf{x}_i$ und $\mathbf{y}$ berechnet. Wir wollen auf diese Methode nicht weiter eingehen, da sie häufig zu unbefriedigenden Resultaten führt. Haitovsky (1968) kommt nach Simulationsstudien zum Ergebnis, daß in den meisten Fällen die complete case Schätzung $\mathbf{b}_c$ der Korrelationsmethode überlegen ist.

Maximum–Likelihood–Schätzungen der fehlenden Werte

Wir setzen zusätzlich Normalverteilung voraus, d.h. $\epsilon \sim N(\mathbf{0}, \sigma^2 \mathbf{I}_T)$. Ferner liege ein sogenanntes monotones Pattern der fehlenden Werte vor, das eine Faktorisierung der Likelihoodfunktion erlaubt (vgl. Little and Rubin, 1987). Wir beschränken uns auf den einfachsten Fall und nehmen an, daß die Matrix X_* vollständig unbekannt ist. Dies setzt voraus, daß im Modell keine Konstante enthalten ist. Dann ist $\mathbf{X}_*$ im mixed Modell (9.17) wie ein unbekannter Parameter zu behandeln. Die logarithmierte Likelihoodfunktion zur Schätzung der unbekannten Parameter β, σ^2 und des „Parameters" $\mathbf{X}_*$ ist dann

$$
\begin{aligned}
\ln L(\boldsymbol{\beta}, \sigma^2, \mathbf{X}_*) \;=\; & -\frac{n}{2}\ln(2\pi) - \frac{n}{2}\ln(\sigma^2) \\
& -\frac{1}{2\sigma^2}(\mathbf{y}_c - \mathbf{X}_c\boldsymbol{\beta}, \mathbf{y}_* - \mathbf{X}_*\boldsymbol{\beta})' \begin{pmatrix} \mathbf{y}_c - \mathbf{X}_c\boldsymbol{\beta} \\ \mathbf{y}_* - \mathbf{X}_*\boldsymbol{\beta} \end{pmatrix} . \quad (9.33)
\end{aligned}
$$

Die Ableitung nach β, σ^2 und $\mathbf{X}_*$ liefert die Normalgleichungen

$$
\frac{\partial \ln L}{\partial \boldsymbol{\beta}} = \frac{1}{2\sigma^2}\{\mathbf{X}_c'(\mathbf{y}_c - \mathbf{X}_c\boldsymbol{\beta}) + \mathbf{X}_*'(\mathbf{y}_* - \mathbf{X}_*\boldsymbol{\beta})\} = \mathbf{0}, \qquad (9.34)
$$

$$
\begin{aligned}
\frac{\partial \ln L}{\partial \sigma^2} = \frac{1}{2\sigma^2}\{-n \;+\; & \frac{1}{\sigma^2}(\mathbf{y}_c - \mathbf{X}_c\boldsymbol{\beta})'(\mathbf{y}_c - \mathbf{X}_c\boldsymbol{\beta}) \\
+\; & \frac{1}{\sigma^2}(\mathbf{y}_* - \mathbf{X}_*\boldsymbol{\beta})'(\mathbf{y}_* - \mathbf{X}_*\boldsymbol{\beta})\} = 0 \qquad (9.35)
\end{aligned}
$$

und

$$
\frac{\partial \ln L}{\partial \mathbf{X}_*} = \frac{1}{2\sigma^2}(\mathbf{y}_* - \mathbf{X}_*\boldsymbol{\beta})\boldsymbol{\beta}' = \mathbf{0}. \qquad (9.36)
$$

Daraus erhalten wir die ML-Schätzungen für β und σ^2

$$
\hat{\boldsymbol{\beta}} = \mathbf{b}_c = \mathbf{S}_c^{-1}\mathbf{X}_c'\mathbf{y}_c \;, \qquad (9.37)
$$

$$
\hat{\sigma}^2 = \frac{1}{m}(\mathbf{y}_c - \mathbf{X}_c\mathbf{b}_c)'(\mathbf{y}_c - \mathbf{X}_c\mathbf{b}_c), \qquad (9.38)
$$

die also nur auf dem vollständigen Submodell (9.18) basieren. Die ML-Schätzung von $\hat{\mathbf{X}}_*$ ist also die Lösung (vgl. (9.36) mit $\hat{\boldsymbol{\beta}} = \mathbf{b}_c$) von

$$
\mathbf{y}_* = \hat{\mathbf{X}}_*\mathbf{b}_c. \qquad (9.39)
$$

Nur im Fall $K = 1$ erhalten wir eine eindeutige Lösung

$$\hat{x}_* = \frac{y_*}{b_c} \tag{9.40}$$

mit $b_c = (\mathbf{x}_c'\mathbf{x}_c)^{-1}\mathbf{x}_c'y_c$ (vgl. Kmenta, 1971). Im Fall $K > 1$ gibt es eine $J \times (K-1)$-fache Mannigfaltigkeit von Lösungen $\hat{\mathbf{X}}_*$. Hat man eine beliebige Lösung $\hat{\mathbf{X}}_*$ von (9.39) gefunden und setzt sie in das mixed Modell ein:

$$\begin{pmatrix} \mathbf{y}_c \\ \mathbf{y}_* \end{pmatrix} = \begin{pmatrix} \mathbf{X}_c \\ \hat{\mathbf{X}}_* \end{pmatrix} \boldsymbol{\beta} + \begin{pmatrix} \boldsymbol{\epsilon}_c \\ \boldsymbol{\epsilon}_* \end{pmatrix}, \tag{9.41}$$

so folgt für den mixed Schätzer folgende interessante Identität

$$\begin{aligned}
\hat{\boldsymbol{\beta}}(\hat{\mathbf{X}}_*) &= (\mathbf{S}_c + \hat{\mathbf{X}}_*'\hat{\mathbf{X}}_*)^{-1}(\mathbf{X}_c'\mathbf{y}_c + \hat{\mathbf{X}}_*'\mathbf{y}_*) \\
&= (\mathbf{S}_c + \hat{\mathbf{X}}_*'\hat{\mathbf{X}}_*)^{-1}(\mathbf{S}_c\boldsymbol{\beta} + \mathbf{X}_c'\boldsymbol{\epsilon}_c + \hat{\mathbf{X}}_*'\hat{\mathbf{X}}_*\boldsymbol{\beta} + \hat{\mathbf{X}}_*'\hat{\mathbf{X}}_*\mathbf{S}_c^{-1}\mathbf{X}_c'\boldsymbol{\epsilon}_c) \\
&= \boldsymbol{\beta} + (\mathbf{S}_c + \hat{\mathbf{X}}_*'\hat{\mathbf{X}}_*)^{-1}(\mathbf{S}_c + \hat{\mathbf{X}}_*'\hat{\mathbf{X}}_*)\mathbf{S}_c^{-1}\mathbf{X}_c'\boldsymbol{\epsilon}_c \\
&= \boldsymbol{\beta} + \mathbf{S}_c^{-1}\mathbf{X}_c'\boldsymbol{\epsilon}_c \\
&= \mathbf{b}_c. \tag{9.42}
\end{aligned}$$

Interpretation: Der KQ–Schätzer $\hat{\boldsymbol{\beta}}(\hat{\mathbf{X}}_*)$ im mit der ML–Schätzung $\hat{\mathbf{X}}_*$ aufgefüllten Modell ist gleich dem KQ–Schätzer $\mathbf{b}_c$ im Submodell mit den vollständigen Beobachtungen. Dieses Resultat gilt auch in anderen monotonen Fehlend–Strukturen.

Ist das Fehlend–Pattern nicht monoton, so sind iterative Verfahren zur Lösung der ML–Gleichungen einzusetzen, die aus der Minimierung der nicht faktorisierbaren Likelihoodfunktion entstehen. Der bekannteste Algorithmus ist das EM–Verfahren von Dempster et al. (1977) (vgl. auch die Algorithmen von Oberhofer and Kmenta, 1974).

Weitere Diskussionen zum Problem der Schätzung fehlender Werte findet man in Little and Rubin (1987), Weisberg (1980) und Toutenburg (1992, Kapitel 8). Toutenburg et al. (1994) geben einen Ansatz zur eindeutigen Lösung der Normalgleichung (9.39) gemäß

$$\min_{\hat{\mathbf{X}}_*,\boldsymbol{\lambda}} \{|\mathbf{S}_c + \hat{\mathbf{X}}_*'\hat{\mathbf{X}}_*|^{-1} - 2\boldsymbol{\lambda}'(\mathbf{y}_* - \hat{\mathbf{X}}_*\mathbf{b}_c)\}. \tag{9.43}$$

Die Lösung lautet

$$\hat{\mathbf{X}}_* = \frac{\mathbf{y}_*\mathbf{y}_c'\mathbf{X}_c}{\mathbf{y}_c'\mathbf{X}_c\mathbf{S}_c^{-1}\mathbf{X}_c'\mathbf{y}_c}. \tag{9.44}$$

9.4 Adjustierung bei fehlenden Daten im 2×2 Cross–over–Design

Wir haben in Kapitel 8 Testverfahren für das 2×2 Cross–over–Design bei stetigem Response vorgestellt. Aufgrund der meist kleinen Stichprobenumfänge, die in der Praxis im Cross–over–Design verwendet werden können, ist es bei Studien dieser Art besonders wichtig, alle verfügbare Information zu nutzen und auch Daten unvollständiger Beobachtungen in die Analyse mit einzubeziehen.

9.4.1 Bezeichnungen

Wir setzen voraus, daß fehlende Werte nur in der zweiten Behandlungsperiode
auftreten. Ohne Beschränkung der Allgemeinheit stellen wir uns die Responsepaare (y_{i1k}, y_{i2k}) der Gruppe i so geordnet vor, daß die ersten m_i Paare
vollständige Datensätze repräsentieren. Die letzten $n_i - m_i$ Paare stellen dann
die unvollständigen Responsepaare dar. In Vektorschreibweise fassen wir nun
mit

$$\mathbf{y}'_{ij} = (y_{ij1}, \ldots, y_{ijm_i}) \tag{9.45}$$

die ersten m_i Responsewerte der Periode j zusammen, die zu vollständigen
Beobachtungspaaren der Gruppe i gehören. Die Beobachtungen der ersten Pe-
riode, die unvollständigen Responsepaaren zugeordnet sind, bezeichnen wir für
Gruppe i mit

$$\mathbf{y}^{*\prime}_{i1} = (y_{i1(m_i+1)}, \ldots, y_{i1n_i}). \tag{9.46}$$

Mit $m = m_1 + m_2$ und $n = n_1 + n_2$ können wir nun die $m \times 2$ Datenmatrix $\mathbf{Y}$
der vollständigen und den $(n - m) \times 1$ Vektor $\mathbf{y}^*_1$ der unvollständigen Daten
schreiben als

$$\mathbf{Y} = \begin{pmatrix} \mathbf{y}_{11} & \mathbf{y}_{12} \\ \mathbf{y}_{21} & \mathbf{y}_{22} \end{pmatrix}, \qquad \mathbf{y}^*_1 = \begin{pmatrix} \mathbf{y}^*_{11} \\ \mathbf{y}^*_{21} \end{pmatrix}. \tag{9.47}$$

Außerdem treffen wir folgende Verteilungsannahmen

$$
\begin{aligned}
(y_{i1k}, y_{i2k}) &\overset{i.i.d.}{\sim} N\left((\mu_{i1}, \mu_{i2}), \Sigma\right) \quad &\text{für } k = 1, \ldots, m_i \quad, \\[2mm]
y_{i1k} &\overset{i.i.d.}{\sim} N(\mu_{i1}, \sigma^2_{11}) \quad &\text{für } k = m_i + 1, \ldots, n_i \quad.
\end{aligned}
\tag{9.48}
$$

Dabei bezeichnet Σ die zugehörige Kovarianzmatrix

$$\Sigma = \begin{pmatrix} \sigma_{11} & \sigma_{12} \\ \sigma_{21} & \sigma_{22} \end{pmatrix} \tag{9.49}$$

mit

$$\sigma_{jj'} = Cov(y_{ijk}, y_{ij'k}). \tag{9.50}$$

Insbesondere gilt also $\sigma_{11} = Var(y_{i1k})$ und $\sigma_{22} = Var(y_{i2k})$. In dieser Notation
erhalten wir für den Korrelationskoeffizienten ρ die Darstellung

$$\rho = \frac{\sigma_{12}}{\sqrt{\sigma_{11}\sigma_{22}}}. \tag{9.51}$$

Zusätzlich forden wir, daß die Zeilen der Matix $\mathbf{Y}$ unabhängig von den Zeilen
des Vektors $\mathbf{y}^*_1$ sind. Die gesamte Stichprobe läßt sich nun durch die beiden
Vektoren $\mathbf{u}' = (\mathbf{y}'_{11}, \mathbf{y}'_{21}, \mathbf{y}^{*\prime}_1)$ und $\mathbf{v}' = (\mathbf{y}'_{12}, \mathbf{y}'_{22})$ darstellen. Der $n \times 1$ Vektor
$\mathbf{u}$ repräsentiert somit die Beobachtungen der ersten Periode und der $m \times 1$
Vektor $\mathbf{v}$ die der zweiten Periode. Da wir die beobachteten Responsepaare als
unabhängige Realisationen einer Zufallsstichprobe aus einer bivariaten Normalverteilung interpretieren, erhalten wir die Dichte von $(\mathbf{u}, \mathbf{v})$ als Produkt

der Randdichte von $\mathbf{u}$ und der bedingten Dichte von $\mathbf{v}$ gegeben $\mathbf{u}$. Für die Dichte von $\mathbf{u}$ erhalten wir

$$f_{\mathbf{u}} = \left(\frac{1}{\sqrt{2\pi\sigma_{11}}}\right)^n \exp\left(-\frac{1}{2\sigma_{11}}\sum_{i=1}^{2}\sum_{k=1}^{n_i}(y_{i1k}-\mu_{i1})^2\right) \qquad (9.52)$$

und die bedingte Dichte von $\mathbf{v}$ gegeben $\mathbf{u}$ lautet

$$f_{\mathbf{v}|\mathbf{u}} = \left(\frac{1}{\sqrt{2\pi\sigma_{22}(1-\rho^2)}}\right)^m \exp\left(-\frac{1}{2\sigma_{22}(1-\rho^2)}\sum_{i=1}^{2}\sum_{k=1}^{m_i}\left(y_{i2k}-\mu_{i2}-\rho\sqrt{\tfrac{\sigma_{22}}{\sigma_{11}}}(y_{i1k}-\mu_{i1})\right)^2\right).$$
$$(9.53)$$

Somit gilt für die gemeinsame Dichte $f_{\mathbf{u},\mathbf{v}}$ von $(\mathbf{u},\mathbf{v})$

$$f_{\mathbf{u},\mathbf{v}} = f_{\mathbf{u}}f_{\mathbf{v}|\mathbf{u}}. \qquad (9.54)$$

9.4.2 Maximum-Likelihood-Schätzer (Patel (1985))

Wir wollen nun die unbekannten Parameter $\mu_{11},\mu_{21},\mu_{12}$ und μ_{22} sowie die unbekannten Komponenten $\sigma_{jj'}$ der Kovarianzmatrix Σ schätzen. Dazu bilden wir die Loglikelihood $\ln L = \ln f_{\mathbf{u}} + \ln f_{\mathbf{v}|\mathbf{u}}$ mit

$$\ln f_{\mathbf{u}} = -\frac{n}{2}\ln(2\pi\sigma_{11}) - \frac{1}{2\sigma_{11}}\sum_{i=1}^{2}\sum_{k=1}^{n_i}(y_{i1k}-\mu_{i1})^2 \qquad (9.55)$$

und

$$\ln f_{\mathbf{v}|\mathbf{u}} = -\frac{m}{2}\ln(2\pi\sigma_{22}(1-\rho^2)) - \frac{1}{2\sigma_{22}(1-\rho^2)}\sum_{i=1}^{2}\sum_{k=1}^{m_i}\left(y_{i2k}-\mu_{i2}-\rho\sqrt{\tfrac{\sigma_{22}}{\sigma_{11}}}(y_{i1k}-\mu_{i1})\right)^2$$
$$(9.56)$$

Wir führen die Parameter σ^*, β und μ_{i2}^* ein:

$$\sigma^* = \sigma_{22}(1-\rho^2) \quad, \qquad (9.57)$$

$$\beta = \rho\sqrt{\frac{\sigma_{22}}{\sigma_{11}}} \quad, \qquad (9.58)$$

$$\mu_{i2}^* = \mu_{i2} - \beta\mu_{i1} \quad. \qquad (9.59)$$

Dann können wir (9.56) umformen und erhalten

$$\ln f_{\mathbf{v}|\mathbf{u}} = -\frac{m}{2}\ln(2\pi\sigma^*) - \frac{1}{2\sigma^*}\sum_{i=1}^{2}\sum_{k=1}^{m_i}(y_{i2k}-\mu_{i2}^*-\beta y_{i1k})^2. \qquad (9.60)$$

Somit ist es uns gelungen, die Loglikelihood in zwei Summanden (9.55) und (9.60) aufzuteilen. Dabei kommt keiner der unbekannten Parameter $\mu_{11},\mu_{21},\mu_{12}^*,\mu_{22}^*,\sigma_{11}, \sigma^*$ und β in beiden Summanden gleichzeitig vor, so daß wir diese zur Gewinnung der Maximum-Likelihood-Schätzer getrennt betrachten dürfen. Wir erhalten

$$
\left.\begin{aligned}
\hat{\mu}_{i1} &= y_{i1\cdot}^{(n_i)} \ , \\
\hat{\mu}_{i2} &= y_{i2\cdot}^{(m_i)} + \hat{\beta}\left(\hat{\mu}_{i1} - y_{i1\cdot}^{(m_i)}\right) \ , \\
\hat{\beta} &= \frac{s_{12}}{s_{11}} \ , \\
\hat{\sigma}_{11} &= \frac{1}{n}\sum_{i=1}^{2}\sum_{k=1}^{n_i}\left(y_{i1k} - \hat{\mu}_{i1}\right)^2 \ , \\
\hat{\sigma}_{22} &= s_{22} + \hat{\beta}^2\left(\hat{\sigma}_{11} - s_{11}\right) \ , \\
\hat{\sigma}_{12} &= \hat{\beta}\hat{\sigma}_{11} \ ,
\end{aligned}\right\}
\tag{9.61}
$$

wobei wir folgende Abkürzungen wählen

$$
y_{ij\cdot}^{(c)} = \frac{1}{a}\sum_{k=1}^{a} y_{ijk},
$$

$$
s_{jj'} = \frac{1}{m_1 + m_2}\sum_{i=1}^{2}\sum_{k=1}^{m_i}\left(y_{ijk} - y_{ij\cdot}^{(m_i)}\right)\left(y_{ij'k} - y_{ij'\cdot}^{(m_i)}\right).
\tag{9.62}
$$

Da $\hat{\beta}$ und $\hat{y}_{ij\cdot}^{(c)}$ für $a = n_i, m_i$ voneinander unabhängig sind, gilt für die Kovarianzmatrix $\mathbf{\Gamma}_i = ((\gamma_{i,uv}))$ von $(\hat{\mu}_{i1}, \hat{\mu}_{i2})$

$$
\mathbf{\Gamma}_i = \begin{pmatrix}
\frac{\sigma_{11}}{n_i} & \frac{\sigma_{12}}{n_i} \\
\frac{\sigma_{12}}{n_i} & \frac{\sigma_{22} + \left(1 - \frac{m_i}{n_i}\right)\sigma_{11}\left(Var(\hat{\beta}) - \beta^2\right)}{m_i}
\end{pmatrix}
\tag{9.63}
$$

mit

$$
Var(\hat{\beta}) = E\left(Var(\hat{\beta}|y_1)\right) = \frac{\sigma_{22}(1 - \hat{\rho}^2)}{\sigma_{11}(m - 4)},
\tag{9.64}
$$

$$
\hat{\rho} = \hat{\beta}\sqrt{\frac{\hat{\sigma}_{11}}{\hat{\sigma}_{22}}}.
\tag{9.65}
$$

9.4.3 Testverfahren

Wir leiten nun Testverfahren für große und kleine Stichprobenumfänge her und formulieren die Hypothesen $H_0^{(1)}$: kein Wechselwirkungseffekt, $H_0^{(2)}$: kein Behandlungseffekt und $H_0^{(3)}$: kein Periodeneffekt:

$$
H_0^{(1)}: \quad \theta_1 = \mu_{11} + \mu_{12} - \mu_{21} - \mu_{22} = 0 \ ,
\tag{9.66}
$$

$$
H_0^{(2)}: \quad \theta_2 = \mu_{11} - \mu_{12} - \mu_{21} + \mu_{22} = 0 \ ,
\tag{9.67}
$$

$$
H_0^{(3)}: \quad \theta_2 = \mu_{11} - \mu_{12} + \mu_{21} - \mu_{22} = 0 \ .
\tag{9.68}
$$

Große Stichproben

Wir bilden den Maximum-Likelihood-Schätzer $\hat{\theta}_1$ von θ_1 aus den Schätzern (9.61). Für große Stichprobenumfänge m_1 und m_2 kann die Verteilung von Z_1,

$$Z_1 = \frac{\hat{\theta}_1}{\sqrt{\sum_{i=1}^{2}(\tilde{\gamma}_{i,11} + 2\tilde{\gamma}_{i,12} + \tilde{\gamma}_{i,22})}}, \tag{9.69}$$

unter $H_0^{(1)}$ durch die Standardnormalverteilung approximiert werden. Dabei bezeichnen $\tilde{\gamma}_{i,uv}$ die Schätzer der Elemente der Kovarianzmatrix Γ_i. Diese erhalten wir, indem wir $\hat{\sigma}_{11}$ (9.61) und $s_{jj'}$ (9.62) durch die unverfälschten Schätzer

$$\tilde{\sigma}_{11} = \frac{n}{n-2}\hat{\sigma}_{11}, \tag{9.70}$$

$$\tilde{s}_{jj'} = \frac{m}{m-2}s_{jj'} \tag{9.71}$$

ersetzen.

Wir bilden den Maximum-Likelihood-Schätzer $\hat{\theta}_2$ für θ_2 aus den in (9.61) angegebenen Schätzern. Dann ist die Testgröße Z_2

$$Z_2 = \frac{\hat{\theta}_2}{\sqrt{\sum_{i=1}^{2}(\tilde{\gamma}_{i,11} - 2\tilde{\gamma}_{i,12} + \tilde{\gamma}_{i,22})}} \tag{9.72}$$

bei großen Stichprobenumfängen m_1 und m_2 unter $H_0^{(2)}$ approximativ standardnormalverteilt.

Analog erhalten wir die Verteilung der Testgröße Z_3

$$Z_3 = \frac{\hat{\theta}_3}{\sqrt{\sum_{i=1}^{2}(\tilde{\gamma}_{i,11} - 2\tilde{\gamma}_{i,12} + \tilde{\gamma}_{i,22})}} \tag{9.73}$$

und bilden den Maximum-Likelihood-Schätzer $\hat{\theta}_3$ für θ_3.

Kleine Stichproben

Für kleine Stichprobenumfänge m_1 und m_2 schlägt Patel (1985) vor, die Verteilung von Z_1 durch eine t-Verteilung mit $v_1 = \frac{1}{2}(n + m - 5)$ Freiheitsgraden zu approximieren. Die Wahl der Freiheitsgrade v_1 erklärt Patel wie folgt: Die Schätzer der Varianzen σ_{11} und σ^* ($\hat{\sigma}^* = s_{22} - \hat{\beta}s_{12}$) basieren auf $(n-2)$ bzw. $(n-3)$ Freiheitsgraden, deren Mittel gerade $v_1 = \frac{1}{2}(n + m - 5)$ beträgt. Falls in der zweiten Periode keine Daten fehlen, also $n = m$ gilt, so sollte eine t-Verteilung mit $n - 2$ Freiheitsgraden gewählt werden. Der Test stimmt dann mit dem schon bekannten Test auf der Basis von T_λ (8.19) überein.

Zur Approximation der Verteilung von Z_2 bzw. Z_3 wählt Patel eine t-Verteilung mit $v_2 = m - 2$ Freiheitsgraden. Patel bezieht sich damit auf die Ergebnisse von Morrison (1973). Morrison konstruierte einen Test zum Vergleich der Mittelwerte einer bivariaten Normalverteilung bei fehlenden Daten in maximal einer Variablen. Seine Testgröße leitet er aus den Maximum-Likelihood-Schätzern ab und gibt für deren Verteilung die t-Verteilung mit nur von der Anzahl kompletter Responsepaaren abhängigen Freiheitsgraden an. Falls keine Daten fehlen, sind diese Tests natürlich äquivalent zu den Tests in Abschnitt 8.1.3.

9.4.4 Beispiel

Im Beispiel 8.1 haben wir Patient 2 in Gruppe 2 als Ausreißer identifiziert. Wir wollen nun sehen, wie sich die Schätzungen der Effekte ändern, wenn wir die Beobachtung der zweiten Periode dieses Patienten von der Analyse ausschließen. Wir ordnen die Daten um, so daß Patient 2 in Gruppe 2 nun an letzter Stelle steht,

Gruppe 1		Gruppe 2	
A	B	B	A
20	30	30	20
40	50	20	10
30	40	30	10
20	40	40	—

so daß wir in Matrixschreibweise (vgl. (9.47)) zusammenfassen können:

$$\mathbf{Y} = \left(\begin{array}{c|c} 20 & 30 \\ 40 & 50 \\ 30 & 40 \\ 20 & 40 \\ \hline 30 & 20 \\ 20 & 10 \\ 30 & 10 \end{array} \right), \qquad \mathbf{y}_1^* = (40). \tag{9.74}$$

Mit $n_1 = 4, n_2 = 4, m_1 = 4$ und $m_2 = 3$ berechnen wir die unverfälschten Schätzer, indem wir (9.70) und (9.71) in (9.61) einsetzen. Wir berechnen:

$$y_{11\cdot}^{(n_1)} = \frac{1}{4}(20 + 40 + 30 + 20) = 27.50,$$

$$y_{11\cdot}^{(m_1)} = \frac{1}{4}(20 + 40 + 30 + 20) = 27.50,$$

$$y_{12\cdot}^{(m_1)} = \frac{1}{4}(30 + 50 + 40 + 40) = 40.00,$$

$$y_{21\cdot}^{(n_2)} = \frac{1}{4}(30 + 20 + 30 + 40) = 30.00,$$

$$y_{21\cdot}^{(m_2)} = \frac{1}{3}(30 + 20 + 30) = 26.67,$$

$$y_{22\cdot}^{(m_1)} = \frac{1}{3}(20 + 10 + 10) = 13.33$$

und

$$\tilde{s}_{11} = \frac{1}{7-2}\Big[(20-27.50)^2 + \cdots + (20-27.50)^2$$
$$+ (30-26.67)^2 + \cdots + (30-26.67)^2\Big] = 68.33,$$

$$\tilde{s}_{22} = \frac{1}{7-2}\Big[(30-40.00)^2 + \cdots + (40-40.00)^2 +$$
$$+ (20-13.33)^2 + (10-13.33)^2 + (10-13.33)^2\Big] = 53.33,$$

$$\tilde{s}_{12} = \frac{1}{7-2}\big[(20-27.50)(30-40) + \cdots + (20-27.50)(40-40) +$$
$$+ (30-26.67)(20-13.33) + \cdots + (30-26.67)(10-13.33)\big]$$
$$= 46.67,$$

$$\tilde{s}_{21} = \tilde{s}_{12}.$$

Mit

$$\hat{\beta} = \frac{\tilde{s}_{12}}{\tilde{s}_{11}} = \frac{53.33}{68.33} = 0.68$$

erhalten wir

$$\hat{\mu}_{11} = y_{11.}^{(n_1)} = 27.50,$$
$$\hat{\mu}_{21} = y_{21.}^{(n_2)} = 30.00,$$
$$\hat{\mu}_{12} = 40.00 + 0.68 \cdot (27.50 - 27.50) = 40.00,$$
$$\hat{\mu}_{22} = 13.33 + 0.68 \cdot (30.00 - 26.67) = 15.61$$

und mit

$$\tilde{\sigma}_{11} = \frac{1}{8-2}\Big[(20-27.50)^2 + \cdots + (20-27.50)^2 +$$
$$+ (30-30)^2 + \cdots + (30-30)^2\Big] = 79.17,$$

$$\tilde{\sigma}_{22} = 53.33 + 0.68^2 \cdot (79.17 - 68.33) = 58.39,$$
$$\tilde{\sigma}_{12} = 0.68 \cdot 79.17 = 54.07,$$
$$\tilde{\sigma}_{21} = \tilde{\sigma}_{12}$$

folgt

$$\hat{\rho} = 0.68 \cdot \sqrt{\frac{79.17}{58.39}} = 0.80 \qquad [\text{vgl. } (9.65)],$$
$$\widehat{Var}(\hat{\beta}) = \frac{58.39 \cdot (1 - 0.80^2)}{79.17 \cdot (7-4)} = 0.09 \qquad [\text{vgl. } (9.64)].$$

Nun bestimmen wir die beiden Kovarianzmatrizen (9.63)

$$\mathbf{\Gamma}_1 \;=\; \begin{pmatrix} \frac{79.17}{4} & \frac{54.07}{4} \\[2mm] \frac{54.07}{4} & \frac{58.39+\left(1-\frac{4}{4}\right)\cdot 79.17\cdot\left(0.09-0.68^2\right)}{4} \end{pmatrix}$$

$$=\; \begin{pmatrix} 19.79 & 13.52 \\ 13.52 & 14.60 \end{pmatrix},$$

$$\mathbf{\Gamma}_2 \;=\; \begin{pmatrix} 19.79 & 13.52 \\ 13.52 & 16.98 \end{pmatrix}.$$

Schließlich erhalten wir unsere Testgrößen

Wechselwirkung $\quad Z_1 \;=\; \frac{21.89}{11.19} = 1.96 \qquad$ [5 Freiheitsgrade]

Treatment $\qquad Z_2 \;=\; \frac{-26.89}{4.13} = -6.50 \quad$ [5 Freiheitsgrade]

Periode $\qquad Z_3 \;=\; \frac{1.89}{4.13} = 0.46 \qquad$ [5 Freiheitsgrade]

Einen Vergleich mit den Ergebnissen der Analyse des vollständigen Datensatzes zeigt die folgende Gegenüberstellung:

	vollständig			unvollständig		
	t	df	p-value	t	df	p-value
carry-over	0.96	6	0.376	1.96	5	0.108
Treatment	-2.96	6	0.026	-6.50	5	0.001
Periode	0.74	6	0.488	0.46	5	0.667

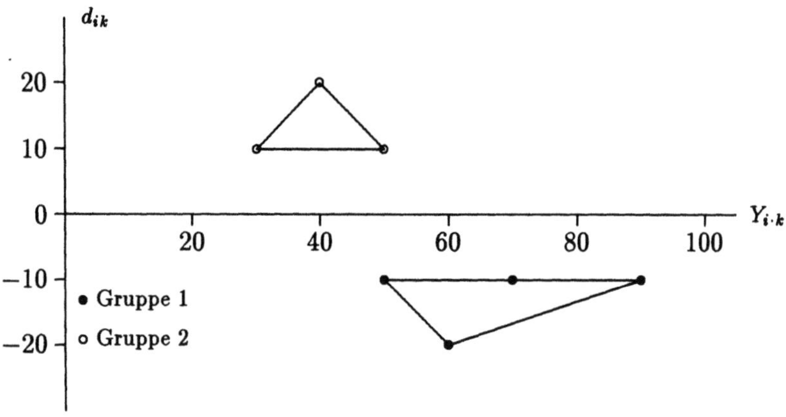

Abbildung 9.3: Differenzen–Responsetotal–Plot der unvollständigen Daten

Am interessantesten erscheint hier, daß der Behandlungseffekt durch Ausschluß der zweiten Beobachtung an Patient No. 2 ein noch höheres Signifikanzniveau erreicht ($p = 0.001$ zu $p = 0.026$ vorher). Gleichzeitig darf aber nicht übersehen werden, daß der carry-over Effekt nun mit $p = 0.108$ sehr nahe an der von Grizzle vorgeschlagenen Signifikanzgrenze von $p = 0.100$ liegt. Sehr deutlich ist dieser Sachverhalt auch im Differenzen-Responsetotal Plot (Abbildung 9.3) zu erkennen, der eine sehr deutliche Trennung der Hüllen in horizontaler als auch vertikaler Richtung zeigt (vgl. dazu Abbildung 8.5).

9.5 Fehlende kategoriale Daten

Die bisher vorgestellten Verfahren basieren auf dem linearen Regressionsmodell (9.1) mit einer stetigen endogenen Variablen Y. In vielen Anwendungsbereichen ist diese Voraussetzung jedoch nicht gegeben. Häufig wird Y als Responsevariable nur binär definiert sein, so daß Y eine Binomialverteilung besitzt. Die statistische Analyse unvollständig beobachteter kategorialer Daten bedarf daher anderer Verfahren als die bisher vorgestellten. Zur einfacheren Darstellung der Verfahren wird von einer dreidimensionalen Kontingenztafel ausgegangen, wobei nur eine der drei kategorialen Variablen unvollständig beobachtet wurde.

9.5.1 Ausgangssituation

Seien drei kategoriale Variablen Y, X_1, und X_2 gegeben, wobei Y eine dichotome Ergebnisvariable ist und X_1 und X_2 Kovariablen mit J bzw. K Ausprägungen (also eine $2 \times J \times K$-Kontingenztafel). Im folgenden wird von der Annahme ausgegangen, daß nur X_2 unvollständig beobachtet wurde.
Für das Auftreten fehlender Werte in der Kovariablen X_2 wird eine weitere Variable definiert, die Indikatorvariable

$$R_2 = \begin{cases} 1 & \text{Wert von } X_2 \text{ fehlt nicht} \\ 0 & \text{Wert von } X_2 \text{ fehlt .} \end{cases} \tag{9.75}$$

Es ergibt sich somit die neue Zufallsgröße

$$Z_2 = \begin{cases} X_2 & \text{falls } R_2 = 1 \\ K+1 & \text{falls } R_2 = 0 . \end{cases} \tag{9.76}$$

Der Zusammenhang der drei Variablen Y, X_1 und X_2 sei durch das logistische Regressionsmodell gegeben, ein generalisiertes lineares Modell (GLM) mit Logit–Link. Es schätzt die Effekte der Kovariablen X_1 und X_2 auf die Zielvariable Y.
Sei $\mu_{i|jk} = P(Y = i \mid X_1 = j, X_2 = k)$ die bedingte Verteilung der dichotomen Zielvariablen Y, gegeben die Kovariablen X_1 und X_2. Das logistische Regressionsmodell (Logit-Modell) ohne Wechselwirkungen lautet dann

$$\ln\left(\frac{\mu_{1|jk}}{1 - \mu_{1|jk}}\right) = \beta_0 + \beta_{1j} + \beta_{2k} \tag{9.77}$$

bzw.

$$\mu_{1|jk} = \frac{\exp(\beta_0 + \beta_{1j} + \beta_{2k})}{1 + \exp(\beta_0 + \beta_{1j} + \beta_{2k})} \, . \tag{9.78}$$

Die Parameter β_{1j} bzw. β_{2k} beschreiben den Effekt der j-ten Kategorie von X_1 bzw. der k-ten Kategorie von X_2 auf die Zielvariable Y.

Der Parametervektor $\beta' = (\beta_0, \beta_{11}, \ldots, \beta_{1J}, \beta_{21}, \ldots, \beta_{2K})$ wird mittels Maximum–Likelihood–Ansatz geschätzt.

9.5.2 Maximum-Likelihood-Schätzung im vollständigen Datenfall

Sei $\pi^*_{ijk} = P(Y = i, X_1 = j, X_2 = k)$ die gemeinsame Verteilung der drei Variablen im Falle vollständig beobachteter Daten, und definiere

$$\begin{aligned} \gamma_{k|j} &= P(X_2 = k \mid X_1 = j) \\ \tau_j &= P(X_1 = j) \, . \end{aligned} \tag{9.79}$$

Mit dieser Parametrisierung läßt sich die gemeinsame Verteilung von Y, X_1 und X_2 wie folgt zerlegen

$$\begin{aligned} \pi^*_{ijk} &= \mu_{i|jk} \, \gamma_{k|j} \, \tau_j \\ &= \left(\mu_{1|jk}\right)^i \left(1 - \mu_{1|jk}\right)^{1-i} \gamma_{k|j} \, \tau_j \, . \end{aligned} \tag{9.80}$$

Der Beitrag eines Elements mit den Werten $Y = i, X_1 = j, X_2 = k$ zu der Loglikelihood lautet somit

$$\ln\left(\left(\mu_{1|jk}\right)^i \left(1 - \mu_{1|jk}\right)^{1-i}\right) + \ln \gamma_{k|j} + \ln \tau_j \, . \tag{9.81}$$

Die Loglikelihood ist also additiv in den Parametern und kann getrennt über β, γ und τ maximiert werden.

Die zu maximierende Loglikelihood der gesamten Stichprobe lautet also:

$$l^*_n(\beta) = \sum_{i=0}^{1} \sum_{j=1}^{J} \sum_{k=1}^{K} n^*_{ijk} \, l^*(\beta; i, j, k) \tag{9.82}$$

mit

$$l^*(\beta; , i, j, k) = \ln\left(\left(\mu_{1|jk}\right)^i \left(1 - \mu_{1|jk}\right)^{1-i}\right),$$

wobei n^*_{ijk} die Anzahl der Elemente mit $Y = i, X_1 = j$ und $X_2 = k$ ist. Das Maximieren dieser Gleichungen ist jedoch analytisch nicht möglich, da sie nichtlinear in β sind; es bedarf also eines iterativen Lösungsverfahrens. Ein Standardverfahren der nichtlinearen Optimierung ist das Newton–Raphson Verfahren, bzw. eine seiner Varianten z.B. das Fisher Scoring Verfahren.

9.5.3 Ad hoc Verfahren

Complete-Case-Analyse
Analog zu der bisher betrachteten Situation stetiger Variablen ist die
Complete-Case-Analyse auch im Falle fehlender kategorialer Daten ein
Standardverfahren. Die unvollständig beobachteten Fälle werden aus der
Datenmatrix eliminiert. Auf diese verkleinerte Stichprobe wird nun das
Maximum-Likelihood-Verfahren für vollständig beobachtete Kontingenztafeln
zur Schätzung der Regressionsparameter (vgl. Abschnitt 9.5.2) angewandt.

Auffüllen der Kontingenztafel
Im Gegensatz zu Imputationsverfahren, die die Lücken im Datensatz auffüllen
(vgl. Abschnitt 9.1), werden für dieses Verfahren von Vach and Blettner (1991)
die Zellen der Kontingenztafel aufgefüllt. Hierfür werden die Elemente mit
fehlendem X_2-Wert, also mit der Ausprägung $Z_2 = K+1$, auf die anderen
Zellen verteilt, und zwar in Abhängigkeit von den (bekannten) Ausprägungen
von Y und X_1.

Sei n_{ijk} die Anzahl der Elemente mit den Ausprägungen $Y=i$, $X_1=j$ und $Z_2=$
k, also die Zellbesetzungen der $2 \times J \times (K+1)$-Kontingenztafel. Die aufgefüllte
Kontingenztafel hat dann folgende Zellbesetzungen:

$$n_{ijk}^{FILL} = n_{ijk} + n_{ijK+1} \frac{n_{ijk}}{\sum_{k=1}^{K} n_{ijk}} . \tag{9.83}$$

Auf diese neue $2 \times J \times K$-Tafel wird nun das Maximum-Likelihood-Verfahren für
vollständig beobachtete Kontingenztafeln gemäß Abschnitt 9.5.2 angewandt.

9.5.4 Verfahren auf der Basis von Modellen

Maximum-Likelihood-Schätzung im unvollständigen Datenfall
Sei $\pi_{ijk} = P(Y=i, X_1=j, Z_2=k)$ die gemeinsame Verteilung der Variablen Y,
X_1 und Z_2 und definiere

$$q_{ijk} = P(R_2=1 \mid Y=i, X_1=j, X_2=k) . \tag{9.84}$$

Mit der Parametrisierung (9.79) und (9.84) läßt sich die gemeinsame Verteilung
für den Fall, daß der Wert von X_2 nicht fehlt, wie folgt zerlegen (vgl. Vach and
Schumacher, 1992, p.7)

$$
\begin{aligned}
\pi_{ijk} &= P(Y=i, X_1=j, Z_2=k) \\
&= P(Y=i, X_1=j, X_2=k, R_2=1) \\
&= P(R_2=1 \mid Y=i, X_1=j, X_2=k)\, P(Y=i \mid X_1=j, X_2=k) \\
&\quad \times P(X_2=k \mid X_1=j)\, P(X_1=j) \\
&= q_{ijk}\, (\mu_{1|jk})^i (1-\mu_{1|jk})^{1-i}\, \gamma_{k|j}\, \tau_j .
\end{aligned}
\tag{9.85}
$$

Fehlt der Wert von X_2, d.h. $k = K+1$, so ergibt sich folgende Zerlegung:

$$\pi_{ijK+1} = P(Y=i, X_1=j, Z_2=K+1)$$

$$= P(Y=i, X_1=j, R_2=0)$$

$$= P(R_2=0 \mid Y=i, X_1=j)\, P(Y=i \mid X_1=j)\, P(X_1=j)$$

$$= \Big(\sum_{k=1}^{K} P(R_2=0 \mid Y=i, X_1=j, X_2=k)\, P(Y=i \mid X_1=j, X_2=k)$$

$$\times P(X_2=k \mid X_1=j)\Big)\, P(X_1=j)$$

$$= \Big(\sum_{k=1}^{K} (1 - q_{ijk})\, (\mu_{1|jk})^{i}(1 - \mu_{1|jk})^{1-i}\, \gamma_{k|j}\Big)\, \tau_j. \tag{9.86}$$

Man erkennt, daß diese Verteilung, im Gegensatz zum vollständigen Datenfall, noch zusätzlich von dem Parameter q abhängt. Erschwerend kommt hinzu, daß die Loglikelihood nicht additiv in den Parametern β, γ, τ und q ist, und somit auch nicht getrennt für die einzelnen Parameter maximiert werden kann.

Sind die fehlenden Daten jedoch MAR, so ist das Auftreten fehlender Werte unabhängig von der wahren Ausprägung k von X_2, d.h.

$$P(R_2=1 \mid Y=i, X_1=j, X_2=k) \equiv P(R_2=1 \mid Y=i, X_1=j) \tag{9.87}$$

und somit $q_{ijk} \equiv q_{ij}$.
Für die gemeinsame Verteilung von Y, X_1 und Z_2 (vgl. (9.85) bzw. (9.86)) folgt daraus für $k = 1, \dots, K$:

$$\pi_{ijk} = q_{ij}\, (\mu_{1|jk})^{i}(1 - \mu_{1|jk})^{1-i}\, \gamma_{k|j}\, \tau_j \tag{9.88}$$

und für $k = K+1$:

$$\pi_{ijK+1} = (1 - q_{ij}) \Big(\sum_{k=1}^{K} (\mu_{1|jk})^{i}(1 - \mu_{1|jk})^{1-i}\, \gamma_{k|j}\Big)\, \tau_j. \tag{9.89}$$

Der Beitrag eines Elementes zur Loglikelihood unter MAR lautet somit für $k = 1, \dots, K$:

$$\ln q_{ij} + \ln\Big((\mu_{1|jk})^{i}(1 - \mu_{1|jk})^{1-i}\Big) + \ln \gamma_{k|j} + \ln \tau_j \tag{9.90}$$

und für $k = K+1$:

$$\ln (1 - q_{ij}) + \ln \Big(\sum_{k=1}^{K} (\mu_{1|jk})^{i}(1 - \mu_{1|jk})^{1-i}\, \gamma_{k|j}\Big) + \ln \tau_j. \tag{9.91}$$

Die Loglikelihood zerfällt in drei Summanden; die Maximierung der Loglikelihood über β ist also unabhängig von q möglich, falls MAR vorliegt. Das

Problem ist der zweite Summand für $k = K+1$, denn er enthält gleichzeitig β und γ.

Somit erfordert die Maximum–Likelihood Schätzung von β gleichzeitiges Maximieren folgender Loglikelihood über (β, γ), wobei γ als Nuisance–Parameter betrachtet wird:

$$l_n^{ML}(\beta, \gamma) = \sum_{i=0}^{1} \sum_{j=1}^{J} \sum_{k=1}^{K+1} n_{ijk}\, l^{ML}(\beta, \gamma; i, j, k) \tag{9.92}$$

mit

$$l^{ML}(\beta, \gamma; i, j, k) = \begin{cases} \ln\left((\mu_{1|jk})^{i}(1 - \mu_{1|jk})^{1-i}\right) + \ln \gamma_{k|j} & \text{für } k = 1, \ldots, K \\ \ln\left(\sum_{k=1}^{K}(\mu_{1|jk})^{i}(1 - \mu_{1|jk})^{1-i}\, \gamma_{k|j}\right) & \text{für } k = K+1, \end{cases}$$

wobei n_{ijk} die Anzahl der Elemente mit $Y = i$, $X_1 = j$ und $Z_2 = k$ ist.

Das Maximieren der Loglikelihood über β und γ geschieht wieder iterativ, z.B. mittels Fisher Scoring.

Sei $\theta = (\beta, \gamma)$. Dann lautet der Iterationsschritt des Fisher Scoring:

$$\theta^{(t+1)} = \theta^{(t)} + \left(I_{\theta\theta}^{ML}(\theta^{(t)}, \widehat{\tau}^{n}, \widehat{q}^{n})\right)^{-1} S_n^{ML}(\theta^{(t)}), \tag{9.93}$$

mit der Scorefunktion

$$S_n^{ML}(\theta) = \frac{1}{n}\frac{\partial}{\partial\theta}\, l_n^{ML}(\theta) \tag{9.94}$$

und der Informationsmatrix

$$I_{\theta\theta}^{ML}(\theta, \tau, q) = -E_{\theta,\tau,q}\left(\frac{\partial^2}{\partial\theta\partial\theta'}\, l^{ML}(\beta; Y, X_1, Z_2)\right). \tag{9.95}$$

Pseudo-Maximum-Likelihood-Schätzung (PML)

Um die Maximum-Likelihood-Schätzung des Regressionsparameters β zu vereinfachen, kann der Nuisance-Parameter γ auch direkt aus der Stichprobe geschätzt und in die Likelihoodfunktion eingesetzt werden, anstatt γ gemeinsam mit β iterativ mittels Fisher Scoring zu schätzen. Eine mögliche Schätzung ist (vgl. Pepe and Fleming (1991))

$$\widehat{\gamma}_{k|j} = \frac{n_{+jk}}{\sum_{k=1}^{K} n_{+jk}}. \tag{9.96}$$

Diese Schätzung ist aber nur unter strengen Voraussetzungen an den Fehlendmechanismus konsistent für γ. Vach and Schumacher (1992) schlagen daher vor, diese Schätzung mit dem Auffüll-Verfahren zu kombinieren

$$\widetilde{\gamma}_{k|j} = \frac{n_{+jk}^{FILL}}{\sum_{k=1}^{K} n_{+jk}^{FILL}} = \frac{n_{0jk}\frac{\sum_{k=1}^{K+1} n_{0jk}}{\sum_{k=1}^{K} n_{0jk}} + n_{1jk}\frac{\sum_{k=1}^{K+1} n_{1jk}}{\sum_{k=1}^{K} n_{1jk}}}{\sum_{k=1}^{K+1} n_{+jk}}. \tag{9.97}$$

Die Anwendung des Schätzers $\widehat{\gamma}$ auf die gemäß (9.83) aufgefüllte Tafel ergibt eine unter der MAR-Annahme konsistente Schätzung von γ. Den PML-Schätzer für β erhält man nun durch iteratives Maximieren folgender Loglikelihood über β

$$l_n^{PML}(\beta) = \sum_{i=0}^{1} \sum_{j=1}^{J} \sum_{k=1}^{K+1} n_{ijk}\, l^{PML}(\beta, \tilde{\gamma}; i, j, k) \tag{9.98}$$

mit

$$l^{PML}(\beta, \tilde{\gamma}; i, j, k) = \begin{cases} \ln\left((\mu_{1|jk})^i (1 - \mu_{1|jk})^{1-i}\right) & \text{für } k = 1, \ldots, K \\ \ln\left((\sum_{k=1}^{K} \mu_{1|jk}\tilde{\gamma}_{k|j})^i (1 - \sum_{k=1}^{K} \mu_{1|jk}\tilde{\gamma}_{k|j})^{1-i}\right) & \text{für } k = K+1. \end{cases}$$

9.6 Kontrollfragen und Aufgaben

9.1 Was versteht man unter Selectivity Bias und Drop–out in Langzeitstudien?

9.2 Nennen und beschreiben Sie die wesentlichen Imputationsmethoden.

9.3 Erklären Sie an einer bivariaten Stichprobe die missing–data Mechanismen MAR, OAR und MCAR.

9.4 Beschreiben Sie die KQ–Methoden von Yates und Bartlett. Worin besteht der entscheidende Unterschied?

9.5 Im Regressionsmodell seien Werte in der X–Matrix fehlend und sollen ersetzt werden. Welche Methoden werden angewandt? Wie ist die Auswirkung auf die Erwartungstreue des endgültigen Schätzers $\hat{\beta}$?

Kapitel 10

Modelle für kategorialen Response

10.1 Generalisierte lineare Modelle

10.1.1 Erweiterung des Regressionsmodells

Generalisierte lineare Modelle sind eine Verallgemeinerung der klassischen linearen Modelle der Regressions– und Varianzanalyse, die als Kern den Zusammenhang zwischen dem Erwartungswert einer Responsevariablen und bekannten Prädiktoren gemäß

$$
\begin{aligned}
E(y_i) &= x_{i1}\beta_1 + \ldots + x_{ip}\beta_p \\
&= \mathbf{x}_i'\boldsymbol{\beta}
\end{aligned}
\tag{10.1}
$$

bzw.

$$
E(y_{ij}) = \mu + \sum \alpha_i = \tilde{\mathbf{x}}_i'\tilde{\boldsymbol{\beta}}
\tag{10.2}
$$

modellieren.

Die Parameterschätzungen nach dem Prinzip der kleinsten Quadrate sind optimal im Sinne der Projektionseigenschaften bzw. bei Normalverteilung optimal im Sinne der ML–Theorie (vgl. Kapitel 3).

Die Dichtefunktion läßt sich bei Annahme eines additiven zufälligen Fehlers ϵ_i in der Form

$$
f(y_i) = f_{\epsilon_i}(\mathbf{y}_i - \mathbf{x}_i'\boldsymbol{\beta})
\tag{10.3}
$$

schreiben, wobei $\eta_i = \mathbf{x}_i'\boldsymbol{\beta}$ den linearen Prädiktor darstellt.

Für normalverteilte stetige Daten haben wir also die Verteilungs– und Mittelwertstruktur

$$
y_i \sim N(\mu_i, \sigma^2), \quad E(y_i) = \mu_i, \quad \mu_i = \eta_i = \mathbf{x}_i'\boldsymbol{\beta}.
\tag{10.4}
$$

Bei der Analyse kategorialer Responsevariablen treten drei wesentliche Verteilungen auf: die Binomial–, Multinomial– und Poissonverteilung, die mit der Normalverteilung zur Klasse der natürlichen Exponentialfamilie gehören.

Für diese Verteilungen kann man analog zur Normalverteilung den Einfluß von Kovariablen auf den Erwartungswert der Responsevariablen über lineare Prädiktoren modellieren:

Binomialverteilung

Seien I Prädiktoren $\eta_i = \mathbf{x}_i'\boldsymbol{\beta}$ $(i = 1, \ldots, I)$ und jeweils N_i Realisierungen gegeben und sei der Response binomialverteilt, d.h.

$$y_i \sim B(N_i; \pi_i) \quad \text{mit} \quad E(y_i) = N_i \pi_i = \mu_i \quad .$$

Sei $g(\pi_i) = \text{Logit}(\pi_i)$ als Linkfunktion zwischen μ_i und η_i gewählt:

$$\begin{aligned}
\text{Logit}(\pi_i) &= \ln\left(\frac{\pi_i}{1 - \pi_i}\right) \\
&= \ln\left(\frac{N_i \pi_i}{N_i - N_i \pi_i}\right) = \mathbf{x}_i'\boldsymbol{\beta} \quad .
\end{aligned} \tag{10.5}$$

Daraus folgt mit der Umkehrfunktion $g^{-1}(\mathbf{x}_i'\boldsymbol{\beta})$

$$N_i \pi_i = \mu_i = N_i \frac{\exp(\mathbf{x}_i'\boldsymbol{\beta})}{1 + \exp(\mathbf{x}_i'\boldsymbol{\beta})} = g^{-1}(\eta_i) \quad . \tag{10.6}$$

Poissonverteilung

Sei y_i $(i = 1, \ldots, I)$ Poissonverteilt mit $E(y_i) = \mu_i$, d.h. es gelte

$$P(y_i) = \frac{e^{-\mu_i} \mu_i^{y_i}}{y_i!} \quad \text{für} \quad y_i = 0, 1, 2, \ldots \quad . \tag{10.7}$$

Als Linkfunktion wählt man dann $\ln(\mu_i) = \mathbf{x}_i'\boldsymbol{\beta}$.

Kontingenztafeln

Betrachtet man allgemein eine $I \times J$ Kontingenztafel zweier Behandlungen A und B, so können die Zellhäufigkeiten y_{ij} (je nach Stichprobenschema) Poisson-, Multinomial- oder Produktmultinomialverteilt sein. Die erwarteten Zellhäufigkeiten $m_{ij} = E(y_{ij})$ lassen sich durch Wahl geeigneter Designvektoren x_{ij} durch ein loglineares Modell gemäß

$$\begin{aligned}
\ln(m_{ij}) &= \mu + \alpha_i^A + \beta_j^B + (\alpha\beta)_{ij}^{AB} \\
&= \mathbf{x}_{ij}'\boldsymbol{\beta}
\end{aligned} \tag{10.8}$$

darstellen, d.h. es gilt

$$\mu_{ij} = m_{ij} = \exp(\mathbf{x}_{ij}'\boldsymbol{\beta}) = \exp(\eta_{ij}) \quad . \tag{10.9}$$

Im Unterschied zum klassischen Modell der Regressions- und Varianzanalyse, in dem $E(y)$ linear im Parametervektor $\boldsymbol{\beta}$ ist, so daß $\mu = \eta = \mathbf{x}'\boldsymbol{\beta}$ gilt, haben die generalisierten Modelle allgemein die Form

$$\mu = g^{-1}(\mathbf{x}'\boldsymbol{\beta}) \quad , \tag{10.10}$$

wobei g^{-1} die Umkehrfunktion der Linkfunktion ist. Gleichzeitig wird nicht mehr die Additivität eines zufälligen Fehlers vorausgesetzt, so daß allgemein

$$f(y) = f(y; \mathbf{x}'\boldsymbol{\beta}) \tag{10.11}$$

statt (10.3) angenommen wird.

10.1.2 Struktur der generalisierten linearen Modelle (GLM)

Wir geben nun folgende Definition der **generalisierten linearen Modelle (GLM)** (vgl. Nelder and Wedderburn, 1972). Ein GLM besteht aus drei Komponenten:

- *zufällige Komponente*, die die Wahrscheinlichkeitsverteilung der Responsevariablen spezifiziert

- *systematische Komponente*, die eine lineare Funktion der erklärenden Variablen spezifiziert, die dann als Prädiktor benutzt wird

- *Linkfunktion*, die eine funktionale Beziehung zwischen der systematischen Komponente und dem Erwartungswert der zufälligen Komponente beschreibt.

Die drei Komponenten werden wie folgt spezifiziert:

1. Die zufällige Komponente y besteht aus N (bedingt) unabhängigen Beobachtungen $y = (y_1, y_2, \ldots, y_N)'$ einer Verteilung der natürlichen Exponentialfamilie (vgl. Agresti 1990, p.80). Somit besitzt jede Beobachtung y_i als Verteilungsdichte:

$$f(y_i|\theta_i) = A(\theta_i) B(y_i) \exp(y_i Q(\theta_i)) \quad . \tag{10.12}$$

Bemerkung: Der Parameter θ_i kann mit i=1,2,...,N variieren und zwar in Abhängigkeit von den Werten der erklärenden Variablen, die über die systematische Komponente auf y_i wirken.

Spezielle diskrete Verteilungen dieser Familie sind die Poisson–, die Binomial– und die Multinomialverteilung.

$Q(\theta_i)$ heißt der *natürliche Parameter* der Verteilung.

Falls die y_i unabhängig sind, ist die gemeinsame Verteilung ebenfalls Mitglied der Exponentialfamilie.

Bemerkung: Eine allgemeine Parametrisierung erlaubt auch, Skalen- oder Nuisanceparameter aufzunehmen.

Eine solche alternative Parametrisierung mit einem zusätzlichen Skalierungsparameter ϕ (dem sogenannten Dispersionsparameter) ist durch

$$f(y_i|\theta_i, \phi) = \exp\left\{\frac{y_i\theta_i - b(\theta_i)}{a(\phi)} + c(y_i; \phi)\right\} \tag{10.13}$$

gegeben. In der Darstellung (10.13) heißt θ_i natürlicher Parameter. Ist ϕ bekannt, so stellt (10.13) eine lineare (einparametrige) Exponentialfamilie dar. Ist ϕ dagegen unbekannt, so heißt (10.13) *exponential dispersion model*. Mit ϕ und θ_i ist (10.13) für $i = 1, \ldots, N$ eine zweiparametrige Verteilung, die man z.B. bei Normal– oder Gammaverteilung einsetzt.

2. Die systematische Komponente stellt eine Relation eines Vektors $\boldsymbol{\eta}' = (\eta_1, \eta_2, \ldots, \eta_N)$ zu einer Menge erklärender Variablen durch ein lineares Modell

$$\boldsymbol{\eta} = \mathbf{X}\boldsymbol{\beta} \qquad (10.14)$$

her, wobei $\boldsymbol{\eta}$ als linearer Prädiktor, $\mathbf{X}(N \times p)$ als Matrix der erklärenden Variablen und $\boldsymbol{\beta}$ als Parametervektor bezeichnet werden.

3. Die Linkfunktion verbindet die systematische Komponente und den Erwartungswert der zufälligen Komponente. Sei $\mu_i = E(y_i)$, dann ist μ_i durch $\eta_i = g(\mu_i)$ mit η_i verknüpft. Dabei ist g eine beliebige monotone und differenzierbare Funktion:

$$g(\mu_i) = \eta_i = \sum_{j=1}^{p} \beta_j x_{ij} \quad , \qquad i = 1, 2, \ldots, N \, . \qquad (10.15)$$

Spezialfälle

(i) $g(\mu_i) = \mu_i$ heißt *identischer Link* $\Rightarrow \eta_i = \mu_i$.

(ii) $g(\mu_i) = Q(\theta_i)$ heißt *kanonischer* (natürlicher) *Link*
$\Rightarrow Q(\theta_i) = \sum_{j=1}^{p} \beta_j x_{ij}$ (Parametrisierung (10.12))
bzw. $g(\mu_i) = \theta_i \Rightarrow \theta_i = \mathbf{x}_i'\boldsymbol{\beta}$ (Parametrisierung (10.13)).

Eigenschaften der Dichtefunktion (10.13)

Wir bezeichnen mit

$$l_i = l(\theta_i, \phi; y_i) = \ln f(y_i; \theta_i, \phi) \qquad (10.16)$$

den Anteil der i–ten Beobachtung y_i an der Loglikelihood. Dann ist

$$l_i = [y_i\theta_i - b(\theta_i)]/a(\phi) + c(y_i; \phi) \qquad (10.17)$$

und wir erhalten folgende Ableitungen nach θ_i

$$\frac{\partial l_i}{\partial \theta_i} = [y_i - b'(\theta_i)]/a(\phi) \quad , \qquad (10.18)$$

$$\frac{\partial^2 l_i}{\partial \theta_i^2} = -b''(\theta_i)/a(\phi) \quad , \qquad (10.19)$$

wobei $b'(\theta_i) = \partial b(\theta_i)/\partial \theta_i$ und $b''(\theta_i) = \partial^2 b(\theta_i)/\partial \theta_i^2$ die erste bzw. zweite Ableitung der als bekannt vorausgesetzten Funktion $b(\theta_i)$ sind. Durch Nullsetzen von (10.18) wird deutlich, daß die Lösung der Likelihoodgleichungen nicht von $a(\phi)$ abhängt. Da wir uns mit der Schätzung von θ bzw. $\boldsymbol{\beta}$ in $\eta = \mathbf{x}'\boldsymbol{\beta}$ beschäftigen wollen, könnten wir ohne Einschränkung $a(\phi) = 1$ setzen (dies entspricht z.B. $\sigma^2 = 1$ bei Normalverteilung). Wir behalten jedoch zunächst $a(\phi)$ bei.

Unter gewissen Regularitätsbedingungen (vgl. Fahrmeir und Hamerle, 1984, S.56) können Integration und Differentiation vertauscht werden, so daß

$$E\left(\frac{\partial l_i}{\partial \theta_i}\right) = 0 \tag{10.20}$$

und

$$-E\left(\frac{\partial^2 l_i}{\partial \theta_i^2}\right) = E\left(\frac{\partial l_i}{\partial \theta_i}\right)^2 \tag{10.21}$$

gilt (vgl. (10.31) – (10.34)). Damit folgt aus (10.18) und (10.20)

$$E(y_i) = \mu_i = b'(\theta_i) \quad . \tag{10.22}$$

Mit (10.19) und (10.21) erhalten wir

$$\begin{aligned}
b''(\theta_i)/a(\phi) &= E\{[y_i - b'(\theta_i)]^2/a^2(\phi)\} \\
&= Var(y_i)/a^2(\phi) \quad ,
\end{aligned} \tag{10.23}$$

da $E[y_i - b'(\theta_i)] = 0$, d.h.

$$V(\mu_i) = Var(y_i) = b''(\theta_i)a(\phi) \quad . \tag{10.24}$$

Unter der Voraussetzung, daß die y_i $(i = 1,\ldots,N)$ unabhängig sind, ist die Loglikelihood von $\mathbf{y}' = (y_1,\ldots,y_N)$ die Summe der $l_i(\theta_i,\phi;y_i)$. Sei $\boldsymbol{\theta}' = (\theta_1,\ldots,\theta_N)$, $\boldsymbol{\mu}' = (\mu_1,\ldots,\mu_N)$, $\mathbf{X} = \begin{pmatrix} \mathbf{x}_1' \\ \vdots \\ \mathbf{x}_N' \end{pmatrix}$ und $\boldsymbol{\eta} = (\eta_1,\ldots,\eta_N)' = \mathbf{X}\boldsymbol{\beta}$. Dann erhalten wir aus (10.22)

$$\boldsymbol{\mu} = \frac{\partial b(\boldsymbol{\theta})}{\partial \boldsymbol{\theta}} = \left(\frac{\partial b(\theta_1)}{\partial \theta_1},\ldots,\frac{\partial b(\theta_1)}{\partial \theta_N}\right)' \tag{10.25}$$

und in Analogie zu (10.24) für die Kovarianzmatrix von $\mathbf{y}' = (y_1,\ldots,y_N)$

$$Cov(\mathbf{y}) = V(\boldsymbol{\mu}) = \frac{\partial^2 b(\boldsymbol{\theta})}{\partial \boldsymbol{\theta} \partial \boldsymbol{\theta}'} = a(\phi)\mathrm{diag}(b''(\theta_1),\ldots,b''(\theta_N)) \quad . \tag{10.26}$$

Diese Relationen gelten allgemein, wie wir im folgenden kurz andeuten wollen.

10.1.3 Scorefunktion und Informationsmatrix

Die Likelihood der Stichprobe ist das Produkt der Dichtefunktionen:

$$L(\boldsymbol{\theta},\phi;\mathbf{y}) = \prod_{i=1}^{N} f(y_i;\theta_i,\phi) \quad . \tag{10.27}$$

Die Loglikelihood $\ln L(\boldsymbol{\theta}, \phi; \mathbf{y})$ für die Stichprobe $\mathbf{y}$ aus unabhängigen y_i ($i = 1, \ldots, N$) hat die Gestalt

$$l = l(\boldsymbol{\theta}, \phi; \mathbf{y}) = \sum_{i=1}^{N} l_i = \sum_{i=1}^{N} \{(y_i \theta_i - b(\theta_i))/a(\phi) + c(y_i; \phi)\} \quad . \tag{10.28}$$

Der Vektor der ersten Ableitungen von l nach θ_i wird zur Bestimmung der ML–Schätzungen benötigt. Dieser Vektor heißt *Scorefunktion*. Wir vernachlässigen kurz die Parametrisierung mit ϕ in der Darstellung von l und L und erhalten die Scorefunktion

$$\mathbf{s}(\boldsymbol{\theta}; \mathbf{y}) = \frac{\partial}{\partial \boldsymbol{\theta}} l(\boldsymbol{\theta}; \mathbf{y}) = \frac{1}{L(\boldsymbol{\theta}; \mathbf{y})} \frac{\partial}{\partial \boldsymbol{\theta}} L(\boldsymbol{\theta}; \mathbf{y}) \quad . \tag{10.29}$$

Sei

$$\frac{\partial^2 l}{\partial \boldsymbol{\theta} \partial \boldsymbol{\theta}'} = \left(\frac{\partial^2 l}{\partial \theta_i \partial \theta_j} \right)_{\substack{i=1,\ldots,N \\ j=1,\ldots,N}}$$

die Matrix der zweiten Ableitungen der Loglikelihood, so heißt

$$\mathbf{F}_{(N)}(\boldsymbol{\theta}) = E\left(\frac{-\partial^2 l(\boldsymbol{\theta}; \mathbf{y})}{\partial \boldsymbol{\theta} \partial \boldsymbol{\theta}'} \right) \tag{10.30}$$

Fisher'sche Informationsmatrix der Stichprobe $\mathbf{y}' = (y_1, \ldots, y_N)$, wobei der Erwartungswert bezüglich

$$f(y_1, \ldots, y_N | \theta_i) = \prod f(y_i | \theta_i) = L(\boldsymbol{\theta}; \mathbf{y})$$

zu bilden ist.

Für reguläre Likelihoodfunktionen (regulär: Vertauschung von Integration und Differentiation möglich), zu denen die der Exponenialfamilien gehören, gilt

$$E(\mathbf{s}(\boldsymbol{\theta}; \mathbf{y})) = \mathbf{0} \tag{10.31}$$

und

$$\mathbf{F}_{(N)}(\boldsymbol{\theta}) = E(\mathbf{s}(\boldsymbol{\theta}; \mathbf{y})\mathbf{s}'(\boldsymbol{\theta}; \mathbf{y})) = Cov(\mathbf{s}(\boldsymbol{\theta}; \mathbf{y})) \tag{10.32}$$

(vgl. Fahrmeir und Hamerle, 1984, S. 56).
Die Beziehung (10.31) folgt aus

$$\int f(y_1, \ldots, y_N | \boldsymbol{\theta}) \mathrm{d}y_1 \cdots \mathrm{d}y_N = \int L(\boldsymbol{\theta}; \mathbf{y}) \mathrm{d}y = 1 \quad , \tag{10.33}$$

wenn man nach $\boldsymbol{\theta}$ differenziert:

$$\begin{aligned}
\int \frac{\partial L(\boldsymbol{\theta}; \mathbf{y})}{\partial \boldsymbol{\theta}} \mathrm{d}y &= \int \frac{\partial l(\boldsymbol{\theta}; \mathbf{y})}{\partial \boldsymbol{\theta}} L(\boldsymbol{\theta}; \mathbf{y}) \mathrm{d}y \\
&= E(\mathbf{s}(\boldsymbol{\theta}; \mathbf{y})) = \mathbf{0} \quad .
\end{aligned} \tag{10.34}$$

[*Hinweis:* Es gilt

$$
\begin{aligned}
L(\boldsymbol{\theta}; \mathbf{y}) &= \exp \ln L(\boldsymbol{\theta}; \mathbf{y}) \\
&= \exp l(\boldsymbol{\theta}; \mathbf{y}) \quad , \\
\frac{\partial L(\boldsymbol{\theta}; \mathbf{y})}{\partial \boldsymbol{\theta}} &= \frac{\partial l(\boldsymbol{\theta}; \mathbf{y})}{\partial \boldsymbol{\theta}} \exp l(\boldsymbol{\theta}; \mathbf{y}) = \frac{\partial l(\boldsymbol{\theta}; \mathbf{y})}{\partial \boldsymbol{\theta}} L(\boldsymbol{\theta}, \mathbf{y}) \quad .]
\end{aligned}
$$

Bildet man die Ableitung von (10.34) nach $\boldsymbol{\theta}'$, so erhält man

$$
\begin{aligned}
\mathbf{0} &= \int \frac{\partial^2 l(\boldsymbol{\theta}; \mathbf{y})}{\partial \boldsymbol{\theta} \partial \boldsymbol{\theta}'} L(\boldsymbol{\theta}; \mathbf{y}) \mathrm{d}y \\
&\quad + \int \frac{\partial l(\boldsymbol{\theta}; \mathbf{y})}{\partial \boldsymbol{\theta}} \frac{\partial l(\boldsymbol{\theta}; \mathbf{y})}{\partial \boldsymbol{\theta}'} L(\boldsymbol{\theta}; \mathbf{y}) \mathrm{d}y \\
&= -\mathbf{F}_{(N)}(\boldsymbol{\theta}) + E(\mathbf{s}(\boldsymbol{\theta}; \mathbf{y}) \mathbf{s}'(\boldsymbol{\theta}; \mathbf{y})) \quad ,
\end{aligned}
$$

also (10.32) wegen $E(\mathbf{s}(\boldsymbol{\theta}; \mathbf{y})) = \mathbf{0}$.

10.1.4 Maximum–Likelihood–Schätzung der Prädiktoren

Sei $\eta_i = \mathbf{x}_i' \boldsymbol{\beta} = \sum_{j=1}^{p} x_{ij} \beta_j$ der Prädiktor der i-ten Beobachtung der Responsevariablen ($i = 1, \dots, N$) oder — in Matrixschreibweise —

$$
\boldsymbol{\eta} = \begin{pmatrix} \eta_1 \\ \vdots \\ \eta_N \end{pmatrix} = \begin{pmatrix} \mathbf{x}_1' \boldsymbol{\beta} \\ \vdots \\ \mathbf{x}_N' \boldsymbol{\beta} \end{pmatrix} = \mathbf{X} \boldsymbol{\beta} \quad . \tag{10.35}
$$

Die Prädiktoren seien durch eine monotone differenzierbare Funktion $g(\cdot)$ mit $E(\mathbf{y}) = \boldsymbol{\mu}$ verknüpft:

$$
g(\mu_i) = \eta_i \quad (i = 1 \dots, N) \quad , \tag{10.36}
$$

d.h. in Matrixschreibweise

$$
g(\boldsymbol{\mu}) = \begin{pmatrix} g(\mu_1) \\ \vdots \\ g(\mu_N) \end{pmatrix} = \boldsymbol{\eta} \quad . \tag{10.37}
$$

Über die Beziehung (10.22), d.h. $\mu_i = b'(\theta_i)$ und mit $g(\mu_i) = \mathbf{x}_i' \boldsymbol{\beta}$ sind dann die Parameter θ_i und $\boldsymbol{\beta}$ verknüpft, d.h. es ist $\theta_i = \theta_i(\boldsymbol{\beta})$. Da wir an der Schätzung von $\boldsymbol{\beta}$ interessiert sind, schreiben wir die Loglikelihood (10.28) als Funktion von $\boldsymbol{\beta}$

$$
l(\boldsymbol{\beta}) = \sum l_i(\boldsymbol{\beta}) \quad . \tag{10.38}
$$

Die Ableitungen $\partial l_i(\boldsymbol{\beta}) / \partial \beta_j$ werden nach der Kettenregel gebildet:

$$
\frac{\partial l_i(\boldsymbol{\beta})}{\partial \beta_j} = \frac{\partial l_i}{\partial \theta_i} \frac{\partial \theta_i}{\partial \mu_i} \frac{\partial \mu_i}{\partial \eta_i} \frac{\partial \eta_i}{\partial \beta_j} \quad . \tag{10.39}
$$

Wir erhalten folgende Teilresultate:

$$\frac{\partial l_i}{\partial \theta_i} = [y_i - b'(\theta_i)]/a(\phi)$$

[vgl. (10.18)]

$$= [y_i - \mu_i]/a(\phi) \tag{10.40}$$

[vgl. (10.22)],

$$\mu_i = b'(\theta_i) \ ,$$

$$\frac{\partial \mu_i}{\partial \theta_i} = b''(\theta_i) = Var(y_i)/a(\phi) \tag{10.41}$$

[vgl. (10.24)],

$$\frac{\partial \eta_i}{\partial \beta_j} = \frac{\partial \sum_{k=1}^{p} x_{ik}\beta_k}{\partial \beta_j} = x_{ij} \quad . \tag{10.42}$$

Die Ableitung $\partial \mu_i/\partial \eta_i$ hängt wegen $\eta_i = g(\mu_i)$ von der Linkfunktion $g(\cdot)$ bzw. ihrer Inversen $g^{-1}(\cdot)$ ab und kann deshalb erst bei Festlegung des Links spezifiziert werden.

Damit gilt insgesamt

$$\frac{\partial l_i}{\partial \beta_j} = \frac{(y_i - \mu_i)x_{ij}}{Var(y_i)}\frac{\partial \mu_i}{\partial \eta_i} \quad , \tag{10.43}$$

wobei wir die Regel

$$\frac{\partial \theta_i}{\partial \mu_i} = \left(\frac{\partial \mu_i}{\partial \theta_i}\right)^{-1}$$

für inverse Funktionen benutzt haben ($\mu_i = b'(\theta_i)$, $\theta_i = (b')^{-1}(\mu_i)$).

Die Schätzgleichung zur Bestimmung von β_j lautet damit

$$\sum_{i=1}^{N} \frac{(y_i - \mu_i)x_{ij}}{Var(y_i)}\frac{\partial \mu_i}{\partial \eta_i} = 0 \quad , \quad j = 1\ldots,p. \tag{10.44}$$

Die Loglikelihood ist nichtlinear in $\boldsymbol{\beta}$, so daß eine Lösung von (10.44) iterativ zu erfolgen hat.

Betrachten wir die zweite Ableitung nach Komponenten von $\boldsymbol{\beta}$, so folgt analog zu (10.21) mit (10.43)

$$E\left(\frac{\partial^2 l_i}{\partial \beta_j \partial \beta_h}\right) = -E\left(\frac{\partial l_i}{\partial \beta_j}\right)\left(\frac{\partial l_i}{\partial \beta_h}\right)$$

$$= -E\left[\frac{(y_i - \mu_i)(y_i - \mu_i)x_{ij}x_{ih}}{(Var(y_i))^2}\left(\frac{\partial \mu_i}{\partial \eta_i}\right)^2\right]$$

$$= -\frac{x_{ij}x_{ih}}{Var(y_i)}\left(\frac{\partial \mu_i}{\partial \eta_i}\right)^2 \quad , \tag{10.45}$$

also

$$E\left(-\frac{\partial^2 l(\boldsymbol{\beta})}{\partial \beta_j \partial \beta_h}\right) = \sum_{i=1}^{N}\frac{x_{ij}x_{ih}}{Var(y_i)}\left(\frac{\partial \mu_i}{\partial \eta_i}\right)^2 \tag{10.46}$$

und — in Matrixschreibweise für alle (j, h)–Kombinationen —

$$\mathbf{F}_{(N)}(\boldsymbol{\beta}) = E\left(-\frac{\partial^2 l(\boldsymbol{\beta})}{\partial \boldsymbol{\beta} \partial \boldsymbol{\beta}'}\right) = \mathbf{X}'\mathbf{W}\mathbf{X} \qquad (10.47)$$

mit

$$\mathbf{W} = \mathrm{diag}(w_1 \ldots, w_N) \qquad (10.48)$$

und den Gewichten

$$w_i = \left(\frac{\partial \mu_i}{\partial \eta_i}\right)^2 / Var(y_i) \quad . \qquad (10.49)$$

Fisher Scoring

Zur iterativen Bestimmung der ML–Schätzung von $\boldsymbol{\beta}$ wird die Methode der iterativen gewichteten Kleinste–Quadrat–Schätzung (iterative reweighted least squares) angewandt.

Sei $\boldsymbol{\beta}^{(k)}$ die k–te Approximation der ML–Schätzung $\hat{\boldsymbol{\beta}}$. Ferner sei $\mathbf{q}^{(k)}(\boldsymbol{\beta}) = \partial l(\boldsymbol{\beta})/\partial \boldsymbol{\beta}$ der Vektor der ersten Ableitungen an der Stelle $\boldsymbol{\beta}^{(k)}$ (vgl. (10.43)). Analog ist $\mathbf{W}^{(k)}$ definiert. Die Formel des Fisher Scoring lautet dann

$$(\mathbf{X}'\mathbf{W}^{(k)}\mathbf{X})\boldsymbol{\beta}^{(k+1)} = (\mathbf{X}'\mathbf{W}^{(k)}\mathbf{X})\boldsymbol{\beta}^{(k)} + \mathbf{q}^{(k)} \quad . \qquad (10.50)$$

Der Vektor auf der rechten Seite von (10.50) hat die Komponenten (vgl. (10.46) und (10.43))

$$\sum_h \left[\sum_i \frac{x_{ij}x_{ih}}{Var(y_i)}\left(\frac{\partial \mu_i}{\partial \eta_i}\right)^2 \beta_h^{(k)}\right] + \sum_i \frac{(y_i - \mu_i^{(k)})x_{ij}}{Var(y_i)}\left(\frac{\partial \mu_i}{\partial \eta_i}\right) \quad . \qquad (10.51)$$

$$(j = 1, \ldots, p)$$

Der gesamte Vektor (10.51) läßt sich dann schreiben als

$$\mathbf{X}'\mathbf{W}^{(k)}\mathbf{z}^{(k)} \quad , \qquad (10.52)$$

wobei der Vektor $\mathbf{z}^{(k)}$ die Elemente

$$\begin{aligned}
z_j^{(k)} &= \sum_i x_{ij}\beta_i^{(k)} + (y_j - \mu_j^{(k)})\left(\frac{\partial \eta_j^{(k)}}{\partial \mu_j^{(k)}}\right) \\
&= \eta_j^{(k)} + (y_j - \mu_j^{(k)})\left(\frac{\partial \eta_j^{(k)}}{\partial \mu_j^{(k)}}\right) \qquad (10.53)
\end{aligned}$$

besitzt.

Damit läßt sich die Gleichung (10.50) des Fisher Scoring schreiben als

$$(\mathbf{X}'\mathbf{W}^{(k)}\mathbf{X})\boldsymbol{\beta}^{(k+1)} = \mathbf{X}'\mathbf{W}^{(k)}\mathbf{z}^{(k)} \quad . \qquad (10.54)$$

Dies ist die Schätzgleichung eines verallgemeinerten linearen Modells mit dem Responsevektor $\mathbf{z}^{(k)}$ und der Fehlerkovarianzmatrix $(\mathbf{W}^{(k)})^{-1}$. Falls Rang $(\mathbf{X}) = p$ gilt, erhalten wir die ML–Schätzung $\hat{\boldsymbol{\beta}}$ als Grenzwert von

$$\hat{\boldsymbol{\beta}}^{(k+1)} = (\mathbf{X}'\mathbf{W}^{(k)}\mathbf{X})^{-1}\mathbf{X}'\mathbf{W}^{(k)}\mathbf{z}^{(k)} \qquad (10.55)$$

für $k \to \infty$ mit der asymptotischen Kovarianzmatrix

$$\mathbf{V}(\hat{\boldsymbol{\beta}}) = (\mathbf{X}'\hat{\mathbf{W}}\mathbf{X})^{-1} = \mathbf{F}_{(N)}^{-1}(\hat{\boldsymbol{\beta}}) \quad , \qquad (10.56)$$

wobei $\hat{\mathbf{W}}$ an der Stelle $\hat{\boldsymbol{\beta}}$ berechnet wird. Hat man einen Lösungsvektor gefunden, dann ist $\hat{\boldsymbol{\beta}}$ für $\boldsymbol{\beta}$ konsistent, asymptotisch normal und asymptotisch effizient (Fahrmeir and Kaufmann, 1985, vgl. auch Wedderburn, 1976, zur Existenz und Eindeutigkeit der Lösungen), d.h. es gilt $\hat{\boldsymbol{\beta}} \overset{as.}{\sim} N(\boldsymbol{\beta}, \mathbf{V}(\hat{\boldsymbol{\beta}}))$.

Bemerkung: Im Fall einer kanonischen Linkfunktion, d.h. für $g(\mu_i) = \theta_i$, vereinfachen sich die ML–Gleichungen und das Fisher Scoring wird identisch mit dem Newton–Raphson Algorithmus (vgl. Agresti, 1990, p. 451). Sind die Werte $a(\phi)$ für alle Beobachtungen identisch, so lauten die ML–Gleichungen

$$\sum_i x_{ij} y_i = \sum_i x_{ij} \mu_i \quad . \qquad (10.57)$$

Gilt dagegen $a(\phi) = a_i \phi$ $(i = 1, \ldots, N)$, so lauten die ML–Gleichungen

$$\sum_i \frac{x_{ij} y_i}{a_i} = \sum_i \frac{x_{ij} \mu_i}{a_i} \quad . \qquad (10.58)$$

Als Startwerte für das Fisher Scoring lassen sich z.B. die Schätzer $\hat{\boldsymbol{\beta}}^{(0)} = (\mathbf{X}'\mathbf{X})^{-1}\mathbf{X}'\mathbf{y}$ oder $\hat{\boldsymbol{\beta}}^{(0)} = (\mathbf{X}'\mathbf{X})^{-1}\mathbf{X}'g(\mathbf{y})$ verwenden.

10.1.5 Güte der Anpassung und Prüfen von Hypothesen

Ein generalisiertes Modell $g(\mu_i) = \mathbf{x}_i'\boldsymbol{\beta}$ wird durch die Linkfunktion $g(\cdot)$ und die erklärenden Variablen $X_1, \ldots, X_p$ sowie deren Anzahl p festgelegt, die die Anzahl der zu schätzenden Parameter $\beta_1, \ldots, \beta_p$ bestimmt. Ist $g(\cdot)$ gewählt, so wird das Modell also durch die Designmatrix $\mathbf{X}$ definiert. Seien $\mathbf{X}_1$ und $\mathbf{X}_2$ zwei Designmatrizen (Modelle), wobei die hierarchische Ordnung $\mathbf{X}_1 \subset \mathbf{X}_2$ gelten soll, d.h. es ist $\mathbf{X}_2 = (\mathbf{X}_1, \mathbf{X}_3)$, oder anders ausgedrückt, $\mathcal{R}(\mathbf{X}_1) \subset \mathcal{R}(\mathbf{X}_2)$. Sei $g(\hat{\boldsymbol{\mu}}_1) = \hat{\boldsymbol{\eta}}_1 = \mathbf{X}_1\hat{\boldsymbol{\beta}}_1$ und $g(\hat{\boldsymbol{\mu}}_2) = \hat{\boldsymbol{\eta}}_2 = \mathbf{X}_2\hat{\boldsymbol{\beta}}_2$ und Rang $(\mathbf{X}_1) = r_1$, Rang $(\mathbf{X}_2) = r_2$ und $r_2 - r_1 = r = df$. Dann ist die Likelihood–Quotienten–Statistik, die ein größeres Modell $\mathbf{X}_2$ mit einem darin enthaltenen (kleineren) Modell $\mathbf{X}_1$ vergleicht, allgemein wie folgt definiert (L : Likelihoodfunktion)

$$\Lambda = \frac{\max_{\beta_1} L(\mathbf{X}_1)}{\max_{\beta_2} L(\mathbf{X}_2)} \qquad (10.59)$$

bzw.

$$G^2(\mathbf{X}_1|\mathbf{X}_2) \;=\; -2(\ln L(\mathbf{X}_1) - \ln L(\mathbf{X}_2))$$
$$\;=\; 2[l(\mathbf{X}_2) - l(\mathbf{X}_1)] \tag{10.60}$$

(l : Loglikelihood, d.h. $l(\cdot) = \ln(\max L(\cdot))$).

Falls $\mathbf{X}_2$ gültig ist, so ist die Teststatistik $G^2(\mathbf{X}_1|\mathbf{X}_2)$ unter Modell $\mathbf{X}_1$ approximativ χ_r^2-verteilt. Ist diese Statistik signifikant, so sind die zusätzlichen Parameter (zu $\mathbf{X}_3$ gehörend) signifikant von Null verschieden.

Angewandt auf unsere bisherige Schreibweise und mit der Annahme $a(\phi) = a_i\phi$ erhalten wir die Statistik in der Gestalt

$$G^2(\mathbf{X}_1|\mathbf{X}_2) \;=\; 2\{l(\hat{\mu}_2, \phi; y) - l(\hat{\mu}_1, \phi; y)\}$$
$$\;=\; 2\sum_{i=1}^{N} \frac{1}{a_i}\{y_i(\hat{\theta}_{2i} - \hat{\theta}_{1i}) - b(\hat{\theta}_{2i}) + b(\hat{\theta}_{1i})\}/\phi \quad . \tag{10.61}$$

Sei $\mathbf{X}$ die Designmatrix des saturierten Modells, das ebensoviele Parameter wie Beobachtungen enthält. Bezeichne $\tilde{\boldsymbol{\theta}}$ die Schätzung von $\boldsymbol{\theta}$, die zu den Schätzungen $\tilde{\mu}_i = y_i$ $(i = 1, \dots, N)$ im saturierten Modell gehört. Dann ist für jedes nichtsaturierte Submodell $\mathbf{X}_j$

$$G^2(\mathbf{X}_j|\mathbf{X}) \;=\; 2\sum \frac{1}{a_i}\{y_i(\tilde{\theta}_i - \hat{\theta}_i) - b(\tilde{\theta}_i) + b(\hat{\theta}_i)\}/\phi$$
$$\;=\; D(\mathbf{y}; \hat{\boldsymbol{\mu}}_j)/\phi \tag{10.62}$$

ein Maß für den Verlust der Anpassungsgüte des Modells $\mathbf{X}_j$ gegenüber dem mit dem saturierten Modell erreichten perfekten Fit. Die Statistik $D(\mathbf{y}; \hat{\boldsymbol{\mu}}_j)$ heißt *Deviance* des Modells $\mathbf{X}_j$. Damit gilt

$$G^2(\mathbf{X}_1|\mathbf{X}_2) = G^2(\mathbf{X}_1|\mathbf{X}) - G^2(\mathbf{X}_2|\mathbf{X}) = [D(\mathbf{y}; \hat{\mu}_1) - D(\mathbf{y}; \hat{\mu}_2)]/\phi \quad , \tag{10.63}$$

d.h. die Teststatistik zum Vergleich des Modells $\mathbf{X}_1$ mit dem größeren Modell $\mathbf{X}_2$ ist gleich der mit $1/\phi$ gewichteten Differenz der Goodness–of–fit–Statistiken der beiden Modelle.

10.1.6 Overdispersion

In Stichproben von Poisson– oder Multinomialverteilungen kann häufig der Fall eintreten, daß die Elemente eine größere Varianz aufweisen, als durch die Verteilung vorgegeben ist. Dies kann durch eine Verletzung der Unabhängigkeitsannahme, insbesondere durch eine positive Korrelation der Stichprobenelemente bedingt sein. Die Ursache ist häufig eine Strukturierung der Stichprobe in Cluster. Beispiele sind

- das Überlebensverhalten von Insektenfamilien bei Einwirkung von Insektiziden (Agresti, 1990, p. 42), wobei die Familie (Cluster, Batch) in Abhängigkeit von clusterspezifischen Kovariablen wie Temperatur ein eher *kollektives* (korreliertes) Überlebensverhalten (sehr viele überleben bzw. fast alle sterben) als ein unabhängiges Überlebensverhalten zeigt

– das Überlebensverhalten von dentalen Implantaten, wenn zwei und mehr Implantate bei jedem Patienten inkorporiert sind

– die Entwicklung von Krankheiten oder soziales Verhalten von Mitgliedern einer Familie.

Die Existenz einer größeren Variation (Inhomogenität) in der Stichprobe als im Stichprobenmodell wird als *Overdispersion* bezeichnet. Overdispersion wird durch Multiplikation der Varianz mit einer Konstanten $\phi > 1$ modelliert, wobei ϕ entweder bekannt ist (z.B. $\phi = \sigma^2$ für Normalverteilung), oder aus der Stichprobe zu schätzen ist (vgl. Fahrmeir and Tutz, 1994, p. 19 für alternative Ansätze).

Beispiel: (McCullagh and Nelder, 1989, p. 125)

Es seinen N Individuen in N/k Cluster von gleichem Umfang k (Clustergröße) aufgeteilt. Der individuelle Response sei binär mit $P(Y_i = 1) = \pi_i$, so daß der Gesamtresponse

$$Y = Z_1 + Z_2 + \cdots + Z_{N/k}$$

die Summe aus unabhängigen $B(k; \pi_i)$–verteilten Binomialvariablen Z_i ($i = 1, \ldots, N/k$) ist.

Die π_i variieren über die Cluster und es gelte $E(\pi_i) = \pi$ und $\text{Var}(\pi_i) = \tau^2 \pi(1 - \pi)$ mit $0 \leq \tau^2 \leq 1$.

Dann gilt

$$
\begin{aligned}
E(Y) &= N\pi \\
\text{Var}(Y) &= N\pi(1 - \pi)\{1 + (k - 1)\tau^2\} \\
&= \phi N\pi(1 - \pi) \quad .
\end{aligned}
\tag{10.64}
$$

Der Dispersionsparameter $\phi = 1 + (k - 1)\tau^2$ hängt von der Clustergröße k und von der Variabilität der π_i, jedoch nicht vom Stichprobenumfang N ab. Diese Tatsache ist wesentlich, um die Variable Y als Summe von Binomialvariablen Z_i zu interpretieren und den Dispersionsparameter ϕ aus den Residuen schätzen zu können.

Wegen $0 \leq \tau^2 \leq 1$ gilt

$$1 \leq \phi \leq k \leq N \quad . \tag{10.65}$$

Die Beziehung (10.64) bedeutet, daß

$$\frac{\text{Var}(Y)}{N\pi(1 - \pi)} = 1 + (k - 1)\tau^2 = \phi \tag{10.66}$$

konstant ist. Ein alternatives Modell — die Beta–Binomialverteilung — hat die Eigenschaft, daß der Quotient in (10.66), d.h. also ϕ, eine lineare Funktion im Stichprobenumfang N ist. Durch Plot der Residuen gegen N kann man erkennen, welches der beiden Modelle eher vorliegt. Rosner (1984) setzt die Beta–Binomialverteilung zur Schätzung in Clustern des Umfangs $k = 2$ ein.

10.1.7 Quasi–Loglikelihood

Die generalisierten Modelle haben als zufällige Komponente (vgl. (10.12)) für
die Daten eine Verteilung aus der natürlichen Exponentialfamilie vorausgesetzt. Wenn nun — analog zum stetigen Response bei Fehlen einer Normalverteilung — diese Voraussetzung nicht gegeben ist, so kann man mit einem alternativen Ansatz die Gestalt der funktionalen Beziehung zwischen Mittelwert
und Varianz spezifizieren. Für Exponentialfamilien gilt die Relation (10.24)
zwischen Varianz und Erwartungswert. Es gelte allgemein der Ansatz

$$\mathrm{Var}(Y) = \phi V(\mu) \quad , \tag{10.67}$$

wobei $V(\cdot)$ eine geeignet gewählte Funktion ist.

Im Quasi–Likelihood–Ansatz (Wedderburn, 1974) werden nur Annahmen über
die ersten und zweiten Momente der zufälligen Variablen getroffen, die Verteilung selbst wird nicht festgelegt. Ausgangspunkt der Schätzung des Einflusses von Kovariablen auf den mittleren Response ist die Scorefunktion (10.29)
bzw. das System der ML–Gleichungen (10.44). Setzt man in (10.44) die allgemeine Spezifikation (10.67) ein, so erhält man das System der *estimating
equations* für $\boldsymbol{\beta}$

$$\sum_{i=1}^{N} \frac{(y_i - \mu_i)}{V(\mu_i)} x_{ij} \frac{\partial \mu_i}{\partial \eta_i} = 0 \quad (j = 1, \ldots, p) \quad , \tag{10.68}$$

das dieselbe Form wie die Likelihoodgleichungen (10.44) für GLM's besitzt.
Das System (10.68) ist jedoch nur dann ein ML–Gleichungssystem, wenn die
y_i eine Verteilung aus der natürlichen Exponentialfamilie besitzen.

Im Fall unabhängiger Responsewerte wird die Modellierung des Einflusses von
Kovariablen X auf den mittleren Response $E(\mathbf{y}) = \boldsymbol{\mu}$ nach McCullagh and
Nelder (1989, p. 324) wie folgt vorgenommen. Für den Responsevektor gelte

$$\mathbf{y} \sim (\boldsymbol{\mu}, \phi \mathbf{V}(\boldsymbol{\mu})) \tag{10.69}$$

wobei $\phi > 0$ ein unbekannter Dispersionsparameter und $\mathbf{V}(\boldsymbol{\mu})$ eine Matrix
bekannter Funktionen ist. Der Ausdruck $\phi \mathbf{V}(\boldsymbol{\mu})$ heißt *Arbeitsvarianz*.
Wenn die Komponenten y_i von $\mathbf{y}$ als unabhängig vorausgesetzt werden, so muß
die Kovarianzmatrix $\phi \mathbf{V}(\boldsymbol{\mu})$ diagonal sein, d.h.

$$\mathbf{V}(\boldsymbol{\mu}) = \mathrm{diag}(V_1(\boldsymbol{\mu}), \ldots, V_N(\boldsymbol{\mu})) \quad . \tag{10.70}$$

Dabei ist es realistisch anzunehmen, daß die Varianz jeder Zufallsvariablen y_i
nur von der i–ten Komponente μ_i von $\boldsymbol{\mu}$ abhängt, d.h. daß

$$\mathbf{V}(\boldsymbol{\mu}) = \mathrm{diag}(V_1(\mu_1), \ldots, V_N(\mu_N)) \tag{10.71}$$

gilt. Eine Abhängigkeit von allen Komponenten von $\boldsymbol{\mu}$ gemäß (10.70) ist praktisch schwer zu interpretieren, wenn man gleichzeitig die Unabhängigkeit der y_i

fordert. (Trotzdem kann es Situationen wie in (10.70) geben). In vielen Anwendungen kann man neben der funktionalen Unabhängigkeit (10.71) zusätzlich annehmen, daß die Funktionen V_i identisch sind, so daß mit $V_i = v(\cdot)$

$$\mathbf{V}(\boldsymbol{\mu}) = \operatorname{diag}(v(\mu_1), \ldots, v(\mu_N)) \tag{10.72}$$

gilt.

Unter den getroffenen Annahmen hat die folgende Funktion für eine Komponente y_i von $\mathbf{y}$

$$U = u(\mu_i, y_i) = \frac{y_i - \mu_i}{\phi v(\mu_i)} \tag{10.73}$$

die Eigenschaften

$$E(U) = 0 \quad , \tag{10.74}$$

$$\operatorname{Var}(U) = \frac{1}{\phi v(\mu_i)} \quad , \tag{10.75}$$

$$\frac{\partial U}{\partial \mu_i} = \frac{-\phi v(\mu_i) - (y_i - \mu_i)\phi \frac{\partial v(\mu_i)}{\partial \mu_i}}{\phi^2 v^2(\mu_i)}$$

$$-E\left(\frac{\partial U}{\partial \mu_i}\right) = \frac{1}{\phi v(\mu_i)} \quad . \tag{10.76}$$

Damit hat U die gleichen Eigenschaften wie die Ableitung einer Loglikelihood, d.h. wie die Scorefunktion (10.29).

Die Eigenschaft (10.74) entspricht (10.31), die Eigenschaft (10.76) in Kombination mit (10.75) entspricht (10.32). Damit ist

$$Q(\boldsymbol{\mu}; \mathbf{y}) = \sum_{i=1}^{N} Q_i(\mu_i; y_i) \tag{10.77}$$

mit

$$Q_i(\mu_i; y_i) = \int_{y_i}^{\mu_i} \frac{\mu_i - t}{\phi v(t)} \mathrm{d}t \tag{10.78}$$

(vgl. McCullagh and Nelder, 1989, p. 325) das Analogon zur Loglikelihoodfunktion. $Q(\boldsymbol{\mu}; \mathbf{y})$ heißt *Quasi–Loglikelihood*. Die *Quasi–Scorefunktion*, die man durch Ableitung von $Q(\boldsymbol{\mu}; \mathbf{y})$ erhält, ist also gleich

$$U(\boldsymbol{\beta}) = \phi^{-1} \mathbf{D}' \mathbf{V}^{-1}(\mathbf{y} - \boldsymbol{\mu}) \quad , \tag{10.79}$$

mit $\mathbf{D} = (\partial \mu_i / \partial \beta_j)$ $(i = 1, \ldots, N, j = 1, \ldots, p)$ und $\mathbf{V} = \operatorname{diag}(v_1, \ldots, v_N)$. Die Quasi–Likelihood–Schätzung $\hat{\boldsymbol{\beta}}$ ist die Lösung von $U(\hat{\boldsymbol{\beta}}) = 0$. Sie besitzt die asymptotische Kovarianzmatrix

$$\operatorname{Cov}(\hat{\boldsymbol{\beta}}) = \phi(\mathbf{D}' \mathbf{V}^{-1} \mathbf{D})^{-1} \quad . \tag{10.80}$$

Der Dispersionsparameter ϕ wird durch

$$\hat{\phi} = \frac{1}{N - p} \frac{\sum (y_i - \hat{\mu}_i)^2}{v(\hat{\mu}_i)} = \frac{X^2}{N - p} \tag{10.81}$$

geschätzt, wobei X^2 die sogenannte Pearson–Statistik ist.

Falls Overdispersion vorliegt oder zu vermuten ist, wird man den Einfluß von Kovariablen, also den Vektor $\boldsymbol{\beta}$, durch einen Quasi–Loglikelihoodansatz (10.68) anstelle eines Loglikelihoodansatzes schätzen.

10.2 Loglineare Modelle für kategorialen Response

10.2.1 Binärer Response

Sei Y ein dichotomes Merkmal, d.h. Y nimmt nur zwei Merkmalsausprägungen an (z.B. Erfolg/Mißerfolg oder krank/nicht krank). Die Responsevariable Y läßt sich also stets in der Form (Y=0, Y=1) kodieren. Y ist binomialverteilt mit P(Y=1)=π und P(Y=0)=1 − π. Wird Y z.B. bei N Patienten realisiert, so erhalten wir N verschiedene unabhängige Verteilungen $B(1; \pi_i)$ mit P(Y_i=1)=π_i bzw. P(Y_i=0)=1 − π_i für $i = 1, 2, \ldots, N$. Dabei ist $\mu_i = \pi_i$ und $\mathrm{Var}(y_i) = V(\mu_i) = \pi_i(1 - \pi_i)$. Die Dichtefunktion ist dann in der Gestalt (10.12) gleich

$$
\begin{aligned}
f\left(y_i; \pi_i\right) &= \pi_i^{y_i}\left(1 - \pi_i\right)^{1-y_i} \\
&= (1 - \pi_i)\left(\frac{\pi_i}{1 - \pi_i}\right)^{y_i} \\
&= (1 - \pi_i)\exp\left(y_i \ln\left(\frac{\pi_i}{1 - \pi_i}\right)\right).
\end{aligned}
\tag{10.82}
$$

Der natürliche Parameter ist $Q(\pi_i) = \ln\left(\frac{\pi_i}{1-\pi_i}\right)$, der sogenannte log Odds des Response 1. Er wird als Logit von π_i bezeichnet.

Ein GLM mit dem *Logit–Link* heißt Logitmodell. Das generalisierte Modell mit dem kanonischen Link lautet dann:

$$
\ln\left(\frac{\pi_i}{1 - \pi_i}\right) = \mathbf{x}_i'\boldsymbol{\beta} .
\tag{10.83}
$$

Die Patienten werden nach X-Ausprägungen gruppiert, so daß bei festem $\mathbf{x}_j$ von N_j Patienten n_j mit Response (Y=1) und $N_j - n_j$ mit Nichtresponse (Y=0) beobachtet werden. Dann ist $\hat{\pi}_j = \frac{n_j}{N_j}$ eine Schätzung der Responsewahrscheinlichkeit für die j–te Ausprägung des Vektors der prognostischen Faktoren.

Seien allgemein die Zufallsvariablen $Y_1, \ldots, Y_N$ jeweils unabhängig binomialverteilt $Y_i \sim B(N_i, \pi_i)$, so daß $E(Y_i) = \mu_i = N_i\pi_i$ und $V(\mu_i) = N_i\pi_i(1 - \pi_i)$ gilt.

Dann lautet die Loglikelihoodfunktion (vgl. (10.28)) bis auf die von π_i unabhängigen Binomialkoeffizienten $\binom{N_i}{y_i}$

$$
l = l(\pi_i; y_i) = \sum_{i=1}^{N}\left[y_i \ln\left(\frac{\pi_i}{1 - \pi_i}\right) + N_i \ln(1 - \pi_i)\right] .
\tag{10.84}
$$

Mit $g(\mu_i) = g(N_i\pi_i) = \eta_i = \ln(\pi_i/(1-\pi_i))$, $\partial\mu_i/\partial\eta_i = N_i\partial\pi_i/\partial\eta_i$ und $\partial\pi_i/\partial\eta_i = (\partial\eta_i/\partial\pi_i)^{-1} = \pi_i(1-\pi_i)$ erhält die Schätzgleichung (10.44) die Gestalt

$$\sum_{i=1}^{N} \frac{(y_i - N_i\pi_i)x_{ij}}{N_i\pi_i(1-\pi_i)} N_i\pi_i(1-\pi_i) = \sum_{i=1}^{N}(y_i - N_i\pi_i)x_{ij} = 0 \quad (j=1,\ldots,p) \quad .$$

(10.85)

10.2.2 Loglineare Modelle für Poissonverteilungen

In einer Kontingenztafel mit N Zellen werden die Besetzungen n_i mit $i=1,2,\ldots,N$ beobachtet. Hierbei sind die n_i zufällige Variablen mit $n_i \geq 0$ und $E(n_i) = \mu_i$. Die n_i sind die beobachteten und die μ_i die erwarteten Zellhäufigkeiten.

Betrachten wir die Poissonverteilung:

$$P(n_i; \mu_i) = \frac{\exp(-\mu_i)\mu_i^{n_i}}{n_i!}$$

(10.86)

mit $\mathrm{Var}(n_i) = E(n_i) = \mu_i$.

Für die unabhängige Stichprobe $(n_1, n_2, \ldots, n_N)$ mit $n = \sum_{i=1}^{N} n_i$ gilt, daß diese wieder Poissonverteilt ist mit $E(n) = \sum_{i=1}^{N} n_i$.

Die Dichte der Poissonvariablen n_i läßt sich auf die Gestalt (10.12) bringen $(n_i \doteq y_i$ und $\mu_i \doteq \theta_i)$:

$$f(n_i; \mu_i) = \frac{\exp(-\mu_i)\,\mu_i^{n_i}}{n_i!} = \underbrace{\exp(-\mu_i)}_{A(\theta_i)}\underbrace{\left(\frac{1}{n_i!}\right)}_{B(y_i)}\underbrace{\exp(n_i\ln(\mu_i))}_{\exp(y_iQ(\theta_i))} .$$

(10.87)

Der natürliche Parameter ist $Q(\theta_i) = \ln(\mu_i)$, somit ist der kanonische Link $\eta_i = \ln(\mu_i) \Rightarrow \ln(\mu_i) = \sum_{i=1}^{p} \beta_j x_{ij}$ für $i = 1, 2, \ldots, N$.

In der Parametrisierung (10.13) erhalten wir mit $n_i = y_i$

$$\begin{aligned} f(y_i; \mu_i) &= \exp(y_i\ln(\mu_i) - \mu_i - \ln(y_i!)) \\ &= \exp(y_i\theta_i - \exp(\theta_i) - \ln(y_i!)) \quad , \end{aligned}$$

(10.88)

wobei $\theta_i = \ln(\mu_i)$ der natürliche Parameter ist. Beim Vergleich von (10.88) und (10.13) identifizieren wir $b(\theta) = \exp(\theta_i)$, $a(\phi) = 1$, $c(y_i; \phi) = -\ln(y_i!)$ sowie $E(y_i) = \mu_i = b'(\theta_i) = \exp(\theta_i)$ und $Var(y_i) = V(\mu_i) = b''(\theta_i) = \exp(\theta_i) = \mu_i$. Da $\theta_i = \ln(\mu_i)$ der natürliche Parameter ist, lautet der kanonische Link $\eta_i = \ln(\mu_i)$, woraus wir das loglineare Modell

$$\ln(\boldsymbol{\mu}) = \mathbf{X}\boldsymbol{\beta}$$

(10.89)

erhalten. Mit $\mu_i = \exp(\eta_i)$ folgt

$$\frac{\partial\mu_i}{\partial\eta_i} = \exp(\eta_i) = \mu_i \quad ,$$

(10.90)

so daß sich die Schätzgleichungen (10.44) zu

$$\sum_{i=1}^{N} \frac{(y_i - \mu_i)x_{ij}}{\mu_i}\mu_i = \sum_{i=1}^{N}(y_i - \mu_i)x_{ij} = 0 \quad (j = 1,\ldots,p) \tag{10.91}$$

vereinfachen. Dies bedeutet für die Lösung $\hat{\boldsymbol{\mu}}$ in Matrixschreibweise

$$\mathbf{X'y} = \mathbf{X'}\hat{\boldsymbol{\mu}} \quad . \tag{10.92}$$

Bemerkung: Die Existenz und Eindeutigkeit der Lösungen wurde von Birch (1963) für den Fall Rang($\mathbf{X}$) $= p$ und $y_i > 0$ nachgewiesen.

Die Kovarianzmatrix (10.56) mit den Elementen w_i (10.49) hat die Gestalt

$$V(\hat{\boldsymbol{\beta}}) = (\mathbf{X'}\hat{\mathbf{W}}\mathbf{X})^{-1}, \quad \hat{\mathbf{W}} = \text{diag}(\hat{w}_i) = \text{diag}(\hat{\mu}_i) \tag{10.93}$$

wegen $w_i = \left(\frac{\partial \mu_i}{\partial \eta_i}\right)^2 \big/ Var(y_i) = \mu_i$ (vgl. (10.49) und (10.90)) und $\hat{w}_i = \hat{\mu}_i$ als Lösung von (10.92).

Die Deviance (10.62) wird für ein GLM (10.89) in Poissonvariablen mit $\hat{\theta}_i = \ln(\hat{\mu}_i)$ und $b(\hat{\theta}_i) = \exp(\hat{\theta}_i) = \hat{\mu}_i$ im Modell (10.89) und $\tilde{\theta}_i = \ln(y_i)$, $b(\tilde{\theta}_i) = y_i$ im saturierten Modell zu

$$D(\mathbf{y}; \hat{\boldsymbol{\mu}}) = 2\sum_{i=1}^{N}(y_i \ln(y_i/\hat{\mu}_i) - y_i + \hat{\mu}_i) \quad . \tag{10.94}$$

Falls die Matrix $\mathbf{X}$ in (10.89) als eine Spalte den Vektor $\mathbf{1}$ enthält (also auf ein Overall–mean adjustiert wird), gilt $\sum y_i = \sum \hat{\mu}_i$ und damit wird

$$D(\mathbf{y}; \hat{\boldsymbol{\mu}}) = 2\sum y_i \ln(y_i/\hat{\mu}_i) \tag{10.95}$$

die übliche G^2–Statistik für loglineare Modelle.

Die Teststatistik (10.63) zum Prüfen von $H_0\colon \boldsymbol{\beta}_3 = 0$ im Modell

$$\ln(\boldsymbol{\mu}) = (\mathbf{X}_1, \mathbf{X}_3)\begin{pmatrix} \boldsymbol{\beta}_1 \\ \boldsymbol{\beta}_3 \end{pmatrix} = \mathbf{X}_2\boldsymbol{\beta}_2 \tag{10.96}$$

vereinfacht sich zu

$$G^2(\mathbf{X}_1|\mathbf{X}_2) = 2\sum_i \left[y_i \ln\left(\frac{\hat{\mu}_{i(2)}}{\hat{\mu}_{i(1)}}\right) - (\hat{\mu}_{i(2)} - \hat{\mu}_{i(1)}) \right] \tag{10.97}$$

und es gilt asymptotisch

$$G^2(\mathbf{X}_1|\mathbf{X}_2)_{|H_0} \sim \chi^2_{df} \tag{10.98}$$

mit $df =$Rang($\mathbf{X}_3$).

10.2.3 Loglineare Modelle für Multinomialverteilungen

Beim Poissonstichprobenschema ist der Gesamtstichprobenumfang $n = \sum_{i=1}^{N} n_i$ zufällig. Wenn wir im Poissonmodell die Bedingung n *fest* einführen, so hat der Vektor $\{n_1, \ldots, n_N\}$ keine unabhängige Poissonverteilung mehr, da eine Variable n_i den Wertebereich der anderen Variablen einschränkt.

Für $n = \sum n_i$ fest erhalten wir die bedingte Verteilung für $\{n_1, \ldots, n_N\}$ (vgl. Agresti, 1990, p.38)

$$P(n_i \text{ Beobachtungen in Zelle } i, \ i = 1, \ldots, N \,|\, \textstyle\sum n_i = n)$$

$$= \frac{P(n_i \text{ Beobachtungen in Zelle } i, \ i = 1, \ldots, N)}{P(\sum n_i = n)}$$

$$= \frac{\prod_{i=1}^{N} \exp(-\mu_i)\mu_i^{n_i}/n_i!}{\exp(-\sum \mu_i)(\sum \mu_i)^n/n!}$$

$$= \frac{n!}{\prod_i n_i!} \prod \pi_i^{n_i} \tag{10.99}$$

mit

$$\pi_i = \mu_i/\left(\sum_j \mu_i\right) \quad . \tag{10.100}$$

Dies ist die Multinomialverteilung $M(n; \pi_1, \ldots, \pi_N)$. Die Randverteilungen für n_i sind binomial $B(n; \pi_i)$ mit $E(n_i) = n\pi_i$ und $Var(n_i) = n\pi_i(1 - \pi_i)$. Die Multinomialverteilung für den Vektor $\{n_1, \ldots, n_N\}$ entsteht alternativ durch n unabhängige Beobachtungen einer diskreten Verteilung mit N Kategorien und dem Vektor $\pi' = (\pi_1, \ldots, \pi_N)$ der Kategoriewahrscheinlichkeiten ($\sum \pi_i = 1$). Dies bezeichnet man als *Multinomialstichprobenschema*.

Produktmultinomialschema

Eine Erweiterung des Multinomialstichprobenschemas erhält man durch folgende Überlegung. Wir nehmen an, daß Beobachtungen einer kategorialen Responsevariablen Y (J Kategorien) zu verschiedenen Stufen einer erklärenden Variablen X vorliegen. In der Zelle ($X = i, Y = j$) werden n_{ij} Besetzungen beobachtet. Angenommen, die $n_{i+} = \sum_{j=1}^{J} n_{ij}$ Beobachtungen von Y zur i-ten Kategorie von X seien unabhängig mit der Verteilung $\{\pi_{1|i}, \ldots, \pi_{J|i}\}$. Dann sind die Zellbesetzungen $\{n_{ij}, j = 1, \ldots, J\}$ in der i-ten Kategorie von X multinomialverteilt gemäß

$$\frac{n_{i+}!}{\prod_{j=1}^{J} n_{ij}!} \prod_{j=1}^{J} \pi_{j|i}^{n_{ij}} \quad (i = 1, \ldots, I) \quad . \tag{10.101}$$

Falls darüberhinaus auch die Stichproben über i unabhängig sind, ist die gemeinsame Verteilung der n_{ij} über die $I \times J$ Zellen das Produkt der I Multinomialverteilungen aus (10.101). Wir bezeichnen dies mit **Produktmultinomialschema oder unabhängige multinomiale Stichprobe.**

Betrachten wir die multinomiale Stichprobe und ihre Verteilung (10.99), so folgt für die i–te Beobachtung (vgl. (10.13)) die Darstellung

$$f(n_i|\pi_i) = \frac{(n!)^{1/N}}{n_i!}\pi_i^{n_i}$$

$$= \exp(n_i\ln(\pi_i) + \ln[(n_i!)^{1/N}/n_i!] \quad , \qquad (10.102)$$

so daß $\ln(\pi_i)$ der natürliche Parameter ist.

Da für die Wahrscheinlichkeiten $\sum_{i=1}^{N}\pi_i = 1$ gelten muß, sind die n_i nicht unabhängig.

Es gilt mit $\sum_{i=1}^{N}n_i = n$

$$E(n_i) = n\pi_i, \qquad (10.103)$$

$$Var(n_i) = n\pi_i(1 - \pi_i) \qquad (10.104)$$

und

$$Cov(n_i, n_j) = -n\pi_i\pi_j \quad (i, j = 1, \ldots, N-1, i \neq j), \qquad (10.105)$$

wenn wir die N–te Kategorie als *redundant* klassifizieren. In Matrixnotation erhalten wir also für $\mathbf{n}'_* = (n_1, \ldots, n_{N-1})$ die Kovarianzmatrix

$$V(\mathbf{n}_*) = n\left(\text{diag}(\boldsymbol{\pi}_*) - \boldsymbol{\pi}_*\boldsymbol{\pi}'_*\right) \qquad (10.106)$$

mit $\boldsymbol{\pi}'_* = (\pi_1, \ldots, \pi_{N-1})$.

Damit wird

$$\boldsymbol{\pi}' = (\pi_1, \ldots, \pi_N) = (\boldsymbol{\pi}'_*, \pi_N) \quad . \qquad (10.107)$$

Sei $\mathbf{n}' = (n_1, \ldots, n_N) = (\mathbf{n}'_*, n_N)$ der Vektor aller zufälligen Zellbesetzungen, so wird der Vektor der erwarteten Zellbesetzungen

$$E(\mathbf{n}) = \boldsymbol{\mu} = n\boldsymbol{\pi} \quad . \qquad (10.108)$$

Aus (10.102) folgt, daß $\ln(\pi_i)$ der natürliche Parameter ist. Der kanonische Link muß die Nebenbedingung $\sum\pi_i = 1$ berücksichtigen.

Dies bedeutet für die Wahrscheinlichkeiten das Modell

$$\pi_i = \pi_i(\boldsymbol{\beta}) = \frac{\exp(\mathbf{x}'_i\boldsymbol{\beta})}{\sum_{i=1}^{N}\exp(\mathbf{x}'_i\boldsymbol{\beta})} \qquad (10.109)$$

oder in Matrixschreibweise

$$\boldsymbol{\pi} = \frac{\exp(\mathbf{X}\boldsymbol{\beta})}{\mathbf{1}'\exp(\mathbf{X}\boldsymbol{\beta})} \quad . \qquad (10.110)$$

Daraus folgt, daß für den Vektor $\boldsymbol{\mu}$ der erwarteten Besetzungen das folgende loglineare Modell gilt:

$$\ln(\boldsymbol{\mu}) = \ln(n\boldsymbol{\pi})$$

$$= \mathbf{X}\boldsymbol{\beta} + [\ln n - \ln(\mathbf{1}'\exp(\mathbf{X}\boldsymbol{\beta}))]\mathbf{1}$$

$$= \mathbf{X}\boldsymbol{\beta} + \mathbf{1}\mu_0 \qquad (10.111)$$

359

mit

$$\mu_0 = \ln n - \ln(\sum_{i=1}^{N} \exp(\mathbf{x}'_i \boldsymbol{\beta})) \quad . \tag{10.112}$$

Der Parameter μ_0 sichert also die Adjustierung auf den totalen Stichprobenumfang n beim Multinomialschema.

ML–Schätzung von β

Ausgehend von der Tatsache, daß die bedingte Verteilung – gegeben die totale Besetzung $n = \sum n_i$ – eines Poissonschemas $(n_1, \ldots, n_N)$ multinomial $M(n; \pi_1, \ldots, \pi_N)$ mit $\pi_i = \mu_i/(\sum \mu_j)$ ist (vgl. (10.99)), können wir die ML–Schätzung von β durch folgende Überlegung herleiten (vgl. Agresti, 1990, p.455 auf der Basis von Ergebnissen von Birch, 1963 und McCullagh and Nelder, 1989).

Das loglineare Modell (10.89) für die Poissonverteilung wird wie folgt durch Separierung einer einheitlichen Konstanten α als inhomogener Ansatz spezifiziert

$$\ln(\mu_i) = \alpha + \mathbf{x}'_i \boldsymbol{\beta} \quad . \tag{10.113}$$

Die Poisson–Loglikelihood ergibt sich aus (10.88) (n_i für y_i gesetzt) unter Verwendung von (10.113) zu

$$
\begin{aligned}
l(\alpha, \boldsymbol{\beta}) &= \sum_{i=1}^{N} n_i \ln(\mu_i) - \sum_{i=1}^{N} \mu_i \\
&= \sum_i n_i (\alpha + \mathbf{x}'_i \boldsymbol{\beta}) - \sum_i \exp(\alpha + \mathbf{x}'_i \boldsymbol{\beta}) \\
&= n\alpha + \sum_i n_i \mathbf{x}'_i \boldsymbol{\beta} - \tau
\end{aligned}
\tag{10.114}
$$

mit

$$\tau = \sum_{i=1}^{N} \mu_i = \sum_{i=1}^{N} \exp(\alpha + \mathbf{x}'_i \boldsymbol{\beta}) \quad . \tag{10.115}$$

Unter Ausnutzung von

$$\ln(\tau) = \alpha + \ln(\sum_{i=1}^{N} \exp(\mathbf{x}'_i \boldsymbol{\beta})) \tag{10.116}$$

erhalten wir die Loglikelihood $l(\alpha, \boldsymbol{\beta})$ für das loglineare Poissonmodell in der Darstellung

$$
\begin{aligned}
l(\tau, \boldsymbol{\beta}) &= \left[\sum_{i=1}^{N} n_i \mathbf{x}'_i \boldsymbol{\beta} - n \ln \left(\sum \exp(\mathbf{x}'_i \boldsymbol{\beta}) \right) \right] + [n \ln(\tau) - \tau] \tag{10.117} \\
&= f_1(\boldsymbol{\beta}) + f_2(\tau) \quad . \tag{10.118}
\end{aligned}
$$

Die Wahrscheinlichkeiten π_i des Multinomialmodells sind mit den erwarteten Besetzungen μ_i des Poissonmodells über die Beziehung $\pi_i = \mu_i/(\sum \mu_j)$ verknüpft. Damit gilt

$$
\begin{aligned}
\pi_i = \frac{\mu_i}{\sum_{j=1}^{N} \mu_j} &= \frac{\exp(\alpha + \mathbf{x}_i'\boldsymbol{\beta})}{\sum \exp(\alpha + \mathbf{x}_i'\boldsymbol{\beta})} \\
&= \frac{\exp(\alpha)\exp(\mathbf{x}_i'\boldsymbol{\beta})}{\exp(\alpha)\sum \exp(\mathbf{x}_i'\boldsymbol{\beta})} \;, \\
\sum n_i \ln(\pi_i) &= \sum n_i \mathbf{x}_i'\boldsymbol{\beta} - \sum n_i \ln\left[\sum \exp(\mathbf{x}_i'\boldsymbol{\beta})\right] \\
&= \sum n_i \mathbf{x}_i'\boldsymbol{\beta} - n \ln[\sum \exp(\mathbf{x}_i'\boldsymbol{\beta})] \\
&= f_1(\boldsymbol{\beta}) \;.
\end{aligned}
\tag{10.119}
$$

Nach (10.102) ist $\sum n_i \ln(\pi_i)$ aber gerade der Kern der Loglikelihood des Multinomialschemas unter der Bedingung $n = \sum_{i=1}^{N} n_i$.

Andererseits ist bei unbedingter Betrachtung $n = \sum n_i$ im Poissonmodell wiederum Poissonverteilt mit $E(n) = \sum \mu_i = \tau$, so daß der zweite Ausdruck $f_2(\tau)$ in (10.118) die Loglikelihood für τ ist.

Da $\boldsymbol{\beta}$ nur im ersten Ausdruck $f_1(\boldsymbol{\beta})$ auftritt, sind die ML–Schätzungen $\hat{\boldsymbol{\beta}}$ von $\boldsymbol{\beta}$ für die Poissonloglikelihood $l(\alpha, \boldsymbol{\beta})$ und die Multinomialloglikelihood $f_1(\boldsymbol{\beta})$ identisch. Das loglineare Poissonmodell erfordert die Bestimmung des zusätzlichen Parameters α.

Ergebnis: Die ML–Parameterschätzungen $\hat{\boldsymbol{\beta}}$ im loglinearen Modell für das Multinomialschema und im Modell für das Poissonschema stimmen überein.

Bemerkung: Dieses Resultat gilt auch im Produktmultinomialschema, sofern die festen Randsummen auch von den entsprechenden loglinearen Modellen beachtet werden, d.h. sofern die geschätzten erwarteten Randsummen gleich den beobachteten Randsummen sind.

Asymptotische Kovarianzmatrix

Die Herleitung der asymptotischen Verteilung von $\hat{\boldsymbol{\pi}}$ und $\hat{\boldsymbol{\beta}}$ basiert auf der multivariaten Deltamethode und dem multivariaten zentralen Grenzwertsatz (Rao, 1973, p. 128). Wir verweisen dazu auf Kapitel 6 und 12 in Agresti, 1990, und verzichten hier auf den Beweis.

Die erwartungstreue Schätzung der Kovarianzmatrix von $\hat{\boldsymbol{\beta}}$ lautet (mit $\hat{\boldsymbol{\mu}} = n\hat{\boldsymbol{\pi}}$)

$$
\begin{aligned}
\hat{V}(\hat{\boldsymbol{\beta}}) &= \{\mathbf{X}'[\operatorname{diag}(\hat{\boldsymbol{\pi}}) - \hat{\boldsymbol{\pi}}\hat{\boldsymbol{\pi}}']\mathbf{X}\}^{-1}/n \\
&= \{\mathbf{X}'[\operatorname{diag}(\hat{\boldsymbol{\mu}}) - \hat{\boldsymbol{\mu}}\hat{\boldsymbol{\mu}}'/n]\mathbf{X}\}^{-1} \;.
\end{aligned}
\tag{10.120}
$$

Analog gilt

$$
\hat{V}(\hat{\boldsymbol{\pi}}) = [\operatorname{diag}(\hat{\boldsymbol{\pi}}) - \hat{\boldsymbol{\pi}}\hat{\boldsymbol{\pi}}']\mathbf{X}V(\hat{\boldsymbol{\beta}})\mathbf{X}'[\operatorname{diag}(\hat{\boldsymbol{\pi}}) - \hat{\boldsymbol{\pi}}\hat{\boldsymbol{\pi}}'] \;.
\tag{10.121}
$$

Bemerkung: In der Literatur wird häufig, insbesondere bei Kontingenztafeln, die Bezeichnung $\mathbf{m}$ statt $\boldsymbol{\mu}$ für die erwarteten Besetzungen benutzt.

10.3 Lineare Modelle für zweidimensionale Zusammenhänge — ANOVA

Nach diesen mehr theoriebezogenen Vorbemerkungen können wir nun die Modelle vorstellen, die den linearen Modellen der zweifaktoriellen ANOVA mit stetigem Response y_{ijk} entsprechen, wobei wir jetzt als Response die Zellbesetzungen n_{ij} haben.

Wir werden uns im wesentlichen auf das Stichprobenschema der Multinomial- oder Produktmultinomialverteilung beschränken. Zunächst wollen wir den Zusammenhang zwischen der zweifaktoriellen Varianzanalyse und den loglinearen Modellen einer zweidimensionalen Kontingenztafel erläutern. Im Modell (6.1) der zweifaktoriellen Varianzanalyse wirken zwei Faktoren A und B auf eine stetige Responsevariable Y:

$$y_{ijk} = \mu + \alpha_i + \beta_j + (\alpha\beta)_{ij} + \epsilon_{ijk}$$
$$i = 1,\ldots,I \ , \ j = 1,\ldots,J \ , \ k = 1,\ldots,K \quad . \tag{10.122}$$

Dabei wird angenommen, daß die y_{ijk} unabhängig sind und eine Normalverteilung besitzen:

$$y_{ijk} \sim N(m_{ij}, \sigma^2) \quad \text{mit}$$
$$m_{ij} = \mu + \alpha_i + \beta_j + (\alpha\beta)_{ij} \quad . \tag{10.123}$$

Das wesentliche Ziel besteht darin, die Struktur der m_{ij} zu untersuchen. Dazu werden die KQ–Schätzungen (die mit den ML–Schätzungen übereinstimmen)

$$\begin{aligned}
\hat{m}_{ij} &= \hat{\mu} + \hat{\alpha}_i + \hat{\beta}_j + \widehat{(\alpha\beta)}_{ij} \\
&= (y_{...}) + (y_{i..} - y_{...}) + (y_{.j.} - y_{...}) + (y_{ij.} - y_{i..} - y_{.j.} + y_{...})
\end{aligned} \tag{10.124}$$

(vgl. (6.12) – (6.16)) analysiert.
Die $\hat{m}_{ij}$ sind unabhängig verteilt gemäß

$$\hat{m}_{ij} \sim N(m_{ij}, \sigma^2/K) \quad . \tag{10.125}$$

σ^2 wird im Modell (10.122) durch $\hat{\sigma}^2_{\Omega}$ (6.38) geschätzt.
Falls man Restriktionen in das Modell einbezieht, verändern sich die Schätzungen $\hat{m}_{ij}$ und $\hat{\sigma}^2$. Die Restriktion „keine Wechselwirkung" bedeutet $(\alpha\beta)_{ij} = 0$ (alle i, j), so daß wir

$$m_{ij} = \mu + \alpha_i + \beta_j \tag{10.126}$$

und als ML–Schätzungen

$$\hat{m}_{ij} = y_{...} + (y_{i..} - y_{...}) + (y_{.j.} - y_{...}) \tag{10.127}$$

und $\hat{\sigma}^2_{\omega}$ aus (6.39) erhalten. $H_0 : (\alpha\beta)_{ij} = 0$ wird mit einem Likelihood–Quotienten–Test geprüft.

10.4 Zweifache kategoriale Klassifikation

Die Betrachtung von zwei kategorialen Variablen mit I bzw. J Kategorien in
einer Realisierung (Stichprobe) vom Umfang n liefert Beobachtungen n_{ij} in
$N = I \times J$ Zellen der Kontingenztafel.
Die Wahrscheinlichkeiten π_{ij} der zugehörigen Multinomialverteilung bilden den
Kern der gemeinsamen Verteilung, wobei Unabhängigkeit der Variablen äqui-
valent ist mit

$$\pi_{ij} = \pi_{i+}\pi_{+j} \qquad \text{(für alle } i,j\text{).} \tag{10.128}$$

Übertragen auf die zugehörigen erwarteten Zellhäufigkeiten $m_{ij} = n\pi_{ij}$ ist die
Bedingung der Unabhängigkeit zu schreiben als

$$m_{ij} = n\pi_{i+}\pi_{+j} \; . \tag{10.129}$$

Die Modellierung der $I \times J$-Tafel erfolgt auf der Basis dieser Relation als
Unabhängigkeitsmodell in der logarithmischen Skala:

$$\ln(m_{ij}) = \ln n + \ln \pi_{i+} + \ln \pi_{+j} \; , \tag{10.130}$$

so daß die Effekte der Zeilen und Spalten additiv auf $\ln(m_{ij})$ wirken.
Eine alternative Darstellung in Anlehnung an die Modelle der Varianzanalyse
der Gestalt

$$y_{ij} = \mu + \alpha_i + \beta_j + \varepsilon_{ij} \; , \quad \left(\sum \alpha_i = \sum \beta_j = 0 \right) \tag{10.131}$$

ist gegeben durch

$$\ln(m_{ij}) = \mu + \lambda_i^X + \lambda_j^Y \tag{10.132}$$

mit

$$\lambda_i^X = \ln(\pi_{i+}) - \frac{1}{I} \left(\sum_{k=1}^{I} \ln(\pi_{k+}) \right) \; , \tag{10.133}$$

$$\lambda_j^Y = \ln(\pi_{+j}) - \frac{1}{J} \left(\sum_{k=1}^{J} \ln(\pi_{+k}) \right) \; , \tag{10.134}$$

$$\mu = \ln n + \frac{1}{I} \left(\sum_{k=1}^{I} \ln(\pi_{k+}) \right) + \frac{1}{J} \left(\sum_{k=1}^{J} \ln(\pi_{+k}) \right) \; , \tag{10.135}$$

wobei die Reparametrisierungsbedingungen

$$\sum_{i=1}^{I} \lambda_i^X = \sum_{j=1}^{J} \lambda_j^Y = 0 \tag{10.136}$$

gelten, die erst die Schätzbarkeit der Parameter sichern.

Bemerkung: Die λ_i^X sind die Abweichungen der $\ln(\pi_{i+})$ von ihrem Mittelwert $\frac{1}{I}\sum\limits_{i=1}^{I}\pi_{i+}$, so daß $\sum\limits_{i=0}^{I}\lambda_i^X = 0$ folgt.

Das Modell (10.132) heißt *Loglineares Modell für die Unabhängigkeit* in einer zweidimensionalen Kontingenztafel.

Das zugehörige *saturierte Modell* enthält zusätzlich die Wechselwirkungen λ_{ij}^{XY}:

$$\ln(m_{ij}) = \mu + \lambda_i^X + \lambda_j^Y + \lambda_{ij}^{XY} \; . \tag{10.137}$$

Es beschreibt die perfekte Anpassung. Für die Wechselwirkungen gilt die Reparametrisierungsbedingung

$$\sum_{i=1}^{I}\lambda_{ij}^{XY} = \sum_{j=1}^{J}\lambda_{ij}^{XY} = 0 \; . \tag{10.138}$$

Hat man die λ_{ij} in den ersten $(I-1)(J-1)$ Zellen gegeben, so sind durch diese Bedingung die anderen λ_{ij} (in der letzten Zeile bzw. letzten Spalte) bestimmt. Damit hat das saturierte Modell insgesamt

$$\underset{(\mu)}{1} \; + \; \underset{(\lambda_i^X)}{(I-1)} \; + \; \underset{(\lambda_j^Y)}{(J-1)} \; + \; \underset{(\lambda_{ij}^{XY})}{(I-1)(J-1)} \; = I \cdot J \tag{10.139}$$

unabhängige Parameter (also 0 Freiheitsgrade).

Für das Unabhängigkeitsmodell haben wir entsprechend

$$1 + (I-1) + (J-1) = I + J - 1 \tag{10.140}$$

unabhängige Parameter (also $I \times J - I - J + 1 = (I-1)(J-1)$ Freiheitsgrade).

Interpretation der Parameter

Die loglinearen Modelle schätzen die Abhängigkeit von $\ln(m_{ij})$ von Zeilen- und Spalteneffekten. Dabei wird nicht zwischen Einfluß- und Responsevariable unterschieden; die Information aus Zeilen oder Spalten geht symmetrisch in m_{ij} ein.

Betrachten wir den einfachsten Fall — die $I \times 2$-Tafel (Unabhängigkeitsmodell). Der Logit der binären Variablen Y ist unter (10.132)

$$\begin{aligned}
\ln\left(\frac{\pi_{1/i}}{\pi_{2/i}}\right) &= \ln\left(\frac{m_{i1}}{m_{i2}}\right) \\
&= \ln(m_{i1}) - \ln(m_{i2}) \\
&= (\mu + \lambda_i^X + \lambda_1^Y) - (\mu + \lambda_i^X + \lambda_2^Y) \\
&= \lambda_1^Y - \lambda_2^Y
\end{aligned} \tag{10.141}$$

und damit für alle Zeilen gleich, also unabhängig von X bzw. den Kategorien $i = 1, \ldots, I$.

Die Reparametrisierungsbedingung

$$\lambda_1^Y + \lambda_2^Y = 0 \qquad \text{ergibt} \qquad \lambda_1^Y = -\lambda_2^Y \ ,$$

so daß

$$\ln\left(\frac{\pi_{1/i}}{\pi_{2/i}}\right) = 2\lambda_1^Y \qquad (i = 1,\ldots,I)$$

und damit

$$\frac{\pi_{1/i}}{\pi_{2/i}} = \exp(2\lambda_1^Y) \qquad (i = 1,\ldots,I) \tag{10.142}$$

gilt. D.h. in jeder X-Kategorie ist der Odds dafür, daß Y in Kategorie 1 statt in Kategorie 2 fällt, gleich $\exp(2\lambda_1^Y)$, sofern das Unabhängigkeitsmodell gilt. Der Odds–Ratio θ einer 2×2-Tafel und das saturierte loglineare Modell stehen in folgendem Zusammenhang:

$$
\begin{aligned}
\ln(\theta) &= \ln\left(\frac{m_{11}\,m_{22}}{m_{12}\,m_{21}}\right) \\
&= \ln(m_{11}) + \ln(m_{22}) - \ln(m_{12}) - \ln(m_{21}) \\
&= (\mu + \lambda_1^X + \lambda_1^Y + \lambda_{11}^{XY}) + (\mu + \lambda_2^X + \lambda_2^Y + \lambda_{22}^{XY}) \\
&\quad - (\mu + \lambda_1^X + \lambda_2^Y + \lambda_{12}^{XY}) - (\mu + \lambda_2^X + \lambda_1^Y + \lambda_{21}^{XY}) \\
&= \lambda_{11}^{XY} + \lambda_{22}^{XY} - \lambda_{12}^{XY} - \lambda_{21}^{XY} \ .
\end{aligned}
$$

Wegen $\sum\limits_{i=1}^{2} \lambda_{ij}^{XY} = \sum\limits_{j=1}^{2} \lambda_{ij}^{XY} = 0$ folgt $\lambda_{11}^{XY} = \lambda_{22}^{XY} = -\lambda_{12}^{XY} = -\lambda_{21}^{XY}$ und damit $\ln\theta = 4\lambda_{11}^{XY}$.

Der Odds–Ratio in einer 2×2-Tafel ist also

$$\theta = \exp(4\lambda_{11}^{XY}) \ , \tag{10.143}$$

d.h. er ist direkt abhängig vom Zusammenhangsmaß im saturierten loglinearen Modell.

Besteht kein Zusammenhang, ist also $\lambda_{ij} = 0$, so ergibt sich $\theta = 1$.

Beispiel 10.1: Wir demonstrieren die Analyse einer zweidimensionalen Kontingenztafel durch loglineare Modelle der verschiedenen Typen für den Zusammenhang Zahnsteinbildung/Tabakkonsum (vgl. Tabellen 1.6 und 1.7).

Wir geben die Kontingenztafel zur besseren Übersicht noch einmal als Tabelle 10.1 an.

Zur Analyse setzen wir das Programm LOGGY 1.0 (vgl. Heumann und Jacobsen, 1993) ein, das alle Modelle zunächst separat durch ihren G^2-Wert einschätzt (Tabelle 10.2). Die Modelle für jeweils einen isolierten Haupteffekt

$$\ln(m_{ij}) = \mu + \lambda_i^{\text{Zahnstein}}$$

und

$$\ln(m_{ij}) = \mu + \lambda_j^{\text{Rauchen}}$$

		kein Zahnstein	supragingivaler Zahnstein	subgingivaler Zahnstein	
	j	1	2	3	$n_i.$
i					
Nichtraucher	1	284	236	48	568
Raucher, weniger als 6.5g pro Tag	2	606	983	209	1798
Raucher, mehr als 6.5g pro Tag	3	1028	1871	425	3324
$n._j$		1918	3090	682	5690

Tabelle 10.1: Kontingenztafel Tabakkonsum / Zahnstein

werden abgelehnt. Das Unabhängigkeitsmodell (vgl. (10.132)) mit einem G^2–Wert von 76.23 wird ebenfalls abgelehnt, wobei alle Parameterschätzungen signifikant sind (Tabelle 10.3). Damit verbleibt als einziges Modell das saturierte Modell (10.137) mit $G^2 = 0$ (perfekte Anpassung), dessen standardisierte Parameterschätzungen in Tabelle 1.7 angegeben sind.
Bis auf den Effekt Rauchen (schwach)/Zahnstein (mittel) sind zwar alle Parameter signifikant, jedoch nicht separat zu interpretieren.

Modell	G^2	df	p–value
Rauchen	1740.29	6	0.00
Zahnstein	2444.40	6	0.00
Zahnstein+Rauchen	76.23	4	0.00
Zahnstein*Rauchen	0.00	0	1.00

Tabelle 10.2: Einschätzung der vier möglichen Modelle Zahnstein/Tabakkonsum

parameter	estimate	estimate/ste	sterror
const	6.0420	313.30429	0.01928
Zahnstein (kein)	0.1857	8.94933	0.02075
Zahnstein (mittel)	0.6626	34.69686	0.01910
Rauchen (nicht)	-0.9730	-32.84409	0.02963
Rauchen (schwach)	0.1793	8.21489	0.02182

Tabelle 10.3: Parameterschätzungen im Unabhängigkeitsmodell

10.5 Dreifache Klassifikation

In Tabelle 10.4 ist ein dreifach klassifizierter Datensatz für das Risiko einer endodontischen Behandlung in Abhängigkeit vom Alter der Patienten und der Konstruktionsform dargestellt.
Neben den bivariaten Zusammenhängen scheint auch ein übergreifender Zusammenhang zu existieren, den wir modellieren werden.

Alters- gruppe	Konstruk- tionsform	endodont. Behandlung	
		ja	nein
< 60	H	62	1041
	B	23	463
$\geq$ 60	H	70	755
	B	30	215
Σ		185	2474

Tabelle 10.4: $2 \times 2 \times 2$–Tafel: Endodontisches Risiko

Falls die drei Variablen insgesamt unabhängig sind, müßte für die erwarteten Besetzungen m_{ijk} in der logarithmischen Skala das folgende Unabhängigkeitsmodell gelten (gegenseitige Unabhängigkeit)

$$\ln(m_{ijk}) = \mu + \lambda_i^X + \lambda_j^Y + \lambda_k^Z \quad . \tag{10.144}$$

(Im Beispiel wäre X: Altersgruppe, Y: Konstruktionsform, Z: endodontische Behandlung).
Falls Z unabhängig von der gemeinsamen Verteilung von X und Y ist, gilt (gemeinsame Unabhängigkeit)

$$\ln(m_{ijk}) = \mu + \lambda_i^X + \lambda_j^Y + \lambda_k^Z + \lambda_{ij}^{XY} \quad . \tag{10.145}$$

Ein dritter Typ von Unabhängigkeit (bedingte Unabhängigkeit zweier Variablen für eine feste Kategorie der dritten Variablen) wird durch das folgende Modell ausgedrückt (j fest !):

$$\ln(m_{ijk}) = \mu + \lambda_i^X + \lambda_j^Y + \lambda_k^Z + \lambda_{ij}^{XY} + \lambda_{jk}^{YZ} \quad . \tag{10.146}$$

Das ist der Ansatz der bedingten Unabhängigkeit von X und Z für die Ausprägung j von Y. Gilt dies für alle $j = 1, \ldots, J$, so heißen X und Z bedingt unabhängig von Y. Analog würden bei bedingter Unabhängigkeit von X und Y für die Ausprägung k von Z die Terme λ_{ik}^{XZ} und λ_{jk}^{YZ} die beiden Terme λ_{ij}^{XY} und λ_{jk}^{YZ} in (10.146) ersetzen. Die Terme mit zwei Indizes sind die ZweifachWechselwirkungseffekte. Die entsprechenden Bedingungen für die Zellwahrscheinlichkeiten lauten:

a) gegenseitige Unabhängigkeit von X, Y, Z

$$\pi_{ijk} = \pi_{i++}\pi_{+j+}\pi_{++k} \quad \text{(alle } i, j, k) \tag{10.147}$$

b) gemeinsame Unabhängigkeit
   Y ist gemeinsam unabhängig von X und Z, wenn

$$\pi_{ijk} = \pi_{i+k}\pi_{+j+} \quad \text{(alle } i, j, k) \tag{10.148}$$

gilt.

c) bedingte Unabhängigkeit

X und Y sind bedingt von Z unabhängig, wenn

$$\pi_{ijk} = \frac{\pi_{i+k}\pi_{+jk}}{\pi_{++k}} \quad (\text{alle } i,j,k) \tag{10.149}$$

gilt.

Das allgemeinste loglineare Modell (saturiertes Modell) für die dreidimensionale Tafel hat die Gestalt

$$\ln(m_{ijk}) = \mu + \lambda_i^X + \lambda_j^Y + \lambda_k^Z + \lambda_{ij}^{XY} + \lambda_{ik}^{XZ} + \lambda_{jk}^{YZ} + \lambda_{ijk}^{XYZ} \,, \tag{10.150}$$

wobei der letzte Term die 3–Faktor–Wechselwirkung beschreibt.

Für alle Wechselwirkungseffekte, die die Abweichung vom Gesamtmittel μ beschreiben, gelten die Reparametrisierungsbedingungen

$$\sum_{i=1}^{I} \lambda_{ij}^{XY} = \sum_{j=1}^{J} \lambda_{ij}^{XY} = \ldots = \sum_{k=1}^{K} \lambda_{ijk}^{XYZ} = 0 \,. \tag{10.151}$$

Für die Haupteffekte gilt dies ebenso:

$$\sum_{i=1}^{I} \lambda_i^X = \sum_{j=1}^{J} \lambda_j^Y = \sum_{k=1}^{K} \lambda_k^Z = 0 \,. \tag{10.152}$$

Aus dem saturierten Modell (10.150) sind Submodelle zu konstruieren, wobei man das hierarchische Konstruktionsprinzip bevorzugt. Ein Modell heißt hierarchisch, wenn es mit einem höheren Effekt auch die Haupteffekte der beteiligten Variablen enthält, selbst wenn deren Parameterschätzungen nicht signifikant sind. Ist z.B. der Wechselwirkungseffekt λ_{ik}^{XZ} im Modell enthalten, so werden die Effekte λ_i^X und λ_k^Z mit einbezogen:

$$\ln(m_{ijk}) = \mu + \lambda_i^X + \lambda_k^Z + \lambda_{ik}^{XZ} \,. \tag{10.153}$$

Die verschiedenen Modelle der Hierarchie werden mit klaren Kurzbezeichnungen versehen (Tabelle 10.5). Alternativ zu diesen Kurzbezeichnungen hat sich auch folgende Schreibweise bewährt: ein Pluszeichen bedeutet Unabhängigkeit, ein * bedeutet Wechselwirkung. So sind z.B. folgende Darstellungen äquivalent:

(X,Y) $X + Y$
(XY,Z) $X * Y + Z$
(XY,XZ,YZ) $X * Y + X * Z + Y * Z$
(XYZ) $X * Y * Z \,$.

Analog zur 2×2-Tafel besteht zwischen den Modellparametern und Odds–Ratios ein enger Zusammenhang. Liegt eine $2 \times 2 \times 2$-Tafel vor, so gilt unter den Reparametrisierungsbedingungen (10.151) und (10.152) z.B.

$$\frac{\theta_{11(1)}}{\theta_{11(2)}} = \frac{\frac{\pi_{111}\pi_{221}}{\pi_{211}\pi_{121}}}{\frac{\pi_{112}\pi_{222}}{\pi_{212}\pi_{122}}} = \exp(8\lambda_{111}^{XYZ}) \,. \tag{10.154}$$

loglineares Modell	Bezeichnung
$\ln(m_{ij+}) = \mu + \lambda_i^X + \lambda_j^Y$	(X,Y)
$\ln(m_{i+k}) = \mu + \lambda_i^X + \lambda_k^Z$	(X,Z)
$\ln(m_{+jk}) = \mu + \lambda_j^Y + \lambda_k^Z$	(Y,Z)
$\ln(m_{ijk}) = \mu + \lambda_i^X + \lambda_j^Y + \lambda_k^Z$	(X,Y,Z)
$\ln(m_{ijk}) = \mu + \lambda_i^X + \lambda_j^Y + \lambda_k^Z + \lambda_{ij}^{XY}$	(XY,Z)
$\vdots$	$\vdots$
$\ln(m_{ijk}) = \mu + \lambda_i^X + \lambda_j^Y + \lambda_{ij}^{XY}$	(XY)
$\vdots$	$\vdots$
$\ln(m_{ijk}) = \mu + \lambda_i^X + \lambda_j^Y + \lambda_k^Z + \lambda_{ij}^{XY} + \lambda_{ik}^{XZ}$	(XY,XZ)
$\vdots$	$\vdots$
$\ln(m_{ijk}) = \mu + \lambda_i^X + \lambda_j^Y + \lambda_k^Z + \lambda_{ij}^{XY} + \lambda_{ik}^{XZ} + \lambda_{jk}^{YZ}$	(XY,XZ,YZ)
$\vdots$	$\vdots$
$\ln(m_{ijk}) = \mu + \lambda_i^X + \lambda_j^Y + \lambda_k^Z + \lambda_{ij}^{XY} + \lambda_{ik}^{XZ} + \lambda_{jk}^{YZ} + \lambda_{ijk}^{XYZ}$	(XYZ)

Tabelle 10.5: Symbolik der hierarchischen Modelle für dreidimensionale Kontingenztafeln

Dies ist der bedingte Odds–Ratio von X und Y unter der Ausprägung $k = 1$ (Zähler) und $k = 2$ (Nenner) von Z. Analoges gilt für X und Z unter Y bzw. für Y und Z unter X. D.h. es gilt in der Population für die dreifache Wechselwirkung λ_{111}^{XYZ}

$$\frac{\theta_{11(1)}}{\theta_{11(2)}} = \frac{\theta_{1(1)1}}{\theta_{1(2)1}} = \frac{\theta_{(1)11}}{\theta_{(2)11}} = \exp(8\lambda_{111}^{XYZ}) \, . \tag{10.155}$$

Bei Unabhängigkeit innerhalb der damit äquivalenten Subtafeln sind die (Populations–) Odds–Ratios gleich 1. Die Stichproben–Odds–Ratios liefern erste Hinweise auf Abweichungen von der Unabhängigkeit.

Betrachten wir den bedingten Odds–Ratio (10.154) für Tabelle 10.4, so ergibt sich ein Wert von 1.80, also eine positive Tendenz für ein erhöhtes Risiko der endodontischen Behandlung beim Vergleich der Subtafeln

	H	B
< 60	62	23
≥ 60	70	30

und

	H	B
< 60	1041	463
≥ 60	755	215

(endodontische Behandlung)   (keine endodontische Behandlung)

Die Beziehung (10.155) gilt auch in der Stichprobenversion, so daß der Vergleich der Subtafeln

	Behandlung	
	ja	nein
H	62	1041
B	23	463

(< 60)

und

	Behandlung	
	ja	nein
H	70	755
B	30	215

(≥ 60)

bzw.

	Behandlung	
	ja	nein
< 60	62	1041
≥ 60	70	755

(H)

und

	Behandlung	
	ja	nein
< 60	23	463
≥ 60	30	215

(B)

denselben Stichprobenwert 1.80 und damit $\hat{\lambda}_{111}^{XYZ} = 0.073$ ergibt. Berechnungen zu Tabelle 10.4:

$$\frac{\hat{\theta}_{11(1)}}{\hat{\theta}_{11(2)}} = \frac{\frac{n_{111}n_{221}}{n_{211}n_{121}}}{\frac{n_{112}n_{222}}{n_{212}n_{122}}} = \frac{\frac{62 \cdot 30}{70 \cdot 23}}{\frac{1041 \cdot 215}{755 \cdot 463}} = \frac{1.1553}{0.6403} = 1.80 \ ,$$

$$\frac{\hat{\theta}_{(1)11}}{\hat{\theta}_{(2)11}} = \frac{\frac{n_{111}n_{122}}{n_{121}n_{112}}}{\frac{n_{211}n_{222}}{n_{221}n_{212}}} = \frac{\frac{62 \cdot 463}{23 \cdot 1041}}{\frac{70 \cdot 215}{30 \cdot 755}} = \frac{1.1989}{0.6645} = 1.80 \ ,$$

$$\frac{\hat{\theta}_{1(1)1}}{\hat{\theta}_{1(2)1}} = \frac{\frac{n_{111}n_{212}}{n_{211}n_{112}}}{\frac{n_{121}n_{222}}{n_{221}n_{122}}} = \frac{\frac{62 \cdot 755}{70 \cdot 1041}}{\frac{23 \cdot 215}{30 \cdot 463}} = \frac{0.6424}{0.3560} = 1.80 \ .$$

10.6 Parameterschätzung in loglinearen Modellen für Kontingenztafeln

Für ein gewähltes loglineares Modell und ein angenommenes Wahrscheinlichkeitsmodell der Population (Poisson– oder Multinomialverteilung) sind aus den Stichprobenbesetzungen n_{ijk} die erwarteten Besetzungen m_{ijk} durch $\hat{m}_{ijk}$ zu schätzen. Die ML–Schätzungen hängen nur über die erschöpfenden Statistiken (Randsummen) von den Daten n_{ijk} ab (vgl. auch Fahrmeir und Hamerle, 1984, Kapitel 10).

Das einfachste Modell (X, Y, Z) ohne Wechselwirkungen benötigt zur Parameterschätzung von λ_i^X, λ_j^Y, und λ_k^Z nur die zweifachen Randsummen n_{i++}, n_{+j+} und n_{++k}. Modelle mit Wechselwirkungen benötigen dann die entsprechenden einfachen Randsummen (z.B. n_{i+k} bei XZ–Wechselwirkung). Die ML–Schätzungen der Randerwartungen sind gleich den Randsummen, z.B.

$$\begin{aligned} \hat{m}_{ij+} &= n_{ij+} \\ \hat{m}_{i++} &= n_{i++} \qquad \text{usw.} \end{aligned}$$

Die geschätzten Einzelwerte $\hat{m}_{ijk}$ müssen diese ML–Gleichungen erfüllen, wobei die Randbedingungen der jeweiligen Modelle zu beachten sind. In zahlreichen Submodellen des hierarchischen Modells sind die ML–Gleichungen explizit lösbar, in anderen nicht. Dafür existieren iterative Algorithmen.

Beim Modell der dreifachen Klassifikation existieren mit einer Ausnahme für alle Submodelle exakte Lösungen der Schätzgleichungen für die $\hat{m}_{ijk}$ (Tabelle 10.6).

Modell	$\hat{m}_{ijk}$	Wahrscheinlichkeit
(X,Y,Z)	$\dfrac{n_{i++}n_{+j+}n_{++k}}{n^2}$	$\pi_{ijk} = \pi_{i++}\pi_{+j+}\pi_{++k}$
		(Unabhängigkeitsmodell)
(XY,Z)	$\dfrac{n_{ij+}n_{++k}}{n}$	$\pi_{ijk} = \pi_{ij+}\pi_{++k}$
(XZ,Y)	$\dfrac{n_{i+k}n_{+j+}}{n}$	$\pi_{ijk} = \pi_{i+k}\pi_{+j+}$
(YZ,X)	$\dfrac{n_{+jk}n_{i++}}{n}$	$\pi_{ijk} = \pi_{+jk}\pi_{i++}$
(XY,XZ)	$\dfrac{n_{ij+}n_{i+k}}{n_{i++}}$	$\pi_{ijk} = \dfrac{\pi_{ij+}\pi_{i+k}}{\pi_{i++}}$
(XY,YZ)	$\dfrac{n_{ij+}n_{+jk}}{n_{+j+}}$	$\pi_{ijk} = \dfrac{\pi_{ij+}\pi_{+jk}}{\pi_{+j+}}$
(XZ,YZ)	$\dfrac{n_{i+k}n_{+jk}}{n_{++k}}$	$\pi_{ijk} = \dfrac{\pi_{i+k}\pi_{+jk}}{\pi_{++k}}$
(XYZ)	n_{ijk}	kein Ansatz (saturiertes Modell)

Tabelle 10.6: ML–Schätzungen $\hat{m}_{ijk}$ (Agresti, 1990, p .170)

Die Berechnung der $\hat{m}_{ijk}$ erfolgt dabei nach der üblichen Regel

$$\text{ML–Schätzung von } f(\alpha,\beta,\gamma) = f(\hat{\alpha},\hat{\beta},\hat{\gamma})$$

mit $\hat{\alpha},\hat{\beta},\hat{\gamma}$ den ML–Schätzungen der Parameter und mit $\hat{m}_{ijk} = \hat{\pi}_{ijk} \cdot n$.
Für das Modell (XY,XZ,YZ) existiert keine explizite Lösung.
Die Güte der Anpassung der Modelle wird (vgl. (10.95)) mit der Statistik

$$G^2 = 2\sum_{i,j,k} n_{ijk} \ln\left(\frac{n_{ijk}}{\hat{m}_{ijk}}\right) \tag{10.156}$$

gemessen, die asymptotisch χ^2–verteilt ist mit den Freiheitsgraden

df = Gesamtzahl der Zellen – Anzahl linear unabhängiger Parameter im Modell.

371

Tabelle 10.7 enthält eine Aufstellung der Freiheitsgrade für die dreifache Klassifikation und die Submodelle der Hierarchie.

Modell	df
(X, Y, Z)	$IJK - (I + J + K) + 2$
(XY, Z)	$(K - 1)(IJ - 1)$
(XZ, Y)	$(J - 1)(IK - 1)$
(YZ, X)	$(I - 1)(JK - 1)$
(XY, YZ)	$J(I - 1)(K - 1)$
(XZ, YZ)	$K(I - 1)(J - 1)$
(XY, XZ)	$I(J - 1)(K - 1)$
(XY, XZ, YZ)	$(I - 1)(J - 1)(K - 1)$
(XYZ)	0

Tabelle 10.7: Freiheitsgrade der Submodelle der dreifachen Klassifikation

Im saturierten Modell (XYZ) beträgt die Freiheitsgradzahl df $= 0$. Im Unabhängigkeitmodell (X, Y, Z) haben wir

$$\begin{array}{cccc} 1 & + (I - 1) & + (J - 1) & + (K - 1) \\ (\mu) & (\lambda_i^X) & (\lambda_j^Y) & (\lambda_k^Z) \end{array}$$

unabhängige Parameter (es gilt jeweils $\sum_{i=1}^{I} \lambda_i^X = \sum_{j=1}^{J} \lambda_j^Y = \sum_{k=1}^{K} \lambda_k^Z = 0$) und IJK Zellen, also

$$\text{df} = IJK - (1 + (I - 1) + (J - 1) + (K - 1)) = IJK - I - J - K + 2 \ .$$

Dies ist gleich der Anzahl der Parameter, die im saturierten Modell gleich Null gesetzt werden müssen, um das Modell (X, Y, Z) zu erhalten:

$$\begin{array}{ccc} (I - 1)(J - 1) \ + & (I - 1)(K - 1) \ + & (J - 1)(K - 1) \ + \\ (\lambda_{ij}^{XY}) & (\lambda_{ik}^{XZ}) & (\lambda_{jk}^{YZ}) \\ & (I - 1)(J - 1)(K - 1) \quad , & \\ & (\lambda_{ijk}^{XYZ}) & \end{array}$$

also

$$\begin{aligned} \text{df} \ = \ & IJ - I - J + 1 + IK - I - K + 1 + JK - J - K + 1 \\ & + IJK - IK - JK - IJ + K + I + J - 1 \\ = \ & IJK - (I + J + K) + 2 \ . \end{aligned}$$

Modellwahl

Zur Prüfung von H_0: *Submodell gültig* wird die Teststatistik

$$G^2(\text{Submodell} \mid \text{großes Modell})$$
$$= G^2(\text{Submodell}) - G^2(\text{großes Modell}) \quad (10.157)$$

verwendet, die asymptotisch

$$\chi^2_{df} \quad \text{mit } df = df(\text{Submodell}) - df(\text{großes Modell}) \quad (10.158)$$

verteilt ist (vgl. (10.60) und (10.98)).

10.6.1 Der Spezialfall des binären Response

Die Modelle gestatten den Zugang zum Logitmodell für den Fall, daß eine
Variable (in unserem Beispiel Z: Endodontische Behandlung) eine binäre Re-
sponsevariable ist.
Sei das Unabhängigkeitsmodell

$$\ln(m_{ijk}) = \mu + \lambda_i^X + \lambda_j^Y + \lambda_k^Z \quad (10.159)$$

gegeben, so folgt für den Logit der Responsevariablen Z

$$\ln\left(\frac{m_{ij1}}{m_{ij2}}\right) = \lambda_1^Z - \lambda_2^Z \quad (10.160)$$

und mit der Restriktion $\sum_{k=1}^{2} \lambda_k^Z = 0$ folgt

$$\ln\left(\frac{m_{ij1}}{m_{ij2}}\right) = 2\lambda_1^Z \quad (\text{alle } i,j) . \quad (10.161)$$

Je größer der Wert von λ_1^Z, desto größer ist das Risiko für die Ausprägung
$Z = 1$ (endodontische Behandlung).
Sind die beiden anderen Variablen auch binär, liegt also eine $2 \times 2 \times 2$–Tafel
vor, so läßt sich das Modell (10.159) unter Berücksichtigung der Restriktionen

$$\lambda_2^X = -\lambda_1^X \quad , \quad \lambda_2^Y = -\lambda_1^Y \quad , \quad \lambda_2^Z = -\lambda_1^Z$$

zusammengefaßt wie folgt darstellen:

$$\begin{pmatrix} \ln(m_{111}) \\ \ln(m_{112}) \\ \ln(m_{121}) \\ \ln(m_{122}) \\ \ln(m_{211}) \\ \ln(m_{212}) \\ \ln(m_{221}) \\ \ln(m_{222}) \end{pmatrix} = \begin{pmatrix} 1 & 1 & 1 & 1 \\ 1 & 1 & 1 & -1 \\ 1 & 1 & -1 & 1 \\ 1 & 1 & -1 & -1 \\ 1 & -1 & 1 & 1 \\ 1 & -1 & 1 & -1 \\ 1 & -1 & -1 & 1 \\ 1 & -1 & -1 & -1 \end{pmatrix} \begin{pmatrix} \mu \\ \lambda_1^X \\ \lambda_1^Y \\ \lambda_1^Z \end{pmatrix} , \quad (10.162)$$

d.h. als

$$\ln(\mathbf{m}) = \mathbf{X}\boldsymbol{\beta} \ . \tag{10.163}$$

Dies entspricht der Effektkodierung kategorialer Variablen. Diese Darstellung ist in den üblichen Regressionsansätzen äquivalent zum Modell

$$\mathbf{y} = \mathbf{X}\boldsymbol{\beta} + \boldsymbol{\epsilon} \quad | \quad \mathbf{r} = \mathbf{R}\boldsymbol{\beta}$$

wobei $\mathbf{r} = \mathbf{R}\boldsymbol{\beta}$ die exakten Restriktionen an die Parameter kodiert (vgl. Kapitel 3).

Sei $\mathbf{n}$ der Vektor der beobachteten Zellbesetzungen n_{ijk}, so lautet die ML–Gleichung (vgl. (10.92))

$$\mathbf{X}'\mathbf{n} = \mathbf{X}'\hat{\mathbf{m}} \ . \tag{10.164}$$

Die geschätzte asymptotische Kovarianzmatrix für das Poissonschema ist (vgl. (10.93))

$$\hat{\mathrm{V}}(\hat{\boldsymbol{\beta}}) = [\mathbf{X}'(\mathrm{diag}(\hat{\mathbf{m}}))\mathbf{X}]^{-1} \ , \tag{10.165}$$

wobei $\mathrm{diag}(\hat{\mathbf{m}})$ die Komponenten von $\hat{\mathbf{m}}$ auf der Hauptdiagonalen hat. Die Lösung der Normalgleichung (10.164) erfolgt z.B. mit Fisher Scoring oder nach einem anderen iterativen Algorithmus, z.B. dem IPA.

Beispiel 10.2: Wir demonstrieren die Modellwahl und die Parameterschätzung für die dreifache Klassifikation Endodontische Behandlung, Altersgruppe und Konstruktionsform aus Tabelle 10.4. Zunächst betrachten wir den Ausdruck von LOG-GY 1.0 für alle möglichen Modelle (Tabelle 10.8). Die Bezeichnungsweise bedeutet z.B. bei drei Variablen X, Y, Z:

$X + Y + Z$	:	Unabhängigkeitsmodell (gegenseitige Unabhängigkeit)
$X + Y * Z$	:	X gemeinsam unabhängig von Y und Z
$X * Y + X * Z$	:	für gegebenes X sind Y und Z unabhängig
$X * Y * Z$	:	saturiertes Modell.

Aus Tabelle 10.8 ersehen wir (mit den Abkürzungen A: Alter, K: Konstruktionsform, E: endodontische Behandlung), daß alle Modelle bis auf die folgenden abgelehnt werden (H_0: *Modell gültig* wird mit dem zugehörigen G^2–Wert überprüft):

$$A * K + A * E \ , \tag{10.166}$$
$$A * K + A * E + K * E \ , \tag{10.167}$$
$$A * K * E \ . \tag{10.168}$$

Betrachten wir zunächst das Modell (10.167) im Vergleich zum saturierten Modell. Die Dreifach-Wechselwirkung im saturierten Modell wird (standardisiert) durch $\hat{\lambda}_1^{AKE} = 1.73$ geschätzt, sie ist also (im Vergleich zum Quantil 1.96 bzw. gerundet

2.00) nicht signifikant. Dies ist ein Argument, um zu dem nächstkleineren Modell
(10.167) überzugehen.

Eine alternative Argumentation ist mit der Modellwahlstatistik $G^2(A*K+A*E+K*E|A*K*E)$ gegeben (vgl. (10.157)).

Wir erhalten (vgl. Tabelle 10.9)

$$G^2(A*K+A*E+K*E) - G^2(A*K*E) = 3.01 - 0 = \chi_1^2 \quad \text{(p--value 0.08)},$$

so daß H_0: *Submodell gültig*, d.h. H_0: $\lambda_1^{A*K*E} = 0$, nicht abgelehnt wird.

Im Modell $A*K+A*E+K*E$ sind λ_1^{A*K} und λ_1^{A*E} signifikant (vgl. Tabelle 10.9, standardisierte Parameterschätzungen), λ_1^{K*E} ist dagegen nicht signifikant.

Die negativen Vorzeichen von $\hat{\lambda}_1^{A*K} = -0.0999$ und $\hat{\lambda}_1^{A*E} = -0.1527$ deuten darauf hin, daß die Konstruktionsform Bügel und die endodontische Behandlung in der jungen Altersgruppe weniger häufig auftreten.

Die Modellwahl kann nun fortgesetzt werden durch Vergleich von (10.166) und (10.167):

$$\begin{aligned}
G^2(A*K+A*E) - G^2(A*K+A*E+K*E) &= 3.52 - 3.01 = 0.51 \quad, \\
df &= 2 - 1 = 1 \quad.
\end{aligned}$$

Mit $\chi_1^2 = 0.51$ wird H_0: $\hat{\lambda}_1^{K*E} = 0$ nicht abgelehnt, so daß das Submodell $A*K+A*E$ plausibel ist. In diesem Modell sind alle Parameterschätzungen signifikant (vgl. Tabelle 10.10). Für gegebenes Alter sind Konstruktionsform und endodontische Behandlung unabhängig. Eine weitere Zusammenfassung (durch sog. Kollabieren über die Variable Alter) zum Modell $E+K$ ist nicht erlaubt.

10.6.2 Logistische Regression

Wir setzen voraus, daß es sich bei der betrachteten Variablen y um eine binäre Responsevariable handelt, für die wir die Wahrscheinlichkeit für Response 1 in Abhängigkeit von Einflußgrößen modellieren wollen.

Mit $P(y{=}1) = \pi(\mathbf{x})$, wobei $\mathbf{x}' = (x_1, x_2, \ldots, x_p)$ der Vektor der erklärenden Variablen ist, erhalten wir mit diesem Ansatz

$$\begin{aligned}
E(y) &= 1 \cdot \pi(\mathbf{x}) + 0 \cdot (1 - \pi(\mathbf{x})) = \pi(\mathbf{x}) \;, \\
E(y^2) &= 1^2 \cdot \pi(\mathbf{x}) + 0^2 \cdot (1 - \pi(\mathbf{x})) = \pi(\mathbf{x}) \;, \\
\Longrightarrow \text{Var}(y) &= E(y^2) - (E(y))^2 = \pi(\mathbf{x}) - \pi^2(\mathbf{x}) = \pi(\mathbf{x})(1 - \pi(\mathbf{x})) \;.
\end{aligned}$$

Zunächst wollen wir zur Vereinfachung voraussetzen, daß $p = 1$ ist, also nur eine erklärende Variable betrachtet wird. Das Modell wird im einfachsten Fall als univariate Regression gewählt:

$$E(y_i) = \pi(x) = \alpha + \beta x. \tag{10.169}$$

Wenn die y_i unabhängig sind, ist dies ein GLM mit identischer Linkfunktion. Das Modell hat aber einen wesentlichen strukturellen Defekt: Die Wahrscheinlichkeit $\pi(x)$ liegt zwischen 0 und 1, $\alpha + \beta x$ kann aber Werte zwischen $-\infty$

Modell	G^2	df	p-value
Alter	2940.050955	6	0.00000000
Konstrukt	2483.294331	6	0.00000000
endo. Beh.	698.847710	6	0.00000000
Alter + Konstrukt	2381.339481	5	0.00000000
Alter + endo. Beh.	596.892860	5	0.00000000
Konstrukt + endo. Beh.	140.136236	5	0.00000000
Alter*Konstrukt	2362.109194	4	0.00000000
Alter*endo. Beh.	581.456952	4	0.00000000
Konstrukt*endo. Beh.	140.003732	4	0.00000000
Alter + Konstrukt + endo. Beh.	38.181386	4	0.00000010
endo. Beh. + Alter*Konstrukt	18.951099	3	0.00027984
Konstrukt + Alter*endo. Beh.	22.745478	3	0.00004563
Alter + Konstrukt*endo. Beh.	38.048883	3	0.00000003
Alter*Konstrukt + Alter*endo. Beh.	3.515190	2	0.17246353
Alter*Konstrukt + Konstrukt*endo. Beh.	18.818595	2	0.00008196
Alter*endo. Beh. + Konstrukt*endo. Beh.	22.612974	2	0.00001229
Alter*Konstrukt + Alter*endo. Beh. + Konstrukt*endo. Beh.	3.013646	1	0.08251487
Alter*Konstrukt*endo. Beh.	0.000000	0	1.00000000

Tabelle 10.8: Modellübersicht

und ∞ annehmen, so daß sich hier ein möglicher Widerspruch ergeben kann. Weiterhin werden die x–Werte nicht gleichgewichtet auf $\pi(x)$ wirken, sondern eher nichtlinear.

Das Modell $\pi(x) = \alpha + \beta \cdot x$ wird also nur in einem bestimmten Bereich von x gültig sein. Ein weiteres Problem ergibt sich mit der Varianz $V(y) = \pi(x)(1 - \pi(x))$, die ebenfalls eine Funktion von x und somit nicht konstant ist. Dies bedeutet, daß die KQS nicht optimal ist. Da die y_i auch nicht normalverteilt sind, existieren bessere Schätzer.

Um diese Schwierigkeiten zu vermeiden, wählt man einen Ansatz, der einen monotonen Verlauf (S-Kurve) unter Einschluß des linearen Ansatzes $\alpha + \beta x$ über dem Definitionsbereich [0,1] der Wahrscheinlichkeit $\pi(x)$ garantiert:

$$\pi(x) = \frac{\exp(\alpha + \beta x)}{1 + \exp(\alpha + \beta x)} \ . \tag{10.170}$$

Wir fragen nun nach der Linkfunktion, für die das logistische Regressionsmodell ein GLM ist. Bei dichotomen Variablen ist der natürliche Parameter

$$Q(\pi) = \ln\left(\frac{\pi}{1 - \pi}\right) = \log \text{Odds} \ . \tag{10.171}$$

Nun gilt hier speziell

$$\frac{\pi(x)}{1 - \pi(x)} = \exp(\alpha + \beta x) = e^{\alpha}\left(e^{\beta}\right)^x \ , \tag{10.172}$$

376

```
--------- New Model --------------------------------------------------
Alter*Konstrukt  + Alter*endo. Beh.  + Konstrukt*endo. Beh.
G^2  :  3.0136    Degrees of freedom:    1    p-Value: 0.08251487
Chi^2 :  3.0212   Degrees of freedom:    1    p-Value: 0.08213372
Algorithm: IPF
Max. Number of Iterations:    20
Criteria Eps: 0.0000010000
No. of IPF-Steps:    6
   i     estimate     est/ste     sterror     parameter
   1      5.0005    117.83801     0.04244     const
   2      0.1137      2.85358     0.03983     Alter(<60)
   3      0.4827     11.35680     0.04250     Konstrukt(H)
   4     -1.2729    -30.07448     0.04232     endo. Beh.(ja)
   5     -0.0999     -4.38243     0.02279     Alter(<60).Konstrukt(H)
   6     -0.1527     -3.97057     0.03846     Alter(<60).endo. Beh.(ja)
   7     -0.0303     -0.71336     0.04250     Konstrukt(H).endo. Beh.(ja)


--- ML-Estimates -----------------------------
   Alter    Konstrukt   endo. Beh.  Orig.values    Expected  stand. Res.
    <60         H           ja           62         56.889     0.67761
    <60         H          nein        1041       1046.111    -0.15802
    <60         B           ja           23         28.111    -0.96396
    <60         B          nein         463        457.889     0.23884
   >=60         H           ja           70         75.111    -0.58972
   >=60         H          nein         755        749.889     0.18664
   >=60         B           ja           30         24.889     1.02445
   >=60         B          nein         215        220.111    -0.34449
```

Tabelle 10.9: Modell $A * K + A * E + K * E$

d.h. wenn x um eine Einheit wächst, wächst der Odds um e^β. Damit liefert die Verwendung des Logit–Links: $\ln\left(\frac{\pi(x)}{1-\pi(x)}\right) = \alpha + \beta x$ eine nachträgliche Rechtfertigung des logistischen Regressionsmodells.

Der Vorteil dieses Links besteht darin, daß die Effekte von Kovariablen geschätzt werden können, egal ob eine retrospektive oder prospektive Studie betrachtet wird. Die Effekte im logistischen Modell beziehen sich auf den Odds. Für zwei verschiedene x–Werte ist $\frac{\alpha+\beta x_1}{\alpha+\beta x_2}$ ein Odds-Ratio.

Um die geeignete Form der systematischen Komponente der logistischen Regression zu finden, plottet man die Stichprobenlogits gegen x (vgl. Abbildung 10.1).

Bemerkung: Es sei x_i gewählt. Bei n_i Beobachtungen der Responsevariablen Y an dieser Stelle sei y_i-mal 1 beobachtet. Somit ist $\hat\pi(x_i) = \frac{y_i}{n_i}$ und $\ln\left(\frac{\hat\pi_i}{1-\hat\pi_i}\right) = \ln\left(\frac{y_i}{n_i-y_i}\right)$ der Stichprobenlogit.

Damit dieser Ausdruck auch für $y_i = 0$ bzw. $n_i = 0$ definiert ist, führt man eine Korrektur ein und gelangt so zum korrigierten Logit: $\ln\left(\frac{y_i+\frac{1}{2}}{n_i-y_i+\frac{1}{2}}\right)$.

Beispiel 10.3: Krebstherapie (aus Agresti, 1990, p. 88).

```
-------- New Model -------------------------------------------------
Alter*Konstrukt + Alter*endo. Beh.
G^2   :  3.5152    Degrees of freedom:     2    p-Value: 0.17246353
Chi^2 :  3.6783    Degrees of freedom:     2    p-Value: 0.15895980
Algorithm: IPF
Max. Number of Iterations:     20
Criteria Eps: 0.0000010000
No. of IPF-Steps:     2
    i    estimate     est/ste      sterror      parameter
    1     4.9893    125.06720     0.03989      const
    2     0.1151      2.88606     0.03989      Alter(<60)
    3     0.5084     22.37953     0.02272      Konstrukt(H)
    4    -1.2863    -33.59284     0.03829      endo. Beh.(ja)
    5    -0.0986     -4.34169     0.02272      Alter(<60).Konstrukt(H)
    6    -0.1503     -3.92448     0.03829      Alter(<60).endo. Beh.(ja)

--- ML-Estimates ----------------------------
    Alter    Konstrukt   endo. Beh.  Orig.values    Expected  stand. Res.
     <60         H          ja           62          59.003     0.39023
     <60         H         nein         1041        1043.997    -0.09277
     <60         B          ja           23          25.997    -0.58788
     <60         B         nein          463         460.003     0.13976
    >=60         H          ja           70          77.103    -0.80890
    >=60         H         nein          755         747.897     0.25972
    >=60         B          ja           30          22.897     1.48436
    >=60         B         nein          215         222.103    -0.47660
```

Tabelle 10.10: Modell $A * K + A * E$

Krebspatienten werden mit einem bestimmten Medikament behandelt. Die erklärende Variable X ist ein Labelindex (LI), der angibt, zu welchem prozentualen Anteil sich die gesunden Zellen nach Medikamentengabe vermehrt haben.

Die LI-Werte entsprechen den x_i-Werten, und y_i gibt an, bei wievielen Patienten der einzelnen Gruppen sich Krebs zurückgebildet hat.

Die Originaltafel zeigt einerseits einen geringen Stichprobenumfang und zum anderen wenige Beobachtungen zu jedem x_i. Deshalb wird eine gruppierte Tafel betrachtet (vgl. Agresti, 1990, p. 88), wobei die empirischen Logits nach der korrigierten Form berechnet werden (Tabelle 10.11).

Da sich ein linearer Trend der empirischen Logits zeigt (Abbildung 10.2), handelt es sich um ein adäquates Modell. Ein weiterer Hinweis für die mögliche Adäquatheit des Modells ist die gute Übereinstimmung zwischen y_i und $\hat{y}_i$.

Aus den gruppierten Werten erhalten wir die ML–Schätzungen gemäß folgender Tabelle:

Variable	estimate	S.E.	Wald	df	p–value
X	0.1751	0.0676	6.6999	1	0.0096
Constant	−4.4783	1.5908	7.9252	1	0.0049

Der vorhergesagte Logit ist dann $\hat{L}(x) = \ln\left(\frac{\hat{\pi}(x)}{1-\hat{\pi}(x)}\right) = \hat{\alpha} + \hat{\beta}x$.

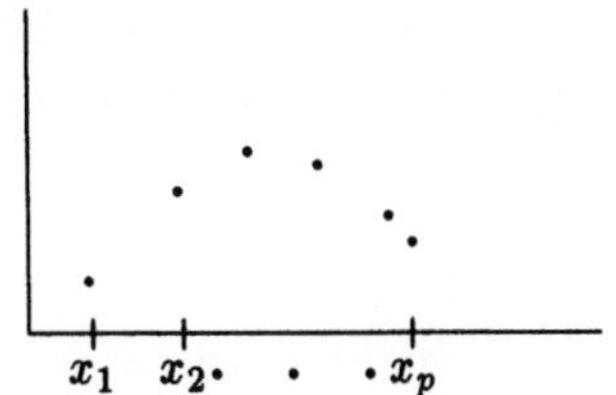

Abbildung 10.1: Stichprobenlogits

i	LI	x_i	n_i	y_i	$\hat{y}_i$	empirische Logits	vorhergesagte Logits	$\hat{\pi}(x_2)$
1	8-12	10	7	0	0.43	-2.71	-2.73	0.061
2	14-18	16	7	1	1.10	-1.47	-1.68	0.157
3	20-24	22	6	3	2.09	0	-0.63	0.348
4	26-32	29	3	2	1.94	0.51	0.60	0.645
5	34-38	36	4	3	3.44	0.85	1.82	0.861

Tabelle 10.11: Gruppierte Effekte

Daraus berechnen wir für die x_i–Werte ($i = 1,\ldots,5$) die geschätzten Response-wahrscheinlichkeiten $\hat{\pi}(x_i) = \frac{\exp(\hat{\alpha}+\hat{\beta}x_i)}{1+\exp(\hat{\alpha}+\hat{\beta}x_i)}$ und damit $\hat{y}_i = n_i\hat{\pi}(x_i)$, die nach dem Logitmodell geschätzten Responsewerte bei n_i Patienten. Wir erhalten z.B. für $i = 2$

$$
\begin{aligned}
\hat{\alpha} + \hat{\beta}x_2 &= -1.68 \;, \\
\hat{\pi}(x_2) &= 0.1571 \;, \\
\hat{y}_2 &= 7\cdot\hat{\pi}(x_2) = 1.10 \;.
\end{aligned}
$$

Prüfen des Trends

Die beiden Hinweise im Beispiel 10.3 auf die mögliche Adäquatheit des Modells müssen nun schärfer gefaßt und getestet werden.

Generell gilt, daß Maximum–Likelihood–Schätzungen unter gewissen Voraussetzungen asymptotisch normalverteilt sind: $\hat{\beta} \underset{\text{as.}}{\sim} N(\beta,\sigma_{\hat{\beta}}^2)$, wobei $\sigma_{\hat{\beta}}^2$

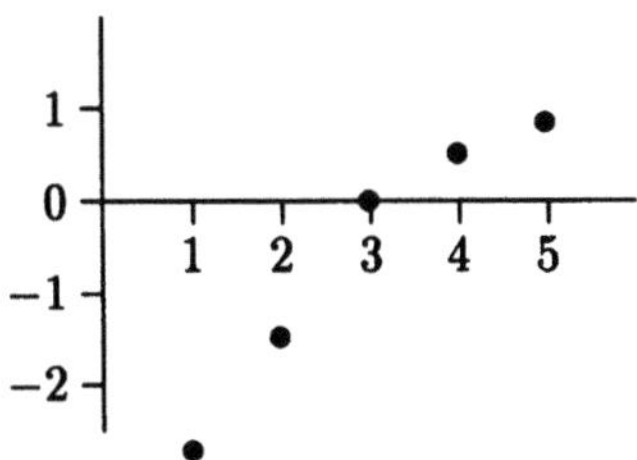

Abbildung 10.2: Linearer Trend der Stichprobenlogits (Beispiel 10.3)

die asymptotische Varianz bezeichnet. Für große Stichprobenumfänge haben Konfidenzintervalle für den Parameter β also die Gestalt: $\hat{\beta} \pm u_{1-\frac{\alpha}{2}} \cdot \hat{\sigma}_\beta$.

Die Signifikanz des Einflusses der X-Variablen auf π ist äquivalent mit der Signifikanz des Parameters β. Die Arbeitshypothese „ signifikanter Trend" oder $\beta \neq 0$ wird über die statistische Hypothese $\quad H_0: \beta = 0 \quad$ gegen $\quad H_1: \beta \neq 0$ geprüft. Dazu bilden wir die Wald–Statistik $Z^2 = \hat{\beta}^2 / \hat{\sigma}_{\hat{\beta}}^2 \sim \chi_1^2$. Im Beispiel erhalten wir $\hat{\sigma}_\beta = 0.0676$, also $Z^2 = \dfrac{0.1751^2}{0.0676^2} = 6.6999 > \chi_{1;0.95}^2 = 3.84$.

10.7 ML–Schätzung für die logistische Regression

Sei $\mathbf{x}$ nun ein Vektor von Einflußgrößen. Dann hat das logistische Regressionsmodell die Gestalt

$$\ln\left(\frac{\pi(\mathbf{x}_i)}{1 - \pi(\mathbf{x}_i)}\right) = \beta_0 + \beta_1 x_{i1} + \cdots + \beta_k x_{ik} \tag{10.173}$$

oder, äquivalent mit $\boldsymbol{\beta}' = (\beta_0, \beta_1, \ldots, \beta_k)$, $\mathbf{x}_i' = (x_{i0}, x_{i1}, \ldots, x_{ik})$, $x_{i0} \equiv 1$,

$$\pi(\mathbf{x}_i) = \frac{\exp(\mathbf{x}_i'\boldsymbol{\beta})}{1 + \exp(\mathbf{x}_i'\boldsymbol{\beta})} \ . \tag{10.174}$$

Für festes $\mathbf{x}_i$ wird bei n_i Wiederholungen y_i–mal der Response 1 beobachtet. Bei unabhängigen Wiederholungen sind die y_i ($i = 1, \ldots, I$) unabhängige Binomialvariablen mit $E(y_i) = n_i \pi(\mathbf{x}_i)$ und $n_1 + \cdots + n_I = N$.

Damit ist die gemeinsame Verteilung der $\{y_i\}$ proportional zu dem Produkt der I Binomialfunktionen

$$\prod_{i=1}^{I} \pi(\mathbf{x}_i)^{y_i}[1 - \pi(\mathbf{x}_i)]^{n_i - y_i} = \prod_{i=1}^{I}[1 - \pi(\mathbf{x}_i)]^{n_i} \prod_{i=1}^{I} \exp\left(\ln\left(\frac{\pi(\mathbf{x}_i)}{1 - \pi(\mathbf{x}_i)}\right)^{y_i}\right)$$

$$= \prod_{i=1}^{I}[1 - \pi(\mathbf{x}_i)]^{n_i} \exp\left[\sum_{i=1}^{I} y_i \ln\left(\frac{\pi(\mathbf{x}_i)}{1 - \pi(\mathbf{x}_i)}\right)\right] \ . \tag{10.175}$$

Wegen $\dfrac{\pi(\mathbf{x}_i)}{1 - \pi(\mathbf{x}_i)} = \exp(\mathbf{x}_i'\boldsymbol{\beta})$ wird der i–te Logit $\ln\left(\dfrac{\pi(\mathbf{x}_i)}{1 - \pi(\mathbf{x}_i)}\right) = \mathbf{x}_i'\boldsymbol{\beta}$, so daß der letzte Ausdruck in (10.175) die Gestalt hat

$$\exp\left(\sum_{i=1}^{I} y_i \mathbf{x}_i'\boldsymbol{\beta}\right) = \exp\left(\sum_{j=0}^{k}\left(\sum_{i=0}^{I} y_i x_{ij}\right)\beta_j\right) \ . \tag{10.176}$$

Wegen $1 - \pi(\mathbf{x}_i) = \dfrac{1}{1 + \exp(\mathbf{x}_i'\boldsymbol{\beta})}$ und $a = \exp(\ln a)$ gilt dann insgesamt nach Logarithmieren:

$$l(\boldsymbol{\beta}) = \sum_{j=0}^{k}\left(\sum_{i=1}^{I} y_i x_{ij}\right)\beta_j - \sum_{i=1}^{I} n_i \ln(1 + \exp(\mathbf{x}_i'\boldsymbol{\beta})) \ . \tag{10.177}$$

Die Loglikelihood hängt also von den Binomialvariablen y_i der Stichprobe nur über

$$\sum_{i=1}^{I} y_i x_{ij} \qquad (j = 0, \ldots, k) \tag{10.178}$$

ab.

Die Schätzgleichungen erhalten wir als

$$\frac{\partial L}{\partial \beta_a} = \sum_{i=1}^{I} y_i x_{ia} - \sum_{i=1}^{I} n_i x_{ia} \left[\frac{\exp(\sum_{j=1}^{k} x_{ij}\beta_j)}{1 + \exp(\sum_{j=1}^{k} x_{ij}\beta_j)} \right] = 0 \, , \tag{10.179}$$

d.h.

$$\sum_{i=1}^{I} y_i x_{ia} - \sum_{i=1}^{I} n_i x_{ia} \hat{\pi}_i = 0 \qquad a = 0, \ldots, k \tag{10.180}$$

mit $\hat{\pi}_i = \dfrac{\exp(\sum_{j=1}^{k} x_{ij}\hat{\beta}_j)}{1 + \exp(\sum_{j=1}^{k} x_{ij}\hat{\beta}_j)}$ als die ML–Schätzung von π_i, die von der ML–Schätzung $\hat{\beta}$ abhängt.

Sei $\mathbf{X}$ die $I \times (k + 1)$–Matrix der x_{ij}. Dann lassen sich die ML–Gleichungen zusammengefaßt in Matrixschreibweise darstellen als (vgl. (10.92))

$$\mathbf{X}'(\mathbf{y} - \hat{\mathbf{m}}) = \mathbf{0} \tag{10.181}$$

mit den Komponenten $\hat{m}_i = n_i \hat{\pi}_i$ des Vektors $\hat{\mathbf{m}}$.

Das logistische Modell basiert auf dem kanonischen Link. Die abgeleitete Normalgleichung ist typisch für generalisierte lineare Modelle mit kanonischem Link: sie verbindet die erschöpfende Statistik $\mathbf{X}'\mathbf{y}$ mit der Schätzung ihres Erwartungswertes $\mathbf{X}'\hat{\mathbf{m}}$.

Die Informationsmatrix ist der negative Erwartungwert der Matrix der zweiten Ableitungen der Loglikelihood.

Unter allgemeinen Bedingungen (vgl. Abschnitt 10.1) haben ML–Schätzungen asymptotisch eine Normalverteilung mit einer Kovarianzmatrix, die gleich der Inversen der Informationsmatrix ist.

Für das logistische Modell gilt:

$$\begin{aligned}
\frac{\partial^2 L}{\partial \beta_a \partial \beta_b} &= -\sum_{i=1}^{I} \frac{x_{ia} x_{ib} n_i \exp(\mathbf{x}_i'\boldsymbol{\beta})}{(1 + \exp(\mathbf{x}_i'\boldsymbol{\beta}))^2} \\
&= -\sum_{i=1}^{I} x_{ia} x_{ib} n_i \pi_i (1 - \pi_i) \, .
\end{aligned} \tag{10.182}$$

Diese Größe ist unabhängig von y_i, so daß die Stichproben- und die Populationsmatrix der zweiten Ableitungen identisch sind. Dies gilt für alle GLM's mit kanonischem Link.

Es gilt also

$$V(\hat{\beta}) = \left(-\frac{\partial^2 L}{\partial\beta_a\partial\beta_b}\right)^{-1} \tag{10.183}$$

und mit (10.182) in Matrixschreibweise

$$\widehat{V(\hat{\beta})} = (\mathbf{X}'\text{diag}(n_i\hat{\pi}_i(1-\hat{\pi}_i))\mathbf{X})^{-1} . \tag{10.184}$$

Für festes x ist der vorhergesagte Logit $\mathbf{x}_i'\hat{\beta}$ mit der geschätzten Varianz

$$\hat{\sigma}^2(\mathbf{x}_i'\hat{\beta}) = \mathbf{x}_i'\widehat{V(\hat{\beta})}\mathbf{x}_i . \tag{10.185}$$

Für große Stichproben gilt wegen der asymptotischen Normalverteilung $\hat{\beta} \overset{a.s.}{\sim} N(\beta, V(\hat{\beta}))$, so daß

$$\mathbf{x}_i'\hat{\beta} \pm u_{1-\alpha/2}\hat{\sigma}(\mathbf{x}_i'\hat{\beta}) \tag{10.186}$$

ein $(1-\alpha)$-Konfidenzintervall liefert.

Dessen Endpunkte L_u und L_o ergeben nach Rücktransformation

$$\hat{\pi} = \frac{\exp(\mathbf{x}_i'\hat{\beta})}{1 + \exp(\mathbf{x}_i'\hat{\beta})} \tag{10.187}$$

ein Konfidenzintervall

$$[\hat{\pi}_u, \hat{\pi}_o] \quad \text{für} \quad \pi(\mathbf{x}) .$$

Die ML-Gleichung für $\hat{\beta}$

$$\mathbf{X}'\mathbf{y} = \mathbf{X}'\hat{\mathbf{m}}$$

mit $\hat{m}_i = n_i\hat{\pi}_i$, $\hat{\pi}_i = \dfrac{\exp(\mathbf{x}_i'\hat{\beta})}{1 + \exp(\mathbf{x}_i'\hat{\beta})}$ ist wiederum nichtlinear in $\hat{\beta}$, so daß iterative Verfahren zur Lösung einzusetzen sind.

10.8 Logitmodelle für kategoriale Regressoren

10.8.1 Parameterschätzung

Die erklärende Variable X kann stetig oder kategorial sein. Ist X kategorial und wird der Logit-Link verwendet, so sind die Logitmodelle äquivalent zu loglinearen Modellen (vgl. Agresti,1990, p. 152).

Logit-Modelle für I×2-Tafeln

Wir betrachten eine erklärende Variable X mit I Kategorien und erhalten so eine I×2-Tafel mit Response–Nichtresponse als Y-Faktor. In der i-ten Zeile wirken die Wahrscheinlichkeiten $\pi_{1/i}$ für Response und $\pi_{2/i}$ für Nichtresponse mit $\pi_{1/i} + \pi_{2/i} = 1$

Dies führt zu folgendem Logit-Modell:

$$\ln\left(\frac{\pi_{1/i}}{\pi_{2/i}}\right) = \alpha + \beta_i \quad . \tag{10.188}$$

Hier werden die x-Werte nicht direkt mit einbezogen, sondern nur über die Kategorie i. β_i beschreibt den Einfluß der i-ten Kategorie auf den Response. Falls $\beta_i = 0$ ist, liegt kein Einfluß vor. Dieses Modell gleicht der einfachen Varianzanalyse und wir haben hier ebenfalls die Identifizierbarkeitsbedingungen $\sum \beta_i = 0$ oder $\beta_I = 0$, d.h. $I - 1$ Parameter aus $\{\beta_i\}$ reichen zur Charakterisierung des Modells aus. Falls $\sum \beta_i = 0$ als Restriktion gewählt wird, ist α der totale Mittelwert der Logits und β_i die Abweichung von diesem Mittel für die einzelnen Kategorien. Je größer β_i, desto höher ist der Logit der Kategorie i und um so höher ist der Wert von $\pi_{1/i}$ (= Chance für Response in Kategorie i).

Wenn der Faktor X (mit den I Stufen) keinen Einfluß auf die Responsevariable hat, dann erhalten wir das Modell der statistischen Unabhängigkeit zwischen Faktor und Response mit:

$$\ln\left(\frac{\pi_{1/i}}{\pi_{2/i}}\right) \;=\; \alpha \qquad \forall i \, ,$$

d.h. es gilt $\beta_1 = \beta_2 = \cdots = \beta_I = 0$ und damit $\pi_{1/1} = \pi_{1/2} = \cdots = \pi_{1/I}$.

Logit-Modelle für höhere Dimensionen

Als Verallgemeinerung auf zwei und mehr kategoriale Faktoren, die einen Einfluß auf den binären Response haben, betrachten wir z.B. zwei Faktoren A und B mit I bzw. J Stufen. Seien $\pi_{1/ij}$ und $\pi_{2/ij}$ die Wahrscheinlichkeiten für Response bzw. Nichtresponse zur Faktorkombination ij, wobei $\pi_{1/ij} + \pi_{2/ij} = 1$. Für die I×J×2-Tafel repräsentiert das Logitmodell

$$\ln\left(\frac{\pi_{1/ij}}{\pi_{2/ij}}\right) = \alpha + \beta_i^A + \beta_j^B \tag{10.189}$$

die Effekte von A und B ohne Wechselwirkungen. Dieses Modell entspricht einer zweifachen Varianzanalyse ohne Wechselwirkungen.

Beispiel 10.4: In einer Untersuchung soll überprüft werden, ob zwischen Blutdruck und einer spezifischen Herzkrankheit ein Zusammenhang besteht (Agresti, 1990, p. 93).

i	Blutdruck	Herzkrankheit		n_{i+}
		ja	nein	
1	< 117	3	153	156
2	117-126	17	235	252
3	127-136	12	272	284
4	137-146	16	255	271
5	147-156	12	127	139
6	157-166	8	77	85
7	167 -186	16	83	99
8	>186	8	35	43
		92	1237	1329

Wir berechnen zunächst $G^2 = 2 \sum \sum n_{ij} \ln \left(\frac{n_{ij}}{\hat{m}_{ij}} \right) = 30.02 > \chi^2_{7;0.95} = 14.1$, d.h. die Hypothese H_0: "Unabhängigkeit von Blutdruck und Herzkrankheit" wird abgelehnt. Das saturierte Modell $\ln \left(\frac{\pi_{1/i}}{\pi_{2/i}} \right) = \alpha + \beta_i$, $i = 1, 2, \ldots, 8$ wird mit der ML-Methode geschätzt mittels der Stichproben-Logits: $\widehat{\alpha + \beta_i} = \ln \left(\frac{n_{ja}}{n_{nein}} \right)$ – z.B. $\widehat{\alpha + \beta_1} = \ln \left(\frac{3}{153} \right) = -3.93$. Damit ist

$$\hat{\pi}_{1/i} = \frac{\exp(\widehat{\alpha + \beta_i})}{1 + \exp(\widehat{\alpha + \beta_i})} \tag{10.190}$$

die Schätzung des Risikos für die Herzkrankheit bei der i-ten Kategorie des Blutdrucks.

Kategorie	$\hat{\pi}_{1/i}$
1	0.019
2	0.067
3	0.042
4	0.059
5	0.086
6	0.094
7	0.161
8	0.185

Bis auf eine Ausnahme können wir eine Monotonie in den Kategorien beobachten. Dies legt ein Modell nahe, das diesen Anstieg erfaßt, also das logistische Modell (nicht saturiert) $\ln \left(\frac{\pi_{1/i}}{\pi_{2/i}} \right) = \alpha + \beta x_i$, wobei die x_i geeignet zu wählen sind (Scores).

Blutdruck	Stichprobenlogit	$\frac{n_{1i}}{n_{i+}}$	X (Scores)
< 117	$\ln \frac{3}{153} = -3.93$	$\frac{3}{156} = 0.019$	111.5
117-126	-2.63	0.067	121.5
127 -136	-3.12	0.042	131.5
137-146	-2.77	0.059	141.5
147-156	-2.36	0.086	151.5
157-166	-2.26	0.094	161.5
167-186	-1.65	0.162	176.5
>186	-1.48	0.186	191.5

Für diesen Datensatz erhalten wir iterativ die ML–Schätzungen

$$\hat{\alpha} = -6.082 \quad \text{und} \quad \hat{\beta} = 0.0243$$

$$\text{sowie} \quad \sigma_{\hat{\beta}} = 0.0048 \ .$$

Damit wird die Wald–Statistik zum Prüfen von $H_0 : \ \beta = 0 : \quad Z^2 = \frac{\hat{\beta}^2}{\sigma_{\hat{\beta}}^2} = 25.63 \ .$

Bei einem Freiheitsgrad besteht also ein signifikanter *linearer Zusammenhang*.
Für die gefitteten Logits und die geschätzten Anteilswerte ergibt sich die folgende Tabelle:

X	gefittete Logits $\hat{\alpha} + \hat{\beta}x_i$	geschätzter Anteil Herzkranker $\hat{\pi}_{1/i}$	erwartete Anzahl Herzkranker $n_{i+}\hat{\pi}_{1/i}$	beobachteter Anteil Herzkranker $\frac{n_{1i}}{n_{i+}}$
111.5	-3.37255	0.033	5.2	0.019
121.5	-3.12955	0.042	10.56	0.067
131.5	-2.88655	0.052	15.00	0.042
141.5	-2.64355	0.066	17.99	0.059
151.5	-2.40055	0.082	11.46	0.086
161.5	-2.15755	0.104	8.81	0.094
176.5	-1.79305	0.14	14.12	0.162
191.5	-1.42855	0.19	8.31	0.186

10.8.2 Güte der Anpassung — Likelihood–Quotienten–Test

Für ein gewähltes Modell M können wir mit den Parameterschätzungen $(\widehat{\alpha + \beta_i})$ bzw. $(\hat{\alpha}, \hat{\beta})$ die Logits vorhersagen, die Responsewahrscheinlichkeiten $\hat{\pi}_{1/i}$ schätzen und so die $\hat{m}_{ij} = n_{i+}\hat{\pi}_{j/i}$ bestimmen (erwartete Zellhäufigkeiten – wie eben im Beispiel). Darauf aufbauend führen wir den Anpassungs-Test eines Modells M mit

$$G^2(M) = 2 \sum_{i=1}^{I} \sum_{j=1}^{J} n_{ij} \ln \left(\frac{n_{ij}}{\hat{m}_{ij}} \right) \tag{10.191}$$

durch. Dabei werden die $\hat{m}_{ij}$ aus dem jeweiligen Modell geschätzt. Die Zahl der Freiheitsgrade ergibt sich als Zahl der Logits minus Anzahl der linear unabhängigen Parameter im Modell M.
Wir betrachten nun drei Modelle für binären Response.

1. Unabhängigkeitsmodell (I: independence):

$$M=I: \quad \ln \left(\frac{\pi_{1/i}}{\pi_{2/i}} \right) = \alpha \ . \tag{10.192}$$

Hier haben wir I Logits und einen Parameter, also I–1 Freiheitsgrade.

2. Logistisches Modell:

$$M=L: \qquad \ln\left(\frac{\pi_{1/i}}{\pi_{2/i}}\right) = \alpha + \beta x_i \; . \tag{10.193}$$

Die Zahl der Freiheitsgrade ist hier gleich I–2.

3. Logit–Modell:

$$M=S: \qquad \ln\left(\frac{\pi_{1/i}}{\pi_{2/i}}\right) = \alpha + \beta_i \; . \tag{10.194}$$

Das Modell hat I Logits und I unabhängige Parameter. Die Zahl der Freiheitsgrade ist 0, es liegt eine perfekte Anpassung vor. Wir nennen dieses Modell, in dem die Zahl der Parameter gleich der Zahl der Beobachtungen ist, wieder saturiertes Modell.

Der Likelihood-Quotienten-Test vergleicht ein Modell M_2 mit einem einfacheren Modell M_1 (in dem einige Parameter Null sind). Wir erhalten als Teststatistiken (vgl. (10.59) und (10.60))

$$\Lambda \;=\; \frac{L(M_1)}{L(M_2)} \tag{10.195}$$

$$\text{bzw.} \quad G^2\,(M_1|M_2) \;=\; 2\,(\ln L(M_2) - \ln L(M_1)) \; . \tag{10.196}$$

Die Statistik $G^2(M)$ ist ein Spezialfall dieser Statistik, wobei $M_1 = M$ und M_2 das saturierte Modell ist. Wenn wir mit $G^2(M)$ die Güte der Anpassung des Modells M testen, testen wir de facto, ob alle Parameter, die im saturierten Modell aber nicht im Modell M auftreten, gleich Null sind.

Sei l_S die maximierte Loglikelihood für das saturierte Modell, dann gilt

$$
\begin{aligned}
G^2(M_1|M_2) \;&=\; 2\,(\ln L(M_2) - \ln L(M_1)) \\
&=\; 2\,(\ln L(M_2) - l_S) - [2(\ln L(M_1) - l_S)] \\
&=\; G^2(M_1) - G^2(M_2).
\end{aligned}
$$

Dies bedeutet: die Statistik $G^2(M_1|M_2)$ zum Vergleich zweier Modelle ist gleich der Differenz der Goodness-of-fit-Statistiken beider Modelle.

Beispiel 10.5: Für das Beispiel 10.4 „Herzkrankheit/Blutdruck" erhalten wir für das logistische Modell:

	Herzerkrankung			
	ja		nein	
	beob.	erwartet	beob.	erwartet
1	3	5.2	153	150.8
2	17	10.6	235	241.4
3	12	15.0	272	269
4	16	18.0	255	253
5	12	11.5	127	127.5
6	8	8.8	77	76.2
7	16	14.1	83	84.9
8	8	8.3	35	34.7

$\Longrightarrow G^2(L) = 5.91$, df $= 8 - 2 = 6$.

Im Unabhängigkeitsmodell war $G^2(I) = 30.02$ mit df $= 7 = (I - 1)(J - 1) = (8 - 1)(2 - 1)$.

Die Teststatistik zum Prüfen von H_0: $\beta = 0$ im logistischen Modell ist dann

$$G^2(I|L) \;=\; G^2(I) - G^2(L) = 30.02 - 5.91 = 24.11 \quad , \quad \mathit{df} = 7 - 6 = 1 \;.$$

Dieser Wert ist signifikant (p–value : 0.000), das logistische Modell ist also gegen das Unabhängigkeitsmodell statistisch gesichert.

10.8.3 Modell–Diagnostik

Die Statistiken χ^2 und G^2 sind Maße für die globale Anpassung des gewählten Modells an die Daten.

Falls eine schlechte Anpassung voliegt, müssen zusätzliche Mittel wie graphische Residuenanalyse u.ä. eingesetzt werden, um mögliche Ursachen zu ermitteln.

Man plottet z.B. geschätzte und beobachtete Anteile gegeneinander

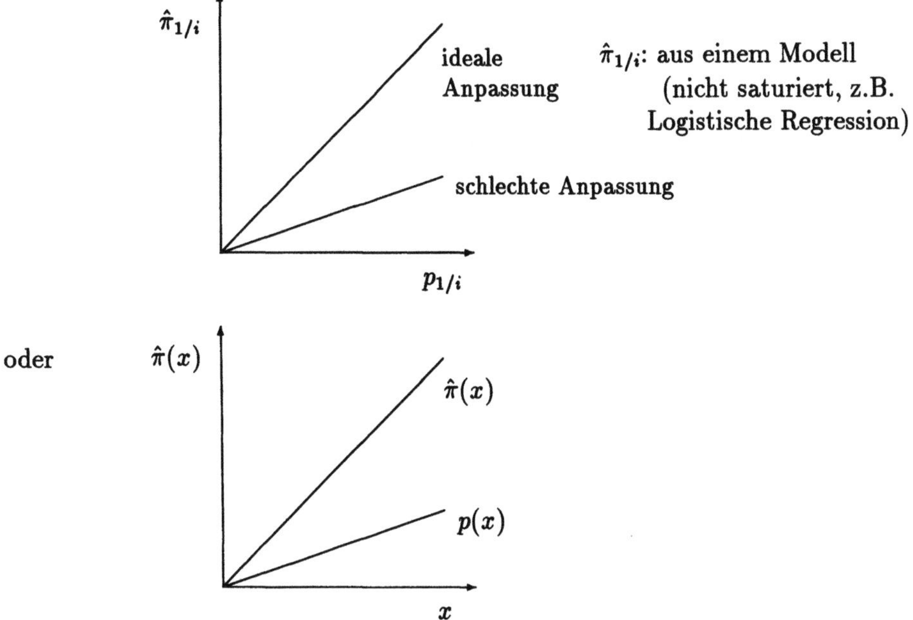

Damit läßt sich herausfinden, ob die Linkfunktion falsch gewählt wurde oder ob das Regressionsmodell nichtlinear ist.

Diagnostik auf der Basis der Residuen

Sei y_i die Anzahl der Erfolge (Response 1) bei n_i Beobachtungen der i-ten Kategorie.

Sei $\hat{\pi}_{1/i}$ die Schätzung nach einem gewählten binären Responsemodell.

Dann definiert

$$e_i = \frac{y_i - n_i\hat{\pi}_{1/i}}{[n_i\hat{\pi}_{1/i}(1 - \hat{\pi}_{1/i})]^{1/2}} \qquad i = 1, \ldots, I \qquad (10.197)$$

das i-te Residuum [standardisiert mit der Varianz der Binomialverteilung $B(n_i; \hat{\pi}_{1/i})$].

Ersetzt man in e_i die Schätzung $\hat{\pi}_{1/i}$ durch den wahren (unbekannten) Parameter $\pi_{1/i}$, so ist e_i eine standardisierte Binomial–Variable, die für hinreichend großes n_i gegen $N(0,1)$ strebt.

Werte von $|\,e_i\,| > 2$ deuten damit auf Modellfehler hin.

Wegen der Verwendung von y_i in $\hat{\pi}_{1/i}$ sind die Zähler in e_i im allgemeinen kleiner als der entsprechende Wert $(y_i - n_i\pi_{1/i})$ der Population, so daß eine geringere Variation der $\{e_i\}$ gegenüber standardnormalverteilten Werten auftreten kann, die Anpassung also höher ausfällt, als tatsächlich gegeben. Deshalb geht man zur Einzeleinschätzung eines Residuums nicht vom zweiseitigen 95%–Quantil $u_{1-\alpha/2} = 1.96$, sondern vom Wert 2 aus.

Diagnostik in Anlehnung an das Bestimmtheitsmaß

In der linearen Regression ist R^2 bzw. das adjustierte $\overline{R}^2$ ein Maß für die Güte der Modellanpassung. Bei $R^2 = 1$ liegt die perfekte Anpassung vor.

In Analogie zu R^2 wurde eine Reihe von Maßen für Kontingenztafel–Modelle entwickelt.

Sei $\quad l_M \quad = \quad$ max ln L für das geschätzte (angepaßte) Modell M

$\qquad\quad l_S \quad = \quad$ max ln L für das saturierte Modell S

und $\quad l_I \quad = \quad$ max ln L für das Unabhängigkeitsmodell I.

Da die Likelihood $\pi_i^{y_i}(1 - \pi)^{1-y_i}$ einer Responsewahrscheinlichkeit zwischen Null und Eins liegt, ist ln L stets nichtpositiv.

Wenn sich der Parameterraum vergrößert, kann der Wert der Likelihood nicht kleiner werden.

Wegen der Verschachtelung der Modelle, d.h. Erhöhung der Komplexität von

$$\ln\left(\frac{\pi_i}{1 - \pi_i}\right) = \alpha \qquad \text{(Unabhängigkeitsmodell)}$$

$$\text{über} \quad \ln\left(\frac{\pi_i}{1 - \pi_i}\right) = \alpha + \beta x_i \quad \text{(logistisches Regressionsmodell)}$$

$$\text{zu} \quad \ln\left(\frac{\pi_i}{1 - \pi_i}\right) = \alpha + \beta_i \quad \text{(saturiertes oder Logit-Modell)}$$

gilt also

$$l_I \leq l_M \leq l_S. \qquad (10.198)$$

Damit liegt das Maß

$$L(I \mid M) = \frac{l_M - l_I}{l_S - l_I} \tag{10.199}$$

zwischen 0 und 1. Für $l_M = l_I$ wird $L(I \mid M) = 0$, d.h. dann würde das angepaßte Modell zu keiner Verbesserung gegenüber dem Unabhängigkeitsmodell beitragen. Für $l_M = l_S$ (perfekte Anpassung) wird $L(I \mid M) = 1$.

Betrachten wir dieses Maß genauer für den Fall des binären Response über I Kategorien ($I \times 2$–Tafel).

Sei $\hat{\pi}_i$ die nach einem gewählten Modell geschätzte Responsewahrscheinlichkeit der i–ten Kategorie und y_i der binäre Response.

Wenn wir annehmen, daß insgesamt N Beobachtungen einer Binomialverteilung vorliegen, gilt für die maximierte Loglikelihood

$$\ln \prod_{i=1}^{N} \left[\hat{\pi}_i^{y_i} (1 - \hat{\pi}_i)^{1-y_i} \right] = \sum_{i=1}^{N} \left[y_i \ln \hat{\pi}_i + (1 - y_i) \ln(1 - \hat{\pi}_i) \right]. \tag{10.200}$$

Für das Unabhängigkeitsmodell erhalten wir

$$\hat{\pi} = \bar{y} = \frac{1}{N} \sum y_i \tag{10.201}$$

und damit

$$l_I = N \left[\bar{y} \ln \bar{y} + (1 - \bar{y}) \ln(1 - \bar{y}) \right] . \tag{10.202}$$

Beim saturierten Modell liefert jede Beobachtung die zugehörige ML–Schätzung, d.h. $\hat{\pi}_i = y_i$ $(i = 1, \ldots, N)$, so daß $l_S = 0$ wird.

Dies sieht man sofort aus

$$y_i \ln y_i + (1 - y_i) \ln(1 - y_i), \tag{10.203}$$

da y_i entweder 0 oder 1 ist.

Damit vereinfacht sich im Binomialmodell das Maß $L(I \mid M)$ zu

$$D = \frac{l_I - l_M}{l_I} . \tag{10.204}$$

Betrachten wir wieder die G^2–Statistik, so gilt im Modell der $I \times 2$ Tafel, d.h. im Modell mit I Faktorstufen und binärem Response

$$G^2(M) = -2(l_M - l_S) = -2l_M , \tag{10.205}$$
$$G^2(I) = -2(L_I - l_S) = -2l_I , \tag{10.206}$$

so daß D sich schreiben läßt als

$$D^* = \frac{G^2(I) - G^2(M)}{G^2(I)} \tag{10.207}$$

(Goodman 1971, Theil 1970).

Dieses Maß soll für Werte nahe 1 einen guten Zusammenhang signalisieren. D^* kann aber groß werden, selbst wenn der Zusammenhang schwach ist. So gilt z.B. $G^2(I) \to \infty$ für $N \to \infty$, während $G^2(M)$ sich wie eine χ^2-Variable verhält und beschränkt bleibt. Damit gilt $D^* \to 1$ für $N \to \infty$, so daß D^* vom Stichprobenumfang abhängig ist.

Ein anderes Maß vergleicht die Vorhersage von y_i durch $\hat{\pi}_i$ (Modell M) bzw. durch $\overline{y}$ (Modell I):

$$R^2 = 1 - \frac{\sum_{i=1}^{N}(y_i - \hat{\pi}_i)^2}{\sum_{i=1}^{N}(y_i - \overline{y})^2} \tag{10.208}$$

Wenn das lineare Wahrscheinlichkeitsmodell durch KQS geschätzt wird, stimmt dieses Maß mit dem üblichen R^2 aus Regressionsmodellen überein.

10.8.4 Beispiele für die Modelldiagnostik

Beispiel 10.6: Wir untersuchen das Risiko (Y) für Pfeilerverlust durch Extraktion in Abhängigkeit vom Alter (X) (Walther, 1992).

i	Alters-gruppe	Verlust ja	nein	n_{i+}
1	< 40	4	70	74
2	$40 - 50$	28	147	175
3	$50 - 60$	38	207	245
4	$60 - 70$	51	202	253
5	> 70	32	92	124
n_{+j}		153	718	871

Tabelle 10.12: 5×2-Tafel Pfeilerverlust/Altersgruppen

Wir berechnen aus Tabelle 10.12 $\chi_4^2 = 15.56$ und $G^2 = 17.25$. Beide Werte sind signifikant $(\chi_{4;0.95}^2 = 9.49)$.
Die Zerlegung von G^2 ergibt:

	1	2	3	4	5
ja	4	28	38	51	32
nein	70	147	207	202	92

1/2			1+2/3			1+2+3/4			1+2+3+4/5		
4	28	32	32	38	70	70	51	121	121	32	153
70	147	217	217	207	424	424	202	626	626	92	718
74	175	249	249	245	494	494	253	747	747	124	871

Aus dieser Zerlegung erhält man $G^2 = \underline{6.00} + 0.72 + \underline{4.30} + \underline{6.22} = 17.25$, also drei signifikante Einzeleffekte.

Die Modellierung mit dem **Logit–Modell**

$$\ln\left(\frac{n_{1i}}{n_{2i}}\right) = \widehat{\alpha + \beta_i}$$

ergibt folgende Tabelle:

i	Stichproben-Logits	$\hat{\pi}_{1/i} = \frac{n_{1i}}{n_{i+}}$
1	-2.86	0.054
2	-1.66	0.160
3	-1.70	0.155
4	-1.38	0.202
5	-1.06	0.258

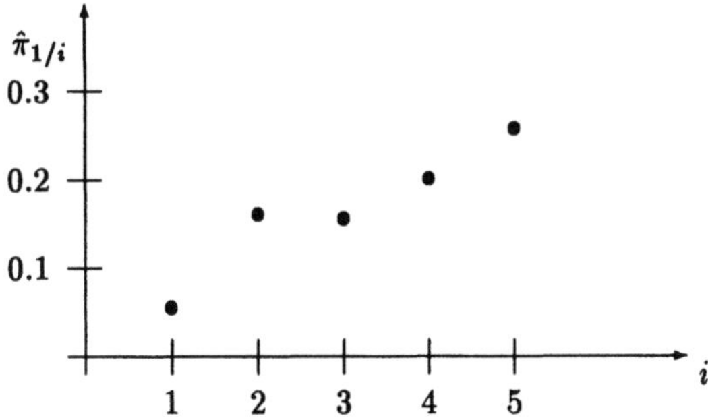

$\hat{\pi}_{1/i}$ ist also das geschätzte Risiko für Pfeilerverlust. Es wächst linear mit der Altersgruppe, z.B. hat die Altersgruppe 5 etwa das 5–fache Risiko gegenüber der Altersgruppe 1.

Die Modellierung mit der **logistischen Regression**

$$\ln\left(\frac{\hat{\pi}_1(x_i)}{\hat{\pi}_2(x_i)}\right) = \alpha + \beta x_i$$

ergibt:

x_i	Stichproben-Logits	gefittete Logits	$\hat{\pi}_1(x_i)$	erwartet $n_{i+}\hat{\pi}_1(x_i)$	beobachtet n_{1i}
35	-2.86	-2.22	0.098	7.25	4
45	-1.66	-1.93	0.127	22.17	28
55	-1.70	-1.64	0.162	39.75	38
65	-1.38	-1.35	0.206	51.99	51
75	-1.06	-1.06	0.257	31.84	32

mit den ML–Schätzungen

$$\hat{\alpha} = -3.233$$
$$\hat{\beta} = 0.029 \ .$$

Die Hypothese H_0: $\beta = 0$ wird mit der Wald–Statistik überprüft:

$$Z^2 = 13.06 > 3.84 = \chi^2_{1;0.95} \ ,$$

so daß der Trend signifikant ist.

Der **LQ–Test** bestätigt dieses Resultat:

n_{1i}	$\hat{m}_{1i}$	n_{2i}	$\hat{m}_{2i}$
4	7.25	70	66.75
28	22.17	147	152.83
38	39.75	207	205.25
51	51.99	202	201.01
32	31.84	92	92.16

Damit erhält man

$$G^2(I \mid L) = G^2(I) - G^2(L) = 17.25 - 3.66 = 13.59 \ .$$

Die Anzahl der Freiheitsgrade errechnet man durch:

$$\text{df:} \quad 1 = 4 - 3 \ .$$

Wegen $13.95 > \chi_{1;0.95} = 3.84$ wird $H_0 : \ \beta = 0$ abgelehnt, so daß das logistische Modell gegen das Unabhängigkeitsmodell statistisch gesichert ist.

Wir fassen die Resultate zusammen:

i	Logit $\hat{\pi}_{1/i}$	Logistisch $\hat{\pi}_1(x_i)$	n_{1i}	n_{i+}
1	0.054	0.098	4	74
2	0.160	0.127	28	175
3	0.155	0.162	38	245
4	0.202	0.206	51	253
5	0.258	0.257	32	124

Daraus berechnen wir die erwarteten Besetzungen und die Residuen

$$e_i = \frac{n_{1i} - n_{i+}\hat{\pi}_1(x_i)}{(n_{i+}\hat{\pi}_1(x_i)(1 - \hat{\pi}_1(x_i)))^{1/2}} \tag{10.209}$$

Logit $n_{i+}\hat{\pi}_{1/i}$	Logistisch $n_{i+}\hat{\pi}_1(x_i)$	Logit e_i	Logistisch e_i
4	7.25	0	−1.271
28	22.17	0	1.325
38	39.75	0	−0.303
51	51.99	0	−0.154
32	31.84	0	0.033

Wir berechnen für diesen Datensatz nun das Analogon zum Bestimmtheitsmaß:

$$R^2 = 1 - \frac{\sum(n_{1i} - n_{i+}\hat{\pi}_{1/i})^2}{\sum(n_{1i} - n_{i+}\frac{n_{+1}}{n})^2} \qquad (10.210)$$

n_{1i}	n_{i+}	$n_{i+}\dfrac{n_{+1}}{n}$	Logistisch $n_{i+}\hat{\pi}_1(x_i)$
4	74	12.99	7.25
28	175	30.73	22.17
38	245	43.02	39.75
51	253	44.43	51.99
32	124	21.77	31.84

Daraus erhalten wir

$$\frac{n_{+1}}{n} = \frac{153}{871}$$

und daher

Logit–Modell   : $R^2 = 1$,

Logistisches Modell: $R^2 = 1 - \dfrac{48.62}{261.29} = 0.814$.

Die mit der logistischen Regression erzielte Anpassung spricht auch für die Adäquatheit des Modells. Der Wert $R^2 = 1$ für das Logit–Modell ist wegen der perfekten Anpassung stets zu erwarten.

10.9 Modelle für korrelierten kategorialen Response

10.9.1 Einleitung

Wir wollen die Problematik des kategorialen Response dahingehend erweitern, daß wir Korrelationen innerhalb der Responsewerte zulassen. Diese Korrelationen entstehen durch Strukturierung der Individuen nach Clustern von miteinander „Verwandten".

Beispiele:

- zwei und mehr Implantate oder überkronte Pfeilerzähne in zahnärztlichen Rekonstruktionen (Walther, 1992)

- Response eines Patienten im Cross–over bei signifikantem Carry–over Effekt (Kapitel 8)

- wiederholte kategoriale Messungen eines Response wie Lungenfunktion, Blutdruck oder Trainingsleistung (Repeated Measures Design oder Paneldaten)

- Messungen an paarigen Organen (Augen, Nieren usw.)

- Response von Mitgliedern einer Familie.

Sei y_{ij} der kategoriale Response des j-ten Individuums im i-ten Cluster:

$$y_{ij} , \quad i = 1, \ldots, N, \quad j = 1, \ldots, n_i \quad . \tag{10.211}$$

Wir nehmen an, daß der Erwartungswert des Response y_{ij} von prognostischen Variablen (Kovariablen) x_{ij} über eine Regression abhängt

$$E(y_{ij}) = \beta_0 + \beta_1 x_{ij} \quad . \tag{10.212}$$

Es gelte $\mathrm{Var}(y_{ij}) = \sigma^2$ und

$$\mathrm{Cov}(y_{ij}, y_{ij'}) = \sigma^2 \rho \quad (j \neq j'). \tag{10.213}$$

Der Response von Individuen aus verschiedenen Clustern wird als unkorreliert vorausgesetzt, so daß die Kovarianzmatrix für den Response jedes Clusters gleich

$$V \begin{pmatrix} y_{i1} \\ \vdots \\ y_{in_i} \end{pmatrix} = V(\mathbf{y}_i) = \sigma^2(1 - \rho)\mathbf{I}_{n_i} + \sigma^2 \rho \mathbf{J}_{n_i} \tag{10.214}$$

ist, also die Struktur der compound symmetry besitzt. Die Kovarianzmatrix des gesamten Stichprobenvektors ist damit blockdiagonal

$$\mathbf{W} = V \begin{pmatrix} \mathbf{y}_1 \\ \vdots \\ \mathbf{y}_N \end{pmatrix} = \mathrm{diag}(V(\mathbf{y}_1), \ldots, V(\mathbf{y}_N)) \quad . \tag{10.215}$$

Die Matrix $\mathbf{W}$ selbst besitzt also nicht die Struktur der compound symmetry. Somit liegt ein verallgemeinertes Regressionsmodell vor. Der beste lineare erwartungstreue Schätzer von $\boldsymbol{\beta} = (\beta_0, \beta_1)'$ ist durch den Aitken–Schätzer (3.251) gegeben, d.h. durch

$$\mathbf{b} = (\mathbf{X}'\mathbf{W}^{-1}\mathbf{X})^{-1}\mathbf{X}'\mathbf{W}^{-1}\mathbf{y} \quad , \tag{10.216}$$

der nicht mit dem gewöhnlichen KQ–Schätzer übereinstimmt, da die Bedingungen des Satzes 3.17 von McElroy nicht erfüllt sind. Die Wahl einer falschen Kovarianzstruktur führt gemäß unseren Ausführungen im Abschnitt 3.9.3 zu Verzerrungen bei der Schätzung der Varianz, während die Erwartungstreue bzw. Konsistenz der Schätzung von $\boldsymbol{\beta}$ trotz falscher Wahl der Kovarianzmatrix unangetastet bleibt. Liang und Zeger (1993) haben die Verzerrung von $\mathrm{Var}(\hat{\boldsymbol{\beta}}_1)$ für die falsche Wahl $\rho = 0$ untersucht. Bei positiver Korrelation innerhalb der Cluster wird die Varianz unterschätzt. Dies entspricht den Resultaten von Goldberger (1964) bei positiver Autokorrelation.

In der Praxis steht man also vor folgenden Problemen:

(i) Identifikation der Kovarianzstruktur,

(ii) Schätzung der Korrelation,

(iii) Anwendung eines Schätzers vom Aitken–Typ.

Dabei kann man nicht mehr vom üblichen GLM–Ansatz ausgehen, da dort eine Korrelationsstruktur nicht berücksichtigt bzw. stets $\mathbf{W} = \sigma^2 \mathbf{I}$ angesetzt wird. Zur Einbeziehung von Korrelationsstrukturen in den Response wurden eine Reihe von Ansätzen entwickelt, die eine Erweiterung des GLM–Ansatzes bedeuten:

- Marginalmodell,

- Random–Effects–Modell,

- Observation–driven Modelle,

- Conditionalmodelle.

Für binären Response ergeben sich Vereinfachungen (Abschnitt 10.9.4). Liang and Zeger (1989) haben bewiesen, daß sich die gemeinsame Verteilung der y_{ij} durch n_i logistische Modelle für y_{ij} unter y_{ik} gegeben $(k \neq j)$ darstellen läßt. Rosner (1984) nutzt diesen Ansatz und entwickelt Beta–Binomial–Modelle.

Modellierungsansätze für korrelierten Response

Die Modellierungsansätze lassen sich nach verschiedenen Gesichtspunkten einordnen:

(A) Population-averaged — Subject-specific

Der grundsätzliche Unterschied zwischen Population-averaged (PA) und Subject-specific (SS) Modellen besteht in der Frage, ob die Regressionskoeffizienten über die Individuen variieren oder nicht.
Bei PA-Modellen sind die β unabhängig vom speziellen Individuum i. Beispiele sind die Marginal- und Conditionalmodelle.
Bei SS-Modellen sind die β's vom speziellen i abhängig und werden deshalb als β_i geschrieben. Ein Beispiel für SS-Modelle sind die Random-Effects Modelle.

(B) Marginal — Conditional — Random-Effects Modell

Im **Marginalmodell** wird – im Gegensatz zu den beiden anderen Ansätzen – die Regression separat von der Abhängigkeit innerhalb der Messungen modelliert. Die marginale Erwartung $E(y_{ij})$ wird als Funktion der erklärenden Variablen modelliert und als durchschnittlicher Response über die Population der Individuen mit gleichem x interpretiert. Marginalmodelle eignen sich somit in erster Linie zur Analyse der Kovariableneffekte in einer Population.
Im **Random-Effects** Modell geht man im Gegensatz zum Marginalmodell davon aus, daß die Kovariableneffekte β vom Individuum abhängig sind. Daher

sind Random-Effects Modelle vor allem dann sinnvoll, wenn man sich für individuenabhängige Schätzungen und für Populationsdurchschnitte interessiert (*mixed models*).

Bei den **Bedingten Modellen** (conditional model, observation-driven model) wird ein zeitabhängiger Response y_{it} als Funktion der Kovariablen und der vergangenen Responsewerte $y_{it-1}, \ldots, y_{i1}$ modelliert. Hierbei geht man davon aus, daß eine bestimmte Korrelationsstruktur zwischen den Responsewerten besteht. Bedingte Modelle sind dann sinnvoll, wenn man an der bedingten Wahrscheinlichkeit eines Zustandes bzw. an Zustandsübergängen interessiert ist.

10.9.2 Quasi–Likelihoodansatz für korrelierten binären Response

Wir wollen uns in den folgenden Abschnitten auf binäre Responsevariablen beschränken und insbesondere den bivariaten Fall (d.h. Clustergröße $n_i = 2$ $\forall i$) betrachten.

Wie in Abschnitt 10.1.7 ausgeführt wurde, kann bei Verletzung der Unabhängigkeit oder bei fehlender Annahme einer Verteilung aus der natürlichen Exponentialfamilie der Kern der ML–Methode, nämlich die Scorefunktion, weiter als Ausgangspunkt für die Parameterschätzung verwendet werden. Wir wollen nun die Quasi–Scorefunktion (10.79) für den binären Response spezifizieren.

Sei $\mathbf{y}_i' = (y_{i1}, \ldots, y_{in_i})$ der Responsevektor des i-ten Clusters ($i = 1, \ldots, N$) mit der wahren Kovarianzmatrix $\mathrm{Cov}(\mathbf{y}_i)$ und sei $\mathbf{x}_{ij}$ der $p \times 1$-Vektor der zu y_{ij} gehörenden Kovariablen. Die Variablen y_{ij} seien binär mit den Werten 1 und 0 und es gelte $P(y_{ij} = 1) = \pi_{ij}$. Dann ist $\mu_{ij} = \pi_{ij}$. Sei $\boldsymbol{\pi}_i' = (\pi_{i1}, \ldots, \pi_{in_i})$. Die Linkfunktion sei $g(\cdot)$, d.h. es gelte

$$g(\pi_{ij}) = \eta_{ij} = \mathbf{x}_{ij}'\boldsymbol{\beta} \quad .$$

Sei $h(\cdot)$ die Umkehrfunktion, d.h.

$$\pi_{ij} = h(\eta_{ij}) = h(\mathbf{x}_{ij}'\boldsymbol{\beta}) \quad .$$

Für den kanonischen Link

$$\mathrm{Logit}(\pi_{ij}) = \ln\left(\frac{\pi_{ij}}{1 - \pi_{ij}}\right) = g(\pi_{ij})$$

ist

$$h(\eta_{ij}) = \frac{\exp(\eta_{ij})}{1 + \exp(\eta_{ij})} = \frac{\exp(\mathbf{x}_{ij}'\boldsymbol{\beta})}{1 + \exp(\mathbf{x}_{ij}'\boldsymbol{\beta})} \quad .$$

Dann wird

$$\mathbf{D} = \left(\frac{\partial \mu_{ij}}{\partial \boldsymbol{\beta}}\right) = \left(\frac{\partial \pi_{ij}}{\partial \boldsymbol{\beta}}\right) \quad .$$

Es gilt

$$\frac{\partial \pi_{ij}}{\partial \beta} = \frac{\partial \pi_{ij}}{\partial \eta_{ij}} \frac{\partial \eta_{ij}}{\partial \beta} = \frac{\partial h(\eta_{ij})}{\partial \eta_{ij}} \mathbf{x}_{ij} \quad ,$$

also gilt für $i = 1, \ldots, N$ mit der $p \times n_i$–Matrix $\mathbf{X}_i' = (\mathbf{x}_{i1}, \ldots, \mathbf{x}_{in_i})$

$$\mathbf{D}_i = \tilde{\mathbf{D}}_i \mathbf{X}_i \quad \text{mit} \quad \tilde{\mathbf{D}}_i = \left(\frac{\partial h(\eta_{ij})}{\partial \eta_{ij}} \right) \quad .$$

Damit lautet die Quasi–Scorefunktion für alle N Cluster

$$U(\boldsymbol{\beta}) = \sum_{i=1}^{N} \mathbf{X}_i' \tilde{\mathbf{D}}_i' \mathbf{V}_i^{-1} (\mathbf{y}_i - \boldsymbol{\pi}_i) \quad , \tag{10.217}$$

wobei $\mathbf{V}_i$ die Matrix der Arbeitsvarianzen und –kovarianzen der y_{ij} des i–ten Clusters ist. Die Lösung von $U(\hat{\boldsymbol{\beta}}) = 0$ erfolgt iterativ unter weiteren Spezifikationen, die wir im nächsten Abschnitt beschreiben.

10.9.3 Die GEE–Methode von Liang und Zeger

Man modelliert die Varianzen als Funktion des Mittelwertes, d.h.

$$v_{ij} = \text{Var}(y_{ij}) = v(\pi_{ij})\phi \quad . \tag{10.218}$$

(Im binären Fall wird häufig die Form der Varianz der Binomialverteilung gewählt: $v(\pi_{ij}) = \pi_{ij}(1 - \pi_{ij})$.) Damit bildet man die Matrix

$$\mathbf{A}_i = \text{diag}(v_{i1}, \ldots, v_{in_i}) \quad . \tag{10.219}$$

Da man die Abhängigkeitsstruktur nicht kennt, wählt man eine $n_i \times n_i$–*Quasi-Korrelationsmatrix* $\mathbf{R}_i(\alpha)$ für den Vektor des i–ten Clusters $\mathbf{y}_i' = (y_{i1}, \ldots, y_{in_i})$ gemäß

$$\mathbf{R}_i(\alpha) = \begin{pmatrix} 1 & \rho_{i12}(\alpha) & \cdots & \rho_{i1n_i}(\alpha) \\ \rho_{i21}(\alpha) & 1 & \cdots & \rho_{i2n_i}(\alpha) \\ \vdots & & & \vdots \\ \rho_{in_i1}(\alpha) & \rho_{in_i2}(\alpha) & \cdots & 1 \end{pmatrix} \quad , \tag{10.220}$$

wobei die $\rho_{ikl}(\alpha)$ die Korrelationen als Funktion von α sind. (α kann ein Skalar oder ein Vektor sein). $\mathbf{R}_i(\alpha)$ kann über die Cluster variieren.
Durch Multiplikation der Quasi–Korrelationsmatrix $\mathbf{R}_i(\alpha)$ mit der Diagonalmatrix der Varianzen $\mathbf{A}_i$ erhält man eine Arbeitskovarianzmatrix

$$\mathbf{V}_i(\boldsymbol{\beta}, \alpha, \phi) = \mathbf{A}_i^{1/2} \mathbf{R}_i(\alpha) \mathbf{A}_i^{1/2} \quad , \tag{10.221}$$

die nicht mehr, wie beim unabhängigen Response, vollständig durch die Erwartungswerte spezifiziert werden kann. Es gilt $\mathbf{V}_i(\boldsymbol{\beta}, \alpha, \phi) = \text{Cov}(\mathbf{y}_i)$ genau dann, wenn $\mathbf{R}_i(\alpha)$ die wahre Korrelationsmatrix von $\mathbf{y}_i$ ist.

Ersetzt man in (10.217) die Matrizen $\mathbf{V}_i$ durch die Matrizen $\mathbf{V}_i(\boldsymbol{\beta}, \alpha, \phi)$ aus (10.221), so erhält man die *generalized estimating equation (GEE)* von Liang and Zeger (1986), d.h.

$$U(\boldsymbol{\beta}, \alpha, \phi) = \sum_{i=1}^{N} \left(\frac{\partial \boldsymbol{\pi}_i}{\partial \boldsymbol{\beta}}\right)' \mathbf{V}_i^{-1}(\boldsymbol{\beta}, \alpha, \phi)(\mathbf{y}_i - \boldsymbol{\pi}_i) = 0 \quad . \qquad (10.222)$$

Die Lösungen bezeichnen wir mit $\hat{\boldsymbol{\beta}}_G$. Für die Quasi–Fishermatrix gilt

$$F_G(\boldsymbol{\beta}, \alpha) = \sum_{i=1}^{N} \left(\frac{\partial \boldsymbol{\pi}_i}{\partial \boldsymbol{\beta}}\right)' \mathbf{V}_i^{-1}(\boldsymbol{\beta}, \alpha, \phi) \left(\frac{\partial \boldsymbol{\pi}_i}{\partial \boldsymbol{\beta}}\right) \quad . \qquad (10.223)$$

Um die Abhängigkeit von α bei der Bestimmung von $\hat{\boldsymbol{\beta}}_G$ zu umgehen, schlagen Liang and Zeger (1986) vor, α durch einen $N^{1/2}$-konsistenten Schätzer (vgl. Lehmann, 1986, p. 422) $\hat{\alpha}(\mathbf{y}_1, \ldots, \mathbf{y}_N, \boldsymbol{\beta}, \phi)$ und ϕ durch $\hat{\phi}$ (10.81) zu ersetzen und $\hat{\boldsymbol{\beta}}_G$ aus $\mathbf{U}(\boldsymbol{\beta}, \hat{\alpha}, \hat{\phi}) = 0$ zu bestimmen.
Bemerkungen:

(i) Die iterative Schätzprozedur für GEE ist in Liang and Zeger (1986) ausführlich beschrieben. Für die rechentechnische Umsetzung existieren bereits ein SAS–Makro von Karim and Zeger (1988, John Hopkins University, Baltimore) und eine Prozedur des Instituts für Statistik der Universität München (Heumann, 1993).

(ii) Wählt man $\mathbf{R}_i(\alpha) = \mathbf{I}_{n_i}$ für $i = 1, \ldots, N$, so reduzieren sich die GEE zu den *independence estimating equations (IEE)*. Die IEE lauten

$$U(\boldsymbol{\beta}, \phi) = \sum_{i=1}^{N} \left(\frac{\partial \boldsymbol{\pi}_i}{\partial \boldsymbol{\beta}}\right)' \mathbf{A}_i^{-1}(\mathbf{y}_i - \boldsymbol{\pi}_i) = 0 \qquad (10.224)$$

mit $\mathbf{A}_i = \mathrm{diag}(v(\pi_{ij})\phi)$. Die Lösung wird mit $\hat{\boldsymbol{\beta}}_I$ bezeichnet. Unter schwachen Regularitätsbedingungen gilt (Theorem 1 in Liang and Zeger, 1986)

– $\hat{\boldsymbol{\beta}}_I$ ist asymptotisch konsistent, wenn

   – der Erwartungswert $\pi_{ij} = h(\mathbf{x}'_{ij}\boldsymbol{\beta})$ richtig spezifiziert wird,

   – der Dispersionsparameter ϕ konsistent geschätzt wird.

• Die Konsistenz ist unabhängig von der richtigen Spezifikation der Kovarianz.

• $\hat{\boldsymbol{\beta}}_I$ ist asymptotisch normalverteilt

$$\hat{\boldsymbol{\beta}}_I \stackrel{\text{as.}}{\approx} N(\boldsymbol{\beta}; \boldsymbol{F}_Q^{-1}(\boldsymbol{\beta}, \phi)\boldsymbol{F}_2(\boldsymbol{\beta}, \phi)\boldsymbol{F}_Q^{-1}(\boldsymbol{\beta}, \phi)), \qquad (10.225)$$

wobei

$$\boldsymbol{F}_Q^{-1}(\boldsymbol{\beta}, \phi) = \left[\sum_{i=1}^{N} \left(\frac{\partial \boldsymbol{\pi}_i}{\partial \boldsymbol{\beta}}\right)' \mathbf{A}_i^{-1} \left(\frac{\partial \boldsymbol{\pi}_i}{\partial \boldsymbol{\beta}}\right)\right]^{-1} ,$$

$$F_2(\beta, \phi) = \sum_{i=1}^{N} \left(\frac{\partial \pi_i}{\partial \beta}\right)' A_i^{-1} \mathrm{Cov}(y_i) A_i^{-1} \left(\frac{\partial \pi_i}{\partial \beta}\right)$$

und $\mathrm{Cov}(y_i)$ die wahre Kovarianzmatrix von y_i ist.

- Einen konsistenten Schätzer für die Varianz von $\hat{\beta}_I$ erhält man, indem man

  - β_I durch $\hat{\beta}_I$ ersetzt,
  - $\mathrm{Cov}(y_i)$ durch ihre Schätzung $(y_i - \hat{\pi}_i)(y_i - \hat{\pi}_i)'$ ersetzt,
  - ϕ durch $\hat{\phi}$ aus (10.81) ersetzt, wenn ϕ ein unbekannter Nuisance-Parameter ist.

Die Vorteile von $\hat{\beta}_I$ liegen darin, daß $\hat{\beta}_I$ mit Software, z.B. GLIM, leicht zu berechnen ist und daß bei korrekter Spezifikation des Regressionsmodells $\hat{\beta}_I$ und $\mathrm{Cov}(\hat{\beta}_I)$ konsistente Schätzer sind.
Ist jedoch die Korrelation zwischen den Clustern groß, so verliert $\hat{\beta}_I$ an Effizienz.

Eigenschaften des GEE–Schätzers $\hat{\beta}_G$

- In ihrem Theorem 2 stellen Liang and Zeger (1986, p. 16) fest, daß unter schwachen Regularitätsbedingungen und unter den Voraussetzungen:

  (i) $\hat{\alpha}$ ist $N^{1/2}$-konsistent, gegeben β und ϕ

  (ii) $\hat{\phi}$ ist ein $N^{1/2}$-konsistenter Schätzer für ϕ, gegeben β

  (iii) die Ableitung $\partial\hat{\alpha}(\beta, \phi)/\partial\phi$ ist unabhängig von ϕ und α und ist von der stochastischen Ordnung $O_p(1)$

der Schätzer $\hat{\beta}_G$ konsistent und asymptotisch normalverteilt ist:

$$\hat{\beta}_G \overset{\text{as.}}{\approx} N(\beta, V_G) \tag{10.226}$$

mit der asymptotischen Kovarianzmatrix

$$V_G = F_Q^{-1}(\beta, \alpha) F_2(\beta, \alpha) F_Q^{-1}(\beta, \alpha), \tag{10.227}$$

wobei

$$F_Q^{-1}(\beta, \alpha) = \left(\sum_{i=1}^{N} \left(\frac{\partial \pi_i}{\partial \beta}\right)' V_i^{-1} \left(\frac{\partial \pi_i}{\partial \beta}\right)\right)^{-1},$$

$$F_2(\beta, \alpha) = \sum_{i=1}^{N} \left(\frac{\partial \pi_i}{\partial \beta}\right)' V_i^{-1} \mathrm{Cov}(y_i) V_i^{-1} \left(\frac{\partial \pi_i}{\partial \beta}\right)$$

und $\mathrm{Cov}(y_i) = E[(y_i - \pi_i)(y_i - \pi_i)']$ die wahre Kovarianzmatrix von y_i ist. Ein skizzenhafter Beweis ist in Liang and Zeger (1986) im Appendix zu finden.

Die Asymptotik gilt nur für $N \to \infty$. Es sollte daher beachtet werden, daß das Schätzverfahren nur für eine genügend große Anzahl von Clustern verwendet wird.

- Einen Schätzer $\hat{\mathbf{V}}_G$ für die Kovarianz $\mathbf{V}_G$ erhält man durch:

    - ersetze in (10.227) $\boldsymbol{\beta}$, ϕ, α durch ihre konsistenten Schätzer,

    - ersetze $\mathrm{Cov}(\mathbf{y}_i)$ durch $(\mathbf{y}_i - \hat{\boldsymbol{\pi}}_i)(\mathbf{y}_i - \hat{\boldsymbol{\pi}}_i)'$.

- Wird die Kovarianzstruktur richtig spezifiziert, so daß $\mathbf{V}_i = \mathrm{Cov}(\mathbf{y}_i)$, so erhält man für die Kovarianz von $\hat{\boldsymbol{\beta}}_G$ die Inverse der erwarteten Fisher-Informationsmatrix

$$\mathbf{V}_G = \left(\sum_{i=1}^{N} \left(\frac{\partial \boldsymbol{\pi}_i}{\partial \boldsymbol{\beta}} \right)' \mathbf{V}_i^{-1} \left(\frac{\partial \boldsymbol{\pi}_i}{\partial \boldsymbol{\beta}} \right) \right)^{-1} = \boldsymbol{F}^{-1}(\boldsymbol{\beta}, \alpha),$$

deren Schätzer stabiler ist als der Schätzer von (10.227), aber an Effizienz verliert, wenn die Korrelationsstruktur falsch spezifiziert ist (vgl. Prentice, 1988, p. 1040).

- Bei der Methode von Liang and Zeger sind die asymptotische Varianz von $\hat{\boldsymbol{\beta}}_G$ und auch die asymptotische Verteilung von $\hat{\boldsymbol{\beta}}_G$ unabhängig von der Wahl der Schätzer $\hat{\alpha}$ und $\hat{\phi}$ innerhalb der Klasse der $N^{1/2}$-konsistenten Schätzer.

- Bei korrekter Spezifikation des Regressionsmodells sind die Schätzer $\hat{\boldsymbol{\beta}}_G$ und $\hat{\mathbf{V}}_G$ konsistent, unabhängig von der Wahl der Quasi-Korrelationsmatrix $\mathbf{R}_i(\alpha)$. D.h. auch wenn $\mathbf{R}_i(\alpha)$ falsch spezifiziert ist, bleiben $\hat{\boldsymbol{\beta}}_G$ und $\hat{\mathbf{V}}_G$ konsistent, solange $\hat{\alpha}$ und $\hat{\phi}$ konsistent sind. Diese Robustheit der Schätzer ist wichtig, da es bei kleinen n_i's schwierig ist, die Zulässigkeit der Arbeits-Kovarianzmatrix $\mathbf{V}_i$ zu überprüfen.

- Eine falsche Spezifikation von $\mathbf{R}_i(\alpha)$ kann die Effizienz von $\hat{\boldsymbol{\beta}}_G$ verringern.

Bemerkungen:

1. Nimmt man für $\mathbf{R}_i(\alpha)$ die Einheitsmatrix an, also $\mathbf{R}_i(\alpha) = \mathbf{I}$, $i = 1, \cdots, N$, dann reduzieren sich die Schätzgleichungen für β zu den IEE. Wählt man wie üblich im binären Fall für die Varianzen diejenigen der Binomialverteilung, so liefern IEE und die ML-Scorefunktionen (mit binomialverteilten Variablen) gleiche Schätzwerte für β. Trotzdem sollte die IEE-Methode bevorzugt werden, da das ML-Schätzverfahren falsche Varianzen für $\hat{\boldsymbol{\beta}}_G$ und dadurch falsche *p-values* liefert, die zu falschen Schlußfolgerungen führen, z.B. bezüglich Signifikanz oder Nichtsignifikanz der Kovariablen (vgl. Liang and Zeger, 1993).

2. Diggle,Liang and Zeger (1993, Chapter 7.5) schlagen vor, die Konsistenz von $\hat{\boldsymbol{\beta}}_G$ zu überprüfen, indem man ein geeignetes Modell mit verschiedenen Kovarianzstrukturen anpaßt, und dann die Schätzer $\hat{\boldsymbol{\beta}}_G$ und ihre konsistenten Varianzen vergleicht. Wenn diese stark voneinander abweichen, so muß der Modellierung der Korrelationsstruktur mehr Aufmerksamkeit geschenkt werden.

Effizienz der GEE- und IEE-Methode

Liang and Zeger (1986) stellten in ihren Untersuchungen zum Vergleich von $\hat{\boldsymbol{\beta}}_I$ und $\hat{\boldsymbol{\beta}}_G$ fest:

- $\hat{\boldsymbol{\beta}}_I$ ist fast genauso effizient wie $\hat{\boldsymbol{\beta}}_G$, wenn die wahre Korrelation α klein ist.

- $\hat{\boldsymbol{\beta}}_I$ ist sehr effizient, wenn α klein ist und binäre Daten vorliegen.

- Ist α groß, so ist $\hat{\boldsymbol{\beta}}_G$ effizienter als $\hat{\boldsymbol{\beta}}_I$, und die Effizienz von $\hat{\boldsymbol{\beta}}_G$ kann gesteigert werden, wenn die Korrelationsmatrix richtig spezifiziert wird.

- Bei hoher Korrelation innerhalb der Blöcke ist der Effizienzverlust von $\hat{\boldsymbol{\beta}}_I$ gegenüber $\hat{\boldsymbol{\beta}}_G$ größer, wenn die Anzahl der Untereinheiten n_i, $i = 1, \cdots, N$, zwischen den Clustern variiert als wenn die Cluster alle gleich groß sind.

Wahl der Quasi-Korrelationsmatrix $\mathbf{R}_i(\alpha)$

Die Arbeits-Korrelationsmatrix $\mathbf{R}_i(\alpha)$ wird nach Gesichtspunkten wie Einfachheit, Effizienz und Anzahl vorhandener Daten ausgesucht. Außerdem sollten bei der Wahl Annahmen über die Struktur der Abhängigkeit zwischen den Daten berücksichtigt werden. Wie schon erwähnt, liegt die Bedeutung der Korrelationsmatrix darin, daß sie die Varianz der geschätzten Parameter beeinflußt.

1. Die einfachste Spezifikation ist die Annahme, daß die wiederholten Beobachtungen eines Clusters unkorreliert sind, d.h.

$$\mathbf{R}_i(\alpha) = \mathbf{I}, \qquad i = 1, \cdots, N.$$

Diese Annahme führt auf die einfachen IEE-Gleichungen für unkorrelierte Responsevariablen.

2. Ein anderer Spezialfall, der nach Liang and Zeger (1986, §4) am effizientesten ist, aber nur angewendet werden kann, wenn die Anzahl der Untereinheiten pro Cluster klein und für alle Cluster gleich (z.B. gleich n) ist, ist mit der Wahl

$$\mathbf{R}_i(\alpha) = \mathbf{R}(\alpha)$$

gegeben wobei $\mathbf{R}(\alpha)$ völlig unbestimmt gelassen wird und durch die empirische Korrelationsmatrix geschätzt werden kann. Es müssen $n(n-1)/2$ Parameter geschätzt werden.

3. Nimmt man an, daß zwischen allen Responsevariablen eines Clusters die gleichen paarweisen Abhängigkeiten bestehen, so kann man die *Äquikorrelationsstruktur* (*exchangeable correlation structure*) wählen:

$$\text{Corr}(y_{ik}, y_{il}) = \alpha, \qquad k \neq l, i = 1, \dots, N \quad .$$

Dies entspricht der Korrelationsannahme bei Random–Effects Modellen.

4. Wählt man

$$\text{Corr}(y_{ik}, y_{il}) = \alpha(|k - l|),$$

so sind die Korrelationen stationär. Die spezielle Form $\alpha(|k - l|) = \alpha^{|l-k|}$ entspricht der Autokorrelationsfunktion eines AR(1)-Prozesses.

Weitere Methoden zur Parameterschätzung in Quasi–Likelihoodansätzen sind

- die GEE1–Methode von Prentice (1988), die die α und β gleichzeitig aus den GEE's für α und β schätzt,

- die modifizierten GEE1–Methoden von Fitzmaurice and Laird (1993) auf der Basis bedingter Odds–Ratios und von Lipsitz, Laird and Harrington (1991) sowie Liang, Zeger and Qaquish (1992) auf der Basis von marginalen Odds–Ratios zur Modellierung der Clusterkorrelation,

- die GEE2–Methode von Liang, Zeger and Qaquish (1992), bei der $\delta' = (\beta', \alpha)$ simultan als gemeinsamer Parameter geschätzt wird,

- die Pseudo–ML–Methode von Zhao and Prentice (1990, vgl. auch Prentice and Zhao, 1991).

10.9.4 Bivariate binäre korrelierte Responsevariablen

In den letzten Abschnitten wurden verschiedene Methoden vorgestellt, die für die Regressionsanalyse von korrelierten binären Daten entwickelt wurden. Sie wurden allgemein für N Blöcke (Cluster) der Größe n_i dargestellt. Selbstverständlich können die Methoden und ihre Ergebnisse auch auf bivariate binäre Daten angewendet werden, mit dem Vorteil, daß sich manches vereinfacht.
In diesem Abschnitt werden beispielhaft die Methoden GEE und IEE für den bivariaten binären Fall hergeleitet. Anschließend wird für bivariate binäre Daten anhand eines Beispiels der Unterschied zwischen einer naiven ML-Schätzung und der GEE-Methode von Liang and Zeger (1986) aufgezeigt.
Es gilt: $\mathbf{y}_i = (y_{i1}, y_{i2})'$, $i = 1, \cdots, N$. Jede Responsevariable y_{ij}, $j = 1, 2$, hat ihren eigenen Kovariablenvektor $\mathbf{x}'_{ij} = (x_{ij1}, \cdots, x_{ijp})$, und als Linkfunktion zur Modellierung des Zusammenhanges zwischen $\pi_{ij} = P(\mathbf{y}_{ij} = 1)$ und $\mathbf{x}_{ij}$ wählt man den Logit-Link

$$\text{Logit}(\pi_{ij}) = \ln\left(\frac{\pi_{ij}}{1 - \pi_{ij}}\right) = \mathbf{x}'_{ij}\boldsymbol{\beta} \quad . \tag{10.228}$$

Sei

$$\boldsymbol{\pi}_i' = (\pi_{i1}, \pi_{i2}) \ , \ \eta_{ij} = \mathbf{x}_{ij}'\boldsymbol{\beta} \ , \ \boldsymbol{\eta} = (\eta_{i1}, \eta_{i2}) \quad . \qquad (10.229)$$

Das logistische Regressionsmodell ist in vielen Bereichen zur Standardmethode für Regressionsanalysen binärer Daten geworden.

Die GEE-Methode

Aus Abschnitt 10.9.3 entnimmt man, daß die Form der Schätzgleichungen für β wie folgt ist:

$$U(\boldsymbol{\beta}, \alpha, \phi) = S(\boldsymbol{\beta}, \alpha) = \sum_{i=1}^{N} \left(\frac{\partial \boldsymbol{\pi}_i}{\partial \boldsymbol{\beta}}\right)' \mathbf{V}_i^{-1}(\mathbf{y}_i - \boldsymbol{\pi}_i) = 0 \quad , \qquad (10.230)$$

wobei $\mathbf{V}_i = \mathbf{A}_i^{1/2}\mathbf{R}_i(\alpha)\mathbf{A}_i^{1/2}$, $\mathbf{A}_i = \mathrm{diag}(v(\pi_{ij})\phi)$, $j = 1, 2$, und $\mathbf{R}_i(\alpha)$ die Arbeitskorrelationsmatrix ist. Da für bivariate binäre Daten nur ein Korrelationskoeffizient $\rho_i = \mathrm{Corr}(y_{i1}, y_{i2})$, $i = 1, \cdots, N$, spezifiziert werden muß und dieser als konstant angenommen wird, gilt für die Korrelationsmatrix:

$$\mathbf{R}_i(\alpha) = \begin{pmatrix} 1 & \rho \\ \rho & 1 \end{pmatrix}, \qquad i = 1, \cdots, N \quad . \qquad (10.231)$$

Für die Ableitungsmatrix gilt:

$$\left(\frac{\partial \boldsymbol{\pi}_i}{\partial \boldsymbol{\beta}}\right)' = \left(\frac{\partial h(\boldsymbol{\eta}_i)}{\partial \boldsymbol{\beta}}\right)' = \left(\frac{\partial \boldsymbol{\eta}_i}{\partial \boldsymbol{\beta}}\right)' \left(\frac{\partial h(\boldsymbol{\eta}_i)}{\partial \boldsymbol{\eta}_i}\right)'$$

$$= \begin{pmatrix} \mathbf{x}_{i1}' \\ \mathbf{x}_{i2}' \end{pmatrix}' \begin{pmatrix} \frac{\partial h(\eta_{i1})}{\partial \eta_{i1}} & 0 \\ 0 & \frac{\partial h(\eta_{i2})}{\partial \eta_{i2}} \end{pmatrix}.$$

Da $h(\eta_{i1}) = \pi_{i1} = \frac{\exp(\mathbf{x}_{i1}'\boldsymbol{\beta})}{1+\exp(\mathbf{x}_{i1}'\boldsymbol{\beta})}$ und $\exp(\mathbf{x}_{i1}'\boldsymbol{\beta}) = \frac{\pi_{i1}}{1-\pi_{i1}}$, ist $1 + \exp(\mathbf{x}_{i1}'\boldsymbol{\beta}) = 1 + \frac{\pi_{i1}}{1-\pi_{i1}} = \frac{1}{1-\pi_{i1}}$, und es gilt:

$$\frac{\partial h(\eta_{i1})}{\partial \eta_{i1}} = \frac{\pi_{i1}}{1 + \exp(\mathbf{x}_{i1}'\boldsymbol{\beta})} = \pi_{i1}(1 - \pi_{i1}). \qquad (10.232)$$

Analog gilt:

$$\frac{\partial h(\eta_{i2})}{\partial \eta_{i2}} = \pi_{i2}(1 - \pi_{i2}). \qquad (10.233)$$

Spezifiziert man die Varianz als $\mathrm{Var}(y_{ij}) = \pi_{ij}(1 - \pi_{ij})$, $\phi = 1$, dann erhält man

$$\left(\frac{\partial \boldsymbol{\pi}_i}{\partial \boldsymbol{\beta}}\right)' = \mathbf{x}_i' \begin{pmatrix} \mathrm{Var}(y_{i1}) & 0 \\ 0 & \mathrm{Var}(y_{i2}) \end{pmatrix} = \mathbf{x}_i'\boldsymbol{\Delta}_i$$

mit $\mathbf{x}_i' = (x_{i1}, x_{i2})$ und $\boldsymbol{\Delta}_i = \begin{pmatrix} \mathrm{Var}(y_{i1}) & 0 \\ 0 & \mathrm{Var}(y_{i2}) \end{pmatrix}$. Für die Kovarianzmatrix $\mathbf{V}_i$ gilt:

$$
\begin{aligned}
\mathbf{V}_i &= \begin{pmatrix} \mathrm{Var}(y_{i1}) & 0 \\ 0 & \mathrm{Var}(y_{i2}) \end{pmatrix}^{1/2} \begin{pmatrix} 1 & \rho \\ \rho & 1 \end{pmatrix} \begin{pmatrix} \mathrm{Var}(y_{i1}) & 0 \\ 0 & \mathrm{Var}(y_{i2}) \end{pmatrix}^{1/2} \\[2mm]
&= \begin{pmatrix} \mathrm{Var}(y_{i1}) & \rho(\mathrm{Var}(y_{i1})\mathrm{Var}(y_{i2}))^{1/2} \\ \rho(\mathrm{Var}(y_{i1})\mathrm{Var}(y_{i2}))^{1/2} & \mathrm{Var}(y_{i2}) \end{pmatrix}
\end{aligned}
\tag{10.234}
$$

und für die Inverse von $\mathbf{V}_i$:

$$
\begin{aligned}
\mathbf{V}_i^{-1} &= \frac{1}{(1-\rho^2)\mathrm{Var}(y_{i1})\mathrm{Var}(y_{i2})} \\[2mm]
&\quad \begin{pmatrix} \mathrm{Var}(y_{i2}) & -\rho(\mathrm{Var}(y_{i1})\mathrm{Var}(y_{i2}))^{1/2} \\ -\rho(\mathrm{Var}(y_{i1})\mathrm{Var}(y_{i2}))^{1/2} & \mathrm{Var}(y_{i1}) \end{pmatrix} \\[2mm]
&= \frac{1}{1-\rho^2} \begin{pmatrix} [\mathrm{Var}(y_{i1})]^{-1} & -\rho(\mathrm{Var}(y_{i1})\mathrm{Var}(y_{i2}))^{-1/2} \\ -\rho(\mathrm{Var}(y_{i1})\mathrm{Var}(y_{i2}))^{-1/2} & [\mathrm{Var}(y_{i2})]^{-1} \end{pmatrix}.
\end{aligned}
\tag{10.235}
$$

Multipliziert man $\boldsymbol{\Delta}_i$ mit $\mathbf{V}_i^{-1}$, dann ergibt sich

$$
\mathbf{W}_i = \boldsymbol{\Delta}_i \mathbf{V}_i^{-1} = \frac{1}{1-\rho^2} \begin{pmatrix} 1 & -\rho\left(\dfrac{\mathrm{Var}(y_{i1})}{\mathrm{Var}(y_{i2})}\right)^{1/2} \\ -\rho\left(\dfrac{\mathrm{Var}(y_{i2})}{\mathrm{Var}(y_{i1})}\right)^{1/2} & 1 \end{pmatrix}
\tag{10.236}
$$

und für die GEE-Gleichung für $\boldsymbol{\beta}$ im bivariaten binären Fall:

$$
S(\boldsymbol{\beta}, \alpha) = \sum_{i=1}^{N} \mathbf{x}_i' \mathbf{W}_i (\mathbf{y}_i - \boldsymbol{\pi}_i) = 0.
\tag{10.237}
$$

Die Lösung $\hat{\boldsymbol{\beta}}_G$ ist nach dem Theorem 2 von Liang and Zeger (1986) unter schwachen Regularitätsbedingungen und unter der Voraussetzung, daß der Korrelationsparameter konsistent geschätzt wurde, konsistent und asymptotisch normalverteilt mit Erwartungswert $\boldsymbol{\beta}$ und der Kovarianzmatrix (10.227).

Die IEE-Methode

Nimmt man an, daß die Responsevariablen der einzelnen Blöcke unabhängig sind, also $\mathbf{R}_i(\alpha) = \mathbf{I}$ und $\mathbf{V}_i = \mathbf{A}_i$, dann reduzieren sich die GEE- zu den IEE-Gleichungen (10.224)

$$
U(\boldsymbol{\beta}, \phi) = S(\boldsymbol{\beta}) = \sum_{i=1}^{N} \left(\frac{\partial \boldsymbol{\pi}_i}{\partial \boldsymbol{\beta}}\right)' \mathbf{A}_i^{-1} (\mathbf{y}_i - \boldsymbol{\pi}_i) = 0.
\tag{10.238}
$$

Wie eben gezeigt, gilt im bivariaten binären Fall:

$$\left(\frac{\partial \boldsymbol{\pi}_i}{\partial \boldsymbol{\beta}}\right)' = \mathbf{x}'_i \boldsymbol{\Delta}_i = \mathbf{x}'_i \left(\begin{array}{cc} \mathrm{Var}(y_{i1}) & 0 \\ 0 & \mathrm{Var}(y_{i2}) \end{array}\right) \tag{10.239}$$

mit $\mathrm{Var}(y_{ij}) = \pi_{ij}(1 - \pi_{ij})$, $\phi = 1$, und $\mathbf{A}_i^{-1} = \left(\begin{array}{cc} [\mathrm{Var}(y_{i1})]^{-1} & 0 \\ 0 & [\mathrm{Var}(y_{i2})]^{-1} \end{array}\right).$
Dann vereinfachen sich die IEE-Gleichungen zu

$$S(\boldsymbol{\beta}) = \sum_{i=1}^{N} \mathbf{x}'_i (\mathbf{y}_i - \boldsymbol{\pi}_i) = 0. \tag{10.240}$$

Die Lösung $\hat{\boldsymbol{\beta}}_I$ ist nach dem Theorem 1 von Liang and Zeger (1986) konsistent und asymptotisch normalverteilt.

10.9.5 Ein Beispiel aus der Zahnmedizin

In diesem Abschnitt wird exemplarisch die Vorgehensweise bei der GEE-Methode anhand eines 'Zwillings'-Datensatzes, der von Dr. W. Walther von der Zahnärztlichen Poliklinik in Karlruhe dokumentiert wurde, demonstriert (Walther, 1992). Der Schwerpunkt liegt darauf, den Unterschied zwischen einer robusten Schätzung (GEE-Methode), die die Korreliertheit der Responsevariablen in der Regressionsanalyse berücksichtigt, und der naiven ML-Schätzung aufzuzeigen. Zur Parameterschätzung mit der GEE-Methode stehen ein SAS-Makro (Karim and Zeger, 1988) sowie eine Prozedur von Heumann (1993) zur Verfügung.

Beschreibung des 'Zwillings'-Datensatzes

Im untersuchten Intervall wurden 331 Patienten in der zahnärztlichen Poliklinik Karlsruhe mit jeweils zwei Konuskronen versorgt. Da 50 Konuskronen fehlende Werte aufweisen und das SAS-Makro zur GEE-Methode vollständige Datensätze benötigt, wurden diese Patienten ausgeschlossen und zur Schätzung der Regressionsparameter die restlichen 612 vollständigen Zwillingsdaten genommen. In diesem Beispiel bilden die Zwillingspaare die Cluster und die Zwillinge selbst (1.Zwilling, 2.Zwilling) die beiden Untereinheiten der Cluster.

Die Responsevariable

Für alle Zwillingspaare wurde in dieser Studie die Verweildauer der Konuskronen in Tagen erfaßt. Als Zielgröße wählt man diese Verweildauer und formt sie in eine binäre Responsevariable y_{ij} des j-ten Zwillings ($j = 1, 2$) im i-ten Cluster mit

$$y_{ij} = \begin{cases} 1 & , \quad \text{wenn die Konuskrone länger als } x \text{ Tage in Funktion ist} \\ 0 & , \quad \text{wenn die Konuskrone nicht länger als } x \text{ Tage in Funktion ist} \end{cases}$$

um. Für x können verschiedene Werte definiert werden. Im Beispiel wurden die Werte 360 (ca. 1 Jahr), 1100 (ca. 3 Jahre) und 2000 (ca. 5 Jahre) gewählt. Da die Responsevariable binär ist, wird mittels Logit-Link (logistische Regression) die Responsewahrscheinlichkeit von y_{ij} in Abhängigkeit von den beobachteten Kovariablen modelliert. Das Modell für den log Odds, das ist der Logarithmus des Odds $\pi_{ij}/(1-\pi_{ij})$ des Response $y_{ij} = 1$, ist dann linear in den Kovariablen, und in dem Modell des Odds selbst haben die Kovariablen einen multiplikativen Effekt auf den Odds. Ziel der Analyse ist festzustellen, ob die Einfußgrößen die Responsewahrscheinlichkeit signifikant beeinflussen.

Prognostische Faktoren

Die Kovariablen, die bei der Auswertung mit dem SAS-Makro berücksichtigt wurden, waren:

- Alter (in Jahren)

- Geschlecht (1: männlich, 2: weiblich)

- Kiefer (1: Oberkiefer, 2: Unterkiefer)

- Form (1: dentoalveoläres Design, 2: transversales Design)

Sie sind alle mit Ausnahme der Kovariablen Alter dichotom. Die beiden Formen der Konuskronenkonstruktionen, dentoalveoläres und transversales Design, werden wie folgt unterschieden (vgl. Walther, 1992):

- das dentoalveoläre Design (Hufeisenform) verbindet alle Pfeilerzähne ausschließlich über eine starre Verbindung, die auf dem Kieferkamm verläuft;

- das transversale Design (Bügelform) kommt zur Anwendung, wenn die Rekonstruktionsteile durch einen transversalen Bügel verbunden werden müssen. Dies ist immer dann der Fall, wenn im Frontbereich Zähne nicht in die Konstruktion einbezogen werden.

292 Konuskronen wurden in ein dentoalveoläres und 320 in ein transversales Design einbezogen. 258 Konuskronen wurden im Oberkiefer, 354 im Unterkiefer gesetzt.

Die GEE-Methode

Bei den Zwillingsdaten taucht das Problem auf, daß die Zwillinge eines Blockes korreliert sind. Läßt man die Korreliertheit unberücksichtigt, so bleiben die Schätzungen $\hat{\beta}$ unverändert, jedoch wird die Varianz der $\hat{\beta}$'s unterschätzt. Bei positiver Korrelation im Cluster gilt:

$$\mathrm{Var}(\hat{\beta})_{\mathrm{naiv}} < \mathrm{Var}(\hat{\beta})_{\mathrm{robust}}.$$

Folglich erhält man wegen

$$\frac{\hat{\beta}}{\sqrt{\text{Var}(\hat{\beta})_{\text{naiv}}}} > \frac{\hat{\beta}}{\sqrt{\text{Var}(\hat{\beta})_{\text{robust}}}}$$

verfälschte Tests und unter Umständen signifikante Effekte, die bei einer korrekten Analyse (z.B. GEE) möglicherweise nicht signifikant sind. Aus diesem Grund sollten bei Vorliegen von korrelierten Responsevariablen entsprechende Methoden gewählt werden, die die Varianz korrekt schätzen.

Das folgende einfache Regressionsmodell ohne Interaktionen wird angenommen:

$$\ln \frac{P(\text{Tragezeit} \geq \text{x})}{P(\text{Tragezeit} < \text{x})} = \beta_0 + \beta_1 \cdot \text{Alter} + \beta_2 \cdot \text{Geschlecht} + \beta_3 \cdot \text{Kiefer} + \beta_4 \cdot \text{Form.}$$

$$(10.241)$$

Weiterhin wird angenommen, daß die Abhängigkeiten zwischen den Zwillingen einheitlich sind und sich aus diesem Grund die exchangeable Korrelationsstruktur zur Beschreibung der Abhängigkeiten eignet.

Um die Wirkung verschiedener Korrelationsannahmen auf die Schätzung der Parameter zu demonstrieren, werden die folgenden logistischen Regressionsmodelle gegenübergestellt, die sich nur in den angenommenen Modellen für den Assoziationsparameter unterscheiden:

Modell 1: naive (inkorrekte) ML-Schätzung

Modell 2: robuste (korrekte) Schätzung, wobei Unabhängigkeit angenommen wird $(\mathbf{R}_i(\alpha) = \mathbf{I})$ ·

Modell 3: robuste Schätzung mit exchangeable Korrelationsstruktur $(\rho_{ikl} = \text{Corr}(y_{ik}, y_{il}) = \alpha, \; k \neq l)$

Modell 4: robuste Schätzung mit unspezifizierter Korrelationsstruktur $(\mathbf{R}_i(\alpha) = \mathbf{R}(\alpha))$.

Als Teststatistik (z-naiv und z-robust) nimmt man den Quotienten aus Schätzwert und seiner Standardabweichung.

Ergebnisse

In Tabelle 10.13 sind die geschätzten Regressionsparameter, die Standardabweichungen, die z-Statistiken und die p-values der Modelle 2, 3 und 4 der Responsevariablen

$$y_{ij} = \begin{cases} 1 & , \quad \text{wenn die Konuskrone länger als 360 Tage in Funktion ist} \\ 0 & , \quad \text{wenn die Konuskrone nicht länger als 360 Tage in Funktion ist} \end{cases}$$

zusammengefaßt. Es zeigt sich, daß die $\hat{\beta}$-Werte und die z-Statistiken unabhängig von der Wahl von $\mathbf{R}_i$ gleich sind, obwohl eine hohe Korrelation zwischen den Zwillingen existiert. In dem exchangeable Korrelationsmodell ergab sich für den geschätzten Korrelationsparameter $\hat{\alpha}$ der Wert 0.9498. Im Modell mit der unspezifizierten Korrelationsstruktur wurden ρ_{i12} und ρ_{i21} ebenfalls auf 0.9498 geschätzt. Dieser Effekt, daß die Schätzungen der Modelle 2, 3 und 4 übereinstimmen, wurde auch bei den Untersuchungen der Responsevariablen mit x=1100 und x=2000 beobachtet. D.h. die Wahl von $\mathbf{R}_i$ hat bei binärem bivariaten Response keinen Einfluß auf das Schätzverfahren. Das GEE-Verfahren ist robust gegenüber verschiedenen Korrelationsannahmen.

In Tabelle 10.14 werden die Ergebnisse der Modelle 1 und 2 miteinander verglichen. Der auffallende Unterschied zwischen den beiden Modellen ist, daß die Kovariable Alter bei Durchführung der naiven ML-Schätzung (Modell 1) auf dem 10%-Niveau signifikant ist, während sie diese Signifikanz bei dem robusten Verfahren mit Unabhängigkeitsannahme (Modell 2) nicht aufweisen kann. Bei gleich geschätzten Regressionsparametern sind die robusten Varianzen von $\hat{\beta}$ größer und entsprechend die robusten z-Statistiken kleiner als die naiven z-Statistiken. Dieses Ergebnis zeigt deutlich, daß die in diesem Fall inkorrekte ML-Methode die Varianzen von $\hat{\beta}$ unterschätzt und dadurch einen falschen Alterseffekt angibt.

≥ 360	Modell 2 (Unabhängigkeitsann.)	Modell 3 (exchangeable)	Modell 4 (unspezifiziert)
Alter	0.017[1] (0.012)[2] 1.33[3] 0.185[4]	0.017 (0.012) 1.33 0.185	0.017 (0.012) 1.33 0.185
Geschlecht	-0.117 (0.265) -0.44 0.659	-0.117 (0.265) -0.44 0.659	-0.117 (0.265) -0.44 0.659
Kiefer	0.029 (0.269) 0.11 0.916	0.029 (0.269) 0.11 0.916	0.029 (0.269) 0.11 0.916
Form	-0.027 (0.272) -0.10 0.920	-0.027 (0.272) -0.10 0.920	-0.027 (0.272) -0.10 0.920

Tabelle 10.13: Ergebnisse der robusten Schätzungen für die Modelle 2, 3 und 4 (x=360). [1]: geschätzte Regressionswerte $\hat{\beta}$; [2]: Standardabweichung von $\hat{\beta}$; [3]: z-Statistik; [4]: p-value

In den Tabellen 10.15 und 10.16 sind die Ergebnisse mit den x-Werten 1100 und 2000 zusammengestellt.

Wird die Responsevariable mit x=1100 modelliert, so ist aus Tabelle 10.15 zu entnehmen, daß keine der beobachteten Kovariablen signifikant ist. Der geschätzte Korrelationsparameter $\hat{\alpha}$ = 0.9578 läßt auch hier eine hohe Abhängigkeit zwischen den Zwillingen erkennen. In Tabelle 10.15 ist die 'Form' bei der naiven Schätzung ein signifikanter Einflußfaktor und bei der GEE-

≥360	Modell 1 (naiv)			Modell 2 (robust)		
	σ	z	p-value	σ	z	p-value
Alter	0.008	1.95	0.051*	0.012	1.33	0.185
Geschlecht	0.190	-0.62	0.538	0.265	-0.44	0.659
Kiefer	0.192	0.15	0.882	0.269	0.11	0.916
Form	0.193	-0.14	0.887	0.272	-0.10	0.920

Tabelle 10.14: Vergleich der Standardabweichungen, der z-Statistiken und der p-values der Modelle 1 und 2 (x=360). *: signifikant auf dem 10%-Niveau

≥1100	$\hat{\beta}$	Modell 1 (naiv)			Modell 2 (robust)		
		σ	z	p-value	σ	z	p-value
Alter	0.0006	0.008	0.08	0.939	0.010	0.06	0.955
Geschlecht	-0.0004	0.170	-0.00	0.998	0.240	-0.00	0.999
Kiefer	0.1591	0.171	0.93	0.352	0.240	0.66	0.507
Form	0.0369	0.172	0.21	0.830	0.242	0.15	0.878

Tabelle 10.15: Vergleich der Standardabweichungen, der z-Statistiken und der p-values der Modelle 1 und 2 (x=1100)

Methode (R=I) mit einem p-value=0.104 möglicherweise signifikant (10%-Niveau). Der Wert $\hat{\beta}_{\text{Form}} = 0.6531$ deutet darauf hin, daß ein dentoalveoläres Design signifikant den log Odds der Responsevarialen

$$Y_{ij} = \begin{cases} 1 & , \quad \text{wenn die Konuskrone länger als 2000 Tage in Funktion ist} \\ 0 & , \quad \text{wenn die Konuskrone nicht länger als 2000 Tage in Funktion ist} \end{cases}$$

erhöht. Geht man von dem Modell

$$\frac{P(\text{Verweilzeit} \geq 2000)}{P(\text{Verweilzeit} < 2000)} = \exp(\beta_0 + \beta_1 \cdot \text{Alter} + \beta_2 \cdot \text{Geschlecht} + \beta_3 \cdot \text{Kiefer} + \beta_4 \cdot \text{Form})$$

≥2000	$\hat{\beta}$	Modell 1 (naiv)			Modell 2 (robust)		
		σ	z	p-value	σ	z	p-value
Alter	-0.0051	0.013	-0.40	0.691	0.015	-0.34	0.735
Geschlecht	-0.2177	0.289	-0.75	0.452	0.399	-0.55	0.586
Kiefer	0.0709	0.287	0.25	0.805	0.412	0.17	0.863
Form	0.6531	0.298	2.19	0.028*	0.402	1.62	0.104

Tabelle 10.16: Vergleich der Standardabweichungen, der z-Statistiken und der p-values der Modelle 1 und 2 (x=2000). *: signifikant auf dem 10%-Niveau

aus, so ist der Odds $\frac{P(\text{Verweilzeit} \geq 2000)}{P(\text{Verweilzeit} < 2000)}$ für ein dentoalveoläres Design um den Faktor $\exp(\beta_4) = \exp(0.6531) = 1.92$ höher als der Odds für ein transversales Design, oder alternativ: der Odds-Ratio ist gleich 1.92. Für den Korrelationsparameter ergab sich der Wert 0.9035.

Zusammenfassend kann man sagen, daß 'Alter' und 'Form' signifikante, aber zeitabhängige Kovariablen sind. In der robusten Schätzung sind keine signifikanten Wechselwirkungen aufgetreten, und zwischen den Zwillingen eines Paares bestehen hohe Korrelationen α.

Probleme

Die hier schrittweise durchgeführten GEE-Schätzungen sind mit Vorsicht zu vergleichen, da sie aufgrund des Zeiteffekts in den Responsevariablen nicht unabhängig voneinander sind. Es fehlen in diesem Zusammenhang zeit-adjustierte GEE-Methoden, die in diesem Beispiel eingesetzt werden könnten. Weitere Bemühungen sind deshalb auf dem Gebiet der Lebensdaueranalyse erforderlich, um die Standardverfahren wie Kaplan-Meier-Schätzer und Log-Rank Test, die auf der Unabhängigkeit der Responsevariablen beruhen, zu ergänzen.

10.10 Kontrollfragen und Aufgaben

10.1 Seien zwei Modelle durch ihre Designmatrizen $\mathbf{X}_1$ und $\mathbf{X}_2 = (\mathbf{X}_1, \mathbf{X}_3)$ definiert. Wie lautet die Teststatistik zum Prüfen von H_0 : Modell $\mathbf{X}_1$ gültig? Welche Verteilung besitzt sie?

10.2 Was versteht man unter Overdispersion? Wie wird sie bei Binomialverteilung parametrisiert?

10.3 Warum wird der Quasi–Loglikelihood–Ansatz gewählt? Wie parametrisiert man Korrelationen in Cluster–Daten?

10.4 Stellen Sie die Modelle der zweifachen Klassifikation für stetige, normalverteilte Daten (ANOVA) und für kategoriale Daten gegenüber. Wie lauten die jeweiligen Reparametrisierungsbedingungen?

10.5 Sei folgende G^2–Analyse eines zweifachen Modells mit allen Submodellen gegeben:

Modell	G^2	p–value
A	200	0.00
B	100	0.00
A+B	20	0.10
A*B	0	1.00

Welches Modell ist gültig?

10.6 Es sei folgende $I \times 2$–Tafel für X : Altersgruppe und Y : binärer Response gegeben.

	1	0
< 40	10	8
40–50	15	12
50–60	20	12
60–70	30	20
> 70	30	25

Analysieren Sie den Trend der Stichprobenlogits.

Anhang A

Matrixalgebra

Dieser Anhang ist eine gekürzte, auf die Belange dieses Buches zugeschnittene Version des Anhangs zur Matrixalgebra aus Toutenburg (1992). Ziel ist die Auflistung wesentlicher Definitionen und Sätze zur Matrixalgebra, die in den Modellen der Regressions– und Varianzanalyse von Bedeutung sind.
Als weiterführende Literatur zur Matrixtheorie sind zu empfehlen: Graybill (1961), Rao (1973), Johnston (1972), Mardia et al. (1979), Searle (1982), Albert (1972), Pollock (1979), Rao and Mitra (1971), Dhrymes (1978), Campbell and Meyer (1979).

A.1   Einführung

Definition A.1 *Eine $m \times n$-Matrix $\mathbf{A}$ ist eine rechteckige Anordnung von Elementen (in diesem Buch und Anhang : reelle Zahlen) in m Zeilen und n Spalten.*

Wir sagen, $\mathbf{A}$ sei vom Typ $m \times n$ oder (m,n) und schreiben häufig zur Abkürzung $\underset{m,n}{\mathbf{A}}$, $\underset{m \times n}{\mathbf{A}}$ oder $\mathbf{A} : (m,n)$.

Sei a_{ij} das Element in der i-ten Zeile und der j-ten Spalte von $\mathbf{A}$. Dann ist

$$\mathbf{A} = \begin{pmatrix} a_{11} & a_{12} & \cdots & a_{1n} \\ a_{21} & a_{22} & \cdots & a_{2n} \\ \vdots & \vdots & & \cdots \\ a_{m1} & a_{m2} & \cdots & a_{mn} \end{pmatrix} = (a_{ij}).$$

Eine Matrix mit $n = m$ Zeilen und Spalten heißt quadratisch.
Eine quadratische Matrix mit Nullen unterhalb der Diagonalen heißt obere Dreiecksmatrix.

Definition A.2 *Die Transponierte $\mathbf{A}'$ einer Matrix $\mathbf{A}$ entsteht aus $\mathbf{A}$ durch Vertauschen von Zeilen und Spalten. Damit ist*

$$\underset{n,m}{\mathbf{A}'} = (a_{ji}).$$

Es gilt

$$(A')' = A, \quad (A + B)' = A' + B', \quad (AB)' = B'A.'$$

Definition A.3 *Eine quadratische Matrix heißt symmetrisch, falls $A' = A$.*

Definition A.4 *Eine $m \times 1$-Matrix A heißt Spaltenvektor a, d.h.*

$$a = \begin{pmatrix} a_1 \\ \vdots \\ a_m \end{pmatrix}.$$

Definition A.5 *Eine $1 \times n$-Matrix A heißt Zeilenvektor a', d.h.*

$$a' = (a_1, \cdots, a_n).$$

Damit existieren für eine Matrix A folgende alternative Darstellungen

$$\begin{array}{c} A \\ m,n \end{array} = (\begin{array}{c} a_{(1)} \\ m,1 \end{array}, \cdots, \begin{array}{c} a_{(n)} \\ m,1 \end{array}) = \begin{pmatrix} a_1' \\ \vdots \\ a_m' \end{pmatrix} \begin{array}{c} (1,n) \\ \vdots \\ (1,n) \end{array}$$

mit

$$a_{(j)} = \begin{pmatrix} a_{1j} \\ \vdots \\ a_{mj} \end{pmatrix}, \quad a_i = \begin{pmatrix} a_{i1} \\ \vdots \\ a_{in} \end{pmatrix}.$$

Definition A.6 *Der $1 \times n$ Vektor $(1, \cdots, 1)$ wird mit $1_n'$ oder kurz $1'$ bezeichnet.*

Definition A.7 *Die (m,m)-Matrix A mit $a_{ij} = 1$ (alle i,j) wird mit*

$$J_m = \begin{pmatrix} 1 & \cdots & 1 \\ \vdots & & \vdots \\ 1 & \vdots & 1 \end{pmatrix} = 1_m 1_m'$$

bezeichnet.

Definition A.8 *Der $1 \times n$-Zeilenvektor*

$$e_i' = (0, \cdots, 0, \underset{i}{1}, 0, 0, \cdots, 0)$$

mit einer 1 an der i-ten Stelle heißt i–ter Einheitsvektor.

Definition A.9 *Die quadratische (n,n)-Matrix mit Einsen auf der Hauptdiagonalen und Nullen sonst heißt Einheitsmatrix I_n.*

Definition A.10 *Eine quadratische Matrix* $\mathbf{A}$ *mit Elementen* a_{ii} *auf der Hauptdiagonalen und Nullen sonst heißt Diagonalmatrix. Wir schreiben*

$$\mathop{\mathbf{A}}_{n,n} = diag(a_{11},\cdots,a_{nn}) = diag(a_{ii}) = \begin{pmatrix} a_{11} & & 0 \\ & \ddots & \\ 0 & & a_{nn} \end{pmatrix}.$$

Definition A.11 *Eine Matrix* $\mathbf{A}$*, die als Zusammenfassung von Submatrizen dargestellt wird, heißt unterteilt oder partitioniert.*

Beispiele sind

$$\mathop{\mathbf{A}}_{m,n} = (\ \mathop{\mathbf{A}_1}_{m,r}\ ,\ \mathop{\mathbf{A}_2}_{m,s}\ ) \quad \text{mit } r+s=n$$

$$\mathop{\mathbf{A}}_{m,n} = \begin{pmatrix} \mathbf{A}_{11} & \mathbf{A}_{12} \\ \mathbf{A}_{21} & \mathbf{A}_{22} \end{pmatrix}$$

mit den Dimensionen der Submatrizen $\begin{pmatrix} r,r & r,s \\ m-r,r & m-r,s \end{pmatrix}.$

Für partitionierte Matrizen gilt z.B.

$$\mathbf{A}' = \begin{pmatrix} \mathbf{A}'_{11} & \mathbf{A}'_{21} \\ \mathbf{A}'_{12} & \mathbf{A}'_{22} \end{pmatrix}, \quad \mathbf{A}' = \begin{pmatrix} \mathbf{A}'_1 \\ \mathbf{A}'_2 \end{pmatrix}.$$

A.2 Spur einer Matrix

Definition A.12 *Die Hauptdiagonalelemente einer* $n \times n$*-Matrix* $\mathbf{A}$ *seien* $a_{11},\ldots,a_{nn}$*. Die Spur der Matrix* $\mathbf{A}$ *ist dann*

$$sp\,(\mathbf{A}) = \sum_{i=1}^{n} a_{ii}.$$

Satz A.13: *Es seien* $\mathbf{A}$ *und* $\mathbf{B}$ $n \times n$*-Matrizen und* c *ein Skalar. Dann gilt:*

(i) $sp(\mathbf{A} \pm \mathbf{B}) = sp(\mathbf{A}) \pm sp(\mathbf{B})$,

(ii) $sp(\mathbf{A}') = sp(\mathbf{A})$,

(iii) $sp(c\mathbf{A}) = c\,sp(\mathbf{A})$,

(iv) $sp\,(\mathbf{AB}) = sp(\mathbf{BA})$,

(v) $sp(\mathbf{AA}') = sp(\mathbf{A}'\mathbf{A}) = \sum_{i,j} a_{ij}^2$.

(vi) Für das Skalarprodukt eines $1 \times n$*-Vektors* $\mathbf{a}' = (a_1,\cdots,a_n)$ *gilt*

$$\mathbf{a}'\mathbf{a} = \sum_{i=1}^{n} a_i^2 = sp(\mathbf{aa}').$$

(iv) gilt auch für den Fall, daß $\mathbf{A}$ eine $n \times m$-Matrix und $\mathbf{B}$ eine $m \times n$-Matrix ist.

A.3 Determinanten

Definition A.14 *Die Determinante einer quadratischen (n,n)-Matrix $\mathbf{A}$ ist definiert als*

$$|\mathbf{A}| = \sum_{i=1}^{n}(-1)^{i+j}a_{ij}|\mathbf{M}_{ij}| \quad \text{(für jedes j)},$$

wobei $|\mathbf{M}_{ij}|$ die Determinante nach Streichung der i-ten Zeile und der j-ten Spalte von $\mathbf{A}$ ist. $|\mathbf{M}_{ij}|$ heißt Minor zum Element a_{ij}.
$\mathbf{A}_{ij} = (-1)^{i+j}|\mathbf{M}_{ij}|$ heißt der Kofaktor von a_{ij}.

Beispiel: $n = 2$:

$$|\mathbf{A}| = a_{11}a_{22} - a_{12}a_{21}$$

$n = 3$: Entwicklung nach Zeilen und der ersten Spalte

$$\mathbf{A}_{11} = (-1)^2 \begin{vmatrix} a_{22} & a_{23} \\ a_{32} & a_{33} \end{vmatrix}$$

$$\mathbf{A}_{21} = (-1)^3 \begin{vmatrix} a_{12} & a_{13} \\ a_{32} & a_{33} \end{vmatrix}$$

$$\mathbf{A}_{31} = (-1)^4 \begin{vmatrix} a_{12} & a_{13} \\ a_{22} & a_{23} \end{vmatrix}$$

$$\Rightarrow |\mathbf{A}| = a_{11}\mathbf{A}_{11} + a_{21}\mathbf{A}_{21} + a_{31}\mathbf{A}_{31}.$$

Bemerkung: Alternativ kann man die Determinante nach den Spalten entwickeln

$$|\mathbf{A}| = \sum_{j=1}^{n}(-1)^{i+j}a_{ij}|\mathbf{M}_{ij}| \quad \text{(für jedes i)}.$$

Definition A.15 *Eine quadratische Matrix $\mathbf{A}$ heißt regulär, falls $|\mathbf{A}| \neq 0$. Anderenfalls heißt $\mathbf{A}$ singulär.*

Satz A.16 : *Seien $\mathbf{A}$ und $\mathbf{B}$ (n,n)-Matrizen und sei c ein Skalar. Dann ist*

(i) $|\mathbf{A}'| = |\mathbf{A}|$

(ii) $|c\mathbf{A}| = c^n|\mathbf{A}|$

(iii) $|\mathbf{A}\mathbf{B}| = |\mathbf{A}||\mathbf{B}|$

(iv) $|\mathbf{A}^2| = |\mathbf{A}|^2$

(v) Falls $\mathbf{A}$ eine Diagonal– oder Dreiecksmatrix ist, gilt

$$|\mathbf{A}| = \prod_{i=1}^{n} a_{ii}.$$

(vi) Sei $\mathbf{D} = \begin{pmatrix} \mathbf{A} & \mathbf{C} \\ {}_{n,n} & {}_{n,m} \\ \mathbf{O} & \mathbf{B} \\ {}_{m,n} & {}_{m,m} \end{pmatrix}$, *dann ist*

$$\begin{vmatrix} \mathbf{A} & \mathbf{C} \\ \mathbf{O} & \mathbf{B} \end{vmatrix} = |\mathbf{A}||\mathbf{B}|.$$

Analog ist

$$\begin{vmatrix} \mathbf{A}' & \mathbf{O}' \\ \mathbf{C}' & \mathbf{B}' \end{vmatrix} = |\mathbf{A}||\mathbf{B}|.$$

Beweis: Searle (1982, p.97)

(vii) Seien $\mathbf{A}_{11}$ (p,p) und $\mathbf{A}_{22}$ (q,q) quadratische und reguläre Submatrizen. Dann ist

$$\begin{aligned}
\begin{vmatrix} \mathbf{A}_{11} & \mathbf{A}_{12} \\ \mathbf{A}_{21} & \mathbf{A}_{22} \end{vmatrix} &= |\mathbf{A}_{11}||\mathbf{A}_{22} - \mathbf{A}_{21}\mathbf{A}_{11}^{-1}\mathbf{A}_{12}| \\
&= |\mathbf{A}_{22}||\mathbf{A}_{11} - \mathbf{A}_{12}\mathbf{A}_{22}^{-1}\mathbf{A}_{21}|.
\end{aligned}$$

Beweis: Wähle Hilfsmatrizen

$$\mathbf{Z}_1 = \begin{pmatrix} \mathbf{I} & -\mathbf{A}_{12}\mathbf{A}_{22}^{-1} \\ \mathbf{0} & \mathbf{I} \end{pmatrix} \quad und \quad \mathbf{Z}_2 = \begin{pmatrix} \mathbf{I} & \mathbf{0} \\ -\mathbf{A}_{22}^{-1}\mathbf{A}_{21} & \mathbf{I} \end{pmatrix}$$

mit $|\mathbf{Z}_1| = |\mathbf{Z}_2| = 1$ *nach (vi). Dann ist*

$$\mathbf{Z}_1\mathbf{A}\mathbf{Z}_2 = \begin{pmatrix} \mathbf{A}_{11} - \mathbf{A}_{12}\mathbf{A}_{22}^{-1}\mathbf{A}_{21} & \mathbf{0} \\ \mathbf{0} & \mathbf{A}_{22} \end{pmatrix}$$

und nach (iii) und (iv)

$$|\mathbf{Z}_1\mathbf{A}\mathbf{Z}_2| = |\mathbf{A}| = |\mathbf{A}_{22}||\mathbf{A}_{11} - \mathbf{A}_{12}\mathbf{A}_{22}^{-1}\mathbf{A}_{21}|.$$

(viii) $\begin{vmatrix} \mathbf{A} & \mathbf{x} \\ \mathbf{x}' & c \end{vmatrix} = |\mathbf{A}|(c - \mathbf{x}'\mathbf{A}^{-1}\mathbf{x})$ *mit* $\mathbf{x}$ *ein* $(n,1)$-*Vektor.*

Beweis: nach (vii)

(ix) Seien $\mathbf{B}$ (p,n) und $\mathbf{C}$ (n,p) beliebig, jedoch $\mathbf{A}$ (p,p) regulär. Dann gilt

$$\begin{aligned}
|\mathbf{A} + \mathbf{BC}| &= |\mathbf{A}||\mathbf{I}_p + \mathbf{A}^{-1}\mathbf{BC}| \\
&= |\mathbf{A}||\mathbf{I}_n + \mathbf{CA}^{-1}\mathbf{B}|.
\end{aligned}$$

Beweis: Der erste Teil der Relation folgt direkt aus

$$(\mathbf{A} + \mathbf{BC}) = \mathbf{A}(\mathbf{I}_p + \mathbf{A}^{-1}\mathbf{BC})$$

und (iii).

Die zweite Relation folgt durch Anwendung von (vii) auf die Matrix

$$\begin{vmatrix} \mathbf{I}_p & -\mathbf{A}^{-1}\mathbf{B} \\ \mathbf{C} & \mathbf{I}_n \end{vmatrix} = |\mathbf{I}_p||\mathbf{I}_n + \mathbf{C}\mathbf{A}^{-1}\mathbf{B}|$$

$$= |\mathbf{I}_n||\mathbf{I}_p + \mathbf{A}^{-1}\mathbf{B}\mathbf{C}|.$$

(x) $|\mathbf{A} + \mathbf{aa}'| = |\mathbf{A}|(1 + \mathbf{a}'\mathbf{A}^{-1}\mathbf{a})$, *falls* $\mathbf{A}$ *regulär.*

(xi) $|\mathbf{I}_p + \mathbf{BC}| = |\mathbf{I}_n + \mathbf{CB}|$, *falls* $\mathbf{B}(p,n)$ *und* $\mathbf{C}(n,p)$.

A.4   Inverse

Definition A.17 *Die Inverse von* $\mathbf{A}$ *(n,n) ist die eindeutig bestimmte Matrix* $\mathbf{A}^{-1}$ *und es gilt*

$$\mathbf{A}\mathbf{A}^{-1} = \mathbf{A}^{-1}\mathbf{A} = \mathbf{I}.$$

Die Inverse $\mathbf{A}^{-1}$ existiert genau dann, wenn $\mathbf{A}$ regulär ist, d.h. genau dann, wenn $|\mathbf{A}| \neq 0$.

Satz A.18: *Es gelten folgende Regeln*

(i) $(c\mathbf{A})^{-1} = c^{-1}\mathbf{A}^{-1}$

(ii) $(\mathbf{AB})^{-1} = \mathbf{B}^{-1}\mathbf{A}^{-1}$

(iii) *Falls alle notwendigen Inversen existieren, so gilt für*
$$\underset{p,p}{\mathbf{A}} \ , \ \underset{p,n}{\mathbf{B}} \ , \ \underset{n,n}{\mathbf{C}} \ \ und \ \ \underset{n,p}{\mathbf{D}}$$

$$(\mathbf{A} + \mathbf{BCD})^{-1} = \mathbf{A}^{-1} - \mathbf{A}^{-1}\mathbf{B}(\mathbf{C}^{-1} + \mathbf{D}\mathbf{A}^{-1}\mathbf{B})^{-1}\mathbf{D}\mathbf{A}^{-1}.$$

(iv) *Falls* $1 + \mathbf{b}'\mathbf{A}^{-1}\mathbf{a} \neq 0$ *ist, gilt nach (iii)*

$$(\mathbf{A} + \mathbf{ab}')^{-1} = \mathbf{A}^{-1} - \frac{\mathbf{A}^{-1}\mathbf{ab}'\mathbf{A}^{-1}}{1 + \mathbf{b}'\mathbf{A}^{-1}\mathbf{a}}.$$

(v) $|\mathbf{A}^{-1}| = \frac{1}{|\mathbf{A}|}$.

Satz A 19 : Partielle Inversion
Es sei $\mathbf{A}$ *eine reguläre* (n,n)*-Matrix, die wie folgt unterteilt wird:*

$$\mathbf{A} = \begin{pmatrix} \mathbf{E} & \mathbf{F} \\ \mathbf{G} & \mathbf{H} \end{pmatrix},$$

wobei $\mathbf{E}$ *vom Typ* $n_1 \times n_1$, $\mathbf{F} : n_1 \times n_2$, $\mathbf{G} : n_2 \times n_1$ *und* $\mathbf{H} : n_2 \times n_2$ *sind* $(n_1 + n_2 = n)$. $\mathbf{E}$ *und* $\mathbf{D} = \mathbf{H} - \mathbf{G}\mathbf{E}^{-1}\mathbf{F}$ *werden als regulär vorausgesetzt.*

Dann gilt:

$$A^{-1} = \begin{pmatrix} E^{-1}(I + FD^{-1}GE^{-1}) & -E^{-1}FD^{-1} \\ -D^{-1}GE^{-1} & D^{-1} \end{pmatrix} = \begin{pmatrix} A^{11} & A^{12} \\ A^{21} & A^{22} \end{pmatrix}.$$

Beweis: Durch Ausmultiplizieren überzeugt man sich, daß

$$AA^{-1} = A^{-1}A = I$$

gilt.

A.5 Orthogonale Matrizen

Definition A.20 *Eine quadratische Matrix* A *heißt orthogonal, falls* $AA' = I_n$. *Für orthogonale Matrizen gilt:*

(i) $A' = A^{-1}$

(ii) $A'A = I_n$ *(wegen* $A^{-1}A = I$*)*

(iii) $|A| = \pm 1$

(iv) *Sei* $\delta_{ij} = \begin{cases} 1 \ \textit{für } i = j \\ 0 \ \textit{für } i \neq j \end{cases}$ *das Kroneckersymbol. Dann gilt für die Zeilenvektoren von* A

$$a_i'a_j = \delta_{ij}$$

und für die Spaltenvektoren

$$a_{(i)}'a_{(j)} = \delta_{ij}$$

(v) $C = AB$ *orthogonal, falls* A *und* B *orthogonal sind.*

Satz A 21:
Seien $\underset{n,n}{A}$ *und* $\underset{n,n}{B}$ *symmetrisch. Dann existiert eine orthogonale Matrix* H
so, daß $H'AH$ *und* $H'BH$ *diagonal sind, genau dann, wenn*

$$AB = BA.$$

A.6   Rang einer Matrix

Definition A.22 *Der Rang einer (m, n)-Matrix $\mathbf{A}$ ist die Maximalzahl linear unabhängiger Zeilen (oder Spalten). Wir schreiben* $\text{Rang}\,(\underset{m,n}{\mathbf{A}}) = p$.

Satz A.23: *Es gilt*

(i) $0 \le \text{Rang}\,(\mathbf{A}) \le \min(m, n)$

(ii) $\text{Rang}\,(\mathbf{A}) = \text{Rang}\,(\mathbf{A}')$

(iii) $\text{Rang}\,(\mathbf{A} + \mathbf{B}) \le \text{Rang}\,(\mathbf{A}) + \text{Rang}\,(\mathbf{B})$

(iv) $\text{Rang}\,(\mathbf{AB}) \le \min\{\text{Rang}\,(\mathbf{A}), \text{Rang}\,(\mathbf{B})\}$

(v) $\text{Rang}\,(\mathbf{AA}') = \text{Rang}\,(\mathbf{A}'\mathbf{A}) = \text{Rang}\,(\mathbf{A})$

(vi) Falls $\underset{m,m}{\mathbf{B}}$ *und* $\underset{n,n}{\mathbf{C}}$ *regulär sind, gilt*

$$\text{Rang}\,(\mathbf{BAC}) = \text{Rang}\,(\mathbf{A}).$$

(vii) Falls $\mathbf{A}$ *quadratisch ist* $(m = n)$*, so ist* $\text{Rang}\,(\mathbf{A}) = n$ *genau dann, wenn* $\mathbf{A}$ *regulär ist.*

(viii) Falls $\mathbf{A} = \text{diag}(a_i)$ *ist, so ist* $\text{Rang}\,(\mathbf{A})$ *gleich der Anzahl der* $a_i \ne 0$.

A.7   Spalten– und Nullraum

Definition A.24   *(i) Der Spaltenraum* $\mathcal{R}(\mathbf{A})$ *einer Matrix* $\underset{m,n}{\mathbf{A}}$ *ist der Vektorraum, der von den Spalten von* $\mathbf{A} = (\mathbf{a}_{(1)}, \cdots, \mathbf{a}_{(n)})$ *aufgespannt wird:*

$$\mathcal{R}(\mathbf{A}) = \{\mathbf{z} : \mathbf{z} = \mathbf{Ax} = \sum_{i=1}^{n} \mathbf{a}_{(i)} x_i, \quad \mathbf{x} \in \mathbf{E}^n\}.$$

(ii) Der Nullraum $\mathcal{N}(\mathbf{A})$ *ist definiert als der Vektorraum*

$$\mathcal{N}(\mathbf{A}) = \{\mathbf{x} \in \mathbf{E}^n : \mathbf{Ax} = \mathbf{0}\}.$$

Satz A.25:

(i) $\text{Rang}\,(\mathbf{A}) = \dim\mathcal{R}(\mathbf{A})$,
wobei $\dim \mathbf{V}$ *die Anzahl der Basisvektoren eines Vektorraumes* $\mathbf{V}$ *ist.*

(ii) $\dim\mathcal{R}(\mathbf{A}) + \dim\mathcal{N}(\mathbf{A}) = n$

(iii) $\mathcal{N}(\mathbf{A}) = \{\mathcal{R}(\mathbf{A}')\}^{\perp}$,

wobei $\mathbf{V}^{\perp}$ *das orthogonale Komplement eines Vektorraumes* $\mathbf{V}$ *ist, d.h.* $\mathbf{V}^{\perp} = \{\mathbf{x} : \mathbf{x}'\mathbf{y} = 0 \quad mit \quad \mathbf{y} \in \mathbf{V}\}$.

(iv) $\mathcal{R}(\mathbf{A}\mathbf{A}') = \mathcal{R}(\mathbf{A})$.

(v) $\mathcal{R}(\mathbf{AB}) \subseteq \mathcal{R}(\mathbf{A})$ *für* $\mathbf{A}, \mathbf{B}$ *beliebig*

(vi) Sei $\mathbf{A} \geq 0$ *und* $\mathbf{B}$ *beliebig, so ist*

$$\mathcal{R}(\mathbf{BAB}') = \mathcal{R}(\mathbf{BA}).$$

A.8 Eigenwerte und Eigenvektoren

Definition A.26 *Sei* $\mathbf{A}$ *eine quadratische Matrix, dann ist*

$$q(\lambda) = |\mathbf{A} - \lambda\mathbf{I}|$$

ein Polynom p-ter Ordnung in λ. *Die p Lösungen* $\lambda_1, \ldots, \lambda_p$ *der charakteristischen Gleichung* $|\mathbf{A} - \lambda\mathbf{I}| = 0$ *heißen Eigenwerte von* $\mathbf{A}$.

Für jede Lösung λ_i ist $|\mathbf{A} - \lambda_i\mathbf{I}| = 0$, d.h. $\mathbf{A} - \lambda_i\mathbf{I}$ ist singulär. Damit existiert zu jedem λ_i ein Vektor $\boldsymbol{\gamma}_i \neq 0$ so, daß $(\mathbf{A} - \lambda_i\mathbf{I})\boldsymbol{\gamma}_i = 0$, d.h.

$$\mathbf{A}\boldsymbol{\gamma}_i = \lambda_i\boldsymbol{\gamma}_i.$$

$\boldsymbol{\gamma}_i$ heißt rechter Eigenvektor zum Eigenwert λ_i. Der von den zu λ_i gehörenden Eigenvektoren $\boldsymbol{\gamma}_i$ aufgespannte Vektorraum heißt Eigenraum von λ_i. Die Eigenwerte können für allgemeine Matrizen $\mathbf{A}$ komplex sein. Die zugehörigen Eigenvektoren können dann auch komplexe Komponenten enthalten. Ein reeller Eigenvektor $\boldsymbol{\gamma}$ heißt standardisiert, falls $\boldsymbol{\gamma}'\boldsymbol{\gamma} = 1$.

Satz A 27:

(i) Falls $\mathbf{x}, \mathbf{y}$ *Eigenvektoren zu einem festen Eigenwert* λ_i *von* $\mathbf{A}$ *sind, so ist* $\alpha\mathbf{x} + \beta\mathbf{y}$ *ebenfalls Eigenvektor zu* λ_i:

$$\mathbf{A}(\alpha\mathbf{x} + \beta\mathbf{y}) = \lambda_i(\alpha\mathbf{x} + \beta\mathbf{y}).$$

(ii) Das Polynom $q(\lambda) = |\mathbf{A} - \lambda\mathbf{I}|$ *lautet in Normalform*

$$q(\lambda) = \prod_{i=1}^{p}(\lambda_i - \lambda),$$

also ist $q(0) = \prod_{i=1}^{p} \lambda_i$. *Damit gilt*

$$|\mathbf{A}| = \prod_{i=1}^{p} \lambda_i.$$

(iii) Vergleicht man die Koeffizienten des Terms λ^{n-1} in $q(\lambda) = \prod_{i=1}^{p}(\lambda_i - \lambda)$ und $|\mathbf{A} - \lambda\mathbf{I}|$, so folgt

$$sp(\mathbf{A}) = \sum_{i=1}^{p} \lambda_i.$$

(iv) Sei $\mathbf{C}$ eine reguläre Matrix. Dann haben $\mathbf{A}$ und $\mathbf{CAC}^{-1}$ dieselben Eigenwerte λ_i.

Sei γ_i ein Eigenvektor zu λ_i. Dann ist $\mathbf{C}\gamma_i$ ein Eigenvektor der Matrix $\mathbf{CAC}^{-1}$ zum Eigenwert λ_i.

Beweis: $\mathbf{C}$ ist regulär, also existiert $\mathbf{C}^{-1}$ mit $\mathbf{CC}^{-1} = \mathbf{I}$. Es ist $|\mathbf{C}^{-1}| = \frac{1}{|\mathbf{C}|}$. Damit wird

$$\begin{aligned}
|\mathbf{A} - \lambda\mathbf{I}| &= |\mathbf{C}||\mathbf{A} - \lambda\mathbf{C}^{-1}\mathbf{C}||\mathbf{C}^{-1}| \\
&= |\mathbf{CAC}^{-1} - \lambda\mathbf{I}|,
\end{aligned}$$

so daß $\mathbf{A}$ und $\mathbf{CAC}^{-1}$ dieselben Eigenwerte besitzen.
Sei $\mathbf{A}\gamma_i = \lambda_i\gamma_i$. Dann folgt durch Linksmultiplikation mit $\mathbf{C}$

$$\mathbf{CAC}^{-1}\mathbf{C}\gamma_i = (\mathbf{CAC}^{-1})(\mathbf{C}\gamma_i) = \lambda_i(\mathbf{C}\gamma_i).$$

(v) Sei α eine reelle Zahl. Dann hat die Matrix $\mathbf{A} + \alpha\mathbf{I}$ die Eigenwerte $\tilde{\lambda}_i = \lambda_i + \alpha$ gemäß

$$|\mathbf{A} + \alpha\mathbf{I} - \tilde{\lambda}\mathbf{I}| = |\mathbf{A} - (\tilde{\lambda} - \alpha)\mathbf{I}|$$

und dieselben Eigenvektoren wie $\mathbf{A}$.

(vi) Sei λ_1 ein beliebiger Eigenwert von $\mathbf{A}$ mit der Vielfachheit k und sei $\mathbf{H}$ der zu λ_1 gehörende Eigenraum mit $dim(\mathbf{H}) = r$. Dann gilt

$$1 \leq r \leq k.$$

Beweis: Mardia et al. (1979), p.467

Bemerkungen:

(a) Falls $\mathbf{A}$ symmetrisch ist, gilt $r = k$.

(b) Falls $\mathbf{A}$ nichtsymmetrisch ist, kann $r < k$ gelten.

Beispiel: $\mathbf{A} = \begin{pmatrix} 0 & 1 \\ 0 & 0 \end{pmatrix}$, $\mathbf{A} \neq \mathbf{A}'$

$$|\mathbf{A} - \lambda\mathbf{I}| = \begin{vmatrix} -\lambda & 1 \\ 0 & -\lambda \end{vmatrix} = \lambda^2 = 0.$$

Die Vielfachheit von $\lambda_{1,2} = 0$ ist $k = 2$.

Die Eigenvektoren zu $\lambda = 0$ sind $\gamma = \alpha \begin{pmatrix} 1 \\ 0 \end{pmatrix}$. Der Eigenraum zu $\lambda = 0$

hat also die Dimension $r = 1$.

(c) Falls zu beliebigem Eigenwert λ_1 $dim(\mathbf{H}) = r = 1$ ist, so ist der standardisierte Eigenvektor von λ_1 eindeutig bis auf das Vorzeichen.

Satz A 28: *Für $\underset{n,p}{\mathbf{A}}$ und $\underset{p,n}{\mathbf{B}}$ mit $n > p$ stimmen die nichttrivialen Eigenwerte $\lambda_i \neq 0$ der Matrixprodukte $\mathbf{AB}$ und $\mathbf{BA}$ überein. Sie haben dieselbe Vielfachheit. Falls $\mathbf{x}$ ein nichttrivialer Eigenvektor (d.h. $\mathbf{x} \neq 0$) von $\mathbf{AB}$ zum Eigenwert $\lambda \neq 0$ ist, so ist $\mathbf{y} = \mathbf{Bx}$ ein nichttrivialer Eigenvektor von $\mathbf{BA}$ zum selben Eigenwert λ.*

Korollar 1 zu Satz A 28: *Eine Matrix $\mathbf{A} = \mathbf{aa'}$ mit $\mathbf{a} \neq 0$ vom Rang 1 hat als Eigenwert $\lambda = \mathbf{a'a}$ und als zugehörigen Eigenvektor $\mathbf{a}$.*

Korollar 2 zu Satz A 28: *Die Matrizen $\mathbf{AA'}$ und $\mathbf{A'A}$ haben dieselben Eigenwerte.*

Satz A 29: *Die Eigenwerte einer symmetrischen Matrix $\mathbf{A} = \mathbf{A'}$ sind reell.*

A.9 Zerlegung von Matrizen (Produktdarstellungen)

Satz A 30: Spektralzerlegung
Jede symmetrische Matrix $\mathbf{A}$ läßt sich darstellen als

$$\mathbf{A} = \mathbf{\Gamma}\mathbf{\Lambda}\mathbf{\Gamma'} = \sum \lambda_i \gamma_{(i)} \gamma_{(i)}'$$

mit $\mathbf{\Lambda} = diag(\lambda_1, \cdots, \lambda_p)$ der Matrix der Eigenwerte von $\mathbf{A}$ und $\mathbf{\Gamma} = (\gamma_{(1)}, \cdots, \gamma_{(p)})$ der Matrix mit den standardisierten Eigenvektoren $\gamma_{(i)}$ als Spalten. $\mathbf{\Gamma}$ ist orthogonal:

$$\mathbf{\Gamma}\mathbf{\Gamma'} = \mathbf{\Gamma'}\mathbf{\Gamma} = \mathbf{I}.$$

Beweis: z.B. in Mardia et al. (1979, p. 469)

Satz A 31:

(i) *Sei $\mathbf{A}$ symmetrisch und $\mathbf{A} = \mathbf{\Gamma}\mathbf{\Lambda}\mathbf{\Gamma'}$. Dann haben $\mathbf{A}$ und $\mathbf{\Lambda}$ dieselben Eigenwerte mit derselben Vielfachheit.*

(ii) *Aus $\mathbf{A} = \mathbf{\Gamma}\mathbf{\Lambda}\mathbf{\Gamma'}$ folgt $\mathbf{\Lambda} = \mathbf{\Gamma'}\mathbf{A}\mathbf{\Gamma}$.*

(iii) *Sei $\mathbf{A}$ (p,p) symmetrisch und regulär. Dann gilt für n ganzzahlig $\mathbf{A}^n = \mathbf{\Gamma}\mathbf{\Lambda}^n\mathbf{\Gamma'}$ mit $\mathbf{\Lambda}^n = diag(\lambda_i^n)$. Falls alle Eigenwerte von $\mathbf{A}$ positiv sind, kann man die rationale Potenz von $\mathbf{A}$ definieren (r,s ganzzahlig)*

$$\mathbf{A}^{r/s} = \mathbf{\Gamma}\mathbf{\Lambda}^{r/s}\mathbf{\Gamma'} \quad mit \ \mathbf{\Lambda}^{r/s} = diag(\lambda_i^{r/s}).$$

Wichtige Spezialfälle sind $(\lambda_i > 0)$

$$\mathbf{A}^{-1} = \mathbf{\Gamma}\mathbf{\Lambda}^{-1}\mathbf{\Gamma'} \quad mit \ \mathbf{\Lambda}^{-1} = diag(\lambda_i^{-1}),$$

die symmetrische Wurzelzerlegung (für $\lambda_i \geq 0$)

$$\mathbf{A}^{1/2} = \mathbf{\Gamma}\mathbf{\Lambda}^{1/2}\mathbf{\Gamma}' \quad mit \ \mathbf{\Lambda}^{1/2} = diag(\lambda_i^{1/2})$$

und (für $\lambda_i > 0$)

$$\mathbf{A}^{-1/2} = \mathbf{\Gamma}\mathbf{\Lambda}^{-1/2}\mathbf{\Gamma}' \quad mit \ \mathbf{\Lambda}^{-1/2} = diag(\lambda_i^{-1/2}).$$

(iv) Der Rang einer symmetrischen Matrix $\mathbf{A}$ ist gleich der Anzahl der Eigenwerte $\lambda_i \neq 0$.

Beweis: Nach Satz A 23 (vi) ist Rang $(\mathbf{A})$ = Rang $(\mathbf{\Gamma}\mathbf{\Lambda}\mathbf{\Gamma}')$ = Rang $(\mathbf{\Lambda})$ und dies ist nach Satz A 23 (viii) gleich der Anzahl der $\lambda_i \neq 0$.

(v) Eine symmetrische Matrix $\mathbf{A}$ ist eindeutig durch ihre verschiedenen Eigenwerte und die zugehörigen Eigenräume bestimmt.
Wenn die verschiedenen λ_i der Größe nach geordnet sind ($\lambda_1 \geq \cdots \geq \lambda_p$), so ist $\mathbf{\Gamma}$ eindeutig bis auf das Vorzeichen.

(vi) $\mathbf{A}^{1/2}$ und $\mathbf{A}$ haben dieselben Eigenvektoren. Damit ist $\mathbf{A}^{1/2}$ eindeutig bestimmt.

(vii) Seien $\lambda_1 \geq \lambda_2 \geq \cdots \geq \lambda_k > 0$ die nichttrivialen Eigenwerte und $\lambda_{k+1} = \cdots = \lambda_p = 0$. Dann gilt

$$\mathbf{A} = (\mathbf{\Gamma}_1 \mathbf{\Gamma}_2) \begin{pmatrix} \mathbf{\Lambda}_1 & 0 \\ 0 & 0 \end{pmatrix} \begin{pmatrix} \mathbf{\Gamma}_1' \\ \mathbf{\Gamma}_2' \end{pmatrix} = \mathbf{\Gamma}_1 \mathbf{\Lambda}_1 \mathbf{\Gamma}_1'$$

mit $\mathbf{\Lambda}_1 = diag(\lambda_1, \cdots, \lambda_k)$ und $\mathbf{\Gamma}_1 = (\boldsymbol{\gamma}_{(1)}, \cdots, \boldsymbol{\gamma}_{(k)})$, wobei $\mathbf{\Gamma}_1'\mathbf{\Gamma}_1 = \mathbf{I}_k$ ($\mathbf{\Gamma}_1$ ist spaltenorthonormal).

(viii) Eine symmetrische Matrix $\mathbf{A}$ hat den Rang 1 genau dann, wenn $\mathbf{A} = \mathbf{aa}'$ mit $\mathbf{a} \neq 0$.

Beweis: Sei Rang $(\mathbf{A})$ = Rang $(\mathbf{\Lambda})$ = 1, so folgt $\mathbf{\Lambda} = \begin{pmatrix} \lambda & 0 \\ 0 & 0 \end{pmatrix}$, $\mathbf{A} = \lambda\boldsymbol{\gamma}\boldsymbol{\gamma}' =$ $\mathbf{aa}'$ mit $\mathbf{a} = \sqrt{\lambda}\boldsymbol{\gamma}$.
Sei umgekehrt $\mathbf{A} = \mathbf{aa}'$, so ist wegen Satz A 23 (iv) Rang $(\mathbf{A})$ = Rang $(\mathbf{a})$ = 1.

Satz A 32: Singulärwertdarstellung einer Rechtecksmatrix
Sei $\underset{n,p}{\mathbf{A}}$ eine Matrix vom Rang r. Dann gilt

$$\mathbf{A} = \underset{n,r}{\mathbf{U}} \ \ \underset{r,r}{\mathbf{L}} \ \ \underset{r,p}{\mathbf{V}'}$$

mit $\mathbf{U}'\mathbf{U} = \mathbf{I}_r$, $\mathbf{V}'\mathbf{V} = \mathbf{I}_r$ und $\mathbf{L} = diag(l_1, \cdots, l_r)$, $l_i > 0$.
Beweis: Vgl. Toutenburg (1992, S. 273)

424

Satz A 33 : *Sei* **A** (p, q) *vom Rang* $(\mathbf{A}) = r$*, so existiert mindestens eine quadratische reguläre* (r, r)*-Submatrix* **X***, d.h.* **A** *hat o.B.d.A. die Darstellung*

$$
\underset{p,q}{\mathbf{A}} = \left(
\begin{array}{cc}
\underset{r,r}{\mathbf{X}} & \underset{r,q-r}{\mathbf{Y}} \\
\underset{p-r,r}{\mathbf{Z}} & \underset{p-r,q-r}{\mathbf{W}}
\end{array}
\right),
$$

wobei **X** *der Durchschnitt von* r *unabhängigen Zeilen und* r *unabhängigen Spalten ist. Alle Submatrizen der Ordnung* $(r + s, r + s)$ $(s \geq 1)$ *sind singulär. Die Darstellung von* **A** *mit* **X** *in der angegebenen Position heißt Normalform von* **A***.*

Beweis: Vgl. Toutenburg (1992, S. 274)

Satz A 34: Vollrang-Zerlegung (full rank factorization)

(i) Sei $\underset{p,q}{\mathbf{A}}$ *vom Rang* $(\mathbf{A}) = r$*. Dann gibt es stets Matrizen* **K** *und* **L** *so, daß*

$$
\mathbf{A} = \underset{p,r}{\mathbf{K}} \ \underset{r,q}{\mathbf{L}}
$$

mit **K** *von vollem Spaltenrang* r *und* **L** *von vollem Zeilenrang* r*.*
Beweis: Satz A 33.

(ii) Sei $\underset{p,q}{\mathbf{A}}$ *vom Rang* $(\mathbf{A}) = p$*. Dann läßt sich* **A** *stets darstellen als*

$$
\mathbf{A} = \underset{p,p}{\mathbf{M}} \ (\mathbf{I}, \mathbf{H}) \quad \textit{mit } \mathbf{M} \textit{ regulär.}
$$

Beweis: Satz A 34 (i).

A.10 Definite Matrizen und quadratische Formen

Definition A.35 *Sei* **A** *symmetrisch. Eine quadratische Form in einem Vektor* **x** *ist definiert als*

$$
Q(\mathbf{x}) = \mathbf{x}'\mathbf{A}\mathbf{x} = \sum_{i,j} a_{ij} x_i x_j.
$$

Es gilt $Q(\mathbf{0}) = 0$*.*

Definition A.36 $Q(\mathbf{x})$ *heißt positiv definit, falls* $\mathbf{x}'\mathbf{A}\mathbf{x} > 0$ *für alle* $\mathbf{x} \neq \mathbf{0}$*. Falls* $\mathbf{x}'\mathbf{A}\mathbf{x}$ *positiv definit ist, heißt die Matrix* **A** *positiv definit. Wir schreiben* $\mathbf{A} > 0$*.*

Bemerkung: Falls $\mathbf{A}$ positiv definit ist, heißt $(-\mathbf{A})$ negativ definit.

Definition A.37 *Eine Matrix $\mathbf{A}$ heißt positiv semidefinit, falls $\mathbf{x}'\mathbf{A}\mathbf{x} \geq 0$ für alle $\mathbf{x}$ und $\mathbf{x}'\mathbf{A}\mathbf{x} = 0$ für mindestens ein $\mathbf{x} \neq 0$.*

Definition A.38 *Die quadratische Form $\mathbf{x}'\mathbf{A}\mathbf{x}$ (und damit $\mathbf{A}$) heißt nicht-negativ definit, falls sie positiv definit oder positiv semidefinit ist, d.h. falls $\mathbf{x}'\mathbf{A}\mathbf{x} \geq 0$ für alle $\mathbf{x}$. Wir schreiben $\mathbf{A} \geq 0$.*

Satz A 39: *Sei $\underset{n,n}{\mathbf{A}} > 0$. Dann gilt*

  (i) alle Eigenwerte λ_i sind > 0

  (ii) $\mathbf{A} = \mathbf{A}^{1/2}\mathbf{A}^{1/2}$ mit $\mathbf{A}^{1?2} = \boldsymbol{\Gamma}\boldsymbol{\Lambda}^{1/2}\boldsymbol{\Gamma}' > 0$

  (iii) $\mathbf{A}$ ist regulär und $|\mathbf{A}| > 0$

  (iv) $\mathbf{A}^{-1} > 0$

  (v) $sp(\mathbf{A}) > 0$

  (vi) Sei $\underset{n,m}{\mathbf{P}}$ vom Rang $(\mathbf{P}) = m \leq n$. Dann ist $\mathbf{P}'\mathbf{A}\mathbf{P} > 0$. Speziell ist $\mathbf{P}'\mathbf{P} > 0$.

  (vii) Sei $\underset{n,m}{\mathbf{P}}$ mit Rang $(\mathbf{P}) < m \leq n$. Dann ist $\mathbf{P}'\mathbf{A}\mathbf{P} \geq 0$.

Satz A 40: *Sei $\underset{n,n}{\mathbf{A}} > 0$ und $\underset{n,n}{\mathbf{B}} \geq 0$. Dann gilt*

  (i) $\mathbf{C} = \mathbf{A} + \mathbf{B} > 0$

  (ii) $\mathbf{A}^{-1} - (\mathbf{A} + \mathbf{B})^{-1} \geq 0$

  (iii) $|\mathbf{A}| \leq |\mathbf{A} + \mathbf{B}|$

Satz A 41: *Sei $\mathbf{A}\,(n,n) \geq 0$. Dann gilt*

  (i) $\lambda_i \geq 0$

  (ii) $sp(\mathbf{A}) \geq 0$

  (iii) $\mathbf{A} = \mathbf{A}^{1/2}\mathbf{A}^{1/2}$ mit $\mathbf{A}^{1/2} = \boldsymbol{\Gamma}\boldsymbol{\Lambda}^{1/2}\boldsymbol{\Lambda}'$

  (iv) Sei $\underset{n,m}{\mathbf{C}}$ eine beliebige Matrix. Dann ist $\mathbf{C}'\mathbf{A}\mathbf{C} \geq 0$.

(v) Für eine beliebige Matrix $\mathbf{C}$ gilt $\mathbf{C'C} \geq 0$.

Satz A 42: *Für eine beliebige Matrix $\mathbf{A} \geq 0$ gilt $0 \leq \lambda_i \leq 1$ genau dann, wenn $(\mathbf{I} - \mathbf{A}) \geq 0$.*

Beweis: Wähle für die symmetrische Matrix $\mathbf{A}$ die Spektralzerlegung $\mathbf{A} = \mathbf{\Gamma\Lambda\Gamma'}$. Dann wird

$$(\mathbf{I} - \mathbf{A}) = \mathbf{\Gamma}(\mathbf{I} - \mathbf{\Lambda})\mathbf{\Gamma'} \geq 0$$

genau dann, wenn

$$\mathbf{\Gamma'\Gamma}(\mathbf{I} - \mathbf{\Lambda})\mathbf{\Gamma'\Gamma} = \mathbf{I} - \mathbf{\Lambda} \geq 0.$$

(a) Sei $\mathbf{I} - \mathbf{\Lambda} \geq 0$, so sind die Eigenwerte $1 - \lambda_i \geq 0$, also $0 \leq \lambda_i \leq 1$.

(b) Sei $0 \leq \lambda_i \leq 1$, so ist für beliebiges $\mathbf{x} \neq 0$

$$\mathbf{x'}(\mathbf{I} - \mathbf{\Lambda})\mathbf{x} = \sum x_i^2(1 - \lambda_i) \geq 0,$$

also $\mathbf{I} - \mathbf{\Lambda} \geq 0$.

Satz A 43: (Theobald, 1974)
Sei $\mathbf{D}$ (n,n) symmetrisch. Dann gilt $\mathbf{D} \geq 0$ genau dann, wenn $sp\{\mathbf{CD}\} \geq 0$ für alle $\mathbf{C} \geq 0$.

Beweis: Vgl. Toutenburg (1992, S. 277)

Satz A 44: *Sei $\underset{n,n}{\mathbf{A}}$ symmetrisch mit den Eigenwerten $\lambda_1 \geq \cdots \geq \lambda_n$. Dann gilt:*

$$\sup_{\mathbf{x}} \frac{\mathbf{x'Ax}}{\mathbf{x'x}} = \lambda_1, \qquad \inf_{\mathbf{x}} \frac{\mathbf{x'Ax}}{\mathbf{x'x}} = \lambda_n.$$

Satz A 45: *Sei $\underset{n,r}{\mathbf{A}} = (\underset{n,r_1}{\mathbf{A}_1}, \underset{n,r_2}{\mathbf{A}_2})$ vom Rang $r = r_1 + r_2$.*
Sei $\mathbf{M}_1 = \mathbf{A}_1(\mathbf{A}_1'\mathbf{A}_1)^{-1}\mathbf{A}_1'$ und $\mathbf{M} = \mathbf{A}(\mathbf{A'A})^{-1}\mathbf{A'}$. Dann gilt

$$\mathbf{M} = \mathbf{M}_1 + (\mathbf{I} - \mathbf{M}_1)\mathbf{A}_2(\mathbf{A}_2'(\mathbf{I} - \mathbf{M}_1)\mathbf{A}_2)^{-1}\mathbf{A}_2'(\mathbf{I} - \mathbf{M}_1).$$

Beweis: $\mathbf{M}_1$ und $\mathbf{M}$ sind idempotent. Es ist $\mathbf{M}_1\mathbf{A}_1 = 0$ und $\mathbf{MA} = 0$. Bei Verwendung der partiellen Inversionsformel (Satz A 19) für die Berechnung von

$$(\mathbf{A'A})^{-1} = \begin{pmatrix} \mathbf{A}_1'\mathbf{A}_1 & \mathbf{A}_1'\mathbf{A}_2 \\ \mathbf{A}_2'\mathbf{A}_1 & \mathbf{A}_2'\mathbf{A}_2 \end{pmatrix}^{-1}$$

erhalten wir in der Schreibweise von A 19:

$$\mathbf{D} = \mathbf{A}_2'(\mathbf{I} - \mathbf{M}_1)\mathbf{A}_2.$$

Direkte Berechnung führt dann zum Beweis.

Satz A 46: *Sei* **A** *eine* (n, m)*-Matrix mit Rang* $(\mathbf{A}) = m \leq n$ *und* **B** *eine symmetrische* (m, m)*-Matrix. Dann gilt*

$$\mathbf{ABA'} \geq 0 \quad \text{genau dann, wenn } \mathbf{B} \geq 0.$$

Beweis: (i) $\mathbf{B} \geq 0 \rightarrow \mathbf{ABA'} \geq 0$ für alle **A** nach Definition der Definitheit.
(ii) Sei Rang $(\mathbf{A}) = m \leq n$ und $\mathbf{ABA'} \geq 0$, d.h. $\mathbf{x'ABA'x} \geq 0$ für alle $\mathbf{x} \in \mathbf{E}^n$. Zu zeigen ist $\mathbf{y'By} \geq 0$ für alle $\mathbf{y} \in \mathbf{E}^m$. Wegen Rang $(\mathbf{A}) = m$ existiert $(\mathbf{A'A})^{-1}$. Sei $\mathbf{z} = \mathbf{A}(\mathbf{A'A})^{-1}\mathbf{y}$, so wird $\mathbf{A'z} = \mathbf{y}$. Damit erhalten wir $\mathbf{y'By} = \mathbf{z'ABA'z} \geq 0$.

Definition A.47 *Seien* **A** *und* **B** (n, n)*-Matrizen und* **B** *regulär. Dann heißen die Lösungen* $\lambda_i = \lambda_i^B(\mathbf{A})$ *der Gleichung*

$$|\mathbf{A} - \lambda\mathbf{B}| = 0$$

die Eigenwerte von **A** *in der Metrik von* **B**. *Für* $\mathbf{B} = \mathbf{I}$ *erhalten wir die üblichen Eigenwerte.*

Satz A 48: *Sei* $\mathbf{B} > 0$ *und* $\mathbf{A} \geq 0$. *Dann gilt* $\lambda_i^B(\mathbf{A}) \geq 0$.

Beweis: $\mathbf{B} > 0$ ist äquivalent zu $\mathbf{B} = \mathbf{B}^{1/2}\mathbf{B}^{1/2}$ mit $\mathbf{B}^{1/2}$ regulär und eindeutig (Satz A 31 (iii)). Dann wird

$$0 = |\mathbf{A} - \lambda\mathbf{B}| = |\mathbf{B}^{1/2}|^2 |\mathbf{B}^{-1/2}\mathbf{A}\mathbf{B}^{-1/2} - \lambda\mathbf{I}|$$

und $\lambda_i^B(\mathbf{A}) = \lambda_i^I(\mathbf{B}^{-1/2}\mathbf{A}\mathbf{B}^{-1/2}) \geq 0$, da $\mathbf{B}^{-1/2}\mathbf{A}\mathbf{B}^{-1/2} \geq 0$.

Satz A 49: (simultane Zerlegung)
Sei $\mathbf{B} > 0$ *und* $\mathbf{A} \geq 0$. *Sei* $\Lambda = diag(\lambda_i^B(\mathbf{A}))$ *die Diagonalmatrix der Eigenwerte von* **A** *in der Metrik von* **B**. *Dann existiert eine reguläre Matrix* **W** *derart, daß*

$$\mathbf{B} = \mathbf{W'W} \quad und \quad \mathbf{A} = \mathbf{W'\Lambda W}$$

gilt.

Beweis: Nach Satz A 48 sind die $\lambda_i^B(\mathbf{A})$ die gewöhnlichen Eigenwerte von $\mathbf{B}^{-1/2}\mathbf{A}\mathbf{B}^{-1/2}$. Sei **X** die orthogonale Matrix der zugehörigen Eigenvektoren:

$$\mathbf{B}^{-1/2}\mathbf{A}\mathbf{B}^{-1/2}\mathbf{X} = \mathbf{X\Lambda},$$

also

$$\mathbf{A} = \mathbf{B}^{1/2}\mathbf{X\Lambda X'B}^{1/2} = \mathbf{W'\Lambda W}$$

mit $\mathbf{W'} = \mathbf{B}^{1/2}\mathbf{X}$ regulär und

$$\mathbf{B} = \mathbf{W'W} = \mathbf{B}^{1/2}\mathbf{XX'B}^{1/2} = \mathbf{B}^{1/2}\mathbf{B}^{1/2}.$$

Satz A 50: *Seien* $\mathbf{A} > 0$ *(oder* $\mathbf{A} \geq 0$*) und* $\mathbf{B} > 0$*. Dann gilt*

$$\mathbf{B} - \mathbf{A} > 0 \quad \text{genau dann, wenn} \quad \lambda_i^B(\mathbf{A}) < 1.$$

Beweis: Nach Satz A 49 ist

$$\mathbf{B} - \mathbf{A} = \mathbf{W}'(\mathbf{I} - \mathbf{\Lambda})\mathbf{W},$$

also

$$\begin{aligned}
\mathbf{x}'(\mathbf{B} - \mathbf{A})\mathbf{x} &= \mathbf{x}'\mathbf{W}'(\mathbf{I} - \mathbf{\Lambda})\mathbf{W}\mathbf{x} \\
&= \mathbf{y}'(\mathbf{I} - \mathbf{\Lambda})\mathbf{y} \\
&= \sum(1 - \lambda_i^B(\mathbf{A}))y_i^2
\end{aligned}$$

mit $\mathbf{y} = \mathbf{W}\mathbf{x}$. Damit ist für $\mathbf{x} \neq 0$ wegen $\mathbf{W}$ regulär $\mathbf{y} \neq 0$ und $\mathbf{x}'(\mathbf{B}-\mathbf{A})\mathbf{x} > 0$ genau dann, wenn

$$\lambda_i^B(\mathbf{A}) < 1.$$

Satz A 51: *Sei* $\mathbf{A} > 0$ *(oder* $\mathbf{A} \geq 0$*) und* $\mathbf{B} > 0$*. Dann gilt*

$$\mathbf{A} - \mathbf{B} \geq 0$$

genau dann, wenn

$$\lambda_i^B(\mathbf{A}) \leq 1.$$

Beweis: Analog zu Satz A 50.

Satz A 52: *Sei* $\mathbf{A} > 0$ *und* $\mathbf{B} > 0$*. Dann gilt*

$$\mathbf{B} - \mathbf{A} > 0 \quad \longleftrightarrow \quad \mathbf{A}^{-1} - \mathbf{B}^{-1} > 0.$$

Beweis: Nach Satz A 49 ist

$$\mathbf{B} = \mathbf{W}'\mathbf{W}, \quad \mathbf{A} = \mathbf{W}'\mathbf{\Lambda}\mathbf{W}$$

und wegen $\mathbf{W}$ regulär ist

$$\mathbf{B}^{-1} = \mathbf{W}^{-1}\mathbf{W}'^{-1}, \quad \mathbf{A}^{-1} = \mathbf{W}^{-1}\mathbf{\Lambda}^{-1}\mathbf{W}'^{-1},$$

also

$$\mathbf{A}^{-1} - \mathbf{B}^{-1} = \mathbf{W}^{-1}(\mathbf{\Lambda}^{-1} - \mathbf{I})\mathbf{W}'^{-1} > 0,$$

da $\frac{1}{\lambda_i^B(\mathbf{A})} - 1 > 0$ und damit $\mathbf{\Lambda}^{-1} - \mathbf{I} > 0$.

Satz A 53: *Sei* $\mathbf{B} - \mathbf{A} > 0$*. Dann ist* $|\mathbf{B}| > |\mathbf{A}|$ *und* $sp(\mathbf{B}) > sp(\mathbf{A})$*.*
Sei $\mathbf{B} - \mathbf{A} \geq 0$*. Dann ist* $|\mathbf{B}| \geq |\mathbf{A}|$ *und* $sp(\mathbf{B}) \geq sp(\mathbf{A})$*.*

Beweis: Nach Satz A 49 und Satz A 16 (iii),(v) ist

$$|\mathbf{B}| = |\mathbf{W}'\mathbf{W}| = |\mathbf{W}|^2,$$
$$|\mathbf{A}| = |\mathbf{W}'\Lambda\mathbf{W}| = |\mathbf{W}|^2|\Lambda| = |\mathbf{W}|^2 \prod \lambda_i^B(\mathbf{A}),$$

also

$$|\mathbf{A}| = |\mathbf{B}| \prod \lambda_i^B(\mathbf{A}).$$

Im Fall $\mathbf{B} - \mathbf{A} > 0$ sind die $\lambda_i^B(\mathbf{A}) < 1$, also $|\mathbf{A}| < |\mathbf{B}|$.
Im Fall $\mathbf{B} - \mathbf{A} \geq 0$ sind die $\lambda_i^B(\mathbf{A}) \leq 1$, also $|\mathbf{A}| \leq |\mathbf{B}|$.
Für $\mathbf{B} - \mathbf{A} > 0$ ist $\mathrm{sp}(\mathbf{B} - \mathbf{A}) > 0$, also $\mathrm{sp}(\mathbf{B}) > \mathrm{sp}(\mathbf{A})$. Analog ist für $\mathbf{B} - \mathbf{A} \geq 0$ auch $\mathrm{sp}(\mathbf{B}) \geq \mathrm{sp}(\mathbf{A})$.

Satz A 54: Cauchy–Schwarzsche–Ungleichung

Seien $\mathbf{x}, \mathbf{y}$ *reellwertige Vektoren gleicher Dimension. Dann gilt*

$$(\mathbf{x}'\mathbf{y})^2 \leq (\mathbf{x}'\mathbf{x})(\mathbf{y}'\mathbf{y})$$

und

$$(\mathbf{x}'\mathbf{y}) = (\mathbf{x}'\mathbf{x})(\mathbf{y}'\mathbf{y})$$

genau dann, wenn $\mathbf{x}, \mathbf{y}$ *linear abhängig sind.*

Beweis: Vgl. Toutenburg (1992, S. 281)

Satz A 55: *Seien* $\mathbf{x}, \mathbf{y}$ $(n, 1)$-*Vektoren und* $\mathbf{A} > 0$. *Dann gilt*

(i) $(\mathbf{x}'\mathbf{A}\mathbf{y})^2 \leq (\mathbf{x}'\mathbf{A}\mathbf{x})(\mathbf{y}'\mathbf{A}\mathbf{y})$.

(ii) $(\mathbf{x}'\mathbf{y})^2 \leq (\mathbf{x}'\mathbf{A}\mathbf{x})(\mathbf{y}'\mathbf{A}^{-1}\mathbf{y})$

Beweis: (i) $\mathbf{A} > 0$ bedeutet $\mathbf{A} = \mathbf{A}^{1/2}\mathbf{A}^{1/2}$ (vgl. Satz A 41 (iii)). Setze $\mathbf{A}^{1/2}\mathbf{x} = \tilde{\mathbf{x}}$ und $\mathbf{A}^{1/2}\mathbf{y} = \tilde{\mathbf{y}}$. Dann folgt (i) aus Satz A 54.
(ii) $\mathbf{A} > 0$ bedeutet $\mathbf{A}^{-1} = \mathbf{A}^{-1/2}\mathbf{A}^{-1/2}$. Setze $\mathbf{A}^{1/2}\mathbf{x} = \tilde{\mathbf{x}}$ und $\mathbf{A}^{-1/2}\mathbf{y} = \tilde{\mathbf{y}}$. Dann folgt (ii) ebenfalls aus Satz A 54.

Satz A 56: *Sei* $\mathbf{A} > 0$ *und* $\mathbf{T}$ *quadratisch. Dann gilt*

(i) $\sup_{\mathbf{x}} \frac{(\mathbf{x}'\mathbf{y})^2}{\mathbf{x}'\mathbf{A}\mathbf{x}} = \mathbf{y}'\mathbf{A}^{-1}\mathbf{y}$

(ii) $\sup_{\mathbf{x}} \frac{(\mathbf{y}'\mathbf{T}\mathbf{x})^2}{\mathbf{x}'\mathbf{A}\mathbf{x}} = \mathbf{y}'\mathbf{T}\mathbf{A}^{-1}\mathbf{T}'\mathbf{y}$.

Beweis: Satz A 55 (ii) .

Satz A 57: *Sei* $\mathbf{I}$ *die* (n, n)-*Einheitsmatrix und* $\mathbf{a}$ *ein* $(n, 1)$-*Vektor. Dann gilt*

$$\mathbf{I} - \mathbf{a}\mathbf{a}' \geq 0 \quad \text{genau dann, wenn} \quad \mathbf{a}'\mathbf{a} \leq 1.$$

Beweis: Die Matrix $\mathbf{aa}'$ ist vom Rang 1 und $\mathbf{aa}' \geq 0$. Die Spektralzerlegung ist $\mathbf{aa}' = \mathbf{C\Lambda C}'$ mit $\Lambda = \mathrm{diag}(\lambda, 0, \cdots, 0)$ und $\lambda = \mathbf{a}'\mathbf{a}$. Damit wird $\mathbf{I} - \mathbf{aa}' = \mathbf{C}(\mathbf{I} - \Lambda)\mathbf{C}' \geq 0$ genau dann (Satz A 42), wenn $\lambda = \mathbf{a}'\mathbf{a} \leq 1$.

Satz A 58: *Sei $\mathbf{MM}' - \mathbf{NN}' \geq 0$. Dann existiert eine Matrix $\mathbf{H}$ so, daß $\mathbf{N} = \mathbf{MH}$.*

Beweis: (Milliken and Akdeniz, 1977) Sei $\mathbf{M}\,(n, r)$ vom $\mathrm{Rang}(\mathbf{M}) = s$ und sei $\mathbf{x}$ ein beliebiger Vektor $\in \mathcal{R}(\mathbf{I} - \mathbf{MM}^-)$, so daß $\mathbf{x}'\mathbf{M} = 0$ und $\mathbf{x}'\mathbf{MM}'\mathbf{x} = 0$. Da $\mathbf{NN}'$ und $\mathbf{MM}' - \mathbf{NN}'$ (nach Voraussetzung) nichtnegativ definite Matrizen sind, wird $\mathbf{x}'\mathbf{NN}'\mathbf{x} \geq 0$ und

$$\mathbf{x}'(\mathbf{MM}' - \mathbf{NN}')\mathbf{x} = -\mathbf{x}'\mathbf{NN}'\mathbf{x} \geq 0.$$

Also folgt $\mathbf{x}'\mathbf{NN}'\mathbf{x} = 0$ und damit $\mathbf{x}'\mathbf{N} = 0$, so daß die Spalten von $\mathbf{N} \subset \mathcal{R}(\mathbf{M})$ sind. Folglich existiert eine (r, k)-Matrix $\mathbf{H}$ so, daß $\mathbf{N} = \mathbf{MH}$ mit $\mathbf{N}$ vom Typ (n, k) ist.

Satz A 59: *Sei $\mathbf{A}$ eine (n, n)-Matrix und $(-\mathbf{A}) > 0$. Sei $\mathbf{a}$ ein $(n, 1)$-Vektor. Falls $n \geq 2$ ist, kann $\mathbf{A} + \mathbf{aa}'$ niemals nichtnegativ definit sein.*

Beweis: (Guilkey and Price, 1981) Die Matrix $\mathbf{aa}'$ hat den Rang ≤ 1. Für $n \geq 2$ existiert ein nichttrivialer Vektor $\mathbf{w} \neq 0$ so, daß $\mathbf{w}'\mathbf{aa}'\mathbf{w} = 0$. Daraus folgt $\mathbf{w}'(\mathbf{A} + \mathbf{aa}')\mathbf{w} = \mathbf{w}'\mathbf{Aw} < 0$, da $-(\mathbf{A})$ positiv definit und damit $\mathbf{A}$ negativ definit ist. Also kann $\mathbf{A} + \mathbf{aa}'$ niemals nichtnegativ definit sein.

A.11 Idempotente Matrizen

Definition A.60 *Eine quadratische Matrix $\mathbf{A}$ heißt idempotent, wenn*

$$\mathbf{A}^2 = \mathbf{AA} = \mathbf{A}$$

gilt.
Eine idempotente Matrix $\mathbf{A}$ heißt orthogonaler Projektor, falls $\mathbf{A} = \mathbf{A}'$. Anderenfalls heißt $\mathbf{A}$ nichtorthogonaler (oblique) Projektor.

Vereinbarung: In diesem Buch beschränken wir uns auf symmetrische idempotente Matrizen.

Satz A 61: *Sei $\mathbf{A}$ eine idempotente (n, n)-Matrix mit Rang $(\mathbf{A}) = r \leq n$. Dann gilt:*

(i) Die Eigenwerte von $\mathbf{A}$ sind 1 oder 0.

(ii) $sp(\mathbf{A}) = Rang\,(\mathbf{A}) = r$.

(iii) Falls $\mathbf{A}$ von vollem Rang n ist, so ist $\mathbf{A} = \mathbf{I}_n$.

(iv) Sind $\mathbf{A}$ und $\mathbf{B}$ idempotent und gilt $\mathbf{AB} = \mathbf{BA}$, so ist $\mathbf{AB}$ auch idempotent.

*(v) Ist **A** idempotent und **P** orthogonal, so ist **PA′P** idempotent.*

*(vi) Ist **A** idempotent, so ist **I** − **A** idempotent und*

$$\mathbf{A}(\mathbf{I} - \mathbf{A}) = (\mathbf{I} - \mathbf{A})\mathbf{A} = 0.$$

Beweis:(i) Die Eigenwertgleichung

$$\mathbf{A}\mathbf{x} = \lambda\mathbf{x}$$

wird von links mit **A** multipliziert:

$$\mathbf{A}\mathbf{A}\mathbf{x} = \mathbf{A}\mathbf{x} = \lambda\mathbf{A}\mathbf{x} = \lambda^2\mathbf{x}.$$

Linksmultiplikation beider Gleichungen mit **x′** liefert

$$\mathbf{x}'\mathbf{A}\mathbf{x} = \lambda\mathbf{x}'\mathbf{x} = \lambda^2\mathbf{x}'\mathbf{x},$$

also

$$\lambda(\lambda - 1) = 0.$$

(ii) Aus der Spektralzerlegung

$$\mathbf{A} = \boldsymbol{\Gamma}\boldsymbol{\Lambda}\boldsymbol{\Gamma}'$$

folgt

$$\text{Rang } (\mathbf{A}) = \text{Rang } (\boldsymbol{\Lambda}) = \text{sp}(\boldsymbol{\Lambda}) = r,$$

wobei r die Anzahl der Eigenwerte gleich 1 ist.

(iii) Sei Rang $(\mathbf{A})$ = Rang $(\boldsymbol{\Lambda})$ = n, so ist $\boldsymbol{\Lambda} = \mathbf{I}_n$ und

$$\mathbf{A} = \boldsymbol{\Gamma}\boldsymbol{\Lambda}\boldsymbol{\Gamma}' = \mathbf{I}_n.$$

(iv) - (vi) folgen direkt nach Definition der Idempotenz.

A.12 Verallgemeinerte Inverse

Definition A.62 *Sei **A** eine (m,n)-Matrix mit $m \leq n$ und beliebigem Rang. Dann heißt die (n,m)-Matrix **A⁻** g-Inverse (generalized Inverse) von **A** falls*

$$\mathbf{A}\mathbf{A}^-\mathbf{A} = \mathbf{A}$$

erfüllt ist.

Satz A 63: *Zu jeder Matrix* $\mathbf{A}$ *existiert eine g-Inverse* $\mathbf{A}^-$, *die im allgemeinen nicht eindeutig bestimmt ist.*

Beweis: Sei Rang $(\mathbf{A}) = r \leq m \leq n$. Nach Satz A 32 besitzt $\mathbf{A}$ die Singulärwertdarstellung $\mathbf{A} = (\mathbf{U}_1 \ \mathbf{U}_2) \begin{pmatrix} \mathbf{L} & \mathbf{0} \\ \mathbf{0} & \mathbf{0} \end{pmatrix} \begin{pmatrix} \mathbf{V}'_1 \\ \mathbf{V}'_2 \end{pmatrix}$, wobei $\mathbf{U} = (\mathbf{U}_1 \ \mathbf{U}_2)$ (m, n) und $\mathbf{V} = (\mathbf{V}_1 \ \mathbf{V}_2)$ (n, n) orthogonale Matrizen sind und

$$\mathbf{L} = \operatorname{diag}(l_1, \cdots, l_r), \quad l_i > 0.$$

Dann sind sämtliche g-Inversen $\mathbf{A}^-$ von $\mathbf{A}$ durch

$$\mathbf{A}^- = \mathbf{V} \begin{pmatrix} \mathbf{L}^{-1} & \mathbf{X} \\ \mathbf{Y} & \mathbf{Z} \end{pmatrix} \mathbf{U}'$$

gegeben, wobei $\mathbf{X}, \mathbf{Y}, \mathbf{Z}$ beliebige Matrizen (passender Dimension) sind. Eine spezielle g-Inverse erhalten wir nach Satz A 33 aus $\mathbf{A} = \begin{pmatrix} \mathbf{X} & \mathbf{Y} \\ \mathbf{Z} & \mathbf{W} \end{pmatrix}$ mit

$$\mathbf{A}^- = \begin{pmatrix} \mathbf{X}^{-1} & \mathbf{0} \\ \mathbf{0} & \mathbf{0} \end{pmatrix}.$$

Definition A.64 Moore-Penrose-Inverse
Eine Matrix $\mathbf{A}^+$, *die folgende Bedingungen erfüllt, heißt Moore-Penrose-Inverse von* $\mathbf{A}$.

$$\begin{array}{llll} (i) & \mathbf{A}\mathbf{A}^+\mathbf{A} = \mathbf{A} & (ii) & \mathbf{A}^+\mathbf{A}\mathbf{A}^+ = \mathbf{A}^+ \\ (iii) & (\mathbf{A}^+\mathbf{A})' = \mathbf{A}^+\mathbf{A} & (iv) & (\mathbf{A}\mathbf{A}^+)' = \mathbf{A}\mathbf{A}^+. \end{array}$$

$\mathbf{A}^+$ *ist durch (i) - (iv) eindeutig bestimmt.*

Satz A 65: *Sei* $\mathbf{A}$ *eine* (m, n)-*Matrix und* $\mathbf{A}^-$ *eine g-Inverse von* $\mathbf{A}$. *Dann gilt*

(i) $\mathbf{A}^-\mathbf{A}$ *und* $\mathbf{A}\mathbf{A}^-$ *sind idempotent*

(ii) Rang $(\mathbf{A}) = $ *Rang* $(\mathbf{A}\mathbf{A}^-) = $ *Rang* $(\mathbf{A}^-\mathbf{A})$

(iii) Rang $(\mathbf{A}) \leq $ *Rang* $(\mathbf{A}^-)$.

Beweis: (i) nach Definition, z.B.

$$(\mathbf{A}^-\mathbf{A})(\mathbf{A}^-\mathbf{A}) = \mathbf{A}^-(\mathbf{A}\mathbf{A}^-\mathbf{A}) = \mathbf{A}^-\mathbf{A}.$$

(ii) Nach Satz A 23 (iv) ist

$$\text{Rang } (\mathbf{A}) = \text{Rang } (\mathbf{A}\mathbf{A}^-\mathbf{A}) \leq \text{Rang } (\mathbf{A}^-\mathbf{A}) \leq \text{Rang } (\mathbf{A}),$$

also Rang $(\mathbf{A}^-\mathbf{A}) = $ Rang $(\mathbf{A})$. Analog gilt Rang $(\mathbf{A}) = $ Rang $(\mathbf{A}\mathbf{A}^-)$.
(iii) Rang $(\mathbf{A}) = $ Rang $(\mathbf{A}\mathbf{A}^-\mathbf{A}) \leq $ Rang $(\mathbf{A}\mathbf{A}^-) \leq $ Rang $(\mathbf{A}^-)$.

Satz A 66: *Sei* $\mathbf{A}$ *eine* (m, n)-*Matrix. Dann gilt* *(i)* $\mathbf{A}$ *regulär* $\rightarrow \mathbf{A}^+ = \mathbf{A}^{-1}$

(ii) $(\mathbf{A}^+)^+ = \mathbf{A}$

(iii) $(\mathbf{A}^+)' = (\mathbf{A}')^+$

(iv) $Rang\,(\mathbf{A}) = Rang\,(\mathbf{A}^+) = Rang\,(\mathbf{A}^+\mathbf{A}) = Rang\,(\mathbf{A}\mathbf{A}^+)$

(v) $\mathbf{A}$ *symmetrisch und idempotent* $\rightarrow \mathbf{A}^+ = \mathbf{A}$

(vi) $Rang\,(\underset{m,n}{\mathbf{A}}) = m \rightarrow \mathbf{A}^+ = \mathbf{A}'(\mathbf{A}\mathbf{A}')^{-1}$

   $und\ \mathbf{A}\mathbf{A}^+ = \mathbf{I}_m$

(vii) $Rang\,(\underset{m,n}{\mathbf{A}}) = n \rightarrow \mathbf{A}^+ = (\mathbf{A}'\mathbf{A})^{-1}\mathbf{A}'$

   $und\ \mathbf{A}^+\mathbf{A} = \mathbf{I}_n$

(viii) *Seien* $\underset{m,m}{\mathbf{P}}$ *und* $\underset{n,n}{\mathbf{Q}}$ *orthogonal* $\rightarrow \quad (\mathbf{PAQ})^+ = \mathbf{Q}^{-1}\mathbf{A}^+\mathbf{P}^{-1}$

(ix) $(\mathbf{A}'\mathbf{A})^+ = \mathbf{A}^+(\mathbf{A}')^+$ *und* $(\mathbf{A}\mathbf{A}')^+ = (\mathbf{A}')^+\mathbf{A}^+$

(x) $\mathbf{A}^+ = (\mathbf{A}'\mathbf{A})^+\mathbf{A}' = \mathbf{A}'(\mathbf{A}\mathbf{A}')^+$

Satz A 67: (Baksalary et al., 1983)
Sei $\underset{n,n}{\mathbf{M}} \geq 0$ *und* $\underset{m,n}{\mathbf{N}} \geq 0$ *beliebig. Dann gilt*

$$\mathbf{M} - \mathbf{N}'(\mathbf{N}\mathbf{M}^+\mathbf{N}')^+\mathbf{N} \geq 0$$

genau dann, wenn

$$\mathcal{R}(\mathbf{N}'\mathbf{N}\mathbf{M}) \subset \mathcal{R}(\mathbf{M}).$$

Satz A 68: *Sei* $\mathbf{A}$ *eine* (n,n)*-Matrix und* $\mathbf{a}$ *ein* $(n,1)$*-Vektor mit* $\mathbf{a} \notin \mathcal{R}(\mathbf{A})$. *Dann ist eine g-Inverse von* $(\mathbf{A} + \mathbf{a}\mathbf{a}')$ *gegeben durch*

$$(\mathbf{A} + \mathbf{a}\mathbf{a}')^- = \mathbf{A}^- - \frac{\mathbf{A}^-\mathbf{a}\mathbf{a}'\mathbf{U}'\mathbf{U}}{\mathbf{a}'\mathbf{U}'\mathbf{U}\mathbf{a}} - \frac{\mathbf{V}\mathbf{V}'\mathbf{a}\mathbf{a}'\mathbf{A}^-}{\mathbf{a}'\mathbf{V}\mathbf{V}'\mathbf{a}} + \phi\frac{\mathbf{V}\mathbf{V}'\mathbf{a}\mathbf{a}'\mathbf{U}'\mathbf{U}}{(\mathbf{a}'\mathbf{U}'\mathbf{U}\mathbf{a})(\mathbf{a}'\mathbf{V}\mathbf{V}'\mathbf{a})},$$

wobei $\mathbf{A}^-$ *eine beliebige g-Inverse von* $\mathbf{A}$ *und*

$$\phi = 1 + \mathbf{a}'\mathbf{A}^-\mathbf{a}, \quad \mathbf{U} = \mathbf{I} - \mathbf{A}\mathbf{A}^-,$$
$$\mathbf{V} = \mathbf{I} - \mathbf{A}^-\mathbf{A}.$$

Beweis: direkt durch Überprüfen der Definitionsgleichung

Satz A 69: *Sei* $\mathbf{A}$ *eine* (n,n)*-Matrix. Dann gilt*

(i) Sind $\mathbf{a}, \mathbf{b}$ Vektoren mit $\mathbf{a}, \mathbf{b} \in \mathcal{R}(\mathbf{A})$. Dann ist die Bilinearform $\mathbf{a}'\mathbf{A}^-\mathbf{b}$ invariant genüber der Wahl von $\mathbf{A}^-$, sofern $\mathbf{A}$ symmetrisch ist.

(ii) $\mathbf{A}(\mathbf{A}'\mathbf{A})^-\mathbf{A}'$ ist invariant gegenüber der Wahl von $(\mathbf{A}'\mathbf{A})^-$.

Beweis: (i) Aus $\mathbf{a}, \mathbf{b} \in \mathcal{R}(\mathbf{A})$ folgt die Darstellung $\mathbf{a} = \mathbf{A}\mathbf{c}$ und $\mathbf{b} = \mathbf{A}\mathbf{d}$. Dann ist wegen der Symmetrie von $\mathbf{A}$

$$\begin{aligned} \mathbf{a}'\mathbf{A}^-\mathbf{b} &= \mathbf{c}'\mathbf{A}'\mathbf{A}^-\mathbf{A}\mathbf{d} \\ &= \mathbf{c}'\mathbf{A}\mathbf{d}. \end{aligned}$$

(ii) Sei $\mathbf{A} = \begin{pmatrix} \mathbf{a}_1' \\ \vdots \\ \mathbf{a}_n' \end{pmatrix}$ in Zeilendarstellung gegeben. Dann ist

$$\mathbf{A}(\mathbf{A}'\mathbf{A})^-\mathbf{A}' = (\mathbf{a}_i'(\mathbf{A}'\mathbf{A})^-\mathbf{a}_j).$$

Da $\mathbf{A}'\mathbf{A}$ symmetrisch ist, folgt nach (i) die Invarianz aller Bilinearformen $\mathbf{a}_i'(\mathbf{A}'\mathbf{A})\mathbf{a}_j$ gegenüber der Wahl von $(\mathbf{A}'\mathbf{A})^-$ und damit gilt (ii).

Satz A 70: *Sei $\underset{n,n}{\mathbf{A}}$ symmetrisch, $\mathbf{a}$ und $\mathbf{b}$ $(n,1)$-Vektoren mit $\mathbf{a} \in \mathcal{R}(\mathbf{A})$ und $\mathbf{b} \in \mathcal{R}(\mathbf{A})$. Sei ferner $1 + \mathbf{b}'\mathbf{A}^+\mathbf{a} \neq 0$. Dann gilt*

$$(\mathbf{A} + \mathbf{a}\mathbf{b}')^+ = \mathbf{A}^+ - \frac{\mathbf{A}^+\mathbf{a}\mathbf{b}'\mathbf{A}^+}{1 + \mathbf{b}'\mathbf{A}^+\mathbf{a}}.$$

Beweis: direkt unter Anwendung der Sätze A 68 und A 69.

Satz A 71: *Sei $\underset{n,n}{\mathbf{A}}$ symmetrisch, $\mathbf{a}$ ein $(n,1)$-Vektor und $\alpha > 0$ ein Skalar. Dann sind folgende Aussagen äquivalent:*

(i) $\alpha\mathbf{A} - \mathbf{a}\mathbf{a}' \geq 0$

(ii) $\mathbf{A} \geq 0$, $\mathbf{a} \in \mathcal{R}(\mathbf{A})$ und $\mathbf{a}'\mathbf{A}^-\mathbf{a} \leq \alpha$, wobei $\mathbf{A}^-$ eine beliebige g-Inverse von $\mathbf{A}$ ist.

Beweis: (i) $\rightarrow$ (ii): Aus $\alpha\mathbf{A} - \mathbf{a}\mathbf{a}' \geq 0$ folgt $\alpha\mathbf{A} = (\alpha\mathbf{A} - \mathbf{a}\mathbf{a}') + \mathbf{a}\mathbf{a}' \geq 0$ und damit $\mathbf{A} \geq 0$. Nach Satz A 31 existiert für die nichtnegativ definite Matrix $\alpha\mathbf{A} - \mathbf{a}\mathbf{a}'$ die Darstellung $\alpha\mathbf{A} - \mathbf{a}\mathbf{a}' = \mathbf{B}\mathbf{B}$, so daß $\alpha\mathbf{A} = \mathbf{B}\mathbf{B} + \mathbf{a}\mathbf{a}' = (\mathbf{B}, \mathbf{a})(\mathbf{B}, \mathbf{a})'$. Daraus folgt $\mathcal{R}(\alpha\mathbf{A}) = \mathcal{R}(\mathbf{A}) = \mathcal{R}(\mathbf{B}, \mathbf{a})$ und damit $\mathbf{a} \in \mathcal{R}(\mathbf{A})$, d.h.

$$\mathbf{a} = \mathbf{A}\mathbf{c} \quad \text{mit} \quad \mathbf{c} \in \mathbf{E}^n.$$

Damit ist $\mathbf{a}'\mathbf{A}^-\mathbf{a} = \mathbf{c}'\mathbf{A}\mathbf{c}$. Da $\alpha\mathbf{A} - \mathbf{a}\mathbf{a}' \geq 0$ ist, gilt für einen beliebigen Vektor $\mathbf{x}$

$$\mathbf{x}'(\alpha\mathbf{A} - \mathbf{a}\mathbf{a}')\mathbf{x} \geq 0.$$

Wählt man speziell $\mathbf{x} = \mathbf{c}$, so folgt

$$\alpha \mathbf{c}'\mathbf{A}\mathbf{c} - \mathbf{c}'\mathbf{a}\mathbf{a}'\mathbf{c} = \alpha \mathbf{c}'\mathbf{A}\mathbf{c} - (\mathbf{c}'\mathbf{A}\mathbf{c})^2 \geq 0,$$

also $\mathbf{c}'\mathbf{A}\mathbf{c} \leq \alpha$.

(ii) $\rightarrow$ (i): Sei $\mathbf{x} \in \mathbf{E}^n$ beliebig. Dann ist

$$\begin{aligned}
\mathbf{x}'(\alpha\mathbf{A} - \mathbf{a}\mathbf{a}')\mathbf{x} &= \alpha\mathbf{x}'\mathbf{A}\mathbf{x} - (\mathbf{x}'\mathbf{a})^2 \\
&= \alpha\mathbf{x}'\mathbf{A}\mathbf{x} - (\mathbf{x}'\mathbf{A}\mathbf{c})^2 \\
&\geq \alpha\mathbf{x}'\mathbf{A}\mathbf{x} - (\mathbf{x}'\mathbf{A}\mathbf{x})(\mathbf{c}'\mathbf{A}\mathbf{c})
\end{aligned}$$

nach der Cauchy-Schwarzschen-Ungleichung (Satz A 54). Also ist

$$\mathbf{x}'(\alpha\mathbf{A} - \mathbf{a}\mathbf{a}')\mathbf{x} \geq (\mathbf{x}'\mathbf{A}\mathbf{x})(\alpha - \mathbf{c}'\mathbf{A}\mathbf{c}).$$

Da nach (ii) $\mathbf{A} \geq 0$ und $\mathbf{c}'\mathbf{A}\mathbf{c} = \mathbf{a}'\mathbf{A}^-\mathbf{A} \leq \alpha$ ist, gilt also für beliebige $\mathbf{x}$ $\mathbf{x}'(\alpha\mathbf{A} - \mathbf{a}\mathbf{a}')\mathbf{x} \geq 0$ und damit $\alpha\mathbf{A} - \mathbf{a}\mathbf{a}' \geq 0$.

Satz A 72: *Sei $\mathbf{A}$ eine beliebige Matrix. Dann gilt*

$$\mathbf{A}'\mathbf{A} = 0 \quad \textit{genau dann, wenn } \mathbf{A} = 0.$$

Beweis: (i) $\mathbf{A}=0 \rightarrow \mathbf{A}'\mathbf{A} = 0$.

(ii) Sei $\mathbf{A}'\mathbf{A} = 0$ und sei $\mathbf{A} = (\mathbf{a}_{(1)}, \cdots, \mathbf{a}_{(n)})$ die Darstellung in Spaltenvektoren. Dann ist

$$\mathbf{A}'\mathbf{A} = (\mathbf{a}'_{(i)}\mathbf{a}_{(j)}) = 0,$$

also insbesondere sind die Diagonalelemente $\mathbf{a}'_{(i)}\mathbf{a}_{(i)} = 0$, also alle $\mathbf{a}_{(i)} = 0$ und damit $\mathbf{A} = 0$.

Satz A 73: (Kürzungsregel)
Sei $\mathbf{X} \neq 0$ eine (m,n)-Matrix und $\mathbf{A}$ eine (n,n)-Matrix. Dann gilt:

$$\begin{aligned}
\textit{Aus} \quad &\mathbf{X}'\mathbf{X}\mathbf{A}\mathbf{X}'\mathbf{X} = \mathbf{X}'\mathbf{X} \quad \textit{folgt} \\
&\mathbf{X}\mathbf{A}\mathbf{X}'\mathbf{X} = \mathbf{X}.
\end{aligned}$$

Beweis: Aus

$$\mathbf{X}'\mathbf{X}\mathbf{A}\mathbf{X}'\mathbf{X} - \mathbf{X}'\mathbf{X} = (\mathbf{X}'\mathbf{X}\mathbf{A} - \mathbf{I})\mathbf{X}'\mathbf{X} = 0$$

folgt wegen $\mathbf{X} \neq 0$ und damit $\mathbf{X}'\mathbf{X} \neq 0$

$$(\mathbf{X}'\mathbf{X}\mathbf{A} - \mathbf{I}) = 0.$$

Damit wird

$$0 = (\mathbf{X'XA} - \mathbf{I})(\mathbf{X'XAX'X} - \mathbf{X'X})$$
$$= (\mathbf{X'XAX'} - \mathbf{X'})(\mathbf{XAX'X} - \mathbf{X})$$
$$= \mathbf{Y'Y},$$

also nach Satz A 72 $\mathbf{Y} = \mathbf{0}$ und damit $\mathbf{XAX'X} = \mathbf{X}$.

Satz A 74: (Albert's Theorem)

Sei $\mathbf{A} = \begin{pmatrix} \mathbf{A}_{11} & \mathbf{A}_{12} \\ \mathbf{A}_{21} & \mathbf{A}_{22} \end{pmatrix}$ *symmetrisch. Dann gilt:*

(a) $\mathbf{A} \geq 0$ *genau dann, wenn*

    (i) $\mathbf{A}_{22} \geq 0$

    (ii) $\mathbf{A}_{21} = \mathbf{A}_{22}\mathbf{A}_{22}^{-}\mathbf{A}_{21}$

    (iii) $\mathbf{A}_{11} \geq \mathbf{A}_{12}\mathbf{A}_{22}^{-}\mathbf{A}_{21}$

    ((ii) und (iii) sind invariant gegenüber der Wahl von $\mathbf{A}_{22}^{-}$*).*

(b) $\mathbf{A} > 0$ *genau dann, wenn*

    (i) $\mathbf{A}_{22} > 0$

    (ii) $\mathbf{A}_{11} > \mathbf{A}_{12}\mathbf{A}_{22}^{-1}\mathbf{A}_{21}$.

Beweis: (Bekker and Neudecker, 1989, vgl. Toutenburg, 1992, S. 288)

Satz A 75: *Seien* $\underset{n,n}{\mathbf{A}}$ *und* $\underset{n,n}{\mathbf{B}}$ *symmetrisch. Dann gilt*

(a) $0 \leq \mathbf{B} \leq \mathbf{A}$ *genau dann, wenn*

    (i) $\mathbf{A} \geq 0$

    (ii) $\mathbf{B} = \mathbf{AA}^{-}\mathbf{B}$

    (iii) $\mathbf{B} \geq \mathbf{BA}^{-}\mathbf{B}$

(b) $0 < \mathbf{B} < \mathbf{A}$ *genau dann, wenn* $0 < \mathbf{A}^{-1} < \mathbf{B}^{-1}$.

Beweis: Wende Satz A 74 auf $\begin{pmatrix} \mathbf{B} & \mathbf{B} \\ \mathbf{B} & \mathbf{A} \end{pmatrix}$ an.

Satz A 76: *Sei* $\mathbf{A}$ *symmetrisch und* $\mathbf{c} \in \mathcal{R}(\mathbf{A})$. *Dann sind die folgenden Bedingungen äquivalent*

(i) $Rang\,(\mathbf{A} + \mathbf{cc'}) = Rang(\mathbf{A})$

(ii) $\mathcal{R}(\mathbf{A} + \mathbf{cc'}) = \mathcal{R}(\mathbf{A})$

(iii) $1 + \mathbf{c}'\mathbf{A}^-\mathbf{c} \neq 0$.

Korollar 1 zu Satz A 76: *Wenn (i) oder (ii) oder (iii) gilt, dann ist*

$$(\mathbf{A} + \mathbf{cc}')^- = \mathbf{A}^- - \frac{\mathbf{A}^-\mathbf{cc}'\mathbf{A}^-}{1 + \mathbf{c}'\mathbf{A}^-\mathbf{c}}$$

für eine beliebige Wahl von $\mathbf{A}^-$.

Korollar 2 zu Satz A 76: *Wenn (i) oder (ii) oder (iii) gilt, wird*

$$\begin{aligned}
\mathbf{c}'(\mathbf{A} + \mathbf{cc}')^-\mathbf{c} &= \mathbf{c}'\mathbf{A}^-\mathbf{c} - \frac{(\mathbf{c}'\mathbf{A}^-\mathbf{c})^2}{1 + \mathbf{c}'\mathbf{A}^-\mathbf{c}} \\
&= 1 - \frac{1}{1 + \mathbf{c}'\mathbf{A}^-\mathbf{c}} \quad ,
\end{aligned}$$

wobei wegen $\mathbf{c} \in \mathcal{R}(\mathbf{A} + \mathbf{cc}')$ *Invarianz gegenüber der Wahl der g-Inversen vorliegt.*

Beweis: $\mathbf{c} \in \mathcal{R}(\mathbf{A})$ ist äquivalent zu $\mathbf{A}\mathbf{A}^-\mathbf{c} = \mathbf{c}$. Damit folgt

$$\mathcal{R}(\mathbf{A} + \mathbf{cc}') = \mathcal{R}(\mathbf{A}\mathbf{A}^-(\mathbf{A} + \mathbf{cc}')) \subset \mathcal{R}(\mathbf{A}).$$

Damit sind (i) und (ii) äquivalent.

zu (iii): Bilde

$$\begin{pmatrix} 1 & \mathbf{0} \\ \mathbf{c} & \mathbf{A} + \mathbf{cc}' \end{pmatrix} \begin{pmatrix} 1 & -\mathbf{c} \\ \mathbf{0} & \mathbf{I} \end{pmatrix} \begin{pmatrix} 1 & \mathbf{0} \\ -\mathbf{A}^-\mathbf{c} & \mathbf{I} \end{pmatrix} = \begin{pmatrix} 1 + \mathbf{c}'\mathbf{A}^-\mathbf{c} & -\mathbf{c} \\ \mathbf{0} & \mathbf{A} \end{pmatrix}.$$

Die linke Seite hat den Rang

$$1 + \text{Rang}\,(\mathbf{A} + \mathbf{cc}') = 1 + \text{Rang}\,(\mathbf{A})$$

nach (i) oder (ii). Die rechte Seite hat den Rang $1 + \text{Rang}\,(\mathbf{A})$ genau dann, wenn $1 + \mathbf{c}'\mathbf{A}^-\mathbf{c} \neq 0$.

Satz A 77: *Sei* $\mathbf{A}$ (n,n) *eine symmetrische singuläre Matrix und sei* $\mathbf{c} \notin \mathcal{R}(\mathbf{A})$. *Dann gelten*

(i) $\mathbf{c} \in \mathcal{R}(\mathbf{A} + \mathbf{cc}')$

(ii) $\mathcal{R}(\mathbf{A}) \subset \mathcal{R}(\mathbf{A} + \mathbf{cc}')$

(iii) $\mathbf{c}'(\mathbf{A} + \mathbf{cc}')^-\mathbf{c} = 1$

(iv) $\mathbf{A}(\mathbf{A} + \mathbf{cc}')^-\mathbf{A} = \mathbf{A}$

(v) $\mathbf{A}(\mathbf{A} + \mathbf{cc}')^-\mathbf{c} = \mathbf{0}$.

Beweis: Vgl. Toutenburg (1992, S. 290)

Satz A 78: *Es gilt* $\mathbf{A} \geq 0$ *genau dann, wenn*

(i) $\mathbf{A} + \mathbf{cc}' \geq 0$

(ii) $(\mathbf{A} + \mathbf{cc}')(\mathbf{A} + \mathbf{cc}')^{-}\mathbf{c} = \mathbf{c}$

(iii) $\mathbf{c}'(\mathbf{A} + \mathbf{cc}')^{-}\mathbf{c} \leq 1$.

Falls $\mathbf{A} \geq 0$ *ist, dann gilt*

(a) $\mathbf{c} = 0 \longleftrightarrow \mathbf{c}'(\mathbf{A} + \mathbf{cc}')^{-}\mathbf{c} = 0$

(b) $\mathbf{c} \in \mathcal{R}(\mathbf{A}) \longleftrightarrow \mathbf{c}'(\mathbf{A} + \mathbf{cc}')^{-}\mathbf{c} < 1$

(c) $\mathbf{c} \notin \mathcal{R}(\mathbf{A}) \longleftrightarrow \mathbf{c}'(\mathbf{A} + \mathbf{cc}')^{-}\mathbf{c} = 1$.

Beweis: Vgl. Toutenburg (1992, S. 291)

A.13 Projektoren

Definition A.79 (i) *Sei* $\mathbf{A}$ (m,n) *vom Rang* r*, so daß* $\mathcal{R}(\mathbf{A})$ *ein r-dimensionaler Vektorraum ist. Sei* $\mathbf{z} = \mathbf{Ax}$*, so heißt* $\mathbf{z}$ *die Projektion von* $\mathbf{x} \in \mathbf{E}^{n}$ *auf* $\mathcal{R}(\mathbf{A})$.

Definition A.79 (ii) $\mathbf{A}$ *projiziert* $\mathbf{E}^{n}$ *orthogonal auf* $\mathcal{R}(\mathbf{A})$*, wenn (für alle* $\mathbf{x} \in \mathbf{E}^{n}$*) der Vektor* $\mathbf{x} - \mathbf{Ax}$ *orthogonal zu jedem Vektor* $\mathbf{z} \in \mathcal{R}(\mathbf{A})$ *ist, d.h.* $\mathbf{z}'(\mathbf{x} - \mathbf{Ax}) = 0$.

Satz A 80: *Gegeben sei die* (n,n)*-Matrix* $\mathbf{A}$*. Dann sind folgende Aussagen äquivalent:*

(i) $\mathbf{A}$ *ist orthogonaler Projektor des* $\mathbf{E}^{n}$ *auf* $\mathcal{R}(\mathbf{A})$.

(ii) $\mathbf{A}$ *ist symmetrisch und idempotent.*

Beweis: (i) $\rightarrow$ (ii)
Sei $\mathbf{z} = \mathbf{Ax}$ und $\mathbf{x}'\mathbf{A}'(\mathbf{x} - \mathbf{Ax}) = 0$, d.h. $\mathbf{x}'\mathbf{A}'\mathbf{x} = \mathbf{x}'\mathbf{A}'\mathbf{Ax}$ für alle $\mathbf{x}$ und (transponiert)

$$\mathbf{x}'\mathbf{Ax} = \mathbf{x}'\mathbf{A}'\mathbf{Ax}.$$

Daraus folgt $\mathbf{A}' = \mathbf{A}$ (Symmetrie) und $\mathbf{A} = \mathbf{A}^{2}$ (Idempotenz).
(ii) $\rightarrow$ (i)
$\mathbf{A}$ symmetrisch und idempotent

$$\Longrightarrow \quad \mathbf{A}(\mathbf{I} - \mathbf{A}) = 0$$
$$\Longrightarrow \quad \mathbf{x}'\mathbf{A}(\mathbf{x} - \mathbf{Ax}) = 0.$$

A.14 Funktionen normalverteilter Variablen

Definition A.81 *Sei* $x' = (x_1, \cdots, x_p)$ *ein p-dimensionaler zufälliger Vektor. Dann heißt* x *p-dimensional normalverteilt mit Erwartungswert* μ *und Kovarianzmatrix* $\Sigma > 0$, *d.h.* $x \sim N_p(\mu, \Sigma)$, *falls die gemeinsame Dichtefunktion die Gestalt hat*

$$f(x; \mu, \Sigma) = \{(2\pi)^p |\Sigma|\}^{-1/2} \exp\{-\frac{1}{2}(x - \mu)'\Sigma^{-1}(x - \mu)\}.$$

Satz A 82: *Seien* $x \sim N_p(\mu, \Sigma)$ *und* $\underset{p,p}{A}$ *und* $\underset{p,1}{b}$ *nichtstochastisch. Dann gilt*

$$y = Ax + b \sim N_q(A\mu + b, A\Sigma A') \quad \text{mit } q = \text{Rang } (A).$$

Satz A 83: *Falls* $x \sim N_p(0, I)$, *so ist*

$$x'x \sim \chi_p^2$$

(zentrale χ^2*-Verteilung mit p Freiheitsgraden).*

Satz A 84: *Sei* $x \sim N_p(\mu, I)$. *Dann ist*

$$x'x \sim \chi_p^2(\lambda)$$

nichtzentral χ^2*-verteilt mit dem Nichtzentralitätsparameter*

$$\lambda = \mu'\mu = \sum_{i=1}^{p} \mu_i^2.$$

Satz A 85: *Sei* $x \sim N_p(\mu, \Sigma)$. *Dann ist*

(i) $x'\Sigma^{-1}x \sim \chi_p^2(\mu'\Sigma^{-1}\mu)$

(ii) $(x - \mu)'\Sigma^{-1}(x - \mu) \sim \chi_p^2$.

Beweis: $\Sigma > 0 \;\rightarrow\; \Sigma = \Sigma^{1/2}\Sigma^{1/2}$ mit $\Sigma^{1/2}$ regulär und symmetrisch. Dann wird mit $\Sigma^{-1/2}x = y \sim N_p(\Sigma^{-1/2}\mu, I)$

$$x'\Sigma^{-1}x = y'y \sim \chi_p^2(\mu'\Sigma^{-1}\mu)$$

und

$$(x - \mu)'\Sigma^{-1}(x - \mu) = (y - \Sigma^{-1/2}\mu)'(y - \Sigma^{-1/2}\mu) \sim \chi_p^2.$$

Satz 86: *Seien* $Q_1 \sim \chi_m^2(\lambda)$ *und* $Q_2 \sim \chi_n^2$ *zwei unabhängige* χ^2*-verteilte Variablen. Dann gilt:*

(i) Der Quotient

$$F = \frac{Q_1/m}{Q_2/n}$$

ist nichtzentral $F_{m,n}(\lambda)$-verteilt.

(ii) Falls $\lambda = 0$ ist, ist F zentral $F_{m,n}$-verteilt.

(iii) Falls $m = 1$, so hat $\sqrt{F}$ eine nichtzentrale $t_n(\sqrt{\lambda})$ bzw. (für $\lambda = 0$) eine zentrale t_n-Verteilung.

Satz A 87: *Sei $\mathbf{x} \sim N_p(\boldsymbol{\mu}, \mathbf{I})$ und $\mathbf{A}$ (p,p) eine symmetrische idempotente Matrix mit Rang $(\mathbf{A}) = r$. Dann gilt*

$$\mathbf{x}'\mathbf{A}\mathbf{x} \sim \chi_r^2(\boldsymbol{\mu}'\mathbf{A}\boldsymbol{\mu}).$$

Beweis: Es ist $\mathbf{A} = \mathbf{P}\boldsymbol{\Lambda}\mathbf{P}'$ (Satz A 30) und o.B.d.A. (Satz A 61 (i))

$\boldsymbol{\Lambda} = \begin{pmatrix} \mathbf{I}_r & \mathbf{0} \\ \mathbf{0} & \mathbf{0} \end{pmatrix}$, also $\mathbf{P}'\mathbf{A}\mathbf{P} = \boldsymbol{\Lambda}$ mit $\mathbf{P}$ orthogonal. Sei $\mathbf{P} = (\underset{p,r}{\mathbf{P}_1} \quad \underset{p,(p-r)}{\mathbf{P}_2})$

und

$$\mathbf{P}'\mathbf{x} = \mathbf{y} = \begin{pmatrix} \mathbf{y}_1 \\ \mathbf{y}_2 \end{pmatrix} = \begin{pmatrix} \mathbf{P}_1'\mathbf{x} \\ \mathbf{P}_2'\mathbf{x} \end{pmatrix}.$$

Dann ist

$$\begin{aligned}
\mathbf{y} &\sim N_p(\mathbf{P}'\boldsymbol{\mu}, \mathbf{I}_p) && \text{(Satz A 82)} \\
\mathbf{y}_1 &\sim N_r(\mathbf{P}_1'\boldsymbol{\mu}, \mathbf{I}_r) \\
\text{und} \quad \mathbf{y}_1'\mathbf{y}_1 &\sim \chi_r^2(\boldsymbol{\mu}'\mathbf{P}_1\mathbf{P}_1'\boldsymbol{\mu}) && \text{(Satz A 84)}.
\end{aligned}$$

Da $\mathbf{P}$ orthogonal ist, folgt

$$\begin{aligned}
\mathbf{A} &= (\mathbf{PP}')\mathbf{A}(\mathbf{PP}') = \mathbf{P}(\mathbf{P}'\mathbf{AP})\mathbf{P} \\
&= (\mathbf{P}_1\,\mathbf{P}_2)\begin{pmatrix} \mathbf{I}_r & \mathbf{0} \\ \mathbf{0} & \mathbf{0} \end{pmatrix}\begin{pmatrix} \mathbf{P}_1' \\ \mathbf{P}_2' \end{pmatrix} = \mathbf{P}_1\mathbf{P}_1'
\end{aligned}$$

und damit

$$\mathbf{x}'\mathbf{A}\mathbf{x} = \mathbf{x}'\mathbf{P}_1\mathbf{P}_1'\mathbf{x} = \mathbf{y}_1'\mathbf{y}_1 \sim \chi_r^2(\boldsymbol{\mu}'\mathbf{A}\boldsymbol{\mu}).$$

Satz A 88: *Sei $\mathbf{x} \sim N_p(\boldsymbol{\mu}, \mathbf{I})$, $\mathbf{A}$ (p,p) idempotent vom Rang r, $\mathbf{B}$ (p,n) mit $\mathbf{AB} = 0$.*
Dann ist die Linearform $\mathbf{Bx}$ stochastisch unabhängig von der quadratischen Form $\mathbf{x}'\mathbf{Ax}$.

Beweis: Sei $\mathbf{P}$ die Matrix aus Satz A 87. Dann ist $\mathbf{BPP}'\mathbf{AP} = \mathbf{BAP} = 0$ wegen $\mathbf{BA} = 0$. Sei $\mathbf{BP} = \mathbf{D} = (\mathbf{D}_1, \mathbf{D}_2) = (\mathbf{BP}_1, \mathbf{BP}_2)$, so ist

$$\mathbf{BPP}'\mathbf{AP} = (\mathbf{D}_1, \mathbf{D}_2)\begin{pmatrix} \mathbf{I}_r & \mathbf{0} \\ \mathbf{0} & \mathbf{0} \end{pmatrix} = (\mathbf{D}_1, 0) = (0, 0),$$

also $\mathbf{D}_1 = 0$. Damit erhalten wir

$$\mathbf{Bx} = \mathbf{BPP'x} = \mathbf{Dy} = (0, \mathbf{D}_2) \begin{pmatrix} \mathbf{y}_1 \\ \mathbf{y}_2 \end{pmatrix} = \mathbf{D}_2 \mathbf{y}_2$$

mit $\mathbf{y}_2 = \mathbf{P}_2'\mathbf{x}$. Da $\mathbf{P}$ orthogonal und damit regulär ist, sind alle Komponenten von $\mathbf{y} = \mathbf{P'x}$ unabhängig. Also sind $\mathbf{Bx} = \mathbf{D}_2\mathbf{y}_2$ und $\mathbf{x'Ax} = \mathbf{y}_1'\mathbf{y}_1$ unabhängig.

Satz A 89: *Sei $\mathbf{x} \sim N_p(\mathbf{0}, \mathbf{I})$ und seien $\mathbf{A}$ und $\mathbf{B}$ idempotente (p, p)-Matrizen mit Rang $(\mathbf{A}) = r$ und Rang $(\mathbf{B}) = s$. Sei $\mathbf{BA} = 0$. Dann sind die quadratischen Formen $\mathbf{x'Ax}$ und $\mathbf{x'Bx}$ unabhängig.*

Beweis: Setze $C = \mathbf{P'BP}$, so daß C symmetrisch ist. Mit $\mathbf{BA} = 0$ folgt

$$\begin{aligned} \mathbf{CP'AP} &= \mathbf{P'BPP'AP} \\ &= \mathbf{P'BAP} = 0. \end{aligned}$$

Mit

$$\begin{aligned} C &= \begin{pmatrix} \mathbf{P}_1 \\ \mathbf{P}_2 \end{pmatrix} \mathbf{B}(\mathbf{P}_1' \, \mathbf{P}_2') \\ &= \begin{pmatrix} \mathbf{C}_1 & \mathbf{C}_2 \\ \mathbf{C}_2' & \mathbf{C}_3 \end{pmatrix} = \begin{pmatrix} \mathbf{P}_1\mathbf{BP}_1' & \mathbf{P}_1\mathbf{BP}_2' \\ \mathbf{P}_2\mathbf{BP}_1' & \mathbf{P}_2\mathbf{BP}_2' \end{pmatrix} \end{aligned}$$

läßt sich diese Relation schreiben als

$$\mathbf{CP'AP} = \begin{pmatrix} \mathbf{C}_1 & \mathbf{C}_2 \\ \mathbf{C}_2' & \mathbf{C}_3 \end{pmatrix} \begin{pmatrix} \mathbf{I}_r & 0 \\ 0 & 0 \end{pmatrix} = \begin{pmatrix} \mathbf{C}_1 & 0 \\ \mathbf{C}_2' & 0 \end{pmatrix} = 0$$

so daß $\mathbf{C}_1 = 0$ und $\mathbf{C}_2 = 0$ und damit

$$\begin{aligned} \mathbf{x'Bx} &= \mathbf{x'(PP')(BPP')x} \\ &= \mathbf{x'P(P'BP)P'x} \\ &= \mathbf{x'PCP'x} \\ &= (\mathbf{y}_1', \mathbf{y}_2') \begin{pmatrix} 0 & 0 \\ 0 & \mathbf{C}_3 \end{pmatrix} \begin{pmatrix} \mathbf{y}_1 \\ \mathbf{y}_2 \end{pmatrix} = \mathbf{y}_2'\mathbf{C}_3\mathbf{y}_2 \end{aligned}$$

wird. Da $\mathbf{x'Ax} = \mathbf{y}_1'\mathbf{y}_1$ ist (nach Satz A 87), folgt die Behauptung.

A.15 Differentiation von skalaren Funktionen von Matrizen

Definition A.90 *Es sei $f(\mathbf{X})$ eine reelle Funktion einer $m \times n$-Matrix $\mathbf{X} = (x_{ij})$. Dann wird die partielle Ableitung von f nach $\mathbf{X}$ definiert als $m \times n$-Matrix der partiellen Ableitungen $\frac{\partial f}{\partial x_{ij}}$:*

$$\frac{\partial f(\mathbf{X})}{\partial \mathbf{X}} = \begin{pmatrix} \frac{\partial f}{\partial x_{11}} & \cdots & \frac{\partial f}{\partial x_{1n}} \\ \vdots & & \vdots \\ \frac{\partial f}{\partial x_{m1}} & \cdots & \frac{\partial f}{\partial x_{mn}} \end{pmatrix}.$$

Satz A 91: *Es sei* $\mathbf{x}$ *ein* $n \times 1$*-Vektor und* $\mathbf{A}$ *eine symmetrische* (n, n)*-Matrix. Dann gilt*

$$\frac{\partial}{\partial \mathbf{x}} \mathbf{x}' \mathbf{A} \mathbf{x} = 2 \mathbf{A} \mathbf{x}.$$

Beweis:

$$\mathbf{x}' \mathbf{A} \mathbf{x} = \sum_{r,s=1}^{n} a_{rs} x_r x_s$$

$$\frac{\partial f}{\partial x_i} \mathbf{x}' \mathbf{A} \mathbf{x} = \sum_{\substack{s=1 \\ (s \neq i)}}^{n} a_{is} x_s + \sum_{\substack{r=1 \\ (r \neq i)}}^{n} a_{ri} x_r + 2 a_{ii} x_i$$

$$= 2 \sum_{s=1}^{n} a_{is} x_s \qquad (\text{da } a_{ij} = a_{ji})$$

$$= 2 \mathbf{a}_i' \mathbf{x} \qquad (\mathbf{a}_i': i\text{-ter Zeilenvektor von } \mathbf{A}).$$

Nach Definition A 90 ist dann

$$\frac{\partial \mathbf{x}' \mathbf{A} \mathbf{x}}{\partial \mathbf{x}} = \begin{pmatrix} \frac{\partial}{\partial x_1} \\ \vdots \\ \frac{\partial}{\partial x_n} \end{pmatrix} (\mathbf{x}' \mathbf{A} \mathbf{x}) = 2 \begin{pmatrix} \mathbf{a}_1' \\ \vdots \\ \mathbf{a}_n' \end{pmatrix} \mathbf{x} = 2 \mathbf{A} \mathbf{x}.$$

Satz A 92: *Es sei* $\mathbf{x}$ *ein* $n \times 1$*-,* $\mathbf{y}$ *ein* $m \times 1$*-Vektor und* $\mathbf{C}$ *eine* $n \times m$*-Matrix. Dann gilt*

$$\frac{\partial}{\partial \mathbf{C}} \mathbf{x}' \mathbf{C} \mathbf{y} = \mathbf{x} \mathbf{y}'.$$

Beweis:

$$\mathbf{x}' \mathbf{C} \mathbf{y} = \sum_{r=1}^{m} \sum_{s=1}^{n} x_s c_{sr} y_r,$$

$$\frac{\partial}{\partial c_{k\lambda}} \mathbf{x}' \mathbf{C} \mathbf{y} = x_k y_\lambda \qquad (\text{das} (k, \lambda)\text{-te Element von } \mathbf{x} \mathbf{y}'),$$

$$\frac{\partial}{\partial \mathbf{C}} \mathbf{x}' \mathbf{C} \mathbf{y} = (x_k y_\lambda) = \mathbf{x} \mathbf{y}'.$$

Satz A 93: *Es sei* $\mathbf{x}$ *ein* $K \times 1$*-Vektor,* $\mathbf{A}$ *eine symmetrische* $T \times T$*-Matrix,* $\mathbf{C}$ *eine* $T \times K$*-Matrix. Dann gilt*

$$\frac{\partial}{\partial \mathbf{C}} \mathbf{x}' \mathbf{C}' \mathbf{A} \mathbf{C} \mathbf{x} = 2 \mathbf{A} \mathbf{C} \mathbf{x} \mathbf{x}'.$$

Beweis: Es ist

$$\mathbf{x}' \mathbf{C}' = \left(\sum_{i=1}^{K} x_i c_{1i}, \cdots, \sum_{i=1}^{K} x_i c_{Ti} \right),$$

$$\frac{\partial}{\partial c_{k\lambda}} = (0, \cdots, 0, x_\lambda, 0, \cdots, 0) \qquad (x_\lambda \text{ steht in der Spalte } k).$$

Nach der Produktregel gilt

$$\frac{\partial}{\partial c_{k\lambda}}\mathbf{x}'\mathbf{C}'\mathbf{A}\mathbf{C}\mathbf{x} = \left(\frac{\partial}{\partial c_{k\lambda}}\mathbf{x}'\mathbf{C}'\right)\mathbf{A}\mathbf{C}\mathbf{x} + \mathbf{x}'\mathbf{C}'\mathbf{A}\left(\frac{\partial}{\partial c_{k\lambda}}\mathbf{C}\mathbf{x}\right).$$

Es ist

$$\mathbf{x}'\mathbf{C}'\mathbf{A} = \left(\sum_{t=1}^{T}\sum_{i=1}^{K} x_i c_{ti} a_{t1}, \cdots, \sum_{t=1}^{T}\sum_{i=1}^{K} x_i c_{ti} a_{Tt}\right)$$

und damit

$$
\begin{aligned}
\mathbf{x}'\mathbf{C}'\mathbf{A}\left(\frac{\partial}{\partial c_{k\lambda}}\mathbf{C}\mathbf{x}\right) &= \sum_{t,i} x_i x_\lambda c_{ti} a_{kt} \\
&= \sum_{t,i} x_i x_\lambda c_{ti} a_{tk} \qquad (\text{da } \mathbf{A} \text{ symmetrisch}) \\
&= \left(\frac{\partial}{\partial c_{k\lambda}}\mathbf{x}'\mathbf{C}'\right)\mathbf{A}\mathbf{C}\mathbf{x}.
\end{aligned}
$$

$\sum_{t,i} x_i x_\lambda c_{ti} a_{tk}$ ist aber gerade das (k,λ)-te Element der Matrix $\mathbf{A}\mathbf{C}\mathbf{x}\mathbf{x}'$.

Satz A 94: *Es sei* $\mathbf{A} = \mathbf{A}(x)$ *eine* $n \times n$-*Matrix, deren Elemente* $a_{ij}(x)$ *reelle Funktionen des Skalars* x *sind.* $\mathbf{B}$ *sei eine* $n \times n$-*Matrix, deren Elemente nicht von* x *abhängen. Dann gilt*

$$\frac{\partial}{\partial x} sp(\mathbf{A}\mathbf{B}) = sp\left(\frac{\partial \mathbf{A}}{\partial x}\mathbf{B}\right).$$

Beweis:

$$
\begin{aligned}
\mathrm{sp}(\mathbf{A}\mathbf{B}) &= \sum_{i=1}^{n}\sum_{j=1}^{n} a_{ij} b_{ji}, \\
\frac{\partial}{\partial x}\mathrm{sp}(\mathbf{A}\mathbf{B}) &= \sum_{i}\sum_{j} \frac{\partial a_{ij}}{\partial x} b_{ji} \\
&= \mathrm{sp}\left(\frac{\partial \mathbf{A}}{\partial x}\mathbf{B}\right),
\end{aligned}
$$

wobei $\frac{\partial \mathbf{A}}{\partial x} = \left(\frac{\partial a_{ij}}{\partial x}\right)$ ist.

Satz A 95: *Für die Ableitung einer Spur gelten folgende Regeln*

	y	$\partial y/\partial \mathbf{X}$
(i)	$sp(\mathbf{A}\mathbf{X})$	$\mathbf{A}'$
(ii)	$sp(\mathbf{X}'\mathbf{A}\mathbf{X})$	$(\mathbf{A} + \mathbf{A}')\mathbf{X}$
(iii)	$sp(\mathbf{X}\mathbf{A}\mathbf{X})$	$\mathbf{X}'\mathbf{A} + \mathbf{A}'\mathbf{X}'$
(iv)	$sp(\mathbf{X}\mathbf{A}\mathbf{X}')$	$\mathbf{X}(\mathbf{A} + \mathbf{A}')$
(v)	$sp(\mathbf{X}'\mathbf{A}\mathbf{X}')$	$\mathbf{A}\mathbf{X}' + \mathbf{X}'\mathbf{A}$
(vi)	$sp(\mathbf{X}'\mathbf{A}\mathbf{X}\mathbf{B})$	$\mathbf{A}\mathbf{X}\mathbf{B} + \mathbf{A}'\mathbf{X}\mathbf{B}'$

Differentiation inverser Matrizen

Satz A 96: *Sei* $\mathbf{T}(x)$ *eine reguläre Matrix, deren Elemente von einem Skalar* x *abhängen. Dann gilt*

$$\frac{\partial \mathbf{T}^{-1}}{\partial x} = -\mathbf{T}^{-1}\frac{\partial \mathbf{T}}{\partial x}\mathbf{T}^{-1}.$$

Beweis: Es gilt $\mathbf{T}^{-1}\mathbf{T} = \mathbf{I}$, $\frac{\partial \mathbf{I}}{\partial x} = 0$,

$$\frac{\partial(\mathbf{T}^{-1}\mathbf{T})}{\partial x} = \frac{\partial \mathbf{T}^{-1}}{\partial x}\mathbf{T} + \mathbf{T}^{-1}\frac{\partial \mathbf{T}}{\partial x} = 0,$$

woraus die Behauptung folgt.

Satz A 97: *Falls* $\mathbf{X}$ *regulär ist, gilt*

$$\frac{\partial sp(\mathbf{A}\mathbf{X}^{-1})}{\partial \mathbf{X}} = -(\mathbf{X}^{-1}\mathbf{A}\mathbf{X}^{-1})' ,$$

$$\frac{\partial sp(\mathbf{X}^{-1}\mathbf{A}\mathbf{X}^{-1}\mathbf{B})}{\partial \mathbf{X}} = -(\mathbf{X}^{-1}\mathbf{A}\mathbf{X}^{-1}\mathbf{B}\mathbf{X}^{-1} + \mathbf{X}^{-1}\mathbf{B}\mathbf{X}^{-1}\mathbf{A}\mathbf{X}^{-1})' .$$

Beweis: Wende die Sätze A95, A96 und die Produktregel an.

Differentiation der Determinante

Satz A 98: *Sei* $\mathbf{Z}$ *regulär. Dann gilt*

(i) $\frac{\partial}{\partial \mathbf{Z}}|\mathbf{Z}| = |\mathbf{Z}|(\mathbf{Z}')^{-1}$

(ii) $\frac{\partial}{\partial \mathbf{Z}}log|\mathbf{Z}| = (\mathbf{Z}')^{-1}$.

A.16 Stochastische Konvergenz

Satz A 99: *Es sei* $\{\mathbf{x}(t)\}$, $t = 1, 2, \cdots$ *ein multivariater stochastischer Prozeß mit* $\lim_{t\to\infty} P\{|\mathbf{x}(t) - \tilde{\mathbf{x}}| \geq \delta\} = 0$, *wobei* $\delta > 0$ *ein beliebiger Skalar und* $\tilde{\mathbf{x}}$ *ein Vektor aus endlichen Konstanten ist. Dann heißt* $\tilde{\mathbf{x}} = p\lim \mathbf{x}$ *der Limes in Wahrscheinlichkeit, und es gelten folgende Relationen (vgl. Goldberger (1964)):*

(i) Falls $p\lim \mathbf{x} = \tilde{\mathbf{x}}$ *ist, so wird der asymptotische Erwartungswert*

$$\bar{E}\mathbf{x} = \lim_{t\to\infty} E\mathbf{x}(t) = \tilde{\mathbf{x}}.$$

(ii) Ist $\mathbf{c}$ *ein Vektor aus Konstanten, so gilt* $p\lim \mathbf{c} = \mathbf{c}$.

(iii) Falls $p\lim \tilde{\mathbf{x}} = \mathbf{x}$ *gilt und falls* $y = f(\mathbf{x})$ *eine stetige Vektorfunktion ist, so gilt*

$$p\lim y = \tilde{y} = f(\tilde{\mathbf{x}})$$

(Theorem von Slutsky).

(iv) Es seien $\mathbf{A}(t)$, $\mathbf{B}(t)$ *zufällige Matrizen. Die Existenz der Grenzwerte vorausgesetzt, gilt*

$$p\lim(\mathbf{AB}) = (p\lim \mathbf{A})(p\lim \mathbf{B})$$

und

$$p\lim(\mathbf{A}^{-1}) = (p\lim \mathbf{A})^{-1}.$$

(v) Aus $p\lim[\sqrt{T}(\mathbf{x}(t) - E\mathbf{x}(t))][\sqrt{T}(\mathbf{x}(t) - E\mathbf{x}(t))]' = \mathbf{V}$ *folgt*

$$\bar{E}(\mathbf{x} - \bar{E}\mathbf{x})(\mathbf{x} - \bar{E}\mathbf{x})' = T^{-1}\mathbf{V}.$$

Satz A 100: *Es sei*

$$\underset{m\times n}{\mathbf{A}} = (a_{ij}) \quad und \quad \underset{p\times q}{\mathbf{B}} = (b_{rs}).$$

Dann ist das Kronecker–Produkt von $\mathbf{A}$ *und* $\mathbf{B}$ *definiert als*

$$\underset{mp\times nq}{\mathbf{C}} = \mathbf{A} \otimes \mathbf{B} = \begin{pmatrix} a_{11}\mathbf{B} & a_{12}\mathbf{B} & \cdots & a_{1n}\mathbf{B} \\ \vdots & \vdots & & \cdots \\ a_{m1}\mathbf{B} & a_{m2}\mathbf{B} & \cdots & a_{mn}\mathbf{B} \end{pmatrix}$$

und es gelten folgende Regeln:

(i) $c(\mathbf{A} \otimes \mathbf{B}) = (c\mathbf{A}) \otimes \mathbf{B} = \mathbf{A} \otimes (c\mathbf{B})$ *(c ein Skalar),*

(ii) $\mathbf{A} \otimes (\mathbf{B} \otimes \mathbf{C}) = (\mathbf{A} \otimes \mathbf{B}) \otimes \mathbf{C},$

(iii) $\mathbf{A} \otimes (\mathbf{B} + \mathbf{C}) = (\mathbf{A} \otimes \mathbf{B}) + (\mathbf{A} \otimes \mathbf{C}),$

(iv) $(\mathbf{A} \otimes \mathbf{B})' = \mathbf{A}' \otimes \mathbf{B}'.$

Anhang B

Verteilungen und Tabellen

x	0.0	0.02	0.04	0.06	0.08
0.0	0.3989	0.3989	0.3986	0.3982	0.3977
0.2	0.3910	0.3894	0.3876	0.3857	0.3836
0.4	0.3814	0.3653	0.3621	0.3589	0.3555
0.6	0.3332	0.3292	0.3251	0.3209	0.3166
0.8	0.2897	0.2850	0.2803	0.2756	0.2709
1.0	0.2419	0.2371	0.2323	0.2275	0.2226
1.2	0.1942	0.1895	0.1849	0.1804	0.1758
1.4	0.1497	0.1456	0.1415	0.1374	0.1334
1.6	0.1109	0.1074	0.1039	0.1006	0.0973
1.8	0.0789	0.0761	0.0734	0.0707	0.0681
2.0	0.0539	0.0519	0.0498	0.0478	0.0459
2.2	0.0355	0.0339	0.0325	0.0310	0.0296
2.4	0.0224	0.0213	0.0203	0.0194	0.0184
2.6	0.0136	0.0167	0.0122	0.0116	0.0110
2.8	0.0059	0.0075	0.0071	0.0067	0.0063
3.0	0.0044	0.0024	0.0012	0.0006	0.0003

Tabelle B.1: Dichtefunktion $\phi(x)$ der N(0,1)–Verteilung

u	0.00	0.01	0.02	0.03	0.04
0.0	0.500000	0.503989	0.507978	0.511966	0.515953
0.1	0.539828	0.543795	0.547758	0.551717	0.555670
0.2	0.579260	0.583166	0.587064	0.590954	0.594835
0.3	0.617911	0.621720	0.625516	0.629300	0.633072
0.4	0.655422	0.659097	0.662757	0.666402	0.670031
0.5	0.691462	0.694974	0.698468	0.701944	0.705401
0.6	0.725747	0.729069	0.732371	0.735653	0.738914
0.7	0.758036	0.761148	0.764238	0.767305	0.770350
0.8	0.788145	0.791030	0.793892	0.796731	0.799546
0.9	0.815940	0.818589	0.821214	0.823814	0.826391
1.0	0.841345	0.843752	0.846136	0.848495	0.850830
1.1	0.864334	0.866500	0.868643	0.870762	0.872857
1.2	0.884930	0.886861	0.888768	0.890651	0.892512
1.3	0.903200	0.904902	0.906582	0.908241	0.909877
1.4	0.919243	0.920730	0.922196	0.923641	0.925066
1.5	0.933193	0.934478	0.935745	0.936992	0.938220
1.6	0.945201	0.946301	0.947384	0.948449	0.949497
1.7	0.955435	0.956367	0.957284	0.958185	0.959070
1.8	0.964070	0.964852	0.965620	0.966375	0.967116
1.9	0.971283	0.971933	0.972571	0.973197	0.973810
2.0	0.977250	0.977784	0.978308	0.978822	0.979325
2.1	0.982136	0.982571	0.982997	0.983414	0.983823
2.2	0.986097	0.986447	0.986791	0.987126	0.987455
2.3	0.989276	0.989556	0.989830	0.990097	0.990358
2.4	0.991802	0.992024	0.992240	0.992451	0.992656
2.5	0.993790	0.993963	0.994132	0.994297	0.994457
2.6	0.995339	0.995473	0.995604	0.995731	0.995855
2.7	0.996533	0.996636	0.996736	0.996833	0.996928
2.8	0.997445	0.997523	0.997599	0.997673	0.997744
2.9	0.998134	0.998193	0.998250	0.998305	0.998359
3.0	0.998650	0.998694	0.998736	0.998777	0.998817

Tabelle B.2: Verteilungsfunktion $\Phi(u)$ der Standardnormalverteilung N(0,1)

u	0.05	0.06	0.07	0.08	0.09
0.0	0.519939	0.523922	0.527903	0.531881	0.535856
0.1	0.559618	0.563559	0.567495	0.571424	0.575345
0.2	0.598706	0.602568	0.606420	0.610261	0.614092
0.3	0.636831	0.640576	0.644309	0.648027	0.651732
0.4	0.673645	0.677242	0.680822	0.684386	0.687933
0.5	0.708840	0.712260	0.715661	0.719043	0.722405
0.6	0.742154	0.745373	0.748571	0.751748	0.754903
0.7	0.773373	0.776373	0.779350	0.782305	0.785236
0.8	0.802337	0.805105	0.807850	0.810570	0.813267
0.9	0.828944	0.831472	0.833977	0.836457	0.838913
1.0	0.853141	0.855428	0.857690	0.859929	0.862143
1.1	0.874928	0.876976	0.879000	0.881000	0.882977
1.2	0.894350	0.896165	0.897958	0.899727	0.901475
1.3	0.911492	0.913085	0.914657	0.916207	0.917736
1.4	0.926471	0.927855	0.929219	0.930563	0.931888
1.5	0.939429	0.940620	0.941792	0.942947	0.944083
1.6	0.950529	0.951543	0.952540	0.953521	0.954486
1.7	0.959941	0.960796	0.961636	0.962462	0.963273
1.8	0.967843	0.968557	0.969258	0.969946	0.970621
1.9	0.974412	0.975002	0.975581	0.976148	0.976705
2.0	0.979818	0.980301	0.980774	0.981237	0.981691
2.1	0.984222	0.984614	0.984997	0.985371	0.985738
2.2	0.987776	0.988089	0.988396	0.988696	0.988989
2.3	0.990613	0.990863	0.991106	0.991344	0.991576
2.4	0.992857	0.993053	0.993244	0.993431	0.993613
2.5	0.994614	0.994766	0.994915	0.995060	0.995201
2.6	0.995975	0.996093	0.996207	0.996319	0.996427
2.7	0.997020	0.997110	0.997197	0.997282	0.997365
2.8	0.997814	0.997882	0.997948	0.998012	0.998074
2.9	0.998411	0.998462	0.998511	0.998559	0.998605
3.0	0.998856	0.998893	0.998930	0.998965	0.998999

Tabelle B.3: Verteilungsfunktion $\Phi(u)$ der Standardnormalverteilung N(0,1)

	Irrtumswahrscheinlichkeit α					
df	0.99	0.975	0.95	0.05	0.025	0.01
1	0.0001	0.001	0.004	3.84	5.02	6.62
2	0.020	0.051	0.103	5.99	7.38	9.21
3	0.115	0.216	0.352	7.81	9.35	11.3
4	0.297	0.484	0.711	9.49	11.1	13.3
5	0.554	0.831	1.15	11.1	12.8	15.1
6	0.872	1.24	1.64	12.6	14.4	16.8
7	1.24	1.69	2.17	14.1	16.0	18.5
8	1.65	2.18	2.73	15.5	17.5	20.1
9	2.09	2.70	3.33	16.9	19.0	21.7
10	2.56	3.25	3.94	18.3	20.5	23.2
11	3.05	3.82	4.57	19.7	21.9	24.7
12	3.57	4.40	5.23	21.0	23.3	26.2
13	4.11	5.01	5.89	22.4	24.7	27.7
14	4.66	5.63	6.57	23.7	26.1	29.1
15	5.23	6.26	7.26	25.0	27.5	30.6
16	5.81	6.91	7.96	26.3	28.8	32.0
17	6.41	7.56	8.67	27.6	30.2	33.4
18	7.01	8.23	9.39	28.9	31.5	34.8
19	7.63	8.91	10.1	30.1	32.9	36.2
20	8.26	9.59	10.9	31.4	34.2	37.6
25	11.5	13.1	14.6	37.7	40.6	44.3
30	15.0	16.8	18.5	43.8	47.0	50.9
40	22.2	24.4	26.5	55.8	59.3	63.7
50	29.7	32.4	34.8	67.5	71.4	76.2
60	37.5	40.5	43.2	79.1	83.3	88.4
70	45.4	48.8	51.7	90.5	95.0	100.4
80	53.5	57.2	60.4	101.9	106.6	112.3
90	61.8	65.6	69.1	113.1	118.1	124.1
100	70.1	74.2	77.9	124.3	129.6	135.8

Tabelle B.4: Quantile der χ^2-Verteilung

Irrtumswahrscheinlichkeit α für einseitige Fragestellung			
0.05	0.025	0.01	0.005
Irrtumswahrscheinlichkeit α für zweiseitige Fragestellung			
df 0.10	0.05	0.02	0.01
1 6.31	12.71	31.82	63.66
2 2.92	4.30	6.97	9.92
3 2.35	3.18	4.54	5.84
4 2.13	2.78	3.75	4.60
5 2.01	2.57	3.37	4.03
6 1.94	2.45	3.14	3.71
7 1.89	2.36	3.00	3.50
8 1.86	2.31	2.90	3.36
9 1.83	2.26	2.82	3.25
10 1.81	2.23	2.76	3.17
11 1.80	2.20	2.72	3.11
12 1.78	2.18	2.68	3.05
13 1.77	2.18	2.65	3.01
14 1.76	2.14	2.62	2.98
15 1.75	2.13	2.60	2.95
16 1.75	2.12	2.58	2.92
17 1.74	2.11	2.57	2.90
18 1.73	2.10	2.55	2.88
19 1.73	2.09	2.54	2.86
20 1.73	2.09	2.53	2.85
30 1.70	2.04	2.46	2.75
40 1.68	2.02	2.42	2.70
60 1.67	2.00	2.39	2.66
∞ 1.64	1.96	2.33	2.58

Tabelle B.5: Quantile der t–Verteilung

df_1

df_2	1	2	3	4	5	6	7	8	9
1	161	200	216	225	230	234	237	239	241
2	18.51	19.00	19.16	19.25	19.30	19.33	19.36	19.37	19.38
3	10.13	9.55	9.28	9.12	9.01	8.94	8.88	8.84	8.81
4	7.71	6.94	6.59	6.39	6.26	6.16	6.09	6.04	6.00
5	6.61	5.79	5.41	5.19	5.05	4.95	4.88	4.82	4.78
6	5.99	5.14	4.76	4.53	4.39	4.28	4.21	4.15	4.10
7	5.59	4.74	4.35	4.12	3.97	3.87	3.79	3.73	3.68
8	5.32	4.46	4.07	3.84	3.69	3.58	3.50	3.44	3.39
9	5.12	4.26	3.86	3.63	3.48	3.37	3.29	3.23	3.18
10	4.96	4.10	3.71	3.48	3.33	3.22	3.14	3.07	3.02
11	4.84	3.98	3.59	3.36	3.20	3.09	3.01	2.95	2.90
12	4.75	3.88	3.49	3.26	3.11	3.00	2.92	2.85	2.80
13	4.67	3.80	3.41	3.18	3.02	2.92	2.84	2.77	2.72
14	4.60	3.74	3.34	3.11	2.96	2.85	2.77	2.70	2.65
15	4.54	3.68	3.29	3.06	2.90	2.79	2.70	2.64	2.59
20	4.35	3.49	3.10	2.87	2.71	2.60	2.52	2.45	2.40
30	4.17	3.32	2.92	2.69	2.53	2.42	2.34	2.27	2.21

Tabelle B.6: Quantile der F_{df_1, df_2}-Verteilung für $\alpha = 0.05$

df_1

df_2	10	11	12	14	16	20	24	30
1	242	243	244	245	246	248	249	250
2	19.39	19.40	19.41	19.42	19.43	19.44	19.45	19.46
3	8.78	8.76	8.74	8.71	8.69	8.66	8.64	8.62
4	5.96	5.93	5.91	5.87	5.84	5.80	5.77	5.74
5	4.74	4.70	4.68	4.64	4.60	4.56	4.53	4.50
6	4.06	4.03	4.00	3.96	3.92	3.87	3.84	3.81
7	3.63	3.60	3.57	3.52	3.49	3.44	3.41	3.38
8	3.34	3.31	3.28	3.23	3.20	3.15	3.12	3.08
9	3.13	3.10	3.07	3.02	2.98	2.93	2.90	2.86
10	2.97	2.94	2.91	2.86	2.82	2.77	2.74	2.70
11	2.86	2.82	2.79	2.74	2.70	2.65	2.61	2.57
12	2.76	2.72	2.69	2.64	2.60	2.54	2.50	2.46
13	2.67	2.63	2.60	2.55	2.51	2.46	2.42	2.38
14	2.60	2.56	2.53	2.48	2.44	2.39	2.35	2.31
15	2.55	2.51	2.48	2.43	2.39	2.33	2.29	2.25
20	2.35	2.31	2.28	2.23	2.18	2.12	2.08	2.04
30	2.16	2.12	2.00	2.04	1.99	1.93	1.89	1.84

Tabelle B.7: Quantile der F_{df_1,df_2}-Verteilung für $\alpha = 0.05$

Literaturverzeichnis

[1] **Agresti, A.** *Categorical data analysis.* Wiley, New York, 1990.

[2] **Aitchison, J. and S.D. Silvey.** Maximum likelihood estimation of parameters subject to restraints. *Ann. Math. Statist.*, **29**:813–828, 1958.

[3] **Albert, A.** *Regression and the Moore-Penrose pseudoinverse.* Academic Press, New York, 1972.

[4] **Amemiya, T.** *Advanced econometrics.* Blackwell, Oxford, 1985.

[5] **Baksalary, J. K., Kala, R. and K. Klaczynski.** The matrix inequality $M \geq B^*MB$. *Linear Algebra and its Applications*, **54**:77–86, 1983.

[6] **Bartlett, M. S.** Some examples of statistical methods of research in agriculture and applied botany. *J. Royal Statist. Soc. B*, **4**:137–170, 1937.

[7] **Beckmann, R. J. and H. J. Trussel.** The distribution of an arbitrary studentized residual and the effects of updating in multiple regression. *J. Amer. Statist. Ass.*, **69**:199–201, 1974.

[8] **Bekker, P. A. and H. Neudecker.** Albert's theorem applied to problems of efficiency and MSE superiority. *Statistica Neerlandica*, **43**:157–167, 1989.

[9] **Birch, M.W.** Maximum likelihood in three–way contingency tables. *J. Royal. Statist. Soc. B*, **25**:220–233, 1963.

[10] **Bishop, Y.M.M., S.E. Fienberg and P.W. Holland.** *Discrete multivariate analysis: theory and practice.* MIT Press, Cambridge, 1975.

[11] **Boik, R.J.** A priori tests in repeated measures designs: effects of non–sphericity. *Psychometrika*, **46**(3):241–255, 1981.

[12] **Bosch, K.** *Statistik–Taschenbuch.* Oldenbourg, München, 1992.

[13] **Box, G.E.P.** A general distribution theory for a class of likelihood criteria. *Biometrics*, **36**:317–346, 1949.

[14] **Brook, R. J. and G. C. Arnold.** *Applied regression analysis and experimental design.* Dekker, New York, 1985.

[15] **Brown, B.W.** The crossover experiment. *Biometrics*, **36**:69–79, 1980.

[16] **Büning, H. und G. Trenkler.** *Nichtparametrische Statistische Methoden.* de Gruyter, Berlin, 1978. .

[17] **Campbell, S. L. and C. D. Meyer.** *Generalized inverses of linear transformations.* Pitman, London, 1979.

[18] **Christensen.** *Loglinear models.* Springer, New York, 1990.

[19] **Cochran, W. and D. R, Cox.** *Experimental design.* Wiley, New York, 1957.

[20] **Cox, D.R.** *The analysis of binary data.* Chapman and Hall, London, 1970.

[21] **Cox, D. R.** The analysis of multivariate binary data. *Appl. Statist.*, **21**:113–120, 1972.

[22] **Cox, D. R. and D. V. Hinkley.** *Theoretical Statistics.* Chapman and Hall, London, 1974.

[23] **Crowder, M. J. and D. J. Hand.** *Analysis of repeated measures.* Chapman and Hall, London, 1990.

[24] **Dempster, A. P., N. M. Laird and D. B. Rubin.** Maximum likelihood from incomplete data via the EM algorithm. *J. Royal Statist. Soc. B*, **43**:1–22, 1977.

[25] **Dhrymes, P. J.** *Indroductory econometrics.* Springer, New York, 1978.

[26] **Diggle, P.J., K.–Y. Liang and S. L. Zeger.** *Analysisi of longitudinal data.* London (to appear), 1993.

[27] **Draper, N. and H. Smith.** *Applied regression analysis.* Wiley, New York, 1966.

[28] **Duncan, D. B.** t tests and intervals for comparisons suggested by the data. *Biometrics*, **31**:339–359, 1975.

[29] **Dunn, O. J.** Multiple comparisons using rank sums. *Technometrics*, **6**:241–252, 1964.

[30] **Dunn, O. J. and V. A. Clark.** *Applied statistics. Analysis of variance and regression.* Wiley, New York, 1987.

[31] **Dunnett, C. W.** A multiple comparison procedure for comparing treatments with a control. *J. Amer. Statist. Assoc.*, **50**:1096–1121, 1955.

[32] **Dunnett, C. W.** New tables for multiple comparisons with a control. *Biometrics*, **20**:482–491, 1964.

[33] **Fahrmeir, L. und A. Hamerle**. *Multivariate statistische Verfahren.* de Gruyter, Berlin, 1984.

[34] **Fahrmeir, L. and H. Kaufmann**. Consistency and asymptotic normality of the maximum likelihood estimator in generalized linear models. *Annals of Statistics*, **13**:342–368, 1985.

[35] **Fahrmeir, L. and G. Tutz**. *Multivariate statistical modelling based on generalized linear models.* Springer, Berlin, 1994.

[36] **Fitzmaurice, G. M. and N. M. Laird**. A likelihood–based method for analysing longitudinal binary responses. *Biometrika*, **80**:141–151, 1993.

[37] **Fleiss, J. L.** A critique of recent research in the two-treatment crossover design. *Controlled Clinical Trials*, **10**:237–243, 1989.

[38] **Friedman, M.** The use of ranks to avoid the assumption of normality implicit in the analysis of variance. *J. Amer. Statist. Assoc.*, **32**:675–701, 1937.

[39] **Gart, J. J.** An exact test for comparing matched proportions in crossover designs. *Biometrika*, **56**(1):75–80, 1969.

[40] **Gather, U. und I. Pigeot**. Multiples Testen. *Skript, Universität Dortmund, Fachbereich Statistik*, 1990.

[41] **Girden, E. R.** *ANOVA – repeated measures.* Sage Publications, New York, 1992.

[42] **Goldberger, A. S.** *Econometric theory.* Wiley, New York, 1964.

[43] **Goodman, L. A.** The analysis of multidimensional contingency tables: stepwise procedures and direct estimation methods for building models for multiple classifications. *Technometrics*, **13**:33–61, 1971.

[44] **Graybill, F. A.** *An introduction to linear statistical models.* McGraw-Hill, New York, 1961.

[45] **Greenhouse, S. W. and S. Geisser**. On methods in the analysis of profile data. *Psychometrika*, **24**(2):95–112, 1959.

[46] **Grieve, A. P.** The two–period changeover design in clinical trials. letter to the editor. *Biometrics*, **38**:517, 1982.

[47] **Grieve, A. P.** *Crossover versus parallel designs. In D. A. Berry (ed.): Statistical methodology in the pharmaceutical sciences.* Dekker, New York, 1990.

[48] **Grizzle, J.E.** The two–period change–over design and its use in clinical trials. *Biometrics*, **21**, 1965.

[49] **Grizzle, J. E., C. F. Starmer and G. G. Koch**. Analysis of categorical data by linear models. *Biometrics*, **25**:489–504, 1969.

[50] **Guilkey, D. K. and J. M. Price**. On comparing restricted least squares estimators. *Journal of Econometrics*, **15**:397–404, 1981.

[51] **Haaland, P. D.** *Experimental design in biotechnology*. Dekker, New York, 1989.

[52] **Haitovsky, Y.** Missing data in regression analysis. *J. Royal Statist. Soc. B*, **34**:67–82, 1968.

[53] **Hays, W. L.** *Statistics. 4th Ed.* Holt, Rinehart and Winston, New York, 1988.

[54] **Heumann, Ch.** GEE1–procedure for categorical correlated response. *University of Munich, Institute of Statistics, Research Report*, 1993.

[55] **Heumann, Ch., M. Jacobsen und H. Toutenburg**. Rechnergestützte grafische Analyse von ordinalen Kontingenztafeln — eine Alternative zum Pareto–Prinzip. *Universität München, Institut für Statistik*, 1993.

[56] **Heumann, Ch. und M. Jacobsen.** *LOGGY 1.0 – Ein Programm zur Analyse von loglinearen Modellen und Kontingenztafeln.* [Ch. Heumann, Ludwig–Dill–Str. 17, 85221 Dachau], 1993.

[57] **Hills, M. and P. Armitage**. The two–period cross–over clinical trial. *British Journal of clinical Pharmacology*, **8**:7–20, 1979.

[58] **Hocking, R. R.** A discussion of the two–way mixed models. *The American Statistician*, **27**(4):148–152, 1973.

[59] **Hollander, M. and D. A. Wolfe.** *Nonparametric statistical methods.* Wiley, New York, 1973.

[60] **Huynh, H. and L. S. Feldt**. Conditions under which mean square ratios in repeated measurements designs have exact F–distribution. *J. Amer. Statist. Assoc.*, **65**:1582–1589, 1970.

[61] **Huynh, H. and G. K. Mandeville**. Validity conditions in repeated measures designs. *Psychological Bulletin*, **86**(5):964–973, 1979.

[62] **Ishihawa, K.** *Guide to quality control.* Unipub, New York, 1976.

[63] **Johnston, J.** *Econometric methods.* McGraw-Hill, New York, 1972.

[64] **Jones, B. and M. G. Kenward.** *Design and Analysis of Crossover Trials.* Chapman and Hall, London, 1989.

[65] **Judge, G. G., W. E. Griffiths, R. C. Hill and T. C. Lee.** *The theory and practice of econometrics.* Wiley, New York, 1980.

[66] **Judge, G. G., W. E. Griffiths, R. C. Hill, H. Lütkepohl and T. C. Lee**. *The theory and practice of econometrics*. Wiley, New York, 2nd edition, 1985.

[67] **Karim, M. R. and S. L. Zeger**. SAS–Macro for GEE estimation. *John Hopkins University*, 1988.

[68] **Kmenta, J.** *Elements of econometrics*. Macmillan, New York, 1971.

[69] **Koch, G. G.** Some aspects of the statistical analysis of split–plot experiments in completely randomized layouts. *J. Amer. Statist. Assoc.*, **64**:485–505, 1969.

[70] **Koch, G. G.** The use of nonparametric methods in the analysis of the two period change–over design. *Biometrics*, **28**:577–584, 1972.

[71] **Koch, G.G., J.R. Landis, J.L. Freeman, D.H. Freeman and R.G. Lehnen**. A general methodology for the analysis of experiments with repeated measurements of categorical data. *Biometrics*, **33**:133–158, 1977.

[72] **Kres, H. V.** *Statistical tables for multivariate analysis*. Springer, New York, 1983.

[73] **Kruskal, W. H. and W. A. Wallis**. Use of ranks in one–criterion variance analysis. *J. Amer. Statist. Assoc.*, **47**:583–621, 1952.

[74] **Lehmacher, W.** *Verlaufskurven und Crossover (Med. Informatik und Statistik 67)*. Springer, Berlin Heidelberg New York, 1987.

[75] **Lehmacher, W.** Analyse von K Stichproben von Verlaufskurven; in: Bauer, P., G. Hommel und E. Sonnemann (Hrsg.): Multiple Hypothesenprüfung. *Med. Informatik und Statistik*, **70**:33–47, 1988.

[76] **Lehmacher, W.** Verlaufskurvenanalyse und Crossover-Pläne in der Therapieforschung; in: Giani, G. und R. Repges (Hrsg.): Biometrie und Informatik - neue Erkenntnisgewinnung in der Medizin. *Med. Informatik und Statistik*, **72**:72–77, 1990.

[77] **Lehmacher, W.** Analysis of the crossover design in the presence of residual effects. *Statistics in Medicine*, **10**:891–899, 1991.

[78] **Lehmacher, W. and K. D. Wall**. A new nonparametric approach to the comparison of k independent samples of response curves. *Biometrical Journal*, **20**(3):261–273, 1978.

[79] **Lehmann, E. C.** *Testing statistical hypotheses 2nd ed.* Wiley, New York, 1986.

[80] **Liang, K.–Y. and S. L. Zeger**. Longitudinal data analysis using generalized linear models. *Biometrika*, **73**:13–22, 1986.

[81] **Liang, K.-Y. and S. L. Zeger.** Regression analysis for correlated data. *Annu. Rev. Pib. Health*, **14**:43–68, 1993.

[82] **Liang, K.-Y., S. L. Zeger and B. Quaqish.** Multivariate regression analysis for categorical data. *J. Royal. Statist. Soc. B*, **54**:3–40, 1992.

[83] **Lienert, G. A.** *Verteilungsfreie Methoden in der Biostatistik.* Hain, Königstein/Ts., 1986.

[84] **Lipsitz, S.R., N.M. Laird and D.P. Harrington.** Maximum likelihood regression methods for paired binary data. *Statistics in Medicine*, **9**:1517–1525, 1990.

[85] **Little, R. J. A. and D. B. Rubin.** *Statistical analysis with missing data.* Wiley, New York, 1987.

[86] **Mardia, K. V., Kent, J. T. and J. M. Bibby.** *Multivariate analysis.* Academic Press, London, 1979.

[87] **Mauchly, J. W.** Significance test for sphericity of a normal n–variate distribution. *Annals Math. Statistics*, **11**:204–209, 1940.

[88] **McCullagh, P. and J. A. Nelder.** *Generalized Linear Models.* Chapmann and Hall, London, 1989.

[89] **McElroy, F.W.** A necessary and sufficient condition that ordinary least–squares estimators be best linear unbiased. *J. Amer. Statist. Assoc.*, **62**:1302–1304, 1967.

[90] **McFadden, D.** Conditional logit analysis of qualitative choice; in: P. Zarembka (Hrsg.): Frontiers in econometrics. *Academic Press, New York*, pages 105–142, 1974.

[91] **Michaelis, J.** Schwellenwerte des Friedman–Tests. *Biometr. Zeitschr.*, **13**:118–122, **1971**.

[92] **Miller, R.G.Jr.** *Simultaneous statistical inference.* Springer, New York, 1981.

[93] **Milliken, G. A. and F. Akdediz.** A theorem on the difference of the generalized inverse of two nonnegative matrices. *Comm. Statist. A*, **6**:73–79, 1977.

[94] **Milliken, G.A. and D. E. Johnson.** *Designed experiments.* Van Nostrand Reinhold, New York, 1984.

[95] **Mitzel, H. C. and P. A. Games.** Circularity and multiple comparisons in repeated measure designs. *British Journal of Math. and Stat. Psychology*, **34**:253–259, 1981.

[96] **Montgomery, D. C.** *Design and analysis of experiments.* Wiley, New York, 1976.

[97] **Morrison, D. F.** A test for equality of means of correlated variates with missing data on one response. *Biometrika,* **60**:101–5, 1973.

[98] **Morrison, D. F.** *Multivariate statistical methods.* Mc Graw Hill, New York, 1984.

[99] **Nelder, J. and R. W. M. Wedderburn.** Generalized linear models. *J. Royal Statist. Soc. A,* **135**:370–384, 1972.

[100] **Oberhofer, W. and J. Kmenta.** A general procedure for obtaining maximum likelihood estimates in generalized regression models. *Econometrica,* **42**:579–590, 1974.

[101] **Patel, H.I.** Analysis of incomplete data in a two–period crossover design. *Biometrika,* **72**:411–18, 1985.

[102] **Pepe, M. S. and T. R. Fleming.** A nonparametric method for dealing with mismeasured covariate data. *J. Amer. Statist. Assoc.,* 86:108–113, 1991.

[103] **Petersen, R. G.** *Design and analysis of experiments.* Dekker, New York, 1985.

[104] **Pollock, D. S. G.** *The algebra of econometrics.* Wiley, New York, 1979.

[105] **Prentice, R. L.** Correlated binary regression with covariates specific to each binary observation. *Biomerics,* **44**:1033–1048, 1988.

[106] **Prentice, R. L. and L. P. Zhao.** Estimation equations for parameters in means and covariance of multivariate discrete and continous responses. *Biomerics,* **47**:825–839, 1991.

[107] **Prescott, R. J.** The comparison of success rates in cross-over trials in the presence of an order effect. *Applied Statistics,* **30**(1):9–15, 1981.

[108] **Puri, M. L. and P. K. Sen.** *Nonparametric methods in multivariate analysis.* Wiley, New York, 1971.

[109] **Rao, C. R.** *Linear statistical inference and its applications. 2nd ed.* Wiley, New York, 1973.

[110] **Rao, C. R. and J. Kleffe.** *Estimation of variance components and applications.* North Holland, Amsterdam, 1988.

[111] **Rao, C. R. and S. K. Mitra.** *Generalized inverse of matrices and its applications.* Wiley, New York, 1971.

[112] **Ratkowsky, D. A., M. A. Evans and J. R. Alldredge.** *Cross–over experiments.* Dekker, New York, 1993.

[113] **Rosner, B.** Multivariate metjods in ophtalmology with application to paired–data situations. *Biometrics,* **40**:961–971, 1984.

[114] **Rouanet, H. and D. Lepine.** Comparison between treatments in a repeated–measurement design: Anova and multivariate methods. *The British Journal of Math. and Stat. Psychology,* **23**(2):147–163, 1970.

[115] **Roy, S. N.** On a heuristic method of test construction and its use in multivariate analysis. *Ann. Math. Statistics,* **24**:220–238, 1953.

[116] **Roy, S. N.** *Some aspects of multivariate analysis.* Wiley, New York, 1957.

[117] **Rubin, D. B.** Inference and missing data. *Biometrika,* **63**:581–592, 1976.

[118] **Rubin, D. B.** *Multiple imputation for nonresponse in surveys.* Wiley, New York, 1987.

[119] **Rüger, B.** *Induktive Statistik: Einführung für Wirtschafts– und Sozialwissenschaftler, 2. Auflage.* Oldenbourg, München, 1988.

[120] **Sachs, L.** *Angewandte Statistik.* Springer, Berlin, 1974.

[121] **Scheffé, H.** A method for judging all contrasts in the analysis of variance. *Biometrika,* **40**:87–104, 1953.

[122] **Scheffé, H.** A 'mixed model' for the analysis of variance. *Ann. Math. Statistics,* **27**:23–26, 1956.

[123] **Scheffé, H.** *The analysis of variance.* Wiley, New York, 1959.

[124] **Searle, S. R.** *Matrix algebra useful for statistics.* Wiley, New York, 1982.

[125] **Searle, S. R., G. Casella and C. E. McCullock.** *Variance components.* Wiley, New York, 1992.

[126] **Tan, W. Y.** Note on an extension of the GM-theorem to multivariate linear regression models. *SIAM J. Appl. Math.,* **1**:24–28, 1971.

[127] **Theil, H.** On the estimation of relationships involving qualitative variables. *Amer. J. Sociol.,* **76**:103–154, 1970.

[128] **Theobald, C. M.** Generalizations of mean square error applied to ridge regression. *J. Royal Statist. Soc. B,* **36**:103–106, 1974.

[129] **Timm, N. H.** *Multivariate analysis.* Brooks/Coole Publishing Company, Monterey (California), 1975.

[130] **Toutenburg, H.** *Lineare Modelle.* Physica, Heidelberg, 1992.

[131] **Toutenburg, H., Ch. Heumann, A. Fieger and S. H. Park.** Missing values in regression: mixed and weighted mixed estimation. *(to appear)*, 1994.

[132] **Toutenburg, H., S. Toutenburg und W. Walther.** *Datenanalyse und Statistik für Zahnmediziner.* Hanser, München, Wien, 1991.

[133] **Toutenburg, H. und W. Walther.** Statistische Behandlung unvollständiger Datensätze. *Dtsch. Zahnärztl. Z.,* **47**:104–106, 1992.

[134] **Toutenburg, S.** Eine Methode zur Berechnung des Betreungsgrades in der prothetischen und konservierenden Zahnmedizin auf der Basis von Arbeitsablaufstudien, Arbeitszeitmessungen und einer Morbiditätsstudie. *Med. Diss. Berlin,* 1977.

[135] **Tukey, J. W.** The problem of multiple comparisons. Technical report, Department of Mathematics, Princeton University, 1953.

[136] **Vach, W. and M. Blettner.** Biased estimation of the odds ratio in case–control studies due to the use of ad-hoc methods of correcting for missing values in confounding variables. *American Journal of Epidemiology,* **134**:895–907, 1991.

[137] **Vach, W. and M. Schumacher.** Logistic regression with incompletely observed categorial covariates – a comparison of three approaches. *Biometrika,* **80**:353–62, 1992.

[138] **Waller, R. A. and D. B. Duncan.** A bayes rule for the symmetric multiple comparison problem. *J. Amer. Statist. Assoc.,* **67**:253–255, 1972.

[139] **Walther, W.** *Ein Modell zur Erfassung und statistischen Bewertung klinischer Therapieverfahren — entwickelt durch Evaluation des Pfeilerverlustes bei Konuskronenersatz.* Med. Habil., Universität Homburg, 1992.

[140] **Walther, W. und H. Toutenburg.** Datenverlust bei klinischen Studien. *Dtsch. Zahnärztl. Z.,* **46**:219–222, 1991.

[141] **Wedderburn, R. W. M.** Quasi-likelihood functions, generalized linear models, and the gauss–newton method. *Biometrika,* **61**:439–447, 1974.

[142] **Wedderburn, R. W. M.** On the existence and uniqueness of the maximum likelihood estimates for certain generalized linear models. *Biometrika,* **63**:27–32, 1976.

[143] **Weisberg, S.** *Applied linear regression.* Wiley, New York, 1980.

[144] **Wilks, S. S.** Moments and distributions of estimates of population parameters from fragmentary samples. *Ann. Math. Statist.*, **3**:163–195, 1932.

[145] **Woolson, R. F.** *Statistical methods for the analysis of biomedical data.* Wiley, New York, 1987.

[146] **Yates, F.** The analysis of replicated experiments when the field results are incomplete. *Emp. J. Exp. Agric.*, **1**:129–142, 1933.

[147] **Zhao, L. P. and R. L. Prentice.** Correlated binary regression using a generalized quadratic model. *Biometrika*, **77**:642–648, 1990.

[148] **Zimmermann, H. and W. Rahlfs.** Testing hypotheses in the two period change-over with binary data. *Biometrical Journal*, **20**(2):133–141, 1978.

Index

H. Toutenburg, Universität München

Moderne nichtparametrische Verfahren der Risikoanalyse

Eine anwendungsorientierte Einführung für Mediziner, Soziologen und Statistiker

1992. X, 208 S. 34 Abb. 49 Tab.
Brosch. DM 36,–; öS 280,80; sFr 36,–
ISBN 3-7908-0592-0

Die Besonderheit des Buches liegt darin, daß der Zusammenhang zwischen zeitunabhängigen, kumuliert zeitabhängigen und stetig zeitabhängigen Analyseverfahren der nichtparametrischen Statistik dargestellt und an Beispielen demonstriert wird. Neue Resultate zur Konfidenzschätzung in Lebensdauermodellen und zur zeitadjustierten Kontingenzanalyse liegen vor.

Durch die knappe Darstellung der statistischen Theorie, den ausführlichen Hinweis auf die Spezialliteratur und die zahlreichen, vollständig durchgerechneten Beispiele mit realen Datensätzen ist dieses Buch sowohl für Studenten und Anwender der Statistik als auch für Mediziner und Soziologen von Interesse.

Physica-Verlag
Ein Unternehmen des Springer-Verlag

Bitte bestellen Sie bei Ihrem Buchhändler oder bei
Physica-Verlag, c/o Springer-Verlag GmbH & Co. KG, Auftragsbearbeitung, Postfach 31 13 40, D-10643 Berlin.